DIANWANG TIAOKONG YUNXING ZHUANYE TIKU

# 电网调控运行专业题库

杨林 路明 主编

中国电力出版社
CHINA ELECTRIC POWER PRESS

## 内 容 提 要

为保证电网的安全、稳定、优质、经济运行，提高电网调控运行人员操作的规范性、科学性，提高电网异常及事故处理的正确性和快速性，根据《国家电网公司技能人员岗位能力培训规范》（调控运行值班）的要求，并结合电网调控运行专业岗位实际工作，组织编写了《电网调控运行专业题库》一书。

本书分为十一章，主要包括电网规程规定、电网基础知识、继电保护及安全自动装置、发电厂及新能源、智能变电站、电网通信及自动化、电网监控、电网操作及调控、电网异常及事故处理、电网安全稳定分析、电网典型实操案例。本题库由单选题、多选题、判断题、简答题、计算题、识绘图题、论述题、案例分析题等题型组成。本题库内容编制本着来源于生产、服务于生产的原则，精选具有典型性、实用性、代表性的理论试题和技能操作题，满足电网调控运行岗位专业人员的培训和考核需要。

本书既可作为电力调度员（主网、配网）、电网监控值班员工种新员工岗前培训、岗位培训、竞赛调考、技能鉴定、能级评价的教材，也可作为变电运行值班员等相关专业技术和管理人员学习、考核使用。

**图书在版编目（CIP）数据**

电网调控运行专业题库/杨林，路明主编．—北京：中国电力出版社，2021.10

ISBN 978-7-5198-5921-3

Ⅰ.①电…　Ⅱ.①杨…　②路…　Ⅲ.①电力系统调度—习题集　Ⅳ.①TM73-44

中国版本图书馆CIP数据核字（2021）第168833号

---

出版发行：中国电力出版社

地　　址：北京市东城区北京站西街19号（邮政编码100005）

网　　址：http：//www.cepp.sgcc.com.cn

责任编辑：孙　芳　（010-63412381）

责任校对：黄　蓓　李　楠　郝军燕

装帧设计：赵姗姗

责任印制：吴　迪

---

印　　刷：北京雁林吉兆印刷有限公司

版　　次：2021年10月第一版

印　　次：2021年10月北京第一次印刷

开　　本：787毫米×1092毫米　16开本

印　　张：30.5

字　　数：991千字

印　　数：0001—1000册

定　　价：108.00元

---

# 《电网调控运行专业题库》

## 编 委 会


**主　编：** 杨　林　路　明

**副主编：** 徐明虎　李　铁　张宇时　孙道军

**参　编：** 姜　枫　唐俊刺　赵守忠　张　建　王顺江　田庆阳
王　刚　王　亮　曲　直　崔　岱　孙文涛　赵　凡
吕学斌　张　宁　张清华　孙浴程　潘　琪　田　洋
姜　宇　张　垒　张清源　刘　锷　贾俊海　肖隆君
李国良　郑　伟　眭　冰　詹克明　冯占稳　白　宇
韩　秋　许小鹏　王明凯　蔡　壮　姜　狄　张　凯
卢崇毅　郑伟强　姜忠孝　林嘉宇　姚星辰　陈　杨

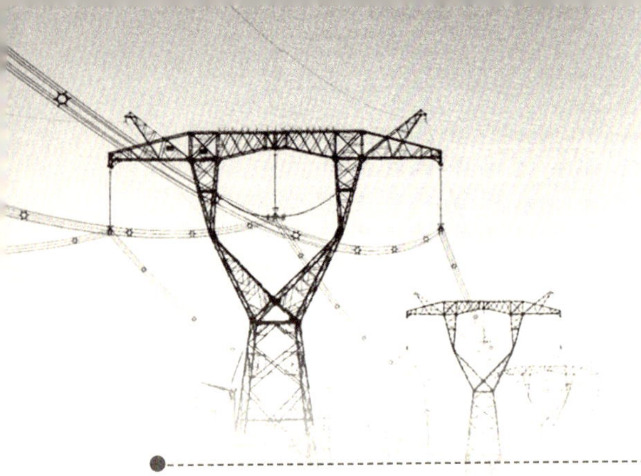



# 前 言

为贯彻落实国家电网公司“人才强企”战略，努力满足智能电网发展对电网技术、技能人才培训的新要求，编写本书促进电网调控运行岗位员工尽快适应公司和岗位需要，提高员工培训的针对性、系统性和实用性。本书以《国家电网公司技能人员岗位能力培训规范》（调控运行值班）为依据，结合电网调控运行岗位工作实际，在编写原则上，突出岗位能力；在内容定位上，遵循“知识够用，符合岗位”的原则。本书与《电网调控运行技术》一书相互呼应，采取理论与实践相结合的方式，试题突出实用性、典型性和针对性，不断提高员工岗位胜任力。

国网辽宁省电力有限公司技能培训中心和国网辽宁省电力有限公司电力调度控制中心共同组织国网辽宁电力优秀专兼职培训师和生产现场专家，结合电网调控运行人员岗位职责和要求，精选具有典型性、实用性、代表性的理论知识题和技能操作题，满足了电网调控运行岗位专业人员的学习和考核需要。

本书共包括十一章。第一章电网规程规定；第二章电网基础知识；第三章继电保护及安全自动装置；第四章发电厂及新能源；第五章智能变电站；第六章电网通信及自动化；第七章电网监控；第八章电网操作及调控；第九章电网异常及事故处理；第十章电网安全稳定分析；第十一章电网典型实操案例。全书由杨林和路明组织编写，杨林统稿。

本书结合电网调控运行专业岗位实际，以提升岗位能力和解决实际问题为目的，强化理论知识和操作技能相结合，题库内容突出实用性、针对性和典型性。本书既可作为电力调度员（主网、配网）、电网监控值班员工种新员工岗前培训、岗位培训、竞赛调考、技能鉴定、能级评价的教材，也可作为变电运行值班员等相关专业技术和管理人员学习、考核使用。

在本书编写过程中，许多同仁给予了大力支持和帮助，同时本书参考了许多相关规程和文献，在此一并向他们表示衷心的感谢。由于编者的水平有限，加之时间仓促，难免存在疏漏及不妥之处，恳请各位专家和读者批评指正，并提出宝贵建议，以便修订时改进完善。

**编 者**

2021 年 8 月

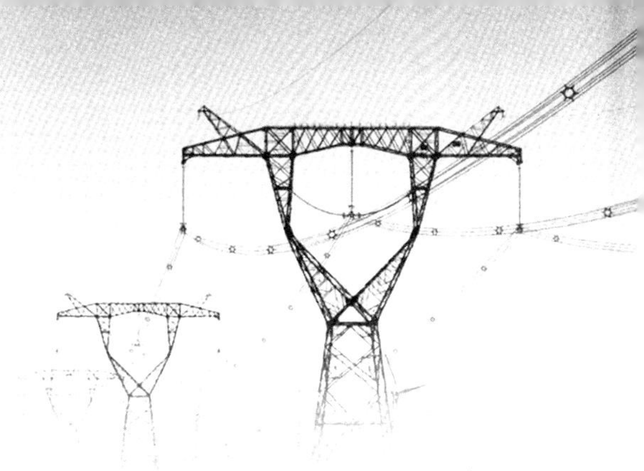

# 目录

电网调控运行专业题库

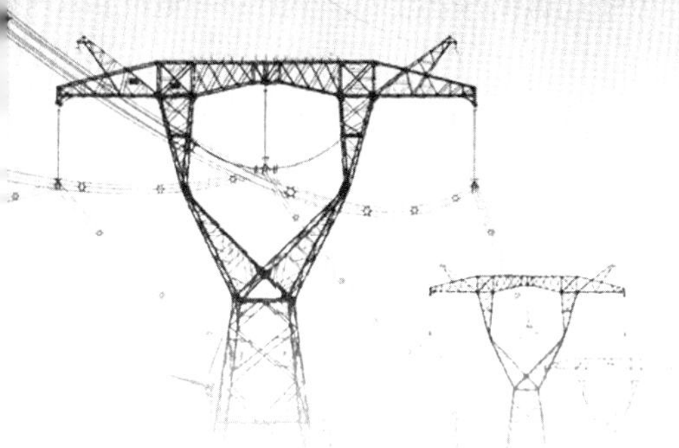

# 第一章 电网规程规定

## 一、单选题

1. 国家电网安监〔2006〕904 号《国家电网公司防止电气误操作安全管理规定》明确指出，“五防”功能中除（　　）现阶段可采取提示性措施外，其余四防功能必须采取强制性防止电气误操作措施。(A)

A. 防止误分、误合断路器

B. 防止带负荷拉、合隔离开关或手车触头

C. 防止带电挂（合）接地线（接地刀闸）

D. 防止带接地线（接地刀闸）合断路器（隔离开关）

E. 防止误入带电间隔

2. 电力安全工作规程要求，作业人员对电力安全工作规程应（　　）考试一次。(B)

A. 两年　　B. 每年　　C. 三年　　D. 半年

3. 安全生产基本方针是（　　）。(B)

A. 综合治理、安全第一、保障平安　　B. 安全第一、预防为主、综合治理

C. 爱心活动、平安工程、综合治理　　D. 安全第一、预防为主、保障平安

4. 作业现场四到位：（　　）。(A)

A. 人员到位，措施到位，执行到位，监督到位

B. 后勤到位，措施到位，安全到位，监督到位

C. 领导到位，工作人员到位，执行到位，运行人员到位

D. 资金到位，设备到位，安监到位，制度到位

5. 因故间断电气工作连续（　　）个月以上者，应重新学习相关电力安全工作规程内容，并经考试合格后，方能恢复工作。(C)

A. 一　　B. 二　　C. 三　　D. 六

6. 国家规定的供电质量标准是供电企业供到客户受电端的供电电压质量允许偏差：35kV 及以下三相供电电压正负偏差的绝对值之和不超过额定值的（　　）。(B)

A. 5%　　B. 10%　　C. 15%　　D. 20%

7. 各类作业人员应接受相应的安全生产教育和岗位技能培训，经（　　）上岗。(C)

A. 领导批准　　B. 安全培训　　C. 考试合格　　D. 现场实习

8. 国家规定的供电质量标准是在电力系统的正常情况下，电网装机容量在 3000MW 以下的系统，其供电频率的允许偏差为（　　）。(D)

A. ±0.1Hz　　B. ±0.2Hz　　C. ±0.3Hz　　D. ±0.5Hz

9. 国家规定的供电质量标准是在电力系统的正常情况下，电网装机容量在 3000MW 及以上的系统，其供电频率的允许偏差为（　　）。(B)

A. ±0.1Hz　　B. ±0.2Hz　　C. ±0.3Hz　　D. ±0.5Hz

10. 现场规程制度应（　　）进行一次复查、修订，（　　）进行一次全面修订、审定并印发。(B)

A. 每年、2～4 年　B. 每年、3～5 年　C. 每 2 年、4～6 年　D. 每 2 年、3～6 年

11. 电气设备停电后，即使是事故停电，在（　　）以前，不得触及设备或进入遮栏，以防突然来电。(C)

A. 未断开断路器　B. 未做好安全措施　C. 未拉开有关隔离开关和做好安全措施

12. 在无人值班变电站调度自动化设备运行管理规定中规定自动化设备的运行管理应建立（　　）。(C)

A. 及时抢修、定期检验和缺陷管理制度

B. 不定期巡检、不定期检验和缺陷管理制度

C. 定期巡检、定期检验和缺陷管理制度

13. 工作间断，工作班人员应从工作现场撤出。所有安全措施措施保持不动，工作票仍由（　　）执存，间断后继续工作，无须通过工作许可人。(B)

A. 许可人　B. 工作负责人　C. 工作票签发人　D. 作业组长

14. 国家电网安监〔2006〕904 号《国家电网公司防止电气误操作安全管理规定》指出，新建变电站、发电厂（110kV 及以上电气设备）防误装置优先采用（　　）的防止电气误操作方案。(C)

A. 单元电气闭锁　B. 微机“五防”　C. 单元电气闭锁回路加微机“五防”

15. 厂站新安装的子站设备或软件功能投入正式运行前，要经过（　　）的试运行期。(B)

A. 至少 1 个月　B. 3～6 个月　C. 半年以上　D. 至少 1 年

16. 新投产机组的 AGC 功能应在机组（　　）同时投入使用。(B)

A. 进行 72h 试运行时　B. 移交商业运行时

C. 进行 168h 试运行时　D. 试验时

17. 10、66、220、500kV 电压等级的设备不停电时的安全距离分别是（　　）m。(C)

A. 0.35，1.5，3.0，5.0　B. 0.65，1.5，3.0，5.5

C. 0.7，1.5，3.0，5.0　D. 0.7，1.0，3.0，5.0

18. 带电作业监护的范围不得超过（　　）作业点。(A)

A. 一个　B. 两个　C. 三个　D. 五个

19. 各类作业人员有权（　　）违章指挥和强令冒险作业。(B)

A. 制止　B. 拒绝　C. 举报　D. 发现

20. 各类作业人员应被告知其作业现场和工作岗位存在的危险点、防范措施及（　　）。(A)

A. 事故紧急处理措施　B. 紧急救护措施

C. 应急预案　D. 举报

21. 安规中规定高压电气设备电压等级在（　　）V 及以上者。(C)

A. 250　B. 380　C. 1000　D. 10000

22. 工作负责人、（　　）应始终在工作现场，对工作班人员的安全认真监护，及时纠正不安全行为。(B)

A. 工作票签发人　B. 专责监护人　C. 工作许可人　D. 工作票制定人

23. 工作票制度规定，工作负责人允许变更（　　）次。原、现工作负责人应对工作任务和安全措施进行交接。(A)

A. 一　B. 二　C. 三　D. 四

24. 专责监护人临时离开时，应通知（　　）停止工作或离开工作现场，待专责监护人回来后方可恢复工作。(C)

A. 特种作业人员　B. 工作班全体人员　C. 被监护人员　D. 高空作业人员

25. 专责监护人履行安全责任时应明确（　　）和监护范围。(B)

A. 工作许可人　B. 被监护人员　C. 工作负责人　D. 工作班成员

26. 为加强电力生产现场管理，规范各类工作人员的行为，保证人身、（　　）和设备安全，依据国家有关法律法规，结合电力生产的实际，制定《电力安全工作规程》。(B)

A. 施工　B. 电网　C. 网络　D. 电力

27. 外单位承担或外来人员参与公司系统电气工作的工作人员，应熟悉《国家电网公司电力安全工作规程（变电部分）》，并经考试合格，经（　　）认可，方可参加工作。(B)

A. 聘用单位　B. 设备运行管理单位

C. 发包单位　D. 用工单位

28. 室外高压设备发生接地时，不得接近故障点（　　）m 以内。(D)

A. 3　B. 4　C. 5　D. 8

29. 在高压设备上工作，应至少由（　　）进行，并完成保证安全的组织措施和技术措施。(B)

A. 三人　B. 两人　C. 四人　D. 一人

30. 工作票制度规定，需要变更工作班成员时，应经（　　）同意。(B)

A. 工作许可人　B. 工作负责人　C. 变电站值班员　D. 工作票签发人

31. （　　）是在电气设备上工作保证安全的组织措施之一。(A)

A. 工作监护制度　B. 停役申请　C. 交接班制度　D. 巡视制度

32. 所有工作人员（包括工作负责人）不许（　　）进入、滞留在高压室内和室外高压设备区内。(B)

A. 多人　B. 单独　C. 随意　D. 多次

33. 在原工作票的停电及安全措施范围内增加工作任务时，应由工作负责人征得工作票签发人和（　　）同意，并在工作票上增填工作项目。(C)

A. 当值调度　B. 专责监护人　C. 工作许可人　D. 作业人员

34. 工作负责人（监护人）应是具有相关工作经验，熟悉设备情况和相关的电力安全工作规程，经（　　）书面批准的人员。(B)

A. 本单位调度部门　B. 工区（所、公司）生产领导

C. 本单位安全监督部门

35. 电气工具和用具应由专人保管，每（　　）应由电气试验单位进行定期检查。(C)

A. 一个月　B. 季　C. 六个月　D. 年

36. 室内高压设备发生接地时，不得接近故障点（　　）m 以内。(B)

A. 3　B. 4　C. 5　D. 8

37. 工作负责人和工作许可人在处理工作票时（　　）。(A)

A. 工作负责人可以填写工作票，工作许可人不得签发工作票

B. 工作负责人可以填写工作票，工作许可人可以签发工作票

C. 工作负责人不得填写工作票，工作许可人不得签发工作票

D. 工作负责人不得填写工作票，工作许可人可签发工作票

38. 值班调度员张三向现场值班人员李四发布调度指令，李四与王五在操作过程中经讨论发现该调度指令有问题，但最终还是照令执行了，造成一设备损坏，则（　　）应对此负有责任。(D)

A. 张三　B. 李四　C. 李四、王五　D. 张三、李四、王五

39. 设备（　　）、消缺，可随时向省调提出申请。(C)

A. 大修　B. 小修　C. 临故修　D. 更换

40. 并网运行的发电机应保证在（　　）范围内能够连续运行。(A)

A. 48.5～50.5Hz　B. 48～51Hz

C. 46～51Hz　D. 45～51Hz

41. 下列不属于调度运行管理的主要任务有（　　）。(D)

A. 保证电网安全稳定运行　B. 满足用户的用电需要

C. 运行操作和事故处理　D. 电网设备选型

42. 涉及两个以上单位的配合操作或需要根据前一项操作后对电网产生的影响才能决定下一项操作的，必须使用（　　）。(B)

A. 即时指令　　B. 逐项指令　　C. 综合指令　　D. 口令

43. 当电网发生常见的单一故障时，对电力系统稳定性的要求是（　　）。(A)

A. 电力系统应当保持稳定运行，同时保持对用户的正常供电

B. 电力系统应当保持稳定运行，但允许损失部分负荷

C. 系统不能保持稳定运行时，必须有预定的措施以尽可能缩小故障影响范围和缩短影响时间

D. 在自动调节器和控制装置的作用下，系统维持长过程的稳定运行

44. 当电网发生性质较严重但概率较低的单一故障时，对电力系统稳定性的要求是（　　）。(B)

A. 电力系统应当保持稳定运行，同时保持对用户的正常供电

B. 电力系统应当保持稳定运行，但允许损失部分负荷

C. 系统不能保持稳定运行时，必须有预定的措施以尽可能缩小故障影响范围和缩短影响时间

D. 在自动调节器和控制装置的作用下，系统维持长过程的稳定运行

45. 当电网发生罕见的多重故障（包括单一故障同时继电保护动作不正确）时，对电力系统稳定性的要求是（　　）。(C)

A. 电力系统应当保持稳定运行，同时保持对用户的正常供电

B. 电力系统应当保持稳定运行，但允许损失部分负荷

C. 系统若不能保持稳定运行，必须有预定的措施以尽可能缩小故障影响范围和缩短影响时间

D. 在自动调节器和控制装置的作用下，系统维持长过程的稳定运行

46. 遇有电网异常、故障及事故时，值班调度员除填写故障简报外，还应依据相关规定以电话方式通知（　　）及有关单位。(D)

A. 调度班长　　B. 调度主任　　C. 公司领导　　D. 上级调度

47. 若交接班过程中系统发生事故，应立即停止交接班，由（　　）值调控人员负责事故处理。(C)

A. 休息　　B. 接班　　C. 交班　　D. 领导指定

48. 厂站发生危急设备和人身安全的事故时，应立即（　　）。(A)

A. 自行处理，采取措施，然后报告上级调度

B. 报告本单位领导，进行处理，采取措施

C. 请示上级调度，进行处理，采取措施

49. 受端系统在正常检修方式下发生单一故障时，系统稳定要求是（　　）。(B)

A. 系统保持稳定运行，同时保持对用户的正常供电

B. 能可靠、快速地切除任何严重单一故障，保持系统稳定

C. 发生严重单一故障时，系统短时失去同步，在安全自动装置的作用下可恢复同步运行

D. 发生严重单一故障时，系统能维持稳定的异步运行

50. 设备（　　），现场运维人员应告知值班监控员，值班监控员应拆除一次系统图中相关设备的“检修”标示牌。(B)

A. 改冷备用后　　B. 检修工作报竣工前　　C. 检修工作结束后　　D. 检修工作报竣工后

51. 系统内的设备操作，应根据（　　）划分，实行分级管理。(C)

A. 电压等级　　B. 行政区域　　C. 调度管辖范围　　D. 设备主人

52. 设备（　　），现场运维人员应告知值班监控员，值班监控员应在一次系统图中检修设备上挂“检修”标示牌。(C)

A. 检修工作许可开工前　　B. 改检修后

C. 检修工作许可开工后　　D. 改检修并执行完安措后

53. 装机容量在3000MW及以上电网，频率偏差超出（　　），且持续时间（　　）以上，定为一般电网事故。(C)

A. 50Hz±0.2Hz，20min　　B. 50Hz±0.1Hz，30min

C. 50Hz±0.5Hz，15min　　D. 50Hz±0.5Hz，10min

54. 装机容量在3000MW及以上电力系统，频率偏差超出（　　）Hz，即可视为电网频率异常。(C)

A. 50±0.1　　B. 50±0.15　　C. 50±0.2　　D. 50±0.5

55. 电网输电断面超稳定限额运行时间超过（　　），为一般电网事故。(C)

A. 15min　　B. 30min　　C. 1h　　D. 2h

56. 断路器无自由脱扣的机构，严禁（　　）。(A)

A. 就地操作　　B. 遥控操作　　C. 程序操作　　D. 电子操作

57. 失步解列、快速解列、低频减负荷、低压减负荷、低频解列、低压解列、高频（或低频）切机措施一般适用于GB/T 26399—2011《电力系统安全稳定控制技术导则》规定的第（　　）级安全稳定标准。(C)

A. 一　　B. 二　　C. 三　　D. 四

58. 与调度失去联系的火电厂应按给定的调度曲线和有关（　　）的规定运行。(A)

A. 调频调压　　B. 安全生产　　C. 分级调度　　D. 调压

59. 发现线路缺陷后，检修人员会申请带电作业，调度人员应注意（　　）是否允许带电作业。(A)

A. 天气情况　　B. 线路是否应采取带电作业措施

C. 设备故障情况　　D. 安全距离

60. 值班调度员下令合上线路接地刀闸（或挂地线）即包括悬挂（　　）标示牌。(C)

A. 在此工作　　B. 禁止合闸

C. 禁止合闸，线路有人工作　　D. 止步，高压危险

61. 新投运或大修后的变压器应进行（　　），确认无误后方可并列运行。(A)

A. 核相　　B. 校验　　C. 验电　　D. 定相

62. 发电企业新设备投运前应已与省电力公司和相应调度机构签订购电合同及（　　）。(B)

A. 新设备调试方案　　B. 并网调度协议

C. 新设备验收大纲　　D. 新设备运行规定

63. 电力系统安控装置主要采取（　　）的形式进行决策。(D)

A. 整定值　　B. 人工命令　　C. 最大运行方式　　D. 控制策略表

64. 变电站倒母线操作或变压器停送电操作，一般应下达（　　）操作指令。(C)

A. 即时　　B. 逐项　　C. 综合　　D. 根据调度员习惯下达

65. 母线倒闸操作中发生疑问时，应立即停止操作并向（　　）报告。(A)

A. 发令人　　B. 接令人　　C. 工作负责人　　D. 本单位总工程师

66. 下列选项不属于防止非同期并列的具体措施的是（　　）。(D)

A. 设备变更时要坚持定相

B. 防止并列时人为发生误操作

C. 保证同期回路接线正确、同期装置动作良好

D. 采用自动准同期装置并列时，不可将手动同期装置投入

67. 发电厂和500kV变电站正常运行方式下，在进行变压器调压操作时，应控制变电站220kV母线电压在系统额定电压的（　　）内。(D)

A. −10%～+10%　B. −3%～+7%　　C. −5%～+5%　　D. 0～+10%

68. 220kV−500kV线路分相操作断路器使用单相重合闸，要求断路器三相合闸不同期时间不大于（　　）ms。(B)

A. 1　　B. 5　　C. 10　　D. 15

69. 限电序位表应当（　　）修订一次（或者视电网实际需要及时修订），新的限电序位表生效后，原有的限电序位表自行作废。(B)

A. 半年　　B. 每年　　C. 两年　　D. 三年

70. （　　）是指在用电高峰时段减少用电负荷并将这部分用电负荷转移至非高峰时段使用。(B)

A. 拉闸　B. 错峰　C. 避峰　D. 限电

71. 通知大客户自行控制减少用电负荷和采用电力负荷管理系统下达终端用电负荷指标实施当地控制用电负荷是（　）的主要措施。(D)

A. 拉闸　B. 错峰　C. 避峰　D. 限电

72. （　）是指在电力系统中拉开供电线路开关，强行停止供电的措施。(A)

A. 拉闸　B. 错峰　C. 避峰　D. 限电

73. （　）是指事先安排客户在用电高峰期间减少用电负荷，而这部分用电负荷未转移至非高峰期间使用。(C)

A. 拉闸　B. 错峰　C. 避峰　D. 限电

74. 事故及超计划用电的限电序位表报（　）批准后，由有关电网调度机构执行，并抄报该电网管理部门的上一级电网管理部门。(C)

A. 上级人民政府　B. 上级电网管理部门　C. 本级人民政府　D. 本级电网管理部门

75. 安排系统调峰在满足安全约束调峰时，还应充分考虑系统调峰的（　）。(C)

A. 快速性　B. 可靠性　C. 经济性　D. 公平性

76. 各个（水、火）发电厂或各台运行机组间按照“等微增率”分配负荷，是（　）的基本原则。(A)

A. 电网经济调度　B. 电网经济运行　C. 三公调度　D. 能源互联网

77. 电网备用容量是指电网为在设备检修、事故、调频等情况下仍能保证（　）而设的备用容量。(A)

A. 电力供应　B. 有功负荷平衡　C. 无功负荷平衡　D. 电压稳定

78. 负荷调整是根据电力系统的实际情况，把系统高峰分散，使一部分高峰时段的负荷转移至低谷时段使用，达到“削峰填谷”的目的，以求得发电、供电和（　）之间的平衡。(B)

A. 用户　B. 用电　C. 配电　D. 损耗

79. （　）是指在规定时间内可供调用的备用容量，一般为最大发电负荷的10%左右，但不小于电网中一台最大发电机组的容量。(C)

A. 运行备用容量　B. 负荷备用容量　C. 事故备用容量　D. 检修备用容量

80. 电压监视控制点电压偏差超出电力调度规定的电压曲线（　），且持续时间1h以上，为一般电网事故。(B)

A. ±5%　B. ±10%　C. ±15%　D. ±20%

81. 电厂出力调整要满足电网安全约束条件，不允许出现设备过载、联络线超过稳定限制运行，满足（　）要求。(B)

A. 电网调度管理条例　B. 电力系统安全稳定导则

C. 中华人民共和国电力法　D. 电力系统调控管理规程

82. 电厂出力调整要认真落实国家电网公司（　）调度十项措施，严格执行购售电合同和并网调度协议。(A)

A. “三公”　B. 调控规程　C. 电网调度管理条例　D. 电力监管条例

83. （　）是指为电力设备定期进行计划大、小修而设的备用容量。(D)

A. 运行备用容量　B. 负荷备用容量　C. 事故备用容量　D. 检修备用容量

84. 运行备用容量是指在同一时间内各电网的负荷备用容量和（　）的总和。(C)

A. 运行备用容量　B. 负荷备用容量　C. 事故备用容量　D. 检修备用容量

85. （　）是指临时采取减少客户用电负荷的措施。(D)

A. 拉闸　B. 错峰　C. 避峰　D. 限电

86. 调度术语中“许可”的含义是指（　）。(B)

A. 上级值班调度员对下级值班调度员或厂站值班人员提出的申请、要求予以同意

B. 在改变电气设备的状态和电网运行方式前，由有关人员提出操作项目，值班调度员同意其操作
C. 值班调度员对厂站值班人员发出调度指令，同意其操作
D. 值班调度员向值班人员发布调度命令的调度方式

87. 继电保护和安全自动装置运行状态的变更应由（　　）下令执行。(C)
A. 调度班班长　B. 继电保护管理人员　C. 值班调度员　D. 值班监控员

88. （　　）负责反事故措施及软件版本升级的具体实施。(B)
A. 调控机构　B. 运维单位　C. 检修试验单位　D. 安质部

89. 继电保护和安全自动装置的定值单由厂站运行值班人员或输变电设备运维人员与（　　）核对执行。(C)
A. 值班监控员　B. 继电保护整定管理人员　C. 值班调度员　D. 方式计划管理人员

90. 变电站事故处理时，除必要的应急处理以外，事故处理的全过程应在（　　）的统一指挥下进行。(D)
A. 线路负责人　B. 变电站负责人　C. 指挥中心　D. 调度

91. 日负荷率是指在 24 小时内的平均负荷与（　　）的比值。(A)
A. 最大负荷　B. 最小负荷　C. 平均负荷　D. 早峰负荷

92. 装机容量在 3000MW 及以上电力系统，频率偏差超出（　　）Hz，即可视为电网频率异常。(C)
A. 50±0.1　B. 50±0.15　C. 50±0.2　D. 50±0.5

93.1 电网频率的标准是 50Hz，频率偏差不得超过（　　）Hz，在 AGC 投运情况下，电网频率偏差按（　　）Hz 控制。(A)
A. ±0.2、±0.1　B. ±0.1、±0.1　C. ±0.1、±0.05　D. ±0.2、±0.05

94. 装机容量在 3000MW 及以上电力系统，频率偏差超出（　　）Hz，延续时间（　　）以上，构成一般电网事故。(B)
A. 50±0.2，1h　B. 50±0.2，30min　C. 50±0.5，10min　D. 50±0.5，1h

95. 风力大于（　　）级时，一般不宜进行带电作业。(C)
A. 三　B. 四　C. 五　D. 六

96. 待用间隔（母线连接排、引线已接上母线的备用间隔）应有名称、编号，并列入（　　）管辖范围。(C)
A. 运行　B. 检修　C. 调度　D. 基建

97. 设备（　　），现场运维人员应告知值班监控员，值班监控员应在一次系统图中检修设备上挂“检修”标示牌。(C)
A. 检修工作许可开工前　B. 改检修后
C. 检修工作许可开工后　D. 改检修并执行完安措后

98. 变电倒闸操作的基本要求：操作中应认真执行监护（　　）制度（单人操作时也必须高声唱票），宜全过程录音。(B)
A. 录音　B. 复诵　C. 复查　D. 记录

99. 电厂并网前必须与电网企业签订（　　）。(C)
A. 购电合同　B. 合作协议　C. 并网调度协议　D. 供用电合同

100. 计划检修如不能如期完工，必须在（　　）向值班调度员申请办理延期手续。(D)
A. 原批准计划检修工期结束前 6h 前　B. 原批准计划检修工期结束前 12h 前
C. 原批准计划检修工期结束前 24h 前　D. 原批准计划检修工期过半前

101. 线路作业停电时，当验明确无电压后，在线路上（　　）装设接地线或合上接地隔离开关。(B)
A. 工作地点两端　B. 所有可能来电的各端
C. 单侧　D. 线路电源侧

102. 电气误操作事故的危害性极大，而造成误操作事故的主要原因，是倒闸操作过程中的（　　）没

有得到有效控制。(D)

A. 设备因素　B. 人为因素　C. 环境因素　D. 危险点

103. 三道防线是对（　）方面提出的要求。(D)

A. 电网发生事故时保持对重要用户可靠供电

B. 电网发生故障时快速保护、近后备保护和远后备保护可靠切除故障

C. 电网发生多重故障时继电保护能可靠切除故障

D. 电力系统受到不同扰动时电网保持稳定可靠供电

104.（　）是调度命令操作执行完毕的根据。(B)

A. 完成操作　B. 向调度汇报操作结束并给出"结束时间"

C. 操作完毕　D. 现场操作票执行完毕

105. 操作对调度管辖范围以外设备和供电质量有较大影响时，应（　）。(D)

A. 暂停操作　B. 重新进行方式安排　C. 汇报领导　D. 预先通知有关单位

106. 遥控作中遇有系统发生异常或故障，影响操作安全时，值班控员应（　）。(C)

A. 继续操作，操作完毕后向调度汇报　B. 中止操作并通知现场进行操作

C. 中止操作并汇报发令调度员　D. 通知运行人员到现场后继续操作

107. 线路送电时，应先拆除线路上的安全措施，核实线路保护按要求投入后，（　）。(B)

A. 合上线路侧隔离开关，再合上母线侧隔离开关，最后合上线路断路器

B. 合上母线侧隔离开关，再合上线路侧隔离开关，最后合上线路断路器

C. 合上母线侧隔离开关，再合上线路断路器，最后合上线路侧隔离开关

D. 合上线路侧隔离开关，再合上线路断路器，最后合上母线侧隔离开关

108. 超出规定电压曲线数值的±5%，且延续时间超过（　）h 为电压异常。(B)

A. 0.5　B. 1　C. 2　D. 3

109. 电力系统第一道防线指（　）和继电保护装置。(C)

A. 切机装置　B. 失步解列装置　C. 一次网架　D. 以上都不对

110. 满足电力系统第二级安全稳定标准要求，配置（　）等装置，作为系统稳定运行的第二道防线。(C)

A. 失步解列　B. 低频率、低电压减负荷

C. 切机、切负荷控制　D. 快关主汽门

111. 应开展设备状态检修管理，加强提前诊断和预测工作，按照（　）的原则，统筹安排检修计划。(D)

A. 应修必修　B. 修必修好

C. 一次停电综合配套检修　D. 以上都是

112.（　）是指电网调度机构根据电网运行和设备维护、检修需要，参照设备技术参数、运行经验及供应商的建议，预先安排的设备停运。(B)

A. 计划检修　B. 计划停运　C. 非计划检修　D. 非计划停运

113. 不符合第一级安全稳定标准的是（　）。(A)

A. 任一台变压器故障退出运行

B. 同级电压的双回或多回线和环网，任一回线三相故障断开不重合

C. 任一发电机跳闸或失磁

D. 任一回交流联络线故障或无故障断开不重合

114. 不符合第三级安全稳定标准的是（　）。(D)

A. 故障时开关拒动　B. 失去大容量发电厂

C. 自动调节装置失灵　D. 直流输电线路双极故障

115. 各级调度在开展负荷需求侧管理工作时的原则是（　）。(B)

A. 先避峰、后错峰、再限电、最后拉路　　B. 先错峰、后避峰、再限电、最后拉路

C. 先限电、后错峰、再避峰、最后拉路　　D. 先错峰、后限电、再避峰、最后拉路

116. 因电力系统故障造成省会城市全市负荷减供50%以上，则该故障可定为（　　）。(C)

A. 一类故障　　B. 一般事故　　C. 重大事故　　D. 特别重大事故

117. 系统发生振荡时，应争取在（　　）内消除振荡，否则应在适当地点解列。(B)

A. 1～2min　　B. 3～4min　　C. 5～8min　　D. 10min

118. 电力系统发生事故时，各单位的运行人员在上级值班调度员的指挥下处理事故，应做到以下几点：①用一切可能的方法保持设备继续运行，首先保证发电厂及枢纽变电站的自用电源；②调整系统运行方式，使其恢复正常；③尽快对已停电的用户特别是重要用户保安电源恢复供电；④尽速限制事故的发展，消除事故的根源并解除对人身和设备安全的威胁，防止系统稳定破坏或瓦解。其正确的处理顺序为（　　）。(C)

A. ②①③④　　B. ④②①③　　C. ④①③②　　D. ③①④②

## 二、多选题

1. 国家电网公司安全生产基本方针是（　　）。(BCD)

A. 效益第一　　B. 安全第一　　C. 预防为主　　D. 综合治理

2. 调度运行管理的主要任务有（　　）。(ABCD)

A. 保证电网安全稳定运行　　B. 满足用户的用电需要

C. 运行操作　　D. 事故处理

3. 作业现场“四到位”指（　　）。(ABCD)

A. 人员到位　　B. 措施到位　　C. 执行到位　　D. 监督到位

4. 电力生产与电网运行应当遵循（　　）原则。(ABC)

A. 安全　　B. 优质　　C. 经济　　D. 高效

5. 国家对电力供应和使用，实行（　　）的管理原则。(ABC)

A. 安全用电　　B. 节约用电　　C. 计划用电　　D. 规划用电

6. 当发生有如下（　　）违反中华人民共和国国务院令　第588号《电网调度管理条例》规定的行为时，应对主管人员和直接责任人员由其所在单位或者上级机关给予行政处分。(ABD)

A. 未经上级调度机构许可，不按照上级调度机构下达的发电、供电调度计划执行的

B. 不执行调度指令和调度机构下达的保证电网安全措施的

C. 不如实反映电网调度自动化运行情况的

D. 不如实反映执行调度指令情况的

7. 在发电、供电系统正常运行情况下，供电企业因故需要停止供电时，应当按照（　　）要求事先通知用户或者进行公告。(ABC)

A. 因供电设施计划检修需要停电时

B. 因供电设施临时检修需要停止供电时

C. 因发电、供电系统发生故障需要停电、限电时，供电企业应当按照事先确定的限电序位进行停电或者限电

D. 因发电、供电系统进行二次设备故障检修时

8. 国家电网公司安全生产目标包括（　　）。(ABCD)

A. 防止人身伤亡事故　　B. 防止重特大设备损坏事故

C. 防止人员责任事故　　D. 防止水电厂垮坝事故

9. 电网调度的主要任务（　　）。(ABCD)

A. 保证供电质量　　B. 保障电网运行的安全水平

C. 保证电网运行的经济性　　D. 提供有力的事故后恢复措施

10. 作业前“四清楚”指的是（　　）。(ABCD)

A. 作业任务清楚　B. 危险点清楚　C. 作业程序清楚　D. 安全措施清楚

11. 安全生产的基本方针是（　　）。(ABC)

A. 安全第一　B. 预防为主　C. 综合治理　D. 强化监督

12. 国家处置电网大面积停电事件应急预案适用于国家应对和处理因（　　）等引起的对国家安全和社会稳定以及人民群众生产生活构成重大影响和严重威胁的大面积停电事件。(ABCD)

A. 电力生产重特大事故　B. 电力设施大范围破坏

C. 严重自然灾害　D. 电力供应持续危机

13. 电网事故处置系列预案中内容包括（　　）。(ABCD)

A. 重要变电站、重要发电厂事故，包括全停的紧急处置

B. 互联电网系统解列的紧急处置

C. 重要厂站、线路遭受自然灾害、外力破坏、毁灭性破坏或打击等的紧急处置

D. 黑启动预案

14. 安全生产中的安全“三控”是指（　　）。(ACD)

A. 可控　B. 预控　C. 在控　D. 能控

15. 安全管理的“四个凡事”是指（　　）。(ABCD)

A. 凡事有人负责　B. 凡事有章可循　C. 凡事有据可查　D. 凡事有人监督

16. 外单位承担或外来人员参与公司系统电气工作的工作人员，工作前，设备运行管理单位应告知下列内容中的（　　）。(ABC)

A. 现场电气设备接线情况　B. 危险点

C. 安全注意事项　D. 作业时间

17. 各类作业人员有权拒绝（　　）。(AB)

A. 强令冒险作业　B. 违章指挥　C. 加班工作　D. 带电作业

18. 在户外变电站和高压室内搬动梯子、管子等长物，应（　　）。(BC)

A. 与带电部位保持一定距离　B. 两人放倒搬运

C. 与带电部分保持足够的安全距离　D. 两人倾斜搬运

19. 作业过程“三不伤害”是指（　　）。(BCD)

A. 不伤害设备　B. 不伤害自己　C. 不伤害他人　D. 不被他人伤害

20. 生产现场和经常有人工作的场所应配备急救箱，存放急救用品，并应指定专人经常（　　）。(ACD)

A. 检查　B. 清扫　C. 更换　D. 补充

21. 在电气设备上工作，保证安全的技术措施由（　　）执行。(AB)

A. 运行人员　B. 有权执行操作的人员

C. 检修人员　D. 设备管理人员

22. 各类作业人员应被告知其作业现场和工作岗位存在的（　　）。(ABD)

A. 危险因素　B. 防范措施　C. 福利待遇　D. 事故紧急处理措施

23. 在原工作票的停电范围内增加工作任务时，应（　　）。(AC)

A. 在工作票上增填工作项目

B. 在工作票上增填安全措施

C. 由工作负责人征得工作票签发人和工作许可人同意

D. 由工作负责人征得工作班成员同意

24. 运用中的电气设备，是指（　　）。(ABC)

A. 全部带有电压　B. 一部分带有电压

C. 一经操作即带有电压的电气设备　D. 所有电力设备

25. 工作班成员的安全责任有（　　）。(ABD)

A. 正确使用安全工器具和劳动防护用品

B. 熟悉工作内容、工作流程，掌握安全措施，明确工作中的危险点，并履行确认手续

C. 参与现场指挥

D. 严格遵守安全规章制度、技术规程和劳动纪律

26. 工作期间，若工作负责人必须长时间离开工作现场时，应（　　）。(ACD)

A. 履行变更手续，并告知全体工作人员和工作许可人

B. 由有权签发工作票的人变更工作负责人

C. 原、现工作负责人做好必要的交接

D. 由原工作票签发人变更工作负责人

27. 需要变更工作班成员时，应满足（　　）条件，新工作人员才可进行工作。(BD)

A. 经工作票签发人同意　　B. 经工作负责人同意

C. 经工作许可人同意　　D. 完成对新工作人员进行安全交底手续后

28. 一张工作票中，（　　）三者不得互相兼任。(ABD)

A. 工作票签发人　B. 工作负责人　C. 专责监护人　D. 工作许可人

29. 工作票许可手续完成后，工作负责人应完成下列（　　）事项，才可以开始工作。(ABCD)

A. 交代带电部位和现场安安全措施　　B. 告知危险点

C. 履行确认手续　　D. 向工作班成员交代工作内容、人员分工

30. 工作负责人在下列（　　）条件下，可以参加工作班工作。(AC)

A. 全部停电

B. 部分停电，但安全措施可靠

C. 部分停电，但安全措施可靠、人员集中在一个工作地点、没有可能误碰有电部分

D. 部分停电，但安全措施可靠、全体人员纪律性强、技术好、精神状态好

31. （　　）不是保证安全的技术措施。(ABD)

A. 工作票　B. 工作监护　C. 停电　D. 工作许可

32. 下述检查、判断项目（　　），是间接验电时必须进行的。(ABCD)

A. 设备的机械指示位置

B. 电气指示、带电显示装置的变化

C. 应有两个及以上指示，且所有指示均已同时发生对应变化

D. 若进行遥控操作，同时检查隔离开关（刀闸）的状态指示、遥测、遥信信号及带电显示装置的指示

33. 工作人员在现场工作过程中，凡遇到（　　）时，无论与本身工作是否有关，应立即停止工作，保持现状。(ABD)

A. 异常情况（如直流系统接地等）　　B. 断路器（开关）跳闸

C. 装置告警　　D. 阀闭锁

34. 我国电网调度系统包括（　　）。(ABCD)

A. 国调　B. 网调　C. 省调　D. 地调

35. 国家电网安监〔2011〕2024号《国家电网公司安全事故调查规程》中，明确事故分为（　　）。(ABCD)

A. 人身事故　B. 电网事故　C. 设备事故　D. 信息事故

36. 电力系统中的扰动可分为小扰动和大扰动两类，小扰动是指由于（　　）等引起的扰动。(ABCD)

A. 负荷正常波动　　B. 功率及潮流控制

C. 变压器分接头调整　　D. 联络线功率自然波动

37. （　　）设备检修工作到期不能竣工者，工作单位应根据有关规定向省调提出延期申请。(BCD)

A. 地调管辖　B. 省调管辖　C. 省调委托地调代管　D. 省调许可

38. 省调管辖的继电保护和安全自动装置（　　），影响发电厂出力的附属设备及公用系统检修、消缺等，应按规定提出申请。（ABC）

A. 停用　B. 试验　C. 改变定值　D. 投运

39. 供电单位做好地区负荷预测工作，对因实际用电负荷与预测负荷偏差较大而造成（　　），迫使省调拉闸限电等后果者，要追究有关单位责任。（ABD）

A. 电网低频率　B. 低电压运行　C. 机组运行不稳定　D. 线路过负荷

40. 电网自动低频、低压减负荷方案中应指出（　　）。（ABCD）

A. 切负荷轮数　B. 每轮动作频率（或电压）

C. 每轮各地区所切负荷数　D. 每轮动作时间

41. 调度操作指令形式有（　　）形式。（ABC）

A. 单项令　B. 逐项令　C. 综合令　D. 口令

42. 对于省调直接、间接调度的设备，可通过（　　）方式进行调度操作管理。（ABC）

A. 操作指令　B. 委托操作　C. 操作许可　D. 都不对

43. 以下（　　）故障适用于第一级安全稳定标准。（AB）

A. 线路单相瞬时故障重合成功

B. 直流输电线路单极故障

C. 同杆并架双回线异名两相同时发生单相永久故障重合不成功，双回线同时三相跳开

D. 母线故障

44. 以下（　　）故障适用于第二级安全稳定标准。（CD）

A. 线路单相瞬时故障重合成功

B. 直流输电线路单极故障

C. 同杆并架双回线异名两相同时发生单相永久故障重合不成功，双回线同时三相跳开

D. 母线故障

45. 正常运行方式下的电力系统受到以下（　　）较严重故障扰动后，保护、开关及重合闸正确动作，符合第二级安全稳定标准。（ABD）

A. 单回线单相永久性故障重合不成功及无故障三相断开不重合

B. 母线单相接地故障

C. 任一发电机跳闸或失磁

D. 直流输电线路双极故障

46. 对于地线的管理，说法正确的是（　　）。（ABCD）

A. 每组接地线及其存放位置均应编号

B. 接地线号码与存放位置号码应一致

C. 装、拆接地线，应做好记录，交接班时应交代清楚

D. 加装的接地线应登录在工作票上

47. 检修工作结束以前，若需将设备试加工作电压，应按（　　）条件进行。（ABC）

A. 全体作业人员撤离工作地点

B. 将该系统的所有工作票收回，拆除临时遮栏、接地线和标示牌

C. 恢复常设遮栏

D. 应在工作负责人和运维人员进行全面检查无误后，由工作负责人进行加压试验

48. 装设接地线说法正确的是（　　）。（ABD）

A. 应先接接地端，后接导体端

B. 接地线应接触良好，连接应可靠

C. 装、拆接地线导体端均应使用绝缘棒或戴绝缘手套

D. 人体不得碰触接地线或未接地的导线

49. 全部工作完毕后，工作负责人与运维人员共同检查（　　），在工作票上填明工作结束时间。双方签名后，表示工作终结。(ABC)

A. 设备状况、状态　　B. 有无遗留物件

C. 是否清洁　　D. 临时遮栏已拆除

50. 下列对非同期并列的防范措施描述正确的有（　　）。(ABCD)

A. 防止人员误操作

B. 在初次合环或进行可能引起相位变化的检修之后，必须进行相位测定正确后才能合环操作

C. 检查同期点的同期装置完好

D. 严格遵守准同期并列的条件

51. 值班调度员在解、合环前，应认真考虑的因素有（　　）。(ABCD)

A. 继电保护　　B. 自动装置　　C. 电压波动　　D. 设备过载

52. 操作后潮流不超电网稳定、（　　）等方面的限额，电压在正常范围时，才能进行合解环操作。(AB)

A. 设备容量　　B. 继电保护　　C. 电网稳定　　D. 电压

53. 误拉断路器会造成（　　）等事故。(ABCD)

A. 用户停电　　B. 设备停电　　C. 扩大停电范围　　D. 造成系统的非正常解列

54. “调度管辖”是指（　　）的指挥权限划分。(ABCD)

A. 发电设备的出力改变　　B. 发电设备运行状态改变

C. 电气设备的运行方式　　D. 倒闸操作及事故处理

55. 涉及整定分界面的定值整定，应按（　　）的原则处理。(ABD)

A. 下一级电网服从上一级电网　　B. 下级调度服从上级调度

C. 调控机构管辖设备运维单位　　D. 尽量考虑下级电网需要

56. 电力系统运行的基本要求（　　）。(ABC)

A. 保证可靠的持续供电　　B. 保证良好的电能质量

C. 保证系统的运行经济性　　D. 保证系统运行的灵活性

57. 验电时，以下做法正确的是（　　）。(ABC)

A. 应使用相应电压等级且合格的接触式验电器

B. 无法在有电设备上进行试验时，可用工频高压发生器等确认验电器良好

C. 验电前，应先在有电设备上进行试验，确认验电器良好

D. 在装设接地线或合接地刀闸（装置）处对其中一相验电

58. 调度术语中“调度管辖”是指调度机构对（　　）行使调度权。(ABCD)

A. 设备调整　　B. 事故处理　　C. 倒闸操作　　D. 状态改变

59. 检修申请票的内容应包括（　　）。(ABCD)

A. 工作时间　　B. 工作内容　　C. 对电网的要求　　D. 停电范围

60. 计划操作应尽量避免在（　　）进行。(ACD)

A. 交接班时　　B. 深夜时　　C. 恶劣天气时　　D. 电网发生异常及事故时

61. 事故处理的原则有（　　）。(ABCD)

A. 尽速限制事故发展，消除事故根源并解除对人身、设备和电网安全的威胁

B. 用一切可能的方法保持正常设备继续运行和对用户的正常供电

C. 尽速对已停电的用户恢复供电

D. 尽速恢复电网的正常运行方式

62. 系统发生事故时，有关单位值班人员必须立即、准确地向值班员汇报（　　）。(ABCD)

A. 断路器的动作时间、相别　　B. 保护及自动装置的动作情况

C. 故障点及设备检查情况　　　　D. 天气、现场作业及其他情况

63. 操作电容器时，以下说法正确的是（　　）。(AD)

A. 当全站停电时，应先拉开电容器断路器，后拉各出线断路器

B. 当全站停电时，应先拉开各出线断路器，后拉电容器断路器

C. 电容器断路器跳闸（或者熔断器熔断）后可以进行一次强送

D. 电容器断路器跳闸（或者熔断器熔断）后不能进行强送

64. 以下（　　）属于调度部门的过失而造成的事故。(ABD)

A. 系统运行方式不合理　　　　B. 设备检修安排不周

C. 检修质量不好　　　　D. 系统备用容量不足

65. 并网调度协议必须以书面形式签订，其基本内容应包括（　　）。(ABCD)

A. 双方的义务　　B. 并网条件及要求　　C. 调度管理　　D. 技术管理

66. 下列（　　）事故单位可不待调度指令自行先处理后再向调度报告。(ABCD)

A. 对人身和设备有威胁时，根据现场规程采取措施

B. 发电厂、变电站的自用电全部或部分停电时，用其他电源恢复自用电

C. 系统事故造成频率降低时，各发电厂增加机组出力和开出备用发电机组并入系统

D. 系统频率低至按频率减负荷、低频率解列装置应动作值，而该装置未动作时，在确认无误后立即手动切除该装置动作切开的开关

67. 对认定为可直接导致保护装置不正确动作的严重家族性缺陷，在反措实施前，应采取有效的（　　），降低保护缺陷可能对电网造成的影响。(BC)

A. 组织措施　　B. 临时技术　　C. 管理措施　　D. 安全措施

68. 运行时，频率高于50.20Hz，而且第一、第二调频厂已无调整空间，此时省调调度员可以（　　）。(ACD)

A. 调整其他发电厂出力　　　　B. 拉路限电

C. 启动抽水蓄能机组　　　　D. 停机备用

69. 电压监视和控制点电压偏差超出电网调度的规定值（　　），且延续时间超过（　　），为一般电网事故。(BD)

A. ±5%，1h　　B. ±5%，2h　　C. ±10%，30min　　D. ±10%，1h

70. 值班调度员在向设备运行维护单位发布巡线指令时，应说明（　　）。(ABD)

A. 找到故障后是否可以不经联系立即开始抢修

B. 线路状态

C. 故障的处理经过

D. 故障线路继电保护及安全自动装置动作情况、故障录波器测量数据等情况

71. 当出现（　　）等紧急情况时，值班调度员可以调整日发电、供电调度计划，发布限电，调整发电厂功率，开停发电机组。(ABC)

A. 主干线路功率值超过规定的稳定限额

B. 发电、供电设备发生重大事故或者电网发生事故

C. 输变电设备负载超过规定值

D. 电网频率或电压超过额定值

72. 根据电网结构和故障性质的不同，电力系统发生大扰动时的安全稳定标准是（　　）。(ABCD)

A. 保持电网的稳定运行和向用户的正常供电

B. 当系统不能保持稳定运行时，必须防止系统崩溃，并尽量减少负荷损失

C. 保持稳定运行，但允许损失部分负荷

D. 在满足规定的条件下，允许局部系统作短时间的非同步运行

73. 发生以下（　　）情况，当系统不能保持稳定运行时，必须防止系统崩溃并尽量减少负荷损失。

（ABCD）

A. 故障时断路器拒动　　B. 故障时，继电保护、自动装置误动或拒动

C. 多重故障　　D. 失去大容量发电厂

74. 并网运行的发电厂，其涉及电网安全、稳定的（　　）应满足所在电网的要求。（ABCD）

A. 调度通信和自动化设备　　B. 励磁系统

C. 继电保护系统和安全自动装置　　D. 调速系统

75. 分布式电源并网信息包括接入前期、（　　）和并网调试等分布式电源项目并网各阶段的相关信息，以及公司分布式电源并网业务咨询及受理情况信息。（ABD）

A. 接入工程建设　B. 合同及协议签署　C. 计量装置安装　D. 并网验收

76. 防止误操作的重点有（　　）。（ABCD）

A. 误拉、误合断路器或隔离开关　　B. 带负荷拉合隔离开关和非同期并列

C. 误投退继电保护和电网自动装置　　D. 带电挂地线和带接地线合闸

77. 进行调度业务联系时，必须（　　）。（ABCD）

A. 使用普通话　　B. 使用调度术语

C. 使用调度术语　　D. 互报单位、姓名

78. 重大事件汇报的主要内容有（　　）。（ABCD）

A. 时间发生的时间、地点、背景情况　　B. 事件经过、保护及安全自动装置动作情况

C. 主要设备损坏情况　　D. 对重要用户的影响

79. 调度运行管理的主要任务有（　　）。（ABCD）

A. 保证电网安全稳定运行　　B. 满足用户的用电需要

C. 运行操作　　D. 事故处理

80. 根据GB/T 26399—2011《电力系统安全稳定控制技术导则》，下列属于第Ⅲ类大扰动的是（　　）。（ABCD）

A. 切除故障时断路器拒动　　B. 故障时继电保护拒动

C. 故障时自动控制装置误动　　D. 失去大容量发电厂

81. 可不待调度指令自行处理然后报告的事故有（　　）。（ABCD）

A. 对人身和设备安全有威胁的设备停电

B. 将故障停运己损坏的设备隔离

C. 当厂（站）用电部分或全部停电时，恢复其电源

D. 现场规程规定的可以不待调度指令自行处理者

82. 编制《国家处置电网大面积停电事件应急预案》是为了（　　）。（ABC）

A. 正确、有效和快速地处理大面积停电事件

B. 最大程度地减少大面积停电造成的影响和损失

C. 维护国家安全、社会稳定和人民生命财产安全

D. 企业效益

83. 电力生产事故调查的任务是贯彻安全第一，预防为主的方针，（　　）。（ABCD）

A. 总结经验教训　　B. 研究电力生产事故规律

C. 采取预防措施　　D. 防止和减少电力生产事故的发生

84. 电网包括发电、供电、受电设施和（　　）设施等。（ABCD）

A. 继电保护和安全自动装置　　B. 计量装置

C. 电力通信设施　　D. 电网调度自动化

85. 电网调度部门的安全职责是负责电网的（　　）。（CD）

A. 事故处理　　B. 正常运行

C. 安全稳定运行　　D. 相关的技术监督管理

86. 电网调度管理的任务是（　　）电网的运行。(ABCD)

A. 组织　　B. 指挥　　C. 指导　　D. 协调

87. 调度系统特级报告和紧急报告主要包括事件发生的（　　）。(ABCD)

A. 时间　　B. 概况

C. 可能造成的影响　　D. 负荷损失和恢复情况

88. 根据国家电力监管委员会《电力生产事故调查暂行规定》，电网发生有下列情形之一的大面积停电，为重大电网事故，即（　　）。(ABCD)

A. 直辖市减供负荷20%以上的

B. 省和自治区人民政府所在地城市以及其他大城市减供负荷40%以上的

C. 中等城市减供负荷60%以上的

D. 小城市减供负荷80%以上的

89. 按照电网停电范围和事故严重程度，将国家电网公司大面积停电事件分为（　　）两个状态等级。(AB)

A. 预警状态　　B. 应急状态

C. Ⅰ级停电事件状态　　D. Ⅱ级停电事件状态

90. 电力安全生产的目标是（　　）。(ABCD)

A. 维护电力系统安全稳定，保证电力正常供应

B. 防止和杜绝人身死亡、大面积停电等重、特大事故

C. 防止和杜绝对社会造成重大影响的事故发生

D. 防止和杜绝主设备严重损坏、电厂垮坝、重大火灾等重、特大事故

91. 调度系统三项分析制度是指（　　）。(ABC)

A. 运行分析制度　　B. 安全分析制度

C. 二次设备分析制度　　D. 设备分析制度

92. 调度员进行操作时，应做到（　　）。(ABCD)

A. 互报单位与姓名　　B. 复诵并录音

C. 使用统一的调度术语和操作术语　　D. 核对发令和操作结束的时间

93. 调度管辖是指（　　）的指挥权限划分。(ABCD)

A. 发电设备的出力改变

B. 发电设备运行状态改变

C. 电气设备的运行方式（包括继电保护和安全自动装置的状态）

D. 倒闸操作及事故处理

## 三、判断题

1. 调控机构值班调度员在其值班期间是电网运行、操作和故障处置的指挥人，按照调管范围行使指挥权。值班调度员必须按照规定发布调度命令，并对其发布的调度命令的正确性负责。(√)

2. 值班监控员接受相关调控机构值班调度员的调度命令，按有关规定执行，并对其执行调度命令的正确性负责。(√)

3. 下级调控机构的值班调控人员、厂站运行值班人员及输变电设备运维人员，受上级调控机构值班调度员的调度指挥，接受上级调控机构值班调度员的调度命令，并对其执行命令的正确性负责。(√)

4. 对于上级调控机构许可设备，下级调控机构在操作前应向上级调控机构申请，得到许可后方可操作，操作后向上级调控机构汇报；当电网发生紧急情况时，允许值班调度员不经许可直接对上级调控机构许可设备进行操作，但必须及时汇报上级调控机构值班调度员。(√)

5. 并网发电厂和变电站应在电力调度机构的指挥下，落实调频调压的有关措施，保证电能质量符合国家标准。(√)

6. 属电力调度机构管辖范围内的设备（装置）参数整定值应按照电力调度机构下达的整定值执行。并网发电厂改变其状态和参数前，应当经电力调度机构批准。(√)

7. 并网发电厂运行必须严格服从电力调度机构指挥，并迅速、准确执行调度指令，特殊情况可以拒绝或者暂不执行。(×)

8. 并网发电厂应根据国家有关规定和机组能力参与电力系统调峰，调峰幅度应达到所在区域电力监管机构规定的有关要求。(√)

9. 电力安全生产必须坚持“安全第一，预防为主，综合治理”的方针。(√)

10. 事故调查处理“四不放过”的原则是指：事故原因不清楚不放过、事故责任者和应受教育者没有受到教育不放过、整改措施不落实不放过、事故责任者没有受到处罚不放过。(√)

11. 部分停电的工作是指高压设备部分停电，或室内虽全部停电，而通至邻接高压室的门并未全部闭锁。(√)

12. 工作票不准任意涂改。涂改后上面应有签发人（或工作许可人）签字和盖章，否则此工作票无效。(√)

13. 安全管理“四个凡事”是指凡事有人负责、凡事有章可循、凡事有据可查、凡事有人监督。(√)

14. 在电气设备上工作，保证安全的组织措施是工作票制度，工作许可制度，工作监护制度及工作间断、转移和终结制度。(√)

15. 在全部停电或部分停电的电气设备上工作，必须完成停电、验电、装设接地线及悬挂标示牌和装设遮栏的技术措施。(√)

16. 电力生产人身伤亡事故分为死亡、重伤、轻伤三个等级。(√)

17. 制定《中华人民共和国电力法》的目的是保障和促进电力事业的发展，维护电力投资者、经营者和使用者的合法权益，保障电力安全运行。(√)

18. 国家规定的供电质量标准是在电力系统的正常情况下，电网装机容量在3000MW及以上的系统，其供电频率的允许偏差为±0.2Hz。(√)

19. 国家规定的供电质量标准是在电力系统的正常情况下，电网装机容量在3000MW以下的系统，其供电频率的允许偏差为±0.2Hz。(×)

20. 新设备投运前，工程建设管理部门应组织对新设备运行维护人员的技术培训。(√)

21. 运行、调度人员必须经过现场规程制度的学习、现场见习和跟班实习。(√)

22. 单项操作指令是指值班调度员发布的只对一个单位，只有一项操作内容，由下级值班调度员或现场运行人员完成的操作指令。(√)

23. 值班调度员在处理事故、进行重要的测试或操作时，不得进行交接班。(√)

24. 发电厂、变电站自动化系统和设备运行维护部门应保证向有关调度传送信息的准确性、实时性和可靠性。(√)

25. 倒闸操作要有值班调度员、运行值班负责人正式发布的指令，并使用经事先审核合格的操作票。(√)

26. 线路停电倒闸操作应按照断路器（开关）—电源侧隔离开关（刀闸）—负荷侧隔离开关（刀闸）的顺序依次进行。(×)

27. 任何人进入生产现场（办公室、控制室、值班室和检修班组室除外），应正确佩戴安全帽。(√)

28. 电力企业一般指电力建设企业、电力生产企业和电网经营企业。电力企业依法实行自主经营、自负盈亏，接受电力主管部门的监督。(√)

29. 电力生产与电网运行应当遵循安全、优质、经济的原则。电网运行应当连续、稳定，保证供电可靠性。(√)

30. DL 755—2011《电力系统安全稳定导则》要求电力系统即使发生罕见的多重故障时，也必须保持系统的稳定运行。(×)

31. DL 755—2011《电力系统安全稳定导则》要求电力系统发生很严重但概率较低的单一故障时，必须

保持系统的稳定运行和对用户的正常供电，不允许损失负荷。(×)

32. 设备投入运行所进行的一切操作、试验、试运行时间，不计算在检修时间内。(×)

33. 省调委托地调代管设备的检修申请，由工作单位向地调提出，地调进行批复。(×)

34. 断路器遮断容量不满足电网要求时，重合闸装置必须停用。(√)

35. 调度机构对于超计划用电的用户应当予以拉闸限电。(×)

36. 调度执行的“两票”是指工作票和操作票；“三制”是指交接班制度、监护制度和巡回检查制度。(×)

37. 任何运用中的星形接线设备的中性点，必须视为带电设备。(√)

38. 若交接班过程中系统发生事故，应立即停止交接班，由接班值调控人员负责事故处理。(×)

39. 凡不涉及两个单位的操作，可以使用综合命令。凡需两个单位配合的操作，必须使用逐项命令。(√)

40. 在作业现场内可能发生人身伤害事故的地点，设立安全警示牌，并采取可靠的防护措施。对交叉作业现场应制订完备的交叉作业安全防护措施。(√)

41. 用户冲击负荷引起的系统频率变动一般不得超过（50±0.2）Hz。(√)

42. 当电网频率低于正常值时，须紧急增加发电机有功出力。(√)

43. 当电网频率高出正常值时，须紧急降低发电机有功出力。(√)

44. 紧急切除的负荷在系统频率恢复到正常值后应自行恢复。(×)

45. 从电网运行的角度，可将产生频率异常的原因分为电网事故和运行方式安排不当两类。(√)

46. 频率偏差是指系统频率的实际值和标称值之差。(√)

47. 当电网频率低于正常值时，可迅速调用旋备容量、开启备用机组或停用在抽水状态的抽水畜能机组等。(√)

48. 当系统运行频率低于临界频率时，系统频率不断下降的现象，称为频率崩溃。(√)

49. 并网调度协议是电网企业与电网使用者就电网调度运行管理所签订的协议。(√)

50. 实行分时电价是技术性负荷调整的方法。(×)

51. 限电将会造成用电量减少。(√)

52. 装设接地线要先装接地端、后装导体顺，先装中相、后装边相的顺序，拆除顺序相反。(√)

53. 电网调控运行管理的主要任务是按最大范围优化资源配置资源的原则，实现优化调度。(√)

54. 电力市场的基本特征是开放性、竞争性、网络性和协调性。(√)

55. 线路开关跳闸重合或强送成功后，随即出现单相接地故障时，应首先判定该线路为故障线路，汇报调度，拉开该线路开关。(√)

56. 运行备用容量是指在同一时间内各电网的负荷备用容量和检修备用容量的总和。(×)

57. 水、火电厂在系统需要时，按调度指令，发电机可改为调相机运行。(√)

58. 电网经济运行的基本原则是在保证电网安全可靠运行和电能质量符合标准的前提下，尽量的提高电能生产和输送的效率。(√)

59. 电力调度部门要根据电网负荷的变化和调整电压的需要编制和下达发电厂、变电站的无功出力曲线和电压曲线。(√)

60. 特殊情况下可采用调整用电负荷或限电的方法来调整电压。(√)

61. 电力市场的基本原则是公平竞争、自愿互利。(√)

62. 为了提高操作的正确性，事故处理必须使用操作票。(×)

63. 线路故障断路器跳闸，虽重合或强送成功，也要通知有关单位巡线，并告知线路带电。(√)

64. 调度系统反事故演习的被演组人员须事先确定好。(×)

65. 事故处理过程中对设备的检查要认真、仔细，正确判断故障的范围及性质，汇报术语准确并简明扼要，所有电话联系均应录音。(√)

66. 操作现场运行人员不得自行将直接威胁人身或设备安全的设备停电，必须等待调度指令。(×)

67. 当系统由于无功不足造成电压过低时，不宜采用调整变压器分接头的办法来提高电压。(√)

68. 变电站全停后，现场人员可不必等待调度指令自行处理。(×)

69. 电网发生振荡，采取措施后五分钟振荡仍未消失，值班调度员根据情况，选择适当解列点将失去同步的部分解列运行。(√)

70. 调控机构应定期开展主、备调应急转换演练及系统切换测试。(√)

71. 在交接班中，如遇有事故或重要倒闸操作，应立即停止交接班，接班调控员应根据交班调控员的要求协助处理。(√)

72. 在重大节日、重要保电等时段内，正常运行方式应确保电力系统连续可靠运行，采用全接线全保护运行。(√)

73. 电网稳定管理包括电网安全稳定分析、电网运行方式安排、稳定限额管理、安全稳定措施管理以及电网运行控制策略管理等工作。(√)

74. 在未办理工作票终结手续以前，任何人员不准将停电设备合闸送电。(√)

75. 调度计划包括发输电计划和设备停电计划。(√)

76. 未列入月度计划的检修为非计划检修，非计划检修包括临时检修和事故检修，但经省调批准，在低谷时段进行的维护性检修不属临时检修。(√)

77. 新设备启动过程中，如需对启动方案进行变更，必须经调控机构同意，现场和其他部门不得擅自变更。(√)

78. 备用的主要发供电设备不能按调度规定的时间投入运行，应算作事故。(√)

79. 紧急事故情况下，可以“约时停电和送电”。(×)

80. 调度管辖、调度许可和调度同意的设备，严禁约时停送电。(√)

81. 下级值班人员接受省调值班调度员的调度指令时，应做书面记录，重复命令，核对无误，经省调值班调度员允许后方可执行。(√)

82. 对已停电的设备，在未获得调度许可开工前，应视为有随时来电的可能，严禁自行进行检修。(√)

83. 接班值调控人员应提前15min到达调控大厅，认真阅读调度、监控运行日志、停电工作票、操作票等各种记录，全面了解电网和设备运行情况。(√)

84. 并网电厂涉网保护、安全自动装置、PSS、AGC、AVC等应按规定投入，其运行状态及定值未经调度同意，不得擅自变更。(√)

85. 未经值班调度员许可，任何单位和个人不得擅自改变其调度管辖设备状态。(√)

86. 下级调控机构调管变电站命名可自行确定，无需送上级调控机构核备。(×)

87. 遇到重点时期及有重要保电任务时，监控员应对变电站相关区域或设备开展特殊监视。(√)

88. 发电厂和220kV变电站的110～35kV母线正常运行方式时，电压允许偏差为系统额定电压的－3%～＋7%；事故运行方式时为系统额定电压的－10%～＋10%。(√)

89. 对于事故及异常处理时采用口令操作，调控人员必须按照口令操作的流程完成，可不填写操作票，但必须做好记录。(√)

90. 调控中心实施远方操作必须采取防误措施，严格执行模拟预演、唱票、复诵、监护、录音等要求，确保操作正确。(√)

91. 操作票中的“下令时间”是指调度下达操作执行完成的时间。(×)

92. 操作中发生疑问时，应立即停止操作，并向值班调度员或值班负责人报告，弄清问题后，再进行操作。(√)

93. 雷电时，一般不进行倒闸操作，禁止在就地时进行倒闸操作。(√)

94. 变电运维人员需要得到调度命令才能执行的操作项目，要在“顺序项”栏内盖“联系调度”章。(√)

95. 根据调度员命令装设的接地线，必须征得调度员的许可，方可进行拆除。(√)

96. 凡是新建、扩建、大小修、预试的一、二次变电设备，必须按部颁及有关规程和技术标准经过验收

合格、手续完备后方能投入运行。(√)

97. 操作票中，下令时间以调度下达操作预令时间为准。(×)

98. 对已停电的设备，在未获得调度许可开工前，应视为有随时来电的可能，严禁自行进行检修。(√)

99. 各级调度在电力系统的运行指挥中是上下级关系。在调度关系上，下级调度机构的值班调度员、发电厂值长、变电站值班长受上级调度机构值班调度员的指挥。(√)

100. 逐项调度指令可以包含综合指令。(√)

101. 变电站待用间隔（母线连接排、引线已接上母线的备用间隔）应有名称、编号，并列入调度管辖范围。(√)

102. 属上级调度许可的设备，调度员在发布倒闸操作指令前应取得上级调度员的许可。(√)

103. 厂站值班员在任何情况下不得拒绝执行调度指令。(×)

104. 凡并（接）入电网运行的发电厂和变电站，均应服从电网的统一调度管理，严肃调度纪律，服从调度指挥，以保证调度管理的顺利实施。电网调度机构按相关合同、协议或规定对发电厂和变电站等进行调度管理。(√)

105. 220kV 及以上线路、母线主保护非计划停运，导致主保护非计划单套运行超过 168h，确认为电网一类障碍。(×)

106. 220kV 线路开关跳闸，省调值班调度员可不待查明事故原因（确认已有故障者除外），正确选择强送端进行强送。(√)

107. 试送的开关必须完好，且具有完备的继电保护。(√)

108. 试送故障线路前，可以不用检查重要线路的输送功率是否在规定的限额之内。(×)

109. 试送前应对试送端电压控制，并对试送后首端、末端及沿线电压作好估算，避免引起过电压。(√)

110. 电缆线路停电检修，挂接地线前，必须多次放电，才能接地。(√)

111. 电网设备检修可以分为计划检修和临时检修。(√)

112. 正常运行的 220kV 电压互感器或避雷器可用隔离开关操作。(√)

113. 220kV 旁路开关代线路开关运行时，线路的两套纵联保护均应投跳。(×)

114. 发电厂 220 千伏母线，正常运行时，电压允许偏差范围为系统额定电压的 0%～+10%。(√)

115. 一次设备停电检修工作以热备用状态作为调控机构与运维单位的工作界面。(×)

116. 事故处理原则可以简单概括为保人身、保电网、保设备、保重要用户。(√)

117. 故障设备送电时，必须查清楚原因，且经调度同意后，才能恢复送电。(√)

118. 调度管辖范围是指调控机构行使调度指挥权的发、输、变电系统，包括直接调控范围和许可调控范围。(√)

119. 未经值班调度员许可，任何单位和个人不得擅自改变其调度管辖设备状态。对危及人身和设备安全的情况按厂站规程处理，但在改变设备状态后应立即向值班调度员汇报。(√)

120. 当电网备用容量不足时或发生供电缺额时，省调按先错峰、后避峰、再限电、最后拉闸的原则安排限电。(√)

121. 发电厂和 220 千伏变电站的 35～66 千伏母线正常运行方式时，电压允许偏差为系统额定电压的 −3%～+7%；事故运行方式时为系统额定电压的 ±10%。(√)

## 四、简答题

**1.《中华人民共和国电力法》规定的电网调度管理原则是什么？**

答：根据《中华人民共和国电力法》规定，电网运行实行统一调度、分级管理，任何单位和个人不得非法干预电网调度。

**2. 事故调查中的“四不放过”是指什么？**

答：事故原因不清楚不放过，事故责任者和应受到教育者没有受到教育不放过，整改措施不落实不放过，事故责任者没有受到处罚不放过。

**3. 发生哪些情况时，地调需及时向省调汇报？**

答：(1) 委托地调指挥的所有 220kV 设备异常及故障。

(2) 66kV 系统母线故障、线路发生倒塔。

(3) 66kV 线路及变电站变压器故障造成影响供电（热）。

(4) 500kV 变压器主变压器三次侧故障。

(5) 发电厂 6MW 及以上机炉故障。

(6) 10kV 及以上电压等级发生的误操作事故。

(7) 人身伤亡事故。

(8) 火灾事故。

(9) 稳定破坏事故及因故障造成电网解列单运事故。

(10) 造成重大经济损失及社会影响的故障。

**4. 国家电网安监〔2011〕2024 号《国家电网公司安全事故调查规程》对特别重大电网事故有何定义？**

答：有下列情形之一者，为特别重大电网事故（一级电网事件）：

(1) 造成区域性电网减供负荷 30%以上者；

(2) 造成电网负荷 20000MW 以上的省（自治区）电网减供负荷 30%以上者；

(3) 造成电网负荷 5000MW 以上 20000MW 以下的省（自治区）电网减供负荷 40%以上者；

(4) 造成直辖市电网减供负荷 50%以上，或者 60%以上供电用户停电者；

(5) 造成电网负荷 2000MW 以上的省（自治区）人民政府所在地城市电网减供负荷 60%以上或 70%以上供电用户停电者。

**5. 国家电网安监 611 号《国家电网公司处置电网大面积停电事件应急预案》对预警状态有何定义？**

答：(1) 区域电网减供负荷达到事故前总负荷的 10%以上，且 20%以下；

(2) 中央直辖市减供负荷达到事故前总负荷的 20%及以上，且 30%以下；

(3) 省电网减供负荷达到事故前总负荷的 30%及以上，且 50%以下；

(4) 省会城市或其他大城市减供负荷达到事故前总负荷的 40%及以上，且 70%以下；

(5) 因严重自然灾害等原因引起电力设施大范围破坏，造成省电网减供负荷达到事故前的 20%及以上，且 30%以下；

(6) 因发电燃料供应短缺、水电来水不足等各类原因引起电力供应危机，造成省电网 40%及以上，且 50%以下容量机组非计划停机；

(7) 因重要发电厂、重要变电站、重要输变电设备遭受破坏或打击，对区域电网、跨区电网安全稳定运行构成威胁。

**6. 国网〔调/4〕328—2016《国家电网调度系统重大事件汇报规定》的事件分类有哪些？**

答：(1) 特急报告类事件；

(2) 紧急报告类事件；

(3) 一般汇报类事件。

**7. 国办函〔2015〕134 号《国家大面积停电事件应急预案》的制定目的是什么？**

答：编制《国家处置电网大面积停电事件应急预案》是为了正确、有效和快速地处理大面积停电事件，最大限度地减少大面积停电造成的影响和损失，维护国家安全、社会稳定和人民生命财产安全。

**8. 电网调度管理的任务包括哪些？**

答：(1) 以设备最大出力为限尽量满足电网负荷的需要，即在现有装机容量下，合理安排检修和备用，合理下达水、火电计划曲线，以最大能力满足用电负荷的需要。

(2) 使整个电网安全可靠运行和连续供电。

(3) 保证电能质量，由调度统一指挥来实现全电网所有发、供、用电单位的协同运行。

(4) 经济合理的利用燃料和水力能源，使电网在最经济方式下运行，以达到低耗多供，使供电成本最低。

**9. 国网〔调/4〕328—2016《国家电网调度系统重大事件汇报规定》中，对重大事件汇报时间有何要求？**

答：（1）发生特急报告类事件，相应分中心或省调调度员须在15min内向国调调度员进行特急报告。

（2）发生紧急报告类事件，相应分中心或省调调度员须在30min内向国调调度员进行紧急报告。

（3）发生一般报告类事件，相应分中心或省调调度员须在2h内向国调调度员报告。

（4）分中心或省调发生电力调度通信中断事件应立即报告国调调度员。

（5）特急报告类、紧急报告类、一般报告类事件应按调管范围由发生重大事件的分中心或省调尽快将详细情况以书面形式报送至国调，省调应同时抄报分中心。

**10. 电网运行操作中，防止误操作的“五防”内容是什么？**

答：防止误操作的“五防”内容是指：

（1）防止误拉、误合断路器。

（2）防止带负荷误拉、误合隔离开关。

（3）防止带电合接地刀闸（挂接地线）。

（4）防止带接地刀闸（地线）误合断路器或用隔离开关送电。

（5）防止误入带电间隔。

**11. 电力安全工作规程中规定，保证安全的技术措施和组织措施是什么？**

答：在电气设备上工作，保证安全的技术措施：停电、验电、装设接地线、悬挂标示牌和装设遮栏。

保证安全的组织措施为：①现场勘察制度；②工作票制度；③工作许可制度；④工作监护制度；⑤工作间断、转移和终结制度。

**12. 调度在指挥电网生产运行、操作及异常事故处理全过程中应严格遵守“两票、三制、四对照”原则。请问其中的“两票、三制、四对照”是指什么？**

答：两票：检修票、操作票。

三制：监护制、复诵记录制、录音制。

四对照：对照电网、对照现场、对照检修票、对照典型操作票。

**13.《国家电网公司电力安全工作规程（变电部分）》规定，填用第一种工作票的工作是什么？**

答：（1）高压设备上工作需要全部停电或者部分停电者。

（2）二次系统和照明等回路上的工作，需要将高压设备停电或做安全措施者。

（3）高压电力电缆需停电的工作。

（4）其他工作需要将高压设备停电或要做安全措施者。

**14. 说明调度术语中“调度同意”“调度许可”“调度直接”“调度间接”的含义？**

答：调度同意：上级值班调度员对下级值班调度员或厂站值班人员提出的申请、要求等予以同意。

调度许可：在改变电气设备的状态和方式前，根据有关规定，由有关人员提出操作项目，值班调度员同意其操作。

调度直接：值班调度员直接向值班人员发布调度命令的调度方式。

调度间接：值班调度员通过下级调度机构值班调度员向其他值班人员转达调度命令的调度方式。

**15. 电力系统进行调度业务联系时应遵守哪些事项？**

答：进行调度业务联系时，必须使用普通话及调度术语，互报单位、姓名。严格执行下令、复诵、录音、记录和汇报制度，受令单位在接受调度指令时，受令人应主动复诵调度指令并与发令人核对无误，待下达下令时间后方能执行；指令执行完毕后应立即向发令人汇报执行情况，并以汇报完成时间确认指令已执行完毕。

**16. 调度操作指令有几种？其含义如何？**

答：调度操作指令形式有综合操作指令、逐项操作指令和单项操作指令三种，它们的含义分别为：

（1）综合操作指令是指值班调度员对一个单位下达的一个综合操作任务的指令，可用于只涉及一个单位的操作，如变电站倒母线和变压器的停送电等。

（2）逐项操作指令是指值班调度员按操作任务顺序逐项下达的指令，一般适用于涉及两个和以上单位的操作以及必须在前一项操作完成后才能进行下一项的操作任务，如线路停送电等，调度员必须事先按操作原则填写操作票，操作时由值班调度员逐项下达操作指令，现场值班人员按指令逐项操作。

（3）单项操作指令是指值班调度员发布的只对一个单位，只有一项操作内容，由下级值班调度员或现场运行人员完成的操作指令。

**17. 电力系统标准频率及其允许偏差是多少？**

答：根据GB/T 15945—2008《电能质量　电力系统频率偏差》规定，标称频率为50Hz的电力系统，正常运行条件下频率偏差限制为±0.2Hz，当系统容量较小时（通常小于3000MW），偏差限制可以放宽到±0.5Hz。

**18. 若认为接收的调度指令不正确，应该如何处理？**

答：如下级调度机构的调度员或厂站值班员认为所接受的上级调度指令不正确时，应立即向上级调度员提出意见，如上级调度员重复其调度指令，下级调度机构的调度员或厂站值班员应按调度指令要求执行；如执行该调度指令确实将威胁人员、设备或电网的安全时，下级调度机构的调度员或厂站值班员可以拒绝执行，同时将拒绝执行的理由及修改建议报上级调度员，并向本单位领导汇报。

**19. 什么叫频率异常？什么叫频率事故？**

答：频率异常：对容量在3000MW及以上的系统，频率偏差超过（50±0.2）Hz为频率异常，其延续时间超过1h，为频率事故，频率偏差超过（50±1）Hz为事故频率，延续时间超过15min，为频率事故。

频率事故：对容量在3000MW以下的系统，频率偏差超过（50±0.5）Hz为频率异常，其延续时间超过1h，为频率事故；频率偏差超过（50±1）Hz为事故频率，其延续时间不得超过15min，为频率事故。

**20. 我国规定电网监视控制点电压异常和事故的标准是什么？**

答：我国规定的标准是：

电压异常：超出电力系统调度规定的电压曲线数值的±5%，且延续时间超过1h，或超出规定数值的±10%，且延续时间超过30min，定为电压异常。

电压事故：超出电力系统调度规定的电压曲线数值的±5%，并且延续时间超过2h，或超出规定数值的±10%，并且延续时间超过1h，定为电压事故。

**21. 安全自动装置的配置应满足DL 755—2001《电力系统安全稳定导则》中关于电力系统同步运行稳定性分级标准的要求，按照统一规划、统一设计、与电厂及电网输变电工程同步建设的原则，建立起保证系统稳定运行的三道防线具体指什么？**

答：（1）由系统一次网架及继电保护装置来保证，作为系统稳定运行的第一道防线。

（2）配置切机、且负荷控制等装置，作为系统稳定运行的第二道防线。

（3）配置适当的失步解列装置及足够容量的低频率、低电压减负荷装置和高频率切机、快关主汽门等装置，作为系统稳定运行的第三道防线。

**22. 电网调度机构负责指挥电网的频率调整，并使电网运行在规定的频率范围内，试问控制电网频率的手段有哪些？频率异常时如何处理？**

答：控制电网频率的手段有：发电机一次调频、二次调频、高频切机、自动低频减负荷、机组低频自启动、负荷控制，以及直流调制等。

当系统频率高于正常频率范围的上限时，电网调度机构可采取调低发电机出力、解列部分发电机组等措施。

当系统频率高低于正常频率范围的下限时，电网调度机构可采取调高发电机出力、调用系统备用容量、进行负荷控制等措施。

**23. 请简述电力系统“N－1原则”的定义。**

答：正常运行方式下的电力系统中任一元件（如线路、发电机、变压器等）无故障或因故障断开，电力系统应能保持稳定运行和正常供电，其他元件不过负荷，电压和频率均在允许范围内。这通常称为“N－

1原则”。

**24. 当出现哪些紧急情况，电网调度机构可以发布应急调度指令？**

答：（1）发电、供电设备发生重大事故或者电力系统发生事故。

（2）输变电设备的潮流严重超出稳定限额。

（3）调度自动化系统、通信系统故障，严重妨碍电力系统的正常运行。

（4）联络线交换功率长时间超出允许范围。

（5）电力设施遭受自然灾害（如覆冰、污闪、龙卷风、跑线风、台风、地震、山火、雷击等）、严重外力破坏、毁灭性破坏或打击等。

（6）其他威胁电力系统安全运行的紧急情况。

## 五、案例分析题

**1. 2015年3月5日08时51分，220kV B变电站出线AB一线跳闸，由于当时AB二线和B变电站220kV Ⅱ母线、1号主变压器停电检修中，故障导致B变电站全停，损失负荷28MW。系统运行方式如图1-1所示。**

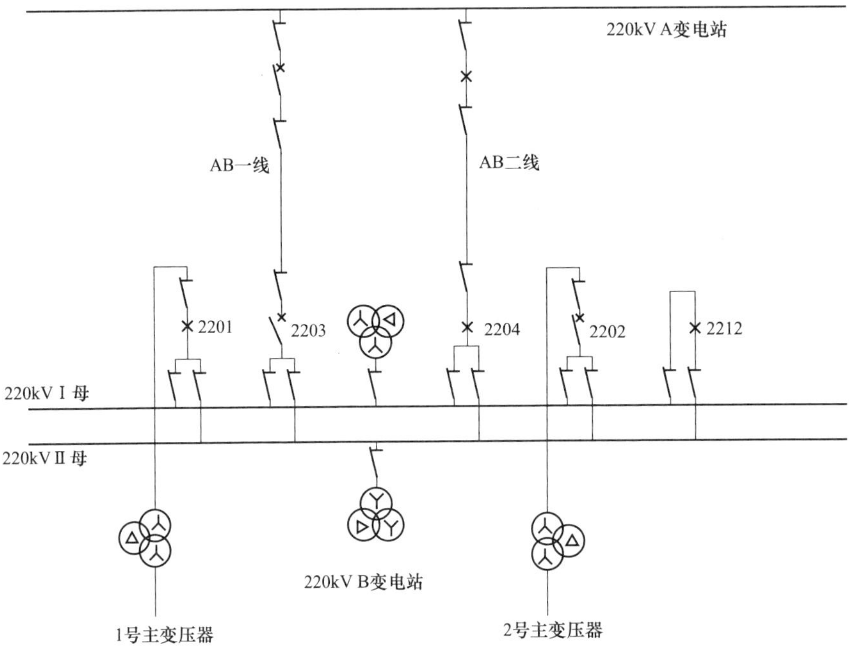


图1-1 系统运行方式接线图

**事故后期处理过程如下：**

**08时00分监控员汇报AB一线两侧两套纵联保护动作。**

**08时07分调度员指挥合上A变电站AB一线断路器对AB一线强送，线路强送良好。**

**08时22分调度员指挥合上B变电站AB一线断路器对B变电站一母线送电，220kVAB一线再次跳闸。**

**08时28分监控员汇报以上两次故障均为B变电站两套母线差动保护动作所致。**

**14时00分现场检查发现B变电站1号主变压器一次Ⅰ母隔离开关B相未拉开，现场人员在对1号主变压器一次侧断路器合接地开关时导致Ⅰ母线接地。**

**21时00分AB一线带B变电站220kV Ⅱ母线及2号主变压器送电良好，全部负荷倒回。**

**事后调度员反映在两次跳闸后监控员均汇报为线路保护动作而没有发现为母差保护动作，而向现场运维人员核实情况时，变电运维人员汇报结果也为线路保护动作跳闸，详细情况说不清楚；监控员则反映由于跳闸时信息量过大，没有发现母差动作信息，也没有认真核实相关断路器变位情况。**

**请分析在本次事故处理中调控人员暴露的问题有哪些？**

答：（1）调控人员及现场运维人员业务水平亟待提高。监控员未及时发现母差动作信息导致对事故类型的误判是主要原因，而调度员也没有仔细分析保护动作信息和相关元件的状态，实际上联系线路重合闸是否动作、主变压器开关变位等情况，调度员应该能够判断出可能是母线故障而避免第二次误送。

（2）监控信息规范与分级工作仍需进一步加强，B变电站故障时监控信息大量上送也是监控人员遗漏母差保护动作信号的原因之一。

**2. 2013年10月14日16时58分，某220kV变电站220kV母线差动保护动作，220kV Ⅰ母线所带元件跳闸。该站现场正在进行新扩建的220kV两条线路间隔保护调试作业，调试设备过程中，某有限公司生产的IES－80U计算机监控系统的通信控制器装置有问题，误发合闸信号，导致其中一条出线的2518－27接地开关合位时，误合Ⅰ母线隔离开关，造成母差保护动作。接线图见图1-2。请简要分析造成本次事故的主客观原因。**

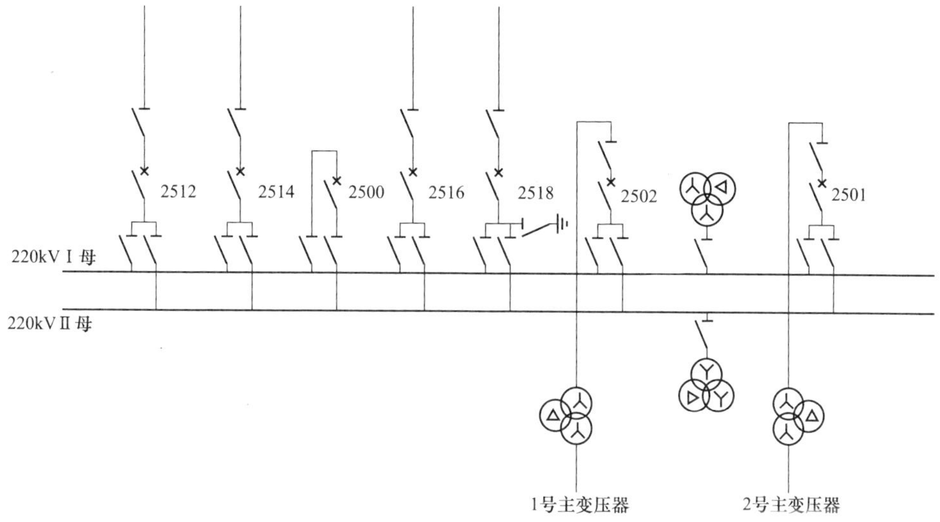


图1-2　接线图

答：（1）监控系统的通信控制器装置有问题，误发合闸信号，是造成220kV母差保护动作的主要原因。

（2）危险点分析预控措施针对性不强，没有采取有针对性的防范措施，是造成本次故障的次要原因。

（3）现场作业人员、管理人员安全意识淡薄，存在赶工期、抢进度而忽视安全的情况，是造成本次故障的另一次要原因。

**3. 2012年，当地时间7月30日02时35分，印度北部地区德里邦、哈利亚纳邦、中央邦、旁遮普邦、拉贾斯坦邦、北安查尔邦、北方邦等9个邦发生停电故障，逾3.7亿人受到影响。在上述地区恢复供电数小时后，于当地时间7月31日13时05分开始，印度包括首都新德里在内的东部、北部和东北部地区电网再次发生大面积停电故障，超过20个邦再次陷入电力瘫痪状态，全国近一半地区的供电出现中断，逾6.7亿人口受到影响。当地时间7月30日02时35分，向阿格拉－巴瑞里（Agra－Bareilly）输电断面供电的400kV比纳至瓜利欧（Bina－Gwalior）输电线路跳闸，导致北方电网稳定破坏，网内所有主要火电和水电厂机组跳闸停机，致使功率缺额达3200万kW。故障后从印度政府部门发布的有关信息来看，“7·30”大停电故障发生前，北部区域电网内的四个邦（Haryana，Rajasthan，Uttar Pradesh，Punjab）农灌、空调负荷急剧攀升，而水电厂因来水不足、火电厂因燃料价格上涨出力大幅减少，从而引起上述四个邦严重超调度计划受电，而400kV比纳至瓜利欧线路跳闸前，其已严重超过其热稳定限额运行。印度400kV及以上跨区联网示意图如图1-3所示。**

**试分析在该次事件中调度机构应负哪些责任。**

图 1-3 印度 400kV 及以上跨区联网示意图

答：(1) 在 400kV 比纳至瓜利欧线路跳闸前，电网（设备）已严重超过其热稳定限额运行。

(2) 电网调度运行失控。从北方电网内四个邦严重超计划受电情况来看，北方区域电网调度和四个邦级调度都没有及时控制负荷，导致用电失控、潮流失控和电网安全失控。

(3) 电网在严重缺电情况下，在需求侧管理方面职能缺失，调度在紧急情况下并未采取拉闸限电的措施。

**4. 事故汇报。请指出下面对话中存在的问题。**

**110kV ××变电站单台主变压器运行，变压器为双卷变压器，变比为 110/10kV。**

**××变电站值班员张三汇报：调度吗？我是××变电站。10 时 35 分，站内 1 号主变压器复压过流保护动作跳闸，站内 10kV 母线失压。**

**请问：(1) 变电站运行值班员的汇报存在什么问题？**

**(2) 作为当值调度员，为了全面了解事故情况，做出准确判断，还需要询问变电站值班员哪些情况。**

答：变电站运行值班员的汇报存在的问题有：

(1) 运行值班员汇报没有互报姓名。

(2) 没有讲清楚主变跳开的是低压侧开关还是两侧开关。

调度员还应询问清楚下列情况：

(1) 主变压器动作跳闸的是那个开关。

(2) 10kV 出线开关是否有保护动作情况，10kV 母线及出线开关检查情况。

(3) 主变压器保护及外观检查情况。

**5. 调度下令及汇报。请指出对话中存在的问题。**

**因变电站内工作需要，甲变电站 66kV 甲乙线 6612 开关要停电转为检修状态，地调张三下令给变电站运行值班员。**

**（1）地调值班调度员张三：喂，你好！是甲变电站吗？**

**（2）甲变电站运行值班员李四：你好！我是甲变电站李四。**

**（3）地调值班调度员张三：我是张三，现在下令给你，请做好记录。**

**（4）甲变电站运行值班员李四：好的，请讲！**

**（5）地调值班调度员张三：将甲乙线 6612 开关由运行转检修。**

**（6）甲变电站运行值班员李四：好的，我写好票就操作。**

**（7）甲变电站运行值班员李四操作完毕后，汇报调度：你好！我是李四，现在已将 6612 开关由运行转检修，操作完毕。**

答：（1）地调调度员张三缺少自我介绍；缺少询问甲变电站值班员姓名。

（2）甲变电站李四缺少询问地调值班员姓名。

（3）地调调度员张三自我介绍缺少介绍单位。

（4）地调调度员张三下令时将线路名称弄错；缺少电压等级。

（5）甲变电站李四缺少复诵调度指令；缺少编制完操作票后联系调度进行操作。

（6）甲变电站李四回令时缺少线路开关名称；缺少电压等级；缺少自我介绍单位。

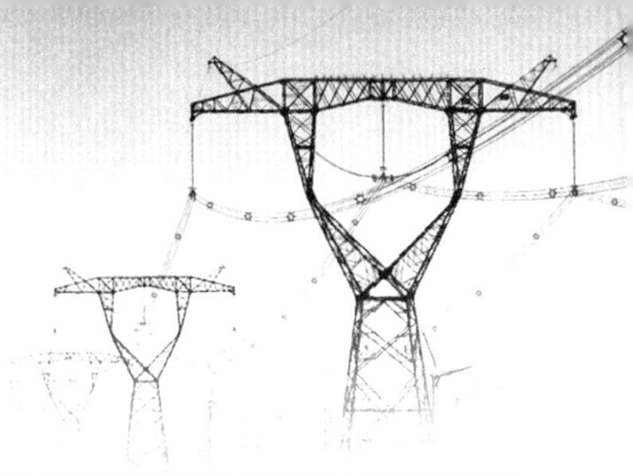

# 第二章 电网基础知识

## 一、单选题

1. 电力生产与电网运行应遵循的原则（ ）。(A)

A. 安全、优质、经济　　B. 安全、稳定、经济
C. 连续、优质、稳定　　D. 连续、优质、可靠

2. 电网运行的客观规律包括（ ）。(B)

A. 瞬时性、快速性、电网事故发生突然性　　B. 同时性、平衡性、电网事故发生突然性
C. 变化性、快速性、电网事故发生突然性　　D. 异步性、变化性、电网事故发生突然性

3. 短路电流最大的短路类型一般为（ ）。(D)

A. 单相短路　　B. 两相短路　　C. 两相短路接地　　D. 三相短路

4. 并列运行的发电机间在小干扰下发生的频率为（ ）范围内的持续振荡现象叫低频振荡。(B)

A. 0.02～0.2Hz　　B. 0.2～2.5Hz　　C. 2.5～5Hz　　D. 5～10Hz

5. 变压器励磁涌流中含有大量高次谐波，其中以（ ）谐波为主。(A)

A. 二次　　B. 三次　　C. 四次　　D. 五次

6. 一回1000kV特高压输电线路的输电能力可达到500kV常规输电线路输电能力的（ ）倍以上。在输送相同功率情况下，1000kV线路功率损耗约为500kV线路的（ ）。(B)

A. 2倍、1/4　　B. 4倍、1/16　　C. 2倍、1/16　　D. 4倍、1/4

7. 大功率直流输电，当发生直流系统闭锁时，两端交流系统将承受大的（ ）。(B)

A. 频率波动　　B. 功率冲击　　C. 电压波动　　D. 负荷波动

8. 利用特高压输电技术，实现远距离、大规模的电力输送，有利于减少电力损耗、节约土地资源、保护环境、节约投资，促进我国（ ）基地的集约化开发。(B)

A. 大电网、大机组、大用户　　B. 大煤电、大水电、大核电
C. 大电网、大火电、大水电　　D. 大能源、大容量、大用户

9. 220kV及以下电压等级变压器差动保护用的电流互感器要求的准确级是（ ）。(D)

A. 0.2级　　B. 0.5级　　C. 1级　　D. P级

10. 发电机一会儿是发电机，一会儿是电动机的状态叫作（ ）。(D)

A. 同步运行　　B. 异步运行　　C. 同步振荡　　D. 异步振荡

11. 当发电机经由串联电容补偿的线路接入系统时，如果串联补偿度较高，网络的电气谐振频率较容易和大型汽轮发电机轴系的自然扭振频率产生谐振，这种振荡称之为（ ）。(C)

A. 同步振荡　　B. 异步振荡　　C. 次同步振荡　　D. 低频振荡

12. 在正常励磁电流的基础上增加励磁电流，会引起（ ）。(D)

A. 功角$\delta$增加，功率因数变为滞后　　B. 功角$\delta$增加，功率因数变为超前
C. 功角$\delta$减小，功率因数变为超前　　D. 功角$\delta$减小，功率因数变为滞后

13. 次同步振荡的频率通常（ ）。(B)

A. 大于 50Hz　　B. 小于 50Hz　　C. 等于 50Hz　　D. 50Hz 左右

14. 发电机在（　　）情况下容易发生自励磁。(A)

A. 接空载长线路　　B. 接负荷较重的线路

C. 串联电容补偿度过小的线路　　D. 并联电容补偿度过小的线路

15. 在中性点非直接接地的电网中，母线一相电压为 0，另两相电压为线电压，这是（　　）现象。(A)

A. 单相金属性接地　B. 单相断线不接地　　C. 两相断线不接地　　D. PT 熔丝熔断

16. 防止次同步振荡的措施不包括（　　）。(D)

A. 通过附加或改造一次设备　　B. 降低串联补偿度

C. 通过二次设备提供对振荡模式的阻尼　　D. 采用 PSS

17. （　　）是系统中无功功率的主要消耗者。(B)

A. 发电机　　B. 异步电动机　　C. 输电线路　　D. 变压器

18. 一 500kV 空载运行线路，首端电压和末端电压分别为 $U_1$ 和 $U_2$，下面正确的是（　　）。(A)

A. $U_1<U_2$　　B. $U_1=U_2$　　C. $U_1>U_2$　　D. 不确定

19. 雷击时，避雷针构架对其他设备或导线放电，称为（　　）。(B)

A. 雷击过电压　　B. 反击过电压　　C. 绕击过电压　　D. 大气过电压

20. 自动发电控制（AGC）是（　　）的重要组成部分。(B)

A. 配电管理系统（DMS）　　B. 能量管理系统（EMS）

C. 调度员培训模拟系统（DTS）　　D. 监视控制和数据采集系统（SCADA）

21. 电力系统在运行中发生三相短路时，通常出现（　　）现象。(B)

A. 电流急剧减小　B. 电流急剧增大　　C. 电流谐振　　D. 电压升高

22. 在超高压长距离输电线路上，较大的谐波电流会使（　　）熄灭延缓，导致单相重合闸失败，扩大事故。(A)

A. 潜供电流　　B. 负荷电流　　C. 感应电弧　　D. 重燃电弧

23. 变压器运行电压一般不应超过该运行分接头额定电压的（　　）倍。(A)

A. 1.05　　B. 1.1　　C. 1.15　　D. 1.2

24. 静止无功补偿器为电力系统提供（　　），调节系统电压。(D)

A. 固定有功电源　　B. 动态有功电源　　C. 固定无功电源　　D. 动态无功电源

25. 在事故后运行方式和特殊运行方式，按功角计算的静态稳定储备系数 $k_p$ 不得低于（　　）。(B)

A. 5%　　B. 10%　　C. 15%　　D. 20%

26. 电网电压、频率、功率发生瞬间下降或上升后立即恢复正常称（　　）。(A)

A. 波动　　B. 振荡　　C. 谐振　　D. 正常

27. 变压器一次侧电压不变，电网频率降低，对变压器的影响表述不对的是（　　）。(C)

A. 一次、二次绕组感应电势基本不变　　B. 主磁通增加

C. 一次、二次绕组感应电势基本减少　　D. 励磁电流增加

28. 当系统有 $n$ 台发电机时，有（　　）个低频振荡模式。(C)

A. $n$　　B. $n+1$　　C. $n-1$　　D. $n+2$

29. 低频振荡产生的原因是由于电力系统的（　　）。(A)

A. 负阻尼效应　　B. 无阻尼效应　　C. 强阻尼效应　　D. 零阻尼效应

30. 电力系统发生振荡时，电气量的变化速度是（　　）。(B)

A. 突变的　　B. 逐渐的　　C. 不变的　　D. 线性变化

31. 电力系统发生振荡时，（　　）电流最大。(D)

A. 两侧电势夹角为 0°时　　B. 两侧电势夹角 45°时

C. 两侧电势夹角 90°时　　D. 两侧电势夹角为 180°时

32. 调相机的主要用途是供给（　　）、改善功率因数、调整网络电压，对改善电力系统运行的稳定性起一定的作用。(B)

A. 有功功率　　B. 无功功率　　C. 有功功率和无功功率　D. 视在功率

33. 为保证特高压直流输电的高可靠性要求，无功补偿设备将主要采用（　　）。(B)

A. 调相机

B. 交流滤波器和并联电容器

C. 交流滤波器和 STATCOM（静止同步补偿器）

D. 静止无功补偿器

34. 下面（　　）不是电力系统产生工频过电压的原因。(C)

A. 空载长线路的电容效应　　B. 不对称短路引起的非故障相电压升高

C. 切除空载线路引起的过电压　　D. 甩负荷引起的工频电压升高

35. 发电机自励磁的现象是（　　）。(A)

A. 机端电压上升，负荷电流上升　　B. 机端电压上升，负荷电流下降

C. 机端电压下降，负荷电流上升　　D. 机端电压下降，负荷电流下降

36. 当线路出现不对称断相时（　　）零序电流。(A)

A. 有　　B. 没有　　C. 不一定有　　D. 与断线情况有关

37. 发生短路时，正序电压是越接近故障点数值（　　）。(A)

A. 越小　　B. 越大　　C. 无变化　　D. 不确定

38. 发生短路时，负序电压和零序电压是越接近故障点数值（　　）。(B)

A. 越小　　B. 越大　　C. 无变化　　D. 不确定

39. 线路单相断开时，故障相上的电压可分解为（　　）和电磁感应电压。(A)

A. 静电感应电压　B. 故障电压　　C. 残余电压　　D. 电感电压

40. 功角 $\delta$ 大于 90°时是（　　）。(B)

A. 静态稳定区　　B. 静态不稳定区　　C. 动态稳定区　　D. 动态不稳定区

41. 母线三相电压同时升高，相间电压仍为额定，TV 开口三角端有较大的电压，这是（　　）现象。(C)

A. 单相接地　　B. 断线　　C. 工频谐振　　D. TV 熔丝熔断

42. 线路发生两相短路时，短路点处正序电压与负序电压的关系为（　　）。(B)

A. $U_{K1}>U_{K2}$　　B. $U_{K1}=U_{K2}$　　C. $U_{K1}<U_{K2}$　　D. 不确定

43. 变压器分接头一般放在变压器的（　　）。(B)

A. 中压侧　　B. 高压侧　　C. 低压侧　　D. 均可以

44. 快速励磁系统作用是（　　）。(A)

A. 提高发电机并列运行的输出有功功率的极限值

B. 提高发电机并列运行的输出无功功率的极限值

C. 提高发电机并列运行的机端电压的极限值

D. 有利于避免发电机的自发振荡

45. 如果线路送出有功与受进无功相等，则线路电流、电压相位关系为（　　）。(B)

A. 电压超前电流 45°　　B. 电流超前电压 45°

C. 电流超前电压 135°　　D. 电压超前电流 135°

46. 发电机组功频特性取决于（　　）的特性。(A)

A. 调速系统　　B. 励磁系统　　C. 汽轮机　　D. 发电机

47. 由发电机调速系统的频率静态特性而引起的调频作用称为（　　）。(A)

A. 一次调频　　B. 二次调频　　C. 自动调频　　D. 自动发电控制（AGC）

48. 当线路输送自然功率时，线路产生的无功（　　）线路吸收的无功。(B)

A. 大于　　B. 等于　　C. 小于　　D. 大于等于

49. 当线路输送自然功率时，单位长度线路串联电抗消耗的无功与并联电容发出无功相同，沿线电压（　）$U_n$。(B)

A. 大于　　B. 等于　　C. 小于　　D. 大于等于

50. 变压器并列运行时，负荷功率（　）。(D)

A. 按功率分配　　B. 按功率成反比分配

C. 按短路电压成正比分配　　D. 按短路电压成反比分配

51. 电力系统同期并列的条件是并列断路器两侧（　）相同，（　）不超过本网规定。(D)

A. 频率、相序；电压、相位　　B. 频率、相位；电压、相序

C. 频率、电压；相序、相位　　D. 相序、相位；频率、电压

52. 对于中、长输电距离来说，特高压输电线路的输电能力主要受（　）的限制。(A)

A. 功角稳定　　B. 电压稳定性　　C. 热稳定极限　　D. 动态稳定

53. 增加发电机的励磁电流，便可以增大发电机的（　）输出。(A)

A. 无功　　B. 有功　　C. 电流　　D. 转速

54. 输送相同的负荷，提高输送系统的电压等级会（　）。(B)

A. 提高负荷功率因数　　B. 减少线损

C. 改善电能波形　　D. 提高稳定水平

55. 在线路上装设的并联电容器不能（　）。(A)

A. 供应有功功率　　B. 供应无功功率　　C. 调整电压　　D. 改变无功分布

56. 在变压器电源电压高于额定值时，铁芯中的损耗会（　）。(C)

A. 减少　　B. 不变　　C. 增大　　D. 无规律变化

57. 220kV 及以下电网的无功电源安装总容量，一般应等于（　）。(C)

A. 8 倍的电网最大自然无功负荷　　B. 电网最大自然无功负荷

C. 1.15 倍电网最大自然无功负荷　　D. 2 倍的电网最大自然无功负荷

58. 变电站并联补偿电容器长期允许运行电压不允许超过额定电压的（　）倍。(B)

A. 1　　B. 1.05　　C. 1.1　　D. 1.3

59. 两台阻抗电压不相等的变压器并列运行时，在负荷分配上（　）。(A)

A. 阻抗电压大的变压器负荷小　　B. 阻抗电压大的变压器负荷大

C. 负荷的分配不受阻抗电压的影响　　D. 阻抗电压小的变压器负荷小

60. 高压断路器的额定电流是（　）。(B)

A. 断路器长期运行电流　　B. 断路器长期运行电流的有效值

C. 断路器运行中的峰值电流　　D. 断路器运行中的平均电流

61. 变压器油的作用是（　）。(D)

A. 绝缘　　B. 灭弧　　C. 绝缘和灭弧　　D. 绝缘和冷却

62. 雷电引起的过电压称为（　）。(C)

A. 内部过电压　　B. 工频过电压　　C. 大气过电压　　D. 谐振过电压

63. 变压器带（　）负荷时电压最高。(A)

A. 容性　　B. 感性　　C. 阻性　　D. 其他

64. 电容器的无功输出功率与电容器的电容（　）。(B)

A. 成反比　　B. 成正比　　C. 不成比例　　D. 无关

65. 变压器在额定电压下，二次开路时，在铁芯中消耗的功率为（　）。(C)

A. 铜损　　B. 无功损耗　　C. 铁损　　D. 磁滞损耗

66. 电流互感器极性对（　）没有影响。(C)

A. 差动保护　　B. 方向保护　　C. 电流速断保护　　D. 距离保护

67. 在感性负载两端并联电容器是为了（　　）。(A)

A. 提高整个电路的功率因数　　B. 增加电源无功功率

C. 减少负载有功功率　　D. 改变运行参数

68. 变压器注油时，应使油位上升到与（　　）相应的位置。(A)

A. 环境温度　　B. 油温　　C. 绕组温度　　D. 上层油温

69. 电力系统发生短路故障时，通常伴有电压（　　）。(B)

A. 大幅度上升　　B. 急剧下降　　C. 越来越稳定　　D. 不变

70. 电流互感器在运行中，必须使（　　）。(A)

A. 铁芯及二次绕组牢固接地　　B. 铁芯两点接地

C. 二次绕组不接地　　D. 二次绕组接地

71. 电力系统不能向负荷供应所需的足够的有功功率时，系统的频率（　　）。(D)

A. 升高　　B. 先降低后升高　　C. 不变　　D. 降低

72. 电力系统中的设备包括运行、热备用、冷备用和（　　）四种状态。(A)

A. 检修　　B. 停用　　C. 故障　　D. 试验

73. 变压器温度稳定上升，绕组绝缘电阻会（　　）。(B)

A. 增大　　B. 降低　　C. 不变　　D. 成比例增大

74. 为了保证用户电压质量，系统必须保证有足够的（　　）。(C)

A. 有功容量　　B. 电压　　C. 无功容量　　D. 电源

75. 变压器并列运行的理想状况：空载时，并列运行的各台变压器绕组之间（　　）。(D)

A. 无位差　　B. 同相位　　C. 连接组别相同　　D. 无环流

76. “分层分区，就地平衡”原则是（　　）的原则。(B)

A. 电网有功平衡　　B. 电网无功补偿　　C. 低频减载配置　　D. 低压减载配置

77. 交流输电线路的自然功率与（　　）成正比。(B)

A. 线路电压　　B. 线路电压平方　　C. 线路波阻抗　　D. 线路波阻抗平方

78. 在中性点经消弧线圈接地的系统中，变电站安装的消弧线圈宜采用（　　）方式。(B)

A. 全补偿　　B. 过补偿　　C. 欠补偿　　D. 恒补偿

79. 220kV 及以下变压器有载分接开关一般应装在变压器的（　　）。(A)

A. 高压侧　　B. 中压侧　　C. 低压侧　　D. 三侧

80. 变压器的接线组别表示的是：高、低压侧绕组的接线形式及同名（　　）间的相位关系。(A)

A. 线电压　　B. 相电压　　C. 线电流　　D. 相电流

81. 消耗无功功率的主要用电负荷是（　　）。(B)

A. 电容性负荷　　B. 电感性负荷　　C. 电阻性负荷　　D. 整流性负荷

82. LGJ-400 型导线的持续允许电流为（　　）A。(C)

A. 610　　B. 710　　C. 845　　D. 945

83. 消弧线圈的作用是当发生单相接地时，补偿通过接地点的（　　）。(B)

A. 电感电流　　B. 电容电流　　C. 接地电流　　D. 短路电流

84. 理论上消弧线圈有三种补偿方式（欠补偿、全补偿、过补偿）。66kV 电网一般采用（　　）方式。(C)

A. 欠补偿　　B. 全补偿　　C. 过补偿　　D. 无补偿

85. 66kV 电网中性点位移电压长时间不超过 15%相电压，1h 不允许超过（　　）相电压。(C)

A. 10%　　B. 15%　　C. 30%　　D. 100%

86. 提高电力系统静态稳定性的根本措施是（　　）。(A)

A. 缩短电气距离　　B. 提高备用容量　　C. 减小加速面积　　D. 提高系统电压

87. 中性点非直接接地系统中，发生单相金属性接地，非故障相对地电压（　　）。(D)

A. 不变　　B. 升高 3 倍　　C. 降低　　D. 升高$\sqrt{3}$倍

88. 电力系统受到小干扰后，不发生非周期性失步，自动恢复到起始运行状态的能力，称为（　　）。(B)

A. 动态稳定　　B. 静态稳定　　C. 系统的抗干扰能力　　D. 暂态稳定

89. 220kV 输电线路（2 分裂）的自然功率参考值为（　　）。(B)

A. 130MW　　B. 157MW　　C. 350MW　　D. 925MW

90. 220kV 以下系统的绝缘水平往往由（　　）决定。(B)

A. 工频过电压　　B. 大气过电压　　C. 操作过电压　　D. 谐振过电压

91. 导线型号 LGJQ 中每个字母依次表示（　　）。(B)

A. 铜、钢芯、绞线、加强型　　B. 铝、钢芯、绞线、轻型

C. 铝、钢芯、绞线、加强型　　D. 铜、钢芯、绞线、轻型

92. 相同长度电缆线路的电容比同级电压架空线路的电容（　　）。(D)

A. 大　　B. 小　　C. 相同　　D. 大很多

93. 电力线路在同样电压下，经过同样地区，单位爬距越大，则发生闪络的（　　）。(A)

A. 可能性越小　　B. 可能性越大　　C. 机会均等　　D. 条件不够，无法判断

94. 电力系统暂态稳定是指电力系统受到大扰动后，（　　），最终达到新的或恢复到原来的稳定运行方式的能力。(B)

A. 不发生自发振荡和非同期失步　　B. 各同步电动机保持同步运行

C. 各同步电动机失步后较快恢复同步　　D. 进入稳定的失步运行

95. 在变压器中性点装设消弧线圈的目的是（　　）。(C)

A. 提高电网电压水平　　B. 限制变压器故障电流

C. 补偿电网接地的电容电流　　D. 吸收无功

96. 功率因数用 $\cos\varphi$ 表示，其大小为（　　）。(B)

A. $\cos\varphi=\frac{P}{Q}$　　B. $\cos\varphi=\frac{R}{Z}$　　C. $\cos\varphi=\frac{Q}{S}$　　D. $\cos\varphi=\frac{X}{R}$

97. 对电力系统的稳定性干扰最严重的是（　　）。(B)

A. 投切大型空载变压器　　B. 发生三相短路故障

C. 发生两相接地短路　　D. 发生单相接地

98. 为解决系统无功电源容量不足的问题，提高功率因数，改善电压质量，降低线损，可采用（　　）。(C)

A. 串联电容和并联电抗　　B. 串联电容

C. 并联电容　　D. 并联电抗

99. 为了使长距离线路三相参数保持平衡，电力线路必须（　　）。(A)

A. 按要求进行换位　B. 经常检修　　C. 改造接地　　D. 增加爬距

100. 电网有备用接线方式的主要缺点是（　　）。(D)

A. 接线简单　　B. 电压质量低　　C. 可靠性不高　　D. 不够经济

101. 在投切中性点直接接地系统的变压器时，中性点接地是为了（　　）。(C)

A. 保证人身安全　　B. 保证零序保护的可靠动作

C. 防止过电压损坏变压器绝缘　　D. 防止穿越性故障损坏变压器绝缘

102. 在大接地电流系统中，故障电流中含有零序分量的故障类型是（　　）。(C)

A. 两相短路　　B. 三相短路　　C. 两相短路接地　　D. 以上都不是

103. 在大接地电流系统发生单相接地故障时，其故障电流电压分析中，各序的序网络是（　　）。(C)

A. 串并联　　B. 并联　　C. 串联　　D. 混联

104. 两相短路电流为三相短路电流的（　　）倍。(C)

A. 0.5　　B. 0.707　　C. 0.866　　D. 1

105. 监测电网电压值和考核电压质量的节点，称为电网电压（　）。(D)

A. 中枢点　　B. 公共点　　C. 参考点　　D. 监测点

106. 下列接线方式中，无备用的是（　）。(C)

A. 环式供电　　B. 两端供电　　C. 放射式　　D. 双回线式

107. 电网出现大电源失电，会出现频率（　）的现象。(B)

A. 升高　　B. 降低　　C. 不变　　D. 不一定

108. 大电流接地系统，一台电压互感器如果开口三角形绕组 C 相接反，运行时，开口三角输出电压为（　）V。(D)

A. 0　　B. 57.7　　C. 100　　D. 200

109. 交流电路中常用 $P$、$Q$、$S$ 分别表示有功功率、无功功率、视在功率，而功率因数是用公式（　）表示。(B)

A. $Q/P$　　B. $P/S$　　C. $Q/S$　　D. $P/Q$

110. 直流电路中，一台额定电压为 100V、额定电流为 10A 的用电设备，接入 220V 的电路中并能正常工作，可以（　）。(B)

A. 串联一个 10Ω 电阻　　B. 串联一个 12Ω 电阻

C. 串联一个 20Ω 电阻　　D. 串联一个 22Ω 电阻

111. 有一个内阻为 3kΩ、最大量程为 3V 的电压表，需将它串联一个电阻改装成一个 15V 的电压表，则串联电阻的阻值为（　）kΩ。(C)

A. 3　　B. 9　　C. 12　　D. 24

112. 有一个内阻为 0.15Ω、最大量程为 4A 的电流表，将它并联一个 0.05Ω 的电阻，则这块电流表的量程变为（　）A。(D)

A. 1　　B. 3　　C. 12　　D. 16

113. 在 $R$、$L$、$C$ 三者并联的正弦交流电路中，若 $I_R=5A$，$I_L=5A$，$I_C=5A$，则总电流 $I$ 等于（　）。(B)

A. 0　　B. 5　　C. 10　　D. 15

114. 变电站独立避雷针的接地电阻一般不大于（　）。(C)

A. 0.5Ω　　B. 4Ω　　C. 10Ω　　D. 15Ω

115. 大电流接地系统，变电站的地网接地电阻一般不大于（　）。(B)

A. 0.1Ω　　B. 0.5Ω　　C. 1Ω　　D. 4Ω

116. 独立避雷针的接地装置与最近的接地网距离不得小于（　）。(A)

A. 3m　　B. 4m　　C. 5m　　D. 8m

117. 将一块最大刻度是 300A 的电流表接入变比为 300/5 的电流互感器二次回路中，当电流表的指示为 150A，表计的线圈实际通过了（　）电流。(B)

A. 1A　　B. 2.5A　　C. 3A　　D. 5A

118. 有一长 2km、截面积为 $4mm^2$ 的铜导线，试求导线的电阻为（　）（$\rho=0.0175\Omega\cdot mm^2/m$）。(B)

A. 4.375Ω　　B. 8.75Ω　　C. 17.5Ω　　D. 35Ω

119. 在正常运行情况下，中性点不接地系统的中性点位移电压不应超过（　）相电压。(C)

A. 5%　　B. 10%　　C. 15%　　D. 30%

120. 大电流接地系统电压互感器开口三角绕组的额定电压为（　）V。(D)

A. 0　　B. 100/3　　C. 57.7　　D. 100

121. 按规范要求，变电站设备 C 相一般使用（　）色。(C)

A. 黄　　B. 绿　　C. 红　　D. 黑

122. 三绕组降压变压器的绕组，由里到外一般按（　　）排列。(B)

A. 高、中、低　　B. 低、中、高　　C. 低、高、中　　D. 中、低、高

123. 目前电网中广泛使用的三绕组自耦变压器接线组别一般为（　　）。(B)

A. YNyn0d11　　B. YNa0d11　　C. Yy0d11　　D. Ya0d11

124. 超高压和特高压电网中，若电网快速重合闸时间要求不超过 0.75s，则潜供电流的数值应限制在（　　）A 以下。(B)

A. 10　　B. 20　　C. 30　　D. 50

125. 大电流接地系统的电压互感器变比为（　　）。(C)

A. $U_N/\sqrt{3}$ / (100/$\sqrt{3}$) / (100/$\sqrt{3}$)　　B. $U_N/\sqrt{3}$ / (100/$\sqrt{3}$) / (100/$\sqrt{3}$)

C. $U_N/\sqrt{3}$ / (100/$\sqrt{3}$) / (100/$\sqrt{3}$)/100　　D. $U_N$/100/100

126. YNynd 接线的三相五柱式电压互感器用于中性点非直接接地电网中，其变比为（　　）。(B)

A. $U_N/\sqrt{3}$ (100/$\sqrt{3}$) / (100/$\sqrt{3}$)　　B. $U_N/\sqrt{3}$ / (100/$\sqrt{3}$) / (100/$\sqrt{3}$)

C. $U_N/\sqrt{3}$ (100/$\sqrt{3}$) /100　　D. $U_N$/100/100

127. 二次回路绝缘电阻的测定，一般情况下使用（　　）V 的绝缘电阻表进行。(B)

A. 500　　B. 1000　　C. 1500　　D. 2500

128. 为了把电流表量程扩大 100 倍，分流电阻的电阻值应为仪表电阻的（　　）。(B)

A. 1/100　　B. 1/99　　C. 99 倍　　D. 100 倍

129. 分相操作的断路器拒动，考虑的原则是（　　）。(A)

A. 单相拒动　　B. 两相拒动　　C. 三相拒动　　D. 都考虑

130. 220kV 变压器中性点经间隙接地的零序过电压保护，定值一般可整定为（　　）。(C)

A. 70V　　B. 100V　　C. 180V　　D. 220V

131. Yd11 接线的变压器，是指（　　）。(D)

A. 一次侧相电压超前二次侧相电压 30°　　B. 一次侧线电压超前二次侧线电压 30°

C. 一次侧相电压滞后二次侧线电压 30°　　D. 一次侧线电压滞后二次侧线电压 30°

132. 变压器励磁涌流的衰减时间一般为（　　）s。(A)

A. 0.5～1　　B. 1.5～2　　C. 3～4　　D. 4～5

133. 变电站增加一台中性点直接接地的负荷变压器，在该变电站某出线对侧母线上发生单相接地故障时，该出线的零序电流（　　）。(C)

A. 变小　　B. 不变　　C. 变大　　D. 不定

134. 当中性点不接地系统发生单相接地故障时，开口三角形输出电压为（　　）。(B)

A. 70V　　B. 100V　　C. 180V　　D. 300V

135. 人站立或行走在有电流流过的地面时，两脚间所承受的电压称（　　）电压。(C)

A. 接触　　B. 接地　　C. 跨步　　D. 反击

136. 当三相电动势的相序是 A-B-C 时，称为（　　）。(A)

A. 正序　　B. 负序　　C. 零序　　D. 顺序

137. 零序电流在发生（　　）时才会出现。(B)

A. 相间故障　　B. 接地故障或非全相运行

C. 振荡　　D. 短路

138. 500kV 变压器高压侧及中压侧安装避雷器主要是为了防止（　　）危害。(D)

A. 大气过电压　　B. 感应过电压　　C. 谐振过电压　　D. 操作过电压

139. 500kV 3/2 接线变电站中，线路电压互感器为（　　），母线电压互感器为（　　）。(C)

A. 单相，单相　　B. 单相，三相　　C. 三相，单相　　D. 三相，三相

140. 大电流接地系统中，如一点发生接地时，接地点任一相中流过的零序电流等于通过故障点接地电

流的（　　）。(D)

A. 1倍　　B. 2倍　　C. 3倍　　D. 1/3

141. 断路器位置、线路有功、远方拉合开关、变压器有载调压分别属于“五遥”的（　　）。(C)

A. 遥信、遥控、遥测、遥调　　B. 遥视、遥控、遥调、遥测

C. 遥信、遥测、遥控、遥调　　D. 遥信、遥测、遥调、遥视

142. 10kV公用电网谐波电压总畸变率一般不应超过（　　）。(C)

A. 2%　　B. 3%　　C. 4%　　D. 5%

143. 10kV电压互感器高压侧熔断器额定电流一般为（　　）A。(A)

A. 0.5　　B. 1　　C. 3　　D. 5

144. 开关非全相运行时，负序电流的大小与负荷电流的大小关系为（　　）。(A)

A. 成正比　　B. 成反比　　C. 不确定　　D. 没关系

145. 220kV变电站某66kV线路计量用电流互感器变比为600/5，则该线路电能表的倍率为（　　）。(C)

A. 60000　　B. 66000　　C. 79200　　D. 264000

146. 66kV电网中性点位移电压长时间不应该超过（　　）kV。(B)

A. 3.8　　B. 5.7　　C. 11.4　　D. 38.1

147. 66kV电网中额定容量为（　　）kVA的消弧线圈，最大补偿电感电流为50A。(B)

A. 950　　B. 1900　　C. 3800　　D. 5700

148. 接线组别为Y/△-11的10MVA变压器，额定电压为66/11kV，高压侧绕组为1800匝，则低压侧绕组为（　　）匝。(C)

A. 173　　B. 300　　C. 520　　D. 491

149. 变压器绕组首尾绝缘水平一样为（　　）变压器。(A)

A. 全绝缘　　B. 半绝缘　　C. 不绝缘　　D. 分级绝缘

150. 某线路发生故障，由故障录波可知动作电流为70A，一次电流实际值为8.4kA，则TA变比为（　　）。(B)

A. 300/5　　B. 600/5　　C. 800/5　　D. 1200/5

151. 容量为10MVA的66kV/10.5kV变压器低压侧额定电流为（　　）A。(C)

A. 440　　B. 525　　C. 550　　D. 880

152. 容量为31.5MVA的66kV/10.5kV变压器低压侧额定电流为（　　）A。(C)

A. 1100　　B. 1653　　C. 1732　　D. 2100

153. 容量为120MVA的220kV/66kV变压器低压侧额定电流为（　　）A。(B)

A. 875　　B. 1050　　C. 1575　　D. 1818

154. 容量为180MVA的220kV/66kV变压器，当低压侧负荷电流为900A时，负载率为（　　）。(C)

A. 86%　　B. 69%　　C. 57%　　D. 43%

155. 电能经高压输电线路传输，每100km相位偏移（　　）。(B)

A. 5°　　B. 6°　　C. 8°　　D. 10°

156. LGJ-150/30的架空线路允许的安全电流为（　　）A。(C)

A. 335　　B. 380　　C. 445　　D. 515

157. 型号为LGJ-185/30的架空线路，当最大负荷电流为300A时，最大负载率为（　　）。(B)

A. 67%　　B. 58%　　C. 49%　　D. 42%

158. 某66kV/10.5kV变电站，2台主变压器，容量都为20MVA，低压侧负荷分别为500、700A，当主变压器$N-1$后，负载率为（　　）。(B)

A. 100%以下　　B. 100%～110%　　C. 110%～130%　　D. 130%～150%

159. 正弦交流电的三要素是（　　）。(B)

A. 电压、电动势、电位　　B. 最大值、频率、初相位
C. 容抗、感抗、阻抗　　D. 平均值、周期、电流

160. 某变电站10kV母线发“单相接地”告警信号，检查接地母线三相电压表指示，若为（　　），则可能为保险熔断。(D)

A. 一相电压升高，另外两相电压降低　　B. 一相电压降低，另外两相电压升高
C. 一相电压升高，另外两相电压不变　　D. 一相电压降低，另外两相电压不变

161. 调度员接到监控班值班员报告：“某变电站10kV Ⅱ段母线电压异常，$U_A=10.2$kV、$U_B=10.6$kV、$U_C=0.2$kV、$U_L=10.5$kV”。请问根据以上汇报情况，最有可能发生了（　　）。(A)

A. 单相接地故障　　B. 相间故障
C. 三相接地故障　　D. 单相断线故障

162. 某变电站值班员汇报：“10kV电压异常：$U_A=7.5$kV、$U_B=8.1$kV、$U_C=8.6$kV，$U_L=10$kV，三相电压异常摆动”。请问根据以上汇报情况，最有可能发生了（　　）。(C)

A. 单相接地故障　　B. 断线故障
C. 谐振　　D. 三相接地故障

163. 一只电流表满量限为10A，准确度等级为0.5，用此表测量1A电流时的相对误差是（　　）。(B)

A. 0.5%　　B. 5%　　C. 10%　　D. 50%

164. 一般认为电力系统中$X_1=X_2$，当发生故障时，计算短路电流的公式可以表示为$I_k=a\times U_k/(b\times Z_{k1}+c\times Z_{k0})$，当发生单相故障时，请确定$a$、$b$、$c$的值分别为（　　）。(A)

A. 3、2、1　　B. 1、2、1　　C. 1.732、2、1　　D. 1.732、2、0

165. 一电阻$R=20\Omega$，与电感线圈$L$串联在交流电源上，线圈电阻为30Ω，电阻R端电压为120V，线圈电压为294.6V，求电源电压（　　）。(C)

A. 220V　　B. 240V　　C. 380V　　D. 400V

166. 在$R$、$L$、$C$串联电路中，当电流与总电压同相时，（　　）成立。(B)

A. $\omega L^2C=1$　　B. $\omega^2LC=1$　　C. $\omega LC=1$　　D. $\omega=LC$

167. R、L、C并联电路，当电路谐振时，回路中（　　）最小。(C)

A. 电压　　B. 阻抗　　C. 电流　　D. 电抗

168. 交流测量仪表所指示的读数是正弦量的（　　）。(A)

A. 有效值　　B. 最大值　　C. 平均值　　D. 瞬时值

169. 三相对称负载星形连接时，线电压是相电压的（　　）倍。(C)

A. 1　　B. $\sqrt{2}$　　C. $\sqrt{3}$　　D. 3

170. 对高压设备的试验中，属于破坏性试验的是（　　）。(B)

A. 绝缘电阻和泄漏电流测试　　B. 直流耐压和交流耐压试验
C. 介质损失角正切值测试　　D. 变比试验

171. 避雷器的均压环，主要以其对（　　）的电容来实现均压。(B)

A. 地　　B. 各节法兰　　C. 导线　　D. 周围

172. 测量低压电缆及二次电缆的绝缘电阻时应使用（　　）绝缘电阻表。(A)

A. 500V或1000V　　B. 2500V
C. 1500V　　D. 2000V

173. 测量绕组直流电阻的目的是（　　）。(C)

A. 保证温升不超过上限　　B. 检查绝缘是否受潮
C. 判断接头是否接触良好　　D. 判断绝缘是否下降

174. 变压器铁芯接地不良会引起（　　）。(A)

A. 间歇性静电放电　　B. 引起电磁振动
C. 造成铁损增大　　D. 造成铜损增大

175. 电力变压器中的铁芯接地属于（　　）。(B)

A. 工作接地　　B. 防静电接地　　C. 防雷接地　　D. 保护接地

176. 雷电在某种特殊气象条件下，击中在避雷针保护范围内设备的现象称为（　　）。(B)

A. 反击　　B. 绕击　　C. 直击　　D. 漏击

177. 若出现发电机、变压器及联络线的电流表、电压表、功率表周期性的剧烈摆动，局部电压波动最大，周期性的降低或接近于零的现象时，判断系统发生（　　）事故。(C)

A. 线路跳闸　　B. 大型发电机跳闸　　C. 振荡　　D. 短路

178. 零序电流的大小，主要取决于（　　）。(B)

A. 发电机是否接地　　B. 变压器中性点接地的数目和位置

C. 故障电流　　D. 用电设备的外壳是否接地

179. 变压器本体的安全保护设施不包括（　　）。(D)

A. 储油柜　　B. 吸湿器和净油器　　C. 压力释放阀　　D. 油箱

180. 同杆并架线路，在一条线路两侧三相断路器跳闸后，存在（　　）电流。(A)

A. 潜供　　B. 助增　　C. 汲出　　D. 零序

181. 快速切除短路故障可有效减少加速功率，是提高电力系统（　　）稳定的最重要的手段。(B)

A. 静态　　B. 暂态　　C. 动态　　D. 小扰动

182. （　　）变压器一、二次绕组之间既有磁的联系，又有电的联系。(C)

A. 单相　　B. 三相　　C. 自耦　　D. 三绕组

183. 频率降低时，可以通过（　　）的办法使频率上升。(C)

A. 增加发电机的励磁，降低功率因数　　B. 投入大电流联切装置

C. 增加发电机有功出力或减少用电负荷　　D. 增加发电机的无功出力

184. 选择断路器额定开断电流应根据其安装处（　　）来决定。(C)

A. 变压器的容量　　B. 最大负荷

C. 最大短路电流有效值　　D. 最小短路电流有效值

185. 对于新投、大修、事故检修或换油后的220kV变压器，在施加电压前静止时间不应少于（　　）。(C)

A. 12h　　B. 24h　　C. 48h　　D. 72h

186. 短路电流的冲击值主要用来检验电气设备的（　　）。(C)

A. 绝缘性能　　B. 热稳定　　C. 动稳定　　D. 灭弧性能

187. 在三相电路中，下面结论正确的是（　　）。(B)

A. 在同一组线电压作用下，一台三相电动机，做星形连接或三角形连接时，其相电压相等

B. 三相负载作三角形连接时，其相电压必定等于相应的线电压

C. 三相负载作星形连接时，必须有中线

D. 在同一组线电压作用下，同一组对称三相负载作星形或三角形连接时，其三相有功功率不变

188. 变压器的零序等值电路（　　）侧需要短接。(C)

A. YN　　B. Y　　C. d　　D. 以上都不对

189. 变压器的零序等值电路只能在（　　）侧与系统的零序网络连接。(A)

A. YN　　B. Y　　C. d　　D. 以上都不对

190. 冲击电流是指短路前空载，电源电压过零发生三相短路时全短路电流的（　　）。(C)

A. 有效值　　B. 一个周期的平均值　　C. 最大瞬时值　　D. 一个周期的均方根值

191. 当a相短路接地时，其短路处的边界条件为（　　）。(D)

A. $I_a=0$，$I_b+I_c=0$，$U_b=Uc$　　B. $U_a=0$，$I_b=0$，$I_c=0$

C. $I_a=0$，$U_b=0$，$U_c=0$　　D. $U_a=0$，$I_b=I_c$

192. 当变压器中性点经阻抗接地的YN接法绕组通过零序电流时，其单相零序等值电路中的中性点阻

抗应增大为（　　）倍。(C)

A. 1　　B. 2　　C. 3　　D. 4

193. 当变压器中性点经阻抗接地的 YN 接法绕组通过零序电流时，中性点接地阻抗上将流过（　　）倍零序电流。(C)

A. 1　　B. 2　　C. 3　　D. 4

194. 短路冲击电流是指（　　）。(C)

A. 短路电流瞬时值 B. 短路电流有效值　　C. 短路电流最大瞬时值 D. 短路电流

195. 短路冲击电流在故障后（　　）出现。(B)

A. 0s　　B. 半个周期　　C. 一个周期　　D. 两个周期

196. 短路发生时，（　　）导体的电动力最大。(B)

A. A 相　　B. B 相　　C. C 相　　D. A 相和 C 相

197. 输电线路的电感参数是反应线路流过电流时的（　　）。(B)

A. 有功损失　　B. 磁场效应　　C. 电场效应　　D. 无功损失

198. 输电线路中的无功损耗与电压的平方成（　　），充电功率与电压的平方成（　　）。(C)

A. 正比，正比　　B. 正比，反比　　C. 反比，正比　　D. 反比，反比

199. 下列几种电力系统短路类型中，不会产生负序电流的是（　　）。(D)

A. 单相短路　　B. 两相短路　　C. 两相短路接地　　D. 三相短路

200. 下列（　　）方法可用于短路电流计算。(A)

A. 对称分量法　　B. 欧拉法　　C. 轨迹灵敏度法　　D. PQ 分解法

201. 下面（　　）不是短路计算的作用。(D)

A. 校验开关的遮断容量　　B. 确定继电保护及自动装置的定值

B. 校验设备的机械稳定和热稳定性　　D. 校验动稳定性

202. 电容式电压互感器中的阻尼器的作用是（　　）。(D)

A. 产生铁磁谐振　　B. 分担二次压降　　C. 改变二次阻抗角　　D. 消除铁磁谐振

203. 母线穿过的金属板等过热，可能是由于母线电流大而在其穿过的金属板上产生（　　）而引起母线设备过热。(A)

A. 涡流　　B. 热效应　　C. 电晕　　D. 涌流

204. 某 66kV 线路电流互感器保护绕组变比为 600/5，二次电流为 4A，线路一次侧电流值为（　　）A。(C)

A. 120　　B. 150　　C. 480　　D. 600

205. 电流互感器按安装方式分类，可以分为穿墙式、（　　）、装入式等。(B)

A. 油浸式　　B. 支持式　　C. 串级式　　D. 电容式

206. 某 10kV 线路电流互感器计量绕组变比为 400/5，EMS 系统中显示线路所带负荷电流为 240A，该线路电流互感器按照最大供电能力还可接带负荷电流为（　　）。(B)

A. 100　　B. 160　　C. 200　　D. 400

207. 管母线振动是由于风的频率与管母线固有（　　）相同，而引发共振。(C)

A. 电流　　B. 电压　　C. 频率　　D. 安装方向

208. 拉开某变电站两个断路器时，合计减少电流为 100A，该变电站功率因数为 0.866，其电压为 10.5kV，共拉掉（　　）kW 有功负荷。(A)

A. 1575　　B. 909　　C. 1819　　D. 1050

209. 导线弧垂增大、母线散股或松股、出现电晕及毛刺放电等异常现象属于（　　）常见异常。(B)

A. 管型母线　　B. 软母线　　C. GIS 母线　　D. 矩形母线

210. 载流导体的发热量与（　　）无关。(D)

A. 通过电流的大小　　B. 电流通过时间的长短

C. 导体电阻的大小　　D. 载流导体的电压等级

211. 以下母线接线方式中运行可靠性、灵活性最差的是（　　）。(A)

A. 单母线　　B. 双母线　　C. 内桥接线　　D. 3/2 接线

212.（　　）按结构形式可分为单柱伸缩式、双柱水平旋转式、双柱水平伸缩式和三柱水平旋转式四种形式。(C)

A. 断路器　　B. 开关　　C. 隔离开关　　D. 接地刀闸

213. 测量新线路（　　）目的是为了检查线路绝缘情况、有无接地、短路等缺陷。(A)

A. 绝缘电阻　　B. 直流电阻　　C. 正序阻抗　　D. 零序阻抗

214. 66kV 母线上接有 50MVA、功率因数为 0.8 的感性负荷，以及 20Mvar 的补偿电容，则母线等值负荷的功率因数为（　　）。(C)

A. 0.8　　B. 0.9　　C. 0.97　　D. 1

215.（　　）的作用是在设备检修时，造成明显的断开点，使检修设备与系统隔离。(C)

A. 断路器　　B. 开关　　C. 隔离开关　　D. 接地刀闸

216. 某高压输电线路中，线电压为 220kV，输送功率为 240MW，功率因数 0.9，则该输电线路电流为（　　）A。(A)

A. 700　　B. 1212　　C. 2100　　D. 3636

217. 某线路线电压为 10kV，输送功率为 2MW，每相的电阻为 1Ω，功率因数 0.95，则该输电线路 1h 损耗电能为（　　）kWh。(C)

A. 14.8　　B. 25.6　　C. 44.3　　D. 76.7

218. 某高压输电线路中，线电压为 110kV，输送功率为 50MW，该输电线路电流为 285A，则功率因数为（　　）。(B)

A. 0.9　　B. 0.92　　C. 0.93　　D. 0.95

219. 短路电流的冲击值主要用来检验电气设备的（　　）。(C)

A. 绝缘性能　　B. 热稳定　　C. 动稳定　　D. 机械性能

220. 选择断路器遮断容量应根据其安装处（　　）来决定。(C)

A. 变压器容量　　B. 最大负荷　　C. 最大短路电流　　D. 最小短路电流

221. 在变压器有载分接开关中，过渡电阻的作用是（　　）。(C)

A. 限制分头间的过电压　　B. 熄弧

C. 限制切换过程中的循环电流　　D. 限制切换过程中的负荷电流

222. 母线电能平衡异常指标为（　　）。(B)

A. 220kV 及以上母线电能不平衡率大于±2.0%，10～110kV 母线电能不平衡率大于±1.0%

B. 220kV 及以上母线电能不平衡率大于±0.5%，10～110kV 母线电能不平衡率大于±1.0%

C. 220kV 及以上母线电能不平衡率大于±1.0%，10～110kV 母线电能不平衡率大于±2.0%

D. 220kV 及以上母线电能不平衡率大于±0.5%，10～110kV 母线电能不平衡率大于±2.0%

223. 自耦变压器中性点必须接地，这是为了避免当高压侧电网内发生单相接地故障时，（　　）。(B)

A. 高压侧出现过电压　　B. 中压侧出现过电压

C. 高压侧、中压侧都出现过电压　　D. 低压侧出现过电压

224. 电力系统的频率特性是由系统的（　　）负荷平衡决定的，在非振荡情况下，同一电力系统的稳态频率是相同的。因此，系统频率可以集中调整控制。(C)

A. 电压　　B. 电流　　C. 有功　　D. 无功

225. 对于电磁环网运行，下列说法正确的是（　　）。(A)

A. 网络尚不完善时，有利于提高重要负荷的供电可靠性

B. 有利于系统热稳定

C. 有利于系统动稳定

D. 有利于经济运行

226. 一台主变压器高压侧有功功率为 80MW，无功功率为 60Mvar。则其高压侧的视在功率为（ ）。(C)

A. 96MVA　　B. 80MVA　　C. 100MVA　　D. 140MVA

227. 变压器的最高运行温度受（ ）耐热能力限制。(A)

A. 绝缘材料　　B. 金属材料　　C. 油类　　D. 器件

228. 变压器外壳接地属于（ ）。(B)

A. 工作接地　　B. 保护接地　　C. 保护接零　　D. 故障接地

229. 限制变压器油与空气的接触，减少油受潮和氧化程度的一种变压器本体安全保护设施是（ ）。(C)

A. 净油器　　B. 吸湿器　　C. 油枕　　D. 呼吸器

230. 任一母线故障或检修都不会造成停电的接线方式是（ ）。(C)

A. 双母线接线　　B. 内桥接线　　C. 3/2 接线　　D. 双母带旁路接线

231. 以下主接线方式中运行可靠性最高的是（ ）。(D)

A. 双母线接线　　B. 双母线带旁路接线　　C. 内桥接线　　D. 3/2 接线

232. 双母线运行的变电站有 3 台以上变压器时，应按（ ）台变压器中性点直接接地方式运行，并接于不同的母线。(B)

A. 1　　B. 2　　C. 3　　D. 0

233. （ ）不会启动强迫油循环变压器备用冷却器的运行。(A)

A. 油温升高　　B. 工作冷却器潜油泵故障

C. 工作冷却器失电　　D. 工作冷却器风机故障

234. 三绕组变压器一般都在高、中压侧装有分接开关，当高压侧接电源时，若改变高压侧挡数则（ ）。(A)

A. 能改变中、低压侧电压　　B. 只改变高压侧的电压

C. 只改变中压侧的电压　　D. 只改变低压侧的电压

235. 为了消除超高压断路器各个断口上的电压分布不均匀，改善灭弧能，可在断路器各个断口加装（ ）。(B)

A. 均压环　　B. 并联均压电容　　C. 均压电阻　　D. 均压带

236. 油浸式变压器开展色谱分析，一般取变压器（ ）油样。(B)

A. 上部　　B. 底部　　C. 瓦斯继电器　　D. 分接开关

237. 变电站的母线上装设避雷器主要是为了（ ）。(C)

A. 防止直击雷　　B. 防止反击过电压　　C. 防止雷电侵入波　　D. 防止操作过电压

238. 在 220kV 大接地电流系统中，当同塔双回线中的一回线检修并在其两侧接地时，若双回线中运行的那一回线路发生接地故障，则停电检修线路中（ ）零序电流。(A)

A. 一定流过　　B. 一定不流过　　C. 很可能流过　　D. 无法确定是否流过

239. 变压器油温与（ ）有关。(D)

A. 环境温度　　B. 变压器负荷　　C. 变压器内部故障　　D. 其他三项都

240. 变电站接地网的接地电阻大小与（ ）无关。(C)

A. 土壤电阻率　　B. 接地网面积　　C. 站内设备数量　　D. 接地体尺寸

241. 弹簧储能机构合闸操作后未储能，将会发生（ ）现象。(B)

A. 线路故障不能跳闸　　B. 开关跳闸不能重合

C. 均不能进行跳闸和合闸操作　　D. 无影响

242. 国家规定变压器绕组为 A 级绝缘时，绕组温升为（ ）。(C)

A. 105℃　　B. 40℃　　C. 65℃　　D. 90℃

243. 测量绝缘电阻及直流泄漏电流通常不能发现的设备绝缘缺陷是（　　）。(D)

A. 贯穿性缺陷　　B. 整体受潮　　C. 贯穿性受潮或脏污　　D. 整体老化及局部缺陷

244. 超高压输电线路及变电站，采用分裂导线与采用相同截面的单根导线相比较，下列项目中（　　）是错的。(B)

A. 分裂导线通流容量大些　　B. 分裂导线较易发生电晕，电晕损耗大些

C. 分裂导线对地电容大些　　D. 分裂导线结构复杂些

245. 变压器油枕的容量为变压器油量的（　　）。(B)

A. 5%～8%　　B. 8%～10%　　C. 10%～12%　　D. 10%～15%

246. 9 超高压线路单相接地故障时，潜供电流产生的原因是（　　）。(C)

A. 线路上残存电荷　　B. 线路上残存电压

C. 线路上电容和电感耦合　　D. 开关断口电容

247. 电流互感器装有小瓷套的一次端子应放在（　　）侧。(B)

A. 线路或变压器　　B. 母线　　C. 电源　　D. 负荷

248. 有关断路器的选型应与保护双重化配置相适应，（　　）kV 及以上断路器必须具备双跳闸线圈机构。(C)

A. 66　　B. 110　　C. 220　　D. 330

249. 断路器非全相运行时，负序电流的大小与负荷电流的大小关系为（　　）。(A)

A. 成正比　　B. 成反比　　C. 不确定　　D. 不相关

250. 某变电站电压互感器的开口三角形侧 B 相接反，则正常运行时，如一次侧运行电压为 20kV，且该 20kV 系统采用中性点经消弧线圈接地，则开口三角形的输出为（　　）。(D)

A. 0V　　B. 100V　　C. 200V　　D. 67V

251. 变压器油枕的作用（　　）。(C)

A. 为使油面能够自由地升降，防止空气中的水分和灰尘进入

B. 通过油的循环，将绕组和铁芯中发生的热量带给枕壁或散热器进行冷却

C. 储油和补油作用，使变压器与空气的接触面积减小，减缓了油的劣化速度

D. 防止因温度的变化导致箱壳内部压力迅速升高

252. 某变电站电压互感器的开口三角形 B 相接反，则正常运行时，如一次侧运行电压为 220kV，开口三角形的输出为（　　）。(C)

A. 0V　　B. 100V　　C. 200V　　D. 220V

253. 公共电网电压等级为 10kV，电压总谐波畸变率限值为（　　）。(C)

A. 2%　　B. 3%　　C. 4%　　D. 5%

254. （　　）是电力系统安全稳定运行的基础。(A)

A. 合理的电网结构　　B. 充足的有功备用容量

C. 静态稳定储备　　D. 充足的无功备用容量

255. （　　）是指接于母线且立即可以带负荷的旋转备用容量，用以平衡瞬间负荷波动与负荷预计误差。(A)

A. 负荷备用容量　　B. 事故备用容量　　C. 检修备用容量　　D. 频率备用容量

256. 以下选项中，不属于技术降损措施的是（　　）。(A)

A. 降低配电变压器的负荷率　　B. 提高配电变压器的三相负荷平衡率

C. 更换高耗能配电变压器　　D. 加大高损配电线路综合改造力度

257. 以下选项中，不属于管理线损范畴的是（　　）。(D)

A. 计量问题　　B. 抄表问题　　C. 窃电　　D. 设备损耗

258. 以下（　　）不是同期线损中存在的困难。(D)

A. 现行业务和管理制度需要调整

B. 未全覆盖区域统计问题

C. 采集数据准确率与风险

D. 营销系统用户档案信息与用电信息采集系统编码不统一

259. 从损耗的实际组成上分，整个电力网线损电量可分为固定损耗、可变损耗、其他损耗三部分，下列选项中（　　）属于可变损耗。（D）

A. 变压器的铁损　B. 电晕损失　C. 表计电压线圈损失　D. 变压器的铜损

260. 下列（　　）不属于固定损耗。(A)

A. 发电厂、变电站变压器及配电变压器的铜损

B. 电晕损耗

C. 电容器和电缆的介质损耗

D. 电能表电压线圈的损耗

261. 变压器负载率是指变压器所带（　　）与其额定容量之比。(B)

A. 实际最小负荷　B. 实际最大负荷　C. 实际平均负荷　D. 实际负荷

262. 关于地区网损率计算公式下面说法错误的是（　　）。(B)

A. 地区线损率＝(地区供电量－地区售电量)/地区供电量×100%

B. 地区供电量＝本地区电厂 110 千伏以下上网电量＋省网输入电量

C. 向省网输出电量地区售电量＝本地区用户抄见电量

D. 地区损耗电量＝本地区电厂上网电量＋省网输入电量－本地区用户抄见电量

263. 省网网损的计算公式描述正确的为（　　）。(C)

A. 省网网损率＝(∑地区输入电量－∑地区输出电量)/∑省网输入量×100%

B. 省网网损率＝(∑全省输入电量－∑全省输出电量)/∑省网输入量×100%

C. 省网网损率＝(省网输入电量－省网输出电量)/省网输入量×100%

D. 以上都不对

264. 省网网损的中输入电量计算公式描述正确的为（　　）。(B)

A. 省网输入电量＝电厂 220kV 及以上输入电量＋220kV 及以上省间联络线输入电量－省网向地区电网输入电量

B. 省网输入电量＝电厂 220kV 及以上输入电量＋220kV 及以上省间联络线输入电量＋地区电网向省网输入电量

C. 省网输入电量＝电厂 220kV 及以上输入电量＋220kV 及以上省间联络线输入电量

D. 以上都不对

265. 省网网损的中输出电量计算公式描述正确的为（　　）。(B)

A. 省网输出电量＝省网向地区电网输出电量＋220kV 及以上省间联络线输出电量

B. 省网输出电量＝省网向地区电网输出电量＋220kV 及以上用户售电量＋220kV 及以上省间联络线输出电量

C. 省网输出电量＝省网向地区电网输出电量－220kV 及以上用户售电量＋220kV 及以上省间联络线输出电量

D. 以上都不对

266. 某条 220kV 线路的允许负荷电流为 610A，当线路功率因数为 0.9 时，允许输送的有功功率约为（　　）MW。(C)

A. 120.8　B. 134.2　C. 209.2　D. 232.4

267. 断路器按（　　）分：电动机构、气动机构、液压机构、弹簧储能机构、手动机构。(C)

A. 灭弧介质　B. 安装地点　C. 操作性质　D. 保护原理

268. 大容量储能的主要作用有（　　）。(D)

A. 平滑间歇性电源功率波动

B. 减小负荷峰谷差，提高系统效率和设备利用率

C. 增加备用容量，提高电网安全稳定性和供电质量

D. 以上皆是

## 二、多选题

1. 以下设备（　　）属于静止电气设备。(AC)

A. 变压器　　B. 断路器　　C. 电压互感器　　D. 发电机

2. 电力系统的暂态过程包含（　　）过程。(ABC)

A. 波过程　　B. 电磁暂态过程　　C. 机电暂态过程　　D. 热稳定过程

3. 关于隔离开关，下列正确的是（　　）。(ABD)

A. 没有专门的灭弧装置　　B. 一般不能用来切断负荷电流和短路电流

C. 不具有动稳定性和热稳定性　　D. 不因短路电流过大而自动分开或烧坏触头

4. 长线路送电过程中，可能会出现的过电压有（　　）。(BC)

A. 大气过电压　　B. 工频过电压　　C. 操作过电压　　D. 谐振过电压

5. 变压器冷却方式有（　　）。(ABCD)

A. 强迫油循环风冷　　B. 自然风冷

C. 强迫油循环导向冷却　　D. 风冷

6. 属于小电流接地系统的接线方式有（　　）。(BCD)

A. 直接接地　　B. 消弧线圈接地　　C. 不接地　　D. 经避雷器接地

7. 变压器的无功损耗分为（　　）。(BD)

A. 铁芯饱和损耗　　B. 励磁支路损耗　　C. 绕组匝间损耗　　D. 绕组漏抗中的损耗

8. 发电机的中性点接地方式有（　　）。(ABCD)

A. 不接地　　B. 经电阻接地　　C. 经消弧线圈接地　　D. 直接接地

9. 发电机采用准同期并列时，必须（　　）。(ABD)

A. 相序相同　　B. 频率相等　　C. 相位相同　　D. 电压差尽量小

10. 关于隔离开关操作正确的（　　）。(ABC)

A. 分合隔离开关时，断路器必须在断开位置，并核对编号无误后，方可操作

B. 远方操作的隔离开关，一般不得在带电情况下就地手动操作

C. 停电操作时，当断路器断开后，应先拉开负荷侧隔离开关，后拉开电源侧隔离开关

D. 送电操作时，应先合上负荷侧隔离开关，再合上电源侧隔离开关，后合上断路器

11. 属于无功功率电源的有（　　）。(ABCD)

A. 发电机　　B. 调相机　　C. SVC　　D. 并联电容器

12. 电力系统过电压包括（　　）。(ABCD)

A. 操作过电压　　B. 工频过电压　　C. 谐振过电压　　D. 大气过电压

13. 高压断路器的本体主要结构一般包括（　　）。(ABCD)

A. 导电回路　　B. 灭弧室　　C. 绝缘部分　　D. 操作机构

14. 小接地电流系统，中性点经消弧线圈接地有（　　）补偿方式。(ABD)

A. 欠补偿　　B. 全补偿　　C. 无补偿　　D. 过补偿

15. 电力系统中的谐波对电网的电能质量有（　　）影响。(AC)

A. 电压与电流波形发生畸变　　B. 电压波形发生畸变，电流波形不畸变

C. 降低电网电压　　D. 提高电网电压

16. 当电力系统出现（　　）时，将出现零序电流。(ABD)

A. 不对称运行　　B. 断线故障　　C. 相间故障　　D. 接地故障

17. 自耦变压器具备（　　）等特点。(ABC)

A. 体积小　B. 重量轻　C. 损耗小　D. 保护整定简单

18. 电力生产的主要特点（　）。(ABCD)

A. 实时性　B. 快速性　C. 随机性　D. 连续性

19. 变压器并列运行必须满足（　）条件。(ABD)

A. 变比相等　B. 短路电压相等　C. 相角差不大于 30°　D. 接线组别相同

20. 220kV 电网中属于省调管辖设备的有（　）。(AB)

A. 电厂并网联络线和主要联络线　B. 电厂和联络变电站的母线
C. 馈供线路　D. 主变压器

21. 并联电容器可以（　）。(ABCD)

A. 提高功率因数　B. 提高运行电压
C. 提高输变电设备的输送能量　D. 降低线损

22. 电压互感器和电流互感器在作用原理上有（　）区别。(ABD)

A. 电流互感器二次可以短路，但不得开路，电压互感器二次可以开路，但不得短路
B. 相对于二次侧的负载来说，电压互感器的一次内阻抗较小以至可以忽略，而电流互感器的一次内阻很大
C. 电压互感器正常工作时的磁通密度很低，电流互感器正常工作时磁通密度接近饱和值
D. 故障时，电压互感器磁通密度下降，电流互感器磁通密度增加

23. 电力系统防雷的措施有（　）。(ABD)

A. 避雷器　B. 避雷针　C. 接地极　D. 架空地线

24. 下列（　）情况可以使变压器工作磁密增加。(AD)

A. 电压升高　B. 电压降低　C. 频率升高　D. 频率降低

25. 变压器过励磁产生的原因有（　）。(BC)

A. 过负荷　B. 系统频率低　C. 局部电压高　D. 变压器过高

26. 以下属于电力系统大扰动的有（　）。(ABCD)

A. 短路故障　B. 断线故障　C. 开关无故障跳开　D. 发电机非同期并网

27. 影响系统电压的因素有（　）。(ABCD)

A. 负荷变化　B. 无功补偿容量的变化　C. 功率分布变化　D. 网络阻抗的变化

28. 励磁控制系统的主要任务是（　）。(ABCD)

A. 维持发电机电压在给定水平　B. 提高静态稳定水平
C. 提高系统的动态稳定性　D. 提高系统的暂态稳定水平

29. 大接地电流系统中，线路发生经弧光电阻的两相短路故障时，存在有（　）分量。(AB)

A. 正序　B. 负序　C. 零序　D. 均有

30. 电网进行无功补偿，可以（　）。(BCD)

A. 减少系统频率波动　B. 增加电网输电能力
C. 减少电网的传输损耗　D. 提高用户侧电压

31. 电力系统中的扰动可分为小扰动和大扰动两类，大扰动可按扰动严重程度和出现概率分为（　）。(ABC)

A. 第Ⅰ类，单一故障（出现概率较高的故障）
B. 第Ⅱ类，单一故障（出现概率较低的故障）
C. 第Ⅲ类，多重严重故障（出现概率很低的扰动）
D. 第Ⅳ类，联络线功率自然波动（出现概率很高的扰动）

32. 发电机发生异步振荡，下列说法正确的是（　）。(ACD)

A. 因为受到较大扰动　B. 功角 0°～180°之间周期性地变化
C. 发电机有时工作在发电机状态　D. 发电机有时工作在电动机状态

33. 变压器励磁涌流的特点有（　　）。(ABD)

A. 包含有非周期分量

B. 包含大量 2 次谐波

C. 包含大量 3 次谐波

D. 波形出现间断

34. 电力系统大扰动主要有（　　）。(ABCD)

A. 非同期并网（包括发电机非同期并列）

B. 各种突然断线故障

C. 大型发电机失磁-大容量负荷突然启停

D. 各种短路故障

35. 采用单相重合闸对系统稳定性的影响是（　　）。(ABD)

A. 减少加速面积

B. 增加减速面积

C. 减少减速面积

D. 能够提高暂态稳定性

36. 利用变压器分接头进行调压时，变压器分接头的选择原则是（　　）。(ABCD)

A. 选出的分接头，应使二次母线实际电压不超过上-下允许的偏移范围

B. 区域性大型电厂的升压变压器的分接头应尽量放在最高位置

C. 地区性受端电厂变压器分接头应尽量保证发电机有最大的有功、无功出力

D. 在无功电压充足的系统中，应使一次系统在上限运行，用户的电压也可能在上限运行

37. 以下（　　）情况可能引起电网工频电压升高。(ABC)

A. 系统突然甩负荷

B. 空载线路充电

C. 系统发生不对称短路

D. 切除空载线路

38. 采用（　　）措施可以提高线路的输电能力。(ABCD)

A. 加强电力网络结构

B. 采用多分裂导线

C. 增大导线截面积

D. 提高系统稳定水平

39. 常见的操作过电压有（　　）。(ABC)

A. 电弧接地产生的过电压

B. 切除空载变压器

C. 空载线路合闸

D. 开关各相动作不同步

40. 对无功平衡的影响因素有（　　）。(ABCD)

A. 超高压线路充电功率

B. 网损和线路的改造-投运

C. 大型用户

D. 新变压器投运

41. 下列关于零序电流保护说法正确的有（　　）。(BCD)

A. 受故障过渡电阻影响大

B. 受故障过渡电阻影响小

C. 结构与工作原理简单

D. 不受负荷电流影响

42. 若两台并列运行 220kV 主变压器其中一台跳闸，则应注意（　　）。(ABC)

A. 另一台主变压器的负荷情况

B. 考虑中性点刀闸是否需要更改

C. 考虑零序保护是否需要更改

D. 退出跳闸主变压器的重合闸

43. 以下（　　）属于谐振过电压。(AB)

A. 各相不对称断开时的过电压

B. 开关断口电容与母线 PT 之间产生的过电压

C. 系统突然甩负荷产生的过电压

D. 电弧接地产生的过电压

44. 电网电压调整的原则有（　　）。(ABC)

A. 逆调压　　B. 恒调压　　C. 顺调压　　D. 有载调压

45. 关于电磁环网，说法正确的是（　　）。(ABD)

A. 易造成系统热稳定破坏

B. 易造成系统动稳定破坏

C. 有利于经济运行

D. 不同电压等级运行的线路，通过变压器电磁回路的连接而构成的环路

46. 降低网损的措施有（　　）。(ABCD)

A. 提高用户功率因数

B. 适当提高电网运行电压

C. 更换大截面导线　　D. 增装必要的无功补偿设备

47. 下列设备属于电力系统中的无功电源有（　　）。(ABC)

A. 调相机　　B. 电容器　　C. 同步发电机　　D. 电动机

48. 防止频率崩溃的措施有（　　）。(ABCD)

A. 保证足够的旋转备用　　B. 水电机组低频自启动

C. 采用低频自动减负荷装置　　D. 紧急手动切除负荷

49. 系统电压调整的措施有（　　）。(ABCD)

A. 增减无功功率　　B. 改变无功分布　　C. 改变网络参数　　D. 调整用电负荷

50. 以下关于直流系统两点接地危害说法正确的是（　　）。(AD)

A. 正极接地，可能造成保护误动　　B. 正极接地，可能造成保护拒动

C. 负极接地，可能造成保护误动　　D. 负极接地，可能造成保护拒动

51. 可以消耗系统无功功率从而影响无功负荷电压静态特性的设备有（　　）。(BCD)

A. 断路器　　B. 异步电动机　　C. 变压器　　D. 输电线路

52. 消除电力系统振荡的措施有（　　）。(AC)

A. 尽可能提高发电厂母线电压　　B. 降低发电厂功率

C. 在事先设置的解列点解列　　D. 提高发电厂功率

53. 快速切除故障，对于发电机稳定方面，有利于（　　）。(BC)

A. 增加加速面积　　B. 减少加速面积　　C. 增加减速面积　　D. 减少减速面积

54. 常见的操作过电压形态有（　　）。(ABCD)

A. 切除空载变压器　　B. 切除空载线路

C. 电弧接地　　D. 空载线路重合闸时

55. 下列（　　）措施不能提高系统静态稳定性。(BC)

A. 串联电容　　B. 串联电抗　　C. 降低系统电压　　D. 减小变压器的电抗

56. 在处理系统事故时，下列（　　）情况，现场运行值班人员可以自行处理。(ABD)

A. 将直接对人员生命有威胁的设备停电　　B. 确知无来电的可能性，将已损坏的设备隔离

C. 机组因故与系统解列，恢复与系统并列　　D. 厂用电部分或全部失去时恢复其厂用电源

57. 提高电力系统暂态稳定的措施有（　　）。(ABCD)

A. 缩短电气距离　　B. 采用自动重合闸　　C. 采用快速励磁　　D. 采用静置无功补偿装置

58. 电力系统的电压稳定与系统中的（　　）因素有关。(ABCD)

A. 电源配置　　B. 网络结构　　C. 运行方式　　D. 负荷特性

59. 系统电压过高可能导致的危害有（　　）。(ABCD)

A. 变压器铁损增加　　B. 电气绝缘受损

C. 电气设备使用寿命减少　　D. 发电机铁芯温度升高

60. 保证和提高系统静态稳定性的措施有（　　）。(ABCD)

A. 减少系统各元件的电抗　　B. 维持和控制母线电压

C. 采用自动调节装置　　D. 采用直流输电

61. 发电机失磁对系统和发电机本身有（　　）影响。(ABCD)

A. 从系统吸收无功功率，造成系统电压降低

B. 有可能使其他发电机过电流

C. 在转子回路中感应出转差频率的电流，引起转子局部过热

D. 发电机发生震动

62. 当电力系统出现严重扰动，系统可能会失去稳定，下列适当的措施是（　　）。(AB)

A. 系统解列，即把系统分解成几个独立的、各自保持同步的部分

B. 允许机组短时间异步运行，采取措施，促使再同步

C. 使异步运行的机组立即解列

D. 立即切除失磁的发电机

63. 500kV电网中并联高压电抗器中性点加小电阻的作用有（　　）。(BD)

A. 防止发生电磁谐振　　B. 补偿导线对地电容

C. 降低短路电流　　D. 提高线路重合闸的成功率

64. 以下（　　）是异步振荡的现象。(ABCD)

A. 发电机-变压器和线路的电压、电流、有功、无功周期性的剧烈变化，发电机-变压器和电动机发出周期性的轰鸣声

B. 发电机发出有节奏的鸣响，且有功、无功变化合拍，电压波动大，电灯忽明忽暗

C. 失去同步的发电厂或局部电网与主网之间联络线输送功率往复摆动

D. 失去同步的两个电网（电厂）之间出现明显的频率差异，送端电网频率升高，受端电网频率降低，且略有波动

65. GIS设备的优点有（　　）。(ABCD)

A. 占地面积小　　B. 检修周期长　　C. 运行可靠性高　　D. 电磁污染小

66. 电力系统稳定计算分析的任务是按照DL 755—2011《电力系统安全稳定导则》规定的安全稳定分析的故障标准，确定电力系统的（　　）的水平，揭示电网薄弱环节，分析和研究提高稳定的措施。(ABC)

A. 静态稳定　　B. 暂态稳定　　C. 动态稳定　　D. 网络损耗

67. 发生各种不同类型短路时，故障点电压各序对称分量的变化规律下面说法正确的是（　　）。(ABD)

A. 三相短路时正序电压下降最多

B. 单相短路时正序电压下降最少

C. 不对称短路时，负序电压和零序电压是越靠近故障点数值越小

D. 不对称短路时，负序电压和零序电压是越靠近故障点数值越大

68. 系统内电压大幅度下降的原因有（　　）。(AC)

A. 负荷急剧增加　　B. 负荷急剧减少

C. 无功电源的突然切除　　D. 无功电源的突然投入

69. 衡量电能质量的指标主要包括（　　）。(ACD)

A. 电压　　B. 电流　　C. 频率　　D. 波形

70. 500kV 3/2接线中，下列说法正确的是（　　）。(ABCD)

A. 5011编号中的501代表500kV第一串

B. 隔离开关编号50111中最后一个1代表连接Ⅰ母线的隔离开关或靠近Ⅰ母线侧隔离开关

C. 线路隔离开关编号的末尾编号是6

D. 线路比母线重要

71. 大电流接地系统发生接地故障时，下列说法正确是（　　）。(ABCD)

A. 变压器中性点接地处零序电压为零　　B. 系统电源处正序电压最高

C. 零序电压在接地点处最高　　D. 负序电压在接地点处最高

72. 下列说法正确的是（　　）。(ABCD)

A. 年度重复停电率=当年重复停电的项目数/当年计划停电的项目数×100%

B. 月度调度计划执行率=当月实际完成的计划项目数/当月计划项目数×100%

C. 2个月内停电2次及以上视为重复停电

D. 管辖范围内同一配网设备在一年内停电3次以上视为重复停电

73. 某66kV/10.5kV的变压器，下面负载率超过50%的有（　　）。(AC)

A. 额定容量为10MVA，负载电流为300A　　B. 额定容量为16MVA，负载电流为400A

C. 额定容量为20MVA，负载电流为600A　　D. 额定容量为31.5MVA，负载电流为800A

74. 某架空线路，导线型号及负荷情况如下所述，负载率超过 50%的有（　　）。(ACD)

A. LGJ-120，负载电流为 200A　　B. LGJQ-240，负载电流为 300A

C. LGJ-300，负载电流为 400A　　D. 2×LGJ-240/30，负载电流为 700A

75. 下面说法正确的有（　　）。(AD)

A. A/D 表示模拟量变为数字量　　B. D/A 表示模拟量变为数字量

C. AC/DC 表示直流量变为交流量　　D. DC/AC 表示直流量转化为交流量

76. 变压器型号为 SFZ-180000/220，下面说法正确的是（　　）。(ABCD)

A. S 表示三相　　B. F 表示风冷　　C. Z 表示有载调压　　D. 容量为 180MVA

77. Yd11 接线的变压器二次线电压与一次同名线电压的相位关系为（　　）。(ABD)

A. 二次线电压滞后一次同名线电压 330°　　B. 二次线电压超前一次同名线电压 30°

C. 一次线电压超前二次同名线电压 30°　　D. 一次线电压滞后二次同名线电压 30°

78. 室内母线涂色的作用是（　　）。(ABD)

A. 辨别相序　　B. 增加辐射散热　　C. 增强绝缘　　D. 防腐

79. 220kV 变压器运行时，一定接地的有（　　）。(BC)

A. 中性点接地　　B. 外壳接地　　C. 铁芯一点接地　　D. 铁芯两点接地

80. 低频振荡常出现在（　　）的输电线路上。(ABD)

A. 弱联系　　B. 远距离　　C. 轻负荷　　D. 重负荷

81. 电磁环网对电网运行的弊端有（　　）。(ABCD)

A. 易造成热稳定破坏　　B. 易造成动稳定破坏

C. 不利于经济运行　　D. 需要装设安全自动装置

82. 提高电力系统静态稳定的措施有（　　）。(ABCD)

A. 提高电压水平　　B. 采用串联电容器补偿

C. 采用直流输电　　D. 采用分裂导线

83. 电网备用容量包括（　　）。(BCD)

A. 生活备用容量　　B. 负荷备用容量

C. 事故备用容量　　D. 检修备用容量

84. 留检修备用容量时，应考虑（　　）。(ABCD)

A. 系统负荷特点　　B. 水火电比重　　C. 设备质量　　D. 检修水平

85. 电网调峰的手段有（　　）。(ABC)

A. 抽水蓄能电厂改变运行方式　　B. 水电厂起停

C. 火电厂减出力　　D. 拉闸限电

86. 限制操作过电压的措施有（　　）。(ABCD)

A. 选用灭弧能力强的断路器　　B. 断路器断口加装并联电阻

C. 提高断路器动作的同期性　　D. 中性点直接接地运行

87. 限制电网谐波的主要措施有（　　）。(ABCD)

A. 增加换流装置的脉动数　　B. 加装交流滤波器

C. 加装有源电力滤波器　　D. 加强谐波监测和管理

88. 区域电网互联的效益有（　　）。(ABCD)

A. 水火互济　　B. 错峰效益　　C. 事故支援　　D. 互为备用

89. 电力系统谐波源主要分为（　　）等类型。(BCD)

A. 电阻型　　B. 磁饱和型　　C. 电子开关型　　D. 电弧型

90. 随着高一级电压电网的出现和发展，应该有计划地逐步简化和改造低一级电压网络，如（　　）。(ABD)

A. 分层分区、解开电磁环网　　B. 采取环路布置，开环运行

C. 加强电磁环网　　D. 装设必要的备用电源自投装置

91. （　　）操作可能产生操作过电压。(ABCD)

A. 切除空载线路　　B. 空载线路充电

C. 切除空载变压器　　D. 解合大环路

92. 电力系统的调压方式有（　　）。(ABCD)

A. 改变发电机无功　　B. 投入或停用无功补偿设备

C. 改变变压器分接头　　D. 调整负荷及改变运行方式

93. 并联电容器回路中安装串联电抗器有（　　）作用。(ABCD)

A. 抑制母线电压畸变，减少谐波电流　　B. 限制合闸电流

C. 限制操作过电压　　D. 抑制电容器对高次谐波的放大

94. 电压中枢点原则上选择（　　）。(ACD)

A. 母线短路容量较大的变电站母线

B. 发电厂母线

C. 区域性水电厂、火电厂的高压母线（高压母线有多回出线时）

D. 有大量地方负荷的发电厂母线

95. 变压器分接头一般都从高压侧抽头，其主要考虑（　　）。(AC)

A. 抽头引出连接方便　　B. 调压时对系统影响小

C. 引出线导体截面积小　　D. 以上均是

96. 电力系统同期并列的条件有（　　）。(ABCD)

A. 相序相同　　B. 相位相同

C. 电压差在规定范围内　　D. 频差在规定范围内

97. 变压器差动回路产生稳态不平衡电流的原因有（　　）。(BCD)

A. 变压器的励磁涌流

B. 变压器各侧电流互感器的饱和特性和励磁电流不同

C. 电流互感器实际变比和计算变比不同

D. 变压器调压分接头调整

98. 短路计算的目的是（　　）。(ABCD)

A. 校验断路器的遮断容量　　B. 确定继电保护及安全自动装置的定值

C. 校验设备的机械稳定和热稳定性　　D. 进行故障分析

99. 线路覆冰的危害有（　　）。(ABCD)

A. 加大杆塔负载　　B. 减小导线对地距离

C. 导致线路鞭击　　D. 绝缘子绝缘水平下降

100. 电力杆塔按功能可分为（　　）。(ABCD)

A. 直线塔　　B. 耐张塔　　C. 转角塔　　D. 换位塔

101. （　　）是用来防止架空线路的振动与舞动的。(ABD)

A. 防振锤　　B. 阻尼线

C. 绝缘子　　D. 相间间隔棒

102. 防止断路器端子箱内凝露应安装加热器及温度湿度控制装置，（　　）技术规格应符合要求。(ABCD)

A. 温度设定　　B. 湿度设定　　C. 传感器安装　　D. 加热电阻

103. 当线路出现三相电流不平衡时的原因可能有（　　）。(ABCD)

A. 测量表计读数有误　　B. 断路器是否非全相运行

C. 负荷是否不平衡　　D. 谐波影响

104. 电力系统安全稳定自动装置的作用有（　　）。(ABCD)

A. 防止电力系统稳定破坏　　B. 防止电力系统事故扩大
C. 防止电网崩溃及大面积停电　　D. 恢复电力系统正常运行

105. 对系统的电压不稳定甚至电压崩溃起重要作用的是（　　）。(ABCD)
A. 输电网络的强度　　B. 系统的负荷水平和负荷特性
C. 各种无功电压控制装置的特性　　D. 继电保护、安自装置的动作策略

106. 过电压根据产生原因和作用机理不同分为（　　）。(ABCD)
A. 大气过电压　B. 工频过电压　C. 操作过电压　D. 谐振过电压

107. 变压器励磁涌流中包含（　　），并随时间衰减。(AD)
A. 直流分量　B. 交流分量　C. 低次谐波分量　D. 高次谐波分量

108. 电力负荷曲线由（　　）组成。(ACD)
A. 基荷　B. 低谷　C. 峰荷　D. 腰荷

109. 影响线损的因素是（　　）。(ABCD)
A. 网络结构不合理　　B. 运行方式不尽合理
C. 无功补偿配置不合理　　D. 管理制度不健全

110. 电力系统大扰动主要有（　　）。(ABCD)
A. 非同期并网　　B. 各种突然断线故障
C. 大型发电机失磁、大容量负荷突然启停　　D. 各种短路故障

111. 并联电容器回路中安装串联电抗器有（　　）作用。(ABD)
A. 抑制母线电压畸变，减少谐波电流　　B. 限制合闸电流
C. 抑制电容器对高次谐波的放大　　D. 限制工频过电压

112. 变压器本体安全保护装置的有（　　）。(ABC)
A. 压力释放阀　B. 油枕　C. 油位计　D. 差动保护

113. 220kV 变压器使用强油风冷冷却器，有（　　）三种工作状态。(BCD)
A. 投入　B. 备用　C. 工作　D. 辅助

114. 发电机中性点的接地方式有（　　）。(ABCD)
A. 不接地　B. 经电阻接地　C. 经消弧线圈接地　D. 直接接地

115. 自耦变压器在运行中（　　）。(ABD)
A. 中性点必须可靠的直接接地　　B. 必要时要采取限制短路电流的措施
C. 一次侧加装避雷器　　D. 监视公用绕组的电流，使之不过负荷

116. 区域电网互联的效益有（　　）。(ABCD)
A. 水火互济　B. 错峰效益　C. 事故支援　D. 互为备用

117. 高压线路自动重合闸装置的动作时限应考虑（　　）。(ABC)
A. 故障点灭弧时间　　B. 开关操作机构的性能
C. 电力系统稳定的要求　　D. 保护整组复归时间

118. 变压器绕组绝缘损坏的原因有（　　）。(ABCDE)
A. 线路短路故障　　B. 长期过负荷运行，绝缘严重老化
C. 绕组绝缘受潮　　D. 绕组接头或分接开关接头接触不良
E. 雷电波侵入，使绕组过电压

119. 变压器出现假油位可能是由以下原因引起的（　　）。(ACD)
A. 油标管堵塞　　B. 变压器高压套管法兰处漏油
C. 呼吸器堵塞　　D. 薄膜保护式油枕在加油时未将空气排尽

120. 变电站巡视包括（　　）。(ABCD)
A. 例行巡视　B. 特殊巡视　C. 夜间熄灯巡视　D. 全面巡视

121. 断路器误跳闸的原因有（　　）。(ABD)

A. 保护误动作　　B. 断路器机构的不正确动作
C. 一次回路绝缘问题　　D. 有寄生跳闸回路

122. 变电站现场运行用规程中应明确该站 $SF_6$ 组合电气设备各气室的（　　）压力。(BCD)
A. 正常　　B. 额定　　C. 报警　　D. 闭锁

123. 高压断路器的操作机构有（　　）等形式。(ABCD)
A. 液压碟簧机构　B. 气动机构　　C. 液压机构　　D. 弹簧储能机构

124. 变压器运行时，出现油面过高或有油从油枕中溢出时，应（　　）。(ABCD)
A. 检查变压器的负荷和温度是否正常
B. 如果负荷和温度均正常，则可以判断是因呼吸器或油标管堵塞造成的假油面
C. 应经当值调度员同意后，将重瓦斯保护改接信号，然后疏通呼吸器或油标管
D. 如因环境温度过高引起油枕溢油时，应放油处理

125. 造成液压操动机构的油泵打压频繁的原因有（　　）。(ABCD)
A. 储压筒活塞杆漏油、高压油路漏油、放油阀密封不良
B. 液压油内有杂质
C. 微动开关的停泵、启泵距离不合格
D. 氮气损失

126. 运行中的变压器出现假油面的原因可能有（　　）。(ABD)
A. 油标管堵塞　　B. 呼吸器堵塞　　C. 变压器渗漏油　　D. 防爆管通气孔堵塞

127. 高压断路器的主要结构有（　　）。(ABCD)
A. 导电部分　　B. 灭弧部分　　C. 绝缘部分　　D. 操作部分

128. 高压线路自动重合闸装置的动作时限应考虑（　　）。(ABD)
A. 故障点灭弧时间　　B. 断路器操作机构的性能
C. 保护整组复归时间　　D. 电力系统稳定的要求

129. 220kV 大接地电流系统中带负荷电流某线路断开一相，其余线路全相运行，下列正确的是（　　）。(BCD)
A. 非全相线路中有负序电流，全相运行线路中无负序电流
B. 非全相线路、全相运行线路中均有负序电流
C. 非全相线路中的负序电流大于全相运行线路中的负序电流
D. 非全相线路中有零序电流

130. 超高压输电线单相接地两侧保护动作单相跳闸后，故障点有潜供电流，潜供电流大小与多种因素有关，正确的是（　　）。(ABCD)
A. 与线路电压等级有关　　B. 与故障点位置有关
C. 与线路长度有关　　D. 与负荷电流大小有关

131. 电网线损可以分为（　　）。(AD)
A. 理论线损　　B. 主网线损　　C. 配网线损　　D. 管理线损

132. 电力系统稳定性包括不发生（　　）。(ACD)
A. 非同步系统运行
B. 谐波干扰
C. 频率崩溃
D. 电压崩溃

## 三、判断题

1. 电磁式电流互感器二次侧不允许短路；电压互感器二次侧不允许开路。(×)
2. 运行中，电压互感器二次侧某一相熔断器熔断时，该相电压值为零。(×)

3. 电压无功优化的主要目的是控制电压、降低网损。(√)

4. 三相四线制的对称电路，若中线断开，三相负载仍可正常工作。(√)

5. 电力系统中有感性和容性两种无功设备。(√)

6. 对于220kV电压等级的高压线路，意味着该线路的额定相电压为220kV。(×)

7. 电力系统备用容量只有量的规定性要求，在地域上和构成方面不作要求。(×)

8. 交直流互联系统中，从直流变换为交流称为整流，从交流变换为直流称为逆变。(×)

9. "弱联系、长线路、重负荷和具有快速励磁调节"的系统更容易发生低频振荡。(√)

10. 直流输电可以减少或避免大量过网潮流，按照送受两端运行方式变化而改变潮流。特高压直流输电系统的潮流方向和大小均能方便地进行控制。(√)

11. 特高压直流输电中间可以有落点，具有网络功能，可以根据电源分布、负荷布点、输送电力、电力交换等实际需要构成国家特高压骨干网架。(×)

12. 适时引入1000kV特高压输电，可为交流多馈入的受端电网提供坚强的电压和无功支撑，有利于从根本上解决500kV短路电流超标和输电能力低的问题。(√)

13. 在交、直流并联输电的情况下，利用直流有功功率调制，可以有效抑制与其并列的交流线路的功率振荡，包括区域性低频振荡，明显提高交流的暂态、动态稳定性能。(√)

14. 在我国，特高压是指由1000kV及以上交流和正负800kV及以上直流系统构成的高压电网。(√)

15. 我国第一条交流特高压试验示范线路是连接华北、华中两大电网的晋东南一南阳一荆门交流特高压输电线路。(√)

16. 对称分量法中，正序分量的相序与正常运行下的相序相同。(√)

17. 电压互感器二次绕组匝数少，经常工作在相当于空载的工作状态下。(√)

18. 电容器的无功输出功率与电容器的电容成正比，与外施电压的平方成反比。(×)

19. 电抗器的作用是抑制高次谐波，降低母线残压。(×)

20. 串联电容器和并联电容器一样，可以提高功率因数。(√)

21. 在$SF_6$断路器中，密度继电器指示的是$SF_6$气体的压力值。(√)

22. 电压互感器的高压侧熔断器连续熔断时，必须查明原因，不得擅自加大熔断器的容量。(√)

23. 隔离开关能拉合电容电流不超过5A的空载线路。(√)

24. 当系统运行电压降低时，应增加系统中的无功出力。(√)

25. 当电流互感器的变比误差超过10%时，将影响继电保护的正确动作。(√)

26. 同期并列时，断路器两侧电压相差小于25%，频率相差1Hz范围内，即可准同期并列。(×)

27. 用母联开关向空母线充电后，发生了谐振应立即拉开母联开关使母线停电，以消除谐振。(√)

28. 实际工作中在用主变压器二次开关向空母线充电时，调度有时会选择先将母线上的一条线路开关无压合上，然后才对母线充电，目的是防止发生谐振。(√)

29. 系统出现三相电压不平衡时，调度人员必须采取措施进行调整，调整补偿度可作为一项措施。(√)

30. 电网出现铁磁谐振过电压时，现象是三相电压不平衡，一相或两相升高超过相电压。(√)

31. 电网运行的频率、电压和谐波分量等质量指标符合国家规定的标准时，称为电网的安全运行。(×)

32. 在系统电压允许的偏差范围内，供电电压的调整使电网高峰时的电压高于低谷负荷时的电压值，使用户的电压高峰、低谷相对稳定。(√)

33. 两台变压器并列运行时，如果只有阻抗不相同，则阻抗较大的一台变压器的负载也较大。(×)

34. 电网无功补偿的原则是电网无功补偿应基本上按分层分区和就地平衡原则考虑，并应能随负荷或电压进行调整，保证系统各枢纽点的电压在正常和事故后均能满足规定的要求，避免经长距离线路或多级变压器传送无功功率。(√)

35. 运行中的输电线路既能产生无功功率又消耗无功功率。当线路中输送某一数值的有功功率时，线路上的这两种无功功率恰好能相互平衡，这个有功功率的数值叫作线路的"自然功率"。(√)

36. 为了提高供电质量，保证重要用户供电的可靠性，当系统出现有功功率缺额引起频率下降时，根据频率下降的程度，自动断开一部分不重要的用户，阻止频率下降，以使频率迅速恢复到正常值，这种装置叫作自动低频减负荷装置。（√）

37. 当大电源切除后，发供电功率严重不平衡，将造成频率或电压降低，如用低频减负荷不能满足安全运行要求时，须在某些地点装设低频或低压解列装置，使解列后的局部电网保持安全稳定运行，以确保对重要用户的可靠供电。（√）

38. 谐振过电压：由系统电容及电感回路组成谐振回路时引起，特点是过电压倍数高、持续时间长。（√）

39. 空载变压器投入运行时，励磁涌流的最大峰值可达到变压器额定电流的 6～8 倍。（√）

40. 空载变压器投入运行时，仅有一侧开关合上，构不成电流回路通道，因此不会产生太大电流。（×）

41. 任何运用中的星形接线设备的中性点，必须视为带电设备。（√）

42. $SF_6$ 气体的缺点是电气性能受电场均匀程度及水分、杂质影响特别大。（√）

43. 当线路出现不对称断相时，因为没有发生接地故障，所以线路没有零序电流。（×）

44. 变压器中性点接地，属于保护接地。（×）

45. 中性点不接地系统发生单相非金属接地故障时，故障相对地电位大于零、小于相电压。（√）

46. “发电机旋转备用容量”是指全厂并列发电机可用发电总容量与当时实际发电容量之差。（√）

47. 在中性点直接接地系统，线路发生接地故障时，故障点的零序电压最高，而变压器中性点的零序电压最低。（√）

48. 线路的自然功率与线路的长度无关。（√）

49. 如果接地网的接地电阻过大，在雷电波袭击时，会产生很高的残压，使附近设备有受到反击的威胁。（√）

50. 提高静态稳定性应首先考虑缩短电气距离。（√）

51. 当母线避雷器保护到主变压器时，变压器中性点可不装设避雷器。（×）

52. 电力系统短路时，总是伴随着电压降低、电流增大和阻抗降低。（√）

53. 变压器一次侧加额定电压，二次侧开路运行，由于二次侧无电流，此时变压器无损耗。（×）

54. 中性点直接接地系统中，任何一点发生单相接地时，零序电流等于通过故障点电流的 1/3 倍。（√）

55. 在中性点不接地的系统中，发生单相接地故障时，其线电压不变。（√）

56. 在中性点直接接地的系统中，发生单相接地故障，非故障相对地电压基本不变。（√）

57. 中性点直接接地系统，减少电力系统中性点接地数目，发生单相接地时的零序电流小。（√）

58. GIS 设备使用气隔的目的：一是根据不同设备的性能设置不同的 $SF_6$ 压力，二是便于运行监视和维护检修。（√）

59. 由线路的空载电容电流所产生的无功功率称为线路的充电功率。（√）

60. 在电网结构中，高低压电磁环网容易引起稳定破坏事故。（√）

61. 并列运行的发电机间在小干扰下发生的频率为 0.2～2.5Hz 的持续振荡现象叫作低频振荡。（√）

62. 为了使用户的停电时间尽可能短，备用电源自动投入装置可以不带时限动作。（×）

63. 为保证用户受电端电压质量和降低线损，220kV 及以下电网电压的调整，宜采用逆调压方式。（√）

64. 倒换变压器时，应检查并入的变压器确已带上负荷，才允许停其他变压器。（√）

65. GIS 设备除检修时，断路器传动试验可以在汇控柜就地操作，正常的倒闸操作和事故处理应在控制室或远方遥控操作。（√）

66. 电动操作的隔离开关正常运行时，其操作电源应断开。（√）

67. 装设地线的作用是保护工作人员在工作地点防止突然来电的可靠安全措施，同时也可将设备断开部分的剩余电荷放尽。（√）

68. 66kV 系统因单相接地故障时不构成短路回路，因而没有零序电流产生。（×）

69. 66kV 系统因补偿度调整不当所发生的谐振是串联谐振。（√）

70. 变压器、电抗器、架空线路等静止元件的正序阻抗等于负序阻抗。（√）

71. 若发电机或变压器的中性点经过阻抗接地，则必须将该阻抗增加 3 倍后，再列入零序网络。（√）

72. 两相短路时没有零序电流。（√）

73. 三相短路时有零序分量。（×）

74. 电力系统频率特性是由系统的有功负荷平衡决定的，与电网结构关系不大。（√）

75. 当 220kV 线路输送功率小于自然功率时，线路末端电压低于首端。（×）

76. 在高峰负荷时，提高系统电压中枢点电压至 105%倍标准电压以补偿线路上增加的电压损失，最小负荷时降低中枢点电压至标准电压，称为逆调压调整方式。（√）

77. AC/DC 称为整流，DC/AC 称为逆变。（√）

78. 容量变比相同的 2 台变压器的阻抗电压分别为 5%、6%，满足变压器并列条件。（×）

79. 内部过电压按其起因可分为谐振过电压、工频过电压和操作过电压。（√）

80. 在电网振荡时，振荡中心的电压最低。（√）

81. 正弦交流电的三要素通常是指最大值、角频率和初相位。（√）

82. 雷击避雷针时，其构架对其他设备或导线放电，易产生反击过电压。（√）

83. 减小架空地线保护角，可以降低雷电的绕击率。（√）

84. 绝缘子爬距是指沿绝缘表面放电的距离。（√）

85. 单台变压器运行，当铜损等于铁损时最经济。（√）

86. 电容器的无功输出功率 $Q=\omega CU^2$，因此输出功率与电容器的电容量成反比。（×）

87. 当消弧线圈采用全补偿方式运行时，容易引起并联谐振，产生过电压。（×）

88. 变压器分接头调整不能增减系统的无功，只能改变无功分布。（√）

89. 500kV 线路高压电抗器中性点加小电抗可减少潜供电流。（√）

90. 电流互感器采用减极性标注的概念是：一次电流从极性端通入，二次电流从极性端流出。（√）

91. 输电线路的架空地线会使线路零序电抗增大。（×）

92. 电压互感器二次开口三角形侧输出回路应装设熔断器或小空气开关。（×）

93. 导线的波阻抗只与输电线路单位长度的 L 和 C 有关，与线路长度无关。（√）

94. 某电流表的指示 100A（TA 变比为 300/5），则表计实际通过的电流是 5/3A。（√）

95. 在实际运行中，三相线路的对地电容不能达到完全相等，三相对地电容电流不完全对称，这时中性点和大地之间的电位不相等，称为中性点出现位移。（√）

96. 输电线路采取换位措施后，可改善三相对地电容的不对称度。（√）

97. 功率因数过低，电源设备的容量就不能充分利用。（√）

98. GIS 气室中电压互感器、避雷器、电缆终端应单独设立气室。（√）

99. 变压器绕组首尾绝缘水平一样为分级绝缘变压器。（×）

100. 电力系统发生两相不对称短路时，存在正序、负序和零序分量。（×）

101. 电力系统稳定性包括不发生非同步运行，不发生频率崩溃，不发生电压崩溃。（√）

102. 常采用分裂导线、扩径导线或空心导线等增加半径的方法来减少电晕。（√）

103. 变压器绕组温升额定值规定为 75℃。（×）

104. 坚强智能电网建设是一项高度复杂的系统工程，包括发电、输电、变电、配电、用电、调度六个环节以及支撑各个环节的通信信息平台。（√）

105. 电压或电流的波形不是标准的正弦波，其中必定包含高次谐波。（√）

106. 电力系统中，并联电抗器主要用来限制故障时的短路电流。（×）

107. 电力系统中的任何静止元件只要三相对称，其正序阻抗和正序导纳分别与负序阻抗和负序导纳相等。（√）

108. 静止元件（变压器、线路、电抗器、电容器等）负序电抗等于正序电抗。（√）

109. 同一电阻在相同时间内通过直流电和交流电产生相同热量，这时直流电流数值称为交流电流的有

效值。(√)

110. 无功功率的产生基本上不消耗能源，但是无功功率沿电力网传送却要引起有功功率损耗和电压降落。(√)

111. 母线是电网中汇集、分配和储存电能的设备，一旦发生故障会对电网产生重大不利影响。(×)

112. 对电网而言，电压过高会造成输变电设备绝缘寿命缩短甚至绝缘破坏。(√)

113. 当电压异常降低时可以通过投入并联电抗器来应对。(×)

114. 安装足够容量的无功补偿设备，保持系统较高的无功裕度，可以提高系统的电压稳定性。(√)

115. 无功补偿是同时提高功率传输容量和电压稳定性的最有效办法。(√)

116. 改造电网结构，升高电网额定电压，简化电压等级，可以增加传输容量，是降低网损的有效措施。(√)

117. 电力系统负荷预测是电力建设、调度的依据，对电力系统控制、运行和计划都十分重要，准确的负荷预测既能增强电力系统运行的安全性，又能改善电力系统运行的经济性。(√)

118. 把电容器串联在高压线路上以补偿电路电抗，可以电力输送能力。(√)

119. 变压器有载分接开关的调整可以在变压器运行时进行。(√)

120. 为了改善电力系统的功率因数，变压器不应空载运行或长期处于低负载运行状态。(√)

121. 电压不能全网集中统一调整，只能分区调整控制。(√)

122. 变压器经济运行目的是在供电量相同的情况下，最大限度地降低变压器的无功损失。(×)

123. 电气化铁道负载是典型的三相平衡谐波源。(×)

124. 在电容充电过程中，充电电流逐渐减小，而电容两端的电压逐渐增加。(√)

125. 变压器油枕中的胶囊器起使空气与油隔离和调节内部油压的作用。(√)

126. 新、扩建或改造的变电站直流系统的馈出网络应采用环网供电方式。(×)

127. 不同接线组别的变压器是不能并列运行的。(√)

128. 500kV 自耦变压器的中性点必须可靠地直接接地。(√)

129. 线路的充电功率与其长度成正比。(√)

130. 所谓调相运行，就是发电机不发有功，主要用来向电网输送感性无功功率。(√)

131. 强油风冷导向循环变压器冷却器全停会导致变压器各侧开关延时跳闸。(√)

132. 强迫油循环风冷变压器冷却装置投入的数量应根据变压器温度和负荷来决定。(√)

133. 运行中的高压设备其中性点接地系统的中性点可不视作带电体。(×)

134. 变压器的瓦斯继电器应防水、防油渗漏，密封性好，必要时在继电器顶部安装防水罩。(√)

135. 雷电作用下，三相避雷器动作次数总是一致的，如出现动作次数不一致，说明计数器故障。(×)

136. 断路器分闸速度快慢影响灭弧能力。(√)

137. 编制变电站电气主接线运行方式时，要力求满足供电可靠性、灵活性和经济性等要求。(√)

138. 变压器在空载时，一次绕组中没有电流流过。(×)

139. 220kV 避雷器上部均压环作用是使避雷器电压分布均匀。(√)

140. 电缆线路相当于一个电容器，停电后线路还存有剩余电荷，对地仍然有电位差。所以电缆线路停电后用验电笔验电时一一有电。(√)

141. 变压器油面过低可能造成绝缘击穿。(√)

142. 220kV 电流互感器二次绕组中如有不用的，应采取短接处理。(√)

143. 消弧线圈的电感电流补偿电容电流之后，流经接地点的剩余电流，叫残流。(√)

144. 在硬母线上装设伸缩接头是为了避免因热胀冷缩的变化使母线和支持绝缘子受到过大的应力而损坏。(√)

145. 变压器的铁芯接地避免变压器的铁芯及其他附件感应一定的电压，在外加电压的作用下，当感应电压超过对地放电电压时，产生放电现象。(√)

146. 消弧线圈的电感电流与电容电流之差和电网的电容电流之比叫补偿度。(√)

147. 变压器过负荷运行时也可以调节有载调压装置的分接开关。(×)
148. 避雷器与被保护的设备距离越近越好。(√)
149. 沿着两种电介质交界面发生的放电称为沿面放电。(√)
150. 金属氧化物避雷器也是一种阀型避雷器，其阀片以氧化锌为主要材料，在工作电压下，阀片呈现极大的电阻，续流近似为零。(√)
151. 电气主接线的设计不用考虑将来扩建的可能性。(×)
152. 变压器过负荷时需投入全部冷却器。(√)
153. 强迫油循环风冷变压器冷却装置投入的数量应根据变压器温度、负荷来决定。(√)
154. 在 330～500kV 线路一般采用带气隙的 TPY 型电流互感器。(√)
155. 变压器上层油温要比中下层油温高。(√)
156. 衡量电能质量的三个参数是：电压、频率、波形。(√)
157. 功率表指示的是瞬时的发、供、用电设备所发出、传送和消耗的功率；而电能表的数值是累计某一段时间内所发生、传送和消耗的电能数。(√)
158. 电晕放电是一种沿面放电。(×)
159. 变压器油位与渗漏有关。(√)
160. 变压器是一个很大的电感元件，运行时绕组中储藏电能，当切断空载变压器时，变压器中的电能将在断路器上产生一个过电压。(√)
161. 切空载变压器会产生过电压，此时应当在变压器高压侧与断路器间装设避雷器，作为过电压保护，而且这种保护是可靠的，并且在非雷季节也不应退出。(√)
162. 接地网当其接地电阻过大时，在雷击或雷击波袭入时，由于电流很大，会产生很高的残压，使附近的设备遭受到反击的威胁。(√)
163. 系统中变压器和线路电阻中产生的损耗称可变损耗，它与负荷大小的平方成正比。(√)
164. 在接地故障线路上，零序功率方向与正序功率反向。(√)
165. 在系统发生不对称断路时，会出现负序分量，可使发电机转子过热，局部温度高而烧毁。(√)
166. 变压器分接头调整不能增减系统的无功，只能改变无功的分布。(√)
167. 直流电源系统包括蓄电池、充电装置、直流屏、直流网络，简称直流系统。(√)
168. 断路器按灭弧介质分：电动机构、气动机构、液压机构、弹簧储能机构等。(×)
169. 开关液压机构在压力下降过程中，依次发出压力降低闭锁重合闸、压力降低闭锁合闸、压力降低闭锁跳闸信号。(√)
170. 建设新线路，更换大截面导线可以降低网损。(√)
171. 电铁牵引负荷是一个典型的日波动负荷，具有短时冲击负荷的特征。(√)
172. 大电网的交流电通过三相循环换相实现三相平衡。(√)

## 四、简答题

**1. 电网运行的基本要求是什么？**

答：(1) 最大限度地满足用户的需要。
(2) 保证供电的可靠性。
(3) 保证良好的电能质量。
(4) 努力提高电力系统运行的经济性。

**2. 何谓电网运行，电网安全运行，电网的优质运行和电网的经济运行？**

答：电网运行：指在统一指挥下进行的电能的生产，输送和使用。
电网的安全运行：指电网按照有关规定连续、稳定、正常运行。
电网的优质运行：指电网运行的频率、电压和谐波分量等质量指标符合国家规定的标准。
电网的经济运行：指电网在供电成本最低或发电能源消耗率及网损率最小的条件下运行。

**3. 什么是发电机的同步振荡和异步振荡?**

答：同步振荡：当发电机输入或输出功率变化时，功角 $\delta$ 将随之变化，但由于机组转动部分的惯性，$\delta$ 不能立即达到新的稳态值，需要经过若干次在新的 $\delta$ 值附近振荡之后，才能稳定在新的 $\delta$ 下运行。这一过程称为同步振荡，即发电机仍保持在同步运行状态下的振荡。

异步振荡：发电机因某种原因受到较大的扰动，其功角 $\delta$ 在 $0^\circ\sim360^\circ$之间周期性地变化，发电机与电网失去同步运行的状态。在异步振荡时，发电机一会儿工作在发电机状态，一会儿工作在电动机状态。

**4. 何谓保证电力系统安全稳定的“三道防线”?**

答：所谓“三道防线”是指在电力系统受到不同扰动时对电网保证安全可靠供电方面提出的要求：

(1) 当电网发生常见的概率高的单一故障时，电力系统应当保持稳定运行，同时保持对用户的正常供电。

(2) 当电网发生了性质较严重但概率较低的单一故障时，要求电力系统保持稳定运行，但允许损失部分负荷（或直接切除某些负荷；或因系统频率下降，负荷自然降低）。

(3) 当电网发生了罕见的多重故障（包括单一故障发生时继电保护动作不正确等），电力系统可能不能保持稳定，但必须有预定的措施以尽可能缩小故障影响范围和缩短影响时间。

**5. 什么叫大电流、小电流接地系统？其划分标准如何?**

答：我国电力系统中性点接地方式主要有两种，即

(1) 中性点直接接地方式（包括中性点经小电阻接地方式）。

(2) 中性点不接地方式（包括中性点经消弧线圈接地方式）。

中性点直接接地系统（包括中性点经小电阻接地系统），发生单相接地故障时，接地短路电流很大，这种系统称为大电流接地系统。

中性点不接地系统（包括中性点经消弧线圈接地系统），发生单相接地故障时，由于不构成短路回路，接地故障电流往往比负荷电流小得多，故称其为小电流接地系统。

在我国划分标准为：

$X_0/X_1\leqslant4\sim5$ 的系统属于大电流接地系统，$X_0/X_1>4\sim5$ 的系统属于小电流接地系统。其中 $X_0$ 为系统零序电抗，$X_1$ 为系统正序电抗。

**6. 什么是一次调频、二次调频、三次调频?**

答：由发电机调速系统频率静态特性而增减发电机出力所起到的调频作用，称为频率的一次调整，即一次调频。由运行人员手动操作或由 AGC 自动操作，增减发电机出力，进而恢复频率的目标值，称为频率的二次调整，即二次调频。频率二次调整后，对有功负荷按经济负荷分配，称为频率的三次调整，即三次调频。

**7. 变压器并联运行的条件是什么?**

答：变压器并联运行必须满足以下三个条件：

(1) 并联运行的变压器变比相等；

(2) 并联运行的变压器短路电压相等；

(3) 并联运行的变压器绕组接线组别相同。

**8. 电力系统在运行中对静态稳定储备有什么规定？如何计算静态稳定储备系数?**

答：(1) 在正常运行方式（包括正常检修方式）下，按功角判据计算的静态稳定储备系数 $K_p\%$ 在 $15\%\sim20\%$之间，按无功电压判据计算的静态稳定储备系数 $K_u$ 在 $10\%\sim15\%$之间。

(2) 在事故后运行方式和特殊运行方式下，$K_p\geqslant10\%$，$K_u\geqslant8\%$。

静态稳定储备系数的计算公式如下：

用 $dP/d\delta$ 判据和小振荡法判别静态稳定时，静态稳定储备系数为：$K_p=\dfrac{P_{极限}-P_{正常}}{P_{正常}}\times100\%$

用 $dQ/du$ 判据判别静态稳定时，静态稳定储备系数为：$K_u=\dfrac{U_{正常}-U_{临界}}{U_{正常}}\times100\%$ 。

**9. 中国1000kV特高压交流同塔双回线路设计中采用了哪些防雷措施?**

答:(1)采用伞形塔布置方式，优化塔形;

(2)避雷线保护角和雷电冲击绝缘水平在不同地形条件下采用不同的要求值;

(3)转角耐张塔跳线采用特殊防雷措施;

(4)在一定条件下，可取消人工水平接地体;

(5)根据塔形、地形、雷电活动情况采取差异化综合防雷措施。

**10. 什么是自动发电控制(AGC)?**

答:自动发电控制简称AGC，它是能量管理系统(EMS)的重要组成部分。按电网调度中心的控制目标将指令发送给有关发电厂或机组，通过电厂或机组的自动控制调节装置，实现对发电机功率的自动控制。

**11. 运行中的电流互感器二次侧为什么不允许开路?电压互感器二次侧为什么不允许短路?**

答:电流互感器开路将造成二次感应出过电压(峰值几千伏)，威胁人身安全、仪表、保护装置运行，造成二次绝缘击穿，并使电流互感器磁路过饱和，铁芯发热，烧坏电流互感器。

电压互感器二次侧如果短路将造成电压互感器电流急剧增大过负荷而损坏，并且绝缘击穿使高压串至二次侧，影响人身安全和设备安全。

**12. 电网无功补偿的原则是什么?**

答:电网无功补偿的原则是按分层分区和就地平衡原则考虑，并应能随负荷或电压进行调整，保证系统各枢纽变压器的电压在正常和事故后均能满足规定的要求，避免经长距离线路或多级变压器传送无功功率。

**13. 采用单相重合闸为什么可以提高暂态稳定性?**

答:采用单相重合闸后，由于故障时切除的是故障相而不是三相，在切除故障相后至重合闸前的一段时间里，送电端和受电端没有完全失去联系(电气距离与切除三相相比，要小得多)，这样可以减少加速面积，增加减速面积，提高暂态稳定性。

**14. 电力系统电压与频率特性的区别是什么?**

答:电力系统的频率特性取决于负荷的频率特性和发电机的频率特性(负荷随频率的变化而变化的特性叫负荷的频率特性。发电机组的出力随频率的变化而变化的特性叫发电机的频率特性)，它是由系统的有功负荷平衡决定的，且与网络结构(网络阻抗)关系不大。在非振荡情况下，同一电力系统的稳态频率是相同的。因此，系统频率可以集中调整控制。

电力系统的电压特性与电力系统的频率特性则不相同。电力系统各节点的电压通常情况下是不完全相同的，主要取决于各区的有功和无功供需平衡情况，也与网络结构(网络阻抗)有较大关系。因此，电压不能全网集中统一调整，只能分区调整控制。

**15. 500kV电网中并联高压电抗器中性点加小电抗的作用是什么?**

答:其作用是补偿导线对地电容，使相对地阻抗趋于无穷大，消除潜供电流纵分量，从而提高重合闸的成功率。并联高压电抗器中性点小电抗阻抗大小的选择应进行计算分析，以防止造成铁磁谐振。

**16. 什么是线路串联补偿装置?有何特点?**

答:交流输电系统的串联补偿技术是将电容器串接于输电线路中，通过电容器容抗补偿输电线路感抗的阻抗补偿方式缩短线路的等值电气距离，减少功率输送引起的电压降和功角差，从而提高电力系统稳定性，增大线路输送容量。

常规串联补偿装置的补偿阻抗固定，也称为固定串补(FSC)，不能灵活调整线路阻抗以适应系统运行条件的变化。可控串联电容器补偿(TCSC晶闸管控制串联补偿)应用电力电子技术，利用对晶闸管阀的触发控制实现对串联补偿电抗的平滑调节和动态响应控制，使整个输电线的参数动态可调，实现对线路补偿度的灵活调节，使系统的静态、暂态和动态性能得到改善。

**17. 什么叫低频振荡?产生的主要原因是什么?**

答:并列运行的发电机间在小干扰下发生的频率为0.2～2.5Hz的持续振荡现象叫低频振荡。

低频振荡产生的原因是由于电力系统的负阻尼效应，常出现在弱联系、远距离、重负荷输电线路上，在采用快速、高放大倍数励磁系统的条件下更容易发生。

**18. 何谓潜供电流？它对重合闸有何影响？如何防止？**

答：当故障相（线路）自两侧切除后，非故障相（线路）与断开相（线路）之间存在的电容耦合和电感耦合，继续向故障相（线路）提供的电流称为潜供电流。

潜供电流对灭弧产生影响，由于此电流存在，将使短路时弧光通道去游离受到严重阻碍，而自动重合闸只有在故障点电弧熄灭且绝缘强度恢复以后才有可能成功。若潜供电流值较大时，它将使重合闸失败。

为了保证重合闸有较高的重合成功率，一方面可采取减小潜供电流的措施，如对500kV中长线路高压并联电抗器加中性点小电抗、短时在线路两侧投入快速单相接地开关等措施；另一方面可采用实测熄弧时间来整定重合闸时间。

**19. 什么叫次同步振荡？其产生原因是什么？如何防止？**

答：当发电机经由串联电容补偿的线路接入系统时，如果串联补偿度较高，网络的电气谐振频率较容易和大型汽轮发电机轴系的自然扭振频率产生谐振，造成发电机大轴扭振破坏。此谐振频率通常低于同步（50Hz）频率，称之为次同步振荡。对高压直流输电线路（HVDC）、静止无功补偿器（SVC）等大容量电力电子控制装置，当其控制参数选择不当时，也可能激发次同步振荡。

防止次同步振荡的措施有：

（1）通过附加或改造一次设备；

（2）调整串联补偿度；

（3）通过二次设备提供对扭振模式的阻尼（类似于PSS的原理）。

**20. 变压器励磁涌流有哪些特点？防止励磁涌流对差动保护影响的方法有哪些？**

答：励磁涌流有以下特点：

（1）包含有很大成分的非周期分量，往往使涌流偏于时间轴的一侧。

（2）包含有大量的高次谐波分量，并以二次谐波为主。

（3）励磁涌流波形之间出现间断。

防止励磁涌流影响的方法有：

（1）采用具有速饱和铁芯的差动继电器。

（2）鉴别短路电流和励磁涌流波形的区别，要求间断角为60°～65°。

（3）利用二次谐波制动，制动比为15%～20%。

**21. 什么是背靠背直流输电？**

答：背靠背直流输电工程是指无直流线路的直流输电工程，该项技术适用于区域电网之间的非同步（同频率或非同频率皆可）联网输电。由于没有直流线路，直流系统可以选用较低的额定电压，连接方式可采用单极12脉动，也可采用双极12脉动；换流器可采用一组，也可采用两组或两组以上换流器并联，以增大输送容量，整个直流系统的绝缘水平和费用也可以降低。

**22. 构建全球能源互联网带来的经济效益和社会效益。**

答：经济效益：①保障经济社会发展的能源供应；②降低能源供应成本；③获取显著联网效益；④拉动全球经济增长。

社会效益：①促进发展中地区的资源优势向经济优势转化；②促进能源等相关产业的技术升级；③促进人类和谐开发利用能源。

**23. 什么是智能电网？**

答：智能电网是将先进的传感量测技术、信息通信技术、分析决策技术、自动控制技术和能源电力技术相结合，并与电网基础设施高度集成而形成的新型现代化电网。

**24. 智能电网具备哪些主要特征？**

答：（1）坚强。在电网发生大扰动和故障时，仍能保持对用户的供电能力，而不发生大面积停电事故；

在自然灾害、极端气候条件下或外力破坏下仍能保证电网的安全运行；具有确保电力信息安全的能力。

(2) 自愈。具有实时、在线和连续的安全评估和分析能力，强大的预警和预防控制能力，以及自动故障诊断、故障隔离和系统自我恢复的能力。

(3) 兼容。支持可再生能源的有序、合理接入，适应分布式电源和微电网的接入，能够实现与用户的交互和高效互动，满足用户多样化的电力需求并提供对用户的增值服务。

(4) 经济。支持电力市场运营和电力交易的有效开展，实现资源的优化配置，降低电网损耗，提高能源利用效率。

(5) 集成。实现电网信息的高度集成和共享，采用统一的平台和模型，实现标准化、规范化和精益化管理。

(6) 优化。优化资产的利用，降低投资成本和运行维护成本。

**25. 智能电网将对世界经济社会发展产生哪些促进作用？**

答：智能电网建设对于应对全球气候变化，促进世界经济社会可持续发展具有重要作用。主要表现在：

(1) 促进清洁能源的开发利用，减少温室气体排放，推动低碳经济发展。

(2) 优化能源结构，实现多种能源形式的互补，确保能源供应的安全稳定。

(3) 有效提高能源输送和使用效率，增强电网运行的安全性、可靠性和灵活性。

(4) 推动相关领域的技术创新，促进装备制造和信息通信等行业的技术升级，扩大就业，促进社会经济可持续发展。

(5) 实现电网与用户的双向互动，革新电力服务的传统模式，为用户提供更加优质、便捷的服务，提高人民生活质量。

**26. 电网进行无功补偿后对电力系统有什么好处？**

答：对电网进行无功补偿所带来的好处是可以提高电网的功率因数，从而：

(1) 减少电压降，改善了电网的电压质量。

(2) 增加了电网的输电能力，从而使电网内的电气设备容量能得到充分利用。

(3) 电网的传输损耗减少，使电网的经济效益提高。

(4) 防止因功率因数过低而造成电压崩溃、电网瓦解的事故发生，提高电网的运行安全水平。

(5) 用户提高功率因数可以提高产品质量，减少电费开支，从而降低成本。

**27. 电力系统谐波产生的原因？**

答：高次谐波产生的根本原因是由于电力系统中某些设备和负荷的非线性特性，即所加的电压与产生的电流不成线性（正比）关系而造成的波形畸变。

当电力系统向非线性设备及负荷供电时，这些设备或负荷在传递（如变压器）、变换（如交直流换流器）、吸收（如电弧炉）系统发电机所供给的基波能量的同时，又把部分基波能量转换为谐波能量，向系统倒送大量的高次谐波，使电力系统的正弦波形畸变，电能质量降低。

**28. 什么叫气隔？GIS 为什么要设计成很多气隔？**

答：GIS 内部相同压力或不同压力的各电气元件的气室间设置的使气体互不相通的密封间隔称为气隔。设置气隔有以下好处：

(1) 可以将不同 $SF_6$ 气体压力的各电气元件隔开。

(2) 特殊要求的元件（如避雷器等）可以单独设立一个气隔。

(3) 在检修时可以减少停电范围。

(4) 可以减少检修时 $SF_6$ 气体的回收和充气工作量。

(5) 有利于安装和扩建工作。

**29. 现代电网有哪些特点？**

答：现代电网特点有：

(1) 由较强的超高压系统构成主网架。

(2) 各电网之间联系较强，电压等级相对简化。

(3) 具有足够的调峰、调频、调压容量，能够实现自动发电控制，有较高的供电可靠性。

(4) 具有相应的安全稳定控制系统，高度自动化的监控系统和高度现代化的通信系统。

(5) 具有适应电力市场运营的技术支持系统，有利于合理利用能源。

**30. DL 755—2001《电力系统安全稳定导则》规定，合理的电网结构应满足哪些基本要求？**

答：(1) 能够满足各种运行方式下潮流变化的需要，具有一定的灵活性，并能适应系统发展的要求。

(2) 任一元件无故障断开，应能保持电力系统的稳定运行，且不致使其他元件超过规定的事故过负荷和电压允许偏差的要求。

(3) 应有较大的抗扰动能力，并满足本导则中规定的有关各项安全稳定标准。

(4) 满足分层和分区原则。

(5) 合理控制系统短路电流。

**31. 无功电压控制装置的九区图控制策略如图 2-1 所示，请简述在第 1、3、5、7 区域的调节原理。**

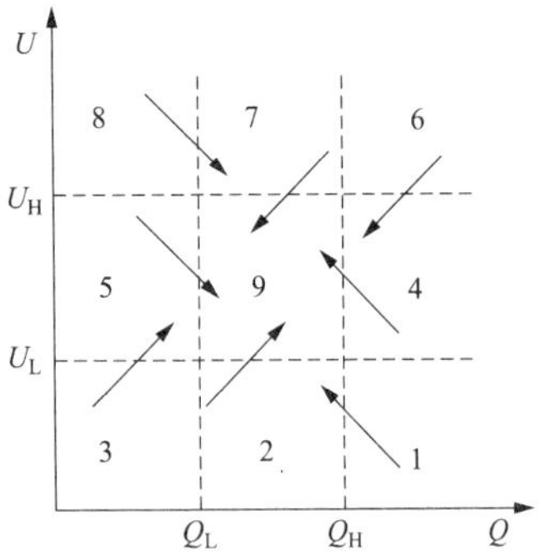

图 2-1 九区图控制策略

答：第 1 区域：电压与功率因数都低于下限，优先投入电容器，如果电压仍低于下限，再调节变压器分接头升压。

第 3 区域：电压低于下限，功率因数高于上限，先调节变压器分接头升压直到电压正常，如果功率因数仍高于上限，再切除电容器。

第 5 区域：电压正常而功率因数高于上限，切除电容器直到正常。

第 7 区域：电压高于上限而功率因数正常，先调节变压器分接头降压，如果分接头已无法调节，电压仍高于上限，则切电容器。

## 五、计算题

**1. 一个线圈接到 220V 的直流电源上时，其功率为 1.21kW，接到 50Hz、220V 的交流电源上时，其功率为 0.64kW，求线圈的电阻和电感各是多少？**

解：

$$R = U^2/P = 220^2/1210 = 40(\Omega)$$

$$P = I^2R$$

$$I = \sqrt{P/R} = \sqrt{640/40} = 4(\mathrm{A})$$

$$Z = U/I = 220/4 = 55(\Omega)$$

$$X_L = \sqrt{Z^2 - R^2} = \sqrt{55^2 - 40^2} = 37.75(\Omega)$$

$$L = X_L/\omega = 37.75/(2\times3.14\times50) = 0.12(\mathrm{H})$$

答：电阻为 40Ω，电感为 0.12H。

**2. 有一个线圈接在正弦交流 50Hz、220V 电源上，电流为 5A，当接在直流 220V 电源上时，电流为 10A，求：线圈电感？**

解：(1) 接直流回路时只有电阻，得到

$$R = \frac{U}{I} = \frac{220}{10} = 22(\Omega)$$

(2) 接交流时为阻抗，得到

$$Z = \frac{U}{I} = \frac{220}{5} = 44(\Omega)$$

因为

$$Z = \sqrt{R^2 + X^2}$$

所以

$$X = \sqrt{Z^2 - R^2} = \sqrt{44^2 - 22^2} = 38.2(\Omega)$$

又因为

$$X = 2\pi fL$$

所以
$$L=\frac{X}{2\pi f}=\frac{38.2}{314}=121.6(\text{mH})$$

答：线圈电感为 121.6mH。

**3. 交流接触器的电感线圈 $R=200\Omega$，$L=7.3\text{H}$，接到电压 $U=220\text{V}$，$f=50\text{Hz}$ 的电源上，求线圈中的电流。如果接到 220V 的直流电源上，求此时线圈中的电流及会出现的后果（线圈的允许电流为 0.1A）。**

解：
$$X_L=\omega L=314\times7.3=2292(\Omega)$$

$X_L\gg R$ 取 $Z\approx X_L$

当接到交流电源上时

$$I=U/Z=220/2292=0.096(\text{A})$$

当接到直流电源上时

$$I=U/R=220/200=1.1(\text{A})$$
$$I>0.1\text{A}$$

线圈会烧毁。

答：此时线圈中电流为 0.096A；当接入 220V 直流电源时线圈电流为 1.1A，线圈会烧毁。

**4. 已知一台 200kVA 三相变压器，额定电压为 10kV/0.4kV，二次侧负荷电流为 250A，功率因数 $\cos\varphi=0.866$，求这台变压器的有功功率 $P$、无功功率 $Q$ 和视在功率 $S$ 各是多少，负载率为多少？**

解：
$$P=\sqrt{3}UI\cos\varphi=\sqrt{3}\times400\times250\times0.866=150(\text{kW})$$
$$S=\sqrt{3}UI=\sqrt{3}\times400\times250=173.2(\text{kVA})$$
$$Q=\sqrt{3}UI\sin\varphi=\sqrt{S^2-150^2}=\sqrt{173.2^2-150^2}=86.6(\text{kvar})$$
$$I_\text{N}=\frac{S}{\sqrt{3}U}=\frac{200}{\sqrt{3}\times0.4}=288.7\text{ A}$$
$$\beta=\frac{I}{I_\text{N}}=\frac{250}{288.7}=0.866$$

答：有功功率 $P$ 为 150kW，无功功率 $Q$ 为 86.6kvar，视在功率 $S$ 为 173.2kVA。

**5. 一台额定电压为 220(1±2×2.5%)kV/69kV 的三相变压器的变比 $k$ 是多少？若此时电网电压仍维持 220kV，而将高压侧分头调至 225.5kV，低压侧电压 $U_2$ 应是多少？**

解：
$$k=U_1/U_2=220/69=3.19$$

调整高压侧分头后，变比为

$$k'=U'/U_2=225.5/69=3.27$$
$$U_2=U_1/k'=220/3.27=67.28(\text{kV})$$

答：三相变压器的变比是 3.19，低压侧电压是 67.28kV。

**6. 某变压器 66kV 侧中性点装设了一台 1900kVA 的消弧线圈，(1) 求该消弧线圈的额定电流为多少？(2) 在 66kV 系统发生单相接地时，补偿电流 $I_L=20\text{A}$，此时这台消弧线圈的感抗 $X_L$ 是多少，电感 $L$ 是多少？**

解：(1)
$$I=\frac{S}{U}=\frac{1900}{66/\sqrt{3}}=50\text{A}$$

(2) 消弧线圈的感抗
$$X_L=\frac{U}{I}=\frac{66/\sqrt{3}}{20}\approx1.9(\text{k}\Omega)$$

消弧线圈的电感
$$L=\frac{X_L}{2\pi f}=\frac{1900}{314}=6.05(\text{H})$$

答：感抗为 1.9kΩ，电感为 6.05H。

**7. 某 1000kV 特高压架空线路长度为 800km，电磁波的传播速度为 $3\times10^5$km/s，系统容量为无穷大。(1) 求该线路末端的相位移角多少度？(2) 线路空载时，末端工频稳态电压是始端电压的多少倍？**

解：(1)
$$\beta=\frac{\omega}{\upsilon}=\frac{2\pi f}{\upsilon}=\frac{2\times180\times50}{3\times10^5}=0.06(°/\text{km})$$

线路长度为 800km，所以线路末端的相位移角为 $\beta_l = 0.06\times800 = 48$（°）

（2）线路末端电压升高的公式 $K_{12} = \dfrac{U_2}{U_1} = \dfrac{1}{\cos(\beta l)} = \dfrac{1}{\cos48^\circ} = 1.49$

**8. 某 1000kV 特高压输电线路单位长度电抗 $X_0 = 0.2345\Omega/\text{km}$，电纳为 $B_0 = 4.65\times10^{-6}\text{S/km}$，求该线路的自然功率为多少？**

解：

$$X_0 = 2\pi f L_0,\quad B_0 = 2\pi f C_0$$

波阻抗为

$$Z_C = \sqrt{\frac{L_0}{C_0}} = \sqrt{\frac{0.2345}{4.65\times10^{-6}}} = 229\Omega$$

自然功率为

$$P_0 \approx \frac{U^2}{Z_C} = \frac{1000^2}{229} = 4255(\text{MVA})$$

**9. 电路图如图 2-2 所示，将变频电源接在此电路中，$R=50\Omega$，$L=16\mu\text{H}$，$C=40\mu\text{F}$，$U=220\text{V}$。求谐振频率 $f_0$ 相应的 $I$、$I_L$、$I_C$、$I_R$。**

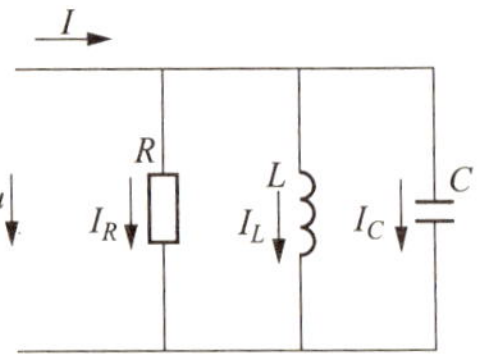


图 2-2　电路图

解：$f_0 = 1/2\pi\sqrt{LC} = 1/2\pi\sqrt{16\times10^{-6}\times40\times10^{-6}} = 10^4/16\pi = 199(\text{Hz})$

$$X_L = \omega L = 2\pi f_0 L = 2\pi(10^4/16\pi)\times16\times10^{-3} = 20(\Omega)$$

$$I_R = U/R = 220/50 = 4.4(\text{A})$$

$$I_L = U/X_L = 220/20 = 11(\text{A})$$

$$I_C = I_L = 11(\text{A})$$

$$I = I_R = 4.4(\text{A})$$

答：$I$ 为 4.4A，$I_L$ 为 11A，$I_C$ 为 11A，$I_R$ 为 4.4A。

**10. 一台 SFP－120000/220 电力变压器，额定容量 $S_e$ 为 120000kVA，额定电压为［220（1±8×1.25%）］/66kV，请计算变压器的额定变比 $k$，高压侧和低压侧的额定电流各是多少？高压侧 1.3 倍过载电流为多少？**

解：这台变压器的额定变比 $k = 220/66 = 3.3$

高压侧的额定电流为

$$I_{1e} = S_e/(\sqrt{3}U_{1e}) = 120000/(\sqrt{3}\times220) = 315(\text{A})$$

低压侧的额定电流为

$$I_{2e} = S_e/(\sqrt{3}U_{2e}) = 120000/(\sqrt{3}\times66) = 1050(\text{A})$$

高压侧 1.3 倍过载电流为 $I_{1.3} = 1.3\times315 = 409\text{A}$

答：额定变比为 3.3，高、低压侧额定电流为 315A 和 1050A，高压侧 1.3 倍过载电流为 409A。

**11. 某一 220kV 输电线路输送有功功率 $P=90\text{MW}$，无功功率 $Q=50\text{Mvar}$，电压互感器 TV 变比为 220kV/100V，电流互感器 TA 变比 600/5，试计算此时的功率因数和二次负荷电流。**

解：线路输送视载功率为 $S = \sqrt{P^2+Q^2} = \sqrt{90^2+50^2} = 103$（MVA）

功率因数

$$\cos\varphi = \frac{P}{S} = \frac{90}{103} = 0.87$$

线路的一次负荷电流为

$$I_1 = \frac{S}{\sqrt{3}U} = \frac{103000}{\sqrt{3}\times220} = 270.3\ (\text{A})$$

线路的二次负荷电流为

$$I_2 = \frac{I_1}{n_{\text{TA}}} = \frac{270.3}{600/5} = 2.25\ (\text{A})$$

**12. 某 220kV 变电站 66kV 母线短路容量为 $S_0 = 1000\text{MVA}$，装设有电力电容器，其容量 $S = 20\text{Mvar}$，此时母线电压为 66kV。将电容器投上时，66kV 母线电压会如何变化？其变化量为多少 kV？（结果保留两位小数）**

解：因为电容器是产生无功功率的，增加电容时，电压升高，减少电容时，电压降低。所以将母线上投电容器时，会引起母线电压的升高。

因为 $\frac{\Delta S}{S_0}=\frac{\Delta U}{U_0}$，所以 $\Delta U=\frac{\Delta S U_0}{S_0}=\frac{20\times 66}{1000}=1.32\text{kV}$

答：66kV 母线电压上升，电压变化量为 1.32kV

**13. 已知某 500kV 变电站母线电压为 500kV，短路容量为 3600MVA，充电线路长度为 180km，求对该线路充电后首端电压大概上升多少？**

解：电压变化率为 $\Delta U=\Delta Q/S\times 100\%=(1.8\times 120)/3600\times 100\%=6\%$

$$\Delta U=500\times 6\%=30(\text{kV})$$

答：该线路充电后首端电压大概上升 30kV。

**14. 在图 2-3 所示对称三相电路中，由三线制电源所提供的对称三相线电压为 380V，线路阻抗 $Z_L=0.4+\text{j}0.3\Omega$，星形连接的负载各相阻抗 $Z=7.6+\text{j}5.7\Omega$。试求三相负载的相电压和相电流的大小。**

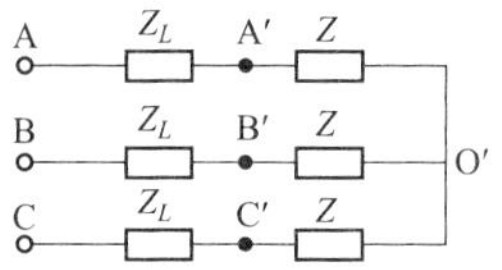

图 2-3 电路图一

解：电源相电压

$$U_{\text{ph}}=U_L/\sqrt{3}=380/\sqrt{3}=220(\text{V})$$

每相总阻抗

$$Z=\sqrt{(0.4+7.6)^2+(0.3+5.7)^2}=10(\Omega)$$

因三相负载对称，所以流过每相负载的电流均为

$$I_{\text{ph}}=U_{\text{ph}}/Z=220/10=22(\text{A})$$

每相负载阻抗 $Z=\sqrt{7.6^2+5.7^2}=9.5(\Omega)$

负载相电压 $U'_{\text{ph}}=I_{\text{ph}}Z'=22\times 9.5=209(\text{V})$

答：相电压为 209V，相电流为 22A。

**15. 如图 2-4 所示的三相四线制电路，其各相电阻分别为 $R_a=R_b=20\Omega$，$R_c=10\Omega$。已知对称三相电源的线电压 $U_1=380\text{V}$，求相电流、线电流和中线电流。**

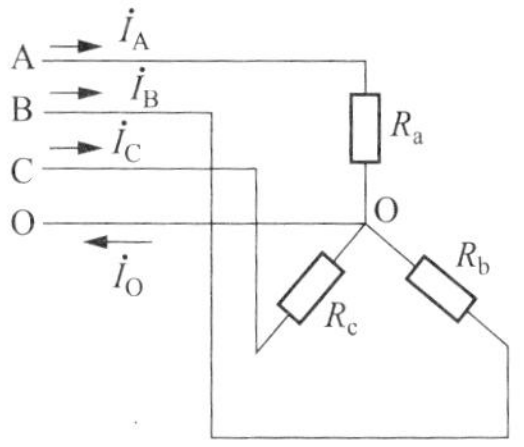

图 2-4 电路图二

解：因电路为三相四线制，所以每相负载两端电压均为电源相电压，即 $U_P=U_L/\sqrt{3}=380/\sqrt{3}=220(\text{V})$

设 $\dot{U}_A=220\angle 0°\text{V}$，则

$$\dot{U}_B=220\angle -120°\text{V},\quad \dot{U}_C=220\angle 120°\text{V}$$

所以，各相相电流分别为

$$\dot{I}_a=\dot{U}_A/R_a=220/20=11(\text{A})$$

$$\dot{I}_b=\dot{U}_B/R_b=220\angle -120°/20=11\angle -120°(\text{A})$$

$$\dot{I}_c=\dot{U}_c/R_c=220\angle 120°/10=22\angle 120°(\text{A})$$

因负载星接，所以线电流等于相电流，即 $I_A=11\text{A}$，$I_B=11\text{A}$，$I_C=22\text{A}$，

中线电流

$$\dot{I}_o=\dot{I}_a+\dot{I}_b+\dot{I}_c=11+11\angle -120°+22\angle 120°=11\angle 120°$$

答：相电流 $\dot{I}_a$ 为 11A，$\dot{I}_b$ 为 $11\angle -120°\text{A}$，$\dot{I}_c$ 为 $22\angle 120°$；线电流 $I_A$ 为 11A，$I_B$ 为 11A，$I_C$ 为 22A；中线电流为 $11\angle 120°\text{A}$。

**16. 已知星形连接的三相对称电源，接一星形四线制平衡负载 $Z=3+\text{j}4\Omega$。若电源线电压为 380V，问 A 相断路时，中线电流是多少？若接成三线制（即星形连接不用中线），A 相断路时，线电流是多少？**

解：在三相四线制电路中，当 A 相断开时，非故障相的相电压不变，相电流也不变，这时中线电流为

$$\dot{I}=\dot{I}_B+\dot{I}_C=220\angle-120°/(3+j4)+220\angle120°/(3+j4)=44\angle126.9°(A)$$

若采用三线制，A 相断开时

$$I_A=0$$

$$I_B=I_C=U_L/2Z=380/2\sqrt{3^2+4^2}=38(A)$$

答：在三相四线制电路中，A 相断开时，中线电流为 44A，若接成三线制，A 相断开时，B、C 两相线电流均为 38A。

**17. 某高压输电线路中，线电压为 220kV，输送功率为 240MW，若输电线的每相电阻为 1Ω，试计算负载功率因数从 0.6 升至 0.9 时，线路上一年可节约多少电能？**

解：当 $\cos\varphi=0.6$ 时，输电线路上电流为

$$I=\frac{P}{\sqrt{3}U\cos\varphi}=\frac{240\times10^6}{\sqrt{3}\times220\times10^3\times0.6}=1.0497(kA)\approx1050(A)$$

一年的电能损耗（365 天计）为

$$W=3I^2Rt=3\times1050^2\times1\times365\times24=2.890\times10^7(kWh)$$

当 $\cos\varphi=0.9$ 时，输电线路上电流为

$$I=\frac{P}{\sqrt{3}U\cos\varphi}=\frac{240\times10^6}{\sqrt{3}\times220\times10^3\times0.9}\approx0.7(kA)=700(A)$$

一年的电能损耗（365 天计）为

$$W=3I^2Rt=3\times700^2\times1\times365\times24=1.287\times10^7(kWh)$$

一年中节约电能损耗为

$$(2.890-1.287)\times10^7=1.61\times10^7(kWh)$$

答：一年中节约电能损耗为 $1.61\times10^7$kWh。

**18. 有一条额定电压为 110kV 的单回路架空线，线路长度 $l$ 为 50km，线间几何均距为 5m，线路末端负载为 15MW，功率因数 $\cos\varphi=0.85$，年最大负载利用时间 $T_{max}=5500h$，试完成以下计算：**

**（1）按经济电流密度选择导线截面积（提示：经济电流密度 $J=0.9A/mm^2$）。**

**（2）按允许的电压损耗（$\Delta U_{al}\%=10$）进行校验（提示：$r=0.27\Omega/km$，$x=0.423\Omega/km$）。**

解：（1）按经济电流密度选择导线截面：

线路需输送的电流为

$$I_{max}=\frac{P}{\sqrt{3U_N}\cos\varphi}=\frac{15000}{\sqrt{3}\times110\times0.85}=92.62(A)$$

所需导线截面积为

$$A=\frac{I_{max}}{J}=\frac{92.62}{0.9}=103(mm^2)$$

因此最小选择 LGJ－120 型导线。

（2）按允许的电压损耗（$\Delta U_{al}\%=10$）校验：

$$\Delta U=\frac{PR+QX}{U_N}=\frac{(Pr+Qx)l}{U_N}=\frac{15\times0.27+9.3\times0.423}{110}\times50=3.63(kV)$$

$$\Delta U\%=\frac{\Delta U}{U_N}\times100=\frac{3.63}{110}\times100\%=3.3\%<\Delta U_{al}\%$$

答：选择 LGJ－120 型导线，此线电压损耗 $\Delta U_{al}\%$ 为 3.3%，小于标准值，因此满足允许电压损耗的要求。

**19. 有一额定电压为 10kV 的架空线路，线路阻抗为 15.75＋j8.88Ω，已知末端输出功率为 600－j400kVA，线路首端电压为 $U_1=11kV$，试求线路末端电压及电压偏移百分数。**

解：线路阻抗中的功率损耗为

$$\Delta P-\mathrm{j}\Delta Q=(0.6^2+0.4^2)/10^2\times15.75-\mathrm{j}(0.6^2+0.4^2)/10^2\times8.88=0.082-\mathrm{j}0.046(\mathrm{MVA})$$

线路首端功率为

$$P_1-\mathrm{j}Q_1=(0.6-\mathrm{j}0.4)+(0.082-\mathrm{j}0.046)=0.68-\mathrm{j}0.45(\mathrm{MVA})$$

线路末端电压为

$$U_2=U_1-(P_1R+Q_1X)/U_1=11-(0.68\times15.75+0.45\times8.88)/11=11-1.34=9.66(\mathrm{kV})$$

线路末端电压偏移百分数

$$m_2(\%)=(U_2-U_e)/U_e\times100\%=(9.66-10)/10\times100\%=-3.4\%$$

**20. 已知：某 66kV 系统全系统的电容电流为 37.4A，Ⅰ号线路的电容电流为 21.4A，Ⅱ号线路的电容电流为 16A，网络的阻尼率 $d=0.07$，Ⅱ号线路送电开关一相未合上，求出欠补偿 10%时的中性点位移电压。**

解：欠补偿 10%时

$$\rho=-0.1$$

$$m=\frac{37.4-16}{37.4}=0.572$$

$$\upsilon_{01}=\frac{0.572-1}{0.572+2}=-0.17$$

$$\rho'_1=\rho-KU_{01}=\rho-(\rho+1)U_{01}$$

$$=-0.1-0.9\times(-0.17)=0.053$$

$$U_{\mathrm{N}}=\frac{\upsilon_{01}U_x}{\sqrt{\rho_1^2+d^2}}=\frac{-0.17U_x}{\sqrt{(0.053)^2+(0.07)^2}}=-1.14U_x=-43.43(\mathrm{kV})$$

**21. 一台三绕组变压器绕组间的短路电压分别为 $U_{\mathrm{d1-2}}=9.92\%$、$U_{\mathrm{d1-3}}=15.9\%$、$U_{\mathrm{d2-3}}=5.8\%$，试计算每个绕组的短路电压？**

解：

$$U_{\mathrm{d1}}=1/2(U_{\mathrm{d1-2}}+U_{\mathrm{d1-3}}-U_{\mathrm{d2-3}})=(9.92+15.9-5.8)/2\%=10\%$$

$$U_{\mathrm{d2}}=1/2(U_{\mathrm{d1-2}}+U_{\mathrm{d2-3}}-U_{\mathrm{d1-3}})=(9.92+5.8-15.9)/2\%\approx0$$

$$U_{\mathrm{d3}}=1/2(U_{\mathrm{d1-3}}+U_{\mathrm{d2-3}}-U_{\mathrm{d1-2}})=(15.9+5.8-9.92)/2\%=5.89\%$$

答：每个绕组的短路电压分别为 10%、0、5.89%。

**22. 某配电变压器电压为 10（1±5%）kV/0.4kV，当分接开关在第Ⅱ挡时，低压侧电压为 360V，问分接开关如何调压，（调至第几挡）才能提高二次电压？计算出调压的实际低压侧电压多少？**

解：当电网电压不变，要提高低压侧电压 $U_2$，需减小变比 $K$，应调至第Ⅲ挡即−5%。

$$K=\frac{U_1}{U_2}=\frac{10}{0.4}=25$$

电网实际电压

$$U_1=KU_2=25\times360=9000(\mathrm{V})$$

调至第Ⅲ挡后的 $U_{2Z}=U_1/K_3=9000/23.75=380(\mathrm{V})$（大于 360V）

$$U'_2=\frac{U_1}{K_3}=\frac{9000}{K(1-5\%)}=380(\mathrm{V})$$

应调至第Ⅲ挡即−5%挡，实际低压侧电压为 380V。

**23. 如图 2-5 所示，已知 $X_{\mathrm{AB}}=20\Omega$，$X_{\mathrm{BC}}=30\Omega$，$X_{\mathrm{CA}}=50\Omega$，求 $X_{\mathrm{A}}$，$X_{\mathrm{B}}$，$X_{\mathrm{C}}$ 分别为多少？**

解：

$$X_{\mathrm{A}}=\frac{X_{\mathrm{AB}}X_{\mathrm{CA}}}{X_{\mathrm{AB}}+X_{\mathrm{BC}}+X_{\mathrm{CA}}}=20\times50/(20+30+50)=10\Omega$$

$$X_{\mathrm{B}}=\frac{X_{\mathrm{AB}}X_{\mathrm{BC}}}{X_{\mathrm{AB}}+X_{\mathrm{BC}}+X_{\mathrm{CA}}}=20\times30/(20+30+50)=6\Omega$$

$$X_{\mathrm{C}}=\frac{X_{\mathrm{BC}}X_{\mathrm{CA}}}{X_{\mathrm{AB}}+X_{\mathrm{BC}}+X_{\mathrm{CA}}}=30\times50/(20+30+50)=15\Omega$$

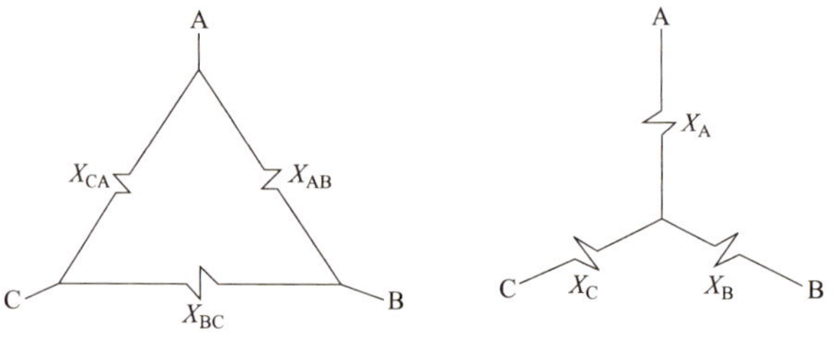


图 2-5　接线图

答：$X_A=10\Omega$；$X_B=6\Omega$；$X_C=15\Omega$。

**24. 现有一只 220kV 绝缘杆，已知工频下的电容为 $C=2.5\times10^{-12}$F，介质损耗 $\tan\delta=0.06$，请绘出等效电路图，并计算在 220kV 工频电压下绝缘杆的泄漏电流。**

解：等效电路图及向量图如图 2-6 所示。

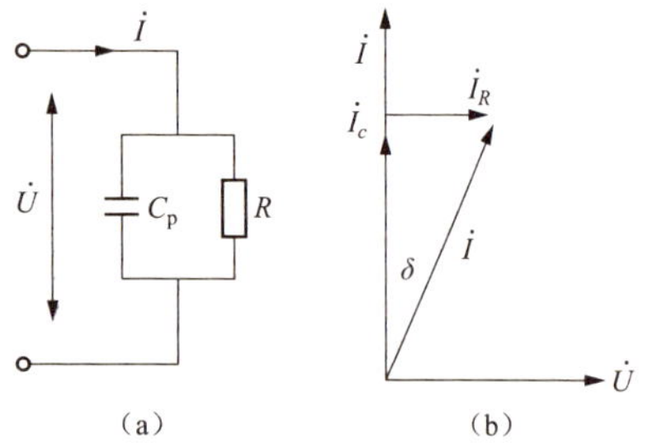


图 2-6　等效电路图及向量图

(a) 等效电路图；(b) 向量图

介质损耗角 $\delta=\arctan0.06=3.4336°$

等效电容容抗 $X_C=1/(2\pi fC)=1/(2\pi\times50\times2.5\times10^{-12})=1.27\times10^9(\Omega)$

流过等效电容的电流 $$I_C=\frac{U}{\sqrt{3}X_C}=\frac{220\times10^3}{\sqrt{3}\times1.27\times10^9}=1\times10^{-4}(\text{A})$$

泄漏电流为 $$I=I_C/\cos\delta=1\times10^{-4}(\text{A})$$

答：泄漏电流为 $1\times10^{-4}$A。

**25. 带电作业塔上电工身穿屏蔽服站在铁塔上间接作业，如果人体的电阻为 1000Ω，屏蔽服上的电阻为 10Ω，由于静电感应产生的总感应电流为 2mA，求流过人体和屏蔽服的电流各有多少？**

解：由于人体与屏蔽服构成一并联电路（见图 2-7），因此可以按并联电路的公式计算。

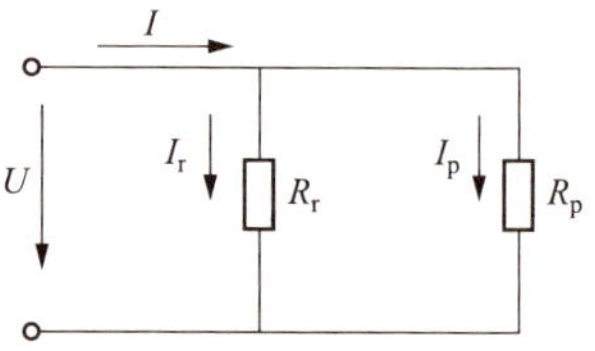


图 2-7　电路图

已知 $R_r=1000\Omega$，$R_p=10\Omega$，$I=2$mA

$I_r=IR_p/(R_r+R_p)=2\times10/(1000+10)=0.0198(\text{mA})=19.8(\mu\text{A})$

$I_p=IR_r/(R_r+R_p)=2\times1000/(1000+10)=1.9802(\text{mA})=1980.2(\mu\text{A})$

答：流过人体电流为 19.8μA，流过屏蔽服的电流为 1980.2μA。

**26. 线路 M 侧电源阻抗 $Z_M=10\Omega$，线路阻抗 $Z_L=20\Omega$，线路 N 侧电源阻抗 $Z_N=20\Omega$，则该系统振荡中心距 M 侧的阻抗为多少？（假设两侧电源阻抗的阻抗角与线路阻抗角相同）**

解：系统振荡中心点的阻抗：$Z=(Z_M+Z_L+Z_N)/2=(10+20+20)/2=25\Omega$，

则该系统振荡中心距 M 侧的阻抗：$Z_{LM}=Z-Z_M=25-10=15\Omega$；

答：该系统振荡中心距 M 侧的阻抗为 15Ω。

**27. 两台具有相同变比和连接组别的三相变压器，其额定容量和短路电压分别为：$S_{N1}=1000$kVA，$U_{k1}=6.25\%$，$S_{N2}=2000$kVA，$U_{k2}=6.6\%$，将它们并联运行后带负载 $S=2400$kVA，则第一台变压器分配的负荷为多少？在不允许任何一台过负荷的情况下能担负的最大总负荷为多少（结果取整数）？在不允许任何一台过负荷的情况下，担负最大总负荷时变压器总的设备利用率为多少？**

解：第一台变压器分配的负荷为

$$S_1=\frac{S_{N1}/U_{k1}}{S_{N1}/U_{k1}+S_{N2}/U_{k2}}S=\frac{1000/0.0625}{1000/0.0625+2000/0.066}2400=829(\text{kVA})$$

具有最小短路电压的变压器达到满负荷时，2 台变压器最大共同可担负的负荷为

$$S_{max} = (S_{N1}/U_{k1} + S_{N2}/U_{k2}) \times U_{k1} = (1000/0.0625 + 2000/0.066) \times 0.0625 = 2894(kVA)$$

变压器总的设备利用率：

$$\beta = \frac{(S_{N1}/U_{k1} + S_{N2}/U_{k2}) \times U_{k1}}{S_{N1} + S_{N2}} = \frac{(1000/0.0625 + 2000/0.066) \times 0.0625}{1000 + 2000} = 96.5\%$$

答：第一台变压器分配的负荷为 829kVA；能担负的最大总负荷为 2894kVA；变压器总的设备利用率为 96.5%。

**28. 两台额定容量均为 10000kVA 的同型号变压器并列运行，阻抗电压分别为 7.2%、6.8%，共带负荷 14000kVA，求每台变压器各带多少负荷？**

解：阻抗电压为 7.2%的变压器所带的负荷为

$$S_1 = SU_{d2\%}/(U_{d1\%} + U_{d2\%}) = 14000 \times 6.8/(7.2+6.8) = 6800(kVA)$$

阻抗电压为 6.8%的变压器所带的负荷为

$$S_2 = SU_{d1\%}/(U_{d1\%} + U_{d2\%}) = 14000 \times 7.2/(7.2+6.8) = 7200(kVA)$$

答：阻抗电压为 7.2%的变压器所带负荷为 6800kVA，阻抗电压为 6.8%的变压器所带的负荷为 7200kVA。

**29. 两台变压器 A 与 B 并列运行，$S_{Ae}=S_{Be}=10000kVA$，一次电压相同，$U_{AK}=U_{BK}=8\%$，接线组别为 Yd11；二次电压不等，$U_{A2}=11kV$，$U_{B2}=10.5kV$，试求环流。**

变压器的额定电流

$$I_{A2} = (10000 \times 1000)/(\sqrt{3} \times 11000) = 525(A)$$

$$I_{B2} = (10000 \times 1000)/(\sqrt{3} \times 10500) = 550(A)$$

变压器的短路阻抗　$Z_{AK} = 8/100 \times 11000/525 = 1.676(\Omega)$

$$Z_{BK} = 8/100 \times 10500/550 = 1.527(\Omega)$$

$$\Delta U = U_{A2} - U_{B2} = 11000 - 10500 = 500(V) \quad I_{H2} = 500/(1.676+1.527) = 156(A)$$

答：环流为 156A。

**30. 某变电站 220kV 主变压器的铁芯为外引接地，经测量铁芯接地电流为 3A，铁芯对地绝缘电阻为 0.75kΩ，要将铁芯接地电流控制到变压器运行规范规定的范围内，需要在铁芯接地回路串联多大的电阻？该电阻的功率至少为多大？**

解：根据变压器运行规范规定，铁芯接地电流不大于 100mA，

串联的电阻 $3 \times 0.75/0.1 - 0.75 = 21.75k\Omega$

串联电阻的功率 $0.1^2 \times 21.75 \times 1000 = 217.5W$

答：需要在铁芯接地回路串联 21.75kΩ 电阻，电阻功率至少 217.5W。

**31. 220kV 无载调压双绕组变压器，型号为 SFPS10—180000，容量为 180000kVA，电压组合及分接范围为高压 230(1±4×1.25%)kV，低压 121kV，空载损耗为 124.6kW，空载电流为 0.30%，负载损耗为 552.5kW，短路阻抗为 13.58%，联结组标号为 Yd11，试问负荷为 80%时，变压器所消耗的无功功率有多大？**

$$\Delta Q = \Delta Q_0 + \Delta Q_d$$

$$\Delta Q_0 = \frac{I_0 \times S_e}{100} = \frac{0.30 \times 180000}{100} = 540(kvar)$$

$$\Delta Q_d = 0.8^2 \times \frac{U_d \times S_e}{100} = 0.8^2 \times \frac{13.58 \times 180000}{100} = 15644(kvar)$$

$$\Delta Q = \Delta Q_0 + \Delta Q_d = 540 + 15644 = 16184(kvar) = 16.184(Mvar)$$

答：负荷为 80%时，变压器所消耗的无功功率有 16.184Mvar。

**32. 如图 2-8 所示电路，计算出图中各元件的电抗标幺值，$k_1^{(3)}$ 点短路时，求短路回路总电抗 $X_{*\Sigma}$（取 $S_j=100MVA$，$U_j=U_p$）。**

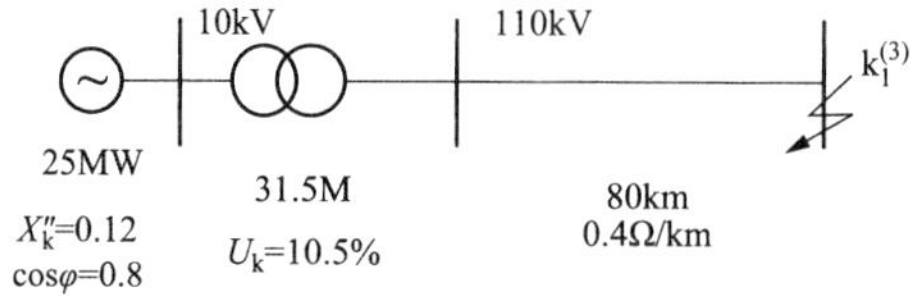


图 2-8　电路图

解：(1) 各元件的电抗标幺值：

发电机　　$X_{F*}=X''\dfrac{S_j}{S_F}=0.12\times\dfrac{100}{25/0.8}=0.38$

变压器　　$X_{B*}=\dfrac{U_d}{100}\times\dfrac{S_j}{S_B}=\dfrac{10.5}{100}\times\dfrac{100}{31.5}=0.33$

架空线路　　$X_{L*}=0.4L\dfrac{S_j}{U_P^2}=0.4\times80\times\dfrac{100}{115^2}=0.24$

(2) $k_1^{(3)}$ 点短路时短路回路总电抗：

$$X_{*\Sigma}=X_{F*}+X_{B*}+X_{L*}=0.38+0.33+0.24=0.95$$

**33. 如图 2-9 所示电路中各元件参数的标幺值，求 (1) $k_1^{(3)}$、$k_2^{(3)}$ 点三相短路时短路电流的大小。(2) $k_1^{(3)}$ 三相短路时流过 110kV 线路始端开关中的短路容量的大小。(取 $S_j=100$MVA，$U_j=U_p$)**

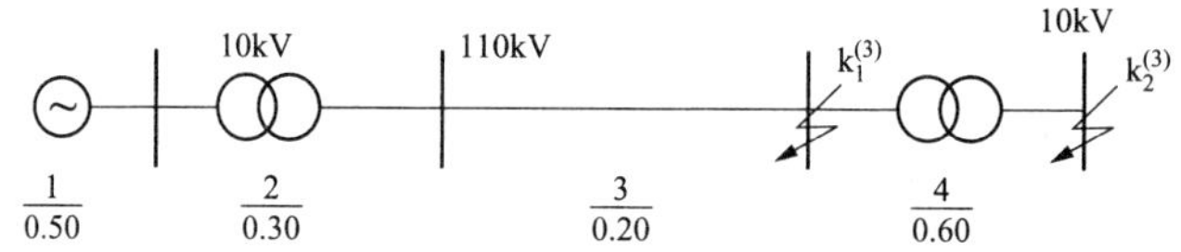


图 2-9　电路图

解：(1) $k_1^{(3)}$ 三相短路时短路电流的大小

$$X_{*\Sigma1}=X_1+X_2+X_3=0.5+0.3+0.2=1.0$$

$$I_{J1}=\frac{S_j}{\sqrt{3}U_{P1}}=\frac{100}{\sqrt{3}\times115}=0.502(\text{kA})$$

$$I_{k1}^{(3)}=\frac{1}{X_{*\Sigma1}}\times I_{j1}=0.502\ (\text{kA})$$

$k_2^{(3)}$ 三相短路时短路的大小

$$X_{*\Sigma2}=X_1+X_2+X_3+X_4=0.5+0.3+0.2+0.6=1.6$$

$$I_{J2}=\frac{S_j}{\sqrt{3}U_{P2}}=\frac{100}{\sqrt{3}\times10.5}=5.50(\text{kA})$$

$$I_{k2}^{(3)}=\frac{1}{X_{*\Sigma2}}\times I_{j2}=\frac{1}{1.6}\times5.50=3.44\ (\text{kA})$$

(2) $k_1^{(3)}$ 三相短路时，流过 110kV 线路始端开关中的短路容量为

$$S_k^{(3)}=\sqrt{3}U_PI_{k1}^{(3)}=\sqrt{3}\times115\times0.502=100(\text{MVA})$$

**34. 某系统等值网络如图 2-10 所示，k 点发生三相短路时的短路电流值 (基准容量 $S_j=100$MVA，$U_j=66$kV)。**

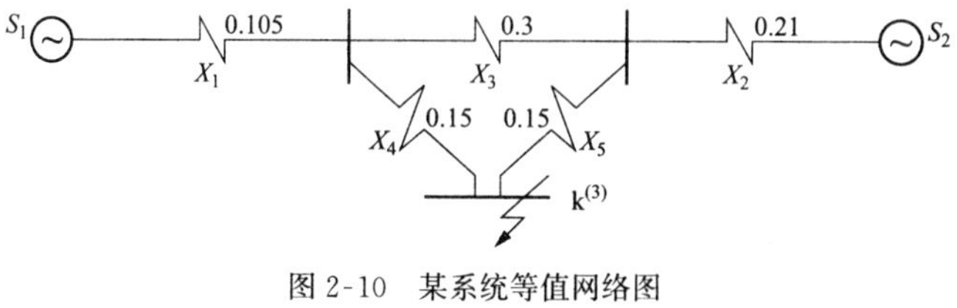


图 2-10　某系统等值网络图

解：对 $X_3$、$X_4$、$X_5$ 进行△/Y变换，

$$X_6=\frac{X_3\cdot X_4}{X_3+X_4+X_5}=\frac{0.3\times0.15}{0.3+0.15+0.15}=0.075$$

$$X_7=\frac{X_3\cdot X_5}{X_3+X_4+X_5}=\frac{0.3\times0.15}{0.3+0.15+0.15}=0.075$$

$$X_8=\frac{X_4\cdot X_5}{X_3+X_4+X_5}=\frac{0.15\times0.15}{0.3+0.15+0.15}=0.0375$$

变换后的等值电路图如图 2-11 所示。

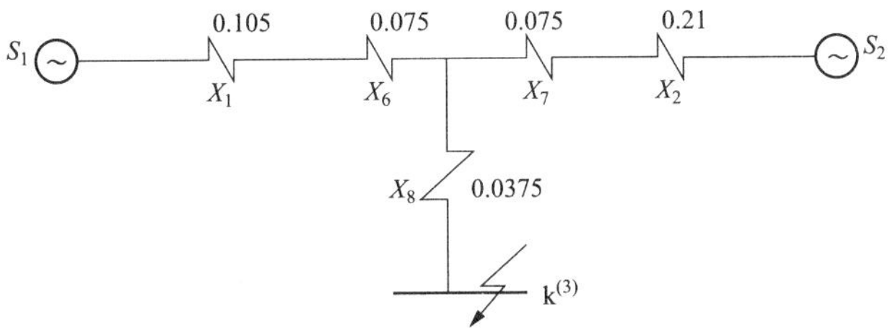


图 2-11　变换后的等值电路

化简后得

$$X_\Sigma=(X_1+X_6)//(X_2+X_7)+X_8=0.18//0.285+0.0375=0.1475$$

计算三相短路电流为

$$I_{k*}=1/X_\Sigma=6.78$$

$$I_j=\frac{S_j}{\sqrt{3}U_j}=\frac{100}{\sqrt{3}\times66}=0.875(\text{kA})$$

折算成实际值有

$$I_k=I_{k*}\times I_j=5.933(\text{kA})$$

**35. 220kV 线路 k 点 A 相单相接地短路。电源、线路阻抗标幺值已在图 2-12 中注明，额定电压为 220kV，基准容量为 1000MVA。(1) 请画出 k 点 A 相接地短路时复合序网图。(2) 短路点的正序短路电流的合成阻抗（标幺值）是多少？(3) 短路点的正序短路电流（有名值）是多少？(4) 短路点的单相短路电流（有名值）是多少？**

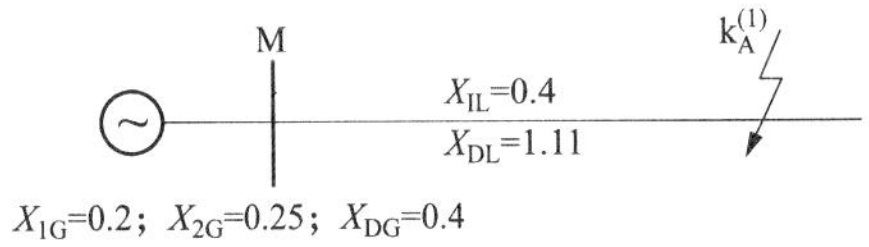


图 2-12　系统单相接地示意图

答：

$X_{1\Sigma}=0.2+0.4=0.6$；

$X_{2\Sigma}=0.25+0.4=0.65$；

$X_{0\Sigma}=0.4+1.11=1.51$；

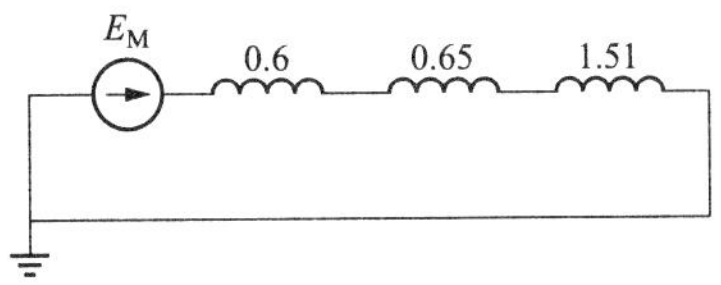


$$X_*=0.6+0.65+1.51=2.76;$$

$$I_{k1}^{(1)}=I_j/X_*=1000/(\sqrt{3}\times230)/2.76=0.91\text{kA}$$

$$I_k^{(1)}=3\times I_{k1}^{(1)}=3\times0.91=2.73\text{kA}$$

**36. 如图 2-13 所示系统。**

**已知：**

**G：$S_N$=171MVA，$U_N$=13.8kV，$X_d''\%$=24**

**T：$S_N$=180MVA，13.8/242kV，$U_k\%$=14**

图 2-13　电路图

**主变压器从 220kV 侧看的零序阻抗实测值为 38.7Ω/相，线路 $L$ 长 150km，正序阻抗 $X_1=0.406\Omega/km$，$X_0=3X_1$。**

**求：(1) k 点发生三相短路时，线路和发电机的短路电流。(2) k 点发生 A 相接地故障时线路的短路电流。**

解：将所有参数归算为 100MVA 为基准值的标幺值，得

$$X_G=\frac{X''_d\%}{100}\frac{S_B}{S_N}=\frac{24}{100}\times\frac{100}{171}=0.14$$

$$X_T=\frac{X''_k\%}{100}\frac{S_B}{S_N}\left(\frac{U_N}{U_B}\right)^2=\frac{14}{100}\times\frac{100}{180}\times\left(\frac{242}{220}\right)^2=0.094$$

$$Z_B=\frac{U_B^2}{S_B}=\frac{220^2}{100}=484;\quad X_{0T}=\frac{38.7}{484}=0.08;\quad X_L=0.406\times\frac{150}{484}=0.126$$

$$X_{0L}=3\times0.126=0.378$$

(1) k 点三相短路时的电流标幺值

$$I=\frac{1}{0.14+0.094+0.126}=\frac{1}{0.36}=2.78$$

220kV 侧基准电流 $I_m=263(A)$

13.8kV 侧基准电流为

$$I_{B2}=\frac{100}{13.8\times\sqrt{3}}=4.19(kA)$$

线路的短路电流 $I_L=2.78\times263=731(A)$

发电机短路电流 $I_G=2.78\times4190=11658(A)$

(2) 单相接地的序网图如图 2-14 所示。

则电流标幺值

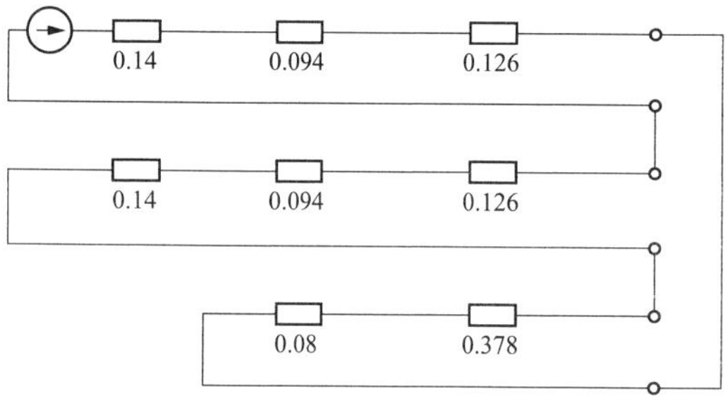


图 2-14　单相接地的序网图

$$I_a=3I_0=\frac{3E}{X_1+X_2+X_0}=\frac{3}{0.36+0.36+0.458}=2.547$$

有效值 $I_a=2.547\times263=670(A)$，$I_b=I_c=0(A)$

**37. 如图 2-15 两台变压器并联运行，$T_1$、$T_2$ 参数相同，参数为：容量 120000kVA，阻抗电压 $U_d\%=12$，YNd11 接线，35kV 侧开关的开断电流为 20kA，由于地区负荷增加到 200000kVA，需将 $T_2$ 更换为容量 180000kVA 的变压器，阻抗电压 $U_d\%=13$，YNd11 接线。**

**求：(1) 变压器 $T_2$ 更换后，两台变压器的负荷如何分配？**

**(2) 校验线路 121、122 断路器的开断电流能否满足要求？(35kV 系统的平均电压取 37kV)**

**(3) 若线路 121、122 断路器的开断电流不满足要求，可以采取哪些措施？**

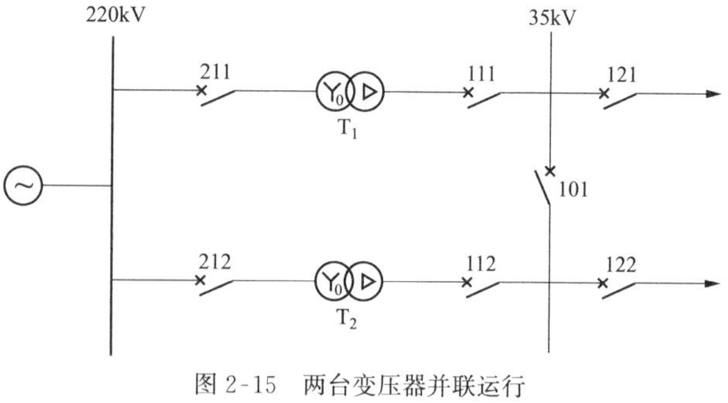


图 2-15　两台变压器并联运行

解：(1) $T_1$ 分担负荷为

$$S_1=\frac{200000}{\frac{120000}{12}+\frac{180000}{13}}\times\frac{120000}{12}=83871(\text{kVA})$$

$T_2$ 分担负荷为

$$S_2=\frac{200000}{\frac{120000}{12}+\frac{180000}{13}}\times\frac{180000}{13}=116129(\text{kVA})$$

（2）取 $S_j=100\text{MVA}\quad U_j=U_p$

$$X_{1*}=\frac{12}{100}\times\frac{100}{120}=0.1\qquad X_{2*}=\frac{13}{100}\times\frac{100}{180}=0.072\qquad X_{\Sigma*}=\frac{0.1\times0.072}{0.1+0.072}=0.042$$

$$I_k=\frac{1}{0.042}\times\frac{100}{\sqrt{3}\times37}=37.15\text{kA}>20\text{kA}$$

故 121、122 断路器的开断电流不满足要求。

（3）采取的措施：

1）更换 121、122 断路器，选用开断电流大的断路器。

2）$T_1$、$T_2$ 分列运行，101 断路器处于热备用状态，101 断路器装设备自投。

**38. 已知某变电站 10kV 母线电压为 10.3kV，母线最大短路电流为 16.5kA，投入一组容量为 4800kvar 电容器后，母线电压为多少，是否越限？**

解：母线电压变化量为 $\Delta U=\frac{\Delta S}{S}U=\frac{4800}{\sqrt{3}\times10.5\times16.5}\times10=0.16\text{kV}$

母线电压为 $U_B=U+\Delta U=10.3+0.16=10.46\text{kV}$

10.46kV 在 1010.7kV 之间，没有越限。

## 六、识绘图题

**1. 画出电阻、电感元件串联后与电容元件并联的交流电路及相量图。**

答：电阻、电感元件串联后与电容元件并联的电路及相量图如图 2-16 所示。

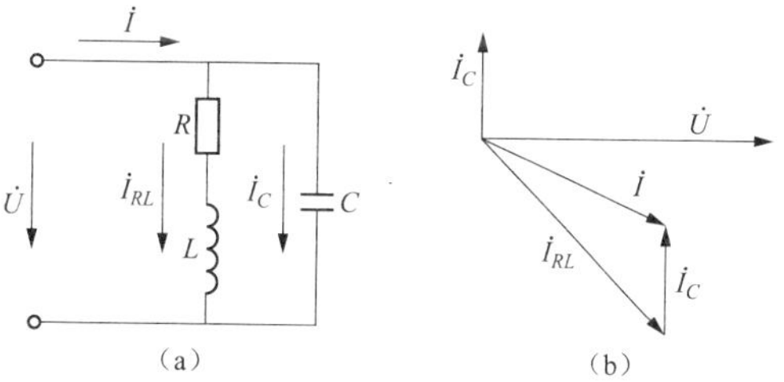


图 2-16 电阻、电感元件串联后与电容元件并联的电路及相量图

（a）电路图；（b）相量图

**2. 某绝缘材料在交流电压作用下，因其内部损耗而导致发热。试绘出其并联等值电路图及相量图。**

答：绝缘材料的等值电路图和相量图如图 2-17 所示。

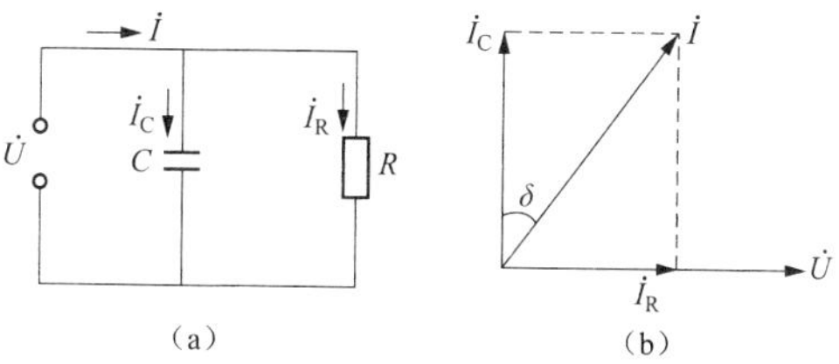


图 2-17 绝缘材料的等值电路图和相量图

（a）绝缘材料的等值电路；（b）相量图

**3. 画出变压器 Yd11 接线及相量图。**

答：Yd11 接线图和相量图如图 2-18 所示。

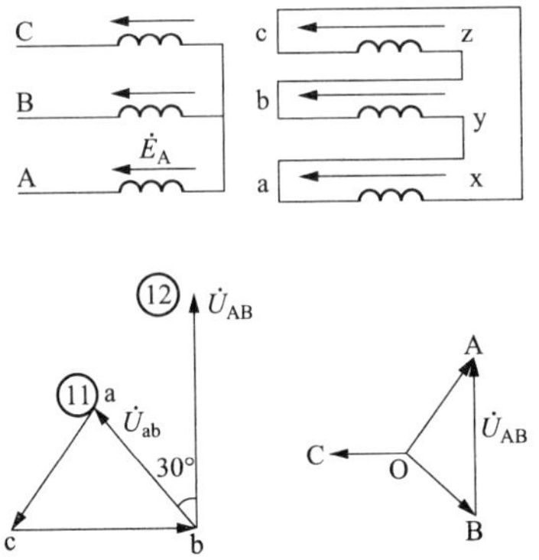


图 2-18　Yd11 接线图和相量图

**4. 画出无备用的电网接线方式，并简要说明优缺点。**

答：无备用的电网接线方式图 2-19 所示。

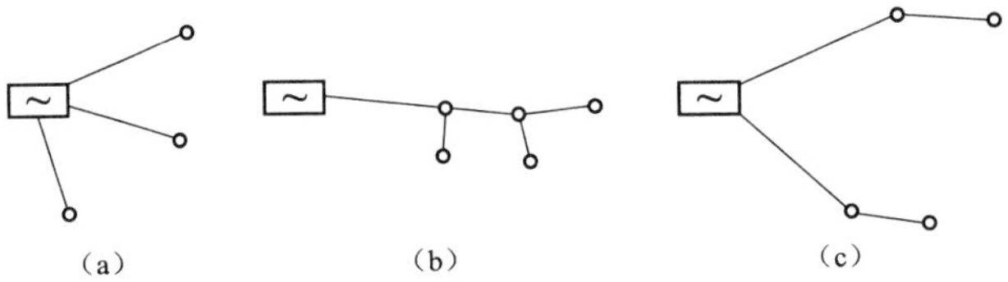


图 2-19　无备用的电网接线方式

(a) 放射式；(b) 干线式；(c) 链式

无备用接线方式的主要优点在于简单、经济、运行方便，主要缺点是供电可靠性差。

**5. 画出有备用的电网接线方式，并简要说明优缺点。**

答：有备用的电网接线方式如图 2-20 所示。

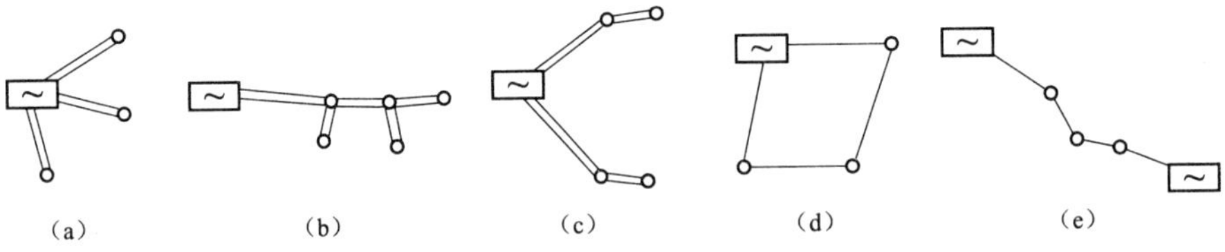


图 2-20　有备用的电网接线方式

(a) 放射式；(b) 干线式；(c) 链式；(d) 环式；(e) 两端供电网络

有备用接线中，双回路的放射式、干线式、链式网络的优点在于供电可靠性和电压质量高，缺点是可能不够经济。

**6. 画出内桥、外桥接线，并说明各自的适用范围。**

答：内桥接线和外桥接线如图 2-21 所示。

内桥接线适用于线路较长，变压器不经常切换的运行方式。

外桥接线适用于线路较短，变压器经常切换的运行方式或有穿越功率通过时。

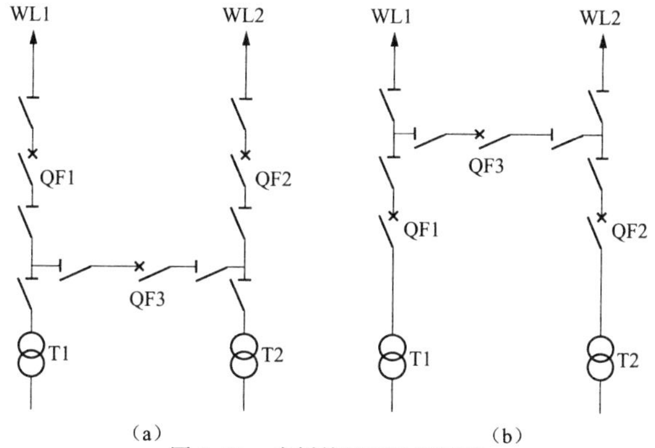


图 2-21 内桥接线和外桥接线

(a) 内桥接线；(b) 外桥接线

**7. 画出四条出线、两个电源线的双母线接线图，并说明该接线有几种运行方式。**

答：双母线接线图如图 2-22 所示。

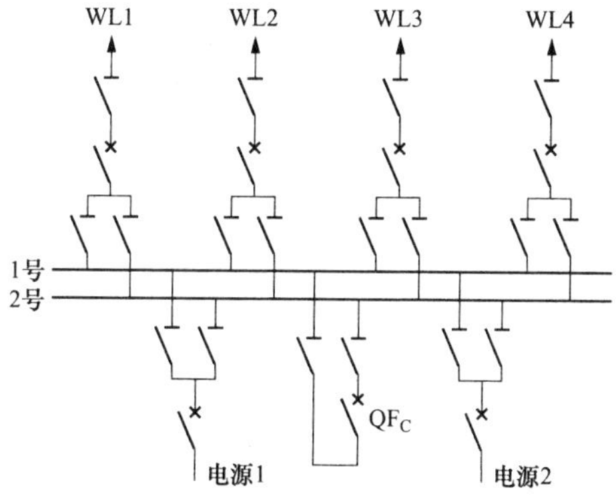


图 2-22 双母线接线图

运行方式为：

(1) 一组母线工作，另一组母线备用或检修。

(2) 两组母线分列运行。

(3) 两组母线并列运行。

**8. 画出四条出线、两个电源线的双母线带专用旁路母线接线图（电源线不进旁路）。**

答：双母线带专用旁路接线图如图 2-23 所示。

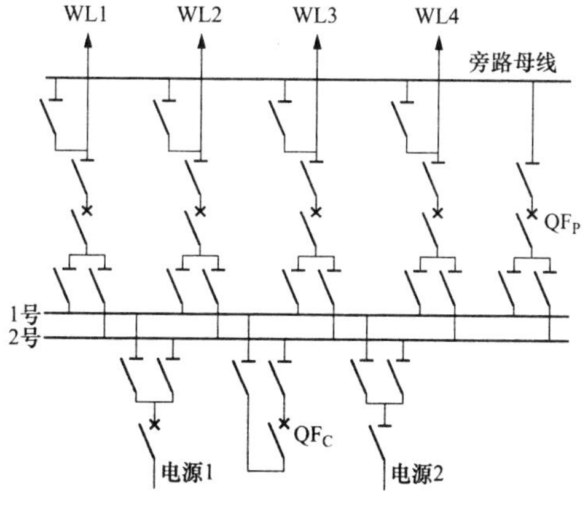


图 2-23 双母线带专用旁路接线

**9. 某GIS设备双母线接线三相共箱间隔布置如图2-24所示，试说出图中各部分的名称（至少标出10个）。**

答：图中各部分名称如图2-24中所标。

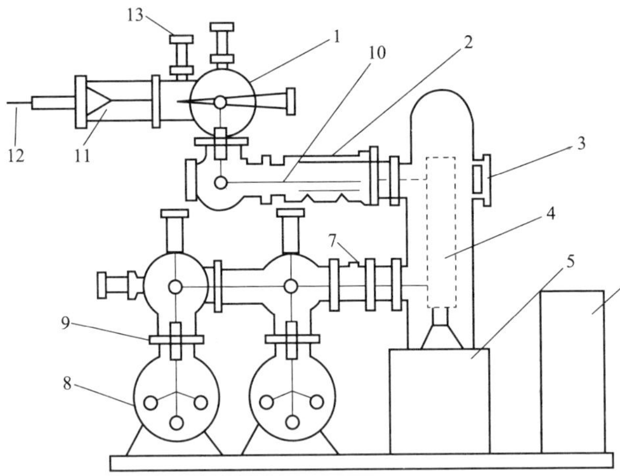


图2-24　GIS设备双母线接线三相共箱间隔布置图

1—隔离开关；2—电流互感器；3—吸附剂；4—断路器灭弧室；5—操动机构；6—控制柜；7—伸缩节（波纹管）；8—三相母线筒；9—绝缘子；10—导电杆；11—电缆头；12—电缆；13—接地开关

**10. 图2-25中，并联电容器补偿装置接线图中包括哪些设备元件，请用文字说明？**

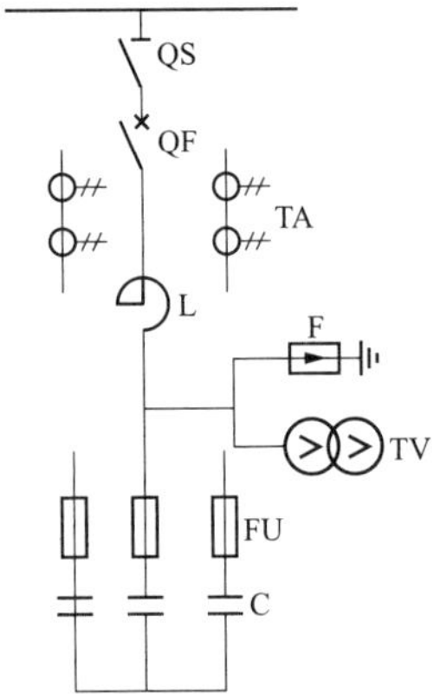


图2-25　并联电容器补偿装置接线图

答：并联电容器C、隔离开关QS、断路器QF、串联电抗器L、避雷器F、放电线圈TV、电流互感器TA、熔断器FU。

**11. 画出电容式电压互感器分压原理图。**

答：电容式电压互感器分压原理图如图2-26所示。

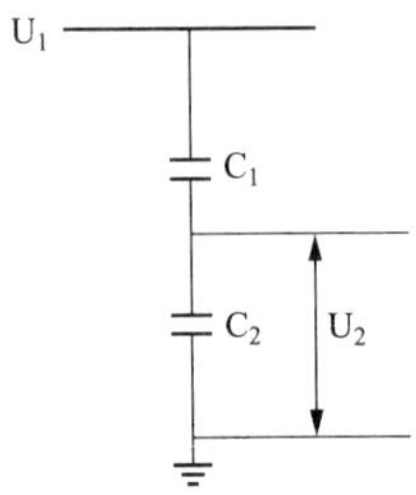


图2-26　电容式电压互感器分压原理图

**12. 请画出电子式电压互感器 EVT 示意图。**

答：电子式电压互感器 EVT 示意图如图 2-27 所示。

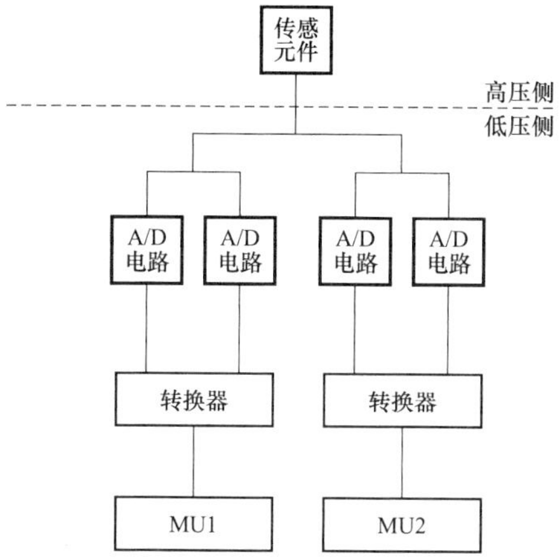


图 2-27　电子式电压互感器 EVT 示意图

**13. 简要画出电网日负荷曲线图，并标出各部分名称。**

答：电网日负荷曲线图如图 2-28 所示。

**14. 画出输电线路一个正循环，且两端相序一致的换位示意图。**

答：输电线路一个正循环且两端相序一致的换位示意图如图 2-29 所示。

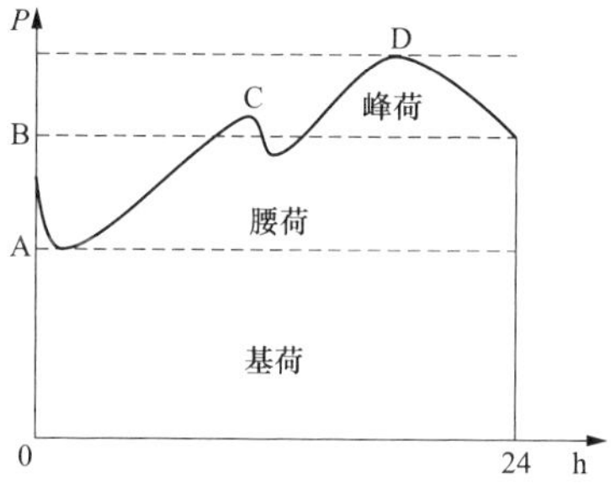


图 2-28　电网日负荷曲线图

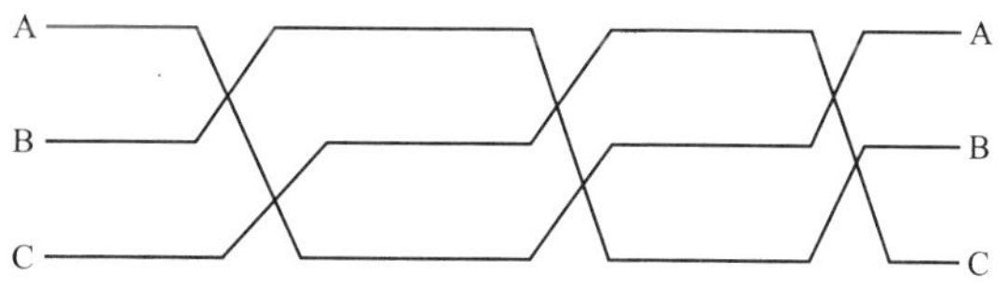


图 2-29　输电线路一个正循环且两端相序一致的换位示意图

**15. 画出中性点非直接接地系统中，当单相（A 相）接地时，其电压相量图。**

答：中性点非直接接地系统中单相接地时其电压相量图如图 2-30 所示。

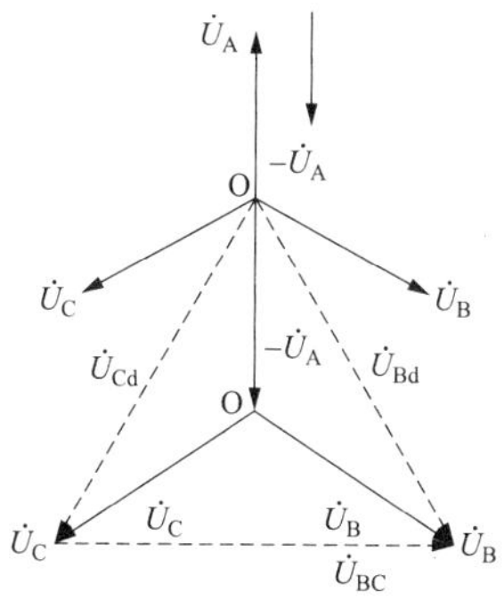


图 2-30　中性点非直接接地系统中单相接地时其电压相量图

**16. 画出变压器 Y/△-11 接线中差动保护 TA 一、二次接线图，并画出它们的相量图。**

答：变压器 Y/△-11 接线中差动保护 TA 一、二次接线图和相量图如图 2-31 所示。

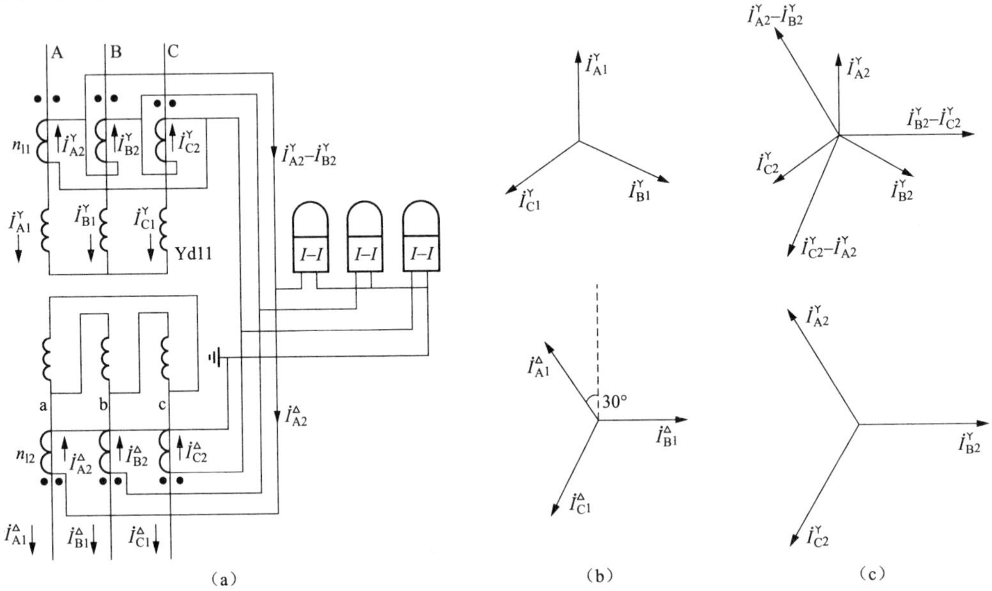


图 2-31　变压器 Y/△-11 接线中差动保护 TA 一、二次接线图和相量图

**17. 大电流接地系统如图 2-32 所示，试画出线路 k 点单相接地时的零序电压分布图。**

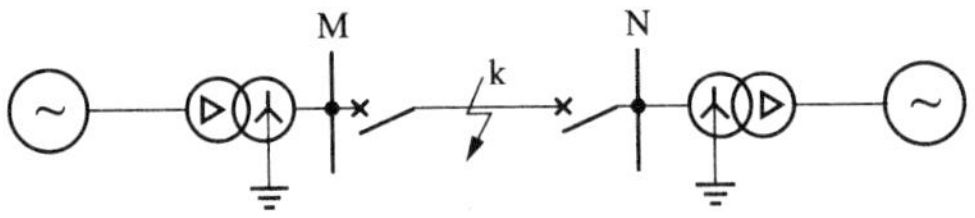


图 2-32　大电流接地系统图

答：零序电压分布图如图 2-33 所示。

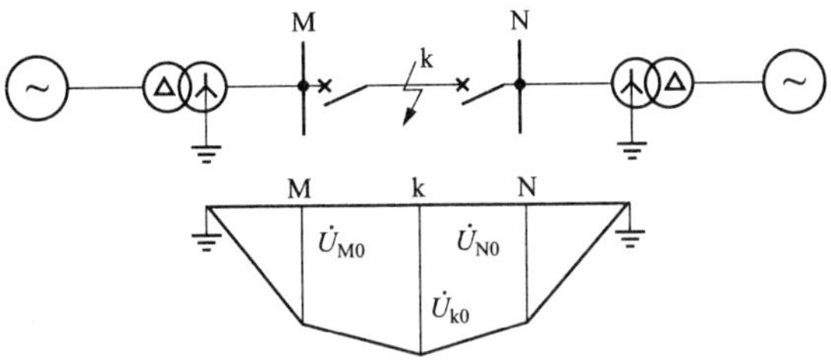


图 2-33　零序电压分布图

**18. 根据图 2-34 所示电路图，画出 k 点发生接地短路时的各序网络图。**

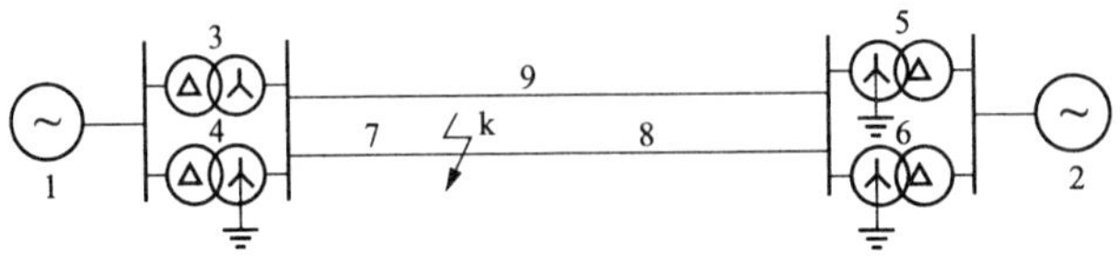


图 2-34　电路图

答：各序网络图如图 2-35 所示。

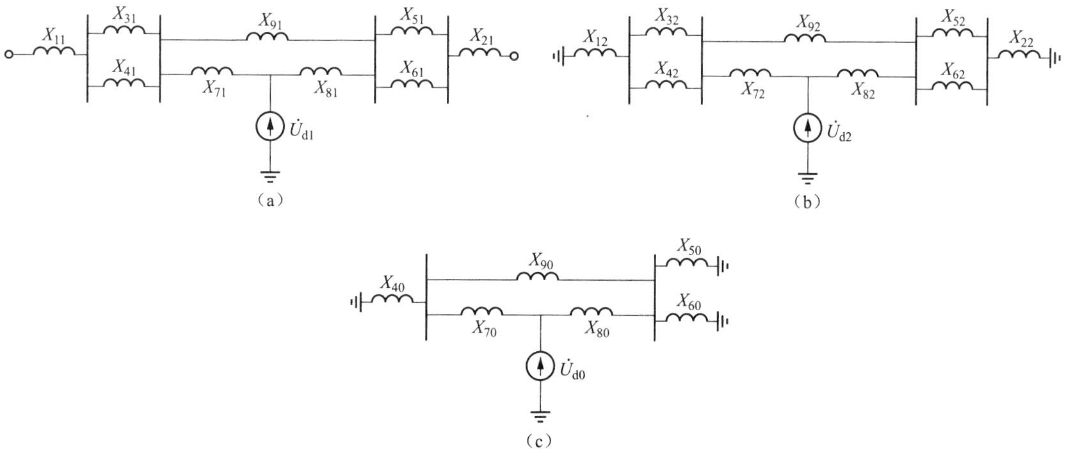


图 2-35　各序网络图

（a）正序网络图；（b）负序网络图；（c）零序网络图

**19. 画出中性点直接接地电网，两相短路、单相短路和两相接地短路时的复合序网图。**

答：复合序网图如图 2-36 所示。

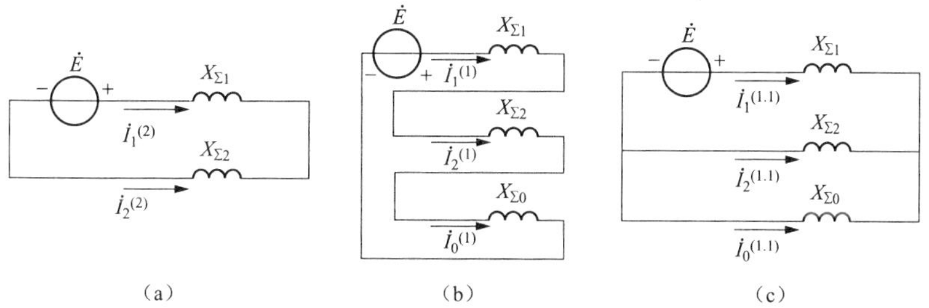


图 2-36　复合序网图

（a）两相短路复合序网图；（b）单相接地短路复合序网图；（c）两相接地短路序网图

**20. 某中性点直接接地系统，单相接地时，$\dot{I}_A^{(1)}=9\angle 30^\circ(kA)$，$\dot{I}_B=\dot{I}_C=0$，画出其各序分量及相加的相量图。**

答：如图 2-37 所示。单相接地时，短路点各序分量的关系为

$$\dot{I}_{A1}=\dot{I}_{A2}=\dot{I}_{A0}=\dot{I}_A^{(1)}=3\angle 30^\circ(kA)$$

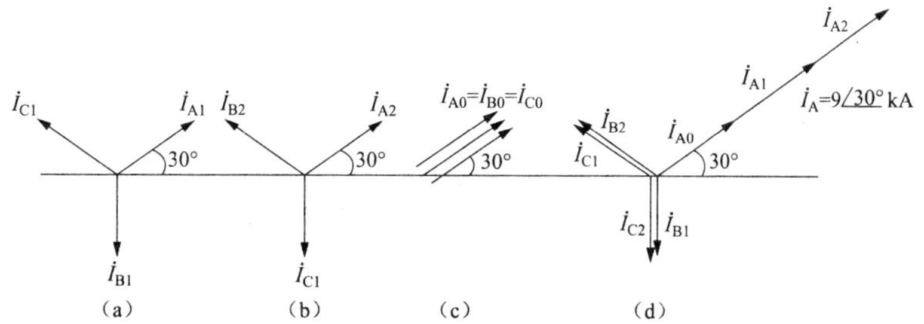


图 2-37　单相接地电流相量图

（a）正序分量；（b）负序分量；（c）零序分量；（d）各序分量的合成量

**21. 中性点直接接地系统，当发生单相 A 相接地短路时，请画出此时相量图。**

答：相量图如图 2-38 所示。

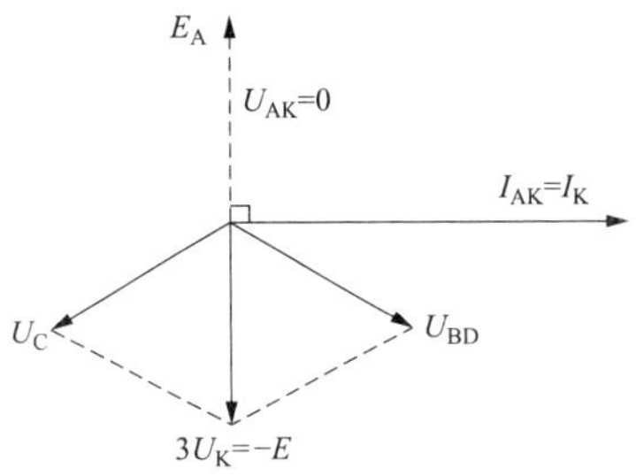


图 2-38 单相 A 相接地短路时相量图

**22. 画出正序、负序、零序的相量图。**

答：正序、负序、零序相量图如图 2-39 所示。

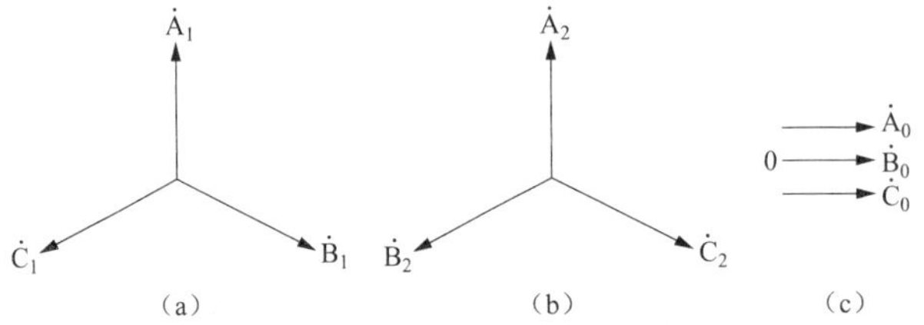


图 2-39 正序、负序、零序相量图

(a) 正序；(b) 负序；(c) 零序

**23. 在图 2-40 中 k 点发生单相接地短路。请分别回答全系统中正序电压、负序电压、零序电压哪点最高？哪一点最低？并分别画出正序电压、负序电压、零序电压的分布图（绘图时可按各元件阻抗均匀分布画）。**

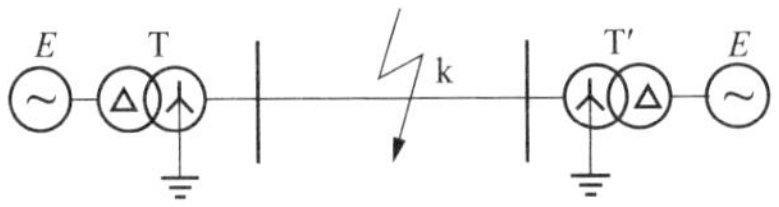


图 2-40 系统图

答：正序电压电源处最高，短路点最低；负序电压短路点最高，电源处最低。

零序电压短路点最高，Y/△接线变压器中性点接地处最低。电压分布如图 2-41 所示。

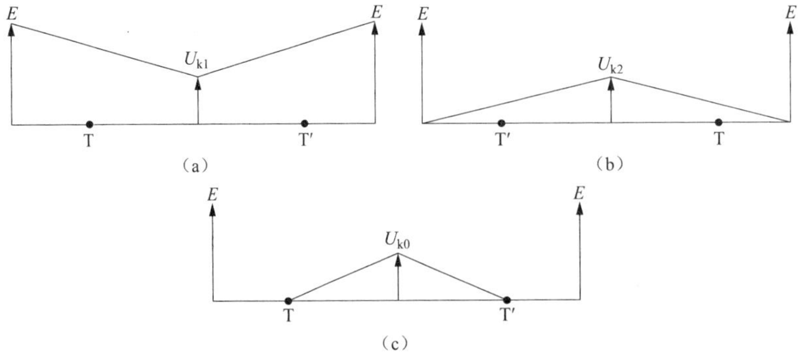


图 2-41 电压分布图

(a) 正序电压分布图；(b) 负序电压分布图；(c) 零序电压分布图

**24. 如图 2-42 所示，电压互感器的变比为$\frac{220}{\sqrt{3}}/\frac{0.1}{\sqrt{3}}/0.1$，第三绕组接成开口三角形，但 B 相极性接反，问正常运行时开口三角形侧电压有多少 V？并画出相量图。**

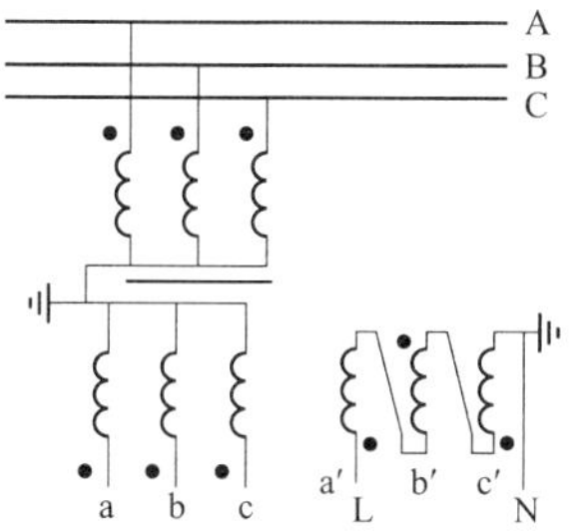


图 2-42 电压互感器接线图

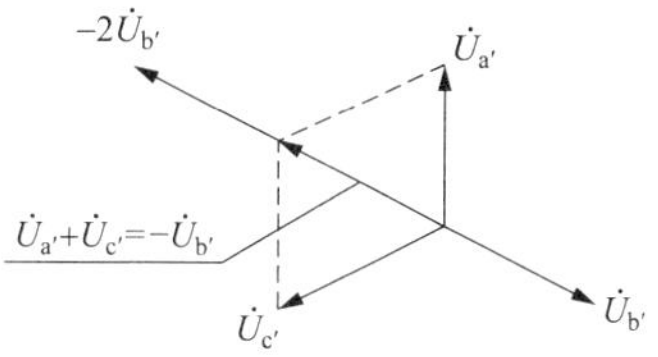


图 2-43 开口三角形电压相量图

答：正常运行时，第三绕组的每相电压为 100V，但 b′相极性接反时，相当于 a′、c′两相电压相量和加上负的 b′电压，开口三角形侧电压为 200V。开口三角形电压相量图如图 2-43 所示。

**25. 某条线路的零序电流保护Ⅲ段，其定值为 4.6A，3.0S，电流互感器变比为 600/5；如果电流互感器 B 相极性接反，试问当电流为 360A 时，该保护是否会动作？并作向量图。**

答：向量图如图 2-44 所示。

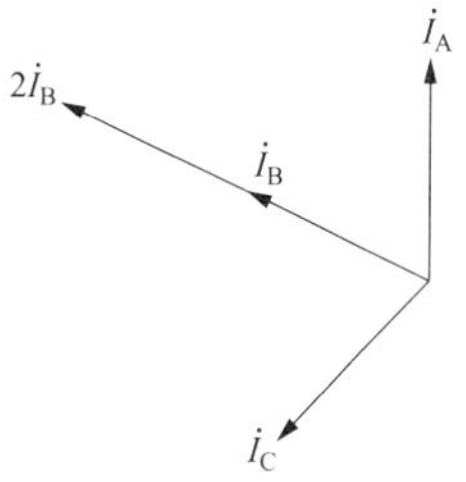


图 2-44 向量图

负荷电流二次值为 360/(600/5)=3，零序电流为 2 倍负荷电流，二次值为 6A，大于整定值，零序电流Ⅲ段保护会动作。

## 七、论述题

**1. 什么叫电磁环网？电磁环网对电网运行有何弊端？**

答：电磁环网是指不同电压等级运行的线路，通过变压器电磁回路的联接而构成的环路。

一般情况下，往往在高一级电压线路投入运行初期，由于高一级电压网络尚未形成或网络尚不坚强，需要保证输电能力或保证重要负荷供电而采用电磁环网。

电磁环网对电网运行主要有下列弊端：

（1）易造成系统热稳定破坏。如果在主要的受端负荷中心，用高低压电磁环网供电而又带重负荷时，当高一级电压线路断开后，所有原来带的全部负荷将通过低一级电压线路（虽然可能不止一回）送出，容易出现超过导线热稳定电流的问题。

（2）易造成系统动稳定破坏。正常情况下，两侧系统间的联络阻抗将略小于高压线路的阻抗。而一旦高压线路因故障断开，系统间的联络阻抗将突然显著地增大，因而极易超过该联络线的暂态稳定极限，可能发生系统振荡。

（3）不利于经济运行。500kV 与 220kV 线路的自然功率值相差极大，同时 500kV 线路的电阻值（多为 $4\times400mm^2$ 导线）也远小于 220kV 线路（多为 2×240 或 $1\times400mm^2$ 导线）的电阻值。在 500/220kV 环网运行情况下，许多系统潮流分配难于达到最经济。

**2. 电力系统操作过电压产生的原因及防范措施有哪些？**

答：操作过电压是由于电网内开关操作或故障跳闸引起的过电压，主要包括：

（1）切除空载线路引起的过电压；

（2）空载线路合闸时的过电压；

（3）切除空载变压器引起的过电压；

（4）间隙性电弧接地引起的过电压；

（5）解合大环路引起的过电压。

防范操作过电压的措施有：

（1）选用灭弧能力强的高压开关；

（2）提高开关动作的同期性；

（3）开关断口加装并联电阻；

（4）采用性能良好的避雷器，如氧化锌避雷器；

（5）使电网的中性点直接接地运行。

**3. 电力系统过电压分几类？其产生原因及特点是什么？**

答：电力系统过电压分以下几种类型：

（1）大气过电压：

由直击雷引起，特点是持续时间短暂，冲击性强，与雷击活动强度有直接关系，与设备电压等级无关。因此，220kV 以下系统的绝缘水平往往由大气过电压决定。

（2）工频过电压：

由长线路的电容效应及电网运行方式的突然改变引起，特点是持续时间长，过电压倍数不高，一般对设备绝缘危险性不大，但在超高压、远距离输电确定绝缘水平时起重要作用。

（3）操作过电压：

由电网内开关操作引起，特点是具有随机性，但在最不利情况下过电压倍数较高。因此，330kV 及以上超高压系统的绝缘水平往往由操作过电压决定。

（4）谐振过电压：

由系统电容及电感回路组成谐振回路时引起，特点是过电压倍数高、持续时间长。

**4. 短路电流超标会给电网运行造成什么影响？如何限制电网短路电流？**

答：当电网短路电流增长到一定水平时，就会超过开关的遮断容量，从而使电网时刻处于因开关无法开断故障电流而使事故扩大的危险之中。

限制电网短路电流的手段很多。对于三相短路，要限制三相短路电流应增加全系统的正序阻抗，例如改变电网接线方式，多母线分列运行或母线分段运行、采用高阻抗变压器、加装限流电抗器或其他短路电流限制措施等。对于单相短路，所有限制三相短路电流的方法都适用，另外还可以通过增加网络的零序阻抗来实现，例如减小变压器中性点接地的数目、变压器及自耦变中性点经小电抗接地、限制自耦变压器的使用等。

但上述办法不能从根本上解决短路电流超标问题，只有通过合理规划电网结构，发展更高电压等级的输电线路，才能大幅度提高系统短路容量，消除电网安全隐患。

**5. 提高电力系统静态稳定的措施有哪些？**

答：电力系统的静态稳定性是电力系统正常运行时的稳定性，电力系统静态稳定性的基本性质说明，静态储备越大则静态稳定性越高。提高静态稳定性的措施很多，但是根本性措施是缩短“电气距离”，主要措施有：

（1）减少系统各元件的电抗：减小发电机和变压器的电抗，减少线路电抗（采用分裂导线）；

（2）提高系统电压水平；

（3）改善电力系统的结构；

（4）采用串联电容器补偿；

（5）采用自动调节装置；

（6）采用直流输电。

在电力系统正常运行中，维持和控制母线电压是调度部门保证电力系统稳定运行的主要和日常工作。维持并控制变电站、发电厂高压母线电压在规定范围内，特别是枢纽厂（站）高压母线电压合格，相当于输电系统等值分割为若干段，这样每段电气距离将远小于整个输电系统的电气距离，从而保证和提高了电力系统的稳定性。

**6. 电力系统工频过电压产生的原因及防范措施有哪些?**

答：电力系统工频过电压产生的原因主要有以下几点：

（1）空载长线路的电容效应；

（2）不对称短路引起的非故障相电压升高；

（3）甩负荷引起的工频电压升高。

工频过电压的防范措施主要有：

（1）利用并联高压电抗器补偿空载线路的电容效应；

（2）利用静止无功补偿器 SVC 也能起到补偿空载线路电容效应的作用；

（3）变压器中性点直接接地可降低由于不对称接地故障引起的工频电压升高；

（4）发电机配置性能良好的励磁调节器或调压装置，使发电机突然甩负荷时能抑制容性电流对发电机的助磁电枢反应，从而防止过电压的产生和发展；

（5）发电机配置反应灵敏的调速系统，使得突然甩负荷时能有效限制发电机转速上升造成的工频过电压。

**7. 高压直流输电的有功功率控制方式有哪些?**

答：直流输电输送功率的方向、大小均是快速可控的，这种快速可控性是由控制系统在不同的控制方式下实现的。高压直流输电有功功率控制方式主要有定功率和定电流两种控制原理。

（1）定功率控制：在定功率控制方式下，直流输送功率由整流站的功率调节器保持恒定。在运行中当直流电压升高时，功率调节器将相应地降低直流电流，而当直流电压降低时则相应地升高直流电流，从而保持直流电压和直流电流的乘积为功率整定值。因此，在定功率控制方式下，直流电流在运行中不是一个常数，而是随直流电压的变化而变化，从而满足直流输送功率恒定的要求。

（2）定电流控制：在定电流控制方式下，直流电流由整流站的电流调节器保持恒定。直流输送功率不能恒定，它随着直流电压的变化而变化，当直流电压降低时，直流输送功率也降低；当直流电压升高时，直流输送功率则相应升高。为保证直流输电工程按给定的输送功率运行，在正常情况下采用定功率方式运行，当两端换流站之间的通信系统故障时，控制系统则自动转为定电流控制方式，并且保持故障前的电流整定值。因此，定电流控制可作为通信系统故障时的一种备用控制方式；当定功率调节器由于某种原因需要退出工作时，也可由运行人员手动转为定电流控制方式。

**8. 区域电网互联的意义与作用是什么?**

答：（1）可以合理利用能源，加强环境保护，有利于电力工业的可持续发展。

（2）可安装大容量、高效能火电机组、水电机组和核电机组，有利于降低造价，节约能源，加快电力建设速度。

（3）可以利用时差、温差，错开用电高峰，利用各地区用电的非同时性进行负荷调整，减少备用容量和装机容量。

（4）可以在各地区之间互供电力、互通有无、互为备用，可减少事故备用容量，增强抵御事故能力，提高电网安全水平和供电可靠性。

（5）能承受较大的冲击负荷，有利于改善电能质量。

（6）可以跨流域调节水电，并在更大范围内进行水火电经济调度，取得更大的经济效益。

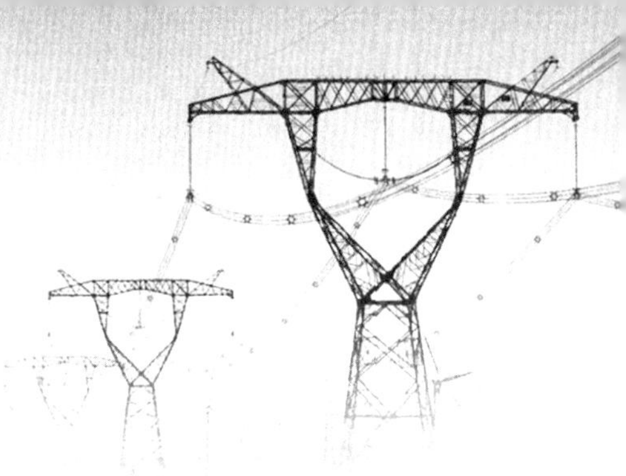

# 第三章　继电保护及安全自动装置

## 一、单选题

1. 两只装于同一相，且变比相同、容量相等套管型电流互感器，在二次绕组串联使用时（　　）。(C)

A. 容量和变比都增加一倍　　B. 变比增加一倍，容量不变

C. 变比不变，容量增加一倍　　D. 容量和变比都不变

2. 对于220kV及以上电力系统的母线，（　　）是其主保护。(A)

A. 母线差动保护　　B. 失灵保护　　C. 纵联保护　　D. 充电保护

3. 对于采用不对应接线的断路器控制回路，控制手柄在“跳闸后”位置而红灯闪光，这说明（　　）。(A)

A. 断路器在合闸位置　　B. 断路器在跳闸位置

C. 断路器合闸回路辅助触点未接通　　D. 断路器跳闸回路辅助触点未接通

4. 变压器差动保护的不平衡电流是由（　　）产生的。(C)

A. 稳态不平衡电流　　B. 暂态不平衡电流

C. 稳态和暂态不平衡电流　　D. 变压器空载合闸时的励磁涌流

5. 变压器差动速断的动作条件为（　　）。(C)

A. 必须经比率制动

B. 必须经二次谐波制动

C. 不经任何制动，只要差流达到整定值即能动作

D. 经波形间断判别

6. 变压器间隙保护有0.3～0.5s的动作延时，其目的是（　　）。(A)

A. 躲过系统的暂态过电压　　B. 与线路保护Ⅰ段相配合

C. 作为变压器的后备保护　　D. 躲过变压器的后备保护

7. 变压器中性点间隙接地保护包括（　　）。(D)

A. 间隙过电流保护

B. 间隙过电压保护

C. 间隙过电流保护与间隙过电压保护，且其接点串联出口

D. 间隙过电流保护与间隙过电压保护，且其接点并联出口

8. 对500kV一个半断路器接线，每组母线应装设（　　）母线保护。(B)

A. 一套　　B. 两套　　C. 三套　　D. 四套

9. 断路器失灵保护是一种（　　）保护方式。(B)

A. 主　　B. 近后备　　C. 远后备　　D. 辅助

10. 变压器纵差、重瓦斯保护按（　　）归类统计，各电压侧后备保护装置按各侧统计。(A)

A. 高压侧　　B. 中压侧　　C. 低压侧　　D. 中/低压侧

11. 采用三相重合闸的双电源线路，先合侧要检查（　　）。(A)

A. 线路无电压　　B. 检同期　　C. 相序　　D. 电流

12. 电流互感器采用减极性标准时，一、二次电流相位（　　）。(B)

A. 相反　　B. 相同　　C. 相差 150°　　D、相差 120°

13. 带方向性的保护和差动保护新投入运行时，或变动一次设备、改动交流二次回路后，（　　），并用拉合直流电源来检查接线中有无异常。(B)

A. 应仔细查验其电流、电压回路接线的正确性

B. 均应用负荷电流和工作电压来检验其电流、电压回路接线的正确性

C. 应从保护屏的端子排上加入试验电流来检验其电流回路接线的正确性

D. 应从保护屏的端子排上加入试验电压来检验其电压回路接线的正确性

14. 当电流互感器从一次侧极性端子通入电流 $I_1$，二次侧电流 $I_2$ 从极性端流出时，称为（　　）。(A)

A. 减极性　　B. 加极性　　C. 反极性　　D. 异名端

15. 当母线内部故障有电流流出时，应（　　）差动元件的比率制动系数，以确保内部故障时母线保护正确动作。(A)

A. 减小　　B. 增大　　C. 不变　　D. 缓慢增大

16. 当双侧电源线路两侧重合闸均投入检查同期方式时，将造成（　　）。(C)

A. 两侧重合闸均启动　　B. 非同期合闸

C. 两侧重合闸均不启动　　D. 一侧重合闸启动，另一侧不启动

17. 电力系统发生振荡时，（　　）可能会发生误动。(C)

A. 电流差动保护　B. 零序电流速断保护　C. 电流速断保护　D. 负序电流保护

18. 电流速断保护（　　）。(B)

A. 能保护线路全长　　B. 不能保护线路全长

C. 有时能保护线路全长　　D. 能保护线路全长并延伸至下一段

19. 电压互感器二次回路断线，可能误动的继电器为（　　）。(B)

A. 电流差动继电器　B. 阻抗继电器　C. 零序方向继电器　D. 电流继电器

20. 对相阻抗继电器，在两相短路经电阻接地时，（　　）继电器在正方向短路时发生超越，在反方向短路时要失去方向性。(A)

A. 超前相　　B. 滞后相　　C. 超前或滞后相　　D. 以上均可

21. 对于变压器阻抗保护而言，汲出电流一般使测量阻抗（　　）。(B)

A. 增大　　B. 减小　　C. 不变　　D. 视情况而定

22. 二次工作前，应核对微机保护及安全自动装置的（　　）是否符合实际。(B)

A. 试验记录　　B. 软件版本号　　C. 试验方案　　D. 工作班成员

23. 防御变压器油箱内部各种短路故障和油面降低的保护为（　　）。(A)

A. 瓦斯保护　　B. 差动保护　　C. 过流保护　　D. 零序保护

24. 高频闭锁距离保护中，保护停信需带一短延时，这是为了（　　）。(B)

A. 防止外部故障时的暂态过程而误动　　B. 等待对端闭锁信号到来，防止区外故障误动

C. 防止外部故障时功率倒向而误动　　D. 以上均可

25. 接入多组电流互感器的保护，电流互感器的二次回路应（　　）。(B)

A. 两点接地　　B. 一点接地　　C. 不接地　　D. 多点接地

26. 母线差动保护的暂态不平衡电流比稳态不平衡电流（　　）。(A)

A. 大　　B. 小　　C. 相等　　D. 视情况而定

27. 母线充电保护是指利用母联断路器实现的（　　）保护。(B)

A. 电压　　B. 电流　　C. 阻抗　　D. 方向

28. 母线完全差动保护只需将母线上（　　）电流互感器，接入差动回路。(B)

A. 有源元件　　B. 全部元件　　C. 无源元件　　D. 以上均可

29. 双母线差动保护的复合电压闭锁元件还要求闭锁每一断路器失灵保护，这一做法的原因是（　　）。(B)

A. 断路器失灵保护选择性能不好　　B. 防止断路器失灵保护误动

C. 断路器失灵保护原理不完善　　D. 以上均可

30. 双母线倒闸操作过程中，母线保护仅由（　　）构成，动作时将跳开两段母线上所有连接开关。(A)

A. 大差　　B. 大差、两个小差　　C. 两个小差　　D. 大差、一个小差

31. 双母线运行倒闸过程中会出现两个隔离开关同时闭合的情况，如果此时Ⅰ母线发生故障，母线保护应（　　）。(A)

A. 切除两条母线　　B. 切除Ⅰ母线　　C. 切除Ⅱ母线　　D. 不动作

32. 为了防止差动继电器误动作或误碰出口中间继电器造成母线保护误动作，应采用（　　）。(A)

A. 电压闭锁元件　　B. 电流闭锁元件　　C. 方向闭锁元件　　D. 以上均可

33. 有几组电流互感器联接在一起的保护装置，其二次回路应在（　　）经端子排接地。(B)

A. 各自 CT 端子箱　　B. 保护屏上

C. 断路器控制屏　　D. 开关站

34. 在 500kV 线路主保护的双重化中，下列可不必完全彼此独立的回路是（　　）。(D)

A. 交流电流、电压回路　　B. 直流电源回路

C. 跳闸线圈回路　　D. 中央信号回路

35. 当电力系统发生振荡时，故障录波器（　　）。(B)

A. 不启动　　B. 应启动　　C. 可启动也可不启动　　D. 不宜启动

36. 过电流保护作为对并联电抗器的速断保护和差动保护的后备，其保护整定值按（　　）电流整定。保护带时限动作于跳闸。(B)

A. 最大故障　　B. 躲过最大负荷

C. 最小故障　　D. 单相接地故障

37. 平行线路间存在互感，当相邻平行线流过零序电流时，将在线路上产生感应零序电势，但会改变线路（　　）的向量关系。(B)

A. 相电压与相电流　　B. 零序电压与零序电流

C. 零序电压与相电流　　D. 相间电压与相间电流

38. 为增强继电保护的可靠性，重要变电站宜配置两套直流系统，同时要求（　　）。(D)

A. 两套直流系统同时运行互为备用　　B. 任何时候两套直流系统均不得有电的联系

C. 正常时两套直流系统并列运行　　D. 正常时两套直流系统分列运行

39. 由变压器、电抗器瓦斯保护启动的中间继电器，应采用（　　）中间继电器，不要求快速工作，以防止直流正极接地时误动作。(A)

A. 较大启动功率的　　B. 较小启动功率的

C. 电压启动的　　D. 电流启动的

40. 自耦变压器加装零序差动保护是为了（　　）。(A)

A. 提高自耦变压器内部接地短路的灵敏度　　B. 提高自耦变压器内部相间短路的可靠性

C. 自耦变压器内部短路双重化　　D. 提高自耦变压器外部相间短路的可靠性

41. 各类保护装置接入电流互感器二次绕组时，应考虑到既要消除保护（　　），同时又要尽可能减轻电流互感器本身故障时所产生的影响。(C)

A. 误动　　B. 拒动　　C. 死区　　D. 范围

42. 在电流互感器二次回路进行短路接线时，应用短路片或导线联接，运行中的电流互感器短路后，应仍有可靠的接地点，对短路后失去接地点的接线应有临时接地线，（　　）。(A)

A. 但在一个回路中禁止有两个接地点

B. 且可以有两个接地点

C. 可以没有接地点

43. 继电保护装置、安全自动装置和自动化监控系统的二次回路变动时，应按经审批后的图纸进行，无用的接线应隔离清楚，（　　）。(B)

A. 防止产生弧光接地过电压

B. 防止误拆或产生寄生回路

C. 防止高电压产生

44. 小电流接地电网发生单相接地短路时，故障线路测得零序电流为非故障元件电容电流之和，非故障线路测得零序电流为（　　）。(A)

A. 自身电容电流

B. 非故障元件电容电流和

C. 故障元件电容电流和

45. 变压器的过电流保护，加装复合电压闭锁元件是为了（　　）。(B)

A. 提高过电流保护的可靠性　　B. 提高过电流保护的灵敏度

C. 提高过电流保护的选择型　　D. 提高过电流保护的快速性

46. 变压器差动保护防止穿越性故障情况下误动的主要措施是（　　）。(C)

A. 间断角闭锁　B. 二次谐波制动　C. 比率制动　D. 复合电压闭锁

47. 变压器比率制动的差动继电器制动线圈接法的原则是（　　）。(B)

A. 变压器有源侧电流互感器必须接入制动线圈

B. 变压器无源侧电流互感器必须接入制动线圈

C. 可任意接入

48. 变压器比率制动的差动继电器，变压器有电源侧电流互感器如接入制动线圈则（　　）。(A)

A. 必须单独接入

B. 必须经多侧电流互感器并联接入

C. 根据现场情况可单独接入也可经多侧电流互感器并联接入

49. 自耦变压器的接地保护应装设（　　）。(A)

A. 零序过电流　B. 零序过电压　C. 零序间隙过流　D. 瓦斯保护

50. 分级绝缘的220kV变压器一般装有下列三种保护作为在高压侧失去接地中性点时发生接地故障的后备保护。此时，该高压侧中性点绝缘的主保护应为（　　）。(C)

A. 带延时的间隙零序电流保护　　B. 带延时的零序过电压保护

C. 放电间隙　　D. 差动保护

51. 鉴别波形间断角的差动保护，是根据变压器（　　）波形特点为原理的保护。(C)

A. 外部短路电流　B. 负荷电流　C. 励磁涌流　D. 复合电压

52. 以下不属于变压器励磁涌流特点的是（　　）。(C)

A. 偏于时间轴的一侧，即励磁涌流中含有大量的直流分量

B. 含有很大的二次谐波分量

C. 在一个周波内正半波与负半波对称

D. 波形是间断的，且间断角很大

53. 主变压器复合电压闭锁过流保护当失去交流电压时（　　）。(C)

A. 整套保护就不起作用　　B. 仅失去低压闭锁功能

C. 失去复合电压闭锁功能　　D. 保护不受影响

54. 为防止变压器后备阻抗保护在电压断线时误动作，必须（　　）。(C)

A. 装设电压断线闭锁装置

B. 装设电流增量启动元件

C. 同时装设电压断线闭锁装置和电流增量启动元件

55. 当变压器采用比率制动差动保护时，变压器无电源侧的电流互感器（　　）接入制动线圈。(C)

A. 不应　　B. 可以　　C. 必须　　D. 无要求

56. 变压器差动保护在外部短路故障切除后随即误动，原因可能是（　　）。(C)

A. 整定错误

B. 电流互感器二次接线错误

C. 两侧电流互感器二次回路时间常数相差太大

D. 电流互感器饱和

57. 变压器差动保护二次电流相位补偿的目的是（　　）。(B)

A. 保证外部短路时差动保护各侧电流相位一致，不必考虑三次谐波及零序电流不平衡

B. 保证外部短路时差动保护各侧电流相位一致，滤去可能产生不平衡的三次谐波及零序电流

C. 调整差动保护各侧电流的幅值

58. 为防止由瓦斯保护启动的中间继电器在直流电源正极接地时误动，应（　　）。(C)

A. 在中间继电器起动线圈上并联电容

B. 对中间继电器增加 0.5s 的延时

C. 采用动作功率较大的中间继电器，而不要求快速动作

59. 对于分级绝缘的变压器，中性点不接地或经放电间隙接地时应装设（　　）保护，以防止发生接地故障时，因过电压而损坏变压器。(D)

A. 零序过压　　B. 间隙过流　　C. 零序过流　　D. 零序过压和间隙过流

60. 以下关于变压器保护说法不正确的是（　　）。(B)

A. 由自耦变压器高、中压及公共绕组三侧电流构成的差动保护无须采用防止励磁涌流的专门措施

B. 自耦变压器的零序电流保护接在变压器中性点套管 TA 上，设方向元件

C. 大容量的变压器，由于系统电压升高或频率降低，容易引起铁芯饱和，应装设过励磁保护

D. 变压器高中压侧的距离保护，通过各自的偏移部分对各自的母线起到后备保护的作用

61. 大型变压器过励磁时，变压器差动回路电流发生变化，下列说法不正确的是（　　）。(D)

A. 差动电流随过励磁程度的增大而非线性增大

B. 差动电流中没有非周期分量及偶次谐波

C. 差动电流中含有明显的 3、5 次谐波

D. 5 次谐波与基波的比值随着过励磁程度的增大而增大

62. 新安装或一、二次回路有变动的变压器差动保护，当被保护的变压器充电时应将差动保护（　　）。(A)

A. 投入　　B. 退出　　C. 投入退出均可　　D. 视变压器情况而定

63. 变压器差动保护投入前，带负荷测相位和差电压（或差电流）的目的是检查（　　）。(A)

A. 电流回路接线的正确性

B. 差动保护的整定值

C. 电压回路接线的正确性

64. 母线故障，母线差动保护动作，已跳开故障母线上六个断路器（包括母联），有一个断路器因本身原因而拒跳，则母差保护按（　　）进行评价。(A)

A. 正确动作一次　　B. 拒动一次　　C. 不予评价

65. 双母线接线变电站的母线差动保护按设计要求先动作于母联断路器，后动作于故障母线的其他断路器，正确动作后，母线差动保护按（　　）进行评价。(A)

A. 正确动作一次　　B. 正确动作二次　　C. 跳开的断路器个数

66. 需要加电压闭锁的母线差动保护，所加电压闭锁环节应加在（　　）。(A)

A. 母线差动各出口回路　　B. 母联出口

C. 母线差动总出口　　D. 母差启动回路

67. 对于双母线接线方式的变电站，当某一连接元件发生故障且断路器拒动时，失灵保护动作应首先跳开（　　）。(B)

A. 拒动断路器所在母线上的所有断路器　　B. 母联断路器

C. 故障元件其他断路器　　D. 所有断路器

68. 断路器失灵保护动作的必要条件是（　　）。(C)

A. 失灵保护电压闭锁回路开放，本站有保护装置动作且超过失灵保护整定时间仍未返回

B. 失灵保护电压闭锁回路开放，故障元件的电流持续时间超过失灵保护整定时间仍未返回，且故障元件的保护装置曾动作

C. 失灵保护电压闭锁回路开放，本站有保护装置动作，且该保护装置和与之相对应的失灵电流判别元件持续动作时间超过失灵保护整定时间仍未返回

69. 双母线的电流差动保护，当故障发生在母联断路器与母联电流互感器之间时出现动作死区，此时应该（　　）。(D)

A. 启动远方跳闸　　B. 启动母联失灵保护

C. 启动失灵保护及远方跳闸　　D. 启动母联死区保护

70. 对两个具有两段折线式差动保护的动作灵敏度的比较，正确的说法是（　　）。(C)

A. 初始动作电流小的差动保护动作灵敏度高

B. 初始动作电流较大，但比率制动系数较小的差动保护动作灵敏度高

C. 当拐点电流及比率制动系数分别相等时，初始动作电流小者，其动作灵敏度高

71. 在大接地电流系统中，线路发生接地故障时，保护安装处的零序电压（　　）。(B)

A. 距故障点越远就越高　　B. 距故障点越近就越高

C. 与距离无关　　D. 距故障点越近就越低

72. 当故障点正序综合阻抗（　　）零序综合阻抗时，两相接地短路故障支路中零序电流大于单相短路的零序电流。(A)

A. 大于　　B. 等于　　C. 小于　　D. 小于等于

73. 发生非对称性故障时，除故障点外系统上任一点的负序电压与正序电压的关系为（　　）。(C)

A. 负序电压等于正序电压　　B. 负序电压大于正序电压

C. 负序电压小于正序电压　　D. 不能确定

74. 电力系统振荡时，母线电压与线路振荡电流间的夹角，特点为（　　）。(C)

A. 母线电压超前振荡电流的角度等于线路阻抗角

B. 母线电压超前振荡电流的角度等于原有负荷阻抗角

C. 母线电压与线路振荡电流间的夹角在很大范围内变化

75. 当负序电压继电器的整定值为 6～12V 时，系统正常运行时电压回路一相或两相断线（　　）。(A)

A. 负序电压继电器会动作

B. 负序电压继电器不会动作

C. 负序电压继电器动作情况不定

76. 在大接地电流系统中，当相邻平行线路停运检修并在两侧接地时，电网发生接地故障，此时停运线路（　　）零序电流。(A)

A. 流过　　B. 没有流过　　C. 不一定有

77. 在大接地电流系统中，在故障线路上的零序功率方向是（　　）。(A)

A. 由线路流向母线　　B. 由母线流向线路

C. 不流动　　D. 不确定

78. 微机保护装置一般由（　　）硬件组成。(B)

A. 数据采集系统，输入/输出接口部分

B. 数据采集系统，输入/输出接口部分，微型计算机系统，CPU，电源部分
C. 据采集系统，储存元件，微型计算机系统，电源部分
D. 输入/输出接口部分，储存元件，微型计算机系统，电源部分

79. 微机保护一般都记忆故障前的电压，其主要目的是（　　）。(B)
A. 事故后分析故障前潮流
B. 保证方向元件、阻抗元件动作的正确性
C. 微机保护录波功能的需要

80. 主保护或断路器拒动时，用来切除故障的保护是（　　）。(C)
A. 辅助保护　　B. 异常运行保护　　C. 后备保护　　D. 临时保护

81. 在下列情形中，允许失去选择性的是（　　）。(C)
A. 当重合于本线路故障，相邻元件的保护
B. 在非全相运行期间健全相又发生故障时，相邻元件的保护
C. 在重合闸后加速的时间内以及单相重合闸过程中发生区外故障时，被加速的线路保护
D. 在交流失压情况下的保护

82. 对于保护装置的直流要求，不符合技术规程的是（　　）。(C)
A. 保护装置应具有独立的 DC/DC 变换器供内部回路使用的电源
B. 拉、合装置直流电源或直流电压缓慢下降及上升时，装置不应误动作
C. 直流消失时，装置可以误动，但应有输出触点以启动告警信号
D. 直流电源恢复（包括缓慢恢复）时，变换器应能自启动

83. 对于保护装置的要求，不满足技术规程的是（　　）。(A)
A. 保护装置必须要求其交、直流输入回路外接抗干扰元件来满足有关电磁兼容标准的要求
B. 保护装置的软件应设有安全防护措施，防止程序出现不符合要求的更改
C. 使用于 220kV 及以上电压的电力设备非电量保护应相对独立
D. 使用于 220kV 及以上电压的电力设备非电量保护应具有独立的跳闸出口回路

84. 对适用于 220kV 及以上电压线路的保护装置，不满足技术规程的是（　　）。(D)
A. 除具有全线速动的纵联保护功能外，还应至少具有三段式相间、接地距离保护，反时限或定时限零序方向电流保护的后备保护功能
B. 对有监视的保护通道，在系统正常情况下，通道发生故障或出现异常情况时，应发出告警信号
C. 能适用于弱电源情况
D. 在交流失压情况下，应具有在失压情况下自动投入的后备保护功能，并要求保证选择性

85. 除（　　）外，装置内的任一元件损坏时，装置不应误动作跳闸，自动检测回路应能发出告警或装置异常信号。(A)
A. 出口继电器　　B. 装置电源　　C. 通信模块　　D. 人机界面

86. 为保证选择性，对相邻设备和线路有配合要求的保护和同一保护内有配合要求的两元件（如启动与跳闸元件、闭锁与动作元件），其（　　）应相互配合。(A)
A. 灵敏系数及动作时间　　B. 灵敏系数
C. 动作时间　　D. 采样时间

87. 在保证可靠动作的前提下，对于联系不强的 220kV 电网，重点应防止保护无选择性动作，对于联系紧密的 220kV 电网，重点应保证保护动作的（　　）。(B)
A. 选择性　　B. 快速性　　C. 灵敏性　　D. 可靠性

88. 使用于 220～500kV 电网的线路保护，其振荡闭锁的要求不满足技术规程的是（　　）。(D)
A. 系统发生全相或非全相振荡，保护装置不应误动作跳闸
B. 系统在全相振荡过程中，被保护线路如发生各种类型的不对称故障，保护装置应选择性地动作跳闸，纵联保护仍应快速动作

C. 系统在全相振荡过程中发生三相故障，故障线路的保护装置应可靠动作跳闸，并允许带短延时

D. 系统在非全相振荡过程中，被保护线路如发生各种类型的不对称故障，允许保护失去选择性，只需切除故障即可

89.（　　）指需要配合的两保护在动作时间上能配合，但保护范围无法配合。(B)

A. 完全配合　　B. 不完全配合　　C. 完全不配合　　D. 灵敏度配合

90. 如果由于电网运行方式、装置性能等原因，不能兼顾速动性、选择性或灵敏性要求时，应在整定时合理地进行取舍，与整定规程不符的是（　　）。(D)

A. 局部电网服从整个电网　　B. 下一级电网服从上一级电网

C. 局部问题自行处理　　D. 以下级电网的需要为主

91. 与继电保护的速动性要求不符的是（　　）。(D)

A. 配置的全线速动保护、相间和接地故障的速断保护动作时间取决于装置本身的技术性能

B. 下一级电压母线配出线路的故障切除时间，应满足上一级电压电网继电保护部门按系统稳定要求和继电保护整定配合需要提出的整定限额要求

C. 手动合闸和自动重合于母线或线路时，应有确定的速动保护快速动作切除故障。合闸时短时投入的专用保护应予整定

D. 继电保护应尽量加快动作时间和缩短时间级差

92. 与继电保护的灵敏性要求不符的是（　　）。(C)

A. 对于纵联保护，在被保护范围末端发生金属性故障时，应有足够的灵敏度

B. 带延时的线路后备灵敏段保护（例如距离Ⅱ段），在被保护线路末端发生金属性故障时，应有足够的灵敏度

C. 零序电流保护最末一段的动作电流定值不应大于 300A，任何情况都不可抬高定值

D. 在同一套保护装置中，闭锁、启动、方向判别和选相等辅助元件的动作灵敏度，应大于所控制的测量、判别等主要元件的动作灵敏度

93. 主保护投运率的统计范围不包括（　　）。(D)

A. 线路纵联保护　　B. 变压器差动保护　　C. 母线差动保护　　D. 线路快速距离保护

94. 与动作评价原则不符的是（　　）。(D)

A. 线路纵联保护按两侧分别进行评价

B. 远方跳闸装置按两侧分别进行评价

C. 变压器纵差、重瓦斯保护及各侧后备保护按高压侧归类评价

D. 错误地投、停继电保护造成的继电保护不正确动作，但继电保护装置性能良好的可不进行分析评价

95. 双母线接线母线故障，母差保护动作，由于母联断路器拒跳，由母联失灵保护消除母线故障，符合评价规程的是（　　）。(A)

A. 母差保护和母联失灵保护应分别评价为“正确动作”

B. 母差保护不予评价，母联失灵保护评价为“正确动作”

C. 母差保护评价为“不正确动作”，母联失灵保护评价为“正确动作”

96. 不符合继电保护“不正确动作”的评价方法的是（　　）。(C)

A. 在电力系统发生故障或异常运行时，继电保护应动而未动作，应评价为“不正确动作”

B. 在电力系统发生故障或异常运行时，继电保护不应动而误动作，应评价为“不正确动作”

C. 线路纵联保护的不正确动作若是因一侧设备的不正确状态引起的，两侧均评价为“不正确动作”

D. 不同的保护装置因同一原因造成的不正确动作，应分别评价为“不正确动作”

97. 500kV 线路的后备保护一般采用（C）方式。

A. 辅助后备　　B. 远后备　　C. 近后备

98. 平行线路间存在互感，当相邻平行线流过零序电流时，将在线路上产生感应零序电势，它会改变线路（　　）的向量关系。(B)

A. 相电压与相电流　　B. 零序电压与零序电流

C. 零序电压与相电流　　D. 相间电压与相间电流

99. 按照后备保护的装设应遵循的原则，220kV 线路宜采用（　　）方式。(B)

A. 远后备　　B. 近后备　　C. 辅助保护　　D. 临时保护

100. 当微机型光纤纵差保护采用专用光纤时，两侧保护装置的通信方式应采用（　　）方式。(D)

A. 无所谓　　B. 主-从　　C. 从-从　　D. 主-主

101. 当微机型光纤纵差保护采用复用光纤时，两侧保护装置的通信方式应采用（　　）方式。(B)

A. 主-主　　B. 主-从　　C. 从-从　　D. 无所谓

102. 110、220kV 中性点直接接地电网中，下列（　　）不是线路应装设一套全线速动保护的必要条件之一。(B)

A. 根据系统的稳定要求

B. 对重要用户供电的线路

C. 线路发生三相短路，如使发电厂厂用母线电压低于允许值，且其他保护不能无时限和有选择的切除短路时

D. 该线路采用全线速动保护后，不仅改善本线路保护性能，而且能够改善整个电网保护的性能时

103. 相距数百米乃至千余米的变电站与通信站之间用屏蔽电缆相联，为了抗干扰，屏蔽层必须采取（　　）接地方式，并推荐以粗铜线把两侧地网联通。(C)

A. 两端不接地　　B. 一端接地　　C. 两端接地　　D. 沿接地铜缆多点接地

104. 过渡电阻对距离继电器工作的影响是（　　）。(C)

A. 只会使保护区缩短

B. 只会使继电器超越

C. 视条件可能失去方向性，可能使保护区缩短，也可能发生超越或拒动

D. 没有影响

105. 快速切除线路任意一点故障的主保护是（　　）。(C)

A. 距离保护　　B. 零序电流保护　　C. 纵联保护　　D. 电流速断保护

106. 线路发生金属性三相短路时，保护安装处母线上的残余电压（　　）。(B)

A. 最高　　B. 为故障点至保护安装处之间的线路压降

C. 与短路点相同　　D. 不能判定

107. 线路的过电流保护的启动电流是按（　　）而整定的。(C)

A. 该线路的负荷电流　　B. 最大的故障电流

C. 大于允许的过负荷电流　　D. 最大短路电流

108. 对 220kV 采用综合重合闸的线路，当采用“单重方式”运行时，若线路上发生永久性两相短路接地故障，保护及重合闸的动作顺序为（　　）。(A)

A. 三相跳闸不重合

B. 选跳故障相，延时重合故障相，后加速跳三相

C. 三相跳闸，延时重合三相，后加速跳三相

D. 选跳故障相，延时重合故障相，后加速再跳故障相，同时三相不一致保护跳三相

109. 按部颁反措要求，防止跳跃继电器的电流线圈应（　　）。(A)

A. 接在跳闸继电器出口触点与断路器控制回路之间

B. 与断路器跳闸线圈并联

C. 与跳闸继电器出口触点并联

D. 与跳闸继电器线圈并联

110. 助增电流的存在，对距离保护的影响是（　　）。(B)

A. 使距离保护的测量阻抗减小，保护范围增大

B. 使距离保护的测量阻抗增大，保护范围减小

C. 使距离保护的测量阻抗增大，保护范围增大

D. 使距离保护的测量阻抗减小，保护范围减小

111. 超范围闭锁式纵联保护跳闸的条件是（　　）。(B)

A. 正方向元件动作，反方向元件不动作，没有收到高频信号

B. 正方向元件动作，反方向元件不动作，收到一定时间高频信号后信号又消失

C. 正方向元件动作，没有收到过高频信号

D. 正方向元件不动作，收到一定时间高频信号后信号又消失

112. 某 220kV 线路上发生单相接地，若故障点的 $Z_{\Sigma0} < Z_{\Sigma2}$，则正确的说法是（　　）。(C)

A. 故障点的零序电压大于故障点的负序电压

B. 电源侧母线上零序电压大于该母线上负序电压

C. 电源侧母线上零序电压小于该母线上负序电压

D. 电源侧母线上正序电压等于该母线上负序电压与零序电压之和

113. 微机保护与远方保护通道设备构成的线路纵联保护称为（　　）。(A)

A. 主保护　　B. 后备保护　　C. 辅助保护　　D. 临时保护

114. 下面（　　）不能作为线路纵联保护通道。(B)

A. 电力线载波　　B. 架空地线　　C. 光纤　　D. OPGW

115. 330、500kV 及并联回路数等于或小于 3 回的 220kV 线路，采用（　　）方式。(A)

A. 单相重合闸　　B. 三相重合闸　　C. 综合重合闸　　D. 重合闸停用

116. 电力元件继电保护的选择性，除了决定于继电保护装置本身的性能外，还要求满足：由电源算起，越靠近故障点的继电保护的故障启动值（　　）。(A)

A. 相对越小，动作时间越短　　B. 相对越大，动作时间越短

C. 相对越小，动作时间越长　　D. 相对越大，动作时间越长

117. 在两相运行时，方向纵联保护的（　　）方向元件仍在运行。(C)

A. 零序　　B. 负序　　C. 突变量

118. 能切除线路区内任一点故障的主保护是（　　）。(D)

A. 工频突变量距离保护　　B. 距离保护

C. 零序方向电流保护　　D. 纵联保护

119. 在大接地电流系统中，线路始端发生两相金属性接地短路，零序方向电流保护中的方向元件将（　　）。(B)

A. 因短路相电压为零而拒动

B. 因感受零序电压最大而灵敏动作

C. 因零序电压为零而拒动

120. 纵联保护仅一侧动作且不正确时，如原因未查明，而线路两侧保护归不同单位管辖，按照评价规程规定，应评价为（　　）。(C)

A. 保护动作侧不正确，未动作侧不评价

B. 保护动作侧不评价，未动作侧不正确

C. 两侧各一次不正确

121. 在测试纵联差动保护时，特别要注意到，在本地所采取的操作可能会引起（　　）的保护动作。(A)

A. 对侧　　B. 本地　　C. 相邻线路　　D. 平行线路

122. 控制电缆的绝缘水平可采用 500V 级，500kV 级用的控制电缆的绝缘水平宜采用（　　）。(D)

A. 500V　　B. 1000V　　C. 1500V　　D. 2000V

123. 重点清查传输允许命令信号的继电保护复用接口设备，要求不带有延时展宽，防止系统（　　）

时引起继电保护误动作。(B)

A. 电源消失　B. 功率倒向　C. 通信故障　D. 振荡

124. 下列（　）不属于线路纵联电流差动保护装置的主要保护功能。(D)

A. 纵联电流差动保护　B. 相间和接地距离保护

C. 零序电流保护　D. 过电压保护

125. 线路两侧的保护装置在发生短路时，其中的一侧保护装置先动作，等它动作跳闸后，另一侧保护装置才动作，这种情况称之为（　）。(B)

A. 保护有死区　B. 保护相继动作

C. 保护不正确动作　D. 保护既存在相继动作又存在死区

126. 零序电流保护的后加速加 0.1s 延时是为了（　）。(C)

A. 断路器准备好动作

B. 故障点介质的绝缘强度的恢复

C. 躲过断路器的三相不同时合闸（断路器的三相不同步）

127. 纵联电流差动保护动作出口的条件是（　）。(C)

A. 本侧启动元件和本侧差动元件同时动作　B. 对侧启动元件和本侧差动元件同时动作

C. 两侧启动元件和本侧差动元件同时动作　D. 两侧启动元件和差动元件同时动作

128. 对于双母线接线形式的变电站，当某一联接元件发生故障且断路器拒动时，失灵保护动作应首先跳开（　）。(C)

A. 拒动断路器所在母线上的所有开关　B. 故障元件的其他断路器

C. 母联断路器　D. 主变断路器

129. 距离保护装置一般由（　）组成。(B)

A. 测量部分、启动部分

B. 测量部分、启动部力、振荡闭锁部分、TV 断线闭锁部分、逻辑部分

C. 测量部分、启动部分、振荡闭锁部分、TV 断线闭锁部分

D. 测量部分、启动部分振荡闭锁部分

130. 距离保护装置的动作阻抗是指能使阻抗继器动作的（　）。(C)

A. 最小测量阻抗　B. 介于最小与最大测量阻抗之间的一个定值

C. 最大测量阻抗　D. 大于最大测量阻抗一个定值

131. 大型发变组非全相保护，主要由（　）。(A)

A. 灵敏负序或零序电流元件与非全相判别回路构成

B. 灵敏负序或零序电压元件与非全相判别回路构成

C. 灵敏相电流元件与非全相判别回路构成

D. 灵敏相电压元件与非全相判别回路构成

132. 300MW 及以上汽轮发电机励磁回路一点接地保护动作后，作用于（　）。(D)

A. 全停　B. 解列、灭磁　C. 发信号　D. 程序跳闸

133. 发电机转子绕组两点接地时对发电机的主要危害是（　）。(A)

A. 破坏了发电机气隙磁场的对称性，将引起发电机剧烈振动

B. 转子电流被地分流，使流过转子绕组的电流减少

C. 转子电流增加，致使定子绕组过电流

134. 发电机逆功率保护的主要作用是（　）。(C)

A. 防止发电机在逆功率状态下损坏　B. 防止系统发电机在逆功率状态下产生振荡

C. 防止汽轮机在逆功率状态下损坏　D. 防止汽轮机及发电机在逆功率状态下损坏

135. 零序电压的发电机匝间保护，要加装方向元件是为保护在（　）保护不误动作。(C)

A. 定子绕组接地故障时　B. 定子绕组相间故障时

C. 外部不对称故障时　　D. 外部对称故障时

136. 对于220kV及以上电力系统的母线，（　　）保护是其主保护。(C)

A. 失灵　　B. 充电　　C. 母线差动　　D. 零序

137. 母线倒闸操作时，Ⅰ母发生故障，则母线差动保护跳（　　）。(C)

A. Ⅰ母　　B. Ⅱ母　　C. Ⅰ母和Ⅱ母　　D. 拒动

138. 在220kV及以上变压器保护中，（　　）保护的出口不宜启动断路器失灵保护。(B)

A. 差动　　B. 瓦斯　　C. 220kV零序过流　　D. 中性点零流

139. 区内A相故障，母线保护动作出口应实现（　　）跳闸。(D)

A. A相　　B. B相　　C. AB相　　D. 三相

140. 差动保护判据中的差电流计算公式为（　　）。(D)

A. 所有电流的绝对值之和　　B. 所有流出电流之和

C. 所有流入电流之和　　D. 所有电流和的绝对值

141. 具有相同的保护范围的全阻抗继电器、方向阻抗继电器、偏移园阻抗继电器、四边形方向阻抗继电器，受系统振荡影响最大的是（　　）。(A)

A. 全阻抗继电器　　B. 方向阻抗继电器

C. 四边形方向阻抗继电器　　D. 偏移园阻抗继电器

142. 变电站接地网接地电阻过大对继电保护的影响是（　　）。(A)

A. 可能会引起零序方向保护不正确动作

B. 可能会引起过流保护不正确动作

C. 可能会引起纵差保护不正确动作

143. 工频变化量阻抗继电器在整套保护中最显著的优点是（　　）。(C)

A. 反应过渡电阻能力强

B. 出口故障时高速动作

C. 出口故障时高速动作，反应过渡电阻能力强

144. “独立的保护装置或控制回路必须且只能由一对专用的直流熔断器或端子对取得直流电源”，主要目的是（　　）。(A)

A. 防止直流回路产生寄生回路

B. 保证直流回路短路时直流回路上下保护的选择性

C. 减少直流系统接地的发生

145. 断路器保护（　　）配置。(A)

A. 按断路器双重化　　B. 按断路器单套

C. 集成在母线保护中　　D. 集成在线路保护中

146. 大短路电流接地系统中，输电线路接地保护方式中下列（　　）是不合适的。(C)

A. 纵联保护　　B. 零序电流保护　　C. 零序过电压保护　　D. 接地距离保护

147. 试验过程中，应注意电流回路不能（　　），电压回路不能（　　）。(A)

A. 开路，短路　　B. 开路，开路　　C. 短路，开路　　D. 短路，短路

148. 继电保护必须满足（　　）。(A)

A. 选择性、可靠性、灵敏性、快速性　　B. 选择性、可靠性、安全性、快速性

C. 稳定性、可靠性、灵敏性、快速性　　D. 安全性、稳定性、灵敏性、快速性

149. 作为高灵敏度的线路接地保护，零序电流灵敏Ⅰ段保护在非全相运行时需（　　）。(D)

A. 投入运行　　B. 有选择性地投入运行

C. 有选择性地退出运行　　D. 退出运行

150. 差动保护只能在被保护元件的内部故障时动作，而不反应外部故障，具有绝对（　　）。(A)

A. 选择性　　B. 速动性　　C. 灵敏性　　D. 可靠性

151. 继电保护的“三误”是（　　）。(C)

A. 误整定、误试验、误碰　　B. 误整定、误接线、误试验

C. 误接线、误碰、误整定　　D. 误碰、误试验、误接线

152. 中性点经装设消弧线圈后，若接地故障的电容电流小于电感电流，此时的补偿方式为（　　）。(B)

A. 全补偿　　B. 过补偿　　C. 欠补偿　　D. 不补偿

153. 高频闭锁式保护跳闸的必要条件是（　　）。(B)

A. 正方向元件动作，反方向元件不动作，没有收到过闭锁信号

B. 正方向元件动作，反方向元件不动作，收到过闭锁信号而后信号又消失

C. 保护启动，没有收到过闭锁信号

D. 无条件动作

154. 主变压器差动速断保护（　　）谐波闭锁。(B)

A. 受　　B. 不受　　C. 均可以　　D. 根据实际情况决定

155. 使电流速断保护有最小保护范围的运行方式为系统（　　）。(B)

A. 最大运行方式　　B. 最小运行方式　　C. 正常运行方式　　D. 事故运行方式

156. 换流器的主保护为（　　）。(A)

A. 差动保护　　B. 过流保护　　C. 过压保护　　D. 短路保护

157. 下列安全自动装置中，（　　）是为了解决与系统联系薄弱地区的正常受电问题，在主要变电站安装切负荷装置，当小地区故障与主系统失去联系时，该装置动作切除部分负荷，以保证区域发供电的平衡，也可以保证当一回联络线跳闸时，其他联络线不过负荷。(C)

A. 自动低频减负荷装置　　B. 解列装置

C. 切负荷装置　　D. 切机装置

158. 下列安全自动装置中，（　　）作用是保证故障后载流元件不严重过负荷，防止解列后的电厂或小地区频率过高。(D)

A. 自动低频减负荷装置　　B. 自动低压减负荷装置

C. 切负荷装置　　D. 切机装置

159. 电力系统的安全自动装置有低频、低压解列装置、大电流联切装置、切机装置和（　　）等。(D)

A. 重合闸　　B. 低频、低压减负荷装置

C. 备自投　　D. 以上均是

160. 当大电源切除后发供电功率严重不平衡，将造成频率或电压降低，如用低频减负荷不能满足安全运行要求时，须在某些地点装设（　　），使解列后的局部电网保持安全稳定运行，以确保对重要用户的可靠供电。(A)

A. 低频或低压解列装置　　B. 联切负荷装置

C. 稳定切机装置　　D. 振荡解列装置

161. 当电力系统受到较大干扰而发生非同步振荡时，为防止整个系统的稳定被破坏，经过一段时间或超过规定的振荡周期数后，在预定地点将系统进行解列，该执行振荡解列的自动装置称为（　　）。(D)

A. 低频或低压解列装置　　B. 联切负荷装置

C. 稳定切机装置　　D. 振荡解列装置

162. 设置自动低频减负荷装置是为了防止电力系统发生（　　）。(A)

A. 频率崩溃　　B. 频率越限　　C. 失步　　D. 电压崩溃

163. 根据自动低频减负荷装置的整定原则，自动低频减负荷装置所切除的负荷（　　）被自动重合闸再次投入，并应与其他安全自动装置合理配合使用。(B)

A. 一定可以　　B. 不应　　C. 有时可以　　D. 其他三个选项都不是

164. 自动低频减负荷装置动作，应确保全网及解列后的局部网频率恢复到（　　）Hz 以上，并不得高

于（　　）Hz。(D)

A. 49.8，50.5　　B. 49.5，50.5　　C. 49.75，51.0　　D. 49.5，51.0

165. 全网自动低频减负荷装置整定的切除负荷数量应按年预测（　　）计算，并对可能发生的电源事故进行校对。(C)

A. 平均负荷　　B. 最大负荷　　C. 最大平均负荷　　D. 最小负荷

166. 为了提高系统暂态稳定性，采取切机措施，其作用是（　　）。(B)

A. 缩短系统的故障冲击时间　　B. 控制原动机功率减少加速转矩

C. 人为施加负荷以减少加速转矩　　D. 不起任何作用

167. 下列安全自动装置中，（　　）是为了解决与系统联系薄弱地区的正常受电问题，该装置动作切除部分负荷，以保证区域发供电的平衡。(C)

A. 振荡解列装置　B. 自动重合闸装置　　C. 切负荷装置　　D. 切机装置

168. 振荡解列装置在（　　）情况下不需停用。(D)

A. 电压互感器退出运行时　　B. 交流电压回路断线时

C. 交流电流回路上有工作　　D. 联络线交换功率较大时

169. 装有比率制动式母差保护的双母线，当母联断路器和母联断路器的电流互感器之间发生故障时，（　　）。(C)

A. 将会切除非故障母线　　B. 同时切除两条母线

C. 相继切除两条母线　　D. 只切除故障母线

170. 运行中的距离保护装置发生交流电压断线故障且信号不复归时，应要求运行人员首先（　　）。(B)

A. 直接通知保护人员到现场处理　　B. 停用保护并向调度汇报

C. 汇报调度等候调度命令　　D. 等候保护人员处理，值班人员不必采取任何措施

171. 全网自动低频减负荷装置整定的切除负荷数量应按年预测（　　）计算，并对可能发生的电源事故进行校对。(C)

A. 平均负荷　　B. 最大负荷　　C. 最大平均负荷　　D. 最小负荷

172. 线路保护中，如果电流二次回路极性不正确，造成的后果是（　　）。(A)

A. 正方向故障时保护拒动，反方向故障时保护误动

B. 正方向故障时保护误动，反方向故障时保护拒动

C. 正方向故障、反方向故障均拒动

D. 正方向故障、反方向故障均误动

173. 以下保护装置中与电压互感器无关联的是（　　）。(C)

A. 振荡解列装置　B. 备自投装置　　C. 电流保护装置　　D. 低频电压减载装置

174. 线路纵联保护的通道异常时，其后备保护中的距离、零序电流保护应（　　）。(A)

A. 继续运行　　B. 只允许距离保护运行

C. 同时停用　　D. 只允许零序电流保护运行

175. 在母差保护中，母差启动电流二次值为5A，CT变比为800/5；系统最大方式下短路电流一次最大值为5600A，系统最小方式下短路电流一次最小值为3200A，则母差保护差动元件灵敏系数为（　　）。(A)

A. 4　　B. 7　　C. 3　　D. 1.5

176. 主变压器额定容量为180MVA，主变三侧容量比为100/100/50，额定电压230kV/121/38.5，则主变各侧过流保护定值可整定为（　　）。(可靠系数取1.2，返回系数取0.85)。(B)

A. 460.9/876.1/1376.7　　B. 637.9/1212.6/1905.4

C. 637.9/1212.6/3810.9　　D. 460.9/876.1/2753.4

177. 当双侧电源线路两侧重合闸均投入检查同期方式时，将造成（　　）。(C)

A. 两侧重合闸均起动　　B. 非同期合闸
C. 两侧重合闸均不起动　　D. 一侧重合闸起动，另一侧不起动

178. 双母线差动保护的复合电压（$U_0$，$U_1$，$U_2$）闭锁元件还要求闭锁每一断路器失灵保护，这一做法的原因是（　　）。(C)

A. 断路器失灵保护原理不完善　　B. 断路器失灵保护选择性能不好
C. 防止断路器失灵保护误动作　　D. 断路器失灵保护灵敏系不好

179. 纵联保护装置在系统振荡中发生短路故障时，保护会（　　）。(C)

A. 误动　　B. 拒动　　C. 正确动作　　D. 发出信号

180. 变压器油位持续下降，将可能首先使（　　）保护动作。(D)

A. 零序　　B. 差动　　C. 重瓦斯　　D. 轻瓦斯

181. 当变压器的油位计油面异常升高或呼吸系统有异常现象，需要打开放气或放油阀门时，应先将重瓦斯（　　）。(A)

A. 改接信号　　B. 退出　　C. 无需改动　　D. 保护定值修改

182. 如果二次回路故障导致重瓦斯保护误动作变压器跳闸，应将重瓦斯保护（　　），变压器恢复运行。(B)

A. 可能误投入　　B. 停用　　C. 继续运行　　D. 运行与否都可以

183. 母差保护中使用的母联开关电流取自Ⅱ母侧电流互感器，如母联开关与电流互感器之间发生故障，将造成（　　）。(D)

A. Ⅰ母差动保护动作，切除故障，Ⅰ母失压；Ⅱ母差动保护不动作，Ⅱ母不失压
B. Ⅱ母差动保护动作，切除故障，Ⅱ母失压；Ⅰ母差动保护不动作，Ⅰ母不失压
C. Ⅰ母差动保护动作，Ⅰ母失压，随后Ⅱ母差动保护动作，切除故障，Ⅱ母失压
D. Ⅰ母差动保护动作，Ⅰ母失压，随后母联死区保护动作，切除故障，Ⅱ母失压

184. 双母线分开运行时，应停用母联断路器（　　）。(B)

A. 充电保护　　B. 失灵启动保护　　C. 三相不一致保护　　D. 过流保护

185. 用母联断路器对母线充电时，必须投入（　　）。(D)

A. 重合闸　　B. 光纤差动保护　　C. 失灵保护　　D. 充电保护

186. 旁代主变压器断路器运行时，旁路断路器电流互感器与主变压器电流互感器转换前要退出主变压器（　　）保护压板。(B)

A. 瓦斯　　B. 差动　　C. 过负荷　　D. 后备

187. 如果故障点在母差保护和线路纵差保护的交叉区内，致使两套保护同时动作，则（　　）。(C)

A. 母差保护动作评价，线路纵差保护不予评价
B. 母差保护不予评价，线路纵差保护动作评价
C. 母差保护和线路纵差保护分别评价
D. 线路纵差保护母差保护都不予评价

188. 配置单相重合闸的线路发生瞬时单相接地故障时，由于重合闸原因误跳三相，但又三相重合成功，重合闸应如何评价（　　）。(D)

A. 不评价　　B. 正确动作 1 次，误动 1 次
C. 不正确动作 1 次　　D. 不正确动作 2 次

189. 断路器失灵保护与母差保护共用出口回路时，闭锁元件的灵敏度应按（　　）的要求整定。(A)

A. 失灵保护　　B. 母差保护
C. 母线上所有元件保护　　D. 母联保护

190. 母线充电保护是（　　）。(C)

A. 利用母线上任一断路器给母线充电时的保护
B. 母线故障的后备保护

C. 利用母联断路器给另一母线充电时的保护
D. 可以带有动作延时

191. 闭锁式纵联保护跳闸的必要条件是（　　）。(A)
A. 正方向元件动作，反方向元件不动作，收到过闭锁信号而后信号又消失
B. 正方元件动作，方向元件不动作，没有收到过闭锁信号
C. 正、反方向元件均动作，没有收到过闭锁信号
D. 正、反元件均不动作，没有收到过闭锁信号

192. 为了防止差动继电器误动作或误碰出口中间继电器造成母线保护误动作，应采用（　　）。(C)
A. 电流闭锁元件　B. 振荡闭锁元件　C. 电压闭锁元件　D. 距离闭锁元件

193. 线路零序保护动作，故障形式为（　　）。(B)
A. 短路　B. 接地　C. 过载　D. 过电压

194. 当主保护或断路器拒动时，用来切除故障的保护被称作（　　）。(B)
A. 主保护　B. 后备保护　C. 辅助保护　D. 异常运行保护

195. 当故障发生在母联断路器与母联电流互感器之间时，会出现动作死区，此时母线差动保护应该（　　）。(B)
A. 启动远方跳闸　B. 启动母联死区保护
C. 启动失灵保护及远方跳闸　D. 退出母差

196. 以下闭锁信号发出的顺序是（　　）。(D)
A. 闭锁重合闸—闭锁分闸—闭锁合闸　B. 闭锁分闸—闭锁合闸—闭锁重合闸
C. 闭锁合闸—闭锁分闸—闭锁合闸　D. 闭锁重合闸—闭锁合闸—闭锁分闸

197. 电网振荡需解列电网时，解列点的开关应装有（　　），以便振荡消除后，易于进行系统并列操作。(D)
A. 远程监控装置　B. 检无压装置　C. 过流保护装置　D. 检同期装置

198. 主变低压后备保护动作逻辑为（　　）。(C)
A. 第一时限跳本侧开关　B. 第二时限跳母联分段开关
C. 第一时限跳母联分段开关　D. 第二时限跳高压侧开关

199. 发生母联死区故障时（　　）。(A)
A. 母联在合位时，死区保护动作，两条母线均跳闸
B. 母联在分为时，母联失灵保护动作，两条母线均跳闸
C. 母联在合位时，死区保护动作，切带故障母线
D. 母联在分为时，母联失灵保护动作，切带故障母线

200. 单电源线路跳闸，重合不成或重合闸停用时，应（　　）。(A)
A. 根据调度指令强送一次，强送不成，不再强送
B. 根据调度指令可多次强送
C. 根据调度指令强送一次，强送不成，可再强送一次
D. 不再强送

201. 母线单相故障，母差保护动作后，断路器（　　）。(B)
A. 单跳　B. 三跳　C. 单跳或三跳　D. 三跳后重合

202. 装有比率制动式母差保护的双母线，当母联断路器和母联断路器的电流互感器之间发生故障时，（　　）。(C)
A. 将会切除非故障母线　B. 只切除故障母线
C. 相继切除两条母线　D. 同时切除两条母线

203. 母线充电保护是指利用母联断路器实现的（　　）保护。(B)
A. 电压保护　B. 电流保护　C. 阻抗保护　D. 方向保护

204. 电力系统中性点接地变压器跳闸后造成序网参数变化会影响相关（　　）配置，并对设备绝缘构成威胁。(B)

A. 距离保护　　B. 零序保护　　C. 过流保护　　D. 差动保护

205. 当变压器外部故障时，有较大的穿越性短路电流流过变压器，这时变压器的差动保护（　　）。(C)

A. 立即动作　　B. 延时动作　　C. 不应动作　　D. 短路时间长短而定

206. 距离保护（或零序电流保护）的第Ⅰ段按照躲过本线路末端短路整定是为了（　　）。(B)

A. 保证本保护在本线路出口短路时能瞬时动作跳闸

B. 防止本保护在相邻线路出口短路时误动

C. 在本线路末端短路只让本侧的纵联保护瞬时动作跳闸

D. 预留给Ⅱ段一定的保护范围

207. 双母线接线的变电站，当线路故障开关拒动，失灵保护动作（　　）。(A)

A. 先跳开母联开关，再跳开失灵开关所在母线的其他出线开关

B. 先跳开失灵开关所在母线的其他出线开关，再跳开母联开关

C. 同时跳开母联开关和失灵开关所在母线的其他出线开关

D. 跳开该站所有出线开关

208. 继电保护和安全自动装置技术要求，应支持以（　　）方式进行定值区切换操作。(C)

A. 遥控　　B. 遥信　　C. 遥调　　D. 遥测

209. 继电保护远方操作功能投入使用前必须通过（　　）验证。(D)

A. 软压板投退　　B. 定值区切换　　C. 定值召唤　　D. 实际传动试验

210. 保护定值区号以（　　）形式上传。(A)

A. 遥测　　B. 遥信　　C. 遥调　　D. 遥控

211. 对于开展重合闸软压板远方投退的线路保护，应在间隔图中设置“重合闸投入”软压板和（　　）状态指示。(B)

A. 重合闸退出　　B. 重合闸充电完成　　C. 硬压板　　D. 重合闸装置运行

212. 变压器差动保护防止区外穿越性故障情况下误动的主要措施是（　　）。(C)

A. 间断角闭锁　　B. 二次谐波制动　　C. 比率制动　　D. 波形不对称制动

213. 220kV 线路纵差保护的保护范围为（　　）。(C)

A. 线路两侧断路器之间　　B. 线路两侧母线之间

C. 线路两侧电流互感器之间　　D. 线路两侧线路抽压电压互感器之间

214. 继电保护远方操作时，（　　），且所有这些确定的指示均已同时发生对应变化，才能确认该设备已操作到位。(C)

A. 应至少有三个指示发生变化　　B. 应有一个以上指示发生变化

C. 至少应有两个指示发生对应变化　　D. 应对判软压板及充电状态指示进行观察

215. 重合闸、备自投等功能应设置软压板，应支持以（　　）方式进行投入和退出操作。(A)

A. 遥控　　B. 遥测　　C. 遥调　　D. 遥测

216. 对采用单相重合闸的线路，当线路发生永久性单相接地故障时，保护及重合闸的动作顺序（　　）。(B)

A. 三相跳闸不重合

B. 选跳故障相，延时重合单相，后加速跳三相

C. 三相跳闸，延时重合三相，后加速跳三相

D. 选跳故障相，延时重合单相，后加速再跳故障相

217. 对采用三相重合闸的中性点直接接地线路，当线路发生永久性单相接地故障时，保护及重合闸的动作顺序（　　）。(C)

A. 三相跳闸不重合
B. 选跳故障相，延时重合单相，后加速跳三相
C. 三相跳闸，延时重合三相，后加速跳三相
D. 选跳故障相，延时重合单相，后加速再跳故障相

218. 备自投不具有（　　）闭锁功能。(D)
A. 手分　B. 有流　C. 主变保护　D. 断路器拒分

219. 备自投装置应设置备自投充电完成状态指示，应支持以（　　）形式上送。(B)
A. 遥控　B. 遥信　C. 遥调　D. 遥测

220. 变压器差动保护范围为（　　）。(C)
A. 变压器本体　B. 变压器各断路器之间
C. 变压器各侧电流互感器之间设备　D. 变压器绕组

221. 断路器保护回路有工作时，应断开该断路器（　　）保护启动回路的压板。(A)
A. 失灵　B. 零序　C. 距离　D. 纵联

222. 对采用综合重合闸的线路，当发生永久性单相接地故障时，保护及重合闸的动作顺序为（　　）。(D)
A. 三相跳闸不重合　B. 选跳故障相，瞬时重合单相，后加速跳三相
C. 三相跳闸重合　D. 选跳故障相，延时重合单相，后加速跳三相

223. 以下对于备自投运行的说法中正确的是（　　）。(D)
A. 备自投动作后又跳闸，可以再试送一次
B. 交流电压回路断线不影响装置运行
C. 直流电源消失对装置运行无影响
D. 备自投应动作而未动作，可模拟备自投动作过程操作一次

224. 在新设备启动过程中，调试系统保护允许失去（　　），但严禁无保护运行。(C)
A. 可靠性　B. 灵敏性　C. 选择性　D. 速动性

225. 母差保护动作，对线路开关的重合闸（　　）。(A)
A. 闭锁　B. 不闭锁　C. 仅闭锁单相重合闸　D. 不一定

226. 接地故障保护的末段（如零序电流四段）应以适当的接地电阻值作为整定条件，对于220kV线路，接地电阻值应为（　　）。(C)
A. 300　B. 150　C. 100　D. 200

227. 220kV主变断路器的失灵保护，其启动条件是（　　）。(B)
A. 主变保护动作，相电流元件不返回，开关位置不对应
B. 主变电气量保护动作，相电流元件动作，开关位置不对应
C. 主变瓦斯保护动作，相电流元件动作，开关位置不对应
D. 以上都不对

228. 变压器断路器由旁路断路器代路，在用旁路断路器合环前应退出（　　）。(B)
A. 瓦斯保护　B. 差动保护　C. 过负荷保护　D. 复压过电流保护

229. 当电力系统发生故障时，要求本线路继电保护该动的动，不该动的不动称为继电保护的（　　）。(C)
A. 选择性　B. 灵敏度　C. 可靠性　D. 快速性

230. 当双侧电源线路两侧重合闸均投入检查同期方式时，将造成（　　）。(C)
A. 两侧重合闸均启动　B. 非同期合闸
C. 两侧重合闸均不启动　D. 一侧重合闸启动，另一侧不启动

231. 变压器重瓦斯保护、差动保护、过电流保护均动作，防爆管爆破，三相电流不平衡，三相电压不平衡，这表明变压器发生了（　　）。(B)

A. 断线故障　B. 相间短路故障　C. 线圈匝间短路故障　D. 套管故障

232. 单相重合闸，下列说法正确的是（　　）。(B)

A. 相间故障跳故障相，不重合

B. 单相故障跳单相，重合单相，重合不成跳三相不重合，相间故障跳三相，不重合

C. 相间故障跳三相，重合三相

D. 单相永久性故障跳三相，不重合

233. 配置双母线完全电流差动保护的母线倒闸操作过程中，当出线母线侧两组隔离开关双跨两组母线时，母线差动保护选择元件（　　）的平衡被破坏。(D)

A. 跳闸回路　B. 直流回路　C. 电压回路　D. 差流回路

234. 双母线进行倒母线操作过程中会出现两个隔离开关同时闭合的情况，如果此时工母发生故障，母线保护应（　　）。(A)

A. 切除两条母线　B. 切除Ⅰ母　C. 切除Ⅱ母　D. 不动作

235. 如果二次回路故障导致重瓦斯保护误动作变压器跳闸，应将重瓦斯保护（　　），变压器恢复运行。(B)

A. 投入　B. 退出　C. 继续运行　D. 运行与否都可以

236. 断路器的非全相保护一般使用（　　）的非全相功能。(B)

A. 继电保护中　B. 断路器本体中　C. 操作箱中　D. 继电保护和断路器本体中

237. 微机线路保护 PSL-603、RCS-931、CSL-103、CSC-103 等与光接口设备配合构成分相电流差动保护当"纵联差动保护投入"（"主保护投入"）压板退出运行，（　　）。(B)

A. 光接口设备及其通道不能正常工作

B. 光接口设备及其通道仍能正常工作，但跳闸逻辑不能工作

C. 光接口设备及其通道仍能正常工作，跳闸逻辑也仍能工作

D. 光接口设备及其通道不能正常工作，但跳闸逻辑能工作

238. 关于电流互感器饱和对变压器差动保护的影响，以下那种说法正确（　　）。(C)

A. 由于差动保护具有良好的制动特性，区外故障时没有影响

B. 由于差动保护具有良好的制动特性，区内故障时没有影响

C. 可能造成差动保护在区内故障时拒动或延缓动作，在区外故障时误动作

D. 由于差动保护具有良好的制动特性，区外、区内故障时均没有影响

239. 线路纵联保护仅一侧动作且不正确时，如原因未查明，而线路两侧保护归不同单位管辖，按照评价规程规定，应评价为（　　）。(C)

A. 保护动作侧不正确，未动作侧不评价　B. 保护动作侧不评价，未动作侧不正确

C. 两侧各不正确一次　D. 两侧均不评价

240. 变压器的非电量保护，应该（　　）。(C)

A. 设置独立的电源回路，出口回路可与电量保护合用

B. 设置独立的电源回路与出口回路，可与电量保护合用同一机箱

C. 设置独立的电源回路与出口回路，且在保护屏安装位置也应与电量保护相对独立

D. 不必设置独立的电源回路与出口回路，且可与电量保护合用同一机箱

241. 关于变压器差动速断保护，下列说法正确的是（　　）。(D)

A. 必须经比率制动　B. 必须经五次谐波制动

C. 必须经二次谐波制动　D. 不经任何制动，只要差流达到整定值就会动作

242. 下列保护中，属于后备保护的是（　　）。(D)

A. 变压器差动保护　B. 瓦斯保护　C. 零序保护Ⅰ段　D. 断路器失灵保护

243. RCS-915 微机型母差保护装置的基准变比（　　）。(C)

A. 应按照各个单元的电流互感器变比中最大者整定

B. 应按照各个单元的电流互感器变比中最小者整定

C. 应按照各个单元的电流互感器变比中使用最多的整定

D. 应按照主变单元的电流互感器变比整定

244. 采用二次谐波制动原理的差动保护，为了提高躲过励磁涌流的能力，可（  ）。(B)

A. 增大差动速断动作电流的整定值　B. 适当减小差动保护的二次谐波制动比

C. 适当增大差动保护的二次谐波制动比　D. 增大差动保护的比率制动系数

245. 变压器比率制动差动保护中制动分量的主要作用是（  ）。(C)

A. 躲励磁涌流　B. 在内部故障时提高保护的可靠性

C. 在区外故障时提高保护的安全性　D. 在内部故障时提高保护的快速性

246. 线路第Ⅰ段保护范围最稳定的是（  ）。(C)

A. 电流保护　B. 零序电流保护　C. 距离保护　D. 电流闭锁电压保护

247. 反映（  ）的保护是暂态分量保护。(D)

零序电流　B. 负序电流　C. 正序电流　D. 工频变化量

248. 按间断角原理构成的变压器差动保护，闭锁角一般整定为 60°～65°。为提高其躲励磁涌流的能力，可适当（  ）。(C)

A. 增大闭锁角　B. 增大最小动作电流及比率制动系数

C. 减小闭锁角　D. 减小无制动区拐点电流

249. 电力系统不允许长期非全相运行，为了防止断路器一相断开后，长时间非全相运行，应采取措施断开三相，并保证选择性，其措施是装设（  ）。(C)

A. 断路器失灵保护　B. 零序电流保护

C. 断路器三相不一致保护　D. 距离保护

250. BP-2B 母线保护装置的母联失灵电流定值按（  ）整定。(A)

A. 装置的基准变比　B. 母联间隔的变比

C. 主变间隔的变比　D. 装置中用的最少变比

251. 变压器差动保护防止区外穿越性故障情况下误动的主要措施是（  ）。(C)

A. 间断角闭锁　B. 二次谐波制动　C. 比率制动　D. 波形不对称制动

252. 由于断路器自身原因而闭锁重合闸的是（  ）。(D)

A. 保护三跳　B. 控制电源消失　C. 保护闭锁　D. 气压或油压过低

253. 在操作箱中，关于断路器位置继电器线圈正确的接法是（  ）。(B)

A. TWJ、HWJ 均在合闸回路中　B. TWJ 在合闸回路中，HWJ 在跳闸回路中

C. TWJ、HWJ 均在跳闸回路中　D. TWJ 在跳闸回路中，HWJ 在合闸回路中

254. 线路两侧分别采用检查线路无电压重合闸和检查同期重合闸，在线路发生永久性故障并跳闸后，（  ）。(B)

A. 检查同期侧重合于故障并跳开，检线路无压侧将不再重合

B. 检线路无压侧重合于故障并跳开，检查同期侧将不再重合

C. 检查同期侧重合于故障并跳开，检线路无压侧仍将重合

D. 检查线路无压侧重合于故障并跳开，检查同期侧仍将重合

255. 比率制动差动继电器，整定动作电流 2A，比率制动系数为 0.5，无制动区电流 5A。本差动继电器的动作判据 $I_{DZ}=|I_1+I_2|$，制动量为 $\{I_1, I_2\}$ 取较大者。模拟穿越性故障，当 $I_1=7A$ 时，测得差电流 $I_C=2.8A$，此时，该继电器（  ）。(B)

A. 动作　B. 不动作　C. 处于动作边界　D. 可能误动

256. 不应启动断路器失灵保护的是（  ）。(B)

A. 三相不一致保护　B. 变压器非电量保护　C. 纵联保护　D. 母差保护

257. 关于变压器非电量保护描述错误的是（  ）。(B)

A. 采用就地跳闸方式时，应向监控系统发送动作信号

B. 出口跳闸回路可以与电气量保护共用

C. 应同时作用于断路器的两个跳闸线圈

D. 不应启动断路器失灵

258. 线路两侧或主设备差动保护各侧的电流互感器的相关特性宜一致，避免在遇到较大短路电流时因各侧电流互感器的（　　）不一致导致保护不正确动作。(A)

A. 暂态特性　　B. 稳态特性　　C. 电磁特性　　D. 伏安特性

259. 变压器的断路器失灵时，除应跳开失灵断路器相邻的全部断路器外，还应跳开本变压器连接（　　）的断路器。(A)

A. 其他电源侧　　B. 低压母线　　C. 中压母线　　D. 高压母线

260. 应充分考虑电流互感器一次绕组合理分配，对确实无法解决的保护动作死区，在满足系统稳定要求的前提下，可采取（　　）和远方跳闸等后备措施加以解决。(A)

A. 启动失灵　　B. 稳定控制　　C. 设置解列点　　D. 重合闸

261. 需要加电压闭锁的母差保护，电压闭锁环节应加在（　　）。(A)

A. 母差各出口回路　　B. 母联出口

C. 母差总出口　　D. 母差失灵出口

262. 线路两侧的保护装置在发生短路时，其中的一侧保护装置先动作，等它动作跳闸后，另一侧保护装置才动作，这种情况称之为（　　）。(B)

A. 保护有死区　　B. 保护相继动作

C. 保护不正确动作　　D. 保护既存在相继动作又存在死区

263. 母线电流差动保护采用电压闭锁元件主要是为了防止（　　）。(B)

A. 区外发生故障时，母线电流差动保护误动

B. 由于误碰出口中间继电器而造成母线电流差动保护误动

C. TA 断线时，母线差动保护误动

D. 系统发生振荡时，母线电流差动保护误动

264. 允许式线路纵联保护通常采取（　　）的方法来防止功率倒向造成其误动。(B)

A. 延时停信或延时跳闸　　B. 延时发信或延时跳闸

C. 延时停信或加速跳闸　　D. 延时发信或加速跳闸

265. 一个半断路器接线方式中，短引线保护是一种（　　）保护。(D)

A. 主　　B. 远后备　　C. 近后备　　D. 辅助

266. 变压器的间隙保护有 0.3～0.5s 的动作延时，其目的是（　　）。(A)

A. 躲过系统的暂态过电压　　B. 与线路零序Ⅰ段保护配合

C. 作为中性点接地变压器的后备保护　　D. 与线路高频保护配合

267. 关于 BP-2B 母差保护装置的电压闭锁元件，以下描述正确的是（　　）。(B)

A. 低电压为母线相电压，零序电压为母线零序电压，负序电压为母线负序线电压

B. 低电压为母线线电压，零序电压为母线三倍零序电压，负序电压为母线负序相电压

C. 低电压为母线相电压，零序电压为三倍母线零序电压，负序电压为母线负序线电压

D. 低电压为母线线电压，零序电压为母线零序电压，负序电压为母线负序相电压

268. RCS-901 系列线路保护装置的工频变化量阻抗元件由（　　）功能压板投退。(B)

A. 主保护　　B. 距离保护　　C. 零序保护　　D. 主保护与距离保护

269. 对 220kV 采用综合重合闸的线路，当采用“单重方式”运行时，若线路上发生永久性单相短路接地故障，保护及重合闸的动作顺序为（　　）。(A)

A. 选跳故障相，延时重合故障相，后加速跳三相

B. 三相跳闸不重合

C. 三相跳闸，延时重合三相，后加速跳三相

D. 选跳故障相，延时重合故障相，后加速再跳故障相，同时三相不一致保护跳三相

270. 当判断 RCS-915AB 母差保护装置母联电流互感器断线后，(　　)。(C)

A. 母联电流互感器电流仍计入小差　　B. 母联电流互感器电流退出小差计算

C. 母差保护自动切换成单母方式　　D. 母差保护被闭锁

271. 某 220kV 线路一侧电流互感器变比为 1200/5A，距离Ⅰ段二次侧定值为 0.36Ω，则该侧距离Ⅰ段一次侧定值为 (　　)。(C)

A. 86.4Ω　　B. 720Ω　　C. 3.3Ω　　D. 4.8Ω

272. 继电保护是以常见运行方式为主来进行整定计算和灵敏度校核的。所谓常见运行方式是指 (　　)。(B)

A. 正常运行方式下，任意一回线路检修

B. 正常运行方式下，与被保护设备相邻近的一回线路或一个元件检修

C. 正常运行方式下，与被保护设备相邻近的一回线路检修并有另一回线路故障被切除

D. 正常运行方式

273. 谐波制动的变压器纵差保护中设置差动速断元件的主要原因是 (　　)。(B)

A. 为了提高差动保护的动作速度

B. 为了防止在区内故障短路电流较大时，电流互感器的饱和，导致差动元件拒动

C. 保护设置的双重化，互为备用

D. 为了提高差动保护的可靠性

274. 对线路纵联方向（距离）保护而言，以下说法不正确的是 (　　)。(C)

A. 当线路某一侧纵联方向（距离）保护投入压板退出后，该线路两侧纵联方向（距离）保护均退出

B. 当线路两侧纵联方向（距离）保护投入压板均投入后，该线路两侧纵联方向（距离）保护方投入

C. 当线路一侧纵联方向（距离）保护投入压板退出时，该线路另一侧纵联方向（距离）保护仍在正常运行状态

D. 在运行中为安全起见，当线路某一侧纵联方向（距离）保护投入压板退出时，该线路另一侧纵联方向（距离）保护投入压板也退出

275. 若某单元的刀闸辅助接点在接入母差保护装置时接错（Ⅰ母刀闸与Ⅱ母刀闸对调），假设母差保护的其他接线均正确，当该单元运行在Ⅰ段母线并带有负荷时，以下说法正确的是 (　　)。(B)

A. Ⅰ母小差有差流，Ⅱ母小差无差流，大差无差流

B. Ⅰ母小差有差流，Ⅱ母小差有差流，大差无差流

C. Ⅰ母小差有差流，Ⅱ母小差有差流，大差有差流

D. Ⅰ母小差无差流，Ⅱ母小差无差流，大差有差流

276. RCS-978 系列变压器差动保护识别励磁涌流的判据中，若三相中某一相被判为励磁涌流时将闭锁 (　　) 比率差动元件。(B)

A. 三相　　B. 本相　　C. 任一相　　D. 其他两相

277. BP-2B 母差保护装置用于双母线接线的系统，当Ⅰ母上隔离开关辅助接点接触不良时，则 (　　) 可能出现非正常差流。(A)

A. Ⅰ母小差　　B. Ⅱ母小差

C. 大差　　D. Ⅰ母小差、Ⅱ母小差及大差

278. 为解决母联断路器热备用时发生保护死区的问题，当母联断路器断开时，微机型母差保护采取的方法是 (　　)。(B)

A. 在小差判据中计入母联开关电流　　B. 在小差判据中不计入母联开关电流

C. 在大差判据中增加母联开关电流　　D. 采用专门的母联死区后备保护

279. 双母线接线系统中，采用隔离开关辅助接点启动继电器实现电压自动切换的作用是（　　）。(D)

A. 避免两组母线电压互感器二次侧误并列

B. 防止电压互感器二次侧向一次系统反充电

C. 避免电压二次回路短时停电

D. 减少运行人员手动切换电压的工作量，并使保护装置的二次电压回路随主接线一起进行切换，避免电压回路一、二次不对应造成保护误动或拒动

280. 某 220kV 线路甲侧电流互感器变比为 1250/1A，乙侧电流互感器变比为 1200/5A，两侧保护距离Ⅱ段一次侧定值均为 22Ω，则两侧距离Ⅱ段二次侧定值分别为（　　）Ω。(D)

A. 38.7，201.7　B. 12.5，12　C. 2.5，2.4，　D. 12.5，2.4

281. 不灵敏零序Ⅰ段的主要功能是（　　）。(B)

A. 作为匝间短路保护　　B. 在非全相运行情况下作为接地短路保护

C. 作为相间短路保护　　D. 在全相运行情况下作为接地短路保护

282. 用于双母线接线形式的变电站，其母差保护、断路器失灵保护的复合电压闭锁触点应（　　）在各断路器的的跳闸回路中，不得共用。(A)

A. 分别串接　B. 串接　C. 并接　D. 分别并接

283. 突变量包括（　　）。(C)

A. 正序—负序和零序分量　　B. 工频正序分量和暂态正序分量

C. 工频分量和暂态分量　　D. 工频正序分量和工频负序分量和工频零序分量

284. 并联补偿电容器低电压保护的动作时间与上级线路重合闸动作时间的关系是（　　）。(A)

A. 前者小于后者　B. 两者相等　C. 前者大于后者　D. 不确定

285. 接在变压器中性点放电间隙回路中的零序电流保护，其电流元件的整定值一般取（　　）。(A)

A. 100A　B. 180A　C. 200A　D. 300A

286. 变压器差动保护采用二次谐波制动原理躲励磁涌流时，当二次谐波分量超过预先设定的制动比时，（　　）。(C)

A. 差动速断将被闭锁　　B. 比率制动差动或差动速断将被闭锁

C. 比率制动差动将被闭锁　　D. 比率制动差动和差动速断均将被闭锁

287. 当母线上连接元件较多时，母线差动保护在区外短路时不平衡电流较大的原因是（　　）。(C)

A. 励磁阻抗大　　B. 电流互感器的变比不同

C. 电流互感器严重饱和　　D. 负荷较重

288. 调整电力变压器分接头，会在其差动回路中引起不平衡电流的增大，解决方法为（　　）。(B)

A. 增大短路线圈的匝数　　B. 提高差动保护的整定值

C. 减少短路线圈的匝数　　D. 不需要对差动保护进行调整

## 二、多选题

1. 纵联保护的信号有（　　）。(ABC)

A. 闭锁信号　B. 允许信号　C. 跳闸信号　D. 远跳信号

2. 光纤电流差动保护的通道对调试验应包括（　　）项目。(ABCD)

A. 光接收功率测试　　B. 对侧电流采样值检查

C. 远跳功能检查　　D. 通道传输时间测试

3. 继电保护快速切除故障对电力系统的作用有（　　）。(ABC)

A. 提高电力系统的稳定性

B. 电压恢复快，电动机容易自启动并迅速恢复正常，从而减少对用户的影响

C. 减轻电气设备的损坏程度，防止故障进一步扩大

D. 短路点易于去游离，提高重合闸的成功率

4. 继电保护现场工作中的习惯性违章的主要表现有（　　）。(ABCD)

A. 不履行工作票手续即行工作　　B. 不认真履行现场继电保护工作安全措施票

C. 监护人不到位或失去监护　　D. 现场标示牌不全，走错屏位

5. 距离保护装置一般由（　　）部分组成。(ABCD)

A. 测量部分　　B. 启动部分

C. 振荡闭锁部分　　D. 二次电压回路断线失压闭锁部分

6. 距离保护装置中后加速回路有（　　）。(AB)

A. 手动合闸后加速　B. 重合闸后加速　C. 失灵后加速　D. 主变压器后加速

7. 影响阻抗继电器正确测量的因素有（　　）。(ABC)

A. 故障点的过渡电阻　　B. 保护安装处和故障点之间的助增电流和汲出电流

C. 电压二次回路断线　　D. 外部故障转换时的过渡过程

8. 对综合重合闸需要考虑的特殊问题包括（　　）。(ABCD)

A. 需要设置故障判别元件和故障选相元件

B. 应考虑非全相运行对继电保护的影响

C. 应考虑潜供电流对综合重合闸装置的影响

D. 若重合闸不成功，则根据系统运行的需要，线路需转入长期非全相运行时需考虑的问题

9. 变压器空载合闸或外部故障切除电压突然恢复时，会出现励磁涌流，对于 Y0/△-11 接线的变压器，差动回路的涌流特点是（　　）。(AB)

A. 涌流幅值大并不断衰减

B. 三相涌流中含有明显的非周期分量并不断衰减

C. 涌流中含有明显的三次谐波和其他奇次谐波

D. 五次谐波与基波的比值随着过励磁程度的增大而增大

10. 对新安装的变压器保护在变压器启动时的试验有（　　）。(ABC)

A. 带负荷试验　　B. 测量差动保护不平衡电流试验

C. 变压器充电合闸试验　　D. 变比试验

11. 下列关于差动速断元件描述正确的有（　　）。(AC)

A. 是变压器纵差保护的辅助保护

B. 时延可整定，方便用户选择

C. 只反应差流的有效值，不受差流中的谐波及波形畸变的影响

D. 可选择是否经谐波制动

12. 下列关于三绕组自耦变压器分侧差动保护描述正确的有（　　）。(BD)

A. 将变压器的各侧绕组分别作为被保护对象

B. 多用于超高压大型变压器的高压侧和中压侧

C. 保护范围与常规差动保护范围相当

D. 不受变压器激磁电流、励磁涌流、带负荷调压及过激磁的影响

13. 变压器纵联差动保护应满足的要求是（　　）。(ABCD)

A. 应能躲过励磁涌流和外部短路产生的不平衡电流

B. 在变压器过励磁时不应误动作

C. 在电流回路断线时应发出断线信号，电流回路断线允许差动保护动作跳闸

D. 在正常情况下，变压器差动保护的保护范围应包括变压器套管和引出线

14. 大接地电流系统中的变压器中性点有的接地，也有的不接地，取决于（　　）等因素。(ABC)

A. 保证零序保护有足够的灵敏度和很好的选择性，保证接地短路电流的稳定性

B. 为防止过电压损坏设备，应保证在各种操作和自动跳闸使系统解列时，不致造成部分系统变为

中性点不接地系统

C. 变压器绝缘水平及结构决定的接地点

D. 电压等级

15. 安稳装置接收的对时信号一般有（　　）。(ABCD)

A. 脉冲对时　　B. 串口对时　　C. B码对时　　D. 后台对时

16. 下面的安稳装置开入信号属于强电开入信号的是（　　）。(AB)

A. 跳闸信号　　B. 断路器位置信号　　C. 功能压板　　D. 对时信号

17. 电力系统继电保护运行统计评价范围里有（　　）。(ABC)

A. 发电机、变压器的保护装置　　B. 安全自动装置

C. 故障录波器　　D. 站用直流系统

18. 继电保护短路电流计算可以忽略（　　）等阻抗参数中的电阻部分。(ABCD)

A. 发电机　　B. 变压器　　C. 架空线路　　D. 电缆

19. 电压互感器二次回路中，（　　）不应接有开断元件（熔断器、自动开关等）。(AB)

A. 电压互感器的中性线

B. 电压互感器的开口三角回路

C. 电压互感器开口三角绕组引出的试验线

20. 在电流互感器二次回路进行短路接线时，应用（　　）短路。(AB)

A. 短路片　　B. 导线压接　　C. 保险丝　　D. 空开

21. 对于高频闭锁式保护，如果由于某种原因使高频通道不通，则（　　）。(ABC)

A. 区内故障时能够正确动作　　B. 功率倒向时可能误动作

C. 区外故障时可能误动作　　D. 区内故障时可能拒动

22. 目前纵联电流差动保护应用的通道形式有（　　）。(ABD)

A. 光纤通道　　B. 微波通道　　C. 载波通道　　D. 导引线

23. 电力系统发生全相振荡时，（　　）不会发生误动。(BD)

A. 阻抗元件　　B. 分相电流差动元件　　C. 电流速断元件　　D. 零序电流速断元件

24. 在检定同期、检定无压重合闸装置中，下列做法正确的是（　　）。(BD)

A. 只能投入检定无压或检定同期继电器的一种

B. 两侧都要投入检定同期继电器

C. 两侧都要投入检定无压和检定同期的继电器

D. 只允许有一侧投入检定无压的继电器

25. 变压器差动保护防止励磁涌流的措施有（　　）。(ABD)

A. 采用二次谐波制动　　B. 采用间断角判别

C. 采用五次谐波制动　　D. 采用波形对称原理

26. 变压器差动保护继电器采用比率制动式，可以（　　）。(BC)

A. 躲开励磁涌流

B. 通过降低定值来提高保护内部故障时的灵敏度

C. 提高保护对于外部故障的安全性

D. 防止电流互感器二次回路断线时误动

27. 正常运行的电力系统，出现非全相运行，非全相运行线路上可能会误动的继电器是（　　）。(BD)

A. 差动继电器　　B. 负序功率方向继电器（TV在母线侧）

C. 阻抗继电器　　D. 零序功率方向继电器（TV在母线侧）

28. 和所谓行波保护比较，突变量方向元件的优点是（　　）。(ABD)

A. 任何故障突变量方向元件测量正确

B. 转换性故障测量正确

C. 方向元件测量相位差 180°意味着极性永远相反

D. 系统振荡时测量正确

29. 影响阻抗元件正确测量的因素有（　　）。(ABCD)

A. 故障点过渡电阻　　B. 保护安装处与故障点之间助增电流和汲出电流

C. 测量用互感器误差　　D. 系统振荡

30. 变压器差动保护稳态情况下会产生不平衡电流，以下原因正确的是（　　）。(ABC)

A. 电流互感器误差　　B. 计算变比与实际互感器变比误差

C. 改变变压器调压分接头引起的误差　　D. 各测电流互感器型号不同

31. 满足下面（　　）条件，断路器失灵保护方可启动。(AB)

A. 故障设备的保护能瞬时复归的出口继电器动作后不返回

B. 断路器未跳开的判别元件动作

C. 断路器动作跳闸

D. 主保护动作

32. 下列（　　）可以启动断路器失灵保护。(AD)

A. 光纤差动保护　B. 变压器非电量保护　C. 变压器过负荷保护　D. 线路距离三段保护

33. 失灵保护的线路断路器启动回路由（　　）组成。(AB)

A. 保护动作出口接点　　B. 断路器失灵判别元件（电流元件）

C. 断路器位置接点　　D. 线路电压元件

34. 运行中的变压器保护，当现场进行（　　）工作时，重瓦斯保护应由“跳闸”位置改为“信号”位置运行（　　）。(AC)

A. 进行呼吸器畅通工作或更换硅胶时　　B. 变压器中性点不接地运行时

C. 在与瓦斯保护相关的二次回路工作时　　D. 变压器中性点接地运行时

35. 在变压器工频变化量差动保护和比率制动差动保护中，下列说法正确的是（　　）。(CD)

A. 工频变化量差动保护不必考虑励磁涌流的影响

B. 两者的动作电流是相等的，都是故障电流

C. 两者的制动电流不一样

D. 均不能替代瓦斯保护

36. 变压器差动保护，设置比率制动的主要原因是（　　）。(BC)

A. 为了躲励磁涌流

B. 为了内部故障时提高保护的灵敏度

C. 区外故障不平衡电流增加，使继电器动作电流随不平衡电流增加而提高动作值

D. 断路器失灵启动保护

37. 对以下瓦斯继电器的运行注意事项的说法中正确的是（　　）。(ABCD)

A. 轻瓦斯作用于信号，重瓦斯作用于跳闸

B. 瓦斯继电器应防水、防油渗漏，密封性好，必要时在继电器顶部安装防雨罩

C. 瓦斯继电器由中间端子引出电缆宜直接接到保护屏

D. 不启动断路器失灵保护

38. 电力变压器差动保护在稳态情况下的不平衡电流的产生原因为（　　）。(AC)

A. 各侧电流互感器型号不同　　B. 变压器的励磁涌流

C. 改变分接头位置　　D. 外部短路电流过大

39. 大型变压器过励磁时，变压器差动回路电流发生变化，下列说法中正确的是（　　）。(ABC)

A. 差动电流随过励磁程度的增大而非线性增大

B. 变压器过励磁时，差动保护中出现的不平衡电流主要是由励磁电流所引起

C. 差动电流中含有明显的三、五次谐波

D. 五次谐波与基波的比值随着过励磁程度的增大而增大

40. 电流互感器的二次负荷包括（　　）。（ABCD）

A. 表计和继电器电流线圈的电阻　　B. 接线电阻

C. 二次电流电缆回路电阻　　D. 连接点的接触电阻

41. 超高电压、长线路用暂态型电流互感器是因为（　　）。（BCD）

A. 运行电压高

B. 超高电压、长线路保护动作时间相对短，确保其在暂态过程中正确动作

C. 短路电流幅值大

D. 短路过渡过程中非周期分量大，衰减时间常数大

42. 保护装置在电压互感器二次回路（　　）断线、失压时，应发告警信号，并闭锁可能误动作的保护（ABC）

A. 一相　　B. 两相　　C. 三相同时　　D. 外接 $3U_0$

43. 电力系统振荡时，不受系统振荡影响的继电器是（　　）。（AD）

A. 差动继电器　　B. 阻抗继电器　　C. 电流继电器　　D. 负序功率方向继电器

44. 220kV 大接地电流系统中，输送负荷的线路非全相运行、其余线路全相运行时，下列说法正确的是（　　）。（BCD）

A. 非全相线路中有负序电流，全相运行线路中无负序电流

B. 非全相线路、全相运行线路中均有负序电流

C. 非全相线路中的负序电流大于全相运行线路中的负序电流

D. 非全相线路中有零序电流

45. 当主接线为一个半断路器接线时，每回线路宜装设（　　），母线宜装设（　　），若不能满足继电保护要求时，也可装设一组三相电压互感器。（CD）

A. 二相电压互感器　　B. 不装设电压互感器

C. 一组三相电压互感器　　D. 一相电压互感器

46. 保护装置的动作评为“正确”的原则是（　　）。（AB）

A. 在电力系统故障或异常运行时，保护装置的动作符合设计、整定和试验要求

B. 继电保护正确动作，断路器拒跳，继电保护应评价为“正确动作”

C. 在电力系统外部故障时，由于 TA 饱和，引起保护装置动作

D. 在电力系统无故障时，由于电流回路异常引起保护装置动作的

47. 继电保护装置包括（　　）。（ABC）

A. 逻辑部分　　B. 测量部分　　C. 执行部分　　D. 直流部分

48. 母线差动保护在（　　），应退出该母线差动保护。（ABC）

A. 直流电源消失　　B. 交流回路断线

C. 回路差流超过允许值　　D. 线路故障

49.（　　）情况下应该停用整套微机保护。（ABC）

A. 微机继电保护装置使用的交流电压、交流电流、开关量输入、开关量输出回路作业

B. 装置内部作业

C. 继电保护人员输入定值

50. 变压器的差动保护不能代替瓦斯保护原因是（　　）。（ABC）

A. 瓦斯保护能反应铁芯过热烧伤，但差动保护对此无反应

B. 瓦斯保护能反应油面降低，但差动保护对此无反应

C. 瓦斯保护能反应变压器绕组发生少数线匝的匝间短路，但差动保护没有反应

D. 瓦斯保护能反应变压器内部故障，但差动保护没有反应

51. 微机保护装置打印出的各项整定值与省调下发的定值通知单各项定值误差必须满足（　　）。（ABCD）

A. 控制字定值必须相同

B. 起动值误差小于10%

C. 其他各项定值误差小于1%

D. 高频保护频率及相别、光纤保护通道识别码必须相同

52. 差动保护动作引起主变压器跳闸，应检查（  ）。(ABCD)

A. 变压器套管有无破裂放电现象

B. 在差动保护区内有无短路或放电现象

C. 是否由于差动保护接线错误或电流互感器二次开路引起

D. 向调度员了解在跳闸的同时系统有无短路故障

53. 为增强继电保护的可靠性，重要变电站宜配置两套直流系统，同时要求（  ）。(BD)

A. 任何时候两套直流系统均不得有电的联系　B. 两套直流系统同时运行互为备用

C. 两套直流系统正常时并列运行　D. 两套直流系统正常时分列运行

54. 故障录波装置本体应具有（  ）功能。(ABCD)

A. 定值整定和修改　B. 信号监视

C. 录波数据存储　D. 故障报告形成

55. 故障录波装置的故障启动方式包括（  ）。(ABC)

A. 模拟量启动　B. 开关量启动　C. 手动启动　D. 远方启动

56. 故障录波装置的录波数据综合分析软件应具有（  ）功能。(ABCD)

A. 谐波分析　B. 幅值计算　C. 有功和无功计算　D. 相序量计算

57. 根据国网标准化要求，高抗保护的主保护需要配置（  ）。(ABC)

A. 分相差动保护　B. 零序差动保护　C. 匝间保护　D. 距离保护

58. 故障录波装置向子站或监控系统提供的信息包括（  ）。(ABC)

A. 故障录波的启动信号　B. 故障录波的启动时间

C. 故障录波的启动原因　D. 以上都不包括

59. 以下关于差动保护描述正确的是（  ）。(ABCD)

A. 纵联差动保护可反映变压器内部接地短路故障

B. 纵联差动保护可反映变压器内部相间短路故障

C. 纵联差动保护可反映变压器内部匝间短路故障

D. 纵联差动保护可以反映变压器高压套管相间故障

60. 低频、低压解列装置一般装设在系统中的地点有（  ）。(ABCD)

A. 系统间的联络线

B. 地区系统中从主系统受电的终端变电站母线联络断路器

C. 地区电厂的高压侧母线联络断路器

D. 专门划作系统事故紧急启动电源专带厂用电的发电机组母线联络断路器

61. 关于低频减载装置的叙述，正确的是（  ）。(ABCD)

A. 低频减载装置是防止系统频率崩溃的重要措施

B. 10kV及以下电网低频减载装置属地调管辖，省调许可

C. 低频减载装置正常应投入，未经省调许可，不得擅自将装置停用

D. 低频减载装置所切负荷，应征得所辖调度同意方可恢复送电

62. （  ）属于安全稳定自动装置。(ABCD)

A. 失步解列装置　B. 备用电源自投装置

C. 水电厂低频自启动装置　D. 输电线路的自动重合闸装置

63. 为保证电力系统正常运行状态及承受第Ⅰ类大扰动时的安全要求，应由（  ）等组成保证电力系统安全稳定的第一道防线。(ACD)

A. 一次系统设施　　B. 汽轮机快速控制汽门
C. 继电保护　　D. 安全稳定预防性控制

64. 为保证电力系统承受第Ⅱ类大扰动时的安全要求，应由防止稳定破坏和参数严重越限的紧急控制等，实现保证电力系统安全稳定的第二道防线，下列（　　）属于第二道防线。(BD)
A. HVDC 功率调制　　B. 动态电阻制动
C. FACTS 控制　　D. HVDC 功率紧急调制

65. 为保证电力系统承受第Ⅲ类大扰动时的安全要求，应配备防止事故扩大、避免系统崩溃的紧急控制，如（　　），同时应避免线路和机组保护在系统振荡时误动作，防止线路及机组连锁跳闸，实现保证电力系统安全稳定的第三道防线。(AD)
A. 系统解列　　B. 切除发电机　　C. 集中切负荷　　D. 低频减负荷

66. 可能引起变压器轻瓦斯保护动作的原因是（　　）。(ABCD)
A. 因滤油、加油或冷却系统不严密以至空气进入变压器
B. 因温度下降或漏油致使油面缓慢下降
C. 因变压器故障产生少量气体
D. 由于发生穿越性故障而引起

67. 下列需要启动远方跳闸的有（　　）。(ABCD)
A. 线路高压并联电抗器故障　　B. 线路过电压
C. 3/2 接线方式下中间开关失灵　　D. 线路串补装置故障

68. CT 开路影响的保护有（　　）。(AD)
A. 差动保护　　B. 瓦斯保护　　C. 低周保护　　D. 距离保护

69. （　　）会闭锁重合闸。(ABCD)
A. 手跳　　B. 母差动作
C. 重合闸投单重时三跳　　D. $SF_6$ 压力降到闭锁值

70. 低频减载装置防误动的闭锁措施有（　　）。(ABCD)
A. 时限闭锁方式　　B. 低电压带时限闭锁方式
C. 低电流闭锁方式　　D. 滑差闭锁方式

71. 环网运行的 220kV 变电站失压，本站所有断路器未分闸，而所有出线的对侧断路器保护跳闸，故障原因可能是（　　）。(AB)
A. 本站 220kV 母线故障，母差保护未动
B. 220kV 线路故障，保护拒动，越级跳闸
C. 主变压器低压侧故障，主变压器主保护未动
D. 220kV 线路故障，本断路器拒动

72. 备用电源自投装置的保护闭锁有（　　）。(AB)
A. 母差动作闭锁备自投
B. 主变后备保护动作闭锁母联（分段）备自投
C. 主变非电量保护动作闭锁母联（分段）备自投
D. 主变差动保护动作闭锁母联（分段）备自投

73. 备用电源自投装置充电的基本条件是（　　）。(ABCD)
A. 工作电源工作正常，符合有压条件
B. 备用电源工作正常，符合有压条件
C. 工作断路器和备用断路器位置正常，即工作断路器合位，备用断路器分位
D. 无放电条件

74. 电容器保护配置一般为（　　）。(ABCD)
A. 速断　　B. 过流　　C. 过压　　D. 失压或差动

75. 低频减载装置的 $df/dt$ 及 $du/dt$ 闭锁功能是防止由于（　　）可能引起的误动。(BCD)

A. 有功缺额　B. 短路故障　C. 负荷反馈　D. 频率异常

76. 可以实现备自投装置闭锁功能的保护有（　　）。(ACD)

A. 母差保护　B. 纵差保护　C. 主变后备保护　D. 内桥接线时主变差动保护

77. 电网安全自动装置包括（　　）。(ABCD)

A. 低频、低压解列装置　B. 振荡（失步）解列装置

C. 低频、低压减负荷装置　D. 切机、切负荷装置

78. 以下（　　）设备在母差保护的保护范围内。(ACD)

A. 母线侧刀闸　B. 出线侧刀闸　C. 断路器　D. 母线电压互感器

79. 电流互感器二次保护要绕组合理分配，对确实无法解决的保护动作死区，在满足系统稳定要求的前提下，可采取（　　）等后备措施加以解决。(BC)

A. 近后备　B. 启动失灵　C. 远方跳闸　D. 远后备

80. 重合闸重合于永久性故障时对电力系统的影响有（　　）。(BD)

A. 提高了供电的可靠性　B. 使开关的工作条件变得更加严重

C. 减少停电损失　D. 使电力系统又一次受到故障冲击

81. 以下单相重合闸动作的方式说法正确的是（　　）。(AC)

A. 单相故障跳单相　B. 相间故障跳三相重合一次

C. 单相重合不成跳三相　D. 单相重合不成跳单相

82. 220kV 联络线的后备保护包括（　　）。(AB)

A. 距离保护　B. 零序保护　C. 过负荷保护　D. 纵联保护

83. 关于三相重合闸正确的动作方式，说法正确的是（　　）。(CD)

A. 单相故障跳单相　B. 相间故障跳三相不重合

C. 相间故障跳三相重合一次　D. 单相故障跳三相

84. 失灵保护动作的条件是（　　），缺一不可。(AC)

A. 保护动作后不返回　B. 保护动作后返回

C. 故障仍然存在　D. 故障已经消除

85. 对于双母线接线方式的变电站，当某一出线发生故障且断路器拒动时，应由（　　）切除电源。(AC)

A. 失灵保护　B. 母线保护　C. 对侧线路保护　D. 主变后备保护

86. 内桥接线进线备自投启动条件包括（　　）。(ABD)

A. 主供电源无压　B. 主供电源无流　C. 两台主变压器运行　D. 备用电源有电压

87. 造成轻瓦斯保护动作的原因有（　　）。(ABCD)

A. 变压器故障产生少量气体

B. 因滤油，加油或冷却系统不严密以致空气进入变压器

C. 因温度下降或漏油致使油面低于气体继电器轻瓦斯浮筒以下

D. 气体继电器或二次回路故障

88. 对于配置双套母差保护的厂站，正常时（　　）。(BD)

A. 投信号的母差保护具备开关失灵出口跳闸功能

B. 投跳闸的母差保护具备开关失灵出口跳闸功能

C. 两套母差均具备开关失灵出口跳闸功能

D. 投信号的母差保护不具备开关失灵出口跳闸功能

89. 下列（　　）情况，需要采用单相重合闸或综合重合闸方式。(ABD)

A. 220kV 及以上电压单回联络线

B. 220kV 及以上两侧电源之间相互联系薄弱的线路

C. 当电网发生相间故障时，如果使用三相重合闸不能保证系统稳定的线路

D. 允许使用三相重合闸的线路，若使用单相重合闸对系统恢复供电有较好效果时，可采用综合重合闸方式

90. 220kV 双母线接线形式的变电站，当某一 220kV 出线发生故障且断路器拒动时，失灵保护启动跳开（　　）。(ABC)

A. 拒动断路器所在母线上的所有断路器

B. 母联断路器

C. 拒动断路器所在母线上的所有出线的对侧断路器

D. 两条母线上的所有断路器

91. 220kV 及以上系统主保护装置投运率仅指线路和电力主设备（　　）保护装置投运率。(AB)

A. 纵联　　B. 差动　　C. 距离　　D. 零序

92. 电力系统的安全自动装置有低频、低压解列装置、大电流联切装置、切机装置和（　　）等。(ABD)

A. 备自投　　B. 低频、低压减负荷装置

C. 失灵保护　　D. 重合闸

93. 低频低压减载装置必须实现（　　）。(ABCD)

A. 其动作后应确保全网或解列后的局部网频率、电压恢复到规定范围内

B. 应按顺序切除负载，较重要的用户后切除，较次要的负载先切除

C. 切除负载的速度应与故障的严重程度相适应

D. 自动切除后的负载不应被其他自动装置再次投入

94. 失灵保护由电压闭锁元件、保护动作与电流判别构成的（　　）组成。(ABD)

A. 启动回路　　B. 跳闸出口回路　　C. 电流元件　　D. 时间元件

95. 故障录波器的启动方式有（　　）。(ABCD)

A. 零序电流　　B. 负序电压　　C. 过电流　　D. 低电压

96. 母线保护一般包括（　　）等模块。(ABC)

A. 母差保护　　B. 断路器失灵保护　　C. 充电保护　　D. 非全相保护

97. （　　）情况应停用线路重合闸装置。(ABCD)

A. 不能满足重合闸要求的检查测量条件时　　B. 可能造成非同期合闸时

C. 长期对线路充电时　　D. 线路上有带电作业要求时

98. 断路器失灵保护动作出口的条件有（　　）。(AC)

A. 保护对该断路器发出跳闸命令且出口继电器不返回

B. 该断路器在合闸位置

C. 保护范围内仍有故障电流存在

D. 该断路器控制回路断线

99. 220kV 线路多采用“单相重合闸方式”的原因是（　　）。(ABD)

A. 提高供电可靠性　　B. 防止操作过电压

C. 有利于快速切除故障　　D. 提高系统稳定性

100. 保护装置退出时，应断开其出口压板（线路纵联保护还要退出对侧纵联功能），包括（　　），一般不应断开保护装置及其附属二次设备的直流。(ABCD)

A. 跳各断路器的跳闸压板　　B. 合闸压板及启动重合闸

C. 启动失灵保护　　D. 启动远跳的压板

101. 综合重合闸投“综合重合闸”方式时的动作行为（　　）。(BC)

A. 任何类型故障跳三相重合三相，重合不成跳三相

B. 单相故障跳单相、重合单相、重合不成跳三相

C. 相间故障跳三相重合三相、重合不成跳三相

D. 相间故障跳三相，不重合

102. 正常双母线运行的母联、分段断路器，除（　　）外，不准投入其他保护。(ABCD)

A. 母差　B. 失灵　C. 非全相　D. 变压器后备保护

103. 综合重合闸投“单相重合闸”方式时的动作行为（　　）。(BD)

A. 任何类型故障跳三相重合三相，重合不成跳三相

B. 单相故障跳单相、重合单相、重合不成跳三相

C. 相间故障跳三相重合三相，重合不成跳三相

D. 相间故障跳三相，不重合

104. 母差保护可以通过（　　）方式识别母线互联状态。(ABCD)

A. 互联压板　B. “强制互联”控制字　C. 母联开关 TA 断线　D. 隔离开关辅助触点

105. 遇有（　　）情况时，差动保护应退出。(ABCD)

A. 发现差回路差电压或差电流不合格时

B. 装置异常或故障时

C. 差动保护任何一侧电流互感器回路有工作时

D. 电流互感器二次回路断线时

106. 正常运行时的变压器（　　）投信号位置，严禁投跳闸位置。(ACD)

A. 压力释放　B. 瓦斯保护　C. 冷却器全停　D. 绕组过温

107. 下列哪些情况应先将变压器重瓦斯保护停用（　　）。(ABC)

A. 运行中的变压器的冷却器油回路或通向储油柜各阀门由关闭位置旋转至开启位置时

B. 当油位计的油面异常升高或呼吸系统有异常现象，需要打开放油或放气阀门时

C. 若需将气体继电器集气室的气体排出时

D. 当气体继电器发出轻瓦斯动作信号时

108. 在（　　）情况下，变压器重瓦斯保护必须投入跳闸。(ABC)

A. 变压器新装或大修后充电时　B. 变压器正常运行或处于备用时

C. 变压器差动保护停运时　D. 变压器零序保护停运时

109. 变压器差动保护不能取代瓦斯保护，其正确的原因是（　　）。(ABCD)

A. 差动保护不能反映油面降低的情况

B. 差动保护受灵敏度限制，不能反映轻微匝间故障，而瓦斯保护能反映

C. 差动保护不能反映绕组的断线故障，而瓦斯保护能反映

D. 因为差动保护只反映电气故障分量，而瓦斯保护能保护变压器内部所有故障

110. 综合重合闸的运行方式有（　　）。(ABCD)

A. 单相　B. 三相　C. 综合　D. 停用

111. 下列属于变压器后备保护的是（　　）。(BCD)

A. 主变差动保护　B. 主变复压过流保护　C. 主变零序电流保护　D. 主变间隙保护

112. 母差保护跳闸的同时闭锁线路重合闸的作用是防止（　　）。(ABCD)

A. 非同期并列　B. 事故扩大　C. 遭受短路电流破坏　D. 遭受短路电流冲击

113. 当保护失压时，（　　）保护需要退出运行。(ABC)

A. 纵联方向保护　B. 纵联距离（零序）保护

C. 距离保护　D. 光纤差动保护

114. 下列情况中，（　　）将对重合闸实行闭锁。(ACD)

A. 手动分闸　B. 线路主保护动作　C. 母差保护动作　D. 后备距离保护动作

115. 对于双母线接线方式的变电站，当某一处线发生故障且断路器拒动时，应由（　　）切除电源。(AC)

A. 失灵保护　B. 母线保护　C. 对侧线路保护　D. 本侧线路保护

116. 分相电流差动保护有（　）优点。(ABC)

A. 各种故障均能全线快速跳闸

B. 不受系统振荡的影响

C. 同杆并架的双回线发生跨线故障时，保护能准确选相和选线，不会误动作

D. 可作为相邻线路的后备保护

117. 备用电源自投装置一般应满足的要求有（　）。(ABCDEF)

A. 工作母线电压消失时应动作

B. 备用电源应在工作电源确已断开后投入

C. 备用电源只能自投一次

D. 备用电源确有电压时才自投

E. 备用电源投入的时间应尽可能短

F. 电压互感器二次回路断线时，备用电源自投装置不应误动作

118. 母线电压失压时，电容器组不会动作的保护有（　）。(ABD)

A. 过压保护　B. 过流保护　C. 低压保护　D. 不平衡电压保护

119. 在重合闸装置中有（　）闭锁重合闸的措施。(ABCDE)

A. 停用重合闸方式时，直接闭锁重合闸

B. 手动跳闸时，直接闭锁重合闸

C. 不经重合闸的保护跳闸时，闭锁重合闸

D. 断路器气压或液压降低到不允许重合闸时，闭锁重合闸

120. BP-2B母线保护装置进入母线互联的情况有（　）。(ABCD)

A. 保护控制字中整定母线互联　B. 投互联压板

C. 刀闸双跨　D. 母联TA断线

121. 对220kV及以上选用单相重合闸的线路，无论配置一套或两套全线速动保护，（　）动作后三相跳闸不重合。(CD)

A. 分相电流差动保护　B. 距离保护速断段

C. 后备保护延时段　D. 相间保护

122. 对于同杆并架双回线，为避免跨线异铭相故障造成双回线跳闸，可采用（　）。(AB)

A. 分相电流差动保护　B. 分相跳闸逻辑的纵联保护

C. 纵联距离—纵联零序保护　D. 纵联方向保护

123. 重合闸装置在（　）情况时应停用。(ABCDE)

A. 运行中发现装置异常　B. 电源联络线路有可能造成非同期合闸时

C. 充电线路或试运行的线路　D. 经省调主管生产领导批准不宜使用重合闸的线路

E. 线路有带电作业

124. 应停用线路重合闸装置的情况为（　）。(ABCD)

A. 系统有稳定要求时　B. 超过开关跳合闸次数

C. 可能造成非同期合闸　D. 开关遮断容量不够

125. 突变量保护的动作特点有（　）。(AC)

A. 能保护各种故障，不反应负荷和振荡

B. 一般做瞬时动作的保护，但也可做延时段后备保护

C. 两相稳定运行状态不会启动，再故障能灵敏动作

D. 振荡再三相故障，能可靠动作

126. 在区外线路故障时，可造成主变差动保护误动作跳闸的原因有（　）。(ABC)

A. 主变差动保护所用CT选型不当，其暂态误差大，保护定值没有躲过暂稳态误差

B. 主变保护设备硬件故障

C. 主变保护差动用 CT 回路接触不良

D. 三次谐波制动回路未起作用

127. 一般保护与自动装置动作后应闭锁重合闸的有（ ）。(ABCD)

A. 母线差动保护动作　　B. 变压器差动保护动作

C. 低频减载装置动作　　D. 联切装置、远跳装置动作

128. 双母线接线方式下，线路断路器失灵保护由（ ）部分组成。(ABCD)

A. 保护动作触点　B. 电流判别元件　C. 电压闭锁元件　D. 时间元件

129. 母联开关位置接点接入母差保护，作用是（ ）。(BD)

A. 母联开关合于母线故障问题　　B. 母差保护死区问题

C. 母线分列运行时的选择性问题　　D. 母线并联运行时的选择性问题

130. 母联开关位置接点接入母差保护，作用是（ ）。(BD)

A. 母联开关合于母线故障问题　　B. 母差保护死区问题

C. 母线分列运行时的选择性问题　　D. 母线并联运行时的选择性问题

131. 备用电源自动投入装置应符合的要求有（ ）。(ABCD)

A. 应保证在工作电源或设备断开后，才投入备用电源或设备

B. 工作电源或设备上的电压因故障原因消失时，自动投入装置应应动作

C. 自动投入装置应保证只动作一次

D. 当备用电源无电压时，装置不应动作

132. 关于高频切机装置，表述正确的是（ ）。(ABC)

A. 是防止电力系统频率过高的重要措施

B. 当频率上升到一定程度时自动切除部分机组

C. 在送端电网装设

D. 为保证切机量，高频切机装置动作后可以使电网频率低于正常值

## 三、判断题

1. 电压回路断线，将造成距离保护装置误动，所以在距离保护中，装设了电压回路断线闭锁装置。(√)

2. 断路器的失灵保护主要是由启动回路、时间元件、电压闭锁、跳闸出口回路四部分组成。(√)

3. 对于装有双套微机保护的断路器，后备保护灵敏Ⅱ段时间改为 0.5s 时，可以不停任何保护。(√)

4. 纵联保护的投入或退出操作必须是被保护线路两端变电站同时进行。(√)

5. 距离保护失压时容易误动。(√)

6. 零序电流保护不反应电网的正常负荷、振荡和相间短路。(√)

7. 任何一套微机纵联保护停用，其回路有工作时，均必须停用该线路的失灵保护。(√)

8. 需要为运行中的变压器补油时，先将重瓦斯保护改投信号再工作。(√)

9. 在中性点直接接地系统即大电流接地系统中，单相故障或相间故障继电保护装置均直接动作于开关跳闸切除短路点。(√)

10. 纵联保护投入前必须检查通道。(√)

11. 220kV 线路双套纵联同时停用时，不需停用线路两侧的单相重合闸。(×)

12. 并列运行的双回线路一般配备和电流保护作为后备保护，单回线故障时保护正确动作后可以不经联系试送。(×)

13. 10kV 线路首端发生金属性相间短路时，电流速断保护动作于断路器跳闸。(√)

14. 变压器差动保护反映该保护范围内的变压器内、外部故障。(√)

15. 变压器的瓦斯保护和差动保护的作用及保护范围是相同的。(×)

16. 变压器瓦斯保护能反应变压器油箱内部的任何故障。(√)

17. 低频减载装置的动作时限是 0s。(×)

18. 电流速断保护接线简单、动作迅速，可保护线路全长，因此被广泛采用。(×)

19. 继电保护装置动作切除故障的时间，必须满足系统稳定和保证重要用户供电可靠性。(√)

20. 瓦斯保护能反映变压器油箱内部的各种短路、运行比较稳定、可靠性比较高，因此能完全取代差动保护的作用。(×)

21. 如在系统中性点与地之间加装 10Ω 的电阻，则在零序等值网络中该电阻仍为 10Ω。(×)

22. 为了防止变压器的油位过高，所以在变压器上装设防爆管。(×)

23. 相位差是不随时间变化的常数。(√)

24. 消弧线圈的作用是当中性点不接地电网中发生单相接地时，在接地点就有一个电容分量的电流通过，此电流和原系统中的电感电流相抵消，就可以减少流经故障点的电流。(×)

25. 在中性点不接地系统发生单相接地时，继电保护动作断路器跳闸。(×)

26. 在中性点非直接接地的电网中，发生单相金属性接地后，非接地的两相电压将升高$\sqrt{3}$倍。(√)

27. 定时限过电流保护范围为本线路的全长。(√)

28. 断路器和隔离开关电气闭锁回路应直接使用断路器和隔离开关的辅助接点，严禁使用重动继电器。(√)

29. 断路器失灵保护的动作时间应大于故障线路断路器的跳闸时间及保护装置返回时间之和。(√)

30. 方向保护是反映电流与电压之间的相位角变化。(√)

31. 更换变压器的潜油泵时，应退出变压器的重瓦斯保护。(√)

32. 距离保护是利用线路阻抗元件反映短路故障的保护装置。(√)

33. 双星形接线的电容器组应采用零序平衡保护。(√)

34. 新安装的电流互感器极性错误可能会引起保护装置误动作。(√)

35. 对变压器差动保护，需要在全电压下投入变压器的方法检验保护能否躲开励磁涌流的影响。(√)

36. 继电保护短路电流计算可以忽略发电机、变压器、架空线路、电缆等阻抗参数的电阻部分。(√)

37. 距离Ⅱ段可以保护线路全长。(√)

38. 两个单相电压互感器接成 V-V 形接线方式，只能测量线电压，不能测量相电压。(√)

39. 零序电流保护定值不受负荷电流的影响，也基本不受其他中性点不接地电网短路故障的影响，所以保护延时段灵敏度允许整定较高。(√)

40. 零序电流保护在电网零序网络基本保持稳定的条件下，保护范围比较稳定。(√)

41. 母线差动保护的范围是从母线至线路电流互感器之间的设备。(√)

42. 瓦斯保护是主变压器的内部故障的主保护 (√)

43. 无论单相或三相重合闸，在重合不成功之后，均应考虑加速切除三相，即实现重合闸后加速。(√)

44. 限时电流速断保护具有较短的动作时限，能保护线路全长。(√)

45. 限时电流速断保护在任何情况下都能保护本线路的全长，并且有足够的灵敏度。(√)

46. 振荡闭锁装置的作用是当电力系统发生振荡时，对可能误动的保护段进行闭锁，使保护在系统振荡期间退出工作，防止其误动。(√)

47. 纵联保护闭锁信号：它是阻止保护动作于跳闸的信号，即无闭锁信号是保护作用于跳闸的必要条件。只有同时满足本端保护元件动作和无闭锁信号两个条件时，保护才作用于跳闸。(√)

48. 纵联保护的信号有闭锁信号、允许信号、跳闸信号三种。(√)

49. 变压器差动保护需要与其他元件的保护配合。(×)

50. 变压器的瓦斯保护范围在差动保护范围内，这两种保护均为瞬动保护，所以可用差动保护代替瓦斯保护。(×)

51. 断路器失灵保护是断路器的主保护。(×)

52. 对线路空载充电时纵联保护严禁由充电侧单独投入使用，作为线路的快速保护。(×)

53. 工作变压器差动保护动作跳闸时，备用电源自动投入装置应闭锁。(×)

54. 继电保护装置是保证电力元件安全运行的基本装置，但是电力元件可以在无保护的状态下运行。(×)

55. 双回线横差保护是全线速动保护。(×)

56. 一条线路有两套微机保护，线路投单相重合闸方式，两套微机重合闸的把手均打在单重位置，重合闸出连片全部投入。(×)

57. 在母线倒闸操作中，根据不同类型的母线差动保护，母联开关的操作电源可以拉开或不拉开。(×)

58. 断路器失灵保护一般只考虑一相拒动，且只考虑故障相拒动才启动失灵保护，非故障相拒动不启动失灵保护。(√)

59. 扩建、改建或新建而投入新设备时应做全电压合闸试验，合闸时一般应使用双重开关和双重保护。(√)

60. 旁路断路器、母联断路器的线路保护定值只能做一次性有效使用，在换带其他断路器时，必须重新调整或核对定值。(√)

61. 系统正常运行和发生相间短路时，不会出现零序电流和零序电压，因此零序保护的动作电流可以整定得较小，有利于提高其动作灵敏度。(√)

62. 有备用变压器或备用电源自动投入的变电站，当运行变压器确因保护误动跳闸时，也应先起用备用变压器或备用电源，然后再检查跳闸的变压器。(√)

63. 220kV 线路保护正常运行时，RCS-901 装置“TV 断线”灯应亮。(×)

64. 变压器运行时本体瓦斯保护装置应接信号和跳闸，有载分接开关的瓦斯保护应接信号。(×)

65. 变压器运行时，有载分接开关的瓦斯保护应接信号。(×)

66. 电力系统振荡时，对继电保护装置的阻抗继电器、电压继电器有影响。(×)

67. 电网调度机构过失，如下达调度指令错误，保护定值误整定，造成发供电设备异常运行并造成事故，调度定为一次事故。发供电单位也有过失，不另行统计。(×)

68. 线路的距离Ⅱ段保护与相邻线路的距离Ⅱ段保护相配合，因此距离Ⅱ段保护可以保护本线路全长。(×)

69. 线路距离保护不带方向。(×)

70. 新投运行变压器在充电时因差动保护没有测量向量和差电压，应将差动保护退出。(×)

71. 重合闸后加速的缺点就是装有重合闸开关的动作次数较多，且如果开关或重合闸拒动，将使停电范围扩大。(×)

72. 断路器的失灵保护作为 220kV 对主系统的近后备保护，在断路器拒动时动作。(√)

73. 断路器失灵保护属于近后备保护。(√)

74. 断路器跳闸时间加上保护装置的动作时间就是切除故障的时间。(√)

75. 给运行中变压器补油时，应先申请调度将重瓦斯保护改投信号后再许可工作。(√)

76. 根据自动低频减负荷装置的整定原则，自动低频减负荷装置所切除的负荷不应被自动重合闸再次投入，并应与其他安全自动装置合理配合使用。(√)

77. 母线差动保护，要求任一母线故障时，只切除接于该母线的元件，另一母线可以继续运行。(√)

78. 接地距离保护不仅能反应单相接地故障，而且也能反应两相接地故障。(√)

79. 零序参数（阻抗）与网络结构，特别是和变压器的接线方式及中性点接地方式有关。(√)

80. 零序电流保护接线简单可靠，配以零序方向继电器，一般在中长线路中，灵敏度可满足要求。(√)

81. 容量在 800kVA 及以上的油浸式变压器应装设瓦斯保护。(√)

82. 一条线路有两套微机保护，线路投单相重合闸方式，两套微机重合闸的把手均打在单重，合闸出口连片只投一套。(√)

83. 重瓦斯或差动保护之一动作跳闸，未查明原因和消除故障之前，不得强送。(√)

84. 综合重合闸是指，当发生单相接地故障时采用单相重合闸方式，而当发生相间短路时采用三相重合

闸方式。(√)

85. 零序保护无时限。(×)

86. 按频率下降的自动减负荷装置的动作是没有时限的。(×)

87. 变压器充电时，重瓦斯保护应投信号。(×)

88. 变压器的过负荷保护应动作于跳闸。(×)

89. 变压器高低压侧均有电源，送电时可以由低压侧送电，高压侧并列。(×)

90. 变压器空载合闸时，由于励磁涌流的影响可能使得变压器零序保护发生误动，因此充电时应先退出零序保护。(×)

91. 低电压减负荷装置应在发生短路时可靠动作。(×)

92. 对变压器差动保护进行六角图向量测试，应在变压器空载时进行。(×)

93. 瓦斯保护范围是变压器外部。(×)

94. 误碰保护使断路器跳闸后，自动重合闸不应动作。(×)

95. 一条线路由甲、乙两供电企业负责维修，该线路故障跳闸构成事故时，两供电企业经过检查均未发现故障点，如甲提供了故障录波图，计算出的故障点在本侧，乙有录波设备而未能提供故障录波图时，则仅甲定为一次事故。(×)

96. 远后备是当主保护拒动时，由该电力设备或线路的另一套保护实现后备的保护；或当断路器拒动时，由断路器失灵保护来实现后备的保护。(×)

97. 运行中变压器加油、滤油等工作，可以不将重瓦斯保护改接信号。(×)

98. 在小电流接地系统中，线路上发生金属性单相接地时，三个线电压的大小和相位与接地前相比都发生了变化。(×)

99. 纵联保护的信号只有闭锁信号和跳闸信号两种。(×)

100. 断路器合闸后加速与重合闸后加速共用一块加速继电器。(√)

101. 断路器失灵保护动作必须闭锁重合闸。(√)

102. 对于微机距离保护，若TV断线失压不及时处理，遇区外故障或系统操作使其启动，则只要有一定的负荷电流保护就有可能误动。(√)

103. 反时限过电流保护装置的动作时间直接与短路电流大小有关，短路电流越大，动作时间越短。(√)

104. 继电保护的“远后备”是指当元件故障，其保护装置或开关拒绝动作时，由各电源侧的相邻元件保护装置动作将故障切开。(√)

105. 继电保护整定计算是以常见运行方式为依据的。(√)

106. 检查线路无电压和检查同期重合闸装置，在线路发生永久性故障跳闸时，检查同期侧重合闸不会动作。(√)

107. 减少励磁电流，就可以减少电流互感器的误差。(√)

108. 接地故障时，零序电流与零序电压的相位关系与故障地点有无过渡电阻无关。(√)

109. 接地距离Ⅱ段定值按本线路末端发生金属性故障有足够灵敏度整定，并与相邻线路接地距离Ⅰ段配合。(√)

110. 距离保护第Ⅰ段的保护范围不受运行方式变化的影响。(√)

111. 可靠性是指保护该动作时应可靠动作，不该动作时应可靠不动作。(√)

112. 快速切除线路与母线的短路故障，是提高电力系统的暂态稳定的最重要的手段。(√)

113. 两套保护装置的直流电源应取自不同蓄电池组供电的直流母线段。(√)

114. 某线路末端发生短路时，其三段式电流保护的Ⅱ段应动作跳闸。(√)

115. 母线差动保护电流回路断线表示时，应停用母线差动保护。(√)

116. 母线充电保护只在母线充电时投入运行，当充电结束后，应及时停用。(√)

117. 母线失压后，经检查确系母线差动保护误动作，应停用母线差动保护，立即对母线恢复送电。(√)

118. 平行线路的横差保护是反映两回线路中电流之差大小和方向来判断故障线路。(√)

119. 任何高压电力设备都不允许在无继电保护的状态下运行。(√)

120. 双重化是提高继电保护装置可靠性的一种措施；而自动重合闸是继电保护装置无选择性的一种补救措施。(√)

121. 缩短保护动作时间是保证系统稳定的最主要措施之一。(√)

122. 所谓常见运行方式是指正常的运行方式和被保护设备相邻近的一回线或一个元件检修的正常检修运行方式。(√)

123. 跳闸信号：它是直接引起跳闸的信号，此时与保护元件是否动作无关，只要收到跳闸信号，保护就作用于跳闸，远方跳闸式保护就是利用跳闸信号。(√)

124. 瓦斯保护能反应变压器油箱内的任何电气故障，差动保护却不能。(√)

125. 瓦斯保护能反应变压器油箱内的任何故障，如铁芯过热烧伤、油面降低等，但差动保护对此无反应。(√)

126. 微机纵联保护如需停用直流电源，应在线路两侧纵联保护退出后，再停直流电源。(√)

127. 为防止在三相合闸过程中三相触头不同期或单相重合过程的非全相运行状态中又产生振荡时零序电流保护误动作，常采用灵敏Ⅰ段和不灵敏Ⅰ段组成的四段式保护。(√)

128. 电力系统安全自动装置，未经相应级别调度员的同意不得擅自退出运行。(√)

129. 系统短路故障引起有功功率增加，造成频率下降可能引起自动低频减负荷装置误动作。(√)

130. 相间距离Ⅲ段动作时间应大于系统振荡周期。(√)

131. 选择性是指首先由故障设备或线路本身的保护切除故障，当故障设备或线路本身的保护或断路器拒动时，才允许由相邻设备保护、线路保护或断路器失灵保护切除故障。(√)

132. 允许信号：它是允许保护动作于跳闸的信号，即有允许信号是保护动作于跳闸的必要条件。只有同时满足本端保护元件动作和有允许信号两个条件时，保护才动作于跳闸。(√)

133. 运行中变压器因大量漏油使油位迅速下降，禁止将重瓦斯保护改接信号。(√)

134. 在220kV双母线运行方式下，当任一母线故障，母线差动保护动作而母联断路器拒动时，母线差动保护将无法切除故障，这时需由断路器失灵保护或对侧线路保护来切除故障母线。(√)

135. 在自动低频减负荷装置切除负荷后，不允许使用备用电源自动投入装置将所切除的负荷送出。(√)

136. 主保护能满足系统稳定和设备安全要求，能以最快速度有选择地切除设备和线路故障。(√)

137. 主接线采用3/2断器接线方式的厂站中，当线路运行，线路侧隔离开关投入时，该短引线保护在线路侧故障时，将无选择地动作，因此必须将该短引线保护停用。(√)

138. 自动低频减负荷装置动作，应确保全网及解列后的局部网频率恢复到49.50Hz以上，并不得高于51Hz。(√)

139. 自动低频减负荷装置是防止电力系统发生频率崩溃的系统保护。(√)

140. 自动重合闸有两种启动方式：断路器控制开关位置与断路器位置不对应启动方式和保护启动方式。(√)

141. 纵联保护的投入或退出操作必须是被保护线路两侧变电站同时进行。(√)

142. “近后备”则是指当元件故障而其保护装置或开关拒绝动作时，由各电源侧的相邻元件保护装置动作将故障切开。(×)

143. 保护定值计算时，一般只考虑在常见运行方式下，多回线或多个元件发生故障，保护仍能正确动作。(×)

144. 比率式母线差动保护受双母线元件必须固定连接的限制。(×)

145. 变压器差动保护是反映该保护范围内的短路故障。(×)

146. 变压器的差动保护动作后，初步检查无问题，经请示总工同意后，可以试送一次。(×)

147. 变压器的瓦斯保护和差动保护的作用和范围是相同的。(×)

148. 变压器停运后，后备保护跳分段、母联开关的压板应断开。（×）

149. 当变压器发生少数绕组匝间短路时，匝间短路电流很大，因而变压器瓦斯保护和纵差保护均会动作跳闸。（×）

150. 当变压器绕组发生少数线匝的匝间短路时，差动保护仍能正确反映。（×）

151. 当变压器外部短路时，有较大的穿越性短路电流流过变压器，这时变压器差动保护应立即动作。（×）

152. 当电压回路断线时，将造成距离保护装置拒动，所以距离保护中装设了断线闭锁装置。（×）

153. 低频、低压减负荷装置出口动作后，应当启动重合闸回路，使线路重合。（×）

154. 电容器的过流保护应按躲过电容器组的最大电容负荷电流整定。（×）

155. 断路器失灵保护由故障元件的继电保护启动，手动跳开断路器时也可启动失灵保护。（×）

156. 纵联保护可以在被保护线路两端一侧投入运行，另一侧退出运行。（×）

157. 接地距离Ⅱ段定值按可靠躲过本线路对侧母线接地故障整定。（×）

158. 接地距离Ⅲ段定值按本线路末端发生金属性故障有足够灵敏度整定，并与相邻线路接地距离Ⅰ段配合。（×）

159. 灵敏性是指保护装置应尽快地切除短路故障，缩小故障波及范围，提高自动重合闸和备用电源或备用设备自动投入的效果等。（×）

160. 零序电流保护在线路两侧都有变压器中性点接地时，加不加装功率方向元件都不影响保护的正确动作。（×）

161. 某母线装设有完全差动保护，在外部故障时，各健全线路的电流方向是背离母线的，故障线路的电流方向是指向母线的，其大小等于各健全线路电流之和。（×）

162. 母联断路器代送时，母线差动保护无须考虑。（×）

163. 母线充电保护是母线故障的后备保护，只在母线充电时投入，当充电良好后，应及时停用。（×）

164. 三绕组变压器低压侧过流保护动作后，不仅跳开本侧开关，还要跳开中压侧开关。（×）

165. 输电线路的距离保护能反映线路的各种故障。（×）

166. 速动性是指在设备或线路的被保护范围内发生金属性短路时，保护装置应具有必要的灵敏系数。（×）

167. 所谓母线充电保护是指母线故障的后备保护。（×）

168. 微机母线保护在正常运行方式下，母联断路器因故断开，在任一母线故障时，母线保护将误动作。（×）

169. 为了使用户的停电时间尽可能断，备用电源自动投入装置可以不带时限。（×）

170. 线路的零序保护是距离保护的后备保护。（×）

171. 新投运变压器充电前，待相位测定正确后，才允许将变压器差动保护投入运行。（×）

172. 一般变压器充电时，只投入瓦斯保护即可。（×）

173. 一般在不直接接地系统发生单相接地故障时，保护装置动作，断路器跳闸。（×）

174. 因为重合闸后加速保护能使永久性故障尽快切除，避免事故扩大，因此一般都设有重合闸后加速各段保护。（×）

175. 运行中的变压器的差动保护和瓦斯保护不可以同时停用。（√）

176. 主变压器复压过流保护闭锁线路备自投装置。（×）

177. 对于重合闸停用的单元接线的电缆线路，装于系统侧的 10kV（35kV）线路相电流保护，相电流速断保护不能保护线路的全长。（×）

178. 单相变压器接入系统 CA 相的 20km 电铁供电线路，系统侧配置相间、接地距离保护，且距离保护定值对全线有 2 倍以上灵敏度，当线路末端发生单相金属性接地故障时，相间距离保护可以动作并切出故障。（√）

179. 在大电流接地系统中，线路发生单相接地故障时，母线上电压互感器开口三角形的电压就是母线的零序电压 $3U_0$。(√)

180. 高压电网中，助增电流侧存在，使距离保护的测量阻抗增大，保护范围减小。(√)

181. 纵联距离保护不受分布电容的影响。(√)

182. 两个同型号、同变比的电流互感器串联使用时，会使电流互感器的励磁电流变小。(√)

183. 全线敷设电缆的线路，不宜采用自动重合闸。(√)

184. 35kV 及以下线路距离保护一般不考虑系统振荡误动问题。(√)

185. 同一保护装置因同一原因在 24h 内发生多次不正确动作，按 1 次"不正确动作"评价，超过 24h 的不正确动作，应分别评价。(√)

186. 相间和接地故障的延时段后备保护不能兼顾选择性和灵敏性时，应优先保证选择性。(×)

187. 根据 GB 14285—2016《继电保护和安全自动装置技术规程》规定：变压器非电气量保护不应启动失灵保护。(√)

188. 根据 GB 14285—2016《继电保护和安全自动装置技术规程》规定：对 220～500kV 分相操作的断路器，断路器失灵保护应考虑断路器单相及多相拒动的情况。(×)

189. 根据 DL/T 559—2007《220kV～750kV 电网继电保护装置运行整定规程》规定：零序电流保护最末一段，应以适应下述短路点接地电阻值的接地故障为整定条件：220kV 线路，100Ω；500kV 线路，300Ω；对应于上述条件，零序电流保护最末一段的动作电流定值一般应不大于 300A。(√)

190. 一般来说，允许式保护比闭锁式保护可靠性高。(√)

191. 电流互感器变比越大，二次开路电压越大。(√)

192. 空载长线路充电时，末端电压会升高。这是由于对地电容电流在线路自感电抗上产生了电压降。(√)

193. 双母线差动保护的复合电压（$U_0$、$U_1$、$U_2$）闭锁元件，闭锁每一断路器失灵保护，其原因是防止断路器失灵保护误动作。(√)

194. 对双重化保护的电流回路、电压回路、直流电源回路、双套跳闸线圈的控制回路等，两套系统不应合用一根多芯电缆。(√)

195. 新安装的变压器差动保护在变压器充电时，应将差动保护停用，瓦斯保护投入运行，待测试差动保护极性正确后再投入运行。(×)

196. 根据自动低频减负荷装置的整定原则，自动低频减负荷装置所切除的负荷不应被自动重合闸再次投入，并应与其它安全自动装置合理配合使用。(√)

197. 中性点放电间隙保护应在变压器中性点接地刀闸断开后投入，接地刀闸合上前断开。(√)

198. 如果母线保护的电流回路极性不正确，会造成母差保护拒动。(×)

199. 在自动低频减负荷装置切除负荷后，不允许使用备用电源自动投入装置将所切除的负荷送出。(√)

200. 线路允许式纵联保护较闭锁式纵联保护易拒动，但不易误动。(√)

201. 双重化配置的线路纵联保护通道、远方跳闸及就地判别装置宜遵循相互独立的原则按双重化配置。(×)

202. 母线差动保护采用电压闭锁元件的主要目的是为了防止区外发生故障时，母线差动保护不会误动。(×)

203. 母线充电保护是利用母联断路器的电流保护来实现的。(√)

204. 一次设备不允许无主保护运行，特殊情况下停用主保护，应按照相关规定处理。(√)

205. 母联死区故障时母联断路器在分位，由母联死区保护动作切除故障，母联拒动时母联断路器在合位，也由母联死区保护动作切除故障。(×)

206. 当线路死区范围内发生故障，母差保护动作，如果线路对侧有电源，可采用母差停信或远跳的方式使对侧快速保护动作切除故障。(√)

207. 母线保护应能适应被保护母线的各种运行方式。（√）

208. 工作母线和设备上的电压不论何种原因消失时，备自投装置均应启动。（×）

209. 变压器差动保护反映的是该保护范围内的变压器内部及外部故障。（√）

210. 在220kV系统中，采用单相重合闸是为了满足系统静态稳定的要求。（×）

211. 微机型变压器保护中的非电量保护，其跳闸回路不进入微机保护装置，直接作用于跳闸，以保证可靠性。（√）

212. 低频、低压减负荷装置出口动作后，应当启动重合闸回路，使线路重合。（×）

213. 单相重合闸进行过程中不闭锁三相不一致保护。（×）

214. 500kV线路运行时必须将线路短引线保护停运。（√）

215. 因为差动保护和瓦斯保护的保护范围和作用不完全相同，因而差动保护不能代替瓦斯保护。（√）

216. 重合闸动作不成功是指重合闸装置投入，且满足动作的相关技术条件，但断路器跳闸后重合闸未动作。（×）

217. 在220kV及以上系统中，继电保护的“近后备”是指用双重化的保护配置方式来加强元件本身的保护，使之在区内故障时，保护无拒绝动作的可能，同时装设失灵保护，以便当开关拒绝跳闸时启动失灵保护来切除变电站同一母线的所有高压开关，远跳对侧开关。（√）

218. 继电保护和安全自动装置远方操作时，至少应有两个指示发生对应变化，且所有这些确定的指示均已同时发生对应变化，才能确认该设备已操作到位。（√）

219. 220kV线路重合闸在停用方式下，投勾三跳压板，若被保护线路发生单相故障，则本保护动作于三相跳闸。（√）

220. 在110kV及以下电网中，线路都采用三相操作机构，电网继电保护的配置原则是“远后备”，即依靠上一级保护装置的动作来断开下一级未能断开的故障，因而没有设置断路器失灵保护的必要。（√）

221. 对于开展重合闸软压板远方投退的线路保护，应在间隔图中设置“重合闸投入”软压板和“重合闸充电完成”状态指示。（√）

222. 对于开展备自投软压板远方投退的装置，应在主接线图中设置“备自投投入”软压板和“备自投充电完成”状态指示。（×）

223. 纵联距离（方向）保护装置的零序功率方向元件应采用自产零序电压。（√）

224. 断路器失灵保护动作必须闭锁重合闸。（√）

225. 断路器三相不一致保护，应使用保护装置内的三相不一致保护。（×）

226. 线路保护和远方跳闸保护共屏的，远方跳闸保护应与线路保护共用跳闸回路。（×）

227. 母线保护应能在母线并列、分列运行和单母线运行各种方式运行时，有选择性地切除故障母线。（√）

228. 母线差动保护为保证选择性，其启动电流必须大于最大不平衡电流。（√）

229. 自动低频减负荷装置动作，应确保全网及解列后的局部网频率恢复到49.50Hz以上，并不得高于51Hz。（√）

230. 变压器的复合电压方向过流保护中，三侧的复合电压接点并联是为了提高该保护的灵敏度。（√）

231. 双母线接线的母差保护，应能自动适应双母线连接元件运行位置的切换，在切换过程中，若区外发生故障，保护应无选择性地立即动作，以切除故障、保护设备。（×）

232. 一个半断路器接线的失灵保护应经短延时再次动作于本断路器的两组跳闸线圈跳闸，再经一较长时限动作于断开其他相邻断路器。（×）

233. 当出现继电保护装置误动作或拒动作时，运行人员应汇报调度，按调度命令停用保护装置跳闸出口连接片。（√）

234. 在调控中心进行远方投退重合闸、备自投软压板和切换保护装置定值区的操作，需在满足“双确认”要求的原则下进行。（√）

235. 装有备自投装置的系统变电站，负荷侧接有分布式电源，则变压器低压侧母联断路器的备自投装

置应检同期动作。(×)

236. 由旁路断路器转带出线断路器或旁路断路器恢复备用，在断路器并列前，应解除该侧零序电流保护最末两段的出口压板，若该段无独立压板，可一起解除经同一压板出口跳闸的保护，操作结束后立即投入。(√)

237. 变压器差动保护能反映该保护范围内的所有故障。(×)

238. 断路器失灵保护在断路器及保护拒动时动作。(×)

239. 母差保护范围是从母线至线路电流互感器之间的所有设备。(√)

240. 距离三段保护是靠本身的延时来躲系统振荡的。(√)

241. 变压器差动保护反映该保护范围内的变压器内部及外部故障。(√)

242. 零序电流保护不反映电网的正常负荷、振荡和相间短路。(√)

243. 变压器差动保护范围是变压器各侧电流互感器之间的设备。(√)

244. BP-2B 母差保护，母联开关充电保护动作不经过复合电压闭锁。(√)

245. 变压器气体继电器内有气体说明变压器内部有故障。(×)

246. 断路器失灵保护动作必须闭锁重合闸。(√)

247. 故障录波报告中录得的故障时电气参数（如电压、电流）等都是二次值。(√)

248. 低频减载装置的动作没有时限。(×)

249. BP-2B 母差保护，发生死区故障时，无论母联开关是合位还是分位都跳开母联开关和两段母线上的其他开关。(×)

250. 零序保护的Ⅱ段是与保护安装处相邻线路零序保护的Ⅰ段相配合整定的，它不仅能保护本线路的全长，而且可以延伸至相邻线路。(√)

251. 考虑保护双重化配置时，应遵循相互独立的原则，220kV 及以上线路保护每套保护装置的交流电压、交流电流应分别取自电压互感器和电流互感器相互独立的绕组，其保护范围应交叉，避免死区。(√)

252. 零序保护的Ⅰ段是按躲过本线路末端单相短路时流经保护装置的最大零序电流整定的，它不能保护线路全长。(√)

253. 保护用 10P20 电流互感器，是指互感器通过短路电流为 20 倍额定电流时，误差不超过 10%。(√)

254. 根据自动低频减负荷装置的整定原则，自动低频减负荷装置所切除的负荷不应被自动重合闸再次投入。(√)

255. 自动重合闸只能动作一次，避免把断路器多次重合至永久性故障上。(√)

256. 自动重合闸的充电时间一般为 15～25s。(√)

257. 自动低频减负荷装置是防止电力系统发生频率崩溃的系统保护。(√)

258. 变压器中性点零序过流保护和间隙过电压保护可以同时投入使用。(√)

259. 长期对重要线路充电时，应投入线路重合闸。(×)

260. 误碰保护使断路器跳闸后，自动重合闸应当动作。(√)

261. 变压器非电气量保护应启动失灵保护。(×)

262. 220kV 线路配置两套保护都带有重合闸，正常运行只启用其中的一套重合闸。(√)

263. 当距离保护突然失去电压时，只要闭锁回路动作不失灵，距离保护就不会产生误动。(√)

264. 对联系较弱、易发生振荡的环形线路，应加装三相重合闸，对联系较强的线路应加装单相重合闸。(×)

265. 母差保护控制中整定母线互联和投互联压板两种方式可强制母差保护工作于互联方式。(√)

266. 某大型变压器发生故障，应跳开该变压器各侧断路器，若高压侧断路器失灵，则应启动断路器失灵保护，因此瓦斯保护、差动保护等均可构成失灵保护的启动条件。(×)

267. 当采用检无压同期重合闸时，若线路的一端装设同期重合闸，则线路的另一端必须装设检无压重合闸。(√)

268. 备用电源自动投入装置时间元件的整定应使之大于本级线路电源侧后备保护动作时间与线路重合

闸时间之和。(√)

269. 保护“开入异常”时，装置会发告警信号并闭锁保护。(√)

270. 主变压器非电气量保护应设置独立的电源回路和出口跳闸回路，且必须与电气量保护完全分开，在保护柜上的安装位置也应相互独立。(√)

271. 各种保护压板、切换把手、按钮均应标明名称。(√)

272. 重瓦斯或差动保护之一动作跳闸，未查明原因和消除故障之前，变压器不得强送。(√)

273. 对于配置双套主保护、双套后备保护的微机主变保护，正常时，双套主保护、双套后备保护均启用投跳闸。(√)

274. 220kV 线路采用近后备保护原则，由本线路另一套保护实现后备，当断路器拒动时，由断路器失灵保护来实现后备保护。(√)

275. 线路采用双套微机保护时，为简化保护与重合闸的配合方式，只启用其中一套重合闸（两套微机保护均启动该重合闸实现重合闸功能)，另一套重合闸不用。(√)

276. 当一个半断路器的接线方式一串中的中间断路器拒动时，启动失灵保护，并采用远方跳闸方式使线路对侧断路器跳闸并闭锁重合闸。(√)

277. 对于微机保护装置，当失去 TV 电压，只要装置不启动，不进入故障处理程序就不会误动。若失压不及时处理，遇有区外故障，则只要有一定的负荷电流，保护有可能误动。(√)

278. 投入××线重合闸，指重合闸合闸压板投入，重合闸方式切换开关位置按调度继电保护装置整定通知书要求由现场执行。重合闸装置为运行状态。(√)

279. 微机型变压器保护中的非电气量保护，其跳闸回路不进入微机保护装置，直接作用于跳闸，以保证可靠性。(√)

280. 当母差保护退出运行，应避免母线倒闸操作。(√)

281. 电力系统发生振荡时，距离保护可能误动，故对距离Ⅰ、Ⅱ段采用振荡闭锁元件来闭锁保护出口，其距离Ⅲ段主要靠延时元件来躲过振荡。(√)

282. BP-2B 母差保护装置充电保护一旦投入自动展宽 200ms 后退出，当母联任一相电流大于充电电流定值，经整定延时跳开母联开关，不经复合电压闭锁。(√)

283. 断路器失灵保护一般只考虑一相拒动，且只考虑故障相拒动才启动失灵保护，非故障相拒动不启动失灵保护。(√)

284. 差动纵联保护是利用通道将本侧电流的波形或代表电流相位的信号传送到对侧，每侧保护根据对两侧电流幅值和相位的比较结果区分是区内还是区外故障。(√)

285. 主变压器本体保护不启动失灵保护，因为这些动作接点为机械接点，不能自动返回。(√)

286. 变压器的复合电压方向过流保护中，三侧的复合电压接点并联是为了提高该保护的灵敏度。(√)

287. 母线保护在外部故障时，其差动回路电流等于各连接元件的电流之和（不考虑电流互感器的误差)；在内部故障时，其差动回路的电流等于零。(×)

288. 某一连接元件退出运行时，它的启动失灵保护回路应同时退出工作，以防止试验时引起失灵保护的误动作。(√)

289. BP-2B 母线保护装置双母线接线使用大差比率差动元件作为区内故障判别元件；使用小差比率差动元件作为故障母线选择元件。(√)

290. 新建、更换断路器的三相不一致保护功能由断路器本体机构实现。(√)

291. 能够快速有选择性地切除线路故障的全线速动保护以及不带时限的线路Ⅰ段保护都是线路的主保护。(√)

292. 电缆线路或电缆架空混合线路，应装设过负荷保护。保护宜动作于信号，必要时可动作于跳闸。(√)

293. 远方跳闸保护一般宜复用线路保护的通道来传送跳闸命令，其出口跳闸回路可与线路保护跳闸回路共用。(×)

294. 断路器失灵保护的启动条件为：故障时能瞬时复归的保护出口继电器动作后不返回；断路器未断开的判别元件动作后不返回。(√)

295. 纵联保护不仅作为本线路的全线速动保护，还可作为相邻线路的后备保护。(×)

296. 保护安装处的零序电压，等于故障点的零序电压减去故障点至保护安装处的零序电压降。因此，保护安装处距故障点越近，零序电压越高。(√)

297. 变压器的瓦斯保护范围在差动保护范围内，这两种保护均为瞬动保护，所以可用差动保护来代替瓦斯保护。(×)

298. 当保护装置出现异常，经调度允许将该保护装置退出运行时，必须将该保护装置的跳闸压板和启动失灵压板同时退出。(√)

299. 操作箱面板的跳闸信号灯应在保护动作跳闸时点亮，在手动跳闸时不亮。(√)

300. 断路器非全相保护不启动断路器失灵保护。(×)

301. 220kV 变压器保护动作后均应启动断路器失灵保护。(×)

302. 中性点经放电间隙接地的 220kV 变压器的零序电压保护，其 $3U_0$ 定值一般可整定为 180V。(√)

303. 对双重化保护配置的双跳闸线圈的控制回路，两套系统不应合用一根多芯电缆。(√)

304. 双端供电线路两侧均安装有同期重合闸，为了防止非同期重合，两侧重合闸压板均应投在检同期方式运行。(×)

305. 当一个半断路器接线方式一串中的中间断路器拒动，启动失灵保护，并采用远方跳闸装置，使线路对端断路器跳闸并闭锁其重合闸。(√)

306. 对 500kV 并联电抗器内部及其引出线的相间短路和单相接地短路，应装设纵联差动保护，保护瞬时动作与跳闸。(√)

307. 对于母线保护，在母线连接元件进行切换时，不应退出母差保护，应合上互联压板。(√)

308. 当线路出现非全相运行时，由于没有发生接地故障，所以零序保护不会发生误动。(×)

309. 允许式的纵联保护较闭锁式的纵联保护易拒动，但不易误动。(√)

310. 助增电流的存在，使距离保护的测量阻抗增大，保护范围缩短。(√)

311. 对采用单相重合闸的线路，当发生永久性单相接地故障时，保护及重合闸的动作顺序是：先跳故障相，重合单相，后加速跳单相。(×)

312. 零序电流保护逐级配合是指零序电流定值的灵敏度和时间都要相互配合。(√)

313. 配有两套重合闸的 220kV 线路，如正常时只投入一套重合闸，另一套重合闸切换把手可以放在任意位置。(×)

314. 在线路三相跳闸后，采用三相重合闸的线路在重合前经常需要在一侧检查无压，另一侧检查同期。在检查无压侧同时投入检查同期功能的目的在于断路器跳闸后可以用重合闸进行补救。(√)

315. 母线充电保护只是在对母线充电时才投入使用，充电完毕后要退出。(√)

316. 独立于母线保护的母联（分段）充电过流保护，不宜启动失灵保护。(×)

317. 为了保证在电流互感器与断路器之间发生故障时，母差保护跳开本侧断路器后对侧纵联保护能快速动作，应采取的措施是母差保护动作停信或发允许信号。(√)

318. 设置变压器差动速断元件的主要原因是防止区内故障 CT 饱和产生高次谐波致使差动保护拒动或延缓动作。(√)

319. 正常运行时，母联开关不得投入母线充电保护的压板。(√)

320. 为了防止差动继电器误动作或误碰出口中间继电器造成母线保护误动作，应采用电压闭锁元件。(√)

321. 新安装变压器，在第一次充电时，为防止变压器差动 CT 极性接反造成误动，差动保护必须退出，但需投入差动速断保护。(×)

322. 在使用单相重合闸的线路上当母线保护动作时，如果跳三相断路器失灵，母差保护动作远跳对侧开关，快速切除故障。(√)

323. RCS931纵联保护在保护原理上属于分相电流差动。(√)

324. 变压器的“小差”比“大差”保护范围少主变各侧开关至套管CT间引流线部分。(√)

325. 母差的大差用于判断区内区外故障，小差用于判断故障母线。(√)

326. 某一连接元件退出运行时，它的启动失灵保护的回路应同时退出工作，以防止试验时引起失灵保护的误动作。(√)

327. 某一线路的距离Ⅱ段保护范围和相邻线路的距离Ⅰ段保护范围有重叠部分，在重叠部分发生接地故障时，该线路的距离Ⅱ段保护及相邻线路的距离Ⅰ段均会动作。(×)

## 四、简答题

**1. 继电保护的基本原理和构成方式是什么？**

答：继电保护主要利用电力系统中元件发生短路或异常情况时的电气量（电流、电压、功率、频率等）的变化，构成继电保护动作的原理，也有其他的物理量，如变压器油箱内故障时伴随产生的大量瓦斯和油流速度的增大或油压强度的增高。

大多数情况下，不管反应哪种物理量，继电保护装置将包括测量部分（和定值调整部分）、逻辑部分、执行部分。

**2. 如何保证继电保护的可靠性？**

答：继电保护的可靠性主要由配置合理、质量和技术性能优良的继电保护装置以及正常的运行维护和管理来保证。任何电力设备（线路、母线、变压器等）都不允许在无继电保护的状态下运行。220kV及以上电网的所有运行设备都必须由两套交、直流输入/输出回路相互独立，并分别控制不同开关的继电保护装置进行保护。当任一套继电保护装置或任一组开关拒绝动作时，能由另一套继电保护装置操作另一组开关切除故障。在所有情况下，要求这两套继电保护装置和开关所取的直流电源都经由不同的熔断器供电。

**3. 为保证电网继电保护的选择性，上、下级电网继电保护之间逐级配合应满足什么要求？**

答：上、下级电网（包括同级和上一级及下一级电网）继电保护之间的整定，应遵循逐级配合的原则，满足选择性的要求，即当下一级线路或元件故障时，故障线路或元件的继电保护整定值必须在灵敏度和动作时间上均与上一级线路或元件的继电保护整定值相互配合，以保证电网发生故障时有选择性地切除故障。

**4. 220kV线路保护的配置原则是什么？**

答：对于220kV线路，根据稳定要求或后备保护整定配合有困难时，应装设两套全线速动保护。接地短路后备保护可装阶段式零序电流保护。相间短路后备保护一般应装设阶段式距离保护。

**5. 什么是“远后备”和“近后备”？**

答：“远后备”是指当元件故障而其保护装置或开关拒绝动作时，由各电源侧的相邻元件保护装置动作将故障切开。

“近后备”则用双重化配置方式加强元件本身的保护，使之在区内故障时，保护无拒绝动作的可能。同时装设开关失灵保护，以便当开关拒绝跳闸时启动它来切开同一变电站母线的高压开关，或遥切对侧开关。

**6. 距离保护有哪些闭锁装置？各起什么作用？**

答：距离保护的闭锁装置包括电压断线闭锁和振荡闭锁。

(1) 电压断线闭锁：电压互感器二次回路断线时，由于加到继电器的电压下降，好像短路故障一样，保护可能误动作，因此要加闭锁装置。

(2) 振荡闭锁：在系统发生故障出现负序分量时将保护开放（0.12～0.15s），允许动作，然后再将保护解除工作，防止系统振荡时保护误动作。

**7. 零序电流保护有什么优点？**

答：带方向性和不带方向性的零序电流保护是简单而有效的接地保护方式，其优点是：

（1）结构与工作原理简单，正确动作率高于其他复杂保护。

（2）整套保护中间环节少，特别是对于近处故障，可以实现快速动作，有利于减少发展性故障。

（3）在电网零序网络基本保持稳定的条件下，保护范围比较稳定。

（4）保护反应于零序电流的绝对值，受故障过渡电阻的影响较小。

（5）保护定值不受负荷电流的影响，也基本不受其他中性点不接地电网短路故障的影响，所以保护延时段灵敏度允许整定较高。

**8. 分相电流差动保护有什么优缺点？**

答：分相电流差动保护的优点有：

（1）分相电流差动保护以基尔霍夫电流定律为判断故障的依据，原理简单可靠，动作速度快。

（2）分相电流差动保护具有天然的选相能力。

（3）不受系统振荡、非全相运行的影响，可以反映各种类型的故障，是理想的线路主保护。

分相电流差动保护的缺点有：

（1）要求保护装置通过光纤通道所传送的信息具有同步性。

（2）对于超高压长距离输电线路，需要考虑电容电流的影响。

（3）线路经大电阻接地或重负荷、长距离输电线路远端故障时，保护的灵敏度会降低。

**9. 线路主保护停用对重合闸的使用有什么影响？**

答：当线路主保护停用时，可能因以下两点原因影响线路重合闸的使用：

（1）线路无主保护运行，需由后备保护（延时段）切除线路故障，即不能快速切除故障，造成系统稳定极限下降。如果使用重合闸重合于永久性故障，对系统稳定运行则更为不利。

（2）线路重合闸重合时间的整定是与线路主保护配合的，如果线路纵联保护停用，则造成线路后备延时段保护与重合闸重合时间不配，对瞬时故障也可能重合不成功，对系统增加一次冲击。

**10. 三相重合闸和单相重合闸的适用范围是什么？**

答：采用自动重合闸，必须经过稳定计算校核。

三相重合闸的适用范围：

（1）单侧电源线路。在单侧电源线路的电源侧开关如没有特殊要求一般采用三相重合闸。

（2）线路开关操作机构箱为三相联动的，在满足稳定和系统要求的情况下，可以采用三相重合闸。

单相重合闸的适用范围：

电网发生单相接地故障时，使用三相重合闸不能保证系统稳定的线路。

**11. 自动重合闸的启动方式有哪几种？各有什么特点？**

答：自动重合闸有两种启动方式：开关位置不对应启动方式和保护启动方式。

开关位置不对应启动方式的优点：简单可靠，还可以纠正开关误碰或偷跳，可提高供电可靠性和系统运行的稳定性，在各级电网中具有良好运行效果，是所有重合闸的基本启动方式。其缺点是当开关辅助触点接触不良时，不对应启动方式将失效。

保护启动方式，是不对应启动方式的补充。同时，在单相重合闸过程中需要进行一些保护的闭锁，逻辑回路中需要对故障相实现选相固定等，也需要一个由保护启动的重合闸启动元件。其缺点是不能纠正开关误动。

**12. 某变电站220kV一次为双母线接线方式，当其中一条母线电压互感器异常或检修时，可否不改变一次运行方式，用正常母线上的电压互感器二次并列代替异常母线电压回路？正确的操作是什么？为什么这样操作？**

答：不可用正常母线上的电压互感器二次并列代替异常母线电压回路。因为如果异常母线失灵保护或变压器后备保护动作后第一时限先跳开母联开关，那么此时正常母线上的电压互感器将不能正确反应异常母线的电压状况，造成复压闭锁回路返回，失灵保护无法再动作切除其他线路，变压器复压闭锁后备保护无法切除变压器主开关。正确的做法：一次倒母线运行。

**13. 变压器一般应装设哪些保护？**

答：（1）反应变压器油箱内部各种短路故障和油面降低的瓦斯保护。

（2）反应变压器绕组和引出线多相短路、大电流接地系统侧绕组和引出线的单相接地短路及绕组匝间短路的（纵联）差动保护或电流速断保护。

（3）反应变压器外部相间短路并作为瓦斯保护和差动保护后备的过电流保护（复合电压启动的过电流保护或负序过电流保护）。

（4）反应大电流接地系统中变压器外部接地短路的零序电流保护。

（5）反应变压器对称过负荷的过负荷保护。

（6）反应变压器过励磁的过励磁保护。

**14. 500kV 开关本体通常装有哪些保护?**

答：500kV 开关本体通常装有开关失灵保护和三相不一致保护。

500kV 开关失灵保护分为分相式和三相式。分相式采用按相启动和跳闸方式，分相式失灵保护只装在 3/2 开关接线的线路开关上；三相式采用启动和跳闸不分相别，一律动作开关三相跳闸，三相式失灵保护只装在主变压器开关上。

三相不一致保护采用由同名相常开和常闭辅助接点串联后启动延时跳闸，在单相重合闸进行过程中非全相保护被重合闸闭锁。

**15. 开关失灵保护有什么作用?**

答：当系统发生故障，故障元件的保护动作而其开关操作失灵拒绝跳闸时，通过故障元件的保护作用于本变电站相邻开关跳闸。同时启动远方跳闸，利用保护通道，使远端有关开关同时跳闸。开关失灵保护是近后备中防治开关拒动的一项有效措施。

**16. 继电保护装置定期检验可分为哪三种?**

答：继电保护装置定期检验可分为：全部检验；部分检验；用装置进行断路器跳合闸试验。

**17. 3/2 开关的短引线保护起什么作用?**

答：主接线采用 3/2 断器接线方式的一串开关，当一串开关中一条线路停用，则该线路侧的隔离开关将断开，此时保护用电压互感器也停用，线路主保护停用，因此该范围短引线故障，将没有快速保护切除故障。为此需设置短引线保护，即短引线纵联差动保护。在上述故障情况下，该保护可快速动作切除故障。

当线路运行，线路侧隔离开关投入时，该短引线保护在线路侧故障时，将无选择地动作，因此必须将该短引线保护停用。一般可由线路侧隔离开关的辅助触点控制，在合闸时使短引线保护停用。

**18. 什么是电力系统安全自动装置?**

答：电力系统安全自动装置，是指防止电力系统失去稳定和避免电力系统发生大面积停电的自动保护装置。如自动重合闸、备用电源和备用设备自动投入、自动联切负荷、自动低频（低压）减负荷、事故减出力，事故切机、电气制动、水轮发电机自动启动和调相改发电、抽水蓄能机组由抽水改发电、自动解列、振荡解列及自动快速调节励磁等。

**19. 什么叫自动低频减负荷装置？其作用是什么?**

答：为了提高供电质量，保证重要用户供电的可靠性，当系统中出现有功功率缺额引起频率下降时，根据频率下降的程度，自动断开一部分不重要的用户，阻止频率下降，以使频率迅速恢复到正常值，这种装置叫自动低频减负荷装置。作用：它不仅可以保证重要用户的供电而且可以避免频率下降引起的系统瓦解事故。

**20. 低频、低压解列装置有哪些作用?**

答：低频、低压解列装置有以下作用：当大电源切除后发供电功率严重不平衡，将造成频率或电压降低，如用低频减负荷不能满足安全运行要求时，须在某些地点装设低频或低压解列装置，使解列后的局部电网保持安全稳定运行，以确保对重要用户的可靠供电。

**21. 低频、低压解列装置一般装设在系统中的哪些地点?**

答：在系统中的如下地点，可考虑设置低频、低压解列装置：

(1) 系统间联络线；

(2) 地区系统中从主系统受电的终端变电站母线联络开关；

(3) 地区电厂的高压侧母线联络开关；

(4) 专门划作系统事故紧急启动电源专带厂用电的发电机组母线联络开关。

**22. 零序电流保护的整定值为什么不需要避开负荷电流？**

答：零序电流保护反应的是零序电流，而负荷电流中不包含（或很少包含）零序分量，故不必考虑避开负荷电流。

**23. 什么是振荡解列装置？**

答：当电力系统受到较大干扰而发生非同步振荡时，为防止整个系统的稳定被破坏，经过一段时间或超过规定的振荡周期数后，在预定地点将系统进行解列，该执行振荡解列的自动装置称为振荡解列装置。

**24. 电力系统振荡时，对继电保护装置有哪些影响？**

答：电力系统振荡时，对继电保护装置的电流继电器、阻抗继电器有影响。

(1) 对电流继电器的影响。当振荡电流达到继电器的动作电流时，继电器动作；当振荡电流降低到继电器的返回电流时，继电器返回。因此，电流速断保护肯定会误动作。一般情况下振荡周期较短，当保护装置的时限大于 1.5s 时，就可能躲过振荡而不误动作。

(2) 对阻抗继电器的影响。周期性振荡时，电网中任一点的电压和流经线路的电流将随两侧电源电动势间相位角的变化而变化。振荡电流增大，电压下降，阻抗继电器可能动作；振荡电流减小，电压升高，阻抗继电器返回。如果阻抗继电器触点闭合的持续时间长，将造成保护装置误动作。

**25. 电压互感器的二次回路为什么必须接地？**

答：因为电压互感器在运行中，一次绕组处于高电压，二次绕组处于低电压，如果电压互感器的一、二次绕组间出现漏电或电击穿，一次侧的高电压将直接进入二次侧绕组，危及人身和设备安全。因此，为了保证人身和设备的安全，要求除了将电压互感器的外壳接地外，还必须将二次侧的某一点可靠地进行接地。

**26. 为什么线路重合闸不能采取一侧投检无压，另一侧只投检同期方式？**

答：若采用一侧投检无压，而另一侧投检同期的接线方式，那么，在使用检无压的一侧，当其断路器正常运行时由于某种原因（如误碰、保护误动等）而跳闸时，因对侧并无跳闸，线路上有电压，就不能实现重合闸，这是一个很大的缺陷。

为解决上述问题，通常在检无压的一侧也同时投入检同期继电器，两者的触点并联工作，就可将误跳的断路器重新投入运行。

## 五、计算题

**1. 三相星形接线的相间短路保护电流回路，其二次负载测量值 AB 相为 2Ω，BC 相为 1.8Ω，CA 相为 1.6Ω，试计算 A、B、C 各相的阻抗是多少？**

解：

$Z_A=(Z_{AB}+Z_{CA}-Z_{BC})/2=(2+1.6-1.8)/2=0.9(\Omega)$

$Z_B=(Z_{AB}+Z_{BC}-Z_{CA})/2=(2+1.8-1.6)/2=1.1(\Omega)$

$Z_C=(Z_{CA}+Z_{CB}-Z_{AB})/2=(1.8+1.6-2)/2=0.7(\Omega)$

各相阻抗分别为 0.9Ω、1.1Ω 和 0.7Ω。

**2. 某设备装有电流保护，电流互感器的变比是 200/5，整定值是 4A，如果原整定值不变，将电流互感器变比改为 300/5，应整定为多少？**

解：原整定值的一次电流为 $4\times200/5=160(A)$

当电流互感器的变比改为 300/5 后，其整定值应为 $I_d=160/300/5=2.67(A)$。

整定值为 2.67A。

**3. 设某 220kV 线路装有距离保护装置，其一次动作阻抗整定值为 $Z_{db}=18.33\Omega$/相，电流互感器变比**

**$n_{TA}$=600/5，电压互感器变比 $n_{TV}$=220/0.1，试计算其二次动作阻抗；若电流互感器变比改为 800/5，二次动作阻抗为多少（设保护采用线电压、相电流差的接线方式）。**

解：

$$Z_{dz}=\frac{n_{TA}}{n_{TV}}Z_{d.b}=\frac{600/5}{220/0.1}\times 18.33=1(\Omega/\text{相})$$

$$Z_{dz}=\frac{n_{TA}}{n_{TV}}Z_{d.b}=\frac{800/5}{220/0.1}\times 18.33=1.33(\Omega/\text{相})$$

**4. 设某 220kV 线路距离保护的二次动作阻抗值为 $Z_{dz}$.=2Ω/相，电流互感器变比 $n_{TA}$=1200/5，电压互感器变比 $n_{TV}$=220/0.1，阻抗继电器采用线电压、相电流之差的接线方式。试求该保护的一次动作阻抗值 $Z_{d.b}$。**

解：

因为 $Z_{dz}=\frac{n_{TA}}{n_{TV}}Z_{d.b}$，所以 $Z_{d.b}=\frac{n_{TV}}{n_{TA}}Z_{dz}=\frac{220/0.1}{1200/5}\times 2=18.33(\Omega/\text{相})$

**5. 有一台 Yd11 接线，容量为 31.5MVA，电压为 110kV/35kV 的变压器，高压侧 TA 变比为 300/5，低压侧 TA 变比为 600/5，计算变压器差动保护回路中不平衡电流是多少？**

解：(1) 计算各侧额定电流：

$$I_{e1}=\frac{31500}{\sqrt{3}\times 110}=165(\text{A})$$

$$I_{e2}=\frac{S_e}{\sqrt{3}\times 35}=519(\text{A})$$

(2) 计算差动继电器各侧二次电流：

$$I_1=\frac{165\times\sqrt{3}}{60}=4.76(\text{A})$$

$$I_2=\frac{519}{120}=4.33(\text{A})$$

(3) 计算不平衡电流：

$$I_{bl}=I_1-I_2=4.76-4.33=0.43(\text{A})$$

答：不平衡电流为 0.43A。

**6. 如图 3-1 所示，35kV 系统的等效网络，试计算在 k 点发生两相短路时的电流及 M 母线出的残压（阻抗标幺值是 100MVA 为基准容量，平均电压为 37kV）。**

解：基准电流 $I_j=\frac{100\times 10^6}{37\times 10^3\times\sqrt{3}}=1.56\text{kA}$

k 点短路电流 $I_k=\frac{1}{0.3+0.5}\times\frac{\sqrt{3}}{2}\times 1.56=1.689\text{kA}$

M 点的残压为 $U_M=\frac{1}{0.3+0.5}\times 0.5\times 37=23.125\text{kV}$

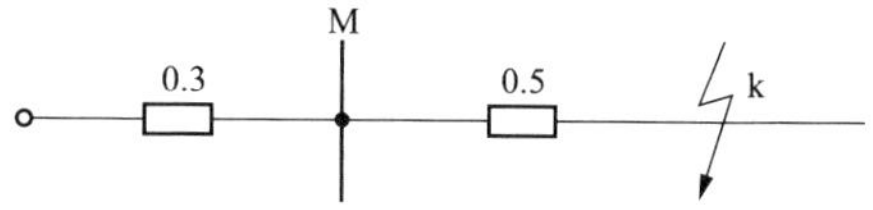


图 3-1　35kV 系统的等效网络

**7. 电力系统接线图如图 3-2 所示，K 点 A 相接地电流为 1.8kA，$T_1$ 中性线电流为 0.9kA，求线路 M 侧记 N 侧的三相电流值。**

解：线路 N 侧无正序电流和负序电流，仅有零序电流，且零序电流为 $\frac{1}{3}(1.8-0.9)=0.3\text{kA}$

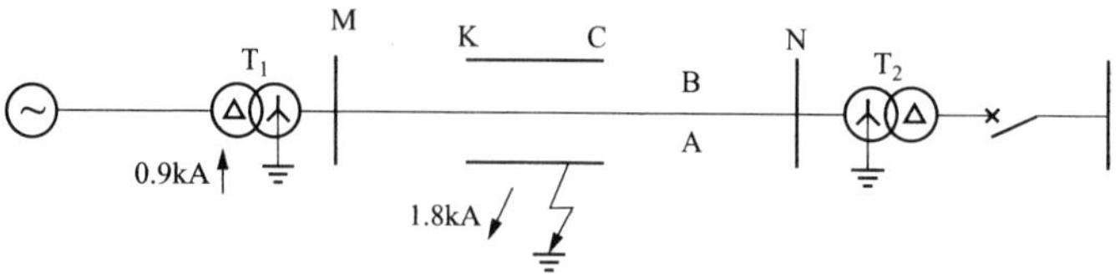


图 3-2　电力系统接线图

因此，N 侧 A 相、B 相、C 相电流均为 0.3kA；M 侧 B 相、C 相电流均为 0.3kA，A 相电流为 1.8－0.3＝1.5kA。

**8. 某线路在合上开关后由盘表读得以下数据：线路电压 500kV；有功功率为 0；受进无功 300Mvar，请问线路处在什么状态？已知线路 TA 变比为 1250/1，如此时需要在某一套线路保护盘上进行相量检查，若该保护的交流回路接线正确，所测的结果幅值和相角应该怎样？并画出相量图。**

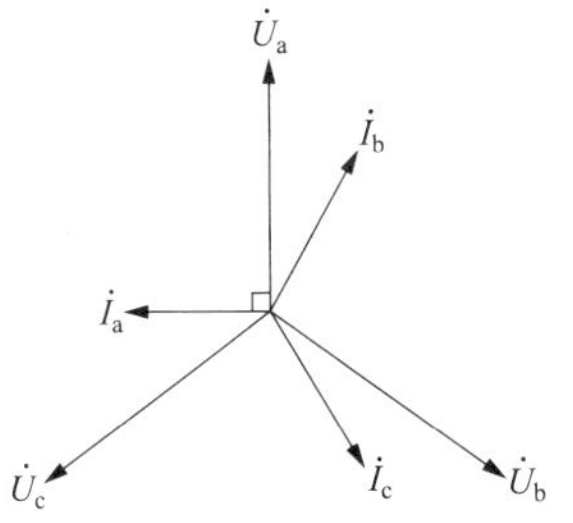

图 3-3　相量图

解：（1）由有功功率为 0，受无功 300Mvar 可判断：线路处在充电状态，即本侧断路器合上，对侧断路器未合。

（2）若该保护的交流回路接线正确，则应有 TV 二次相电压为 11.7V 左右、各相电压之间的夹角为 120°、正相序。

（3）TA 二次电流约为 277mA、各相电流之间的夹角为 120°、正相序。

（4）电流超前电压约 90°。

（5）相量图如图 3-3 所示。

**9. 某 500kV 电子式电压互感器额定二次输出为 2D41H，问：保护装置测得输出数字量（峰值）3E97H，问一次电压值（有效值）为多少？**

解：3E97H＝16023D，2D41H＝11585D

测得数字量（有效值）为：16023/1.414＝ 11331.68

故一次电压值为：(500/1.732)×( 11331.68/11585)＝282.37kV

**10. 某电子式电流互感器额定一次电流为 2000A，保护电流额定二次输出为 01CFH，问：保护装置测得电流数字量峰值为 168H，问一次电流值（有效值）为多少？**

解：01CFH＝463D，168H＝360D

测得数字量（有效值）为：360/1.414＝254.6

故一次电流值（有效值）为：2000×(254.6/463)＝1099.8A

**11. 某电网电力铁路工程的供电系统采用的是 220kV 两相供电方式，但牵引站的变压器 T 为单相变压器，一典型系统如图所示：**

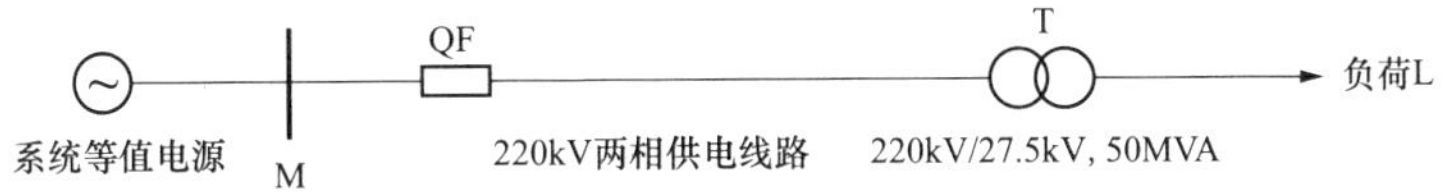


**假设变压器 T 满负荷运行，母线 M 的运行电压和三相短路容量分别为 220kV 和 1000MVA，两相供电线路非常短，断路器 QF 保护设有负序电压和负序电流稳态起动元件，定值的一次值分别为 22kV 和 120A。**

**试问：(1) 忽略谐波因素，该供电系统对一、二次系统有何影响？**

**(2) 负序电压和负序电流起动元件能否起动？**

解：(1) 由于正常运行时，有负序分量存在，所以负序电流对系统中的发电机有影响；

负序电压和负序电流对采用负序分量的保护装置有影响。

(2) 计算负序电流：

正常运行的负荷电流：$I=\dfrac{S}{U}=\dfrac{50\times1000}{220}=227$ (A)

负序电流：$I_2=\dfrac{I}{\sqrt{3}}=\dfrac{227}{\sqrt{3}}=131$ (A)

可知，正常运行的负序电流值大于负序电流稳态起动元件的定值 120A，

所以负序电流起动元件能起动。

计算负序电压：

系统等值阻抗：$Z=\frac{U_B^2}{S_B}=\frac{220^2}{1000}=48.4$（Ω）

负序电压 $U_2=Z\times I_2=48.4\times131=6340\text{V}=6.34$（kV）

可知，正常运行的负序电压值小于负序电压起动元件的定值22kV，所以负序电压起动元件不能起动。

## 六、识绘图题

**1. 画出线路保护死区。**

解：线路保护死区如图3-4所示。

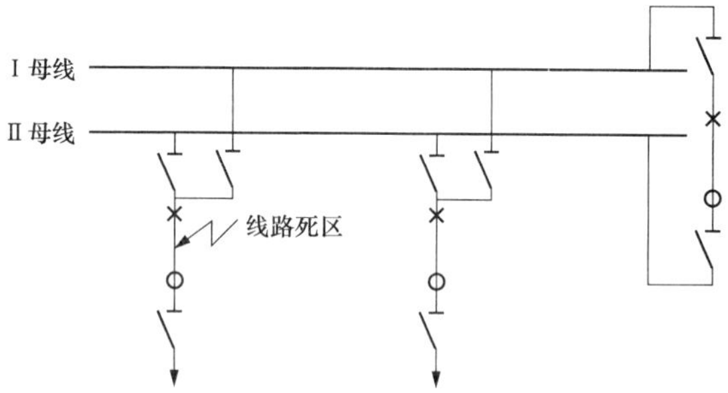


图3-4 线路保护死区

**2. 画出母联开关单TA母线差动保护死区。**

母联开关单TA母线差动保护死区如图3-5所示。

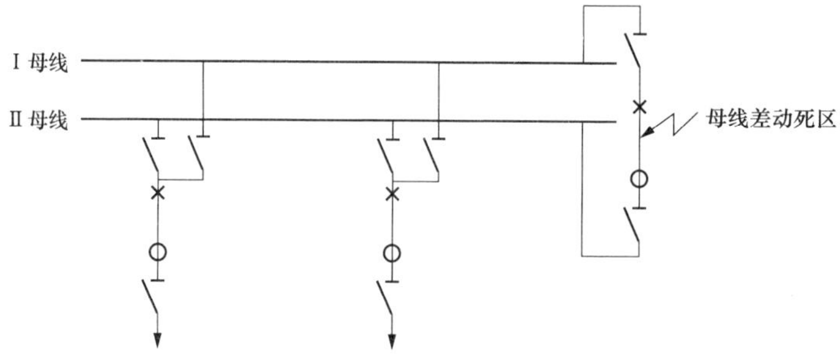


图3-5 母联开关单TA母线差动保护死区

**3. 画出母线差动保护回路动作原理图（Ⅰ母线故障）**

母线差动保护回路动作原理图（Ⅰ母线故障）如图3-6所示。

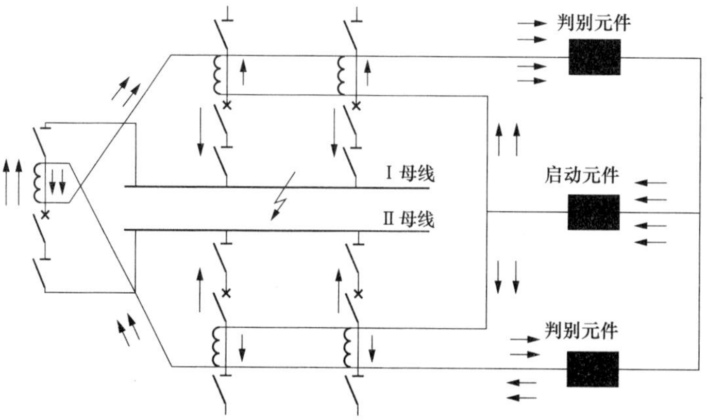


图3-6 母线差动保护回路原理图（Ⅰ母线故障）

**4. 画出母线差动保护回路动作原理图（死区故障）**

母线差动保护回路动作原理图（死区故障）如图 3-7 所示。

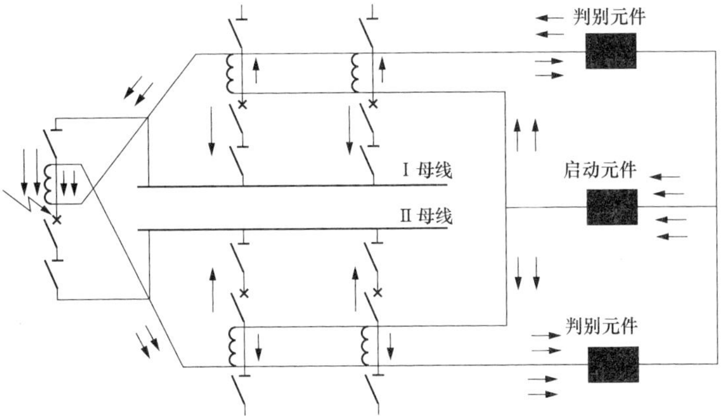


图 3-7 母线差动保护回路动作原理图（死区故障）

**5. 试绘出闭锁式联纵保护基本工作原理示意图。**

答：闭锁式纵联保护示意图及其工作原理图如图 3-8 所示。

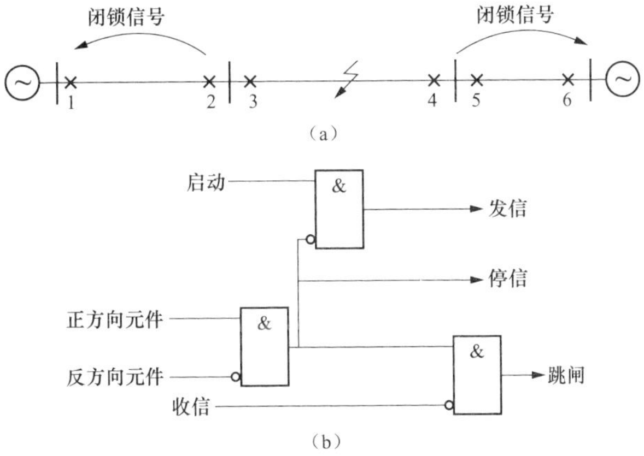


图 3-8 闭锁式纵联保护示意图及其工作原理图

（a）示意图；（b）原理图

**6. 画出比率制动原理差动继电器制动特性示意图。**

答：比率制动原理差动继电器制动特性示意图如图 3-9 所示。

**7. 试画出常规三段折线式变压器比率差动保护特性图，取 $K_1=0.5$，$K_2=0.7$，拐点分别为 1 倍的额定电流和 3 倍的额定电流，已知差速断的整定值为 5 倍的额定电流。**

答：常规三段折线式变压器比率差动保护特性图如图 3-10 所示。曲线上方为动作区，下方为制动区。

**8. 画出双母线接线中母联 TA 的三种布置方式，试分析这三种布置方式下死区故障时，母线差动保护的动作情况。**

答：TA 三种布置方式如图 3-11 所示。

方式一：TA 布置在母联断路器的两侧，在开关与 TA 之间发生故障，两段母线差动保护均动作跳闸，也就是不存在死区。

方式二：Ⅰ母线差动保护动作后，故障点仍然存在，靠死区保护动作切除Ⅱ母线上所有开关。

方式三：Ⅱ母线差动保护动作后，故障点仍然存在，靠死区保护动作切除Ⅰ母线上所有开关。

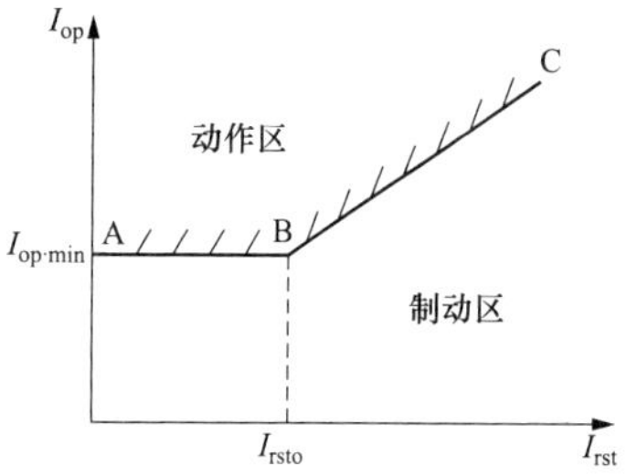


图 3-9　比率制动原理差动继电器制动特性示意图

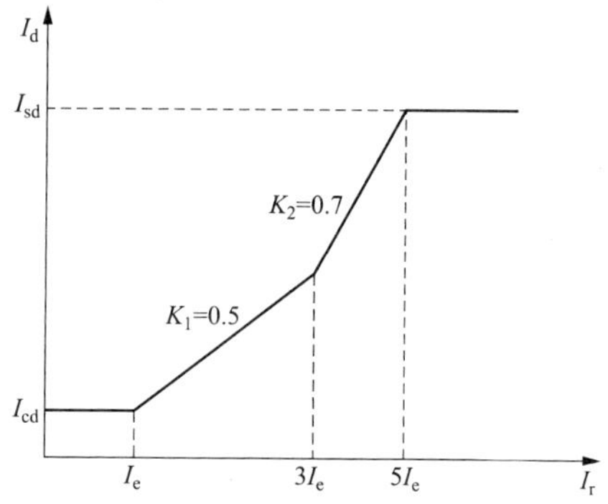


图 3-10　常规三段折线式变压器比率差动保护特性图

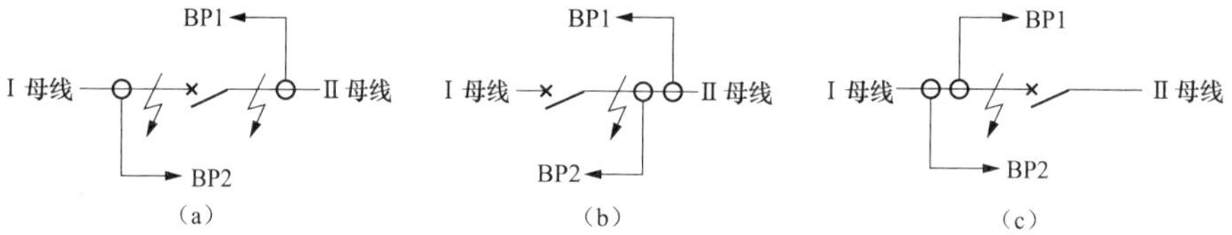


图 3-11　TA 三种布置方式

(a) 方式一；(b) 方式二；(c) 方式三

## 七、论述题

**1. 220kV 及以上电网继电保护整定计算的基本原则是什么？**

答：(1) 对于 220kV 及以上电压电网的线路继电保护一般都采用近后备原则。当故障元件的一套继电保护装置拒动时，由相互独立的另一套继电保护装置动作切除故障，而当开关拒绝动作时，启动开关失灵保护，断开与故障元件相连的所有其他连接电源的开关。

(2) 对瞬时动作的保护或保护的瞬时段，其整定值应保证在被保护元件外部故障时，可靠不动作，但单元或线路变压器组（包括一条线路带两台终端变压器）的情况除外。

(3) 上、下级继电保护的整定，一般应遵循逐级配合的原则，满足选择性的要求，即在下一级元件故障时，故障元件的继电保护必须在灵敏度和动作时间上均能同时与上一级元件的继电保护取得配合，以保证电网发生故障时有选择性地切除故障。

(4) 继电保护整定计算应按正常运行方式为依据。所谓正常运行方式是指常见的运行方式和被保护设备相邻近的一回线或一个元件检修的正常检修运行方式。对特殊运行方式，可以按专用的运行规程或者依据当时实际情况临时处理。

(5) 变压器中性点接地运行方式的安排，应尽量保持变电站零序阻抗基本不变。遇到因变压器检修等原因，使变电站的零序阻抗有较大变化的特殊运行方式时，根据当时实际情况临时处理。

(6) 故障类型的选择以单一设备的常见故障为依据，一般以简单故障进行保护装置的整定计算。

(7) 灵敏度按正常运行方式下的不利故障类型进行校验，保护在对侧开关跳闸前和跳闸后均能满足规定的灵敏度要求。

**2. 试述变压器差动保护为什么不能代替瓦斯保护？**

答：瓦斯保护能反应变压器油箱内的任何故障，包括铁芯过热烧伤、油面降低等，但差动保护对此无反应。如变压器绕组产生少数线匝的匝间短路，虽然短路匝内短路电流很大会造成局部绕组严重过热产生强烈的油流向油枕方向冲击，但表现在相电流上却并不大，因此差动保护没有反应，但瓦斯保护却能灵敏地加以反应，这就是差动保护不能代替瓦斯保护的原因。

**3. 电网中主要的安全自动装置种类和作用是什么？**

答：(1) 低频、低压解列装置：地区功率不平衡且缺额较大时，应考虑在适当地点安装低频低压解列装置，以保证该地区与系统解列后，不因频率或电压崩溃造成全停事故，同时也能保证重要用户供电。

(2) 振荡（失步）解列装置：经过稳定计算，在可能失去稳定的联络线上安装振荡解列装置，一旦稳定破坏，该装置自动跳开联络线，将失去稳定的系统与主系统解列，以平息振荡。

(3) 切负荷装置：为了解决与系统联系薄弱地区的正常受电问题，在主要变电站安装切负荷装置，当小地区故障与主系统失去联系时，该装置动作切除部分负荷，以保证区域发供电的平衡，也可以保证当一回联络线跳闸时，其他联络线不过负荷。

(4) 自动低频、低压减负荷装置：其是电力系统重要的安全自动装置之一，它在电力系统发生事故出现功率缺额使电网频率、电压急剧下降时，自动切除部分负荷，防止系统频率、电压崩溃，使系统恢复正常，保证电网的安全稳定运行和对重要用户的连续供电。

(5) 切机装置：其作用是保证故障载流元件不严重过负荷。使解列后的电厂或小地区频率不会过高，保持功率基本平衡，防止锅炉灭火扩大事故，同时可以提高系统稳定极限。

## 八、案例分析题

**1. 220kV 宽凤线发生瞬时短路故障，短路电流如下：**

**凤一变侧：$I_A=150A$，$I_B=280A$，$I_C=3570A$，$I_0=3140A$；宽一变侧：$I_A=98A$，$I_B=202A$，$I_C=1000A$，$I_0=1310A$。**

**保护动作情况：（宽凤线两侧保护双微机、双高频保护均投入）**

**凤一变宽凤线：1、2 号微机保护，距离零序Ⅰ段、距离Ⅰ段、高频零序出口，重合闸动作出口；**

**宽一变宽凤线：1 号微机保护，距离Ⅰ段、高频零序出口；2 号微机保护，零序Ⅰ段、距离Ⅰ段、重合闸动作出口。**

**宽凤线各短路点零序短路电流值如下：短路点距凤一变侧 0%、10%、20%、30%，40%、50%$L$（$L$ 为线路长度）时，所对应的凤一变供电流分别为 9342、5759、4105、3145、2511、2054A，宽一变供电流分别为 717、977、1150、1300、1452、1615A；短路点距凤一变侧 60%、70%、80%、90%、100%$L$ 时，所对应的凤一变供电流为 1700、1415、1168、941、742A，宽一变供电流为 1800、2018、2283、2616、3000A。试分析确定宽凤线故障类型？故障点距凤城变电站何处？线路两侧保护动作是否正确，指出误动或拒动保护。**

答：(1) 故障类型：宽凤线 C 相接地故障。

(2) 故障点：故障点距凤一变约 30%$L$ 处。

(3) 误动或拒动保护：宽一变宽凤线 1 号微机保护的零序Ⅰ段保护拒动；2 号微机保护的高频零序拒动。

**2. 某母线一条 220kV 输电线路如图 3-12 所示，设在 k 点发生了短路故障，试说明保护动作行为。**

图 3-12　某母线一条 220kV 输电线路图

答：(1) 该故障在Ⅰ母线差动保护范围内所以母线差动保护动作，跳开该母线上所有开关；

(2) 母线差动保护动作后，如线路保护是超范围闭锁式纵联保护，则应停信。如线路保护是超范围允许式纵联保护，则应发信，以便对端保护快速跳闸。如果线路为光纤纵差保护，则纵差保护不动作，对端后备保护动作。

**3. 某变电站 220kV 主接线如图 3-13 所示。线路 1WL 201 断路器停电，更换线路 1WL 201 断路器 TA，由母兼旁 200 断路器代路运行。工作完后，要求送电时测量线路 1WL 201 断路器的保护及 220kV 母线差动保护方向，应如何操作？**

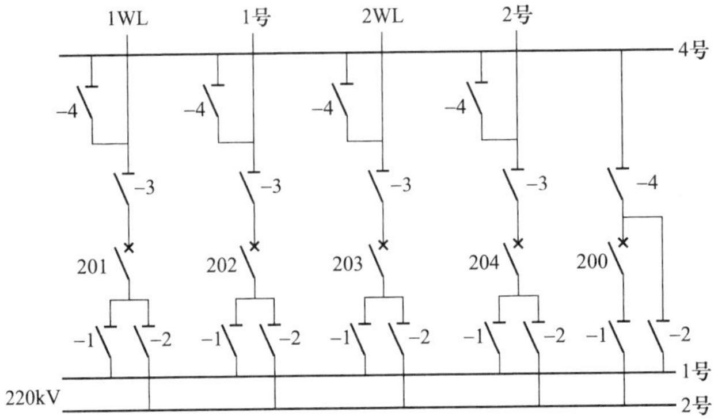


图 3-13　某变电站 220kV 主接线图

答：(1) 停用 220kV 母线差动保护，投入线路 1WL 201 断路器过流保护；

(2) 停用线路 1WL 两侧的闭锁式高频部分；

(3) 将线路 1WL 恢复 201 断路器运行，母兼旁 200 断路器恢复备用；

(4) 变电站测量线路 1WL 201 断路器的保护及 220kV 母线差动保护方向正确；

(5) 测试线路 1WL 两侧的闭锁式高频保护通道，良好后投入（允许式保护则直接投入）；

(6) 停用线路 1WL 201 断路器过流保护，投入 220kV 母线差动保护；

(7) 220kV 母线恢复固定连接方式运行。

**4. 如图 3-14 所示为某变电站 220kV 母线接线图，设备为 GIS 设备。运行方式：WL1、1 号主变压器、WL3 运行于 1 号母线，WL2、2 号主变压器运行于 2 号母线，1、2 号母线经母线联络开关 200 断路器并列运行。保护配置：全部出线及对侧线路保护均为 LFP－901（A）、902A 微机线路保护，均采用单相重合闸；母线保护为 RCS－915。除 1、2 号主变压器外其余断路器失灵启动回路均接入母线保护。试分析：**

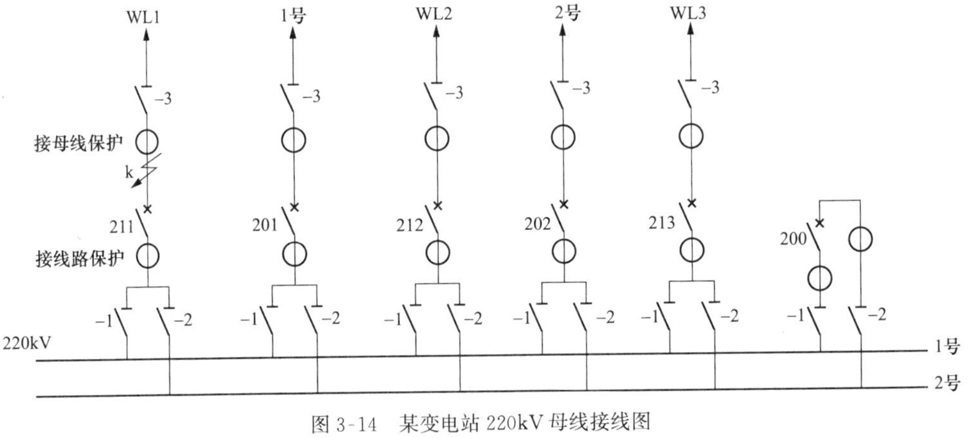


图 3-14　某变电站 220kV 母线接线图

**(1) 如图 WL1 的 k 处发生单相永久性接地故障，本站保护及对侧线路保护的动作行为，断路器跳闸情况，并说出处理过程。**

**(2) 经检修处理完毕后，请确定送电方案。**

答：保护及断路器动作情况如下：因故障点 k 既在 WL1 线路两侧保护范围内，又在本站母线差动保护范围内，故本站母线差动保护动作跳开母线联络开关 200、1 号主变压器 201、WL3 线 213、WL1 线 211 断路器。WL1 线 901、902 主保护，零序电流Ⅰ段，接地距离Ⅰ段动作。WL1 线对侧 901、902 主保护动作跳单相，重合不成跳三相。WL3 线对侧 901、902 主保护动作跳单相重合成功。

处理步骤如下：

（1）隔离 WL1 线 211 间隔。

（2）用 WL3 线 213 断路器对 1 号母线充电。

（3）用母线联络开关 200 断路器合环。

（4）用 1 号主变压器 201 断路器对 1 号主变压器送电。

（5）WL1 线路停电并做安全措施。

WL1 恢复方案：可考虑 WL1 线对侧对 211 断路器间隔试送，正常后用 WL1 线 211 断路器合环恢复原方式。如不能从对侧送电，则本站空出一条母线，合上 211 间隔的母线隔离开关及 WL1 线 211 断路器，用母联断路器试送，正常后恢复原方式。

**5. 某 220kV 系统图如图 3-15 所示，线路 L1 长 38km，线路 L2 长 79km，线路 L3 长 65km。B 变电站 220kV 母线差动保护定检中。线路 L2 停电检修完成后从变电站 B 恢复送电，合上 QF3 断路器向 L2 线路充电同时，QF3 控制直流消失；QF1 的高频方向保护动作断路器三相跳闸不重合（单重方式），保护的打印报告显示，B、C 相接地故障，故障测距为 43km；QF6 的距离二段、零序二段保护动作断路器三相跳闸重合不成功（三重方式），QF6 保护的打印报告显示，B、C 相接地故障，故障测距为 70km。**

**请根据以上保护动作及断路器跳闸情况，判断分析保护动作行为是否正确？**

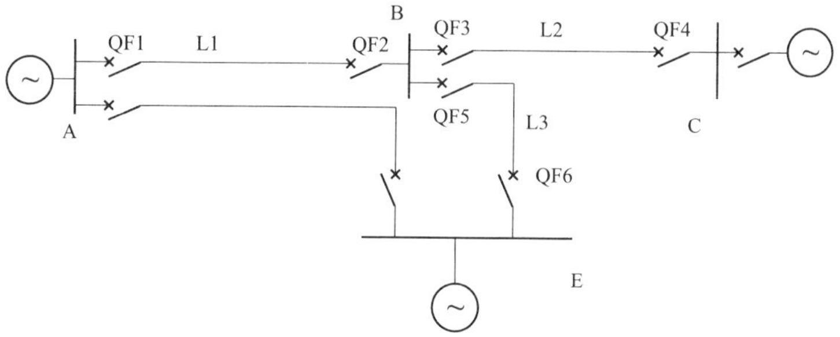


图 3-15　某 220kV 系统图

答：通过分析可知，L2 线路 B 变电站侧 5 公里左右发生 B、C 相接地故障，而 QF3 由于控制直流断线而拒动，母线差动保护定检中，所以失灵保护不动作。应该由 L1、L3 后备保护动作跳开 QF1 和 QF6。而 L1 方向高频动作错误，高频只能保护本线路全长，下一线路故障由后备保护动作切除。L3 距离、零序二段保护动作正确，但是重合闸不应启动，后备保护动作闭锁重合闸。

**6. 系统接线如图 3-16 所示，母线差动保护整定定值见表 3-1。**

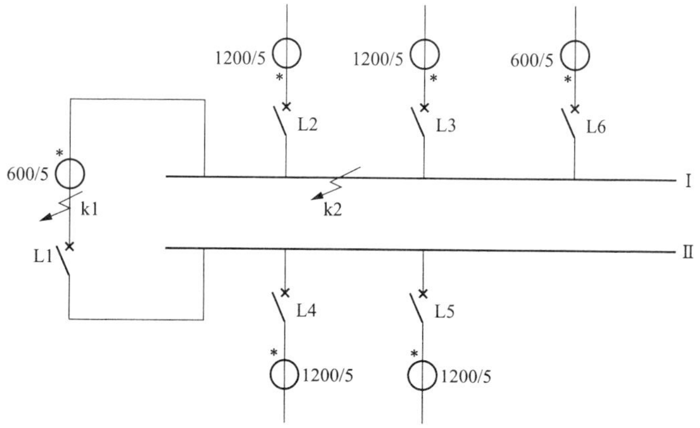


图 3-16　系统接线图

表 3-1　　母线差动保护整定定值

| 微机母线差动保护定值单（部分） | |
|---|---|
| 一、差动保护 | （3）零序电压定值：6V |
| （1）差动门坎值 2A（二次值） | 四、母联开关失灵及死区保护 |
| （2）比率制动系数高值：0.7 | （1）母联开关失灵电流定值：3A（二次值） |
| （3）比率制动系数低值：0.6 | （2）母联开关失灵出口延时：0.2s |
| 二、失灵保护 | （3）母联开关死区动作时间：0.1s |
| （1）失灵出口短延时：0.3s 跳母联 | 五、母联开关过流保护 |
| （2）失灵出口长延时：0.5s 跳失灵断路器所在母线上所有开关 | （1）母联开关过流定值：2A（二次值） |
| 三、复合电压元件 | （2）母联开关零序过流定值 2A（二次值） |
| （1）低电压 $U_{\phi}$ 定值：40V（相电压） | （3）母联开关过流延时定值：0.6s |
| （2）负序电压定值：6V（相电压） | |

**试分析：（1）k1 点发生故障时，什么保护将动作及故障切除的时间。**

**（2）某种运行方式下，各单元的潮流如下：L1＝1A∠0°，L2＝2A∠180°，L3＝3A∠180°，L4＝5A∠0°，L5＝1A∠180°，L6＝2A∠0°；两段母线三相电压 $U_{\phi}$＝60V；试分析此时该站母线为何种运行方式？处于此种方式下若 k2 点发生故障，母线差动保护将如何动作？**

答：（1）①k1 点发生故障时，首先，Ⅱ号母线差动动作，切除 L1、L4、L5 断路器；②母联开关断开 0.1s 后，母联开关死区保护动作，切除 L2、L3、L6 断路器；③若母联开关拒动，则Ⅱ号母线差动动作 0.2s 后，母联开关失灵保护动作，切除 L2、L3、L6（Ⅰ母线所有元件）断路器。

（2）大差无差流，Ⅰ、Ⅱ号母线小差均有差流，母线电压正常，判断母线应在互联方式下运行。此时任何一段母线发生故障（k2 点故障），母线差动保护同时切除两段母线上的所有元件。

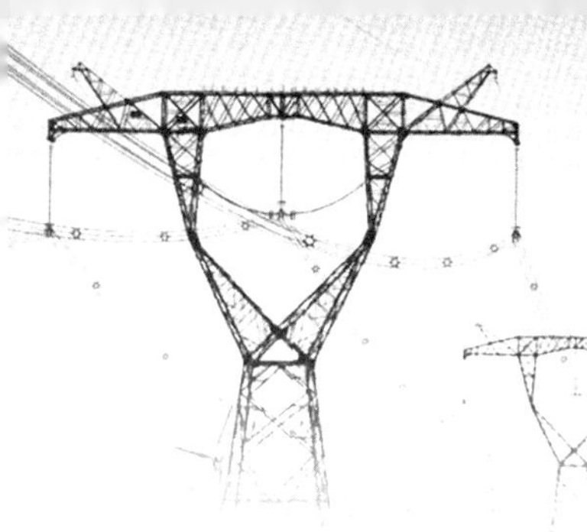

# 第四章　发电厂及新能源

## 一、单选题

1. 直流炉与其他循环形式锅炉相比最大区别在于没有（　　）。(C)

A. 送风机　B. 省煤器　C. 汽包　D. 过热面

2. 正常运行中，火电厂通常采用改变（　　）和二次风量的方法保持蒸汽压力。(C)

A. 一次风量　B. 给水量　C. 燃料量　D. 蒸发量

3. 在正常工作条件下，风力发电机组的设计要达到的最大连续输出功率叫（　　）。(D)

A. 平均功率　B. 最大功率　C. 最小功率　D. 额定功率

4. 在一个风电场中，风力发电机组排列方式主要与（　　）及风力发电机组容量、数量、场地等实际情况有关。(C)

A. 风速　B. 空气密度　C. 主导风向　D. 高度

5. 在稳定功率运行时，核反应堆处于（　　）状态。(B)

A. 次临界　B. 临界　C. 超临界　D. 超超临界

6. 在某一期间内，风力发电机组的实际发电量与理论发电量的比值，叫风力发电机组的（　　）。(A)

A. 容量系数　B. 功率系数　C. 可利用率　D. 发电率

7. 在河床上游修建拦河坝，将水积蓄起来，抬高上游水位，形成发电水头的水电厂称为（　　）。(A)

A. 堤坝式水电厂　B. 引水式水电厂　C. 抽水蓄能水电厂　D. 以上都不是

8. 火电厂在负荷调整中，在（　　）。(C)

A. 增负荷时，先加煤后加风；减负荷时，先减风后减煤

B. 增负荷时，先加风后加煤；减负荷时，先减风后减煤

C. 增负荷时，先加风后加煤；减负荷时，先减煤后减风

9. 在电力系统实际调度中，核电厂一般承担（　　）。(A)

A. 基荷　B. 峰荷　C. 腰荷　D. 调频服务

10. 由于燃气轮机启动速度快，调节幅度大，因此在电网中可以承担（　　）和紧急事故备用的角色。(B)

A. 带基荷　B. 调峰　C. 优先发电　D. 腰荷

11. 以下属于抽水蓄能电站的静态效益的是（　　）。(A)

A. 容量效益　B. 负荷跟随　C. 旋转备用　D. 快速工况转换

12. 以下（　　）不是风力发电机对电力系统的影响。(D)

A. 电能质量的影响　B. 谐波的影响

C. 电压稳定性的影响　D. 网损增加的影响

13. 以下（　　）不是“电网友好型”风电场具备的条件。(C)

A. 风机具有有功无功调节和低电压穿越能力

B. 风场拥有风功率预测系统

C. 建设在人烟稀少的地方

D. 集中优化配置有功功率和无功功率控制系统

14. 以下不属于抽水蓄能机组作用的是（　　）。(D)

A. 调峰　　B. 调相　　C. 调频　　D. 灌溉

15. 以下不属于抽水蓄能机组运行工况的是（　　）。(D)

A. 发电　　B. 抽水　　C. 发电调相　　D. 进相

16. 一个独立光伏系统，已知系统电压为48V，蓄电池标称电压为12V，那么需串联的蓄电池数量为（　　）。(B)

A. 2　　B. 4　　C. 6　　D. 8

17. 压水堆与沸水堆核电站一个主要区别是沸水堆核电站没有（　　）。(A)

A. 蒸汽发生器　　B. 堆芯　　C. 安全壳　　D. 慢化剂

18. 压水堆是用（　　）作冷凝剂和慢化剂。(C)

A. 海水　　B. 重水　　C. 普通水　　D. 沸水

19. 压水堆核电站中推动汽轮机做功的蒸汽产生于（　　）。(B)

A. 堆芯　　B. 蒸汽发生器　　C. 主泵　　D. 锅炉

20. 循环水泵主要向（　　）提供冷却水。(D)

A. 给水泵电机空冷器　　B. 真空泵

C. 发电机冷却器　　D. 凝汽器

21. 选择汽轮机主汽参数为24.2MPa、566℃的火电厂为（　　）。(A)

A. 超临界压力发电厂　　B. 高压发电厂

C. 亚临界压力发电厂　　D. 临界发电机厂

22. 协调控制系统共有五种运行方式，其中最为完善、功能最强大的方式是（　　）。(B)

A. 机炉独自控制方式　　B. 协调控制方式

C. 汽轮机跟随锅炉方式　　D. 锅炉跟随汽轮机方式

23. 现阶段火电机组必须安装并实时运行（　　），并与环保机构联网，接受实时动态监管。(B)

A. 电负荷监测装置　　B. 脱硫装置

C. 热负荷实时监测装置　　D. 脱硝装置

24. 现阶段抽水蓄能电站利用效率可达（　　）。(A)

A. 75%　　B. 70%　　C. 65%　　D. 80%

25. 下列（　　）属于锅炉辅助设备。(A)

A. 送风机　　B. 省煤器　　C. 空预器　　D. 过热器

26. 中型光伏电站一般通过（　　）电压等级接入电网。(B)

A. 380V　　B. 10～35kV　　C. 66kV　　D. 110kV

27. 直驱型风力发电机的优点是（　　）。(D)

A. 发电机转速快　　B. 发电机级数少　　C. 变流器容量小　　D. 传动效率高

28. 在太阳能光伏发电系统中，最常使用的储能元件是（　　）。(B)

A. 锂离子电池　　B. 铅酸蓄电池　　C. 镍铬电池　　D. 碱性蓄电池

29. 在确保枢纽工程安全的前提下，可采用前错或后错方式，应明确规定错峰起止的控制条件。该调度称为（　　）。(B)

A. 预泄调度　　B. 补偿和错峰调度　　C. 实时预报调度　　D. 中期预报调度

30. 在变桨距风力发电机组中，液压系统主要作用之一是（　　），实现其转速控制、功率控制。(A)

A. 控制变桨距机构　　B. 控制机械刹车机构

C. 控制风轮转速　　D. 控制发电机转速

31. 以下各项效益中，不属于抽水蓄能电站动态效益的是（　　）。(B)

A. 调峰效益　B. 容量效益　C. 旋转备用效益　D. 调频效益

32. 以下不适宜用于水电站短期优化运行准则的是（　　）。(B)

A. 调峰电量最大准则

B. 梯级水电站保证出力最大为最优准则

C. 在满足网调负荷要求下，梯级水电站总耗水量最小为最优准则

D. 以梯级水电站总蓄能量最大为最优准则

33. 以电为主的水库，其汛限水位以上的防洪库容及其洪水调度运用，必须服从（　　）的统一指挥。(A)

A. 防汛指挥机构　B. 大坝管理单位　C. 大坝主管部门　D. 电网调度机构

34. 一般来说，（　　）天气条件下光伏功率预测较为准确。(D)

A. 阴天　B. 晴间多云　C. 雨天　D. 晴天

35. 新能源发电是指把新能源转换为（　　）的过程。(D)

A. 热能　B. 磁场　C. 机械能　D. 电能

36. 小型光伏电站不需要拥有的功能是（　　）。(D)

A. 防孤岛保护　B. 电压响应　C. 频率响应　D. 低电压穿越

37. 无调节水库的电站称为（　　）。(B)

A. 引水式电站　B. 径流式电站　C. 小水电　D. 冲击式电站

38. 为满足光伏功率预测建模要求，光伏电站提供的历史有功功率数据的时间分辨率应不小于（　　）。(A)

A. 5　B. 15　C. 30　D. 20

39. 通常在光伏电站设计中，光伏组件下一级是（　　）。(B)

A. 逆变器　B. 汇流箱　C. 升压变压器　D. 断路器

40. 通常说的平均风速是指（　　）min 平均值。(B)

A. 5　B. 10　C. 15　D. 60

41. 通常情况下光电转换效率最高的是（　　）太阳电池。(A)

A. 单晶硅　B. 多晶硅　C. 薄膜　D. 有机半导体

42. 太阳能光伏发电系统最核心的器件是（　　）。(B)

A. 逆变器　B. 太阳能电池　C. 蓄电池　D. 控制器

43. 太阳能电池组件的功率与辐照度基本呈（　　）。(D)

A. 开口向下的抛物线关系　B. 指数关系

C. 反比关系　D. 正比关系

44. 太阳能电池是利用半导体（　　）的半导体器件。(C)

A. 光热效应　B. 热电效应　C. 光伏效应　D. 热斑效应

45. 太阳能电池的光电转换效率随温度升高而（　　）。(C)

A. 升高　B. 不变　C. 降低　D. 不确定

46. 太阳能电池产生的能量以（　　）形式储存在蓄电池中。(D)

A. 机械能　B. 电能　C. 热能　D. 化学能

47. 太阳电池板的主要利用太阳能量光谱的波段是（　　）。(A)

A. 可见光—红外　B. 红外　C. 可见光　D. 紫外

48. 水轮机额定出力是在（　　）下水轮机主轴输出的功率。(B)

A. 最大水头、最大流量、额定转速　B. 设计水头、设计流量、额定转速

C. 最小水头、最大流量、额定转速　D. 设计水头、最大流量、额定转速

49. 水库调度计算及评价规范中日径流电量是指（　　）。(C)

A. 日实际发电量

B. 日库容差电量

C. 当前水位下，某日天然径流量所折算的电量（对于梯级水库指水库群天然径流电量）

D. 日入库水量扣除上游出库水量后所折算电量

50. 实现水轮机调节的途径就是改变（　　）。(A)

A. 过机流量　　B. 机组转速　　C. 机组水头　　D. 机组效率

51. 实现超大功率变流器的根本设计方法是（　　）。(D)

A. 提高电流等级　　B. 提高效率　　C. 提高功率体积比　　D. 提高电压等级

52. 上游水库一般控制在（　　）以下，以保证大坝和水工建筑物的安全，又避免上游淹没损失。(C)

A. 最高水位　　B. 校核水位　　C. 正常高水位　　D. 防洪高水位

53. 确定水电站发电量大小的主要因素是（　　）。(D)

A. 装机容量　　B. 水头与水量

C. 线路输送能力　　D. 装机容量、水头、水量、线路输送能力

54. 年发电计划一般采用（　　）的保证率来水编制，同时选用其他典型频率来水计算发电量，供电力电量平衡时参考。(C)

A. 50%～55%　　B. 60%～65%　　C. 70%～75%　　D. 80%～85%

55. （　　）光伏电站应具备一定的低电压穿越能力。(D)

A. 小型　　B. 小中型　　C. 小中大型　　D. 大中型

56. 某段时段内，当水库入库流量小于出库流量时，则（　　）。(B)

A. 库水位上涨　　B. 库水位下降　　C. 库水位保持不变　　D. 无法确定

57. 理想的梯级水电站开发方式为（　　）。(D)

A. 下一级回水不考虑上一级尾水而形成梯级　　B. 下一级回水顶托上一级尾水而形成梯级

C. 下一级回水低于上一级尾水而形成梯级　　D. 下一级回水正好衔接到上一级的尾水而形成梯级

58. 可再生能源发电项目的上网电价由（　　）制定。(C)

A. 可再生能源开发企业　　B. 电网企业

C. 国务院价格主管部门　　D. 当地价格主管部门

59. 径流式水电站是（D）。

A. 径流电站　　B. 日调节电站　　C. 年调节电站　　D. 无调节电站

60. 计算梯级水库蓄能值时，下列说法不对的是（　　）。(A)

A. 要考虑上游水库对本库的影响

B. 要考虑本库水量对下游各电站的增发电量的影响

C. 梯级蓄能值与水库耗水率的大小有关

D. 梯级蓄能值与下游水库耗水率的大小有关

61. 机组甩负荷时，转速或水压上升均过大，其原因可能是（　　）。(C)

A. 导叶关闭时间太短

B. 导叶关闭时间太长

C. 水轮机与实际水头不适应

D. 主配压阀放大系数过大

62. 混流式水轮机和轴流转浆式水轮机比较，当工作水头和出力变化时，其效率变化不大的是（　　）。(B)

A. 混流式水轮机　　B. 轴流式水轮机　　C. 都不大　　D. 无法比较

63. 光伏电站汇流箱的主要作用是（　　）。(B)

A. 汇集电压　　B. 汇集电流　　C. 提高功率　　D. 提高功率因数

64. 华北、东北、西北等地区冬天温度过低，风电场测风塔自动气象站一般需要配置（　　）。(C)

A. 普通铅酸蓄电池　　B. 交流稳压隔离电源

C. 防冻型蓄电池　　D. 太阳能电池

65. 划分水电站水库调节性能大小的主要依据是（　　）。(C)

A. 水库库容大小　　B. 水库控制流域面积大小

C. 水库库容调节系数　　D. 电站装机容量大小

66. 河床式电站属于（　　）。(A)

A. 堤坝式电站　　B. 引水式电站　　C. 混合式电站　　D. 地下式电站

67. 光伏逆变器一般指将（　　）的设备。(C)

A. 直流电变换成直流电　　B. 交流电变换成交流电

C. 直流电变换成交流电　　D. 交流电变换成直流电

68. 光伏功率超短期预测的预测时效最长为（　　）。(C)

A. 1h　　B. 2h　　C. 4h　　D. 24h

69. 光伏发电站有功功率是指（　　）。(D)

A. 电池组件输出有功功率　　B. 逆变器输出功率

C. 单元变输出功率　　D. 光伏发电站输入到并网点的有功功率

70. 光伏电站属新能源类电站，光伏电站在并网运行时（　　）。(B)

A. 可以由电站运行人员自行从电网切除

B. 必须由调度部门下达指令后才能从电网切除

C. 可以由电站运行人员自行从电网切除后，上报给调度部门

D. 当按调度指令切除后，可再次自行并网发电

71. 光伏电站接入电网技术规定适用的电压等级是（　　）。(A)

A. 380V 及以上　　B. 10kV 及以上　　C. 20kV 及以上　　D. 35kV 及以上

72. 光伏电站电能质量检测装置应该安装在（　　）。(A)

A. 光伏电站和并网点之间　　B. 逆变器和单元变压器之间

C. 汇流箱与逆变器之间　　D. 电池组件与汇流箱之间

73. 风能的大小与风速的（　　）成正比。(B)

A. 平方　　B. 立方　　C. 四次方　　D. 五次方

74. 风力发电机组偏航系统的偏航方式有（　　）。(D)

A. 阻尼式　　B. 无阻尼式　　C. 液压式　　D. 阻尼、液压混合式

75. 风力发电机电源线上，并联电容器组的目的是（　　）。(C)

A. 增加有功功率　　B. 增加无功功率　　C. 增加功率因数　　D. 减少无功功率

76. 风力发电机的（　　）是表示风力发电机的净电输出功率和轮毂高度处风速的函数关系。(C)

A. 速度曲线　　B. 桨距角曲线　　C. 功率曲线　　D. 风速曲线

77. 风经过风电机组后将部分动能转化为机械能，再转化为电能，从而使风速降低，对后面的风电机组发电量产生影响，即（　　）效应。(A)

A. 尾流　　B. 湍流　　C. 紊流　　D. 层流

78. 风机安全链的功能是在机组发生严重故障或存在潜在故障时，将机组转换到（　　）。(C)

A. 待机状态　　B. 启动状态　　C. 刹车停机状态　　D. 偏航状态

79. 风电系统中故障率最高的部件是（　　）。(D)

A. 发电机　　B. 叶片　　C. 变流器　　D. 齿轮箱

80. 风电机组结构所能承受的最大设计风速称为（　　）。(B)

A. 平均风速　　B. 安全风速　　C. 切除风速　　D. 瞬时风速

81. 风电机组工作过程中，能量转化的顺序是（　　）。(A)

A. 风能—动能—机械能—电能　　B. 动能—风能—机械能—电能

C. 动能—机械能—电能—风能　　D. 风能—机械能—动能—电能

82. 风电机组的电能质量、有功功率/无功功率调节能力检测以及电气模型验证，检测机构只出具（　）。(C)

A. 检测证明　B. 测试结论　C. 检测报告　D. 检测证书

83. 风电场正常运行的有功功率变化测量在风电场（　）情况下进行。(A)

A. 连续运行　B. 满负荷运行　C. 空载运行　D. 停运

84. 风电场建设时，一般要求在当地连续测风（　）以上。(D)

A. 3个月　B. 6个月　C. 3年　D. 1年

85. 风电场、光伏电站等新能源电站应具备一定的（　）能力，即在其并网点电压跌落的时候，能够保持并网，甚至向电网提供一定的无功功率，支持电网恢复。(D)

A. 容量冗余　B. 无功/电压调节　C. 有功功率控制　D. 低电压穿越

86. 分布式发电一般独立于公共电网而靠近（　），可以包括任何安装在用户附近的发电设施。(D)

A. 变电站　B. 输电线路　C. 配电所　D. 用户负荷

87. 分布式电源的接地方式应和（　）的接地方式保持一致，并应满足人身设备安全和保护配合的要求。(B)

A. 高压侧　B. 电网侧　C. 低压侧　D. 无关

88. 发电机失磁后，机组转速（　）。(A)

A. 升高　B. 降低　C. 不变　D. 停机

89. 对直调水电厂日发电计划进行调整时，一般要遵循的原则和要求说法不对的是（　）。(B)

A. 对水库运行造成较大影响的调整，应在下达调整指令后及时告知水库调度有关人员

B. 应由水库调度人员根据情况进行调整

C. 应由水库调度人员核实有关情况、进行相关分析计算后，再对计划进行调整

D. 对其他调度机构直调水电厂的运行造成较大影响时，应及时告知有关调度机构

90. 对于小型光伏电站，当光伏电站并网点频率超过（　）范围时，应在0.2s内停止向电网线路送电。(A)

A. 49.5～50.2Hz　B. 49.0～50.2Hz

C. 49.5～50.0Hz　D. 49.0～51.2Hz

91. 对平坦地形当盛行主风向为一个方向或两个方向且相互为反方向时，风力发电机组排列方式一般为（　）分布。(A)

A. 矩阵式　B. 梅花式　C. 扇形式　D. 矩形式

92. 短期天气预报的时效在我国天气预报的时效规定是指（　）。(C)

A. 两天内　B. 五天以内　C. 三天以内　D. 一天以内

93. 短期风电功率预测是指（　）。(A)

A. 风电场未来3天的风电输出功率　B. 风电场未来2天的风电输出功率

C. 风电场未来1天的风电输出功率　D. 未来15min～4h

94. 电网调度机构应在汛期到来前，通过发电将水库水位消落至（　）。(B)

A. 死水位　B. 汛限水位以下

C. 防洪高水位以下　D. 年消落水位

95. 电池板组件组并联的目的是（ ）。(B)

A. 提高电压　B. 提高电流　C. 提高功率　D. 提高功率因数

96. 当新能源发电的规模较大时，宜采用（　）接入输电网模式，通过高电压远距离输送，实现全网消纳。(B)

A. 分布式　B. 集中式　C. 发电端　D. 输电端

97. 当水库水位处于正常高水位时，要获得相同的机组出力和电量，其发电耗水率与死水位相比（　）。(B)

A. 较高　B. 较低　C. 无法比较　D. 相等

98. 当光伏电站设计为不可逆并网方式时，应配置（　）。(B)

A. 过流保护　B. 逆向功率保护　C. 过压保护　D. 距离保护

99. 当大坝遇到设计洪水时水库在坝前达到的最高水位称为（　）。(D)

A. 正常蓄水位　B. 校核洪水位　C. 防洪高水位　D. 设计洪水位

100. 大中型光伏电站频率在 48～49.5Hz 时应至少运行（　）。(B)

A. 5min　B. 10min　C. 15min　D. 20min

101. 大规模储能技术中，目前只有（　）技术相对成熟，而其他储能技术还处于试验示范阶段甚至初期研究阶段。(C)

A. 电池储能　B. 超导储能　C. 抽水蓄能　D. 压缩空气储能

102. 从梯级水电站优化运行需要来说，调节性能好的水库的理想位置应是（　）。(A)

A. 上游　B. 中游　C. 下游　D. 都可以

103. 抽水蓄能电站在电网中的主要工作方式是（　）。(A)

A. 用电高峰时段当作水轮发电机发电，用电低谷时段当作水泵抽水蓄能

B. 用电高峰时段当作水泵抽水蓄能，用电低谷时段当作水轮发电机发电

C. 任何时段都当作水轮发电机发电

D. 任何时段都当作水泵抽水

104. 潮汐发电按能量形式分为两种：一种是利用潮汐的动能发电；另一种是利用潮汐的（　）发电。(C)

A. 电磁能　B. 化学能　C. 势能　D. 热能

105. 超短期风电功率预测（　）。(B)

A. 每 5min 上报一次未来 5min～4h 的风电输出功率，时间分辨率不大于 5min

B. 每 15min 上报一次未来 15min～4h 的风电输出功率，时间分辨率不大于 15min

C. 每 15min 上报一次未来 15min～24h 的风电输出功率，时间分辨率不大于 15min

D. 每 5min 上报一次未来 5min～24h 的风电输出功率，时间分辨率不大于 5min

106. 测风塔的位置要求（　）。(B)

A. 靠近变电站　B. 具有代表性　C. 靠近风电机组　D. 在场址最高点

107. 并入电网运行的水电站必须服从（　）的统一调度。(D)

A. 防汛指挥机构　B. 水库调度管理单位　C. 水库调度主管部门　D. 电网调度机构

108. 变桨控制系统安装在风机（　）部分中。(C)

A. 机舱　B. 塔筒　C. 轮毂　D. 叶片

109. 按水库调度图进行调度时，决策的主要依据是（　）。(B)

A. 入库水量　B. 当前水位　C. 调度时期　D. 可调水量

110.（　）是水轮机调节主要研究的任务。(C)

A. 电压调节　B. 电流调节　C. 频率调节　D. 水头调节

111.（　）应根据水电站特性，结合水文预报及负荷预测结果，合理安排运行方式。当水库弃水或有可能弃水时应尽可能安排火电多调峰。(D)

A. 防汛指挥机构　B. 水库调度管理单位　C. 水库调度主管部门　D. 电网调度机构

112. 开展针对大规模新能源发电功率预测技术研究的主要原因是（　）。(A)

A. 以风力发电和太阳能发电为主的新能源，其输出功率具有随机波动特征

B. 提高电网接入新能源发电的适应性和安全稳定控制能力

C. 实现新能源与常规能源的合理布局和优化配置

D. 以上皆是

113. 风机发生故障时，桨距角变为 91°的过程叫（　）。(C)

A. 开桨　　B. 关桨　　C. 顺桨　　D. 停桨

114. 若发电机密封油系统失去电源，将造成（　　）泄漏。(B)

A. 冷却水　　B. 氢气　　C. 氮气　　D. 空气

115. 为防止汽轮发电机机组超速损坏，汽轮机装设有保护装置，使发电机的转速限制在不大于额定转速的（　　）以内。(B)

A. 5%　　B. 10%　　C. 15%　　D. 20%

116. （　　）一般指具备并投入 AGC（自动发电控制装置）功能运行的发电机组，负责保持电网频率 50Hz 运行。(A)

A. 主调频机组　　B. 负荷监视机组　　C. 辅助调频机组　　D. 一般调频机组

117. 当电网频率变动超过（50±0.1)Hz 时，（　　）主动参加调整。(A)

A. 辅助调频机组　　B. 负荷监视机组　　C. 主调频机组　　D. 各地调拉路限电

118. 锅炉灭火保护动作最主要的作用是（　　）。(C)

A. 跳一次风机　　B. 跳引、送风机　　C. 切断所有燃料　　D. 切断所有已、二次风源

119. 主调频机组的 AGC 功能退出后，（　　）。(C)

A. 作为负荷监视机组运行　　B. 作为一次调频机组运行

C. 作为辅助调频机组运行　　D. 作为调频机组运行

120. 电网低频率运行时，给水泵和循环水泵的转速将（　　）。(A)

A. 减慢　　B. 加快　　C. 不变　　D. 不一定

121. （　　）负责保持频率（50±0.2)Hz 运行。(C)

A. 主调频机组　　B. 辅助调频机组　　C. 负荷监视机组　　D. 一般调频机组

122. 汽轮发电机组，当（　　）参数超限时，需人为干预停机。(D)

A. 汽轮机超速　　B. 润滑油压极低　　C. 真空极低　　D. 蒸汽参数达到极限值

123. 在系统运行正常时，除投入运行的 AGC 机组外各发电厂应依照（　　）接带负荷，不得随意增减出力。(B)

A. 请示调度同意　　B. 调度计划曲线　　C. 等待调度命令　　D. 机组安全状况

124. （　　）是指发电机调速系统的频率特性固有的能力，随频率变化而自动进行频率调整。(C)

A. 自动调频　　B. 手动调频　　C. 一次调频　　D. 二次调频

125. 在区域电网中，调控分中心一般担负系统调频任务，其 AGC 控制模式应选择（　　）；省市调应保证按联络线计划调度，其 AGC 控制模式应选择定联络线控制模式。(C)

A. 定联络线功率控制模式　　B. 频率与联络线偏差控制模式

C. 定频率控制模式　　D. 停用

126. 水电机组调峰能力等于（　　）。(C)

A. 0.4　　B. 0.5　　C. 1　　D. 0.75

127. 抽水蓄能电厂调峰能力按发电容量计算超过（　　）。(D)

A. 0.4　　B. 0.5　　C. 1　　D. 2

128. 机组最优投入即在保证系统安全的条件下，合理选择运行机组并安排其（　　），使得周期内系统的总运行费用为最少。(B)

A. 检修计划　　B. 开停计划　　C. 备用计划　　D. 发电计划

129. 燃煤机组减负荷调峰能力一般为（　　）。(B)

A. 0.4　　B. 0.5　　C. 1　　D. 2

130. 黑启动电源一般选择（　　）。(A)

A. 水电　　B. 核电　　C. 风电　　D. 火电

131. 下列清洁能源中，不属于新能源的是（　　）。(C)

A. 太阳能　　B. 风能　　C. 核能　　D. 水能

132. 发电机组提供的基本辅助服务包括（　　）、基本调频、基本无功调节。(D)
A. 黑启动　B. 自动电压控制　C. 旋转备用　D. 一次调频
133. 机组最大调峰幅度的计算公式为（　　）。(C)
A. (可短时稳定运行的最低出力÷铭牌容量)×100%
B. (可长时稳定运行的最低出力÷铭牌容量)×100%
C. (1－可短时稳定运行的最低出力÷铭牌容量)×100%
D. 1－(可长时稳定运行的最低出力÷铭牌容量)×100%
134. 风电场、光伏电站应配合电网调度机构保障电网安全，按照电网调度指令参与电网（　　）。(A)
A. 调峰和调频　B. 调峰　C. 调频　D. 调压
135. 热电比、年度总效率符合国家热电联产标准的供热机组按照（　　）的原则确定机组的调峰能力。(C)
A. 协议商定　B. 以电定热　C. 以热定电　D. 额定功率
136. 对处理系统高频率运行处理方法不正确的是（　　）。(C)
A. 对于非弃水运行的水电机组优先减输出功率
B. 对火电机组减出力至允许最小技术出力
C. 启动抽水蓄能机组发电运行
D. 对弃水运行的水电机组减出力直至停机
137. 风电机组规定的工作风速一般是（　　）。(C)
A. 0～18m/s　B. 0～25m/s　C. 3～25m/s　D. 6～30m/s
138. 超临界机组蒸汽压力参数是（　　）。(B)
A. 17MPa　B. 24MPa　C. 25MPa　D. 30MPa
139. 抽水蓄能电站在系统高峰负荷时的运行工况一般为（　　）。(C)
A. 调相　B. 调频　C. 发电　D. 抽水
140. 大型发电机采用（　　）并列方法。(C)
A. 自同期　B. 合环　C. 准同期　D. 零起升压
141. 大型火电机组的 DCS 是（　　）的简称。(B)
A. 集中操作管理　B. 分散控制系统
C. 数据采集控制系统　D. 顺序控制系统
142. 大型火电机组的 DCS 对生产过程进行（　　）。(A)
A. 集中操作管理和分散控制　B. 集中控制和分散操作管理
C. 集中操作管理和集中控制　D. 分散操作管理和分散控制
143. 发电机进相运行时，发出（　　），吸收（　　）。(D)
A. 无功、有功　B. 感性无功、容性无功
C. 容性无功、感性无功　D. 有功、无功
144. 发电机欠励磁运行时，（　　）。(B)
A. 既输出有功，也输出无功　B. 输出有功，吸收无功
C. 吸收有功，吸收无功　D. 吸收有功，输出无功
145. 发电机失磁后，发电机从电网吸收大量的（　　）。(B)
A. 有功功率　B. 无功功率　C. 感性电流　D. 容性电流
146. 锅炉中把送风机送来的空气利用流经垂直烟道的烟气进行加热的设备称为（　　）。(D)
A. 省煤器　B. 过热器　C. 再热器　D. 空气预热器
147. 火力发电机组发电过程中的高温高压蒸汽是在（　　）内膨胀做功。(B)
A. 锅炉　B. 汽轮机　C. 发电机　D. 变压器
148. 水库可调水量为（　　）。(A)

A. 当前坝前水位至死水位之间的水库容积　B. 正常蓄水位至死水位之间的水库容积
C. 汛限水位至死水位水库容积　D. 水库的蓄水量

149. 同步发电机以准同期方式并网时，允许合闸相位差为（　　）。(A)
A. 5°　B. 8°　C. 10°　D. 15°

150. 在汛期，水库水位达到（　　）后，为保证水库安全运行，必须泄洪。(C)
A. 防破坏线　B. 防弃水线　C. 防洪调度线　D. 限制出力线

## 二、多选题

1. 转子是水轮发电机的旋转部件，由（　　）等主要部件组成。(ABCD)
A. 主轴　B. 磁轭　C. 磁极　D. 支架

2. 轴流转桨式水轮机转轮由（　　）组成。(ABCD)
A. 转轮体　B. 叶片　C. 泄水锥　D. 密封装置

3. 在（　　）工况下，汽轮机部件可能要发生过大的寿命损耗。(BCD)
A. 机组温态启动
B. 机组冷态启动
C. 正常运行当负荷突然发生甩去50%额定负荷以上
D. 极热态启动

4. 由于海水潮汐的水位差远低于一般水电站的水位差，因此潮汐电站应采用低水头、大流量的水轮发电机组。目前全贯流式水轮发电机组由于其（　　）已为各潮汐电站广泛采用。(ABCD)
A. 外形小　B. 重量轻　C. 管道短　D. 效率高

5. 影响循环流化床锅炉热效率的因素有（　　）。(ABCD)
A. 煤质　B. 锅炉负荷
C. 氧量及一二次风配比　D. 排烟温度

6. 以下（　　）有蒸汽发生器。(AB)
A. 重水堆核电站　B. 压水堆核电站　C. 沸水堆核电站　D. 以上都有

7. （　　）采用低浓度二氧化铀作为燃料。(AB)
A. 压水堆　B. 沸水堆　C. 快堆　D. 石墨气冷堆

8. （　　）是核电厂常用的慢化剂。(ABC)
A. 石墨　B. 重水　C. 轻水　D. 金属钠

9. 以下（　　）是风电机组的功率调节方法。(AB)
A. 定桨距调节方法　B. 变桨距调节方法
C. 恒电压调节方法　D. 恒功率调节方法

10. 以下采用热中子进行裂变反应的是（　　）。(ABC)
A. 轻水堆　B. 重水堆　C. 石墨气冷堆　D. 快堆

11. 大规模风电并网给电网带来的压力有（　　）。(ABCD)
A. 增大调峰、调频难度　B. 加大电网电压控制难度
C. 局部电网接入能力不足　D. 增加电网稳定风险

12. 压水反应堆中，用水做冷却剂是因为其有（　　）性质。(ABCD)
A. 导热性好　B. 液体黏度小　C. 稳定性好　D. 价格低

13. 压水堆本体由（　　）等组成。(ABCD)
A. 反应堆压力容器　B. 堆芯　C. 堆芯支撑结构　D. 控制棒驱动机构

14. 下列能源中属于可再生能源的有（　　）。(ABCD)
A. 水能　B. 风能　C. 太阳能　D. 生物质能

15. 我国投入商业运行的核反应堆型有（　　）。(AC)

A. 压水堆　　B. 沸水堆　　C. 重水堆　　D. 快堆

16. 太阳能光伏发电系统总充放电控制器作用包括（　　）。(ABCD)

A. 对独立光伏系统中的储能元件进行充放电控制

B. 避免储能元件在使用过程中出现过充或过放的现象

C. 提供负载控制的功能

D. 防雷功能

17. 太阳能光伏发电系统对蓄电池要求（　　）。(ABCD)

A. 自放电率低　　B. 深放电能力强　　C. 充电效率高　　D. 工作温度范围宽

18. 太阳能电池光电转换效率（　　）。(ABCD)

A. 与太阳能电池短路电流成正比

B. 与太阳能电池开路电压成正比

C. 与太阳能电池单位面积上接收到的太阳能辐射成反比

D. 与填充因子成正比

19. 四机分置式抽水蓄能电站指的是（　　）四机。(ABCD)

A. 发电机　　B. 水泵　　C. 电动机　　D. 水轮机

20. 水轮机组盘车的方法有（　　）。(ABCD)

A. 人工盘车　　B. 机械盘车　　C. 电动盘车　　D. 液压盘车

21. 水库调节性能一般可分为（　　）。(ABCD)

A. 日调节　　B. 年调节　　C. 多年调节　　D. 径流式

22. 水电站泄水建筑物包括（　　）。(ACD)

A. 溢洪道　　B. 水闸　　C. 溢流坝　　D. 泄水孔

23. 水电站建筑物包括（　　）。(ABCD)

A. 挡水建筑物　　B. 泄水建筑物

C. 引水建筑物　　D. 厂房、尾水道、水电站升压站

24. 水电厂闸门按其作用可分为（　　）。(ABCD)

A. 工作闸门　　B. 检修闸门　　C. 事故闸门　　D. 尾水闸门

25. 水电厂水能利用的两大要素包括（　　）。(BC)

A. 水位　　B. 水头　　C. 库容　　D. 流量

26. 水电厂启闭机是（　　）的操作设备。(ABC)

A. 水工闸门　　B. 阀门　　C. 拦污栅　　D. 封闭式的输水道

27. 水电厂的类型有（　　）。(ABCDE)

A. 坝后式水电厂　　B. 河床式水电厂　　C. 混合式水电厂　　D. 引水式水电厂

E. 抽水蓄能水电厂

28. 抽水蓄能电站在系统中担当的作用有（　　）。(ABCD)

A. 调峰填谷　　B. 事故备用　　C. 调峰调频　　D. 黑启动

29. 超短期新能源调度应满足的功能有（　　）。(ABD)

A. 实现全网新能源超短期计划滚动调整功能

B. 滚动调整单个新能源电场（站）的超短期调度计划曲线

C. 考虑次日最优旋转备用容量的配置方案和联络线计划调整要求

D. 超短期新能源发电调度曲线可人工修正

30. 按抽水蓄能电站运行方式分的类型（　　）。(ABC)

A. 日调节　　B. 周调节　　C. 季调节　　D. 多年调节

31. 抽水蓄能机组有（　　）稳定运行工况。(ABC)

A. 发电　　B. 抽水　　C. 抽水调相　　D. 黑启动

32. 当系统频率严重降低时，抽水蓄能电站可帮助系统恢复正常的方法有（　　）。(ABD)

A. 机组紧急发电启动　　B. 抽水机组转停机

C. 抽水调相机组转抽水　　D. 抽水机组紧急转发电

33. 电网调度机构应督指导直调水电厂水调自动化系统维护工作，保证向上级调度机构传送信息的（　　），积极配合上级调度机构进行信息核对工作。(ABC)

A. 及时性　　B. 完整性　　C. 准确性　　D. 畅通性

34. 电网调度机构应配合公司有关部门建立健全防汛管理制度，主要包括（　　）。(ABCD)

A. 防汛领导小组及防汛办公室工作制度　　B. 汛前检查和消缺管理制度

C. 汛期值班、巡查和汇报制度　　D. 汛后工作总结报告制度

35. 电网调度机构应依法对梯级水电站实施调度管理，并按照“统一调度、分级管理”的原则，根据梯级水电站的（　　）等情况确定各级电力调度机构的调度管辖范围和调度管理方式。(ABCD)

A. 构成特点　　B. 装机大小　　C. 出线电压等级　　D. 电量消纳范围

36. 电网调度机构在接到（　　）和等对电网安全运行可能造成不利影响的恶劣天气的预报时，按规定及时向有关部门通报，并密切跟踪天气的发展变化情况，做好事故防范准备。(ABCD)

A. 台风　　B. 暴雨　　C. 高温　　D. 大雾

37. 短期新能源调度应满足的功能为（　　）。(BCD)

A. 应制订新能源单场（站）月度、年度调度计划

B. 提供全网次日至未来多日每日 96 点新能源发电调度计划曲线

C. 调度计划曲线可人工修正

D. 应支持选择不同的调度模型进行调度，模型的约束条件可手动设置

38. 对于（　　）不满足电网安全稳定运行要求的风电场，应制定专项整改计划，及时落实整改。(ABC)

A. 低电压穿越能力　　B. 继电保护及安全自动装置

C. 无功配置和调节性能　　D. 内部流程管理

39. 分布式电源并网前应开展电能质量前期评估工作，分布式电源应提供电能质量评估工作所需的相关技术参数包括（　　）。(ABC)

A. 电源容量　　B. 并网方式　　C. 变流器型号　　D. 连接点

40. 风电场（包括升压站）与相关调度主站交换的信息包括（　　）。(ABCD)

A. 风电功率预测系统信息　　B. 能量管理系统信息

C. 图像监控系统信息　　D. 保护及故障信息管理系统

41. 风电场配置的风电功率预测系统应具有（　　）风电功率预测功能。(AB)

A. 超短期　　B. 短期　　C. 中长期　　D. 长期

42. 风电机组并网检测管理暂行办法规定风电机组并网检测内容包括（　　）。(ABCD)

A. 风电机组电能质量　　B. 有功功率/无功功率调节能力

C. 低电压穿越能力　　D. 电网适应性

43. 风电机组的主要组成有（　　）。(ABCD)

A. 机舱　　B. 风轮　　C. 塔架　　D. 基础

44. 风力发电机并网时应满足（　　）两个基本要求：投入瞬间不超过允许值；被投入的风力发电机能够安全可靠地并入电网。(AB)

A. 发电机的冲击电流　　B. 冲击力矩

C. 电压　　D. 以上都不对

45. 风力发电机控制系统执行部分的组成是（　　）。(ABCD)

A. 变桨机构　　B. 偏航机构　　C. 制动装置　　D. 冷却系统

46. 跟水电站出力有关的因素包括（　　）。(ABC)

A. 流量　B. 水头　C. 水轮发电机效率　D. 库容

47. 关于抽水蓄能电站的说法，正确的是（　）。(ABCD)

A. 生产的产品是电，消耗的原料也是电

B. 水用来循环利用，基本可以不消耗水

C. 可以是日调节的，也可以是周调节或季调节，根据电网需要

D. 有上下两个水库

48. 光伏电站发出的电能在（　）方面应满足电能质量的要求。(ABCD)

A. 谐波　B. 电压偏差　C. 电压波动和闪变　D. 电压不平衡度

49. 光伏发电站一般由（　）组成。(ABCD)

A. 光伏方阵　B. 逆变器　C. 变压器　D. 辅助设施

50. 光伏功率预测按照预测时效可分为（　）预测。(ABCD)

A. 长期　B. 中期　C. 短期　D. 中长期

51. 光伏组件类型主要包括（　）。(ABCD)

A. 单晶组件　B. 多晶组件　C. 薄膜组件　D. 非晶硅组件

52. 进行风能资源分析评估时，通常需要测量（　）。(ABCD)

A. 风速　B. 风向　C. 气温　D. 气压

53. 径流式电站的特点是（　）。(BC)

A. 有调节水库　B. 无调节水库

C. 枯水期电量急剧下降　D. 丰水期也不能满发

54. 某抽水蓄能电站抽水工况运行时机组顺时针旋转，下列（　）工况运行时是顺时针旋转。(ACD)

A. 发电调相　B. 抽水调相　C. 线路充电　D. 拖动工况

55. 双馈风机中，主要依靠调节（　）来控制发电量。(AC)

A. 桨距角　B. 偏航角　C. 定子电流　D. 转子电流

56. 水电厂水库运行情况汇报的主要内容是（　）。(ABCD)

A. 水库出入库情况　B. 水库蓄水蓄能情况　C. 水电厂发电情况　D. 水库后期运用计划

57. 水库出入库情况包括（　）。(ABCD)

A. 入库流量　B. 出库流量　C. 弃水流量　D. 发电流量

58. 水库调度工作的主要内容包括（　）。(ABCD)

A. 编制水库调度方案、运用计划

B. 及时掌握、处理、传递水文气象和水库运用等信息

C. 进行水文气象预报

D. 实施水库调度运用并分析总结

59. 水库调度运用的主要参数及指标分类包括（　）。(ABCD)

A. 水库特征水位及库容　B. 电站指标

C. 防洪参数　D. 供水及其他综合利用指标

60. 为加强电网调度机构水库调度工作的精益化管理、标准化建设，保障电网（　）运行，建立了水库调度工作汇报制度。(ABC)

A. 安全　B. 稳定　C. 经济　D. 高效

61. 下列（　）因素是应大力发展抽水蓄能电站的原因。(ABCD)

A. 特大型水电西电东送

B. 电网系统内特大型火电或核电机组较多

C. 系统内峰谷差进一步扩大

D. 国家发展风电、光伏发电等新能源战略

62. 下列属于节水增发电计算内容的指标有（　）。(ABC)

A. 考核电量　B. 增发电量　C. 水能利用提高率　D. 弃水调峰损失电量

63. 下面关于年调节电站的工作特性描述正确的是（　）。（ABCD）

A. 在水库供水期内，水电站在系统负荷图上的工作位置，视综合利用各部分用水的大小，有时担任峰荷，有时担任部分峰荷、部分腰荷，有时则担任腰荷

B. 在蓄水期，在保证水库蓄满的条件下尽量充分利用丰水期水量，电站逐步由峰荷移至基荷

C. 在弃水期，水电站应将全部装机容量在系统负荷图的基荷运行

D. 在不蓄不供期，随着河道中天然流量的逐渐减少，应使其由系统负荷图的基荷位置逐渐上升，直到峰荷位置为止

64. 下述关于水库的特征水位及相应库容描述正确的是（　）。（ABCD）

A. 死水位是指正常运行的情况下，允许水位消落到最低位置；该水位以下的库容为死库容

B. 防洪限制水位是指汛期来临以前和在汛期中允许兴利蓄水的上限水位

C. 防洪高水位是指水库担负下游防洪任务时，遇到防护对象设计标准的洪水时，允许水库（坝前）达到的最高水位

D. 校核水位是指遇到大坝校核标准的洪水时，允许水库（坝前）达到的最高水位

65. 小水电的运行对电网安全稳定的影响主要体现在（　）三个方面。（ABD）

A. 无序并网和不规范操作对电网的安全稳定运行构成了直接的威胁

B. 来水的不确定性对电网的负荷预测和电力电量平衡产生的冲击越来越大

C. 小水电装机容量越来越大加大了系统的调峰能力需求

D. 水库的蓄放水对同一流域大中型水库的来水预报和运行方式的影响越来越严重

66. 汛期水库运行要以防洪为主，统一处理好安全运行与经济运行关系。具体应注意的问题有（　）。（ABCD）

A. 水库水位变化　B. 库区降雨量和入库流量变量

C. 库区天气情况及气象预报　D. 沿海地区台风对库区的影响

67. 以下（　）属于能量管理信息中的遥调信息。（AC）

A. 风电场 AGC 调节命令　B. 风电场升压站隔离刀闸状态信号

C. 风电场 AVC 调节命令　D. 风电场 AGC 的允许信号

68. 以下是水工泄水建筑物的有（　）。（ACD）

A. 水闸　B. 船闸　C. 溢洪道　D. 泄洪洞

69. 以下属于抽水蓄能电站动态效益的是（　）。（ABD）

A. 调峰效益　B. 旋转备用效益　C. 容量效益　D. 调频效益

70. 影响电网调峰弃水损失电量计算结果的因素有（　）。（ABCD）

A. 弃水量　B. 耗水率　C. 电网高峰时段　D. 发电水头

71. 在水电站群的电力补偿调度中，选择担任补偿电站的条件有（　）。（ABD）

A. 应以调节库容大、调节性能好的水电站担任补偿任务

B. 调节性能相同时，应以综合要求较简单的水电站担任补偿任务

C. 调节性能相同时，应以综合要求复杂的水电站担任补偿任务

D. 应以水头较高，距用电中心较近，单位出力投资较少的电站担任补偿任务

72. 在水电站引水发电过程中，对发电量大小有影响的因素有（　）。（ABCD）

A. 发电引用流量　B. 电站发电水头

C. 电站装机容量的大小　D. 机组的能量转化效率

73. 在一条河道上若干个水电厂形成梯级时，其经济运行方式的独有特点有（　）。（ABCD）

A. 各级电厂间存在着水力和电力联系

B. 需要考虑各级电厂间水流的流达时间

C. 上级电站运行需要考虑下级电站可能出现的弃水现象

D. 梯级水电厂运行的约束条件比一般水电系统要复杂得多

74. 在正常运行情况下，光伏电站向电力调度部门或其他运行管理部门提供的信号至少应包括（　　）。（ABCD）

A. 光伏电站并网状态、辐照度、环境温度

B. 光伏电站有功和无功输出、发电量、功率因数

C. 光伏电站并网点的电压和频率、注入电网的电流

D. 主变压器分接头挡位、主断路器开关状态等

75. 正常蓄水位是水库或水电站的重要特征值，它直接影响整个工程的规模，并与指标紧密联系（　　）。（ABCD）

A. 有效库容　B. 调节流量　C. 装机容量　D. 综合利用效益

76. 直驱型风电机组相比于异步机（　　）。（ABC）

A. 传动部件的减少提高了可靠性　B. 提高了风电机组效率

C. 可进行无功补偿　D. 降低了成本

77. 直调水电厂的日发电计划进行调整的条件是（　　）。（ABCD）

A. 因电网安全运行要求，需要调整水电厂出力

B. 水库来水与预计偏大较多等原因，造成水库运行水位已经或即将超出规定的控制范围

C. 因水电站发电设备故障和水工建筑物施工需要

D. 水库防汛、综合利用对水库运行水位和出库流量的要求发生较大变化

78. 中期发电调度主要是编制 5～10 日水库运行计划，以日可用水量指导短期发电调度。影响中期发电调度因素包括（　　）。（ABCD）

A. 期末水位的可控性　B. 水库运行的平稳性

C. 入库来水的随机性　D. 水位、出力、出库流量边界约束

79. 属于再生能源的是（　　）。（ABC）

A. 太阳能　B. 风能　C. 水能　D. 天然气

80. 影响水电厂出力的因素有（　　）。（ABCD）

A. 水轮机转轮的效率　B. 水头影响　C. 过机流量不足　D. 水库调度原则

81. 影响火电厂出力的因素有（　　）。（ABC）

A. 煤质　B. 本体故障　C. 辅机故障　D. 并网线路故障

82. 电厂出力调整注意事项包括（　　）。（ABD）

A. 电网安全稳定运行需要　B. 满足电网经济运行和节能调度需要

C. 满足发电企业发电指标的需要　D. 满足“三公”调度需要

83. 电网中电厂按照调频分工可分为（　　）。（ABC）

A. 主调频厂　B. 辅助调频厂　C. 非调频厂　D. 调峰调频厂

84. 抽水蓄能机组具有（　　）运行工况。（ABCD）

A. 发电　B. 发电调相　C. 抽水　D. 水泵调相

85. 并网电厂提供的有偿辅助服务包括（　　）。（BCD）

A. 一次调频　B. AGC　C. AVC　D. 旋转备用

86. 风能给电网带来的不利影响包括（　　）。（ABCD）

A. 风电机组产生的谐波

B. 发电机组运行时消耗大量无功

C. 电网低谷时，风电机组出力相对较大，影响系统调峰调谷

D. 天气异常时风量比较大，不利于安全

87. 发电机的非计划停役状态包括（　　）。（ABCD）

A. 跳机　B. 紧急停机　C. 临时检修　D. 临时消缺

88. 汛期水库运行应该注意（　　）。(ABC)

A. 水库水位的变化　　B. 库区降雨量和入库流量

C. 库区天气预报及天气情况　　D. 库区的鱼类生长情况

89. 发电设备的状态分为（　　）。(ABCD)

A. 并网运行　　B. 计划检修　　C. 备用　　D. 非计划停役

90. 调度管理发电机组的调节性能时，其依据为（　　），且机组的调差性能应满足电网的规定要求。(ABC)

A. 最低技术出力　　B. 额定技术出力　　C. 最高技术出力　　D. 功率因素

91. Q/GDW 617—2011《光伏电站接入电网技术规定》标准规定，在正常运行情况下，光伏电站向电力调度部门或其他运行管理部门提供的信号至少应包括（　　）。(ABCD)

A. 光伏电站并网状态、辐照度、环境温度

B. 光伏电站有功和无功输出、发电量、功率因数

C. 光伏电站并网点的电压和频率、注入电网的电流

D. 主变压器分接头挡位、主断路器开关状态等

92. 为加强风电消纳可加强配套电网建设，扩大风电消纳范围；（　　）；建立风电功率预测预报及优化调度体系，促进风电与电网协调运行。(ABCD)

A. 优化电源结构　　B. 提高系统调峰能力

C. 加强电力需求侧管理　　D. 增强消纳风电的能力

93. 大型发电机加装 PSS 可以（　　）。(CD)

A. 提高机组效率　　B. 减小机组损耗

C. 抑制电力系统低频振荡　　D. 提高电力系统稳定限额

94. 大型火电机组功率调节方式有（　　）。(ABD)

A. 以锅炉为基础调节　　B. 以汽机为基础调节

C. 给煤控制方式　　D. 功率控制方式

95. 大型火电机组升降负荷受（　　）影响。(BC)

A. 机端电压　　B. 锅炉　　C. 汽机　　D. 系统频率

96. 火电厂的主要运行指标（　　）。(ACD)

A. 年利用小时数　　B. 蒸汽效率　　C. 供电煤耗　　D. 发电煤耗

97. 火电机组自动控制方式一般有（　　）。(ABCD)

A. 自动检测　　B. 自动调节　　C. 自动保护　　D. 程序控制

98. 火力发电厂的主要设备有（　　）。(ABC)

A. 锅炉　　B. 汽轮机　　C. 发电机　　D. 磨煤机

99. 火力发电厂中的锅炉按水循环方式可分为（　　）。(ACD)

A. 自然循环锅炉　　B. 固定循环锅炉　　C. 强制循环锅炉　　D. 直流锅炉

## 三、判断题

1. 电力系统发生故障、并网点电压出现跌落时，风电场应动态调整机组无功功率和场内无功补偿容量，配合系统将并网点电压和机端电压快速恢复到正常范围内。(√)

2. 电网调度机构应将风电场设备检修计划纳入电力系统年度、月度、节日、特殊运行方式检修计划。(√)

3. 风电场短期功率预测主要需要的数据包括数值天气预报数据和风电场历史有功功率数据。(√)

4. 对平坦地形当盛行主风向为一个方向或两个方向且相互为反方向时，风力发电机组排列方式一般为矩阵型分布。(√)

5. 对新能源场站进行日前优先调度综合评分考评时主要考虑的性能指标包括：调度运行信息上报率、

功率预测准确率、功率预测合格率、低电压穿越能力等。(√)

6. 分布式电源发生异常到其停止向电网送电的时间称为最大分闸时间。(√)

7. 分布式电源在配电网中的大量接入，会对电力系统的系统潮流、电能质量、运行可靠性和继电保护产生影响。(√)

8. 风电场并网点是指升压站低压侧母线或节点。(×)

9. 风电场并网对系统调度的影响包括：系统调峰、系统调频和无功电压调节。(√)

10. 风电场并网运行适应性包括电压适应性和频率适应性。(√)

11. 风电场测风塔测量数据包括风速、风向、气温和气压。(√)

12. 风电场发电预测预报考核指标为风电场发电预测预报上报率、准确率和合格率。(√)

13. 风电场及风电机组解列，延迟一段时间后可以自动并网。(×)

14. 风电场接入系统设计要对可能引起的系统电压稳定问题进行研究，优先考虑风电机组无功调节能力，合理确定风电场升压站动态无功补偿方案。(√)

15. 风电场每日应在规定时间前按规定要求向电网调度机构提交次日 96 个时间节点风电有功功率预测数据和开机容量。(√)

16. 风电场每天应至少上报 1 次日风电场功率预测数据。(√)

17. 风电场日计划的编制原则是根据未来 1～3 天风功率预测结果，滚动调整其他常规机组发电出力或机组组合，从而最大能力接纳风电。(√)

18. 风电场是由一批风电机组或风电机组群（包括机组单元变压器）、汇集线路、主升压变压器及其他设备组成的发电站。(√)

19. 风电场应配备风功率预测系统，向调度机构提交日前和超短期预测结果。(√)

20. 风电场应提供可用于电力系统仿真计算的风电机组、风电场汇集线路及风电机组/风电场控制系统模型及参数，用于风电场接入电力系统的规划设计及调度运行。(√)

21. 风电场只能采用两回线路接入电力系统。(×)

22. 风功率预测系统中规定单个或多个风电场有功功率大于零的时间称之为有效发电时间。(√)

23. 风力发电机的功率曲线是表示风力发电机的净输出功率和轮毂高度处风速的函数关系。(√)

24. 风轮的作用是把风能转换成旋转机械能。(√)

25. 风能资源评估方法可分为统计分析方法和数值模拟方法两类。(√)

26. 光伏电站并网点电压跌至标准要求的跌落曲线以下时，光伏电站可以保持与电网连接。(×)

27. 光伏电站接入电力系统测试内容包括电能质量测试、电压/频率异常时的响应特性测试、防孤岛保护特性测试、有功/无功控制能力测试。(√)

28. 直驱型风电机组所采用的变流器在正常工作情况下，网侧变流器是处于整流模式。(×)

29. 光伏发电站接入电网的检测项目不包括运行适应性测试。(×)

30. 光伏功率预测按照预测时效小于 4h 的预测是短期预测。(×)

31. 光伏逆变器的逆变方式属于有源逆变。(√)

32. 光伏组件并联的目的是提高电压。(×)

33. 光伏组件串联的目的是提高电流。(×)

34. 光伏组件的铭牌功率通常用标准条件下的峰值功率来表示，符号为 $W_P$。(√)

35. 光伏组件一般使用寿命为 15～20 年。(√)

36. 风机机舱由底盘和机舱罩组成，机舱结构包括风轮叶片、风轮轮毂、风轮轴承、齿轮箱、发电机、底座、偏航系统、变频器。(√)

37. 进行风能资源评估时需要考虑的因素有风速、风向、地形、地貌。(√)

38. 评价风电场低电压穿越动态无功支撑功能需要考核的是无功电流注入值、响应时间和持续时间。(√)

39. 太阳能光伏发电原理是半导体界面光生伏特效应将光能直接转换成直流电能。(√)

40. 通过10kV（6kV）～35kV电压等级并网的分布式电源，宜采用专线方式接入电网并配置光纤电流差动保护。（√）

41. 为提高风电场升压站和汇集线系统设备在恶劣运行环境下的运行可靠性，汇集线系统的母线PT开关柜内应装设一次消谐装置。（√）

42. 新建风电场要同步建设风电功率预测和发电计划申报。（√）

43. 新能源场站运行监视数据包括实时有功功率、无功功率、电压、电流等。（√）

44. 旋转电机类型分布式电源接入10kV配电网，接入系统前，应对系统侧母线、线路、开关等进行短路电流和热稳定校核。（√）

45. 在分布式电源项目可能威胁公共电网、设备和人身安全的情况下，可采取必要手段确保公共电网、设备和人身安全及恢复公共电网、设备安全运行，包括解并列、启停机、调整发电功率。（√）

46. 大量分布式发电接入后不会影响配电网的可靠性。（×）

47. 微电网是由一些微型电源等分布式发电系统、储能系统和负荷构成，可同时提供电能和热能的独立网络。（√）

48. 大规模风电功率预测及运行控制试点工程建设内容中不包括实现风电场超短期功率预测。（×）

49. 大量分布式发电接入后会使配电网的线路负荷潮流变化加大，使电压调整的难度更大，但不会造成谐波污染。（×）

50. 随着清洁能源、电动汽车的发展，大量分布式发电及储能元件接入城市电网，需要智能电网具有较强的分布式电源接纳能力。（√）

51. 锅炉因其外部或内部原因发生的停炉，分为事故停炉和紧急停炉。（√）

52. 核电机组没有调峰能力。（×）

53. 分布式电源的孤岛现象是指电网失压时，电源仍保持对失压电网中某一部分负荷继续供电的状态。（√）

54. 当发电厂全停时，应设法恢复受影响的厂用电，有条件时，可利用本厂发电机对母线进行零起升压，成功后再设法与系统恢复同期并列。（√）

55. 并网发电机失磁后，从系统中吸收大量无功功率，威胁电网的稳定运行。（√）

56. 风电场电能计量点（关口）应设在风电场与电网的产权分界处，产权分界处按国家有关规定确定。（√）

57. 根据GB/T 19963—2011《风电场接入电力系统技术规定》，风电场调度自动化、电能量信息传输宜采用主/备信道的通信方式，直送电力系统调度机构。（√）

58. 抽水蓄能机组在负荷高峰期时一般以水轮机-发电机方式运行，在低谷时期以电动机-水泵方式运行。（√）

59. 电力系统一次调频的调整速度快且不受调度员控制。（√）

60. 按照《节能发电调度办法》规定，同类型火力发电机组按照能耗水平由低到高排序，节能优先。（√）

61. 一般同步发电机是在过励磁的励磁工况下工作。（√）

62. 电力系统稳定器（PSS）参数可以直接报调度部门备案执行。（×）

63. 进相试验时，AGC、AVC、励磁调节器均应退出运行。（×）

64. 《同步发电机进相试验导则》（DL/T 1523—2016），进相试验时水轮发电机组进相试验工况宜为0、50%、75%、100%额定有功功率。（√）

65. 《同步发电机进相试验导则》（DL/T 1523—2016），进相试验时汽轮发电机组进相试验工况宜为50%、75%、100%额定有功功率。（√）

66. 水轮发电机在带不同有功功率时，其极限功角应随有功功率的减小而降低。（√）

67. 励磁系统在发电机变压器高压侧对称或不对称短路时，应能正常工作。（√）

68. 大型汽轮发电机的励磁设备应能经受同步发电机任何故障和非正常运行而不损坏。（√）

69. 火电机组进行一次调频试验的频差扰动量可由机组控制系统或 AGC 系统生成。（×）

70. 同步发电机负载试验应在并网条件下进行。（√）

71. 一次调频是一种有差调节，不能维持电网频率不变，只能缓和电网频率的改变程度。所以我们增减某些机组的负荷，以恢复电网的频率，这一过程称为二次调频。（√）

72. 水轮机调节系统应具有孤网自动识别能力，带孤立负荷能稳定运行。（√）

73. 凝汽或背压式汽轮机甩负荷试验，一般按甩 50%和 100%额定负荷两级进行。（√）

74. DEH 接受锅炉协调控制系统的功率或主蒸汽压力给定和变化率指令，实现机跟炉、炉跟机、机炉协调控制称为协调控制。（√）

## 四、简答题

**1. 简述在主蒸汽温度不变时，主蒸汽压力升高对汽轮机工作有何影响。**

答：在主蒸汽温度不变时，主蒸汽压力升高对汽轮机工作的影响有：

（1）主蒸汽压力升高，整机的焓降增大，运行的经济性提高；

（2）易造成汽轮机调节级叶片过负荷；

（3）蒸汽温度不变，压力过高时，易造成末几级叶片水蚀严重；

（4）易造成汽轮机高压部件变形，缩短汽轮机的寿命。

**2. 在火力发电厂运行过程中，由于煤种经常发生变化，运行过程中若调整不好很容易造成锅炉结焦，请结合现场运行实际简述锅炉结焦的危害和防治措施。**

答：危害：

（1）引起蒸汽温度偏高；

（2）破坏水循环；

（3）增大了排烟热损失；

（4）造成锅炉出力降低。

防治措施：

（1）合理调整燃烧，使炉内火焰分布均匀，火焰中心保持适当位置；

（2）保证适当过量空气系数，防止缺氧燃烧；

（3）发现积灰和结焦及时清理，避免超出力运行；

（4）提高检修质量，保证燃烧器安装正确和锅炉密闭性，及时改进不合理设备。

**3. 简述锅炉启动过程中如何保护过热器。**

答：（1）锅炉点火初期由于产汽量小，过热器蒸汽管道内蒸汽流量小，需通过限制过热器入口烟气温度进行保护。主要采取限制燃料量和调整炉膛火焰中心位置实现。

（2）压力升高，过热蒸汽流量增大后，由于过热器管壁得到了良好的冷却，需通过限制过热器出口蒸汽温度来保护过热器。主要采取调整燃料量、火焰位置和风量（过量空气系数）实现。

**4. 凝汽器真空下降对机组运行带来的危害有哪些？**

答：（1）排汽压力升高，可用焓降减小，机组出力降低，不经济；

（2）排汽缸和轴承座受热膨胀，可能引起中心变化，产生振动；

（3）会造成纯冲动式汽轮机轴向推力增加；

（4）排汽温度过高时可能引起凝汽器铜管松弛，破坏严密性；

（5）真空降低使排汽容积流量减小，对末几级叶片和工作不利，有可能损坏叶片，造成事故。

**5. 什么是直流炉的中间点温度？**

答：在汽包锅炉中，汽包是加热、蒸发和过热三过程的枢纽和分界点。对于直流炉，它的加热、蒸发和过热是一次完成的，没有明确的分界。人们人为地将其工质具有微过热度的某受热面上一点的温度（一般取至蒸发受热面出口或第一级低温过热器的出口蒸汽温度）作为衡量煤水比例是否恰当的参照点，即为所谓的中间点温度。

**6. 为什么直流锅炉启动时必须建立启动流量和启动压力?**

答：汽包锅炉启动时，水冷壁的冷却依靠逐步建立的自然循环工质。直流锅炉不同于汽包锅炉，启动过程中必须有连续不断的给水流经蒸发段以冷却之。同时为了保证受热的蒸发段不致在压力较低时即发生汽化，使部分管子得不到充分冷却而烧坏，直流锅炉启动时还需建立一定的启动压力。

**7. 为什么排汽缸要装喷水降温装置?**

答：(1) 在汽轮机冲转、空载及低负荷时，蒸汽流通量很小，不足以带走蒸汽与叶轮摩擦产生的热量，从而引起排汽温度和排汽缸温度的升高。排汽缸产生较大的变形，破坏了汽轮机动、静部分中心线的一致性，严重时会引起机组振动或其他事故。所以，大功率机组都装有排汽缸喷水降温装置。

(2) 小机组没有喷水降温装置，应尽量避免长时间空负荷运行而引起排汽缸温度超限。

**8. 发电机解列，汽轮机打闸后的注意事项有哪些?**

(1) 注意润滑油压力的变化，确认交流油泵运行正常，直流油泵处于良好备用状态，油压降低而直流油泵未联动时，应立即手动启动，并严密监视润滑油压力；

(2) 确认转速下降，注意监视转子惰走情况，倾听机组内部声音，记录转子惰走时间；

(3) 转子惰走期间注意对润滑油温的调节；

(4) 注意汽缸金属温度的变化，正常情况下，汽轮机打闸后汽缸金属温度刚开始时应略有上升，以后应缓慢下降；

(5) 发电机解列前，必须先将负荷减到零、汽轮机打闸后，才允许发电机解列。

**9. 进入锅炉的给水为什么必须经过除氧?**

答：这是因为如果锅炉给水中含有氧气，将会使给水管道、锅炉设备及汽轮机通流部分遭受腐蚀，缩短设备使用寿命。防止腐蚀最有效的办法是除去水中的溶解氧和其他气体，这一过程称为给水的除氧。

**10. 试述受热面结焦积灰对锅炉蒸汽温度的影响。**

答：(1) 蒸发受热面结焦时，会造成辐射传热量减少，炉膛出口烟温升高，使对流过热器吸热量增大，出口蒸汽温度升高。

(2) 对流过热器积灰时，本身换热能力下降，出口蒸汽温度降低。

**11. 锅炉灭火有何现象? 应注意哪些问题?**

答：现象：

(1) 炉膛负压突然增大，一、二次风压降低，工业电视及就地看火孔看不到火焰，火焰监视装置报警。

(2) 蒸汽温度、蒸汽压力下降，汽包水位先下降之后升高。对于直流锅炉机组，汽轮机机械保护动作停机，蒸汽压力会出现短暂的升高。

(3) 灭火保护正确动作后，所有制粉系统全部跳闸，油枪来油速断阀关闭并闭锁。

注意问题：

锅炉灭火后严禁继续向炉内给粉、给油、给气，切断一切燃料。灭火保护不能正确动作时，应及时手动切断所有燃料的供应，并做好防误措施。严防灭火“打炮”扩大事故。

**12. 发电机逆功率运行对发电机有何影响?**

答：一般发生在刚并网时，负荷较轻，造成发电机逆功率运行，这样的情况对发电机一般不会有什么影响；当发电机带着高负荷运行时，若引起发电机逆功率运行可能造成发电机瞬间过电压，因为带负荷时一般为感性（即迟相运行），即正常运行的电枢反应磁通的励磁电流在负荷瞬间消失后，会使全部励磁电流、发电机电压升高，升高多少与励磁系统特性有关，从可靠性来讲，发生过电压对发电机有不利的影响，可能由于某种保护动作引起机组跳闸。

**13. 哪些风电机组应重点巡视检查?**

答：(1) 故障处理后重新投运的机组；

(2) 启停频繁的机组；

(3) 负荷重、温度偏高的机组；

（4）带病运行的机组；

（5）新投入运行的机组。

**14. 什么叫风电机组低电压穿越?**

答：指在风力发电机并网点电压跌落的时候，风电机组能够保持并网，甚至向电网提供一定的无功功率，支持电网恢复，直到电网恢复正常，从而“穿越”这个低电压时间（区域）。

**15. 哪些情况下风电机组应进行停机处理?**

答：（1）叶片处于不正常位置或与正常运行状态不符；

（2）主要保护装置拒动或失灵；

（3）因雷击损坏；

（4）发生叶片断裂等严重机械故障；

（5）出现制动系统故障。

**16. 风电机组叶片出现哪些情况应立即停机修复?**

答：（1）叶片折断；

（2）叶尖开裂；

（3）接闪器脱落；

（4）叶根开裂；

（5）变形或开裂；

（6）雷击后开裂、玻纤损坏；

（7）主梁变形、损坏。

**17. 风电机组的控制系统应能监测哪些数据?**

答：（1）发电机温度、有功与无功功率、电流、电压、频率、转速、功率因数；

（2）风轮转速、变桨距角度；

（3）齿轮箱油位与油温；

（4）液压装置油位与油压；

（5）制动刹车片温度；

（6）风速、风向、气温、气压；

（7）机舱温度、塔内控制箱温度；

（8）机组振动超温和控制刹车片磨损报警。

**18. 运行人员如何判断风电机组出力是否正常?**

答：（1）风速与功率不匹配；

（2）实际功率曲线与标准功率曲线是否匹配；

（3）与邻近风机出力是否有较大差距；

（4）未达到额定功率前，叶片角度未在最大工作角；

（5）机舱位置与风向偏差过大。

**19. 抽水蓄能电厂的特点是什么?**

答：抽水蓄能电厂是当电力系统处于低负荷时，系统尚有多余电力，此时机组以电动机—水泵方式工作，将下游水库的水抽至上游水库储存起来；在系统高峰负荷时，机组则以水轮机—发电机方式运行，将所蓄的水用于发电，以满足调峰的需要。此外，抽水蓄能电厂还可有调频、调相、做系统备用容量和生产季节性电能等多种用途。抽水蓄能机组具有发电、抽水、发电调相、水泵调相四种运行工况。

现代的抽水蓄能机组都要能做旋转备用，为节省动力一般使水泵水轮机在空气中旋转（向水轮机方向或水泵方向旋转），在电网有需要时即可快速地带上负荷或投入抽水或调相。在蓄能机组抽水时，如需快速发电可以不通过正常抽水停机而直接转换到发电状态，即在电动机和电网解列后利用水流的反冲作用使转轮减速并使之反转，待达到水轮机同步转速时迅速并网发电。

**20. 水轮机振动的原因是什么？**

答：（1）机械振动：引起机械振动的因素有转子质量不平衡、机组轴线不正、导轴承缺陷等。

（2）水力振动：引起水力振动的因素有水力不平衡、尾水管中的水力不稳定、涡列等。

**21. 水轮发电机组调速器的基本作用？**

答：调速器的基本作用是自动测量发电机出口频率和给定值之间的偏差，据此偏差控制水轮机导水叶开度，改变进入水轮机的流量，维持频率在一定范围内，调速器按其静态转差系数的大小自动分配系统中的负荷。

**22. 水电机组低负荷运行对水轮机设备有什么影响？**

答：水电机组低负荷运行对水轮机设备的影响是：

（1）导水叶处于中等或较小开度下，通过水轮机的水量较少，转轮处于较大真空状态下运行，转轮叶片会发生气蚀；

（2）有些水轮机在低负荷区振动会加剧，严重影响机组寿命；

（3）水轮机在额定出力时效率最高，在低负荷时水轮机耗水量增大，降低了经济性。

**23. 水轮机组产生飞逸有哪些原因？机组飞逸有哪些危害？**

答：水轮发电机在运行中因机组故障等突然甩去负荷，发电机输出功率为零，此时如水轮机调速机构失灵或其他原因使导水机构不能关闭，则水轮机转速迅速升高以致达到飞逸转速。当输入的水流能量与转速升高时产生的机械摩擦损失能量相平衡时，转速达到某一稳定的最大值，这个转速称为水轮机的飞逸转速。

危害：产生飞逸时，将产生巨大的离心力，如不采取措施，强大的离心力可能损害机组转动部件或轴承系统，或引起机组剧烈振动，可能造成严重的机构损坏事故，降低机组的使用寿命。同时有可能与机组固有频率重合，形成共振。

**24. 为什么锆合金用作包壳时其使用温度要限制在350℃以下？**

答：从实验中证实，锆合金的包壳在接近400℃的高温水中只需几昼夜的时间，便可发生严重的腐蚀。容易造成燃料元件的破坏。因此，为了避免高温腐蚀，锆合金包壳表面的最高温度一般应限制在350℃以下。

**25. 核电站跳机不跳堆试验的目的和内容是什么？**

答：目的：通过汽轮机打闸，验证在100%$P_n$功率平台汽轮机跳机后反应堆控制系统将各主要参数维持在正常运行区间的能力，检查汽轮机调速保护（GRE）是否满足设计要求，汽轮机控制系统稳定性，保证汽轮发电机组安全停运。

内容：即在各功率平台通过对汽轮机打闸来验证各自动控制系统满足设计要求。反应堆控制棒能够按程序自动下插到一定的步数，保证一定的核功率，避免触发停堆（所有控制棒落到堆底）。

**26. 什么是光伏发电站？光伏发电站包含哪些主设备？**

答：通过太阳能电池方阵将太阳能辐射能转换为电能的发电站称为太阳能光伏发电站。太阳能光伏发电站按照运行方式可分为独立太阳能光伏发电站和并网太阳能光伏发电站。

光伏发电站由太阳能电池方阵、蓄电池组、充放电控制器、逆变器、交流配电柜、太阳跟踪控制系统等设备组成。

**27. 什么是生物质能资源？生物质能发电有哪些特点？**

答：生物质能资源是可用于转化为能源的有机资源，主要包括薪柴、农作物秸秆、人畜粪便、食品制造工业废料和废水及有机垃圾等。利用生物质能发电的最有效的途径是将其转化为可驱动发电机的能量形式，如燃气、燃油及酒精等，然后再按照通用的发电技术发电。

生物质能发电技术的主要特点是：①要有配套的生物质能转换技术，且转换设备必须安全可靠，维修保养方便；②利用当地生物质能资源发电的原料必须具有足够数量的储存，以保证持续供应；③所用发电设备的装机容量一般较小，且多为独立运行方式；④利用当地生物质能资源发电，就地供电，适用于居住分散、人口稀少、用电负荷较小的农牧业区及山区；⑤污染小，清洁卫生，有利于环境保护。

**28. 并网发电机辅助服务是指为维护电力系统的安全稳定运行，保证电能质量，除正常电能生产、输送、使用外，由并网发电厂提供的辅助服务，分为哪两类，分别包括什么？**

答：辅助服务分为基本辅助服务和有偿辅助服务。基本辅助服务是指为了保障电力系统安全稳定运行，保证电能质量，发电机组必须提供的辅助服务，包括一次调频、基本调峰、基本无功调节。有偿辅助服务是指并网电厂在基本辅助服务之外所提供的辅助服务，包括自动发电控制（AGC）、有偿调峰、有偿无功调节、自动电压控制（AVC）、旋转备用、黑启动。

**29. 请简述网源协调管理的定义。**

答：是指对同步发电机励磁系统、电力系统稳定器（PSS）、调速系统、涉网继电保护与安全自动装置、自动发电控制系统（AGC）、自动电压控制系统（AVC）和其他厂用涉网设备的功能、性能、参数和试验的管理工作。

## 五、识绘图题

**1. 核电站压水堆概念及示意图。**

答：压水堆是指使用轻水（即普通净化水）作冷却剂和慢化剂，且水在反应堆内保持液态的核反应堆。压水堆示意图如图 4-1 所示。

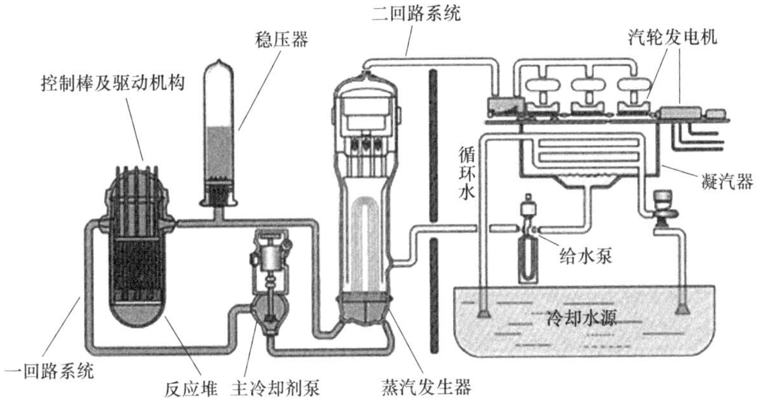


图 4-1 压水堆示意图

**2. 核电站沸水堆概念及示意图。**

答：沸水堆是指利用轻水作慢化剂和冷却剂，只有一个回路，水在反应堆内沸腾产生蒸汽直接进入汽轮机发电的一种反应堆。与压水堆相比，沸水堆工作压力低；由于减少了一个回路，其设备成本也比压水堆低；但这样可能使汽轮机等设备受到放射性污染，给设计、运行和维修带来不便。沸水堆示意图如图 4-2 所示。

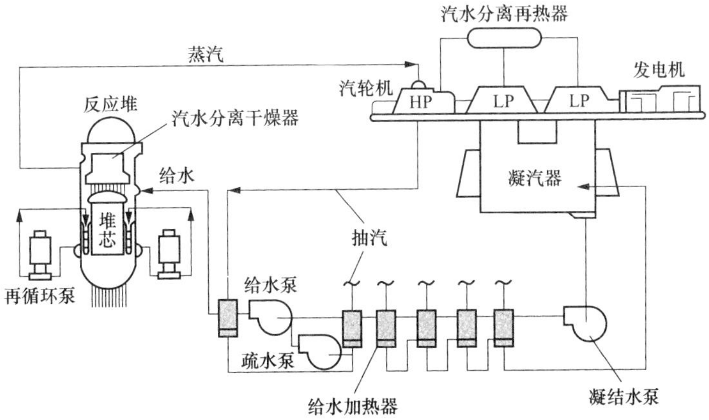


图 4-2 沸水堆示意图

**3. 火电厂的工艺流程及示意图。**

答：火电厂是指利用煤、石油、天然气等固体、液体或气体燃料燃烧所产生的热能转换为动能以生产电能的工厂。火力发电主要设备为锅炉、汽轮机、发电机，因此围绕这三大主设备形成了三大系统，即烟粉燃烧系统、汽水循环系统、发变励磁系统。

火电厂正常运行的基本生产过程是将储存在储煤场的原煤由输煤设备从储煤场送到锅炉的原煤斗中，再由给煤机送到磨煤机中磨成煤粉，煤粉送至煤粉分离器进行分离，合格的煤粉送到煤粉仓储存（仓储式锅炉）。煤粉仓的煤粉由给粉机送到锅炉本体的喷燃器，由喷燃器喷到炉膛内燃烧（直吹式锅炉将煤粉分离后直接送入炉膛），燃烧的煤粉放出大量的热能将炉膛四周水冷壁内的水加热成汽水混合物。汽水混合物被锅炉汽包内的汽水分离器进行分离，分离出的水经下降管送到水冷壁继续加热，分离出的蒸汽送到过热器，加热成符合规定温度和压力的过热蒸汽，经管道送到汽轮机做功。过热蒸汽在汽轮机内做功推动汽轮机旋转，汽轮机带动发电机发电，发电机发出的三相交流电通过发电机端部的引线经变压器升压后引出送到电网。在汽轮机内做完功的过热蒸汽被凝汽器冷却成凝结水，凝结水经凝结泵送到低压加热器加热，然后送到除氧器除氧，再经给水泵送到高压加热器加热后，送到锅炉继续进行热力循环，再热式机组采用中间再热过程，即把在汽轮机高压缸做功之后的蒸汽，送到锅炉的再热器重新加热，使蒸汽温度提高到一定（或初蒸汽）温度后，送到汽轮机中压缸继续做功。在这过程中产生的废气通过除尘、脱硫等装置排入大气，而废渣通过水冷却，利用排渣机排入运输车辆中运送离开。火电厂工艺流程示意图如图 4-3 所示。

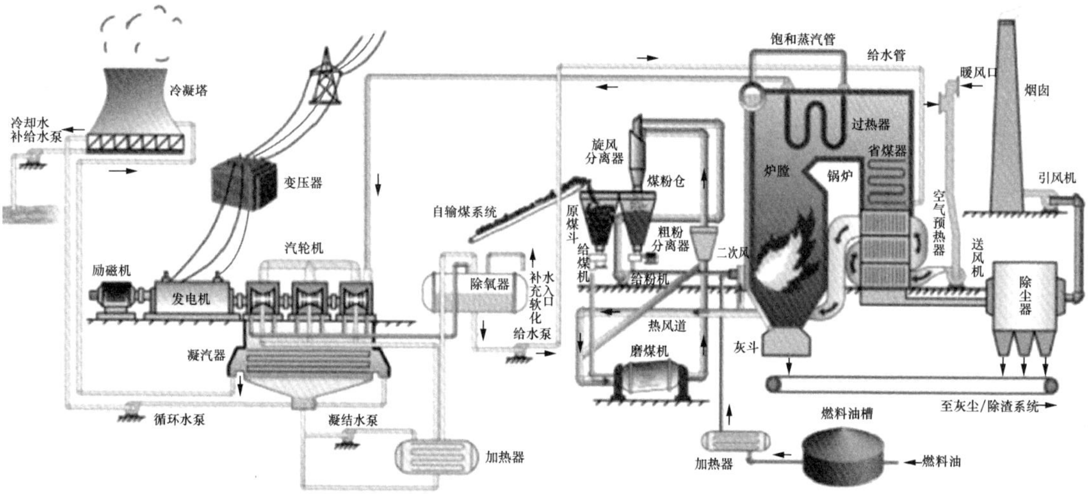


图 4-3　火电厂工艺流程示意图

**4. 火电厂的烟粉燃烧生产过程及系统示意图。**

答：大中型燃煤的火电厂，一般采用煤粉炉，其生产过程是将进厂的原煤经碎煤机破碎、磨煤机磨成煤粉，用热风吹送，喷入锅炉炉膛，通过煤粉燃烧生成的高温烟气，首先加热炉膛内的水冷壁管与过热器，然后经过烟道内的再热器、省煤器和空气预热器而进入除尘器，在清除烟气中的飞灰之后，通过烟囱排入大气。火电厂烟粉燃烧系统示意图如图 4-4 所示。

**5. 火电厂的汽水循环过程及系统示意图。**

答：汽水循环系统是指水在锅炉炉膛内生成饱和蒸汽，通过过热器时，继续被烟气加热而变为过热蒸汽，经主蒸汽管送入汽轮机，并在汽轮机内膨胀做功后，进入凝汽器凝结成水。该凝结水经低压回热加热器进入除氧器，再经给水泵、高压加热器送入锅炉。从汽轮机某个中间级抽出一部分蒸汽，分别送入回热加热器和除氧器，供回热给水和加热除氧。为了补偿蒸汽和水的损失，还须将经过化学处理的补充水加入除氧器，除氧器出来的水才能供给锅炉使用。为使蒸汽在凝汽器内凝结成水，还必须不断用循环水泵将冷却水送入凝汽器中的冷凝管内进行热交换，这就又形成一个冷却水系统。营口电厂冷却水来自海水冷却，没有冷却塔，直接引入海水并排放到大海中，进行热交换以重复使用。火电厂的汽水循环系统示意图如图 4-5 所示。

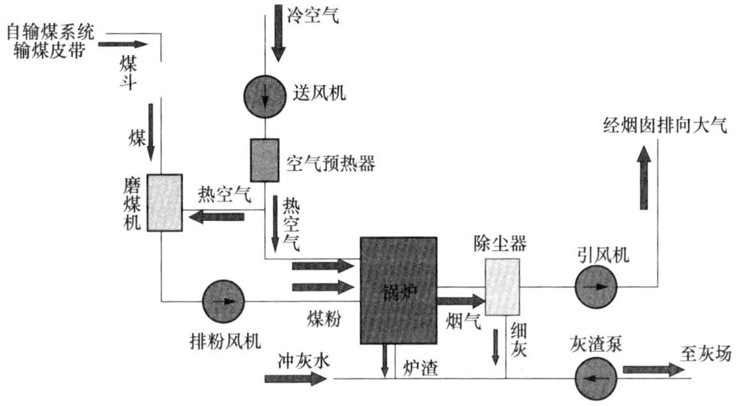


图 4-4 火电厂烟粉燃烧系统示意图

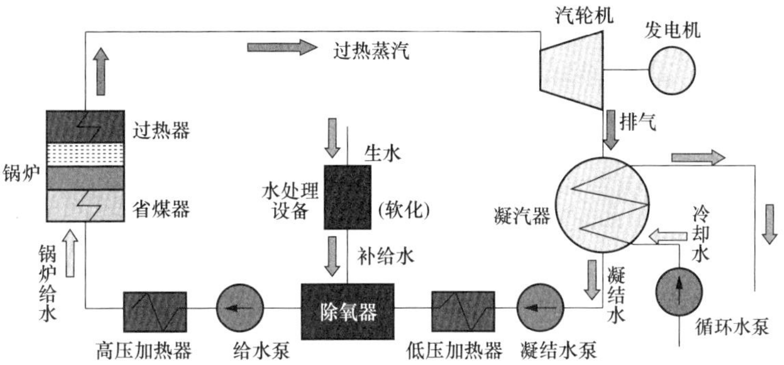


图 4-5 火电厂的汽水循环系统示意图

**6. 风电场低电压穿越的基本要求是什么，请画图说明？**

答：风电场低电压穿越要求如图 4-6 所示。

（1）风电场并网点电压跌至 20%标称电压时，风电场内的风电机组应保证不脱网连续运行 625ms。

（2）风电场并网点电压在发生跌落后 2s 内能够恢复到标称电压的 90%，风电场内的风电机组应保证不脱网连续运行。

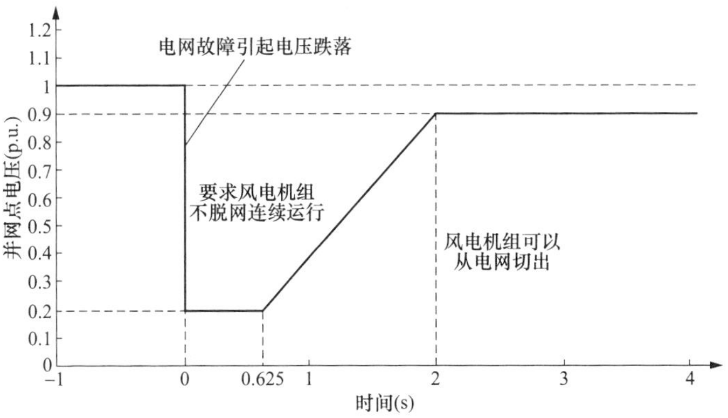


图 4-6 风电场低电压穿越要求

**7. 抽水蓄能电站示意图。**

答：抽水蓄能电站示意图如图 4-7 所示。

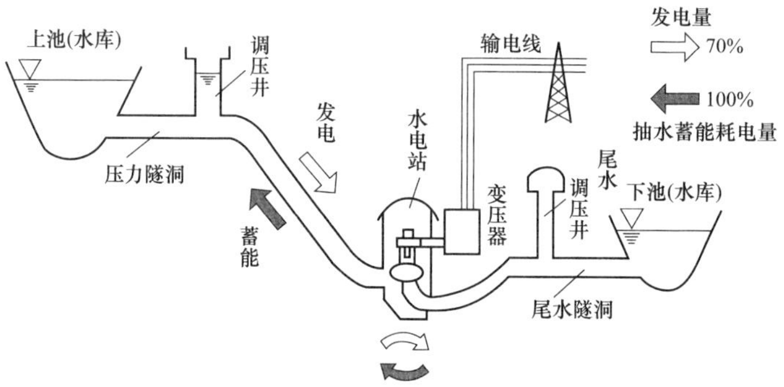


图 4-7　抽水蓄能电站示意图

**8. 光伏电站示意图。**

答：光伏电站示意图如图 4-8 所示。

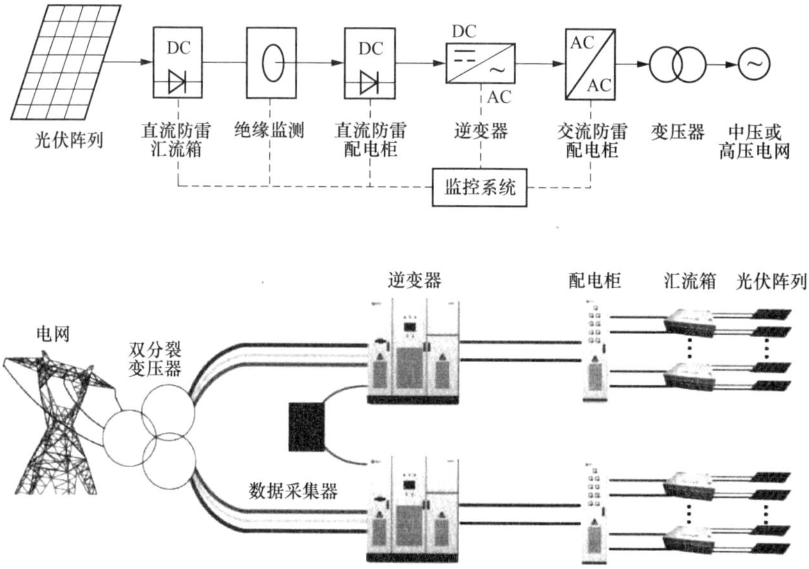


图 4-8　光伏电站示意图

# 第五章　智 能 变 电 站

## 一、单选题

1. 智能终端是一种智能组件，与一次设备采用电缆连接，与保护、测控等二次设备采用（　　）连接，实现对一次设备（如断路器、隔离开关、主变压器等）的测量、控制等功能。(D)

A. 无线　　B. 网线　　C. 电缆　　D. 光纤

2. 电子式电流互感器是一种电子式互感器，在正常适用条件下，其二次转换器的输出实质上（　　）一次电流，且相位差在联结方向正确时接近于已知相位角。(B)

A. 反比于　　B. 正比于　　C. 等于

3. 合并单元（MU）用以对来自二次转换器的电流和/或电压数据进行时间相关组合的物理单元。合并单元可是互感器的一个组成件，也可是一个（　　）。(A)

A. 分立单元　　B. 独立单元　　C. 集合体　　D. 孤立设备

4. GOOSE是一种面向（　　）的变电站事件。主要用于实现在多IED之间的信息传递，包括传输跳合闸信号（命令），具有高传输成功概率。(C)

A. 图形图像　　B. 信息网络　　C. 通用对象　　D. 设备元件

5. SV采样值是基于（　　）机制，交换采样数据集中的采样值的相关模型对象和服务，以及这些模型对象和服务到ISO/IEC 8802-3帧之间的映射。(D)

A. 发送/回收　　B. 订阅/回收　　C. 发布/接受　　D. 发布/订阅

6. 智能化变电站中，顺序控制指（　　）指令，由系统根据设备状态信息变化情况判断每步操作是否到位，确认到位后自动执行下一指令，直至执行完所有指令。(B)

A. 发出逐条　　B. 发出整批　　C. 批量执行　　D. 逐条执行

7. 智能变电站双重化配置的继电保护，使用的GOOSE（SV）网络应遵循（　　）的原则。(B)

A. 合并　　B. 相互独立　　C. 合并与相互独立均可

8. 智能变电站保护装置、智能终端等智能电子设备间的相互启动、相互闭锁、位置状态等交换信息可通过GOOSE网络传输，双重化配置的（　　）不直接交换信息。(A)

A. 保护之间　　B. 保护与测控　　C. 保护与站控层

9. 以下不属于智能变电站自动化系统通常采用的网络结构是（　　）。(D)

A. 总线型　　B. 环型　　C. 星型　　D. 放射型

10. 智能变电站内，（　　）及以上电压等级的继电保护及相关设备、网络等应按照双重化配置。(B)

A. 110kV　　B. 220kV　　C. 330kV　　D. 500kV

11. 智能变电站内，主变压器保护与各侧智能终端之间采用（　　）传输方式跳闸。(A)

A. GOOSE点对点　　B. GOOSE网络传输　　C. 电缆直接接入　　D. 光纤

12. 智能变电站内，网络记录分析装置属于智能变电站包括（　　）层设备。(B)

A. 站控　　B. 间隔　　C. 过程　　D. 设备

13. 智能变电站内，环型拓扑结构由各交换机之间连接成闭环而成，不属于其缺点的是（　　）。(D)

A. 报文延时不固定

B. 扩展困难，增加交换机设备时，需要将网络打开重新组环

C. 网络结构较复杂，网络协议复杂，需采用 RSTP（快速生成树协议）保证网络的可靠运行

D. 公共交换机负担较大，检修时将影响公用智能电子设备

14. 智能变电站保护测控合并终端一体化低压装置属于（　　）。(B)

A. 过程层设备　　B. 间隔层设备　　C. 站控层设备　　D. 中间层设备

15. 各间隔合并单元所需母线电压量通过（　　）转发。(B)

A. 交换机　　B. 母线电压合并单元　　C. 智能终端　　D. 保护装置

16. 智能变电站继电保护装置采样值采用（　　）接入方式。(C)

A. 网络　　B. 交换机　　C. 点对点　　D. 总线

17. 智能变电站内，设备缺陷按严重程度和对安全运行造成的威胁大小，分为危急、严重、一般三个等级，以下缺陷不属于危急缺陷的有（　　）。(D)

A. 合并单元故障　　B. 交流光纤通道故障

C. 保护装置故障或异常退出　　D. 录波器装置故障

18. 智能变电站内，（　　）宜在断路器本体操作机构中实现。(D)

A. 断路器防跳　　B. 断路器三相不一致保护功能

C. 各种压力闭锁功能　　D. 以上都是

19. 智能终端应具有信息转换和通信功能，支持以 GOOSE 方式上传（　　），同时接收来自二次设备的 GOOSE 下行控制命令，实现对一次设备的实时控制功能。(B)

A. 二次设备的状态信息　　B. 一次设备的状态信息

C. 一次设备和二次设备的状态信息　　D. 站控层设备的状态信息

20. 主变本体智能终端非电量保护跳闸通过（　　）方式实现。(D)

A. 控制电缆，网跳　　B. 光纤，直跳

C. 光纤，网跳　　D. 控制电缆，直跳

21. 智能终端采用（　　）安装方式，放置在智能控制柜中。(A)

A. 就地　　B. 室内　　C. 远方　　D. 室外

22. 220kV 及以上电压等级变压器各侧的智能终端均按（　　）重化配置；110kV 变压器各侧智能终端宜按（　　）套配置。(A)

A. 双，双　　B. 单，单　　C. 单，双　　D. 双，单

23. 国网智能变电站保护多采用（　　）方式。(D)

A. 网采网调　　B. 网采直跳　　C. 直采网调　　D. 直采直跳

24. 一次设备运行，仅单套或多套装置、合并单元、智能终端停用时，必须（　　）该设备的（　　），同时必须有可靠的防误退压板措施。(C)

A. 停用，功能压板　　B. 停用，出口压板

C. 加用，检修状态硬压板　　D. 加用，功能压板

25. 智能变电站继电保护电压电流量可通过（　　）采集。(A)

A. 传统互感器或电子式互感器　　B. 仅传统互感器

C. 仅电子式互感器

26. 双重化配置的两套保护的电压（电流）采样值应分别取自相互独立的（　　）。(C)

A. 网络　　B. 电子式互感器　　C. MU　　D. 智能终端

27. 两套保护的跳闸回路应与（　　）；两个智能终端应与断路器的（　　）。(A)

A. 两个智能终端分别一一对应，两个跳闸线圈分别一一对应

B. 两个智能终端分别一一对应，一个跳闸线圈对应

C. 一个智能终端对应，两个跳闸线圈分别一一对应

28. 以下（　　）属于智能设备危急缺陷。(B)

1）电子互感器故障　2）合并单元故障　3）GPS 对时异常　4）智能终端故障

A. 1）2）和 3）　　B. 1）2）和 4）　　C. 1）2）3）和 4）

29. 220kV 线路间隔的电压切换功能应由（　　）实现。(C)

A. 母线电压合并单元　　B. 线路保护

C. 线路合并单元　　D. 线路智能终端

30. 220kV 母线电压的并列功能应由（　　）实现。(D)

A. 母线智能终端　　B. 母线保护　　C. 母联合并单元　　D. 母线合并单元

31. 失灵保护的判别元件一般应为相电流元件；发电机变压器组或变压器断路器失灵保护的判别元件应采用（　　）或（　　），判别元件的动作时间和返回时间均不应大于 20ms。(B)

A. 正序电流元件，负序电流元件

B. 零序电流元件，负序电流元件

C. 零序电流元件，正序电流元件

32. （　　）是智能变电站中连接过程层设备和间隔层设备的网络。(D)

A. GOOSE 网络　　B. 站控层网络　　C. SV 网络　　D. 过程层网络

33. （　　）、通信平台网络化、信息共享标准化是智能变电站的基本要求。(A)

A. 全站信息数字化　B. 协同互动化　　C. 设备智能化　　D. 结构紧凑化

34. 220kV 及以上电压等级变压器保护应配置（　　）台本体智能终端。(A)

A. 1　　B. 2　　C. 3　　D. 4

35. 220kV 及以上智能终端的配置原则为（　　）。(B)

A. 所有间隔均采用双重化配置

B. 除母线和主变压器本体智能终端外，其余间隔宜进行双重化配置

C. 除主变间隔双重化配置外，其余间隔均为单套配置

36. 保护装置、智能终端等智能电子设备间的（　　）不可通过 GOOSE 网络传输交换的信息。(C)

A. 相互启动　　B. 相互闭锁　　C. 跳闸　　D. 位置状态

37. 保护装置在智能变电站中属于（　　）。(A)

A. 间隔层　　B. 变电站层　　C. 链路层　　D. 过程层

38. 变压器非电量保护采用（　　）跳闸，信息通过本体智能终端上送过程层 GOOSE 网。(D)

A. GOOSE 网络　　B. GOOSE 点对点连接

C. SV 网络　　D. 就地直接电缆连接

39. 变压器智能终端不包含（　　）保护功能。(B)

A. 冷控失电　　B. 过负荷　　C. 启动风冷　　D. 非电量延时跳闸

40. 采用点对点的智能站，仅某支路合并单元投入检修对母线保护产生了一定影响，下列说法不正确的是（　　）。(B)

A. 闭锁差动保护　　B. 闭锁所有支路失灵保护

C. 闭锁该支路失灵保护　　D. 显示无效采样值

41. 存在 GOOSE 报文输出的典型智能站装置不包括（　　）。(D)

A. 高压线路保护　　B. 智能终端　　C. 合并单元　　D. 报文分析仪

42. 当保护装置和智能终端检修把手均投入时，如果保护发出跳合闸命令，那么（　　）。(B)

A. 智能终端一定不执行

B. 智能终端一定执行

C. 智能终端可能执行，也可能不执行

43. 当智能终端产生告警时，智能变电站中一般（　　）。(B)

A. 采用多个空接点上送告警信号

B. 采用 GOOSE 上送告警信号

C. 采用装置告警上送告警信号

44. 断路器智能终端（　　）。(A)

A. 不宜设置防跳功能，防跳功能由断路器本体实现

B. 宜设置防跳功能

C. 可设置防跳功能，也可由断路器本体实现

D. 根据实际情况配置防跳功能

E. 与断路器本体共同实现防跳功能

45. 对于智能站保护，（　　）压板必须使用硬压板。(B)

A. 失灵　　B. 检修　　C. 后备保护　　D. 主保护

46. 高压并联电抗器非电量保护采用（　　）跳闸，并通过相应断路器的两套智能终端发送 GOOSE 报文，实现远跳。(A)

A. 就地直接电缆　　B. GOOSE 网络

C. GOOSE 点对点　　D. MMS、GOOSE 合一网络

47. 关于智能终端硬件配置不正确的说法是（　　）。(B)

A. 智能终端配置单电源　　B. 智能终端配置液晶显示

C. 智能终端配置位置指示灯　　D. 智能终端配置调试网口

48. 国家电网公司典型设计中智能变电站 110kV 及以上的母线主保护采用（　　）。(A)

A. 直采直跳　　B. 直采网跳　　C. 网采直跳　　D. 网采网跳

49. 国家电网公司典型设计中智能变电站 110kV 及以上的主变压器差动保护采用（　　）。(A)

A. 直采直跳　　B. 直采网跳　　C. 网采直跳　　D. 网采网跳

50. 国家电网公司对智能变电站单间隔保护装置的要求为（　　）。(A)

A. 直采直跳　　B. 网采直跳　　C. 直采网跳　　D. 网采网跳

51. 继电保护设备与本间隔智能终端之间的通信应采用（　　）通信方式。(C)

A. GOOSE 网络　　B. SV 网络

C. GOOSE 点对点连接　　D. 直接电缆连接

52. 来自同一或不同制造商的两个及以上智能电子设备交换信息、使用信息以正确执行规定功能的能力，称为（　　）。(A)

A. 互操作性　　B. 一致性　　C. 可靠性　　D. 交互性

53. 某 220kV 间隔智能终端故障断电时，相应母差（　　）。(D)

A. 强制互联　　B. 强制解列　　C. 闭锁差动保护　　D. 保持原来的运行状态

54. 某 220kV 间隔智能终端检修压板投入时，相应母差（　　）。(D)

A. 强制互联　　B. 强制解列　　C. 闭锁差动保护　　D. 保持原来的运行状态

55. 任两台智能电子设备之间的数据传输路由不应超过（　　）个交换机。(C)

A. 2　　B. 3　　C. 4　　D. 5

56. 双重化的两套保护的跳闸回路应与两个智能终端分别（　　）对应。(A)

A. 一一　　B. 不用一一　　C. 可共用　　D. 以上都不是

57. 以下不属于智能化高压设备技术特征的是（　　）。(C)

A. 测量数字化　　B. 控制网络化　　C. 共享标准化　　D. 信息互动化

58. 以下（　　）情况不会导致保护装置动作后无法使本间隔智能终端跳闸。(C)

A. 对应的 GOOSE 出口软压板未投入

B. 保护与智能终端直跳光纤异常

C. 保护与交换机网络光纤异常

D. 保护 GOOSE 报文 MAC 地址、APPID 等通信参数与智能终端配置不一致

59. 智能保护装置“交直流回路正常，主保护、后备保护及相关测控功能软压板投入，GOOSE 跳闸、启动失灵及 SV 接收等软压板投入，保护装置检修硬压板退出”，此时保护装置处于（　　）状态。（A）

A. 跳闸　　B. 信号

C. 停用　　D. 视设备具体运行条件而定

60. 智能变电站，下面（　　）装置可以设置除检修压板外的硬压板。（B）

A. 保护装置　　B. 智能终端　　C. 合并单元　　D. 测控装置

61. 智能变电站 500kV 线路保护装置建议集成（　　）保护。（B）

A. 失灵　　B. 过电压及故障接地判据

C. 三相不一致　　D. 死区

62. 智能变电站必须有（　　）网络。（A）

A. 站控层　　B. 间隔层　　C. 过程层　　D. 以上均不是

63. 智能变电站的 A/D 回路设计在（　　）。（D）

A. 保护　　B. 测控　　C. 智能终端　　D. 合并单元或 ECVT

64. 智能变电站的程序化操作在发出整批控制指令后由系统根据设备的（　　）判断每步控制命令是否到位。（A）

A. 状态信息变化情况　　B. 动作变化情况

C. 计算情况　　D. 通信情况

65. 智能变电站的站控层典型设备包括（　　）。（C）

A. 智能传感器　　B. 智能执行器　　C. 远方通信接口　　D. 电子式互感器

66. 智能变电站的站控层网络中用于“四遥”量传输的是（　　）报文。（A）

A. MMS　　B. GOOSE　　C. SV　　D. 以上都是

67. 智能变电站电压并列由（　　）完成。（B）

A. 电压并列装置　　B. 母线合并单元　　C. 线路合并单元　　D. 母线智能终端

68. 智能变电站各类保护 GOOSE 数据异常时，（　　）属于一般缺陷。（C）

A. GOOSE 数据异常已造成装置告警影响保护正常动作

B. 反复出现 GOOSE 数据异常每次都可自动恢复

C. 偶发并可自动恢复

69. 智能变电站各类保护 SV 数据异常时，（　　）属于严重缺陷。（B）

A. SV 数据异常已造成装置告警影响保护正常动作

B. 反复出现 SV 数据异常每次都可自动恢复

C. 偶发并可自动恢复

70. 智能变电站过程层网络组网不考虑环形网络的原因有（　　）。（B）

A. 省钱　　B. 易产生网络风暴　　C. 网络简单　　D. 数据流向单一

71. 智能变电站过程层网络组网采用双单网方式的优点有（　　）。（B）

A. 数据冗余好　　B. 数据相互隔离　　C. 信息相互之间共享　　D. 数据通道不唯一

72. 智能变电站继电保护采样同步应由（　　）实现。（C）

A. 交换机　　B. 保护装置　　C. 网络　　D. 电子式互感器

73. 智能变电站继电保护采样应采用（　　）方式。（B）

A. 网络采样　　B. 直接采样

C. 经交换机接收采样值　　D. 经路由器接收采样值

74. 智能变电站母线差动保护应按照面向对象的原则为每个间隔相应逻辑节点建模。如母线差动保护内含失灵保护，母线差动保护应（　　）。（B）

A. 各个间隔合并建模

B. 每个间隔单独建实例
C. 既可间隔合并建模，也可每个间隔单独建实例
D. 无特殊规定

75. 智能变电站调试流程中，（　　）环节无法在现场完成。(C)
A. 组态配置　　B. 系统测试　　C. 系统动模　　D. 投产试验

76. 智能变电站调试首先要完成（　　）。(B)
A. 单体调试　　B. 组态配置　　C. 系统动模　　D. 系统测试

77. 智能变电站线路保护告警信息输出（　　）时，缺陷类别属于严重缺陷。(C)
A. 保护 CPU 插件异常　　B. TV 断线或异常
C. 同期电压异常　　D. TA 断线或异常

78. 智能变电站中，变电站监控系统的结构划分为（　　）。(B)
A. 两层　　B. 三层　　C. 四层　　D. 一层

79. 智能变电站中，属于站控层设备的是（　　）。(A)
A. 操作员工作站　　B. 电子式互感器　　C. 保护装置　　D. 测控装置

80. 智能化变电站中变压器保护可采用（　　）保护。(D)
A. 统一式　　B. 主单元式　　C. 子单元式　　D. 分布式

81. 智能终端和常规操作箱最主要的区别是（　　）。(A)
A. 智能终端实现了开关信息的数字化和共享化
B. 智能终端为有源设备，操作箱为无源设备
C. 智能终端没有了继电器

82. 智能终端跳合闸出口应采用（　　）。(B)
A. 软压板　　B. 硬压板　　C. 软、硬压板与门　　D. 不设压板

83. 与现有电网相比，智能电网体现出（　　）的显著特点。(A)
A. 电力流、信息流和业务流高度融合
B. 对用户的服务形式简单、信息单向
C. 电源的接入与退出、电能量的传输等更为灵活
D. 以上都不是

84. 以下属于智能变电内容范围的是（　　）。(D)
A. 新建智能变电站　　B. 变电站智能化改造
C. 变电站在线监控及运行维护集约化　　D. 以上都是

85. 变电站全景数据统一信息平台的作用包括（　　）。(D)
A. 解决传统变电站存在的应用系统众多、信息孤岛林立等问题
B. 为智能化高级应用提供统一的基础数据
C. 实现变电站监控系统与配电自动化系统的无线连接
D. 以上都是

86. 合并单元的输入由（　　）信号组成。(A)
A. 数字　　B. 模拟　　C. 光纤　　D. 卫星

87. 以下（　　）属于智能配电主要涉及的技术领域。(D)
A. 配电设备智能化　　B. 配电自动化
C. 分布式发电　　D. 以上都是

88. （　　）指将相对小型的发电/储能装置布置在用户现场或附近的发电/供能方式。(A)
A. 分布式发电　　B. 制定电力技术　　C. 集中式发电　　D. 分布式光伏发电

89. （　　）是由分布式发电系统、储能系统和负荷等构成，可同时提供电能和热能的网络。(D)
A. 独立电网　　B. 公共电网　　C. 智能电网　　D. 微电网

90. 智能变电站除（  ）可采用硬压板外，保护装置应采用软压板，满足远方操作的要求。该压板投入时，上送带品质位信息，保护装置应有明显显示（面板指示灯和界面显示）。（B）

A. 主保护投退压板　　B. 检修压板
C. 纵联保护投退压板　　D. 零序保护投退

91. 保护装置的参数、配置文件仅在（  ）投入时才可下装，下装时应闭锁保护。（B）

A. 主保护投退压板　　B. 检修压板
C. 纵联保护投退压板　　D. 保护投退压板

92. 保护当前定值区号按标准从 1 开始，保护编辑定值区号按从 0 开始，0 区表示（  ）。（B）

A. 当前可修改定值　　B. 当前不允许修改定值
C. 无效定值区　　D. 当前定值区

93. 母线保护装置外部对时系统异常时（  ）。（D）

A. 应闭锁相关保护　　B. 仅闭锁受影响的保护功能
C. 保护退出运行　　D. 不影响保护功能

94. 保护装置在 MU 上送的数据品质位异常状态下，应（  ）闭锁可能误动的保护，（  ）告警。（A）

A. 瞬时，延时　　B. 瞬时，瞬时　　C. 延时，延时　　D. 延时，瞬时

95. “远方修改定值”软压板（  ）修改。（B）

A. 可远方在线修改　　B. 只能在本地修改
C. 既可在远方在线修改，也可在本地修改　　D. 不可修改

96. 母线保护接入不同网络时，应（  ）数据接口控制器。（A）

A. 采用相互独立的　　B. 采用同一个
C. 既可采用相互独立，也可采用同一个　　D. 无特殊要求

97. 保护装置应具备对过程层链路异常时的告警或闭锁相关保护功能。在通信链路恢复后，（  ）投入正常运行。（B）

A. 需人工　　B. 自动　　C. 不能再　　D. 无特殊要求

98. 目前，我国智能变电站主要采用（  ）架构。（A）

A. 星型网络　　B. 环型网络　　C. 链型网络　　D. 混合型网络

99. 智能变电站国网组网方案为（  ），保护采用直采直跳，母线差动保护宜采用直采直跳，可采用直采网跳模式，测控采集和跳闸走网络。（A）

A. SV 采用点对点模式，GOOSE 单独组网　　B. SV 和 GOOSE 组网
C. SV、IEEE1588 和 GOOSE 三网合一

100. 智能变电站中保护装置发跳闸信号采用（  ）传输。（A）

A. GOOSE　　B. MMS　　C. SV　　D. SNTP

101. 智能变电站自动化系统可以划分为（  ）三层结构。（A）

A. 站控层；间隔层；过程层　　B. 控制层；隔离层；保护层
C. 控制层；间隔层；过程层　　D. 站控层；隔离层；保护层

102. （  ）交换机故障等同于保护装置故障。（B）

A. MMS　　B. GOOSE　　C. 1 区　　D. 2 区

103. 反映智能变电站全站配置的文件是（  ）。（A）

A. SCD　　B. ICD　　C. CID　　D. SSD

104. 智能变电站的变压器非电量保护采用（  ）跳闸，信息通过本体智能终端上送过程层 GOOSE 网。（D）

A. 过程层 GOOSE 网　　B. 过程层 SV 网
C. 站控层网　　D. 就地直接电缆

105.（　　）是智能变电站中连接过程层设备和间隔层设备的网络。(D)

A. GOOSE 网络　B. 站控层网络　C. SV 网络　D. 过程层网络

106. 用于检同期的母线电压由母线合并单元（　　）通过间隔合并单元转接给各间隔保护装置。(A)

A. 点对点　B. SV 网络　C. SV 与 GOOSE 共网　D. 其他

107. 下列（　　）不是智能变电站中不破坏网络结构的二次回路隔离措施。(D)

A. 断开智能终端跳、合闸出口硬压板

B. 投入间隔检修压板，利用检修机制隔离检修间隔及运行间隔

C. 退出相关发送及接收装置的软压板

D. 拔下相关回路光纤

108. 以下不属于智能变电站自动化系统通常采用的网络结构是（　　）。(D)

A. 总线形　B. 环形　C. 星形　D. 放射形

109. 智能变电站中故障录波器产生的告警信息上送报文是（　　）。(A)

A. MMS　B. GSGE　C. GOOSE　D. SV

110. 220kV 主变压器电量保护通过（　　）跳母联间隔。(B)

A. 电缆　B. GOOSE 网络　C. 点对点 GOOSE　D. MMS 网络

111. 智能变电站保护采用点对点直采方式，同步在（　　）环节完成。(A)

A. 保护　B. 合并单元　C. 智能终端　D. 远端模块

112. 智能变电站保护采用网络采样方式时，同步在（　　）环节完成。(B)

A. 保护　B. 合并单元　C. 智能终端　D. 远端模块

113. 下面（　　）功能不能在合并单元中实现。(D)

A. 电压并列　B. 电压切换　C. 数据同步　D. GOOSE 跳闸

114. 根据 Q/GDW 441—2010《智能变电站继电保护技术规范》的要求，下列描述正确的是（　　）。(C)

A. 智能电子设备的相互启动、相互闭锁信息可通过 GOOSE 网传输，双重化配置的保护可直接交换信息

B. 变压器保护跳母联、分段断路器，只能采用直跳方式

C. 变压器非电量保护采用就地直接电缆跳闸，信息通过本体智能终端上送过程层 GOOSE 网

115. SV 网属于变电站网络中的（　　）网络。(D)

A. 站控层　B. 间隔层　C. 过渡层　D. 过程层

116. 智能终端和常规操作箱最主要的区别是（　　）。(A)

A. 智能终端实现了开关信息的数字化和共享化

B. 智能终端为有源设备，操作箱为无源设备

C. 智能终端没有继电器

117. 3/2 接线方式变电站，过程层交换机宜按（　　）设置。(A)

A. 串　B. 断路器间隔　C. 保护装置　D. 过程层设备

118. 建立和完善继电保护故障信息和故障录波管理系统，严格按照国家有关网络安全规定，做好有关安全防护。在保证安全的前提下，可开放保护装置远方修改定值区、（　　）功能。(A)

A. 远方投退压板　B. 远方遥控　C. 远方跳闸　D. 远方调取报告

119. 母线上连接元件倒闸前或母联操作回路失电后，应投入母差屏（　　），正常运行时退出。(C)

A. 母联保护软压板　B. 母线分列软压板

C. 母线互联软压板　D. 母差失灵软压板

120. 智能变电站中变压器保护通过（　　）网络接收失灵联跳命令，并实现失灵跳各侧断路器。(A)

A. GOOSE　B. MMS　C. SV　D. LAN

121. SV 的中文含义是（　　）。(C)

A. 通用的面向对象变电站事件　　B. 制造报文规范
C. 模拟采样值　　D. 时钟同步

122. 220kV 母线 TV 合并单元 A 应从（　　）采集母联开关及相关隔离开关的位置信号，用于两段 TV 的并列。(A)

A. GOOSE-A　　B. GOOSE-B　　C. MMS-A　　D. MMS～B

123. 智能变电站网络信息安全的数据保密性是指（　　）。(A)

A. 防止非法访问　　B. 防止修改或者窃取信息
C. 防止服务拒绝　　D. 抗抵赖性

124. 智能变电站网络信息安全的数据完整性是指（　　）。(B)

A. 防止非法访问　　B. 防止修改或者窃取信息
C. 防止服务拒绝　　D. 抗抵赖性

125. 智能变电站网络信息安全的数据可用性是指（　　）。(C)

A. 防止非法访问　　B. 防止修改或者窃取信息
C. 防止服务拒绝　　D. 抗抵赖性

126. 220kV 开关第一套智能终端装置因故障需要停用时，应投入（　　）线路保护“停用重合闸”软压板，停用线路重合闸（以合闸通过第一套智能终端出口为例）。(A)

A. 第一、二套　　B. 第一套　　C. 第二套　　D. 第一套或第二套

127. 保护装置从智能终端获取的开关位置信号是（　　）。(C)

A. 跳闸位置继电器　B. 合闸位置继电器　　C. 断路器的辅助触点　　D. 以上均需要

## 二、多选题

1. 智能变电站指采用先进、可靠、集成、低碳、环保的智能设备，以（　　）为基本要求，自动完成信息采集、测量、控制、保护、计量和监测等基本功能，并可根据需要支持电网实时自动控制、智能调节、在线分析决策、协同互动等高级功能的变电站。(ABC)

A. 全站信息数字化　B. 通信平台网络化　　C. 信息共享标准化　　D. 网络信息平台化

2. 智能设备指一次设备和智能组件的有机结合体，具有（　　）特征的高压设备，是高压设备智能化的简称。(ABCDE)

A. 测量数字化　　B. 控制网络化　　C. 状态可视化　　D. 功能一体化
E. 信息互动化

3. 电子式电流电压互感器（ECVT）是一种电子式互感器，由（　　）组合而成。(AC)

A. 电子式电流互感器　　B. 数字式电流互感器
C. 电子式电压互感器　　D. 数字式电压互感器

4. 智能组件是由若干智能电子装置集合组成，承担宿主设备的（　　）等基本功能；在满足相关标准要求时，智能组件还可承担相关计量、保护等功能。(ABC)

A. 测量　　B. 控制　　C. 监测　　D. 记录

5. 智能变电站中，顺序控制是通过一体化监控系统的单个操作命令，根据预先规定的（　　）规则，自动按规则完成一系列断路器和隔离开关的操作，最终改变系统运行状态的过程，从而实现变电站电气设备从运行、热备用、冷备用、检修等各种状态的自动转换。(BC)

A. 术语规范　　B. 操作逻辑　　C. 五防闭锁　　D. 拓扑接线

6. 电子式电压互感器按材料结构可分为（　　）。(ABCD)

A. 电阻分压式电压互感　　B. 电容分压式电压互感
C. 阻容分压式电压互感　　D. 光原理电子式电压互感

7. 电子式电流互感器按材料结构可分为（　　）。(ABCD)

A. 低功率铁芯线圈电流互感器　　B. 罗可夫斯基线圈电流互感器

C. 玻璃电流互感器　　D. 光纤光学电子式电流互感器

8. 智能变电站内，下列关于 66、35kV 及以下间隔保护配置原则说明正确的是（　　）。(ABCD)

A. 采用保护测控一体化设备，按间隔单套配置

B. 当采用开关柜方式时，保护装置安装于开关柜内，不宜使用电子式互感器

C. 当使用电子式互感器时，每个间隔的保护、测控、智能终端、合并单元功能宜按间隔合并实现

D. 跨间隔开关量信息交换可采用过程层 GOOSE 网络传输

9. 智能变电站通信系统应具备的要求有（　　）。(ABC)

A. 应具备网络风暴抑制功能，网络设备局部故障不应导致系统性问题

B. 应具备方便的配置向导进行网络配置、监视、维护

C. 应具备对网络所有节点的工况监视与报警功能

D. 应采用光纤组网

10. 智能变电站设备应具备的主要技术特征是（　　）。(ABCD)

A. 信息数字化　　B. 结构紧凑化　　C. 功能集成化　　D. 状态可视化

11. 智能终端可作为（　　）设备的智能化接口。(ABCD)

A. 分相断路器　　B. 三相断路器　　C. 主变本体　　D. 隔离刀闸

12. 与断路器配合的智能终端可具备（　　）操作回路。(ABCD)

A. 跳合闸保持　　B. 跳合位监视　　C. 手合手跳　　D. 压力监视及防跳

13. 智能终端上送的信息包括（　　）。(ABCD)

A. 开关刀闸位置　　B. 通用遥信类　　C. 环境温湿度　　D. 装置工况类

14. 合并单元需接入多个电子式互感器或传统互感器的信号，必须考虑各接入量的采样同步问题，主要有（　　）。(ABCD)

A. 三相电流、电压采样必须同步

B. 对于变压器保护，各侧的模拟量采样必须同步

C. 对于母线保护，所有支路的电流量采集必须同步

D. 两侧都是电子式互感器的线路纵差保护，两侧的模拟量必须同步

15. 对于变压器保护配置，下列说法正确的是（　　）。(AD)

A. 220kV 变压器电量保护宜按双套配置，双套配置时应采用主后备保护一体化配置

B. 变压器非电量保护应采用 GOOSE 光纤直接跳闸

C. 变压器保护直接采样，直接跳所有断路器

D. 变压器保护启动失灵、解复压闭锁、闭锁备投等可以采用 GOOSE 网传输

16. 在智能变电站，存在同步问题的装置是（　　）。(BCD)

A. 智能终端　　B. 变压器差动保护　　C. 母线差动保护　　D. 合并单元

17. 智能变电站内，对于 220kV 线路保护，下述说法正确的是（　　）。(ABCD)

A. 应按照双重化配置原则

B. 线路保护直接采样，直接跳断路器

C. 经 GOOSE 网络启动断路器失灵、重合闸

D. 过电压及远跳就地判别功能应集成在线路保护装置，其他装置启动远跳经 GOOSE 网络启动

18. 智能变电站内，（　　）保护应适应常规互感器和电子式互感器混合使用的情况。(BCD)

A. 变压中性点零序过流保护　　B. 线路纵联保护

C. 母线差动保护　　D. 变压器差动保护

19. 智能变电站内，双重化配置保护所采用的（　　）应双重化配置。(ABC)

A. 电子式电流互感器一次转换器

B. 电子式电流互感器二次转换器

C. 合并单元

20. 智能变电站内，运行中的 220kV 线路某套智能终端装置失电，（　　）对应的相关设备会发出告警信号。(ABCD)

A. 线路保护　　B. 母差保护　　C. 线路合并单元　　D. 测控装置

21. 智能变电站内，（　　）及以上电压等级变压器各侧的智能终端均按双重化配置；（　　）变压器各侧智能终端宜按双套配置。(AB)

A. 110kV　　B. 220kV　　C. 500kV　　D. 1000kV

22. 采用基于 IEC 61850-9-2 点对点采样传输模式的智能变电站，仅高压侧合并单元投检修将对主变压器保护产生（　　）影响（假定主变压器为双绕组变压器，主变压器保护仅与高低侧合并单元通信）。(ABCD)

A. 闭锁差动保护

B. 闭锁高压侧复压过流保护

C. 零序过流采用自产时，闭锁高压侧零序过流保护

D. 零序电流通过高压侧合并单元外接接入时，闭锁高压侧零序过流保护

23. 当智能变电站合并单元发生（　　）故障时发装置异常信号。(BC)

A. 失电　　B. GOOSE 告警　　C. SV 告警　　D. 无法运行

24. 对时系统对智能终端的作用是（　　）。(ABC)

A. 为智能终端提供装置时间

B. 给 SOE 提供时标

C. 为装置的事件记录报文提供时标

25. 构成智能变电站间隔层的设备主要包括（　　）。(AB)

A. 保护装置　　B. 测控装置　　C. 合并单元　　D. 远动装置

26. 关于智能变电站通信网络光纤施工工艺要求，下列说法正确的是（　　）。(ABCD)

A. 智能变电站内，除纵联保护通道外，应采用多模光纤，或无金属、阻燃、防鼠咬的光缆

B. 双重化的两套保护应采用两根独立的光缆

C. 光缆不宜与动力电缆同沟（槽）敷设

D. 光缆应留有足够的备用芯

27. 关于智能变电站网络交换机的使用，下列说法正确的是（　　）。(ACD)

A. 应采用工业级或以上产品　　B. 应使用无扇型，交流工作电压

C. 应满足变电站的电磁兼容的要求　　D. 支持端口速率限制和广播风暴限制

28. 关于智能变电站压板的描述，下属说法正确的有（　　）。(ABCD)

A. 检修压板应采用硬压板

B. 保护装置应采用软压板

C. 检修压板投入时应上送带品质位信息

D. 当检修压板投入收到其他装置保护信息，视为无效数据

29. 关于智能变电站一体化监控系统“$1+N$”冗余/备用描述正确的是（　　）。(AD)

A. 智能变电站一体化监控系统部署有多台监控主机，当一台主机因故障停运时，其他运行正常的主机自动切换，代替故障主机的功能

B. 智能变电站一体化监控系统部署有一台综合应用服务器，当综合应用服务器故障停运时，数据服务器自动切换，代替综合应用服务器的功能

C. 是提高智能变电站一体化监控系统实时性能的一种方法

D. 是提高智能变电站一体化监控系统可靠性的一种方法

30. 合并单元智能终端一体化设备带来的好处是（　　）。(ABC)

A. 节省设备投资　　B. 大大减小智能户外柜安装空间

C. 大大减少光口数量　　D. 提高设备抗干扰能力

31. 某 220kV 线路第一套智能终端故障不停电消缺时，可做的安全措施有（ ）。(BCD)

A. 退出该线路第一套线路保护跳闸压板　　B. 退出该智能终端出口压板

C. 投入该智能终端检修压板　　D. 断开该智能终端 GOOSE 光缆

32. 数字化采样的智能变电站可以利用（ ）进行核相试验。(AC)

A. 故障录波器　　B. 继电保护测试仪

C. 具备波形显示功能的网络报文分析仪　　D. 合并单元测试仪

33. 完善的智能化开关设备必须具备以下（ ）功能。(ABCD)

A. 设备的状态监测和自诊断功能　　B. 电网事故的识别功能

C. 电网正常运行状态的自动监测　　D. 智能化操作控制功能

34. 下列（ ）是智能变电站中不破坏网络结构的二次回路隔离措施。(ABC)

A. 断开智能终端跳、合闸出口硬压板

B. 投入间隔检修压板、利用检修机制隔离检修间隔及运行间隔

C. 退出相关发送及接收装置的软压板

D. 拔下相关回路光纤

35. 下列关于智能变电站一体化监控系统双机双网切换，描述正确的是（ ）。(ACD)

A. 主服务器发生故障后，监控系统不能丢失事件

B. 主服务器发生故障后，监控系统不允许有冗余事件

C. A/B 网切换，不能丢失事件

D. A/B 网切换，监控不允许有重复电网告警信息

36. 下列关于智能终端的说法正确的是（ ）。(ABCD)

A. 220kV 及以上电压等级智能终端按断路器双重化配置，每套智能终端包含完整的断路器信息交互功能

B. 220kV 及以上变压器各侧的智能终端均按双重化配置；110kV 变压器各侧智能终端宜按双套配置

C. 每台变压器、高压并联电抗器配置一套本体智能终端，本体智能终端包含完整的变压器、高压并联电抗器本体信息交互功能（非电量动作报文、调挡及测温等），并可提供与闭锁调压、启动风冷、启动充氮灭火器等出口接点

D. 智能终端跳合闸出口回路应设置硬压板

37. 下面属于智能变电站过程层设备的有（ ）。(CD)

A. 网络记录分析仪　　B. 稳控装置

C. 合并单元　　D. 智能终端

38. 下面对智能变电站网络记录分析仪的说法，正确的有（ ）。(ABCD)

A. 应不间断记录网络报文　　B. 支持离线解析分析报文

C. 支持在线分析报文　　D. 技术上可以和故障录波装置功能集成

39. 线路保护动作后，对应的智能终端没有出口，可能的原因是（ ）。(ABC)

A. 线路保护和智能终端 GOOSE 断链了　　B. 线路保护和智能终端检修压板不一致

C. 线路保护的 GOOSE 出口压板没有投入　　D. 线路保护和合并单元检修压板不一致

40. 新一代智能变电站保护装置和测控装置应实现基本状态监测功能，监测的状态量应包括（ ）。(ABC)

A. 光纤接口光强　　B. 温度　　C. 电源电压　　D. 开关位置

41. 在 Q/GDW 441—2010《智能变电站继电保护技术规范》中要求，220kV 及以上母联（分段）断路器按双重化配置（ ）。(ABC)

A. 母联（分段）保护

B. 合并单元

C. 智能终端

42. 智能变电站（ ）装置需实现同步。（ABC）

A. 常规互感器与电子式互感器共存 B. 变压器差动保护

C. 线路差动保护 D. 远动服务器

43. 智能变电站110kV及以上电压等级的（ ）网络应完全独立。（ABC）

A. 过程层SV网络 B. 过程层GOOSE网络

C. 站控层MMS网络 D. 对时网

44. 智能变电站的500kV线路保护装置应能同时接入（ ）合并单元的输出接口。（ACD）

A. 线路保护电压 B. 500kV母线电压 C. 中断路器电流 D. 边断路器电流

45. 智能变电站的保护设计应遵循（ ）原则，应特别注意防止智能变电站同时失去多套保护的风险。（ABCD）

A. 直接采样 B. 直接跳闸 C. 独立分散 D. 就地化布置

46. 智能变电站的基本要求是（ ）。（ABC）

A. 全站信息数字化 B. 通信平台网络化

C. 信息共享标准化 D. 功能实现集约化

47. 智能变电站对一、二次设备划分的三层结构为（ ）。（ABD）

A. 站控层 B. 间隔层 C. 网络层 D. 过程层

48. 智能变电站故障录波装置对（ ）应有经常监视及自诊断功能。（ABCD）

A. 网络异常 B. 装置异常 C. 交直流消失 D. 采样报文

49. 智能变电站过程层设备包括（ ）。（ABCD）

A. 合并单元 B. 智能终端 C. 智能开关 D. 电流互感器

50. 智能变电站户外安装的智能控制柜，其技术指标应该满足（ ）。（ABCD）

A. IP防护等级：IP55（户外标准）

B. 内部配有温湿度控制器、加热器

C. 双层防辐射结构

D. 需具备空气外循环及模块化风扇装置

51. 智能变电站继电保护设备主动上送的信息应包括（ ）。（ABC）

A. 开关量变位信息 B. 异常告警信息

C. 保护动作事件信息 D. 保护整定单信息

52. 智能变电站继电保护相关的设计、基建、改造、验收、运行、检修部门应按照工作职责和界面分工，把好系统配置文件（SCD文件）关口，确保智能变电站保护（ ）工作安全。（ABCD）

A. 运行 B. 检修 C. 扩建 D. 改建

53. 智能变电站跨间隔信息有（ ）。（AB）

A. 启动母线差动保护失灵 B. 母线差动保护远跳

C. 线路保护动作 D. 闭锁重合闸

54. 智能变电站母线差动保护一般配置（ ）。（ABCD）

A. 合并单元接收软压板 B. 启动失灵接收软压板

C. 失灵联跳发送软压板 D. 跳闸GOOSE发送软压板

55. 智能变电站是可根据需要支持电网（ ）、智能调节、（ ）、协同互动等高级功能的变电站。（BC）

A. 设备互操作 B. 实时自动控制 C. 在线分析决策 D. 智能操作

56. 智能变电站通信网络的基本要求是（ ）。（ABCD）

A. 应具备网络风暴抑制功能，网络设备局部故障不应导致系统性问题

B. 应具备方便的配置向导进行网络配置、监视和维护

C. 应具备对网络所有节点的工况监视和报警功能

D. 宜具备 DOS 防御能力和抑制病毒传播的能力

57. 智能变电站网络记录分析仪完成的基本功能包括（　　）。(ABCD)

A. 实时监视　　B. 捕捉　　C. 存储　　D. 分析和统计

58. 智能变电站线路保护告警信息输出（　　）时，缺陷类别属于危急缺陷。(ABCD)

A. 开入异常　　B. 电源异常　　C. 两侧差动投退不一致　　D. 通道故障

59. 智能变电站中 220kV 变压器保护装置正常运行时，当保护接收的采样数据出现下列（　　）情况时，保护装置应闭锁差动保护。(CD)

A. 高压侧间隙电流数据无效　　B. 中压侧电压数据无效

C. 低压侧开关相电流数据无效　　D. 中压侧开关相电流数据同步异常

60. 智能变电站中常见的高级应用功能有（　　）。(ABCD)

A. 智能告警与综合故障分析　　B. 一键式顺控操作

C. 设备状态可视化　　D. 源端维护

61. 智能变电站中的（　　）等设备任一个元件损坏，除出口继电器外，装置不应误动作跳闸。(ABC)

A. 合并单元　　B. 电子式互感器的二次转换器（A/D 采样回路）

C. 智能终端　　D. 过程层网络交换机

62. 智能变电站中主变压器本体智能终端可实现的功能通常包括（　　）。(ABCD)

A. 非电量保护　　B. 有载调压　　C. 油温监测　　D. 油位监测

63. 智能变电站作为变电站的发展方向，主要解决现有变电站可能存在的（　　）问题。(ABCD)

A. 传统互感器的绝缘、饱和、谐振及开关智能化

B. 长距离电缆、屏间电缆

C. 通信标准的统一

D. 在线监测及高级应用

64. 智能化保护装置通信模型一般设置下列（　　）总信号。(ABC)

A. 保护动作　　B. 装置故障　　C. 装置告警　　D. 控制回路断线

65. 智能站母线保护整组动作时间由（　　）组成。(ABCD)

A. 采样延迟　　B. 传输时间

C. 母线保护装置动作时间　　D. 智能终端动作时间

66. 智能终端的断路器操作功能主要包括（　　）。(ABCD)

A. 接收保护分相跳闸、三跳和重合闸 GOOSE 命令，对断路器实施跳合闸

B. 手分、手合硬接点输入，分相或三相的跳合闸回路

C. 跳合闸电流保持、回路监视

D. 跳合闸压力监视与闭锁、防跳

67. 智能终端的自检项目主要包括（　　）。(ABD)

A. 控制回路断线自检　　B. 断路器位置不对应自检

C. 定值自检　　D. 程序 CRC 自检

68. 智能终端可作为（　　）设备的智能化接口。(ABCD)

A. 分相断路器　　B. 三相断路器　　C. 主变压器本体　　D. 隔离开关

69. 智能终端应具备的功能有（　　）。(ACD)

A. 智能终端应具有三跳硬接点输入接口，可灵活配置的保护点对点接口和 GOOSE 网络接口

B. 至少提供两组分相跳闸接点和一组合闸接点，跳、合闸命令不需可靠校验

C. 具备对时功能，事件报文记录功能

D. 智能终端具备跳/合闸命令输出的监测功能，当智能终端接收到跳闸命令后，应通过 GOOSE 网发出收到跳令的报文

70. 以下属于智能化高压设备技术特征的是（ ）。(ABD)

A. 测量数字化 B. 控制网络化 C. 共享标准化 D. 信息互动化

71. 以下属于智能变电站自动化系统通常采用的网络结构是（ ）。(ABC)

A. 总线型 B. 环型 C. 星型 D. 放射型

72. 以下属于智能小区核心服务功能的是（ ）。(ABD)

A. 用电信息采集 B. 配电自动化 C. 智能家电控制 D. 互动用电服务

73. 智能配电中配电自动化主要研究通过配电自动化实现配电网的（ ），从而大幅度提升电网整体可靠性和运行效率的技术。(ABCD)

A. 全面监测 B. 灵活控制 C. 优化运行 D. 运行维护管理集约化

74. 电动汽车充电对电网产生的影响有（ ）。(ABCD)

A. 临时性快速充电对电网负荷的冲击 B. 对电能质量的影响

C. 对电网规划的影响 D. 对电网交易模式的影响

75. 智能变电站中关于直采直跳描述正确的是（ ）。(ABC)

A. “直采直跳”也称作“点对点”模式

B. “直采”就是智能电子设备不经过以太网交换机而以点对点光纤直联方式进行采样值（SV）的数字化采样传输

C. “直跳”是指智能电子设备间不经过以太网交换机而以点对点光纤直联方式并用 GOOSE 进行跳合闸信号的传输

76. 下面（ ）是智能变电站主要辅助功能。(ABCD)

A. 视频监控 B. 安防系统 C. 照明系统 D. 站用电源系统

77. 智能终端基本功能有（ ）。(ABC)

A. 执行 GOOSE 控制或跳闸命令 B. 上送 GOOS 遥信

C. 环境温湿度采集并 GOOSE 上送 D. 交流采样

78. 主变本体智能终端接收主变挡位信息可以采用（ ）。(AB)

A. 挡位直接开入方式 B. 挡位 BCD 编码开入方式

C. 报文方式 D. 图像识别方式

79. 智能变电站中的（ ）设备任一个元件损坏，除出口继电器外，装置不应误动作跳闸。(ABCD)

A. 合并单元 B. 电子式互感器的二次转换器（A/D 采样回路）

C. 智能终端 D. 过程层网络交换机

80. 在使用 GOOSE 跳闸的智能变电站中，以下（ ）情况可能导致保护动作但开关未跳闸。(ABCD)

A. 智能终端检修压板投入，保护装置检修压板未投入

B. 保护装置 GOOSE 出口压板未投入

C. 智能终端出口压板未投入

D. 保护到智能终端的直跳光纤损坏

81. 某间隔 MU 检修压板与母线保护检修压板，母线保护间隔投入压板以下说法正确的是（ ）。(ABCD)

A. 间隔压板投入，检修状态不一致，告警闭锁保护

B. 间隔压板投入，检修压板一致，不告警不闭锁保护

C. 间隔压板退出，检修不一致，不告警，不闭锁保护

D. 间隔压板退出，检修一致，不告警，不闭锁保护

82. 合并单元与保护间采用点对点 9-2 传输采样的优势包括（ ）。(AB)

A. 保护的工作不依赖交换机 B. 差动保护不受外同步时钟源影响

C. 简化光纤连接 D. 提高采样传输速率

83. 对于变压器保护配置，下述说法正确的是（　　）。(ACD)

A. 110kV 变压器电量保护宜按双套配置，双套配置时应采用主、后备保护一体化配置

B. 变压器非电量保护应采用 GOOSE 光缆直接跳闸

C. 变压器保护直接采样，直接跳各侧断路器

D. 变压器保护跳母联、分段断路器及闭锁备自投、启动失灵等可采用 GOOSE 网络传输

84. 智能单元配置原则是（　　）。(ABCD)

A. 220kV 及以上的断路器间隔配置双重化的分相智能单元

B. 220kV 以下的断路器间隔配置双重化的三相智能单元

C. 主变压器各侧配置双重化的智能单元

D. 主变压器本体配置单台智能单元

85. 某 220kV 线路第一套合并单元故障不停电消缺时，可做的安全措施有（　　）。(CD)

A. 退出该线路第一套线路保护 SV 接收压板

B. 退出第一套母差保护该支路 SV 接收压板

C. 投入该合并单元检修压板

D. 断开该合并单元 SV 光缆

86. 需要采集 GOOSE 总告警信号的装置有（　　）。(ABCD)

A. 合并单元　　B. 智能终端　　C. 保护装置　　D. 测控装置

87. 当智能变电站合并单元发生下列故障时发装置异常信号（　　）。(BC)

A. 失电　　B. GOOSE 告警　　C. SV 告警　　D. 无法运行

88. 下列哪些不属于智能变电站继电保护装置的硬压板（　　）。(BCD)

A. “投检修状态”压板　　B. “保护出口跳闸”压板

C. “投主保护”压板　　D. “启动失灵保护”压板

89. 双母线接线智能变电站，变压器停电，本体合并单元检修时，需投退的保护有（　　）。(BC)

A. 退出该变压器差动保护跳闸出口压板

B. 退出该主变保护中本体合并单元 SV 接收软压板

C. 投入该变压器本体合并单元“检修压板”

D. 退出该变压器重瓦斯保护出口压板

90. 220kV、110kV 母线均为双母线接线方式的 220kV 智能变电站，当一台主变压器停电，进行主变压器保护试验工作时，需投退的保护有（　　）。(ABCD)

A. 退出停电主变压器保护跳各侧母联（分段）GOOSE 出口、联跳运行设备 GOOSE 出口、闭锁备自投、各侧启动失灵、解除复压闭锁软压板

B. 退出各侧母差保护的对应停电主变压器间隔电流 SV 接收软压板

C. 投入停电主变压器保护的检修状态硬压板

D. 投入停电主变压器各侧合并单元、智能终端的检修状态硬压板

91. 智能变电站主变压器停电，主变本体合并单元检修，需投退的保护有（　　）。(AB)

A. 退出对应主变保护中本体合并单元 SV 接收软压板

B. 投入停电变压器本体合并单元检修压板

C. 退出主变间隙保护压板

D. 退出主变差动保护投入压板

92. 在智能变电站过程层中使用到的网络有（　　）。(BC)

A. MMS 网　　B. GOOSE 网　　C. SV 网　　D. IEC 61588 网

93. 以下哪些属于间隔层设备（　　）。(BD)

A. 合并单元　　B. 保护设备　　C. 智能终端　　D. 测控设备

94. 合并单元的主要功能包括（　　）。(ABC)

A. 对采样值进行合并　　B. 对采样值进行同步
C. 采样值数据的分发　　D. 开关遥控

95. 网络传输延时主要包括（　　）几个方面。(ABCD)
A. 交换机存储转发延时　　B. 交换机延时
C. 光缆传输延时　　D. 交换机排队延时

96. GOOSE 报文可以传输（　　）数据。(ACD)
A. 跳、合闸信号　　B. 电流、电压采样值
C. 一次设备位置状态　　D. 户外设备温、湿度

97. 智能变电站中，过程层设备包括（　　）。(ABCD)
A. 合并单元　　B. 智能终端　　C. 智能开关　　D. 光 CT/PT

98. 对于智能变电站 220kV 线路保护，下述说法正确的是（　　）。(ABD)
A. 应按照双重化配置原则
B. 线路保护直接采样，直接跳断路器
C. 经 GOOSE 点对点启动断路器的失灵、重合闸
D. 过电压及远跳就地判别功能应集成在线路保护装置，其他装置启动远跳经 GOOSE 启动

99. 对于智能变电站变压器保护配置，下述说法正确的是（　　）。(BCD)
A. 110kV 变压器电量保护宜按单套配置，双套配置时应采用主、后备保护一体化配置
B. 变压器非电量保护采用就地直接电缆跳闸
C. 变压器保护直接采样，直接跳各侧断路器
D. 变压器保护跳母联、分段断路器及闭锁备自投、启动失灵等可采用 GOOSE 网络传输

100. 智能变电站继电保护设备主动上送的信息应包括（　　）。(ABC)
A. 开关量变位信息　　B. 异常告警信息
C. 保护动作事件言息　　D. 保护定值单信息

101. 智能变电站中虚端子的作用主要有（　　）。(ABCD)
A. 使站内的装置之间的连接关系明确　　B. 便于系统 SCD 配置连接线关系
C. 产生 GOOSE 和 SV 需要的文本信息　　D. 与传统屏柜的端子存在着对应的关系

102. 网络报文记录与分析装置在智能站中主要功能是（　　）。(ABCD)
A. 原始记录过程层和站控层报文
B. 在线监视、预警、告警链路状态和时序及协议
C. 数据检索与统计、离线数据分析
D. 初步实现二次设备状态监测与评估

103. 当网络发生网络风暴时，智能终端应该（　　）。(ABD)
A. 不能导致装置重启　　B. 不能导致装置死机无法恢复
C. 允许设备重新启动　　D. 不允许设备出现丢帧情况

104. GOOSE 可以传输以下（　　）信息。(ABCD)
A. 智能终端的常规开入　　B. 跳闸、遥控、启动失灵、联锁
C. 自检信息　　D. 实时性要求不高的模拟量如环境温、湿度、直流量

105. 以下关于全站系统配置文件 SCD 说法正确的有（　　）。(BCD)
A. 全站不唯一
B. 该文件描述所有 IED 的实例配置和通信参数、IED 之间的通信配置以及变电站一次系统结构
C. 由系统集成厂商完成
D. SCD 文件应包含版本修改信息，明确描述修改时间、修改版本号等内容

106. 某 220kV 母差保护一个支路 SV 接收压板退出时，母差保护应（　　）。(AB)
A. 不计算该支路电流　　B. 该支路不发出 SV 中断告警

C. 闭锁差动保护　　　　　　　　　　D. 发出装置告警

107. 某 220kV 主变停役检修时，在不断开光缆连接的情况下，可做的安全措施有（　　）。(ABCD)

A. 投入该线路两套主变保护、主变三侧合并单元和智能终端检修压板

B. 退出该线路两套主变保护启动失灵和解除复合电压闭锁压板

C. 退出两套主变保护跳分段和母联压板

D. 退出两套母差保护该支路启动失灵和解除复合电压闭锁接收压板

108. 对于母线保护，GOOSE 输入量（　　）在 GOOSE 断链的时候必须置零。(AC)

A. 失灵开入　　B. 刀闸位置开入　　C. 解除复压闭锁　　D. 开关位置开入

109. 线路间隔采样数据无效情况下，应该闭锁（　　）保护功能。(AB)

A. 该间隔失灵保护 B. 差动保护　　C. 母差保护　　D. 所有间隔失灵保护

110. 母线保护配置的间隔投入压板在（　　）情况可退出。(AB)

A. 备用间隔　　B. 间隔停电检修　　C. 间隔保护检修　　D. 间隔热备用

111. 220kV 降压变压器在重载时发生高压侧开关非全相运行，影响的保护有（　　）。(ABCD)

A. 对侧线路零序过流保护可能动作　　B. 本站母差保护的零序电压闭锁元件可能动作

C. 系统内发电机负序过流保护可能动作　　D. 变压器中性点零序电流保护可能动作

112. 220kV 第一套母差保护断电重启时，监控后台应有的报警信息为（　　）。(ABC)

A. 所有 220kV 线路第一套保护远跳 GOOSE 断链

B. 所有主变第一套保护失灵连跳 GOOSE 断链

C. 所有 220kV 线路第一套智能终端跳合闸 GOOSE 断链

D. 所有 220kV 线路第一套合并单元 SV 断链

113. 智能变电站母差保护一般配置有（　　）压板。(ABCD)

A. MU 接收压板　　　　　　　　B. 启动失灵接收软压板

C. 失灵联跳发送软压板　　　　　D. 跳闸 GOOSE 发送压板

114. 根据《智能变电站通用技术条件》，GOOSE 开入软压板除双母线和单母线接线（　　）开入软压板设在接收端外，其他皆应设在发送端。(AC)

A. 启动失灵　　B. 断路器位置　　C. 失灵联跳　　D. 闭锁重合闸

115. 对于智能变电站母线保护配置，下述说法正确的是（　　）。(ABCD)

A. 220kV 母线保护双重化配置，相应 MU、智能终端双重化配置

B. 母线保护与其他保护之间的联闭锁信号采用 GOOSE 网络传输

C. 间隔数较多时可采用分布式母线保护

D. 采用分布式母线保护方案时，各间隔 MU、智能终端以点对点方式接入对应子单元

116. 某 220kV 线路间隔停役检修时，在不断开光缆连接的情况下，可做的安全措施有（　　）。(ABD)

A. 投入该线路两套线路保护、合并单元和智能终端检修压板

B. 退出该线路两套线路保护启动失灵压板

C. 退出两套线路保护跳闸压板

D. 退出两套母差保护该支路启动失灵接收压板

117. 某 220kV 线路第一套智能终端故障不停电消缺时，可做的安全措施有（　　）。(BCD)

A. 退出该线路第一套线路保护跳闸压板　　B. 退出该智能终端出口压板

C. 投入该智能终端检修压板　　　　　　D. 断开该智能终端 GOOSE 光缆

118. 某 220kV 母差保护不停电消缺时，可做的安全措施有（　　）。(AD)

A. 投入该母差保护检修压板　　　　　　B. 退出该母差保护所有支路 SV 接收压板

C. 退出该母差保护所有支路出口压板　　D. 断开该母差保护 GOOSE 光缆

119. 某 220kV 线路第一套智能终端故障不停电消缺时，可做的安全措施有（　　）。(BCD)

A. 退出该线路第一套线路保护跳闸压板　　B. 退出该智能终端出口压板

C. 投入该智能终端检修压板　　D. 断开该智能终端 GOOSE 光缆

120. 电子式互感器的采样数据同步问题包括（　）层面。(ABC)

A. 同一间隔内的各电压电流量的采样数据同步

B. 变电站内关联间隔之间的采样数据同步

C. 线路两端电流电压量的采样数据同步

D. 变电站与调度之间的采样数据同步

121. 智能变电站的数据文件 SCD 文件包含的文件信息有（　）。(ABCD)

A. 变电站一次系统配置（含一、二次关联信息配置）

B. 二次设备信号描述配置

C. GOOSE 信号连接配置

D. 通信网络及参数的配置

122. 某 220kV 线路第一套保护装置故障不停电消缺时，可做的安全措施有（　）。(ABD)

A. 退出第一套母差保护该支路启动失灵接收压板

B. 投入该装置检修压板

C. 退出第一套线路保护 SV 接收压板

D. 断开该装置 GOOSE 光缆

123. 某 220kV 母差保护不停电消缺时，可做的安全措施有（　）。(AD)

A. 投入该母差保护检修压板　　B. 退出该母差保护所有支路 SV 接收压板

C. 退出该母差保护所有支路出口压板　　D. 断开该母差保护 GOOSE 光缆

124. SCD 修改后，（　）装置的配置文件可能需要重新下载。(ABD)

A. 合并单元　　B. 保护装置　　C. 交换机　　D. 智能终端

125. 线路保护动作后，对应的智能终端没有出口，可能的原因是（　）。(ABC)

A. 线路保护和智能终端 GOOSE 断链了　　B. 线路保护和智能终端检修压板不一致

C. 线路保护的 GOOSE 出口压板没有投入　　D. 线路保护和合并单元检修压板不一致

126. 智能终端的基本功能是（　）。(ABC)

A. 执行 GOOSE 控制或跳闸命令　　B. 上送 GOOSE 遥信

C. 环境温湿度采集并 GOOSE 上送　　D. 交流采样

127. 220kV 母差失灵保护和线路间隔保护装置之间需要沟通的虚回路有（　）。(ABC)

A. 失灵启动　　B. 闭锁重合闸　　C. 远跳或停信　　D. 零序保护启动

128. 网络报文记录分析装置主要实现（　）功能。(ABCD)

A. 报文采集　　B. 网络状态诊断　　C. 报文异常分析　　D. 报文解析

129. 对于 220kV 母线保护，下述说法正确的是（　）。(AB)

A. 应按照双重化配置原则　　B. 保护直接采样，直接跳断路器

C. 经 GOOSE 网络启动断路器失灵、重合闸　D. 需要外部对时系统进行保护同步

130. 在智能变电站，存在同步问题的装置是（　）。(BCD)

A. 智能终端　　B. 变压器差动保护　　C. 母线差动保护　　D. 合并单元

131. 正常运行时，应按整定及运行要求投入（　）。(ABC)

A. 保护装置的功能投入软压板　　B. GOOSE 发送（接收）软压板

C. 智能终端装置跳合闸出口硬压板　　D. 检修状态硬压板

132. 保护设备远程巡视主要内容包括（　）。(ABC)

A. 后台远程查看保护设备告警信息、通信状态无异常

B. 后台远程定期核对软压板控制模式，压板投退状态，定值区位置

C. 重点查看装置 SV 通道、GOOSE 通道正常

D. 定期核对硬压板、控制把手位置

133. 以下智能设备缺陷属于危急缺陷的是（　　）。（ABD）

A. 电子互感器故障（含采集器及其电源）　B. 过程层交换机故障

C. 站控层交换机故障或异常　D. 合并单元或智能终端故障

## 三、判断题

1. 过程层 SV 网络、过程层 GOOSE 网络、站控层网络应完全独立，同一设备接入不同网络时，应采用相互独立的数据接口控制器。（√）

2. 保护双重化配置时，可共用双重化配置的两个网络。（×）

3. 保护装置、智能终端等智能电子设备间的相互启动、相互闭锁、位置状态等交换信息可通过 GOOSE 网络传输，双重化配置的保护之间可直接交换信息。（×）

4. GOOSE 是一种面向通用对象的变电站事件，主要用于实现在多个智能电子设备（IED）之间信息传递，包括传输跳合闸、联闭锁等多种信号（命令），具有高传输成功概率。（√）

5. 继电保护装置采用双重化配置时，对应的过程层网络也应双重化配置，第一套保护接入 A 网，第二套保护接入 B 网。（√）

6. 继电保护之间的联闭锁信息、失灵启动等信息宜采用 GOOSE 网络传输方式。（√）

7. 智能变电站网络设备包括站控层和间隔层网络的通信介质、通信接口、网络交换机、网络通信记录分析系统等，双重化布置的网络应采用两个不同回路的直流电源供电。（√）

8. 合并单元是过程层的关键设备，是对来自二次转换器的电流和/或电压数据进行时间相关组合的物理单元。（√）

9. 保护装置在接收到异常的合并单元采样信号时，应能立刻闭锁保护出口，确保不误动。（√）

10. 母线电压宜配置单独的母线电压合并单元。（×）

11. 每套完整、独立的保护装置应能处理可能发生的所有类型的故障。两套保护之间不应有任何电气联系，当一套保护异常或退出时不应影响另一套保护的运行。（√）

12. 智能变电站继电保护装置除检修采用硬压板外其余均采用软压板。（√）

13. 智能变电站母线保护不需要设置失灵开入软压板。（×）

14. 合并单元和保护装置检修压板不一致时，保护依然可以动作。（×）

15. 220kV 母线保护应保护直接采样，直接跳断路器。（√）

16. 变压器保护可采用分布式保护，分布式保护由主单元和若干子单元组成，子单元不应跨电压等级。（√）

17. 智能变电站除了主变压器跳母联通过网络跳闸外，失灵联跳主变压器各侧、备自投跳闸一般也采用网跳方式。（√）

18. 两套线路保护的电压（电流）采样值可以取自同一个 MU。（×）

19. 220kV 及以上线路按双重化配置保护装置，每套保护包含完整的主、后备保护功能。（√）

20. 传统保护与数字化保护的主要区别之一是保护原理不一样。（×）

21. 220kV 开关第二套智能终端装置停用，第二套线路保护装置也停用时，应不影响本线路的线路重合闸功能运行。（√）

22. 双重化配置保护使用的 GOOSE（SV）网络，当一个网络异常或退出时将影响另一个网络的运行。（×）

23. 保护装置、智能终端和合并单元全部投检修压板时，保护装置不能出口跳闸相应断路器。（×）

24. 智能变电站中在线路保护定检时，因一次设备已停电，故将所定检的线路保护装置、智能终端、合并单元检修压板可不需投入。（×）

25. 当某个间隔停运工作时，可能影响电流互感器或合并单元，应在母线差动保护中将该间隔退出。（√）

26. 合并单元、继电保护装置、智能终端等双重化配置的设备异常时，可不停运相关一次设备，仅需将相关继电保护装置退出运行；对于单套配置的间隔，对应断路器应退出运行。（√）

27. 智能组件是指由若干智能电子设备集合组成，安装于宿主设备旁，承担与宿主设备相关的测量、控制和监测等基本功能。(√)

28. 将合并单元的直流电源正负极性颠倒，要求合并单元无损坏，并能正常工作。(√)

29. 合并单元应支持可配置的采样频率，采样频率应满足保护、测控、录波、计量及故障测距等采样信号的要求。(√)

30. 合并单元应能保证在电源中断、电压异常、采集单元异常、通信中断、通信异常、装置内部异常等情况下不误输出；应能够接收电子式互感器的异常信号；应具有完善的自诊断功能。合并单元应能够输出上述各种异常信号和自检信息。(√)

31. 智能终端的断路器防跳、三相不一致保护功能以及各种压力闭锁功能宜在断路器本体操作机构中实现。(√)

32. 智能终端应具备 GOOSE 命令记录功能，记录收到 GOOSE 命令时刻、GOOSE 命令来源及出口动作时刻等内容，并能提供便捷的查看方法。(√)

33. 智能终端应有完善的闭锁告警功能，包括电源中断、通信中断、通信异常、GOOSE 断链、装置内部异常等信号，其中装置异常及直流消失信号，在装置面板上宜直接有 LED 指示灯。(√)

34. 智能终端装置加上电源、断电、电源电压缓慢上升或缓慢下降，装置均不应误动作或误发信号；当电源恢复正常后，装置应自动恢复正常运行。(√)

35. 智能组件应具有断电不丢失存储数据的功能。(√)

36. 当用于双重化保护时，光学原理电压互感器的光学器件宜两路独立输出，采集器宜双重化配置。(√)

37. 测控单元电源端口不需设置过电压保护或浪涌保护器件。(×)

38. 间隔层设备一般指继电保护装置、系统测控装置、合并单元、监测功能组主 IED 等二次设备，实现使用一个间隔的数据并且作用于该间隔一次设备的功能，即与各种远方输入/输出、传感器和控制器通信。(×)

39. 网络上的数据应分级，具备优先传送功能，并计算和控制流量，满足全站设备正常运行的需求。(√)

40. "远方修改定值""远方切换定值区""远方控制压板"只能在装置就地修改，当某个远方软压板投入时，装置相应操作只能在远方进行，不能在就地进行。(×)

41. 要求快速跳闸的安全稳定控制装置应采用点对点直接跳闸方式。(√)

42. 智能终端应设置防跳功能，防跳功能不可由断路器本体实现。(×)

43. 保护装置采样值采用点对点接入方式，采样同步应由合并单元实现。(×)。

44. 智能变电站网络交换机用于变电站自动化系统的信息传输。(√)

45. 保护不能直接采样，对于单间隔的保护应直接跳闸，涉及多间隔的保护宜直接跳闸。(×)

46. 智能变电站继电保护"直接跳闸"是指 IED 间经过以太网交换机，以点对点连接方式直接进行跳合闸信号的传输。(×)

47. 智能变电站保护双重化配置的继电保护应两套保护之间不应有任何电气联系，当一套保护异常或退出时不应影响另一套保护的运行。(√)

48. 智能变电站的二次电压并列功能在母线合并单元中实现。(√)

49. 智能变电站内智能终端按双重化配置时，分别对应于两个跳闸线圈，具有分相跳闸功能；其合闸命令输出则并接至合闸线圈。(√)

50. 智能变电站内双重化配置的两套保护电压、电流采样值应分别取自相互独立的 MU。(√)

51. 双重化配置保护使用的 GOOSE（SV）网络应遵循相互独立的原则，当一个网络异常或退出时不应影响另一个网络的运行。(√)

52. 有些电子式电流互感器是由线路电流提供电源，这种互感器电源的建立需要在一次电流接通后迟延一定时间。此延时称为"唤醒时间"。在此延时期间，电子式电流互感器的输出为零。(√)

53. 用于双重化保护的电子式互感器，其两个采样系统应由不同的电源供电，并与相应保护装置使用同一直流电源。(√)

54. 电子式互感器采样数据的品质标志应实时反映自检状态，不应附加任何延时或展宽。(√)

55. 220kV 智能变电站线路保护，用于检同期的母线电压一般由母线合并单元点对点通过间隔合并单元转接给各间隔保护装置。(√)

56. 智能变电站母线保护按双重化进行配置。各间隔合并单元、智能终端均采用双重化配置。(√)

57. 智能变电站采用分布式母线保护方案时，各间隔合并单元、智能终端以点对点方式接入对应母线保护子单元。(√)

58. 智能变电站和常规变电电站相比，可以节省大量电缆。(√)

59. 智能变电站必须采用电子式互感器。(×)

60. 智能变电站必须采用合并单元。(×)

61. 若保护配置双重化，保护配置的接收采样值控制块的所有合并单元也应双重化。(√)

62. 保护装置、智能终端等智能电子设备间的相互启动、相互闭锁、位置状态等交换信息可通过 GOOSE 网络传输。(√)

63. 智能变电站中，220kV 及以上变压器各侧的智能终端均应按双重化配置；110kV 变压器各侧智能终端宜按双套配置。(√)

64. 智能变电站断路器保护失灵逻辑实现与传统站原理相同，本断路器失灵时，经 GOOSE 网络通过相邻断路器保护或母线保护跳相邻断路器。(√)

65. 智能变电站线路差动保护装置不能两侧分别采用常规互感器和电子式互感器。(×)

66. 智能变电站中合并单元失去同步时，母线保护、主变压器保护将闭锁。(×)

67. 智能终端装置应是模块化、标准化、插件式结构；大部分板卡应容易维护和更换，且允许带电插拔；任何一个模块故障或检修时，应不影响其他模块的正常工作。(√)

68. 智能终端不需要实现防跳功能，断路器的防跳功能宜在断路器本体机构中实现。(√)

69. 智能终端不设置软压板是因为智能终端长期处于开关场就地，液晶面板容易损坏。同时也是为了符合运行人员的操作习惯，所以智能终端不设软压板，而设置硬压板。(√)

70. 过程层包括变压器、断路器、隔离开关、电流和电压互感器等一次设备及其所属的智能组件以及独立的智能电子设备。(√)

71. 智能终端宜具备断路器操作箱功能，包含分合闸回路、合后监视、重合闸、操作电源监视和控制回路断线监视等功能。断路器防跳、断路器三相不一致保护功能以及各种压力闭锁功能宜在断路器本体操作机构中实现。(√)

72. 双重化配置的两个过程层网络应遵循完全独立的原则，当一个网络异常或退出时不应影响另一个网络的运行。(√)

73. 智能变电站变压器非电量保护采用就地直接电缆跳闸。(√)

74. 如果智能变电站的线路差动保护采用来自电子式电流互感器的采样值，那么对侧常规变电站的线路间隔也必须配置相同型号的电子式电流互感器。(×)

75. 3/2 接线智能变电站断路器保护按断路器单套配置，包含失灵保护及重合闸等功能。(×)

76. 220kV 及以上电压等级的智能变电站中，继电保护及与之相关的设备、网络等应按照双重化原则进行配置，双重化配置的继电保护之间不应有任何电气联系，当一套保护异常或退出时不应影响另一套保护的运行。(√)

77. 与传统电磁感应式互感器相比，电子式互感器不含铁芯，消除了磁饱和及铁磁谐振等问题。(√)

78. 智能终端与一次设备采用电缆连接，与保护、测控等二次设备采用光纤连接，实现对一次设备（如断路器、隔离开关、主变压器等）的测量、控制等功能。(√)

79. 智能变电站过程层用交换机需要双电源。(√)

80. 合并单元发装置故障信号预示装置已经不能正常运行。(√)

81. 合并单元发装置故障信号预示装置已经不能正常运行。(√)

82. 双重化配置的两套 220kV 母差保护每套保护都应接入第一套、第二套母线电压合并单元。(×)

83. 双重化配置的 220kV 线路保护应分别接入第一套、第二套合并单元与智能终端。(√)

84. 智能变电站母线保护在采样通信中断时不应该闭锁母差保护。(×)

85. 测控装置收 GOOSE 链路中断，不影响接收智能终端及合并单元的装置告警信息。(×)

86. 智能终端收 GOOSE 链路中断，将无法执行断路器、隔离开关的跳合闸命令。(√)

87. 合并单元应能保证在电源中断、电压异常、采集单元异常、通信中断、通信异常、装置内部异常等情况下不误输出；合并单元应能够输出上述各种异常信号和自检信息。(√)

88. 智能变电站继电保护装置除检修采用硬压板外，其余均采用软压板。(√)

89. 智能变电站的线路保护应直接采样，直接跳断路器；经 GOOSE 网络启动断路器失灵、重合闸。(√)

90. 智能变电站的二次电压并列功能在母线合并单元中实现。(√)

91. 直接采样是指智能电子设备（IED）间经过太网交换机，以点对点连接方式直接进行采样值传输。(×)

92. 双重化配置保护使用的 GOOSE（SV）网络应遵循相互独立的原则，当一个网络异常或退出时不应影响另一个网络的运行。(√)

93. 智能终端的断路器防跳、三相不一致保护功能以及各种压力闭锁功能宜在断路器本体操作机构中实现。(√)

94. 为保证母差保护正常运行，某运行间隔改检修时，应先投入该间隔合并单元“检修状态压板”，再退出母差保护内该间隔的“间隔投入软压板”。(×)

95. 变压器保护跳母联、分段断路器及闭锁备自投、启动失灵等可采用 GOOSE 网络传输。(√)

96. 变压器保护可通过 GOOSE 网络接收失灵保护跳闸命令，并实现失灵跳变压器各侧断路器。(√)

97. GOOSE 报文中可以同时传输单位置遥信、双位置遥信及测量值等信息。(√)

98. SV 报文中可以同时传输单位置遥信、双位置遥信及测量值等信息。(√)

99. 根据 IEC 61850 工程继电保护应用模型规范中规定，保护装置应具备“远方修改定值”“远方切换定值区”和“远方控制压板”三块软压板，且只能在装置本地修改。(√)

100. 虚端子解决了智能变电站保护装置 GOOSE 信息无触点、无端子、无接线等问题。(√)

101. 当交换机用于传输 SV 或 GOOSE 等可靠性要求较高的信息时应采用光接口。(√)

102. 智能终端收到 GOOSE 跳闸报文后，以遥信的方式转发跳闸报文来进行跳闸报文的反校。(√)

103. 过程层包括变压器、断路器、隔离开关、电流/电压互感器等一次设备及其所属的智能组件以及独立的智能电子设备。(√)

104. 母线合并单元通过 GOOSE 接收母联断路器位置实现电压并列功能，双母线接线的间隔合并单元通过 GOOSE 接收间隔刀闸位置实现电压切换功能。(√)

105. 只有支路停役断路器分开时，母差相关支路的 SV 接收压板才可以退出。(√)

106. 智能变电站断路器保护失灵逻辑实现与传统站原理相同，本断路器失灵时，经 GOOSE 网络通过相邻断路器保护或母线保护跳相邻断路器。(√)

107. 智能变电站主变故障时，非电量保护通过电缆接线直接作用于主变各侧智能终端的“其他保护动作三相跳闸”输入端口。(√)

108. 智能变电站中当“GOOSE 出口软压板”退出后，保护装置可以发送 GOOSE 跳闸命令，但不会跳闸出口。(×)

109. 智能变电站主变保护当某一侧 MU 压板退出后，该侧所有的电流电压采样数据显示为 0，同时闭锁与该侧相关的差动保护，退出该侧后备保护。(√)

110. 直接跳闸是指智能电子设备（IED）间不经过以太网交换机而以点对点连接方式直接进行跳合闸信号的传输。(√)

111. 智能终端与一次设备采用电缆连接，与保护、测控等二次设备采用光纤连接，实现对一次设备（如断路器、刀闸、主变压器等）的测量、控制等功能。(√)

112. 智能变电站变压器非电量保护采用就地直接电缆跳闸。(√)

113. 智能变电站中合并单元失去同步时，母线保护、主变保护将闭锁。（×）

114. 智能终端安装处应保留总出口压板和检修压板。（√）

115. 智能保护装置跳闸状态是指：保护交直流回路正常，主保护、后备保护及相关测控功能软压板投入，GOOSE 跳闸、启动失灵及 SV 接收等软压板投入，保护装置检修硬压板退出。（√）

116. “远方修改定值”软压板只能在装置本地修改。“远方修改定值”软压板投入时，装置参数、装置定值可远方修改。（√）

117. 保护装置 GOOSE 中断后，保护装置将闭锁。（×）

118. 故障信息子站系统可根据需要，对接入设备进行远程控制，包括定值区切换、定值修改、软压板投退。（√）

119. 对于双套保护配置，智能终端应与保护装置的 GOOSE 跳合闸一一对应；智能终端双套操作回路的跳闸硬接点开出应与断路器的跳闸线圈一一对应，且双重化智能终端跳闸线圈回路应保持完全独立。（√）

120. 智能保护装置信号状态是指：保护交直流回路正常，主保护、后备保护及相关测控功能软压板投入，跳闸、启动失灵等 GOOSE 软压板退出，保护检修状态硬压板退出。（√）

121. 智能保护装置停用状态是指：主保护、后备保护及相关测控功能软压板退出，跳闸、启动失灵等 GOOSE 软压板退出，保护检修状态硬压板投入，装置电源关闭。（√）

122. 智能变电站保护装置应不依赖于外部对时系统实现其保护功能。（√）

123. 智能变电站变压器保护可采用分布式保护。分布式保护由主单元和若干个子单元组成，子单元不应跨电压等级。（√）

124. 智能变电站母联保护跳母联断路器采用直接跳闸方式，母联保护启动母线失灵可采用 GOOSE 网络传输。（√）

125. 220kV 及以上电压等级智能变电站 GOOSE 网络应采用双网。（√）

126. 主变压器本体智能终端所有非电量保护启动信号均应经大功率继电器重动，非电量保护跳闸通过控制电缆以直跳方式实现。（√）

127. 智能终端宜具备断路器操作箱功能，断路器防跳、断路器三相不一致保护功能，以及各种压力闭锁功能，宜在智能终端装置中实现。（×）

128. “直跳”是指智能电子设备间不经过以太网交换机而以点对点光纤直联方式并用 GOOSE 进行跳合闸信号的传输。（√）

129. 非电量保护采用就地直接电缆跳闸，信息通过本体智能终端上送至过程层 GOOSE 网络，再经测控装置上送至站控层 MMS 网络。非电量保护和本体智能终端分别配置。（√）

130. 要求快速跳闸的安全稳定控制装置应采用点对点直接跳闸方式。（√）

131. 合并单元可以通过 GOOSE 网络获取断路器、隔离开关位置信息，实现电压并列功能。（√）

132. 智能变电站除了主变压器跳母联通过网络跳闸外，失灵联跳主变压器三侧、备自投跳闸一般也采用网跳方式。（√）

133. 智能变电站要求 220kV 母联保护必须双重化配置，旁路保护可以单套配置，因此旁路保护必须跨 GOOSE 双网。（√）

134. 时间同步系统有多种组成方式，其典型形式有基本式、主从式和主备式三种。（√）

135. 智能变电站网络信息安全表现为数据完整性、合法性、访问安全性、可控性、不可否认性。（√）

136. 快速报文表现为数据、命令或单一报文的简单二进制代码，如跳闸，合闸，启动和停止等。（√）

137. 参数、配置文件仅在检修压板投入时才可下装，下装时应闭锁保护。（√）

138. 主变压器备自投通过各侧 SV 网采集各侧电压和相应电流信号，通过 GOOSE 网采集主变压器开关位置、主变压器后备保护以及手跳闭锁备自投信号，并通过 GOOSE 网络发送跳合闸命令。（√）

139. 智能型母线保护装置除检修采用硬压板外，其余均采用软压板。（√）

140. 母线保护涉及多个间隔，在保证安全可靠性前提下可以采用网络方式跳闸。（√）

141. “远方修改定值”“远方切换定值区”“远方控制压板”只能在装置就地修改。（√）

142. 220kV 母差失灵保护和线路间隔保护装置之间需要沟通失灵启动、闭锁重合闸、远跳或停信等虚回路。(√)

143. 220kV 开关第一套智能终端装置因故障需要停用时，应投入第一、二套线路保护“停用重合闸”软压板，停用线路重合闸（以合闸通过第一套智能终端出口为例。）(√)

144. 母线保护装置 GOOSE 中断后，保护装置将闭锁。(×)

145. 母差失灵装置的跳闸 GOOSE 发送软压板是母差保护和失灵保护共用的出口压板，若只需退母差或者失灵保护，不能退出跳闸 GOOSE 发送软压板，只退相应的功能压板。(√)

146. 保护装置的“远方修改定值软压板”“远方控制 GOOSE 软压板”“检修状态硬压板”只能在保护装置、智能终端装置或合并单元就地更改。(√)

147. 失灵启动母差、失灵联跳主变压器三侧开关的 GOOSE 软压板分别配置在发送侧、接受侧，两侧软压板应同投同停。(√)

148. 220kV 母差保护中，备用间隔的“××线路 GOOSE 接收总投软压板”应设置为 1。(×)

149. 顺控不全是断路器、隔离开关的控制操作，一些智能组件具体功能的运行方式设置包括软压板投退、定值区切换等也在操作范围。(√)

150. 线路合并单元故障时，应停用母差保护相应的和线路保护，相关保护及合并单元装置应投入检修状态硬压板。(√)

151. 智能终端、合并单元设备检修状态硬压板投入后，必须查看相应面板指示灯，确认后继续操作。(√)

152. 失灵启动母差、失灵联跳主变压器三侧开关的 GOOSE 软压板分别配置在发送侧、接受侧，两侧软压板应同投同停。(√)

153. 保护装置的远方切换定值区软压板、远方控制 GOOSE 软压板正常置远方位置。(√)

154. 线路保护装置、线路合并单元检修压板投入，但智能终端检修压板不投入，保护装置能正常动作，开关不能动作。(√)

155. 某站 220kV 线路间隔停电检修，应在母差失灵保护装置中将该间隔退出。包括“××间隔投入压板”和两套 GOOSE 压板“××GOOSE 接收软压板”及“××GOOSE 发送软压板”。(√)

156. 智能终端 GOOSE 中断，可能是由交换机端口损坏引起。(√)

157. 保护装置每更改一次配置，需要重新调试。(√)

158. 运行中的保护装置进行修改定值时，必须先投入“检修状态硬压板”，再退出 GOOSE 软压板后，方可更换定值。(√)

159. 正常运行时，应按整定及运行要求投入保护装置的功能投入软压板、GOOSE 发送（接收）软压板、智能终端装置跳合闸出口硬压板及装置检修状态硬压板。(×)

160. 合并单元故障时，应停用相应的母差保护和线路保护，相关保护及合并单元装置应投入检修状态硬压板。(√)

161. 运行中的同一间隔第一套保护可以与第二套合并单元同时停运。(×)

162. 运行中的同一开关两个智能终端装置不能同时停运。(√)

163. 运行中的同一间隔第一套保护不能与第二套智能终端装置同时停运。(√)

164. 运行中的同一开关两套合并单元装置不能同时停运。(√)

165. 同步对时系统主要由全站统一时钟源、对时网络和需对时设备构成。(√)

166. 投入某保护装置检修压板时，调度主站无法收到相应保护软报文。(√)

167. 顺序控制操作时，继电保护装置应采用硬压板控制模式。(×)

168. 顺序控制操作前，应确认当前运行方式符合顺序控制操作条件。(√)

169. 顺序控制操作中断后，如果需转为常规操作，应根据变电站值班员命令按常规操作要求重新填写操作票。(×)

170. 实行顺序控制的设备应具备电动操作功能。条件具备时，顺序控制宜和图像监控系统实现联动。(√)

171. 在 A、B 双网切换期间，数据不应丢失。(√)

172. 保护装置 MMS 接口、GOOSE 接口、SV 接口应采用相互独立的数据接口控制器。(√)

173. 光缆设备安装维护时，其弯曲半径应符合相关规程要求，防止光缆损伤。(√)

174. 智能变电站调试工作分为调试准备、单体调试、分系统调试、同步采样调整试验以及一体化监控系统联调五个层次。(√)

175. 智能变电站类似断链、品质异常的告警都是接收方报警，不要误认为是保护装置出了故障。(√)

176. 智能变电站五类故障常见包括一次设备故障、合并单元故障、智能终端故障、过程层网络交换机故障、保护装置故障。(√)

## 四、简答题

**1. 什么是智能变电站?**

答：智能变电站是指采用先进、可靠、集成、低碳、环保的智能设备，以全站信息数字化、通信平台网络化、信息共享标准化为基本要求，自动完成信息采集、测量、控制、保护、计量和监测等基本功能，并可根据需要支持电网实时自动控制、智能调节、在线分析决策、协同互动等高级功能的变电站。

**2. 智能变电站与常规变电站相比有哪些主要技术优势?**

答：智能变电站能够完成比常规变电站范围更宽、层次更深、结构更复杂的信息采集和信息处理，变电站内、站与调度、站与站之间、站与大用户和分布式能源的互动能力更强，信息的交换和融合更方便快捷，控制手段更灵活可靠。智能变电站设备具有信息数字化、功能集成化、结构紧凑化、状态可视化等主要技术特征，符合易扩展、易升级、易改造、易维护的工业化应用要求。

**3. 智能变电站中关于直采直跳是指什么?**

答："直采直跳"也称作"点对点"模式。"直采"就是智能电子设备不经过以太网交换机而以点对点光纤直联方式进行采样值（SV）的数字化采样传输；"直跳"是指智能电子设备间不经过以太网交换机而以点对点光纤直联方式并用 GOOSE 进行跳合闸信号的传输。

**4. 智能变电站按照过程层的组网方式可以分为哪三类?**

答：智能变电站按照过程层的组网方式可以分为直采直跳方案、直采网跳方案、网采网跳方案。

**5. 合并单元的主要功能是什么?**

答：合并单元的主要功能是对采样值进行合并，对采样值进行同步，采样值数据的分发。

**6. 智能变电站的基本特征是什么?**

答：智能变电站的基本特征是全站信息数字化、通信平台网络化、信息共享标准化、高级应用互动化、一次设备智能化。

**7. 3/2 接线的智能站开关保护与传统站开关保护的配置有何区别?**

答：智能站开关保护与传统站开关保护的配置上最大不同是智能站开关保护为双重化配置。在保护功能上智能变同传统的保护功能配置上相同，装置功能包括开关失灵保护、三相不一致保护、死区保护、充电保护和自动重合闸。

**8. 智能站内，开关保护的就地化配置有何优劣?**

答：优点：节省二次电缆，保护装置到一次设备采用短电缆联系，从根本上解决了长电缆对地电容以及电磁干扰影响，提高保护的可靠性。缺点：现场环境恶劣，对保护装置元件正常运行不利。对二次人员检修带来不方便。

**9. 智能变电站中的"三层两网"指的是什么?**

答：三层：站控层，间隔层，过程层；两网：站控层网络，过程层网络。

**10. 主变压器本体智能终端的功能是什么?**

答：主变压器本体智能终端的功能是：

(1) 主变压器本体智能终端包含完整的本体信息交互功能，并可提供用于闭锁调压、启动风冷、启动充氮灭火等出口功能。

(2) 宜具备就地非电量保护功能，非电量保护跳闸通过控制电缆以直跳方式实现。

**11. 智能变电站 GOOSE 功能主要应用是什么？**

答：智能变电站 GOOSE 功能主要应用是：

(1) 开关、隔离开关、地刀等过程层开入功能。

(2) 开关、隔离开关等控制功能。

(3) 保护跳合闸等功能。

(4) 保护间联锁功能，如启动失灵、远跳、闭重等。

(5) 电压并列和切换功能。

**12. 简述智能变电站中对母线电压合并单元的功能要求。**

答：对于接入了两段及以上母线电压的母线电压合并单元母线电压并列功能宜由合并单元完成，合并单元通过 GOOSE 网络获取断路器、隔离开关位置信息，实现电压并列功能。

**13. 简述双母线接线方式下，合并单元故障或失电时，线路保护装置的处理方式。**

答：如果是 TV 合并单元故障或失电，线路保护装置收电压采样无效，闭锁与电压相关的保护（如纵联和距离），如果是线路合并单元故障或失电，线路保护装置收线路电流采样无效，闭锁所有保护。

**14. 简述智能化站双重化配置的线路间隔两套智能终端之间的联系。**

答：线路间隔智能终端双重化配置，一次设备侧信号一分二分别接入两套智能终端，智能终端的开出是二合一接入设备的电气操作回路，两套智能终端相互独立运行，取“或”关系，一套智能终端检修或故障，不影响另一套。

**15. 简述智能变电站主变压器非电量保护的跳闸模式。**

答：220kV 变电站主变压器非电量保护一般在现场配置主变压器非电量智能终端和非电量保护装置。就地实现非电量保护，有效地减少了由于电缆的损坏或电磁干扰导致保护拒动或误动的可能性。非电量保护在就地直接采集主变压器的非电气量信号，当主变压器故障时，非电量保护通过电缆接线直接作用于主变压器各侧智能终端的“其他保护动作三相跳闸”输入端口（强电口，直接启动出口中间继电器），非电量保护装置通过光缆将非电量保护动作信号“发布”到 GOOSE 网，用于测控信号监视及录波等。

**16. 智能变电站母线保护在采样通信中断时是否应该闭锁母线差动保护，为什么？**

答：要闭锁。因为当采样通信中断后母线差动保护采不到中断间隔的电流值，如果不闭锁的话可能导致母线差动保护误动。母线电压采样中断，母线差动保护电压闭锁开放。

**17. 简述智能变电站断路器保护双重化配置的原因及优劣。**

答：由于智能变电站 GOOSE 的 A/B 双网不能共网，双重化配置的两个过程层网络应遵循完全独立的原则，因此断路器保护随着 GOOSE 双网而双重化。优点是断路器保护双重化后能提高保护 $N+1$ 的可靠性，从而使断路器保护可以满足不停电检修。缺点是增加一套保护，使变电站建造费用提高，经济性下降。

**18. 智能变电站，采样值需要注意哪些方面的同步？**

答：智能变电站，采样值需要注意以下方面的同步：

(1) 同一间隔内电流电压量的同步。

(2) 关联多间隔保护的同步。

(3) 变电站间的同步，比如线路纵差保护。

(4) 广域同步。

**19. 简述 220kV 智能变电站母线保护的典型配置方案及与其他装置的配合方式。**

答：母线保护按双重化进行配置。各间隔合并单元、智能终端均采用双重化配置。采用分布式母线保护方案时，各间隔合并单元、智能终端以点对点方式接入对应子单元。

母线保护与其他保护时间的联闭锁信号［失灵启动、母联（分段）断路器过流保护启动失灵、主变压器保护动作解除电压闭锁等］采用 GOOSE 网络传输。

**20. SV 通道异常、GOOSE 通道异常对母线保护的影响有哪些？**

答：SV 通道异常、GOOSE 通道异常对母线保护的影响有：

（1）当某组 SV 通道状态异常时装置延时 10s 发该组 SV 通道异常报文。SV 通道异常闭锁保护。

（2）当某组 GOOSE 通道状态异常时装置延时 10s 发该组 GOOSE 通道异常报文。GOOSE 通道异常时不闭锁保护。

**21. 列举智能终端断路器操作箱功能。**

答：智能终端断路器操作箱功能有：①分合闸回路功能；②合后监视功能；③重合闸功能；④操作电源监视功能；⑤控制回路断线监视功能。

**22. 智能变电站二次设备网络化是指什么？**

答：保护功能相关信息传输：光纤替代电缆；自动化信息传输：网络替代电缆，信息共享；端子连接：虚端子代替物理端子、逻辑连接替代物理连接。

**23.《智能变电站继电保护技术规范》中对"直接采样、直接跳闸"是如何规定的？**

答：保护应直接采样，对于单间隔的保护应直接跳闸，涉及多间隔的保护宜直接跳闸。对于涉及多间隔的保护，如确有必要采用其他跳闸方式，相关设备应满足保护对可靠性和快速性的要求。直接采样是指智能电子设备（IED）间不经过以太网交换机而以点对点连接方式直接进行采样值传输，直接跳闸是指 IED 间不经过以太网交换机而以点对点连接方式直接进行跳合闸信号的传输。

**24. 简述智能终端消缺或检修时的投退原则是什么？**

答：智能终端可单独投退，也可根据影响程度确定相应保护装置的投退。

1）双重化配置的智能终端单台校验、消缺时，可不停役相关一次设备，但应退出该智能终端出口压板，退出重合闸功能，同时根据需要退出受影响的相关保护装置。

2）单套配置的智能终端校验、消缺时，需停役相关一次设备，同时根据需要退出受影响的相关保护装置。

**25. 简述智能站中智能设备的危急缺陷包括哪些？**

答：（1）电子互感器故障（含采集器及其电源）；

（2）保护装置、保护测控装置故障或异常，影响设备安全运行的；

（3）纵联保护装置通道故障或异常；

（4）合并单元故障；

（5）智能终端故障；

（6）GOOSE 断链、SV 通道异常报警，可能造成保护不正确动作的；

（7）过程层交换机故障；

（8）其他直接威胁安全运行的缺陷。

**26. 简述智能站中智能设备的严重缺陷包括哪些？**

答：（1）GOOSE 断链、SV 通道异常报警，不会造成保护不正确动作的；

（2）对时系统异常不影响保护正常运行的；

（3）智能控制柜内温控装置故障，影响保护装置正常运行的；

（4）监控系统主机（工作站）、站控层交换机故障或异常；

（5）一体化电源系统监控模块故障或通信故障；

（6）远动设备与上级通信中断；

（7）装置液晶显示屏异常；

（8）其他不直接威胁安全运行的缺陷。

**27. 顺序控制操作中若设备状态未发生改变，应如何处理？**

答：顺序控制操作中若设备状态未发生改变，应查明原因并排除故障后继续顺控操作；若无法排除故障，可根据情况改为常规操作。由于通信原因设备状态未发生改变，履行手续后可转交现场监控后台继续顺控操作。

**28. 单套配置与双套配置的合并单元、智能终端异常或故障时应分别如何处理?**

答：合并单元异常或故障时，应退出对应的保护装置的出口软压板。单套配置的合并单元、智能终端故障时，应退出对应的保护装置，同时应退出母线保护等其他接入故障设备信息的保护装置（母线保护相应间隔软压板等），母联断路器和分段断路器根据具体情况进行处理。

（1）双套配置的合并单元、智能终端单台故障时，应退出对应的保护装置，并应退出对应的母线保护的该间隔软压板。

（2）智能终端异常或故障时应退出相应的智能终端出口压板，同时退出受智能终端影响的相关保护设备。

**29. 智能变电站保护装置重新投入运行前应检查哪些内容?**

答：装置重新投入运行前，应检查：保护装置正常、核对保护定值及定值区切换正确、“检修状态硬压板”在退出位置，并按调度指令投入相应的功能投入软压板和GOOSE功能软压板。

**30. 智能变电站保护装置校验时，投退压板有哪些注意事项?**

答：装置校验时，应投入该装置检修状态硬压板、退出GOOSE出口及其他软压板；装置中的远方修改定值软压板、远方控制GOOSE软压板置“就地”位置，禁止在后台操作相关软压板，以防止后台误投入联跳运行设备的GOOSE软压板。相关保护装置若两侧配置GOOSE软压板时，应在发送侧、接受侧同时退出；若保护装置只配置单侧软压板时，本装置作为GOOSE发送或接受侧时，必须保证相应的GOOSE软压板在退出位置。

**31. 智能变电站办理保护校验工作票时，作为安全措施应明确哪些规定?**

答：（1）相关一次系统的运行状态。

（2）联跳运行设备的GOOSE软压板。

（3）联跳停电设备的GOOSE软压板投退，必须有工作负责人监护，以免误投。

（4）保护装置或智能终端、合并单元装置校验时，如需插拔光纤只能在停运设备本侧插拔，禁止在GOOSE交换机侧插拔，拔下的光纤应做好防尘措施。

（5）尾纤恢复后，必须检查相关装置告警信号。

（6）传动试验前或联跳回路测试前，需进入保护设备开入状态中检查并确认检修状态硬压板在投入状态。

（7）装置重新投入运行前，应检查保护装置正常，核对保护定值及定值区切换正确，检修状态硬压板在退出位置，并按调度指令投入相应的功能投入软压板和GOOSE功能软压板。

**32. 智能站运行中的继电保护装置出现故障如何处理?**

答：（1）当运行中的继电保护装置出现故障时，应汇报调度，投入装置检修状态硬压板，退出本装置GOOSE软压板，运行人员可以重启一次，恢复正常后，退出检修状态硬压板后，可以继续运行。

（2）当装置重启后无法恢复正常时，汇报调度许可后停用，投入检修状态硬压板，退出本装置GOOSE软压板，做好相应的安全措施，联系相关专业人员处理。

**33. 220kV 线路单间隔检修的安全措施有哪些?**

答：（1）母线保护：

1）本间隔投入软压板退出；

2）本间隔GOOSE接受软压板退出；

3）本间隔GOOSE发送软压板退出。

（2）线路保护：

1）检修压板投入；

2）启动失灵软压板退出。

（3）测控装置投入检修压板。

（4）合并单元投入检修压板。

（5）智能终端：

1）投入检修压板；

2）退出出口跳/合闸压板。

（6）安稳装置：

1）本间隔元件投入压板退出；

2）本间隔检修压板投入。

**34. 试说明智能变电站保护及安全稳定装置直采直跳、网采网跳的优缺点。**

答：（1）直采直跳。

1）优点：交流采样不依赖于外接时间同步信号，SV、GOOSE信息传输实时性好（均不依赖于网络交换机），保护与安稳功能可靠性高。

2）缺点：网络结构较复杂、装置光端口配置增多、光纤用量大，信息共享程度有所降低，增加了设备成本，且增加了施工、调试及维护的工作量。

（2）网采网跳。

1）优点：网络结构简单、清晰，信息共享程度高，相对直采直跳方式降低了设备成本以及施工、调试及维护工作量。

2）缺点：SV、GOOSE信息传输依赖网络交换机，保护与安全稳定的交流采样有效性依赖MU的外接时间同步信号。

**35. 智能站保护装置、合并单元、智能终端的检修压板操作原则有哪些？**

答：（1）操作保护装置检修压板前，应确认保护装置处于信号状态，且与之相关的运行保护装置（如母差保护、安全自动装置等）二次回路的软压板（如失灵启动软压板等）已退出。

（2）在一次设备停役后，操作间隔合并单元检修压板前，需确认相关保护装置的SV软压板已退出，特别是仍继续运行的保护装置。在一次设备不停役时，应在相关保护装置处于信号或停用后，方可投入该合并单元检修压板。对于母线合并单元，在一次设备不停役时，应先按照母线电压异常处理、根据需要申请变更相应继电保护的运行方式后，方可投入该合并单元检修压板。

（3）在一次设备停役后，操作智能终端检修压板前，应确认相关线路保护装置的“边（中）断路器置检修”软压板已投入（若有）。在一次设备不停役时，应先确认该智能终端出口硬压板已退出，并根据需要退出保护重合闸功能、投入母线保护对应隔离刀闸强制软压板后，方可投入该智能终端检修压板。

（4）操作保护装置、合并单元、智能终端等装置检修压板后，应查看装置指示灯、人机界面变位报文或开入变位等情况，同时核查相关运行装置是否出现非预期信号，确认正常后方可执行后续操作。

**36. 论述智能站中一次设备停役和复役时，继电保护系统退出和投入的操作顺序。**

答：一次设备停役时，若需退出继电保护系统，宜按以下顺序进行操作：

（1）退出相关运行保护装置中该间隔的SV软压板或间隔投入软压板；

（2）退出相关运行保护装置中该间隔的GOOSE接收软压板（如启动失灵、间隔投入等）；

（3）退出该间隔保护装置中跳闸、合闸、启动失灵等GOOSE发送软压板；

（4）退出该间隔智能终端出口硬压板；

（5）投入该间隔保护装置、智能终端、合并单元检修压板。

一次设备复役时，继电保护系统投入运行，宜按以下顺序进行操作：

（1）退出该间隔合并单元、保护装置、智能终端检修压板；

（2）投入该间隔智能终端出口硬压板；

（3）投入该间隔保护装置跳闸、合闸、启动失灵等GOOSE发送软压板；

（4）投入相关运行保护装置中该间隔的GOOSE接收软压板（如失灵启动、间隔投入等）；

（5）投入相关运行保护装置中该间隔SV软压板或间隔投入软压板。

## 五、论述题

**1. 现阶段智能变电站建设的主要技术特点是什么?**

答:(1) 采用“一次设备+智能终端+传感器”的模式实现一次设备智能化，实现对一次设备的在线监测和状态检修。

(2) 采用“常规互感器+合并单元”模式实现信息采集数字化，部分变电站采用了电子式互感器。

(3) 变电站自动化系统采用“三层两网”结构，采用直采直跳方案。

(4) 对少量二次设备进行优化整合，如在110kV电压等级采用保护测控一体化集成装置。

(5) 配置顺序控制、智能告警与分析等高级应用功能。

**2. 请说明220kV及以上电压等级智能变电站变压器保护、线路保护配置方案。**

答:(1) 每台主变压器保护配置2套含有完整主、后备保护功能的变压器电量保护装置。合并单元、智能终端均应采用双套配置并分别接入保护装置，两套保护及其合并单元、智能终端在物理和保护应用上都应完全独立。非电量保护就地布置，采用直接电缆跳闸方式，动作信息通过本体智能终端上GOOSE网，用于测控及故障录波。

(2) 每回线路应配置2套包含有完整的主、后备保护功能的线路保护装置。合并单元、智能终端均应采用双套配置，保护采用安装在线路上的ECVT获得电流电压。用于检同期的母线电压由母线合并单元点对点通过间隔合并单元转接给各间隔保护装置。

**3. 智能变电站的自动化系统体系是如何构成的?**

答:智能变电站自动化系统可以划分为站控层、间隔层和过程层三层。

(1) 站控层包含自动化站级监视控制系统、站域控制、通信系统、对时系统等子系统，实现面向全站设备的监视、控制、告警及信息交互功能，完成数据采集和监视控制(SCADA)、操作闭锁以及同步相量采集、电能量采集、保护信息管理等相关功能。

(2) 间隔层设备一般指继电保护装置、系统测控装置、监测功能组的主智能电子设备(IED)等二次设备，实现使用一个间隔的数据并且作用于该间隔一次设备的功能，即与各种远方输入/输出、传感器和控制器通信。

(3) 过程层包括变压器、断路器、隔离开关、电流/电压互感器等一次设备及其所属的智能组件以及独立的智能电子设备。

**4. 简述智能变电站双重化保护的配置要求。**

答:智能变电站双重化保护的配置要求如下:

(1) 每套完整、独立的保护装置应能处理可能发生的所有类型的故障。两套保护之间不应有任何电气联系，当一套保护异常或退出时不应影响另一套保护的运行。

(2) 两套保护的电压(电流)采样值应分别取自相互独立的MU。

(3) 双重化配置的MU应与电子式互感器两套独立的二次采样系统一一对应。

(4) 双重化配置保护使用的GOOSE(SV)网络应遵循相互独立的原则，当一个网络异常或退出时不应影响另一个网络的运行。

(5) 两套保护的跳闸回路应与两个智能终端分别一一对应;两个智能终端应与断路器的两个跳闸线圈分别一一对应。

(6) 双重化的线路纵联保护应配置两套独立的通信设备(含复用光纤通道、独立纤芯、微波、载波等通道及加工设备等)，两套通信设备应分别使用独立的电源。

(7) 双重化的两套保护及其相关设备(电子式互感器、MU、智能终端、网络设备、跳闸线圈等)的直流电源应一一对应。

(8) 双重化配置的保护应使用主、后一体化的保护装置。

**5. 智能变电站二次回路实现方式及其特点是什么?**

答:采用了电子式互感器的智能变电站相对于常规站，交流采样回路完全取消，因此不会出现电流回路二次开路，电压回路二次短路接地，以及由于电流互感器本身特性原因造成死区、饱和等原因导致的保护无法正确动作现象。采用了GOOSE报文的智能变电站相对于常规站来说，除直流电源以及一次设备与智能终端外，所有的直流电缆均取消从工程建设方面来看，电缆的减少意味着工程建设量及成本的下降，同时电缆的减少也使得直流接地发生的概率大大降低。另外，GOOSE报文具备实时监测功能，这也比原有电缆回路接线正确及可靠性只能通过试验来验证有明显的技术优势，方便了状态检修的开展。

**6. 请问智能电能表与传统电能表相比有哪些新功能？**

答：智能电能表由测量单元、数据处理单元、通信单元等组成，具有电能量计量、信息存储及处理、实时监测、自动控制、信息交互等功能。与传统电能表相比，智能电能表除了基本计量功能外，还具备以下功能：

（1）有功电能和无功电能双向计量，支持分布式能源用户的接入。

（2）具备阶梯电价、预付费及远程通断电功能，支持智能需求侧管理。

（3）可以实时监测电网运行状态、电能质量和环境参量，支持智能用电用能服务。

（4）具备异常用电状况在线监测、诊断、报警及智能化处理功能，满足计量装置故障处理和在线监测的需求。

（5）配备专用安全加密模块，保障电能表信息安全储存、运算和传输。

# 第六章　电网通信及自动化

## 一、单选题

1. 发电企业、电网企业、供电企业内部基于计算机和网络技术的业务系统，原则上划分为（　　）。（A）

A. 生产控制大区和管理信息大区　　B. 内网和外网
C. 安全区和开放区　　D. 控制区和非控制区

2. 通道保护环是由网元支路板的（　　）功能实现的。（B）

A. 双发双收　　B. 双发选收　　C. 单发单收　　D. 单发双收

3. 通信网中，从时钟的工作状态不应包括（　　）。（D）

A. 自由运行（free running）　　B. 保持（hold over）
C. 锁定（locked）　　D. 搜索（search）

4. 电话网是由（　　）组成的。（D）

A. 用户终端、传输设备　　B. 用户终端、交换设备
C. 传输设备和交换设备　　D. 用户终端、传输设备和交换设备

5. 引起交换机环路中继电路故障的环节有（　　）。（D）

A. 出/入中继电路　　B. 中继线路　　C. 用户电路　　D. 以上皆是

6. 光隔离器的作用是（　　）。（B）

A. 调节光信号的功率大小　　B. 保证光信号只能正向传输
C. 分离同向传输的各路光信号　　D. 将光纤中传输的监控信号隔离开

7. 光纤通信中光需要从光纤的主传输信道中取出一部分作为测试用时，需用（　　）。（B）

A. 光衰减器　　B. 光耦合器　　C. 光隔离器　　D. 光纤连接器

8. 使用连接器进行光纤连接时，如果接头不连续时将会造成（　　）。（D）

A. 光功率无法传输
B. 光功率的菲涅耳反射
C. 光功率的散射损耗
D. 光功率的一部分散射损耗或以反射形式返回发送端

9. 连接设备与交换机的说法正确的是（　　）。（A）

A. 两者都能提供动态的通道连接　　B. 两者输入输出都是单个用户路
C. 两者通道连接变动时间相同　　D. 两者改变连接都由网管系统配置

10. 前置放大器的三种类型中，属于双极型晶体管放大器的主要特点是（　　）。（A）

A. 输入阻抗低　　B. 噪声小　　C. 高频特性较差　　D. 适用于低速率传输系统

11. 决定光纤通信中继距离的主要因素是（　　）。（B）

A. 光纤的型号　　B. 光纤的损耗和传输带宽
C. 光发射机的输出功率　　D. 光接收机的灵敏度

12. 下列（　　）不是要求光接收机有动态接收范围的原因。(C)

A. 光纤的损耗可能发生变化　　B. 光源的输出功率可能发生变化

C. 系统可能传输多种业务　　D. 光接收机可能工作在不同系统中

13. 光纤通信指的是（　　）。(B)

A. 以电波作载波、以光纤为传输媒介的通信方式

B. 以光波作载波、以光纤为传输媒介的通信方式

C. 以光波作载波、以电缆为传输媒介的通信方式

D. 以激光作载波、以导线为传输媒介的通信方式

14. 光纤通信所使用的波段位于电磁波谱中的（　　）。(A)

A. 近红外区　　B. 可见光区　　C. 远红外区　　D. 近紫外区

15. 描述同步网性能的三个重要指标是（　　）。(B)

A. 漂动、抖动、位移　　B. 漂动、抖动、滑动

C. 漂移、抖动、位移　　D. 漂动、振动、滑动

16. 如果没有稳定的基准时钟信号源，光同步传送网无法进行（　　）传输指标的测量。(C)

A. 误码　　B. 抖动　　C. 漂移　　D. 保护切换

17. 在网络管理中，不属于常用的事件报告情形的是（　　）。(D)

A. 故障报警上报　　B. 性能阈值溢出上报　　C. 配置变化上报　　D. 病毒事件上报

18. 对网管系统中，权限最小的用户级别是（　　）。(D)

A. 系统管理用户　　B. 系统维护用户　　C. 系统操作用户　　D. 系统监视用户

19. 以下不属于网管日常例行维护项目有（　　）。(C)

A. 每日查看各网元是否有告警事件，并对告警事件进行分析

B. 每日查看各网元的性能事件，主要是误码和指针调整事件

C. 每日查看设备指示灯

D. 定期备份网管数据库

20. 以下（　　）不属于非控制区厂站端设备。(D)

A. 电能量远方终端　　B. 故障录波装置

C. 发电厂的报价系统　　D. RTU 或综合自动化系统远动工作站

21. 以下（　　）属于防误闭锁装置。(D)

A. 机械程序式闭锁装置　　B. 电气型防误闭锁装置

C. 微机型闭锁装置　　D. 以上都是

22. 遥信信息应用于实时网络接线分析功能，下列说法不正确的有（　　）。(D)

A. 个别开关状态错误对于分析结果可能不产生影响

B. 个别刀闸信息的错误可能直接影响系统中电气岛的数量

C. 在估计计算、不良数据检测、不良数据辨识环节中不使用遥信信息

D. 串联在一个支路上的开关、刀闸信息，如果其状态不一致，就都是不可用的

23. 遥信信号输入回路中常用（　　）作为隔离电路。(D)

A. 变压器　　B. 继电器　　C. 运算放大器　　D. 光电耦合器

24. 下列（　　）不属于计算机监控系统站控层设备。(D)

A. 操作员工作站　　B. 前置机　　C. 数据通信网关　　D. 交流采样装置

25. 某 220kV 线路三相平衡时，当一相电压熔丝熔断时，电能表（三表法）所计量的数值是正常的（　　）。(D)

A. 0　　B. 1/2　　C. 1/3　　D. 2/3

26. 进行开关遥控分、合操作时，其操作顺序为（　　）。(D)

A. 执行、返校、选择　　B. 执行、选择、返校

C. 返校、选择、执行　　D. 选择、返校、执行

27. 监控系统以一个变电站的（　　）作为其监控对象。(D)

A. 电流、电压、有功量、无功量　　B. 主变压器

C. 控制室内运行设备　　D. 全部运行设备

28. 保护动作至发出跳闸脉冲 40ms，断路器跳开时间 60ms，重合闸时间继电器整定 0.8s，开关合闸时间 100ms，从事故发生至故障相恢复电压的时间为（　　）。(D)

A. 0.9s　　B. 0.94s　　C. 0.96s　　D. 1.0s

29. 110kV 及以下的断路器一般采用三相（　　）操作。(D)

A. 没有要求　　B. 分相　　C. 禁止同时　　D. 同时

30. 在变电站中，下列（　　）属于二次设备。(C)

A. 断路器　　B. 电压互感器　　C. 远动终端设备　　D. 变压器

31. 运行装置报装置闭锁，尝试断电重启前，必须做好的措施是（　　）。(C)

A. 已经闭锁，无措施　　B. 投入检修压板

C. 退出跳闸压板　　D. 打到“就地”位置

32. 时间分辨率即用时间标志标出两件发生在不同时间事件，所采用的（　　）时间标志。(C)

A. 最大　　B. 平均　　C. 最小　　D. 方差

33. 某条线路断路器两侧隔离开关在分位，断路器本身也在分位，这种状态称为（　　）。(C)

A. 运行　　B. 热备用　　C. 冷备用　　D. 检修

34. 某变电站某断路器事故跳闸后，主站收到保护事故信号，而未收到断路器变位信号，其原因为（　　）。(C)

A. 通道设备故障　　B. 保护装置故障　　C. 开关辅助接点故障　　D. 远动装置故障

35. 存储在远动终端的带时标的告警信息是（　　）。(C)

A. 遥信信息字　　B. 事故总信号

C. SOE（事件顺序记录）　　D. 遥信变位信号

36. 变电站计算机监控系统的同期功能应由（　　）来实现。(C)

A. 远方调度　　B. 站控层　　C. 间隔层　　D. 设备层

37. 变电站综合自动化系统的结构模式有集中式、（　　）、分布式结构集中组屏三种类型。(C)

A. 主控式　　B. 被拉式　　C. 分布分散式　　D. 集控式

38. （　　）即能正确区分相继发生事件顺序的最小时间。(C)

A. 事件触发率　　B. 时间延迟率　　C. 事件分辨率　　D. 时间超前率

39. 以下（　　）不属于一体化五防系统组成部件。(B)

A. 防误主机　　B. 模拟屏　　C. 电脑钥匙　　D. 编码锁

40. 遥信电路的主要功能是把现场的状态量变成（　　），送入主控制单元 CPU 进行处理，遥信输入电路采用光电隔离。(B)

A. 模拟量　　B. 数字量　　C. 脉冲量　　D. BCD 码

41. 下面（　　）不属于监控系统站控层设备。(B)

A. 主计算机　　B. 电气单元组屏的 I/O 测控单元

C. 终端服务器　　D. 数据通信网关

42. 为了防止人体静电损坏电子设备，可在接触设备前摸一下（　　）。(B)

A. 绝缘设备　　B. 接地设备　　C. 数据线　　D. 天线

43. 调度范围内重要发电厂和枢纽变电站的厂站调度自动化设备（包括 RTU、变电站/发电厂自动化监控系统等）至调度主站应具有（　　）路不同路由的远动通道（主/备双通道）。(B)

A. 一　　B. 二　　C. 三

44. 屏蔽电缆的屏蔽层应（　　）。(B)

A. 与地绝缘　　B. 可靠接地　　C. 接零　　D. 无要求

45. 当进行断路器检修等工作时，应能利用计算机监控系统（　　）功能禁止对此断路器进行遥控操作。(B)

A. 闭锁挂牌　　B. 检修挂牌　　C. 人机界面　　D. 维护

46.（　　）及以上电压等级的继电保护及与之相关的设备、网络等应按照双重化原则进行配置。(B)

A. 110kV　　B. 220kV　　C. 66kV　　D. 500kV

47. 在非电量遥测中，需要通过（　　）把非电量变成电信号。(A)

A. 变送器　　B. 放大器　　C. 互感器　　D. 传感器

48. 在电力自动化系统中（　　）信号属于模拟量。(A)

A. 主变压器油温　　B. 预告　　C. 隔离开关位置　　D. 事件顺序记录

49. 某条线路断路器两侧隔离开关拉开，断路器本身也在拉开位置，且断路器两侧挂接地线，这种状态称（　　）。(A)

A. 开关检修　　B. 线路检修　　C. 冷备用　　D. 线路检修

50. 计算机监控系统应具有（　　），以允许监护人员在操作员工作站上对操作实施监护。(A)

A. 操作监护功能　　B. 操作预演功能　　C. 操作反演功能　　D. 操作票功能

51. 计算机监控系统操作控制功能可按（　　）的分层操作原则考虑，无论设备处在哪一层操作控制，设备的运行状态和选择切换开关的状态都应具备防误闭锁功能。(A)

A. 远方操作、站控层、间隔层、设备级

B. 远方操作、站控层、间隔层

C. 站控层、间隔层、设备级

52. 电力调控中心具备对所辖各变电站相关设备及其运行情况进行（　　）等功能。(A)

A. 遥控、遥测、遥信、遥调、遥视　　B. 遥控、遥测、遥信、遥调

C. 遥控、遥测、遥信、遥视　　D. 遥测、遥信、遥调、遥视

53. 关于测控的说法不正确的是（　　）。(A)

A. 遥信开入正电源可以不从测控装置自身电源取

B. 110kV 以上的间隔保护和测控是分开配置的

C. 测控的遥控输出接点是接到保护操作回路的手合、手跳入口的

D. 检修压板可以屏蔽软报文信息

54. 当一次设备运行而自动化装置需要进行维护、校验或修改程序时，应能利用计算机监控系统（　　）功能闭锁对所有设备进行遥控操作。(A)

A. 闭锁挂牌　　B. 检修挂牌　　C. 人机界面　　D. 维护

55. 厂站远动设备接地时应采用（　　）接入屏柜接地铜排后直接接至公共接地点。(A)

A. 粗铜线　　B. 细铜线　　C. 细铝线　　D. 光纤

56. 变电站计算机监控系统控制操作优先权顺序从高到低为（　　）。(A)

A. 就地控制-间隔层控制-站控层控制-远方控制

B. 远方控制-站控层控制-间隔层控制-就地控制

C. 间隔层控制-就地控制-站控层控制-远方控制

D. 就地控制-站控层控制-间隔层控制-远方控制

57. SOE 是在电力系统内发生的各种事件时（开关跳闸、继电保护动作等）按（　　）级时间顺序，逐个记录下来的信息，以利于电力系统的事故分析。(A)

A. 毫秒　　B. 秒　　C. 分钟　　D. 微秒

58. RTU 对遥信量的采集处理过程中，首先经过（　　）。(C)

A. 采样保持器　　B. 电平转换电路　　C. 光电隔离装置　　D. 串入输入/输出

59. 下列关于 RTU 功能描述有误的是（　　）。(C)

A. RTU 具有在线自诊断和远方诊断功能，并向主站传送 RTU 故障信号

B. RTU 在接到主站或就地的重新启动命令后自动执行初始化程序，重新启动工作

C. 同一时刻 RTU 能同时接受多个主站的控制命令

60.（　　）是 SCADA 的一项基本功能，通过对扰动事件的监测，自动存储事故前后指定时间范围内的数据，并可通过人机界面反演事故期间的数据。(C)

A. 故障录波　B. 事件顺序记录　C. 事故追忆　D. 事故推画面

61.（　　）是反映重要遥测量超出报警上下限区间的信息。重要遥测量主要有设备有功、无功、电流、电压、主变油温、断面潮流等，是需实时监控、及时处理的重要信号。(C)

A. 异常信号　B. 事故信号　C. 越限信号　D. 告知信号

62.（　　）是告警服务中最基本的要素，是指一些最具体的引起调度员和运行人员注意的报警动作。(A)

A. 告警动作　B. 告警行为　C. 告警类型　D. 告警方式

63.（　　）是能量管理系统的主站系统的基础，必须保证运行的稳定可靠。(D)

A. AGC　B. DTS　C. AVC　D. SCADA

64.（　　）是显示电力系统数据变化的便利工具，使用户能够了解电力系统的实时数据和历史记录，并可预览预报数据。(C)

A. 图形浏览工具　B. 历史数据浏览　C. 曲线浏览工具　D. 实时告警浏览

65. 220～500kV 变电站计算机监控系统站内 SOE 分辨率为（　　）。(A)

A. ≤2ms　B. ≤3ms　C. ≤4ms　D. ≤1ms

66. RTU 送出来的信号是数字信号，在通道上传输的是模拟信号，到了主站后通过解调得到的是（　　）信号。(A)

A. 数字　B. 模拟　C. 实际　D. 仿真

67. SCADA 的含义是（　　）。(A)

A. 监视控制，数据采集　B. 能量管理

C. 调度员模仿真　D. 安全管理

68. SCADA 数据库中一般有系统类、设备类、参数类、（　　）等四大类表。(D)

A. 线路类　B. 负荷类　C. 交流线段类　D. 计算类

69. SCADA 系统，即（　　）。(D)

A. 安全分析系统　B. 能量管理系统

C. 事故分析系统　D. 监视控制和数据采集系统

70. SCADA 系统的基本功能不包括（　　）。(C)

A. 事故追忆　B. 安全监视、控制与告警

C. 在线潮流分析　D. 数据采集和传输

71. SCADA 中前置机担负着（　　）等任务。(C)

A. 保存所有历史数据　B. 对电网实时监控和操作

C. 数据通信及通信规约解释　D. 基本 SCADA 功能和 AGC/EDC 控制与显示

72. 按照地区电力调度自动化系统基本指标，从断路器变位发生到主站端报出信号的时间应不大于（　　）。(C)

A. 1s　B. 2s　C. 3s　D. 5s

73. 把事件发生的时间按先后顺序将有关的内容记录下来，这就是（　　）。(D)

A. 历史记录　B. 历史报警　C. 事故追忆　D. 事件顺序记录

74. 保护出口跳闸信息描述为（　　）。(A)

A. 出口/复归　B. 动作/复归　C. 升/降/停　D. 投入/退出

75. 保护信息的延时告警是在（　　）中进行设置。(D)

A. 厂站表　B. 断路器表　C. 线路表　D. 保护信号表

76. 变电站集中监控应用中的（　）功能可以显示变电站一、二次设备硬节点的事故或故障信号。(A)

A. 光字牌　B. 事故总信号　C. 保护信号　D. 遥测信息

77. 变电站间隔图中挡位为（　）位整数。(B)

A. 1　B. 2　C. 3　D. 4

78. 厂站告警直传远程浏览的网关机应（　），实现主备自动切换功能。(D)

A. 单机配置　B. 双网配置　C. 随意配置　D. 双机冗余配置

79. 厂站利用信息采集设备将站内需监视的告警信息全部正确采集，依照相关要求对告警信息进行规范化处理，形成标准文本直接传送至接收端，接收端接收到文本后，保持告警信息，并在相应的告警窗中分类展示。这整个过程称为（　）。(B)

A. 远程浏览　B. 告警直传　C. 告警　D. 信息分类

80. 厂站利用信息采集设备将站内需监视的信息全部正确采集，依照相关要求编制各类供调阅的实时图形。远方监控人员通过各类通道，直接调阅厂站内的实时图形。这整个过程称为（　）。(A)

A. 远程浏览　B. 告警直传　C. 告警　D. 信息分类

81. 地区供电公司及以上电力调度自动化系统、通信系统失灵影响系统正常指挥属于（　）。(C)

A. 重大电网事故　B. 一般电网事故　C. 电网一类障碍　D. 电网二类障碍

82. 电力调度自动化系统是由（　）构成的。(B)

A. 远动系统、综自系统、通信系统

B. 子站系统、数据传输通道、主站系统

C. 综自系统、远动系统、主站系统

D. 信息采集系统、信息传输系统、信息接收系统

83. 电力调度自动化系统现场验收时，进行无故障运行测试的时间应是（　）。(C)

A. 72h　B. 96h　C. 100h　D. 120h

84. 电力调度自动化系统中（　）有权执行遥控命令。(B)

A. 维护工作站　B. 调度工作站　C. 通信工作站　D. MIS 工作站

85. 电力调度自动化主站端光电隔离器的作用是对（　）进行隔离。(A)

A. 数字通道　B. 模拟通道　C. 光纤通道　D. 网络通道

86. 电力调度自动化主站与分站之间进行串行通信，一般采用（　）接口通信。(A)

A. RS-232　B. RS-422　C. RS-485　D. RS-432

87. 电力系统（　）是根据 SCADA 系统提供的实时信息，给出电网内各母线电压（幅值和相角）和功率的估计值；主要完成遥信及遥测初检、网络拓扑分析、量测系统可观测性分析、不良数据辨识、母线负荷预报模型的维护、变压器分接头估计、量测误差估计等功能。(A)

A. 状态估计　B. 事故分析　C. 断路计算　D. 安全分析

88. 当电能量采集装置与电能表通信中断后，装置内的电量数据（　）。(C)

A. 丢失　B. 此后的数据为零

C. 保持中断前最后采集到的数据　D. 不确定

89. 当计量关口主电能表故障时，一般采取（　）方法进行电量的追补。(B)

A. 用计量关口的负荷在故障时段的积分电量数据进行计算

B. 用计量关口副电能表在故障时段的数据来替代进行计算

C. 通过线损软件进行计算

D. 利用母线进出电量平衡进行计算

90. 智能电能表一般采用（　）与电能量远方终端通信。(A)

A. RS-485 总线　B. RS-232　C. 无线　D. 网络

91. 电能量采集装置可与远方电能量计量系统主站实现自动对时，对时精度（　　）。(B)

A. <0.2～0.5s/天　　B. <0.5～1s/天

C. <1～1.5s/天　　D. <1.5～2s/天

92. 电能量采集装置与智能电表的连接方式（　　）。(A)

A. 总线连接　　B. 星型连接　　C. 环型连接　　D. 上述几种复合连接

93. 电能量采集装置与智能电表的通信方式为（　　）。(B)

A. 全双工　　B. 半双工　　C. 循环发送　　D. 主动上发

94. 电能量计量系统具有定时召唤和随机召唤两种方式，定时召唤的周期可由用户设定，最小时间间隔可设置为（　　）。(B)

A. 30s　　B. 1min　　C. 5min　　D. 15min

95. 电能量计量系统与上下级电能量计量系统互联，中间应采取（　　）安全措施，获取上下级系统公司直调厂站关口的电能量数据。(C)

A. 防火墙　　B. 横向安全隔离装置　　C. 纵向加密认证　　D. 直通

96. 电能量计量系统在电力二次系统安全防护体系中属于安全（　　）区，浏览发布系统属于安全（　　）区。(C)

A. Ⅱ，Ⅳ　　B. Ⅰ，Ⅲ　　C. Ⅱ，Ⅲ　　D. Ⅰ，Ⅳ

97. 电能量计量主站系统一般采用（　　）通信规约与电能量远方终端进行数据通信。(B)

A. DL/T 634.5101—2002　　B. IEC 102

C. DL/T 667—1999　　D. DL/T 634.5104—2002

98. 电能量数据采集需要确保电能量数据的（　　）。(B)

A. 完整性和及时性　B. 完整性和准确性　　C. 准确性和及时性　　D. 完整性和精确性

99. 电能量信息的发布主要是在Ⅲ区进行，将Ⅱ区采集到的电量数据通过（　　）送入Ⅲ区 Web 服务器，并进行电量数据的发布。(B)

A. 应用服务器　　B. 网关服务器　　C. 数据库服务器　　D. 采集服务器

100. 电能量远方终端从电能表中采集到的电能量数据是（　　）。(B)

A. 脉冲总累计值　　B. 电能表二次值　　C. 5min 电量累计值　　D. 电量实际值

101. 电能量远方终端的电能量数据一般分四组进行储存，正确选择为（　　）。(B)

A. 遥测、遥信、遥控、电能量　　B. 总电能量、费率电能量、瞬时量、需量

C. 电流、电压、功率、功率因数　　D. 以上全不对

102. 电能量远方终端对每只电能表进行数据采集是采用（　　）方式。(C)

A. 电能表有变化数据时向电能量远方终端发送数据

B. 主站端进行数据召唤时，读取电能表中的数据

C. 电能量远方终端负责逐个查询、读取电能表中的数据

D. 电能表定时向电能量远方终端发送数据

103. 下面电能质量的两个主要指标是（　　）。(A)

A. 电压偏移和频率偏移　　B. 电流偏移和电压偏移

C. 电流偏移和频率偏移　　D. 电压偏离和功率损耗

104. GPS 对时系统的精度最高是（　　）。(C)。

A. 小于 10s　　B. 小于 1ms　　C. 小于 1s　　D. 小于 10ms

105. A、B 两台计算机在通信中，A 机 RS-232C 插头的 TXD 端引出线对应 B 机 232 插头的（　　）。(D)

A. GND　　B. TXD　　C. RTS　　D. RXD

106. 电网调度自动化设备通过（　　）接口与 GPS 设备连接，与卫星系统对时。(D)

A. RS-422　　B. RS-485　　C. RS-432　　D. RS-232

107. GPS正常工作时应能同时接收到（　　）卫星信号。(D)

A. 1个　　B. 2个　　C. 5个以上　　D. 3个以上

108. GPS的PPS接口是（　　）。(B)

A. 系统间连接口　　B. 脉冲口　　C. 串行口　　D. 调试接口

109. 路由器工作在OSI7层参考模型的（　　）层。(B)

A. 数据链路层　　B. 网络层　　C. 应用层　　D. 物理层

110. 电力企业数据网不承担的业务有（　　）。(D)

A. 电力综合信息　　B. 电力调度生产管理业务

C. 网管业务　　D. 对外业务

111. 网络安全的特征为（　　）。(B)

A. 程序性、完整性、隐蔽性、可控性

B. 保密性、完整性、可用性、可控性

C. 程序性、潜伏性、可用性、隐蔽性

D. 保密性、潜伏性、安全性、可靠性

112. 电力调度数据网应当基于（　　）在专用通道上使用独立的网络设备组网。(C)

A. ATM　　B. 光纤　　C. SDH/PDH　　D. PDH

113. 网络中使用的设备HUB是指（　　）。(C)

A. 网卡　　B. 中继器　　C. 集线器　　D. 电缆线

114. 下面（　　）设备不属于计算机/网络安全产品。(D)

A. 防火墙　　B. 入侵检测系统　　C. 杀毒软件　　D. 路由器

115. 计算机网络的目标是实现（　　）。(D)

A. 数据处理　　B. 信息传输与数据处理　　C. 文献查询　　D. 资源共享与信息传输

116. 以下关于二层交换机的描述，不正确的是（　　）。(A)

A. 解决了广播泛滥问题　　B. 解决了冲突严重问题

C. 基于源地址学习　　D. 基于目的地址转发

117. 网络层、数据链路层和物理层传输的数据单位分别是（　　）。(C)

A. 报文、帧、比特　　B. 包、报文、比特

C. 包、帧、比特　　D. 数据块、分组、比特

118. 数据在传输过程中所出现差错的类型主要有突发差错和（　　）。(C)

A. 计算差错　　B. 奇偶校验差错　　C. 随机差错　　D. CRC校验差错

119. 防火墙不具备以下（　　）功能。(A)

A. 加密数据包的解密　　B. 访问控制

C. 分组过滤/转发　　D. 代理功能

120. IP地址是（　　）位的。(A)

A. 32　　B. 48　　C. 64　　D. 128

121. DNS的作用是（　　）。(C)

A. 为客户机分配IP地址　　B. 访问HTTP的应用程序

C. 将计算机名翻译为IP地址　　D. 将MAC地址翻译为IP地址

122. 若网络形状是由站点和连接站点的链路组成的一个闭合环，则称这种拓扑结构为（　　）。(B)

A. 总线拓扑　　B. 环行拓扑　　C. 树行拓扑　　D. 星行拓扑

123. 数据通信双方可以互为发送和接收，采用切换方式分时交替进行，这种通信方式称为（　　）工作方式。(B)

A. 单工　　B. 半双工　　C. 全双工　　D. 其他

124. 调度自动化主站系统的局域网通常采用（　　）形式。(B)

A. 令牌网 B. 以太网 C. ATM 网 D. 因特网

125. 网络故障发生后，首先应当考虑的原因是（ ）。(B)

A. 硬件故障 B. 网络连接性故障 C. 软件故障 D. 系统故障

126. 在常用的传输介质中，（ ）的带宽最宽，信号传输衰减最小，抗干扰能力最强。(C)

A. 双绞线 B. 同轴电缆 C. 光纤 D. 微波

127. 在企业内部网与外部网之间，用来检查网络请求分组是否合法，保护网络资源不被非法使用的技术是（ ）。(B)

A. 防病毒技术 B. 防火墙技术 C. 差错控制技术 D. 流量控制技术

128. 组建计算机网络的目的是实现联网计算机系统的（ ）。(C)

A. 硬件共享 B. 软件共享 C. 资源共享 D. 数据共享

129. 在设备工作区域内做好灰尘的清洁以及环境温、湿度的控制能有效地提高 UPS 设备的（ ）。(A)

A. 使用效率和工作寿命 B. 输出电压和输出电流

C. 使用效率和输出电流 D. 工作寿命和输出电流

130. UPS 电源系统的大量维护、检修工作主要集中在（ ）。(D)

A. 整流器部分 B. 逆变器部分 C. 空气开关部分 D. 蓄电池部分

131. 在 UPS 系统正常运行时（ ）。(D)

A. 电池处于大充电状态 B. 电池处于放电状态

C. 电池即不充电也不放电 D. 电池处于浮充状态

132. UPS 正常工作时的实际负载能力为额定负载能力的（ ）%。(A)

A. 70 B. 80 C. 95 D. 90

133. 当 UPS 运行时，发现蓄电池有较大的充电电流，可能的原因为（ ）。(D)

A. 输入交流电压增高 B. 充电器故障

C. 蓄电池故障 D. 蓄电池此前放过电

134. UPS 的工作方式有 4 种，当 UPS 检修时，要采用（ ）工作方式。(C)

A. 正常运行方式 B. 电池工作方式 C. 旁路维护方式 D. 旁路运行方式

135. 综合自动化系统中，如果某线路的测控单元故障，则下列（ ）情况是正确的。(B)

A. 后台不能接收到保护动作信号

B. 后台不能进行遥控操作

C. 保护动作后断路器不能跳闸

136. 配电自动化系统需要与（ ）应用系统进行信息交互。(B)

A. 信息可视化系统 B. 电网 GIS 平台

C. 企业资源计划系统（ERP） D. 客户管理信息系统

137.（ ）利用自动化装置或系统，监视配电线路的运行状况，及时发现线路故障，迅速诊断出故障区间并将故障区间隔离，快速恢复对非故障区间供电。(D)

A. 配电自动化 B. 管理自动化 C. 调度自动化 D. 馈线自动化

138. 配电网自愈是指（ ）。(A)

A. 系统故障后，自动隔离故障，并自动恢复供电

B. 系统出现不安全状态后，报警并自动隔离不安全因素

C. 以上都是

D. A 和 B 都不是

139. 以下（ ）不属于配电自动化可采用的通信方式。(C)

A. 光纤专网通信方式 B. 配电线载波通信方式

C. 无线宽带通信方式 D. 无线公网通信方式

140. 智能用电的发展目标是建设和完善智能双向互动服务平台和相关技术支持系统，实现与电力用户（　　）的双向互动，全面提升国家电网公司双向互动用电服务能力。(A)

A. 电力流、信息流、业务流　　B. 电力流、信息流、服务流

C. 电力流、通信流、服务流　　D. 电力流、通信流、业务流

141. 智能用电主要涉及（　　）技术领域。(C)

A. 用电信息采集、需求管理、智能用能服务、电动汽车充放电、智能量测

B. 用电信息采集、双向互动服务、智能用能服务、电动汽车充放电、高级量测

C. 用电信息采集、双向互动服务、智能用能服务、电动汽车充放电、智能量测

D. 智能电表、双向互动服务、智能用能服务、电动汽车充放电、智能量测

142. 智能电表除了基本计量功能外，还具备（　　）功能。(D)

A. 具备阶梯电价、预付费及远程通断电功能、支持智能需求侧管理

B. 可实时监测电网运行状态、电能质量和环境参量，支持智能用电用能服务

C. 具备异常用电状况在线监测、诊断、报警及智能化处理功能，满足计量装置故障处理和在线监测需求

D. 以上都是

143. 都属于智能小区核心服务功能的是（　　）。(B)

A. 用电信息采集、互动用电服务、智能家居

B. 用电信息采集、互动用电服务、配电自动化

C. 服务“三网融合”、电动汽车充电、智能家居

D. 互动用电服务、智能家居、服务“三网融合”

144. 越限信息是指遥测量（　　）的告警信息。(C)

A. 低于限值　　B. 等于限值　　C. 越过限值　　D. 跳变

145. 越限信息是指（　　）量越过限值的告警信息。(B)

A. 遥信　　B. 遥测　　C. 遥控　　D. 遥调

146. 遥测信息是指采集到的电力系统运行的实时参数，下面不属于遥测信息的是（　　）。(A)

A. 断路器状态　　B. 母线电压　　C. 系统潮流　　D. 线路电流

147. 断路器跳闸重合不成功后，监控系统显示该断路器（　　）。(C)

A. 实心　　B. 空心　　C. 空心且闪烁　　D. 变色

148. 保护定值区号以（　　）形式上传。(A)

A. 遥测　　B. 遥信　　C. 遥调　　D. 遥控

149. 自动电压控制（AVC）的作用是（　　）。(C)

A. 调节系统频率和系统潮流　　B. 调节系统频率和系统电压

C. 调节系统电压和无功功率　　D. 调节有功功率和无功潮流

150. 集中控制型 AVC 技术，是在（　　）与现场调控装置间闭环控制实现 AVC。(A)

A. 电力调度自动化系统　　B. 变电站监控系统

C. DTS 系统　　D. DMS 系统

151. 以下不属于调度自动化 SCADA 系统主要功能的是（　　）。(D)

A. 数据采集　　B. 数据预处理　　C. 遥控、遥调操作　　D. 潮流计算

152. 状态估计是根据网络接线的信息、网络参数、一组有冗余的模拟量测值和开关量状态，求取可以描述电网稳定运行情况的状态量、（　　）和相角的估计值，并校核实时量测量的准确性。(A)

A. 母线电压幅值　　B. 线路有功　　C. 开关位置　　D. 发电机功率

153. AVC 指令可分为（　　）方式。(D)

A. 遥调和遥信　　B. 遥控和遥测　　C. 遥信和遥测　　D. 遥控和遥调

154. AVC 控制覆盖率指的是（　　）。(A)

A. 接入 AVC 系统变电站数量与变电站总数量的比值

B. 接入 AVC 系统变电站数量与未接入 AVC 系统变电站数量的比值

C. 未接入 AVC 系统变电站数量与变电站总数量的比值

D. 未接入 AVC 系统变电站数量与接入 AVC 系统变电站数量的比值

155. AVC 系统控制的变电站电容器、电抗器或变压器有载分接开关需停用时，监控员应按照相关规定将（　　）退出 AVC 系统。(B)

A. 电容器　　B. 相应间隔　　C. 电抗器　　D. 变压器有载分接开关

156. EMS 状态估计的数据源为（　　）。(C)

A. 实时数据、历史数据、故障数据　　B. 测量数据、开关数据、故障数据

C. 实时数据、历史数据、计划数据　　D. 测量数据、历史数据、故障数据

157. 十进制数 25 换算到二进制数为（　　）。(B)

A. 11000　　B. 11001　　C. 11100　　D. 11010

158. AGC 是由（　　）、信息传输通道、信息接收装置（远方终端）、机组协调控制系统（电厂监控系统）、执行装置、发电机组自动化装置等环节组成的部分。(A)

A. 主站自动控制程序　　B. 主站无功自动控制程序

C. 主站电压自动控制程序　　D. 子站 AVC 控制系统

159. 自动电压控制系统（AVC）的优点不包括（　　）。(A)

A. 提高机组有功功率　　B. 保证电压质量

C. 减少网损　　D. 减少人员劳动强度

160. AVC 系统控制的变电站电容器、电抗器或变压器有载分接开关需停用时，监控员应按照相关规定将（　　）退出 AVC 系统。(C)

A. 电容器　　B. 电抗器　　C. 相应间隔　　D. 全站 AVC

161. 拓扑着色功能对无电设备以（　　）表示。(D)

A. 红色　　B. 绿色　　C. 黄色　　D. 灰色

162. 二进制数 10010110.10B 的十进制数值可表示为（　　）。(B)

A. 96.8　　B. 150.5　　C. 96.5　　D. 160.5

163. 某变电站某开关事故跳闸后，主站收到保护事故信号，而未收到开关变位信号，其原因可能为（　　）。(C)

A. 通道设备故障　　B. 保护装置故障　　C. 开关辅助触点故障　　D. 主站前置机故障

164. 某 220kV 线路电流互感器、电压互感器变比分别为 600A/5A 和 220kV/100V，电能表上月和本月正向有功电量抄表数分别为 10kWh 和 20kWh，该线路本月共输出（　　）电量。(C)

A. 152 万 kWh　　B. 200 万 kWh　　C. 264 万 kWh　　D. 457 万 kWh

165. 电能量远方终端对每只电能表进行数据采集是采用（　　）方式。(C)

A. 电能表定时向电能量远方终端发送数据

B. 电能表有变化数据时向电能量远方终端发送数据

C. 电能量远方终端负责逐个查询、读取电能表中的数据

D. 主站端进行数据召唤时，读取电能表中的数据

166. 正向型物理隔离装置（单向隔离）应用的范围是（　　）。(B)

A. 安全区Ⅰ和安全区Ⅱ之间的通信

B. 生产控制大区送往管理信息大区之间的所有单向通信

C. 安全区之间的内部通信

D. 从管理信息大区往生产控制大区送

167. 自动化系统和设备的（　　）是指对其结构进行更改、软硬件升级、大修等工作。(A)

A. 计划检修　　B. 临时检修　　C. 故障检修　　D. 一般检修

168. 电力二次系统的安全防护策略（　　）。(C)

A. 实时控制、严格管理、加强防范、横向隔离

B. 安全分区、实时控制、严防病毒、隔离认证

C. 安全分区、网络专用、横向隔离、纵向认证

D. 实时控制、严格划分、严防病毒、横纵认证

169. 某 220kV 线路三相平衡时，当一相电压熔丝熔断时，电能表（三表法）所计量的数值是正常的（　　）。(D)

A. 0　　B. 1/2　　C. 0.333　　D. 0.667

170. SCADA 进行拓扑着色带电状态受（　　）影响。(B)

A. 遥测　　B. 遥信　　C. 挡位　　D. 设备实际运行状态

171. 一条 220kV 线路，TA 变比为 600/5，该线路的电量倍率为（　　）。(D)

A. 120　　B. 2200　　C. 26400　　D. 264000

172. 当进行断路器检修等工作时，应能利用计算机监控系统（　　）功能禁止对此断路器进行遥控操作。(B)

A. 闭锁挂牌　　B. 检修挂牌　　C. 人机界面　　D. 维护

173. 动合触点表示绕组未通电时触点为（　　）状态；动断触点表示绕组未通电时触点为（　　）状态。(B)

A. 断开、断开　　B. 断开、闭合　　C. 闭合、断开　　D. 闭合、闭合

174. 某 220kV 电子式电压互感器额定二次输出为 2D41H，该互感器运行在母线 A 相，二次输出为 2D9BH（数字量，均方根值），则该 220kV 母线 A 相电压为（　　）。(B)

A. 221.7kV　　B. 128kV　　C. 126kV　　D. 218.3kV

175. 蓄电池容量表示为（　　）。(C)

A. 充电功率×时间　　B. 放电功率×放电时间

C. 放电电流×放电时间　　D. 充电电流×电压

176. 将十六进制数 30H 转化为十进制数为（　　）。(B)

A. 40　　B. 48　　C. 30　　D. 42

177. 负荷频率控制（LFC）的基本任务是调整系统的（　　）达到额定值或计划值。(B)

A. 负荷、交换功率　　B. 频率、交换功率

C. 负荷、电压　　D. 频率、电压

178. 如一变电站某台主变压器高压侧的有功遥测值为负，则说明该台主变压器高压侧的潮流方向是（　　）。(B)

A. 流出母线　　B. 流入母线　　C. 不一定　　D. 流出该站

179. 调度控制中心对发电厂的机组启、停操作命令属于（　　）。(C)

A. 遥测信息　　B. 遥信信息　　C. 遥控信息　　D. 遥调信息

180. 电力系统的安全约束条件从满足到不满足时对应的系统运行状态情况是（　　）。(B)

A. 正常状态—警戒状态　　B. 警戒状态—紧急状态

C. 紧急状态—系统崩溃　　D. 系统崩溃—恢复状态

181. （　　）是对运行中的网络或某一研究态下的网络，按 $N-1$ 原则研究一个个运行元件因故障退出运行后，网络的安全情况及安全裕度。(A)

A. 安全分析　　B. 故障扫描　　C. 网络拓扑　　D. 状态估计

182. 电量系统与 SCADA 系统互联，中间应采取（　　）安全措施。(A)

A. 防火墙　　B. 物理隔离装置　　C. 路由器　　D. 光耦隔离

183. 整个电力二次系统原则上分为（　　）两个安全大区。(B)

A. 实时控制大区和生产管理大区　　B. 生产控制大区和管理信息大区

C. 生产控制大区和生产应用大区　　D. 实时控制大区和信息管理大区

184. 正向与反向安全隔离装置的区别，以下说法错误的是（　　）。(A)

A. 正向与反向安全隔离装置都适用于传输实时数据

B. 正向安全隔离装置不允许返回任何数据

C. 反向安全隔离装置有一定的加密处理

D. 正向安全隔离装置平均传输速率较高

## 二、多选题

1. 光纤本身的损耗包括（　　）。(ABC)

A. 弯曲损耗　　B. 吸收损耗　　C. 散射损耗　　D. 接头损耗

2. 光信号在光纤中的传输距离受到（　　）的双重影响。(AB)

A. 色散　　B. 衰耗　　C. 热噪声　　D. 干涉

3. 通道保护环，在环路正常的情况下，拔纤后未发生倒换，这种情况有可能是因为（　　）。(ABD)

A. 支路通道设置为无保护　　B. 拔的是备环光纤

C. 协议未启动　　D. 备环通道不可用

4. 在（　　）情况下，网管无法采集远端故障节点的告警信息。(ABC)

A. 光缆线路故障　　B. 节点故障　　C. DCC 通道故障　　D. 支路盘故障

5. 操作不间断电源（UPS）应注意（　　）。(ABCD)

A. 按说明书的规定进行操作　　B. 不要频繁开关机

C. 不要频繁进行逆变/旁路的切换　　D. 不要带载开关机

6. 高频开关电源主要由（　　）等部分组成。(ABC)

A. 主电路　　B. 控制电路　　C. 检测电路　　D. 滤波电路

7. 实行通信电源集中监控的主要作用是（　　）。(ABD)

A. 提高设备维护和管理质量　　B. 降低系统维护成本

C. 提高整体防雷效果　　D. 提高整体工作效率

8. 通信设备供电可采用的方式有（　　）。(ABD)

A. 独立的通信专用直流电源系统　　B. 柴油发电机

C. 厂站直流系统逆变　　D. 蓄电池

9. 光纤的衰减是指在一根光纤的两个横截面间的光功率的减少，与波长有关。造成衰减的主要原因是（　　）。(ABC)

A. 散射　　B. 吸收

C. 连接器、接头造成的光损耗　　D. 光端机光口老化

10. 通信设备的直流供电装置主要由（　　）等部分组成。(BCD)

A. 浪涌吸收器　　B. 蓄电池　　C. 整流器　　D. 直流配电屏

11. 进行光功率测试时，注意事项有（　　）。(ABD)

A. 保证尾纤连接头清洁

B. 测试前应测试尾纤的衰耗

C. 测试前验电

D. 保证光板面板上法兰盘和光功率计法兰盘的连接装置耦合良好

12. 与电缆等电通信方式相比，光纤通信的优点有（　　）。(ABCD)

A. 传输频带极宽　　B. 中继距离长　　C. 抗电磁干扰　　D. 耐化学腐蚀

13. 下列属于光纤通信的缺点的是（　　）。(ABC)

A. 弯曲半径不宜过小

B. 分路耦合麻烦

C. 需要光电和电光转换

14. 主站系统采用通信规约与子站系统通信的目的是（　　）。(BD)

A. 降低传送信息量　　B. 保证数据传输的可靠性

C. 改正数据传输的错误　　D. 保证数据传递有序

15. 远动数据处理采用零值死区的原因是（　　）。(BD)

A. 不允许数据为零　　B. 将低值数转换为零

C. 校正数据采集误差　　D. 校正“0”漂干扰

16. 下列因素中，不属于衡量电能质量指标的是（　　）。(BD)

A. 频率　　B. 线路损耗　　C. 电压　　D. 功率

17. 通过（　　）的方式，可检查出遥信回路正确与否。(BD)

A. 在遥信触点上加直流电压　　B. 短接遥信触点

C. 在遥信触点上加交流电压　　D. 断开遥信触点

18. 当断路器上的“就地/远方”转换开关处于（　　）状态时，RTU 就无法完成该断路器的遥控操作。(BD)

A. 远方　　B. 就地　　C. 就地或远方　　D. 故障

19. 远动终端是指主站监控的子站，按规约完成数据采集、（　　）以及输出、执行等功能的设备。(BCD)

A. 监视　　B. 发送　　C. 接收　　D. 处理

20. 后台进行开关遥控分合操作时，按（　　）顺序完成。(BCD)

A. 调整　　B. 选择　　C. 返校　　D. 执行

21. 变电站自动化系统的结构模式有（　　）。(BCD)

A. 机架式　　B. 集中式　　C. 分布式结构分散安装　　D. 分布式结构集中组屏

22. 要使主站系统能正确接收到厂站端设备的信息，必须使主站与厂站端的（　　）一致。(BC)

A. 设备型号　　B. 通信规约　　C. 通道速率　　D. 系统软件

23. 为了减小解列后系统功率不平衡而引起的（　　）的变化，解列操作时，应将断路器处的 P 和 Q 尽量调整为 0。(BC)

A. 电流　　B. 电压　　C. 频率　　D. 功率

24. 根据远动技术的信息传输方式可分为（　　）。(AD)

A. 循环式远动系统　　B. 有接点远动系统

C. 布线逻辑式远动系统　　D. 问答式远动系统

25. 变电站计算机监控系统间隔层设备中，（　　）采用无源触点方式。(AD)

A. 遥信输入　　B. 遥信输出　　C. 遥控输入　　D. 遥控输出

26. 光纤通信中，传输数据的介质和信号分别是（　　）。(AC)

A. 光导纤维　　B. 同轴电缆　　C. 激光　　D. 电流

27. 分层分布式变电站监控系统的结构分为（　　）。(AC)

A. 站控层　　B. 网络层　　C. 间隔层　　D. 设备层

28. 从介质访问控制方法的角度，局域网可分为（　　）两类。(AC)

A. 共享介质局域网　　B. 高速局域网

C. 交换局域网　　D. 虚拟局域网

29. 远动终端设备的主要功能为（　　）。(ABD)

A. 信息采集和处理　　B. 与调度端进行数据通信

C. 实现对厂站的视频监视　　D. 执行遥控/遥调命令

30. 下列（　　）属于子站的主要设备。(ABCD)

A. 远动终端设备（RTU）的主机　　B. 电力调度数据网络接入设备

C. 电能量远方终端　　D. 相量测量装置（PMU）

31. 远动终端设备是负责远动信息（　　）的重要设备。（ABCD）

A. 采集　　B. 处理

C. 传送　　D. 下达调度中心对厂/站实施远方控制与调节

32. 电力自动化远动四遥是指（　　）。（ABCD）

A. 遥测　　B. 遥信　　C. 遥控　　D. 遥调

33. 电力系统中实时采集的数字量信息包括（　　）。（ABCD）

A. 状态信号　　B. 刀闸信号　　C. 保护信号　　D. 事故总信号

34. 电力通信的通信方式主要有（　　）。（ABCD）

A. 卫星通信　　B. 微波通信　　C. 光纤通信　　D. 电力线载波通信

35. 变电站监控系统采集的模拟量数据主要有（　　）。（ABCD）

A. 母线电压、频率　　B. 线路电流、电压、功率

C. 主变压器各侧电流、功率　　D. 电容/电抗器的无功功率

36. 变电站计算机监控系统每个 I/O 测控单元的（　　）等都独立于其他 I/O 测控单元。（ABCD）

A. 电源　　B. 数据采集

C. 处理、逻辑运算控制　　D. 开关同期

37. 远动遥测数据上送错误原因可能是（　　）。（ABC）

A. 比例系数不正确　　B. 遥测数据类型错误

C. 遥测点设置错误　　D. 规约选择错误

38. 计算机监控系统的外部抗干扰措施包括（　　）。（ABC）

A. 在机箱电源线入口处安装滤波器或 UPS

B. 交流量均经小型中间电压、电流互感器隔离

C. 采用抗干扰能力强的传输通道及介质

D. 对输入采样值抗干扰纠错

39. 断路器同期检测中同期检测部件应能检测和比较断路器两侧的（　　）。（ABC）

A. 电压幅值　　B. 电压相角　　C. 频率　　D. 功率

40. 在变电站计算机监控系统的间隔层完成的功能有（　　）。（AB）

A. 数据采集　　B. 断路器自动同期检测　　C. 远方通信　　D. 告警

41. 电力系统发生短路时，下列（　　）量是突变的。（AB）

A. 电流值　　B. 电压值　　C. 相位角　　D. 频率

42. 传统变电站二次电缆造成变电站安全运行的主要隐患原因是（　　）。（ABCD）

A. 电磁干扰和一次设备传输过电压可能引起二次设备运行异常

B. 二次回路两点接地对继电保护产生不良影响

C. 电缆较长时存在电磁耦合可能造成继电保护的误动作

D. 电缆较长时，常规互感器存在二次负载问题

43. 运行的分类采集厂站自动化系统变电站，主站显示的遥信状态与厂站实际不相符，可能是（　　）原因导致。（ABCD）

A. 转发点表错误　　B. RTU 故障

C. 遥信回路故障　　D. 现场一次设备遥信接电故障

44.（　　）情况下，电能量设备允许退出运行。（ABD）

A. 设备定期检修　　B. 设备异常需检查修理

C. 因其他设备检修使电能量设备停运的　　D. 其他特殊情况

45. 从电能表中可以读取的数据有（　　）。（BCD）

A. 当前总有功电量　　B. 当前反向高峰无功电量

C. 上月正向最大总有功需量　　D. 当前电表运行状态

46. 从智能电能表中可以读出当前的（　　）数值。(ABCD)

A. 有功功率　　B. 无功功率　　C. 电压　　D. 电流

47. 当电能量采集装置电源失电再恢复供电后对（　　）数据可能有影响。(ABC)

A. 电能表窗口值　　B. 5 分钟电量数据　　C. 旁路替代　　D. 都不影响

48. 当前，我省电量计费系统采集的数据的积分周期分别为（　　）。(CD)

A. 1min　　B. 30min　　C. 15min　　D. 5min

49. 电能量采集的方式可以是（　　）。(ABCD)

A. 周期采集　　B. 人工随时召唤采集　　C. 自动数据补抄　　D. 重抄

50. 电能量采集系统网络采集主要参数包括（　　）。(ABCD)

A. 通道类型　　B. 所属规约　　C. IP 地址　　D. 端口号

51. 电能量计量系统（TMR）一般由（　　）部分组成。(ABCD)

A. 拨号、网络、专线通道　　B. 电能量远方终端

C. 电能计量装置　　D. 主站系统

52. 电能量计量系统（TMR）中数据库备份一般可采用（　　）。(AC)

A. 数据库完全备份　　B. 数据库实时备份

C. 数据库增量备份　　D. 数据库变化备份

53. 电能量计量系统的基本功能包括（　　）。(ABCD)

A. 数据采集、处理、存储　　B. 历史数据查询

C. 报表生成　　D. 基本维护与系统安全

54. 电能量计量系统由（　　）组成的系统。(ABCD)

A. 电能量计量表计　　B. 电能量远方终端（或传送装置）

C. 信息通道　　D. 主站端计算机

55. 电能量计量系统中，存储的数据类型包括（　　）。(ABCD)

A. 负荷曲线　　B. 记账数据　　C. 随机事件　　D. 统计数据

56. 电能量计量系统中报表功能包括（　　）。(ABC)

A. 调度生产日报　　B. 关口电能量日、月统计报表

C. 输电线路、变电站损耗日、月统计报表　　D. 调度生产月报

57. 电能量计量系统中电量数据处理包括（　　）。(ABCD)

A. 按峰、平、谷统计电能量　　B. 分时段统计电能量

C. 按日、月、年统计电能量　　D. 旁路代处理以及其他的分析计算

58. 电能量计量系统中多个变电站电量数据采集失败可能的原因是（　　）。(ABD)

A. 数据采集服务器故障　　B. 数据网通道故障

C. 电量采集终端故障　　D. 数据采集进程丢失

59. 电能量计量系统主站查询不到厂站某一线路的表底值，而其他线路可正常查询，可能的原因是（　　）。(BC)

A. 该厂站电量采集终端故障　　B. 该线路电能表故障

C. 采集终端与电能表的通信线故障　　D. 厂站数据传输通道故障

60. 电能量计量系统主站发现某厂站电量不平衡，而该厂站 SCADA 系统功率平衡，可能原因是（　　）。(ABCD)

A. 平衡计算公式计算错误　　B. 线路 TA、TV 参数录入错误

C. 二次回路异常　　D. 电能表故障

61. 电能量计量系统主站数据追补失败，可能的原因是（　　）。(ABCD)

A. 通道故障　　B. 电能量远方终端故障

C. 采集时间超过了采集终端的存储时限　　D. 追补类型不符合终端存储类型

62. 电能量计量系统主站系统应能够通过系统和信息安全保护措施（如防火墙、移动代理、入侵检测等）及数据终端服务器与（　　）系统连接。(ABCD)

A. OMS网/电力广域数据网　　B. 上级和下级电能量计量系统

C. SCADA/EMS　　D. 电力市场技术支持系统

63. 电能量计量系统主站显示某一变电站电量采集失败，可能原因是（　　）。(AB)

A. 通道故障　　B. 电能量远方终端故障

C. 电能表故障　　D. 主站电量服务器故障

64. 调度数据网络设备主要包括（　　）。(ACD)

A. 交换设备　　B. 传输设备　　C. 路由设备　　D. 数据通道接口设备

65. 自动化数据网络的安全防护策略的范围是（　　）。(ABCD)

A. 信息系统的安全分层　　B. 数据网络的信息流模型

C. 数据网络的技术体制及安全防护体系　　D. 调度专用数据网络的安全防护措施

66. 网络安全的要素包括（　　）。(ABCDE)

A. 可用性　　B. 机密性　　C. 完整性　　D. 可控性

E. 可审查性

67. 防火墙基本功能有（　　）。(AD)

A. 过滤进、出网络的数据　　B. 管理进、出网络的访问行为

C. 封堵某些禁止的业务　　D. 对网络攻击检测和告警

68. 网络风暴可能的成因有（　　）。(ABCD)

A. 广播接点太多　　B. 网卡损坏　　C. 链路环路　　D. 环网

69. 交换机的作用有（　　）。(ABC)

A. 能够根据以太网帧中目标地址智能的转发数据

B. 分割冲突域

C. 实现全双工通信

D. 实现半双工通信

70. 网络按通信方式分类，可分为（　　）。(AB)

A. 点对点传输网络　　B. 广播式传输网络

C. 数据传输网络　　D. 对等式网络

71. 关于防火墙，下列说法中正确的是（　　）。(BD)

A. 防火墙主要是为了防止外来网络病毒的入侵

B. 防火墙是将未经授权的用户阻挡在内部网之外

C. 防火墙主要是在机房出现火情时报警的

D. 防火墙很难防止数据驱动式攻击

72. 专线通道质量的好坏，对于远动功能的实现，有很大的影响作用。判断专线通道质量的好坏，通常（　　）为常用手段。(ABCD)

A. 测量信道的信噪比　　B. 环路测量信道信号衰减幅度

C. 观察远动信号的波形，看波形失真情况　　D. 测量通道的误码率

73. 电力通信常用的特种光缆有（　　）。(AB)

A. OPGW（光纤复合架空地线）　　B. ADSS（非金属自承式光缆）

C. 单模光纤　　D. 多模光纤

74. 按信息的传递方向与时间关系，信道可分为（　　）。(ABC)

A. 单工信道　　B. 半双工信道　　C. 全双工信道　　D. 有线信道

75. 以下属于配电自动化可采用的通信方式的是（　　）。(ABD)

A. 光纤专网通信方式　　B. 配电线载波通信方式

C. 无线宽带通信方式　　D. 无线公网通信方式

76. 以下属于微电网典型结构的是（　　）。(ABD)

A. 集控中心　　B. 分布式发电　　C. 光伏电站　　D. 储能系统

77. 以下电力特种光缆及其应用范围匹配正确的是（　　）。(ABC)

A. 光纤复合架空地线（OPGW）→新建线路或替换原有地线

B. 全介质自承式光缆（ADSS）→杆塔上悬挂架设

C. 光纤复合低压电缆（OPLC）→电力光纤到户

D. 光纤复合架空相线（OPPC）→新建线路或替换原有杆塔

78. 遥测信息的主要内容有（　　）。(AC)

A. 有功功率、无功功率　　B. 断路器位置信号

C. 母线电压　　D. 继电保护、自动装置的动作信号

79. 以下调度自动化系统和设备出现异常情况属于紧急缺陷的有（　　）。(ABC)

A. AGC 功能异常　　B. 同上级调度的计算机通信链路中断

C. AVC 功能异常　　D. SCADA 等重要功能服务器单机运行

80. 越限信息是反映重要遥测量超出报警上下限区间的信息。重要遥测量主要有设备有功、无功、电流、电压、（　　）等，是需实时监控、及时处理的重要信息。(BC)

A. 功率因数　　B. 主变油温　　C. 断面潮流　　D. 负荷

81. 调度自动化主站系统前置机可以接收多个子站信息，以下属于其主要功能的是（　　）。(ABCD)

A. 接收数据的预处理　　B. 向后台机传送信息

C. 下发命令　　D. 转发功能

82. 以下属于电力调度自动化主站双机系统工作方式的是（　　）工作方式。(ABC)

A. 主—备　　B. 主—副　　C. 完全平行　　D. 主—多

83. 调度自动化系统对电力系统监视的内容包括（　　）监视。(ABCD)

A. 电能质量　　B. 设备状态　　C. 安全限值　　D. 保护和自动装置

84. 电压无功优化控制（AVC）的控制类型有（　　）控制型。(BD)

A. 就地　　B. 集中　　C. 远方　　D. 分散

85. 电网调度自动化系统高级应用软件一般包括：（　　）电力系统在线潮流、最优潮流、静态安全分析、自动发电控制、调度员培训模拟系统等。(ABCD)

A. 负荷预测　　B. 发电计划　　C. 网络拓扑分析　　D. 电力系统状态估计

86. 调度自动化主站系统遥测量的预处理工作主要包括（　　）。(ABD)

A. 遥测值的滤波处理　　B. 越限检查

C. 遥测数据的存储　　D. 遥测归零处理

87. 电力调度自动化系统 PAS 子系统包括（　　）等高级应用软件。(ABCD)

A. 网络拓扑　　B. 状态估计　　C. 调度员潮流　　D. 安全分析

88. 自动发电控制（AGC）系统的基本功能包括（　　）。(ABCD)

A. 负荷频率控制　　B. 负荷频率控制性能监视

C. 备用监视　　D. 机组响应测试

89. 自动发电控制（AGC）系统的基本控制模式包括（　　）控制方式。(ACD)

A. 定频率　　B. 定电压　　C. 定交换功率　　D. 联络线偏差及频率

90. 自动发电控制的功能有（　　）。(ABCD)

A. 区域负荷频率控制　　B. 经济调度控制

C. 备用容量监视　　D. AGC 性能监视

91. 自动发电控制是通过闭环系统中安装在厂站端的自动调节装置改变调速器变速机构的位置来实现调

整发电有功功率的，因此自动发电控制只对（　　）起作用。(BC)

A. 一次调频　B. 二次调频　C. 三次调频　D. 四次调频

92. 发电厂各机组 AGC 的性能指标包括（　　）。(ABC)

A. 运行范围　B. 调节速率　C. 调节死区　D. 调节步长

93. AVC 控制对象包括（　　）。(ABCD)

A. 发电机（包括调相机）　B. 有载调压变压器

C. 并联电容/电抗器　D. 静止无功补偿器

94. 以下属于电力二次系统的安全防护策略的是（　　）。(ABCD)

A. 安全分区　B. 网络专用　C. 横向隔离　D. 纵向认证

95. 防误闭锁分为三个层次，分别是（　　）。(ABD)

A. 站控层闭锁　B. 间隔层联闭锁　C. 设备层闭锁　D. 机构电气闭锁

96. 通过Ⅰ区数据通信网关机传输的内容包括（　　）。(AB)

A. 电网实时运行的量测值和状态信息　B. 保护动作及告警信息

C. 电能量数据　D. 状态监测数据

97. 对量测值和状态量进行检测分析，确定其合理性，具体包括（　　）。(ABCD)

A. 检测母线的功率量测总和是否平衡

B. 检测并列运行母线电压量测是否一致

C. 检查变压器各侧的功率量测是否平衡

D. 对于同一量测位置的有功、无功、电流量测，检查是否匹配

98. 电网稳态运行数据采集中，属于状态数据采集范围的有（　　）。(ABCD)

A. 馈线、联络线、母联（分段）、变压器各侧断路器位置

B. 电容器、电抗器、站用变压器断路器位置

C. 母线、馈线、联络线、主变压器隔离开关位置

D. 电压互感器开关、接地开关位置

99. 智能变电站中，定值修改操作应满足的要求为（　　）。(ABD)

A. 可通过监控系统或调度（调控）中心修改定值，装置同一时间仅接受一种修改方式

B. 定值修改前应与定值单进行核对，核对无误后方可修改

C. 定值修改可在现场由厂家完成

D. 支持远方切换定值区

100. 监控员在调度自动化主站系统画面上发现新投运变电站某一运行中的间隔功率为 0、电流正常，现场计量表显示为有功 20MW，试分析可能的原因有（　　）。(ABCD)

A. 主站系统监控画面数据链接、数据库定义错误

B. 厂站端远动机遥测点表定义错误

C. 该间隔电压空开在拉开位置

D. 该间隔测控装置的遥测死区值设置不合理

101. 测得某线路二次功率值与实际二次值相比明显偏小，其可能的原因有（　　）。(AB)

A. 电压互感器电压缺相　B. 某相电流被短接

C. 变送器辅助电源故障　D. 远动终端设备死机

102.《电力调度自动化系统运行管理规程》规定自动化子站设备应与一次系统实现四个“同时”，即（　　）。(ABCD)

A. 同时设计　B. 同时建设　C. 同时投入使用　D. 同时验收

103. 下列能减少遥信误发的措施有（　　）。(ABD)

A. 采用光耦作为隔离手段　B. 通过适当提高遥信电源、引入电缆屏蔽

C. 缩短遥信防抖时间　D. 对遥信对象的辅助触点进行清洁处理

104. 电网调度运行监控包括（　　）。(ABCD)
A. 频率监控　B. 电压监控　C. 备用监控　D. 潮流越限监控
105. 如果主站遥控反校超时，应检查（　　）。(ABCD)
A. 站内通信状况　B. 测控装置　C. 通道　D. 主站参数设置
106. 智能变电站通过 I 区数据网关传输的信息包括（　　）。(ABCD)
A. 电网实时运行状态量　B. 保护动作及告警信息
C. 设备运行状态的告警信息　D. 调度操作控制命令
107. 智能变电站通过 II 区数据网关传输的信息包括（　　）。(ABCD)
A. 告警简报、故障分析报告　B. 故障录波数据
C. 状态检测数据　D. 日志和历史记录
108. 主站下行到远动的信息包括（　　）。(BCD)
A. 测量值　B. 对时　C. 遥控　D. 信号复归
109. AVC 控制原则有（　　）。(ABD)
A. 首先保证电网安全稳定运行　B. 保证电压合格
C. 减少输电线充电功率　D. 降低网损
110. 并网控制技术是解决新能源接入问题的核心技术，其主要有（　　）。(ABCD)
A. 功率预测　B. 有功功率控制
C. 无功/电压调节　D. 电能质量分析与治理
111. 防火墙的作用主要有（　　）。(ABCD)
A. 过滤进、出网络的数据流　B. 管理进、出网络的访问行为
C. 记录通过防火墙的信息内容和活动　D. 对网络攻击进行检测和报警
112. 远动通信传输采用越死区传送的原因是（　　）。(AC)
A. 降低通信传输负载　B. 减少遥信信息量
C. 减少遥测传送数据量　D. 减少遥测采集数量
113. 电压无功自动控制设计应考虑的闭锁条件是（　　）。(ABD)
A. 断路器位置状态　B. 有关设备被控的动作保护信号
C. 设备的电压等级　D. 设备的运行告警状态
114. AVC 软件应具备（　　）设备控制次数限制功能，防止控制次数频繁对设备造成损坏。(AC)
A. 变压器　B. 断路器　C. 电容器　D. 隔离开关
115. 变电站当地监控后台显示某开关遥信位置与实际不一致，而其他遥信均正常，原因可能是（　　）。(AD)
A. 该开关的辅助触点位置不对应　B. 后台监控通信异常
C. 该间隔遥信电源异常　D. 监控后台遥信定义错
116. 电能量计量系统（TMR）一般由（　　）部分组成。(ABCD)
A. 电能计量装置　B. 电能量采集终端
C. 拨号、网络、专线通道　D. 主站系统
117. 电能量采集终端采集不到电表内的数据量，可能由（　　）情况造成。(ABCD)
A. 表地址输入不对　B. 信号线接错　C. 信号线断　D. 电表故障
118. 电能量计量系统（TMR）数据采集具有（　　）方式。(ABC)
A. 周期召唤　B. 自动补召　C. 随机召唤　D. 主动上送
119. 对并网发电机组 AGC 的考核内容，包括（　　）。(ABCD)
A. AGC 可用率　B. AGC 调节容量
C. AGC 调节速率　D. AGC 调节精度和响应时间
120. 控制区 AGC 的控制模式可分为（　　）。(ABC)

A. 定频率控制（FFC）　　B. 定交换功率控制（FTC）
C. 联络线频率偏差控制（TBC）　　D. 定频率与功率控制

121. 假如主站收到的交流采样量测信息中电压电流正常，而该路功率与实际一次值相差太大，其原因可能为（　　）。（AB）
A. 满码值问题　　B. 电压、电流相序问题
C. 遥测接线板损坏　　D. 遥测板与通信控制器之间网络不正常

122.（　　）事件会产生事件记录。（ABCD）
A. 遥测越限与复归　　B. 主站设备停/复役
C. 通道中断　　D. 遥控操作

123. 母线负荷预报能够支持的功能有（　　）。（ABCD）
A. 能够考虑检修计划进行负荷转供　　B. 预报结果的浏览和修改功能
C. 预报结果的考核统计功能　　D. 支持预报结果的上报功能

124. 负荷预测依赖于（　　）。（ABCD）
A. 历史同期数据　B. 天气预报　C. 近期实时数据　D. 节假日与工作日

125. 负荷预测准确率一般情况下要受到（　　）影响。（ABCD）
A. 电网总用电负荷的大小　　B. 气象数据
C. 历史数据的完整性　　D. 负荷预报算法

126. 220kV 及以上的变电站二次系统，（　　）置于非控制区。（BCD）
A. 继电保护及安自装置　　B. 在线状态监测
C. 故障录波装置　　D. 电能量采集装置

## 三、判断题

1. ADSS 光缆不含金属，完全避免了雷击的可能。（√）

2. OPGW 是地线复合光缆的简称，它是一种非金属光缆。（×）

3. OPGW 是一次线路的组成部分，操作时应由相应电力调度机构调度管辖或调度许可。（√）

4. 拔光板时，规范要求先拔纤，后拔板。（√）

5. 光缆中的缆芯就是一根光纤。（×）

6. 光纤通信的主要优点是频带宽，通信容量大，传输衰耗小，不易受干扰等优点。（√）

7. 光纤只有一种折射率。（×）

8. 光信号在光纤中传播利用的是光的全反射原理。（√）

9. 在光纤通信中，发光光源发出的光是可见光，可以通过直接观察有光或是无光来判断发光器件的工作状况。（×）

10. 电力交换网根据其服务对象不同可分为：调度交换网和行政交换网。（√）

11. 防火墙是由硬件和软件组成的专用的计算机系统，用于在网络之间建立起一个安全屏障，可以阻止来自内部的威胁和攻击。（×）

12. UPS 电源系统具有直流/交流（DC/AC）逆变功能。（√）

13. UPS 电源既可以保证对负载供电的连续性，又可保证给负载供电的质量。（√）

14. 保护地线应选用黄绿双色相间的塑料绝缘铜芯导线。（√）

15. 对直流配电屏应采取在直流屏输出端加装浪涌吸收装置，作为电源系统的第三级防护防雷措施。（√）

16. 搁置不用时间超过三个月和浮充运行达六个月阀控式密封铅蓄电池需进行均衡充电。（√）

17. 各种型号的阀控式密封铅蓄电池可采用统一的浮充电压。（×）

18. 通信专用仪器仪表每年须进行一次加电试验，并按照规定定期到资质合格的计量单位进行校验。（√）

19. 当检修申请单位与涉及检修的通信机构不同级时，应先进行相关的业务沟通，再填写并提交通信检修申请票。(√)

20. 两台额定容量相等的UPS并联后给一个略大于一台UPS容量的负载供电，因此两台UPS对负载实现了冗余，增加了可靠性。(×)

21. 电力系统通信站内都设有变电设备。(√)

22. 通信电源系统必须不间断地为通信设备提供电源。(√)

23. 交流市电可以实现不间断地为通信设备提供电源。(×)

24. 针对雷电的危害，电源系统采取三级防雷措施。(√)

25. 当组合电源系统不是满配置时，应尽量将整流模块均匀挂接在交流三相上，以保证三相平衡，否则会引起零线电流过大，系统发生故障。(√)

26. 通信电源可靠性是指在任何情况下都不允许输出任何中断或停电的故障发生。(√)

27. 可靠性要求是通信设备对通信电源最基本的要求。(√)

28. 当系统发生故障时，系统监控单元能够显示故障发生的具体部位、故障时间等。(√)

29. 测量值与被测量实际值之差称为相对误差。(×)

30. 自动控制系统是电力系统自动化的一部分。(√)

31. 主变压器挡位信息可以通过遥测和遥信两种方式采集。(√)

32. 站内分辨率是指站内发生的两个变位遥信能被分辨出来的最小时间间隔。(√)

33. 站控层发生故障而停运时，不能影响间隔层的正常运行。(√)

34. 在遥控操作时，确认遥控对象、性质无误，并在收到返校正确信息后，方可操作“执行”命令。(√)

35. 在串行通信中根据发送和接收设备的时钟是同步还是异步分为同步和异步两种传输方式。(√)

36. 在闭环控制系统中，如果反馈信号与参考输入信号相加，称为正反馈控制系统。(√)

37. 在AVC功能中，挂在同一条母线上的电容器不允许同时操作。(√)

38. 远动装置是远距离传输消息以实现对电力系统设备进行监视和控制的装置。(√)

39. 远动终端中的时钟精度越高，时间顺序记录的分辨率就越高。(√)

40. 远动终端设备应可靠保护接地，应有抗电磁干扰的能力，其信号输入应有可靠的电气隔离。(√)

41. 远动终端设备死机会造成遥信、遥测数据不刷新。(√)

42. 远动终端设备是负责远动信息的采集、处理与传送，同时下达调控中心对厂/站实施远方控制与调节的重要设备。(√)

43. 远动终端设备可通过主站系统下发的校时命令对其进行校时。(√)

44. 远动中的遥信反映的是断路器或隔离开关等设备所处的位置状态。(√)

45. 远动通信规约以传送方式划分，可分为循环式远动规约（CDT）和问答方式远动规约（Polling）两大类。(√)

46. 远动通信设备应直接从间隔层测控单元获取调度所需的数据，实现远动信息的直采直送。(√)

47. 远动通信设备宜设置远方诊断接口，以便实现远方组态和远方诊断功能。(√)

48. 远动是应用通信技术，完成遥测、遥信、遥控和遥调等功能的总称。(√)

49. 远动设备功能故障或设备故障不能影响站控层对变电站的正常监控。(√)

50. 远动功能应独立于站控层的其他设备，即站控层的其他设备退出运行不影响远动功能的正常实施。(√)

51. 远动传输两端波特率不统一数据不能正确传输。(√)

52. 与模拟通信相比，数字通信具有更强的抗干扰能力。(√)

53. 有载调压和无功投切宜由变电站自动化系统和调控主站系统共同实现集成应用，不宜设置独立的控制装置。(√)

54. 遥信信号有断路器、隔离开关的位置信号，继电保护信号等。遥测信号主要有电流、电压、有功功

率、无功功率、频率、温度等。(√)

55. 遥信电路的主要功能是把现场的状态量变成数字量，送入主控制单元 CPU 进行处理，遥信输入电路采用光电隔离。(√)

56. 遥信的采集过程是对状态量进行采集，将现场状态量经光电耦合转换后存入锁存器，经采集读取后转换为二进制数据。(√)

57. 遥调指对具有不少于三个设定值的运行设备进行的远程操作。(√)

58. 遥控是指具有两个确定状态的运行设备进行的远程操作。(√)

59. 遥控操作断路器分闸时，若发生重合现象，说明该对象的放电回路有问题。(√)

60. 遥控操作步骤顺序都是选择、返校、执行。(√)

61. 遥测数据的采集过程是对模拟量进行采集，即将现场模拟量转换为直流信号或直接进行离散采样后再经 A/D 转换将其转换为二进制数据，经处理后发送到主站。(√)

62. 信号回路采用光电隔离的作用是保护和滤波。(√)

63. 为使遥信响应速度提高，发生遥信变位后，应立即插入遥信信息帧。(√)

64. 为了提高远动信息传输的可靠性，对遥测、遥信信息要进行抗干扰编码。(√)

65. 为了解决遥信误、漏报和抖动问题，可以采用双位置遥信和提高遥信输入电压等技术手段提高遥信的可靠性。(√)

66. 为了防止人体静电损坏电子设备，可在接触设备前摸一下接地的机柜。(√)

67. 同期合闸的条件是电压差、频率差、相位差在规定范围内。(√)

68. 通信规约是启动和维持通信所必需的严格约定，即必须有一套关于信息传输顺序、信息格式和信息内容等的约定。(√)

69. 通过短接或断开遥信触点的方式，可检查出遥信回路正确与否。(√)

70. 手动分闸与遥控分闸时重合闸都是被闭锁的。(√)

71. 事件顺序记录以毫秒级时标记录断路器或继电保护的动作。(√)

72. 事件顺序记录必须在间隔层 I/O 测控单元中实现。(√)

73. 事件分辨率即能正确区分相继发生事件顺序的最小时间。(√)

74. 时间分辨率是事件顺序记录的一项重要指标。(√)

75. 某路断路器进行遥控试验，遥控操作只能合闸，不能分闸，不一定是遥控板的问题。(√)

76. 某变电站有两台 31500kVA 主变压器，还有一台 50kVA 的外接站用变压器，则该变电站的总容量应是 31500kVA。(×)

77. 模拟信号是连续信号，而数字信号是离散信号。(√)

78. 模拟信号是连续变化，而 A/D 转换总需要一定时间，所以需要把待转换的信号采样后保持一段时间。(√)

79. 变电站内控制电缆可以相互平行敷设。(√)

80. 可以将远动通道的收、发两对线对接来判断通道好坏。(√)

81. 光纤通信中，传输数据的介质是光导纤维，介质中传输的信号是激光。(√)

82. 光纤通信是指利用相干性和方向性极好的激光束作载波来携带信息，并利用光纤来进行传输的通信方式。(√)

83. 光纤通信不受电磁干扰和噪声的影响，允许在长距离内进行高速数据传输。(√)

84. 分散式指变电站计算机监控系统的构成在物理意义上相对于集中而言，强调了要面向对象和地理位置上的分散。(√)

85. 电压无功自动控制功能应独立于站控层的其他功能。(√)

86. 电压/无功的调整手段有改变发电机及调相机无功出力、投切电容器组及电抗器、调整变压器分接头位置等。(√)

87. 电网无功补偿应按分层分区和就地平衡原则考虑。(√)

88. 电力系统中的有功、无功、电流、电压等遥测量是模拟信息。(√)

89. 当断路器发生变位时，事件顺序记录（SOE）可以准确记录该断路器变位发生的时间。(√)

90. 变电站监控系统控制级别由高到低顺序为就地控制、间隔层控制、站控层控制、远方控制。三种级别间应相互闭锁，同一时刻只允许一种控制方式有效。(√)

91. 变电站监控系统的结构分为站控层和间隔层。原则上站控层发生故障停用时，不能影响间隔层的正常运行。(√)

92. 变电站监控系统的电压无功自动控制不包括系统事故状态下的无功补偿设备快速投切功能。(√)

93. SOE站间分辨率的含义是在不同厂站两个相继发生事件其先后相差时间大于或等于分辨率时，调度端记录的两个事件前后顺序不应颠倒。(√)

94. SOE时间顺序记录的时间以厂站端的GPS标准时间为基准。(√)

95. 在远动系统中，数字量、脉冲量和模拟量一样，都是作为遥信量来处理的。(×)

96. 在遥控操作时，被控对象的遥信状态与遥控无关。(×)

97. 远动终端设备与对应调度主站系统之间进行数据传输时，远动传输两端MODEM型号不统一数据不能正确传输。(×)

98. 远动遥测系统的综合误差是指从变送器输入输出，RTU采集处理、发送，通道传输，这一过程中所有误差的综合结果。(×)

99. 遥信误动肯定是开关辅助接点抖动造成的。(×)

100. 遥信电源故障，不影响正常遥信的状态，只影响变位的遥信状态。(×)

101. 遥信电路的主要功能是把现场的开关状态变为脉冲量，送入主控制单元CPU进行处理。(×)

102. 遥控误动肯定是现场接线接错了。(×)

103. 遥控拒动肯定是执行机构出问题了。(×)

104. 遥控变电站的断路器，只能在调度端操作。(×)

105. 遥测量的精度有问题，一定是基准电压不准。(×)

106. 下发遥控命令时，只要确信遥控对象、性质无误，不必等待返校信息返回就可以操作“执行”命令。(×)

107. 调度自动化系统主备机切换不能引起遥控误动，允许数据丢失，但不能影响其他设备的正常运行。(×)

108. 如果遥控返校正确，调度端发出遥控执行命令后还可以在撤销这个命令。(×)

109. 任一变电站所有断路器设备的操作最高优先级是调度端。(×)

110. 交直流回路可共用一条电缆，因为交直流回路都是独立系统。(×)

111. 当变电站设备处于间隔层的操作控制时，计算机监控系统将无法监视设备的运行状态和选择切换开关的状态。(×)

112. 在遥控过程中，调度中心发往厂站RTU的命令有三种：遥控选择、遥控返校、遥控执行。(×)

113. 主站接收不到RTU的信息，一定是通信设备有问题，而非RTU问题。(×)

114. I/O测控单元开关量输入回路输入方式为空接点并经光电隔离。(√)

115. I/O测控单元开关量输入回路应有防抖动的滤波回路。(√)

116. 从电能表中读出的数据需乘上TV和TA变比才能换算成一次电能量数据。(√)

117. 0.2和0.2s级电能表在测量上精度一样高。(×)

118. 电能计量专用电压、电流互感器或者专用二次绕组及其二次回路可以接入与电能量计量无关的设备。(×)

119. 电能计量装置包括各种类型的电能表、计量用电压、电流互感器及其二次回路、电能计量屏（柜、箱）等。(√)

120. 电能计量装置专用电压互感器二次回路不得装设隔离开关辅助接点，不得接入任何形式的电压补偿装置。(√)

121. 电能量采集的方式可以是周期采集、人工随时召唤采集、自动数据补抄及重抄。当主站与远方站通道不通时，还可以现场补抄。(√)

122. 电能量采集终端是计量器具。(×)

123. 电能量采集终端数据传输要求是实时的。(×)

124. 电能量采集终端应具备与电能表对时功能。(√)

125. 电能量采集终端与电能表的通信采用问答式进行数据通信。(√)

126. 电能量采集终端与电能表的通信采用主从通信方式。(√)

127. 电能量计量系统所采集到的原始数据如果发生错误，有权限的数据管理员需按照规定的数据管理流程对该原始数据进行修改。(×)

128. 电能量计量系统应具有电流互感器（TA）更换的功能，根据更换时间分别计算更换前后的电量值。(√)

129. 电能量计量系统与 SCADA 系统之间应当采用具有访问控制功能的网络设备、防火墙或相当功能的设施实现逻辑隔离。(√)

130. 电能量计量系统与厂站终端通信可采用数据网络、电话拨号、专线通道等通信方式。(√)

131. 电能量计量系统与调度管理系统互联，中间应采取横向单向安全隔离装置。(√)

132. 电能量计量系统与 SCADA 系统之间需采用防火墙进行隔离。(√)

133. 电能量远方终端和专用通道一旦投入运行（含试运行）未经允许不得擅自停用。(√)

134. 路由器是用于计算机网络层互连的设备。(√)

135. IP 和 TCP 两种协议协同工作，要传输的文件就可以准确无误地被传送和接收。(√)

136. LAN 代表局域网；WAN 代表广域网；SCADA 代表数据采集与监视控制；AGC 代表自动发电控制；EMS 代表能量管理系统；GPS 代表全球定位系统。(√)

137. 防火墙就是在两个网络之间执行控制策略的系统（包括硬件和软件）。(√)

138. 传输介质是通信网络中发送方与接收方之间的物理通路，也是通信中实际传送信息的载体。(√)

139. 局域网络（又称局域网）是在有限的地域内由计算机构成的网络数据通信系统。(√)

140. B/S 模式就是 Browser/Server（浏览器/服务器）模式；C/S 模式就是 Client/Server（客户/服务器）模式。(√)

141. 子网掩码是一个 32 位地址，用于屏蔽 IP 地址的一部分以区别网络标识和主机标识。(√)

142. 调度数据网的管理遵循“统一调度、分级管理、属地运维、协同配合”的原则。(√)

143. 设备的 MAC 地址是根据网络设计来手工设定的。(×)

144. 在 Internet 上的几个主机可以共用同一个网络地址。(×)

145. 光纤的种类很多，按照传输模式可分为单模光纤和多模光纤。(√)

146. 载波通信的传输介质是架空地线，微波通信的传输介质是空气，光纤通信的传输介质是光导纤维(光纤)。(×)

147. 数字通信比模拟通信具有更强的抗干扰能力。(√)

148. 安全区Ⅰ、Ⅱ与安全区Ⅲ之间必须采用经有关部门认定核准的专用安全隔离装置。(√)

149. 电力调度数据网是电力二次安全防护体系的重要网络基础。(√)

150. 禁止安全区Ⅰ/Ⅱ内部的 E-mail 服务。禁止安全区Ⅰ的 Web 服务。(√)

151. 电力系统安全防护的基本原则是：电力系统中，安全等级较高的系统不受安全等级较低系统的影响。(√)

152. 违反安全策略的行为有：入侵（非法用户的违规行为）、滥用（用户的违规行为）。(√)

153. 电力二次系统中不允许把本属于高安全区的业务系统迁移到低安全区。允许把属于低安全区的业务系统的终端设备放置于高安全区，由属于高安全区的人员使用。(√)

154. 安全隔离装置（正向）用于安全区Ⅲ到安全区Ⅰ/Ⅱ的单向数据传递。(×)

155. 控制区（安全区Ⅰ）与非控制区（安全区Ⅱ）之间应采用电力专用横向单向安全隔离装置。(×)

156. 电力二次系统安全防护总体安全防护水平取决于系统中最薄弱点的安全水平。(√)

157. 智能电能表可以实现有功电能和无功电能双向计量，支持分布式能源用户的接入。(√)

158. 自动化系统状态估计异常时，AVC 功能必须退出。(×)

159. AVC 系统可以对全网无功电压状态进行集中监控和分析计算，从全局的角度对广域分散的电网无功装置进行协调优化控制，实现对无功电压的自动调节，具有一定的优化功能。(√)

160. 分散控制型 AVC，是单独在现场电压无功控制装置上的计算模块与调控模块间闭环控制实现 AVC。(√)

161. 并网电厂至调控机构应具备三个以上可用的独立路由的通信通道。(×)

162. 风电场、光伏电站应具备 AGC、AVC 等功能。(√)

163. 调度管理信息系统设备管理模块是对电网一次设备、保护设备及安稳装置、调度自动化设备的管理。(√)

164. “旁路代”时，被代线路遥测值以旁路断路器遥测值代替。(√)

165. 在重要的关口点一般安装 2 台电能表：主表和副表，主、副电能表应安装在相同计量点。(√)

166. 为了解决遥信误、漏报和抖动问题，可采用双位置遥信和提高遥信输入电压等技术手段来提高遥信的可靠性。(√)

167. 电气设备的操作采用分级控制，调度（调控）中心控制，优先级最高。(×)

168. 问答传送方式是以厂站端的远动装置为主，周期性采集数据，并且周期性地循环的方式向调度端发送数据。(×)

169. 问答式远动规约即主站发出一个主动的询问或操作命令，远动终端设备回答一个被动的信息或响应，由此一问一答构成一个完整的传输过程。(√)

170. 测控装置显示某断路器处于分闸状态，但该断路器仍有遥测数据，说明该断路器的遥测回路有问题。(×)

171. 通过短接或断开遥信触点的方式，可检查出遥信回路正确与否。(√)

172. 遥信电路的主要功能是把现场的状态量变成数字量，送入主控制单元 CPU 进行处理，遥信输入电路采用光电隔离。(√)

173. 上/下级调度 AVC 协调控制技术的实质是电源侧和负荷侧电压无功协调控制。(√)

174. 判断系统发生预想事故后电压是否越限和线路是否过负荷的分析称为动态安全分析。(×)

175. 问答式规约既可采用全双工通道，也可以采用半双工通道。(√)

176. 智能变电站全站通信网络采用以太网方式。(√)

177. 主变压器本体智能终端可以采用挡位 BCD 编码开入方式接受主变压器挡位信息。(√)

178. 调度自动化系统由主站系统、子站设备和数据传输通道构成。(√)

179. 由于一次系统的变更（如厂站设备的增、减，主接线变更，互感器变比改变等），需修改相应的画面和数据库等内容时，应以经过批准的书面通知为准。(√)

180. 凡参加 AGC 运行的单位必须保证其设备的正常投入，除紧急情况外，未经调度许可不得将投入 AGC 运行的机组（发电厂）擅自退出运行或修改参数。(√)

181. 由于一次系统变更，需要修改相应的数据库、画面、报表、模拟屏接线等内容时，应以经过批准的书面通知为准。(√)

182. 遥测数据不准与厂站端有关而与主站端无关。(×)

183. 凡属对运行中的系统设备、软件作重大修改，均应经过技术论证，提出书面改进方案，经主管领导批准方可实施，以加强软件配置管理。(√)

184. 远动工作站死机会造成遥信、遥测数据不刷新。(√)

185. 遥控是指具有两个确定状态的运行设备进行的远程操作。(√)

186. 遥控拒动肯定是执行机构出问题了。(×)

187. 遥控操作断路器分闸时，若发生重合现象，说明该对象的放电回路有问题。(√)

188. 遥调指对具有不少于三个设定值的运行设备进行的远程操作。(√)

189. 对于220kV电压等级的某一条高压线路，其线路电流互感器变比为600/5，则该线路的有功功率测量满度值为1.732×220×600（kW）。(√)

190. I/O测控单元开关量输入回路输入方式：空接点，并经光电隔离。(√)

191. 电能量计量系统（TMR）数据采集应具有周期召唤和随机召唤方式。(√)

192. 电能量计量系统（TMR）可以通过对电能量采集终端或电能表进行电能量数据采集。(√)

193. 远动信息的传送方式为两类，循环传送方式和问答传送方式。(√)

194. AGC控制时，根据区域控制偏差（ACE）给机组下发的指令与机组控制的上限、下限和机组的升降速率有关。(√)

195. 恒定联络线交换功率控制（FTC）的控制目标是维持联络线交换功率的恒定。(√)

196. 频率的一次调整指的是由发电机组的调速器进行的、针对变化幅度很小而周期很短的偶然性负荷变动引起的频率偏移的调整。(√)

197. 频率的二次调整指的是由发电机的调频器进行的、针对变化幅度较大而周期较长的如冲击性负荷变动引起的频率偏移的调整。(√)

198. D5000实时数据库实体仅在服务端分布，客户端没有实时库。(√)

199. 为保证调度自动化主站系统的可靠运行，主站关键设备应采用冗余配置。(√)

200. 如果遥控返校正确，调度端发出遥控执行命令后还可以再撤销这个命令。(×)

201. 更改电流互感器和电压互感器的变比后，子站和主站可不修改参数，不影响数据的准确性。(×)

202. 调度自动化系统主备机切换不允许引起遥控误动，允许数据丢失，但不能影响其他设备的正常运行。(×)

203. SCADA采集的电压、电流遥测数据数值是被测量的有效值。(√)

204. 调度员潮流的计算结果是满足基尔霍夫定律的，因此理论上变压器各侧有功、无功、电流之和均应等于零。(×)

205. 负荷预测按照预测目标可分为系统负荷预测和母线负荷预测。(√)

206. AVC指令可分遥控和遥调两种方式。(√)

207. 防火墙不能阻止被病毒感染的程序或文件的传递。(√)

208. 新投产机组的AGC功能应在机组移交商业运行的同时投入使用。(√)

209. 负荷预测可分为系统和母线两种方法。(√)

## 四、简答题

**1. 光纤通信系统大致由哪三部分组成？**

答：发送设备、接收设备、传输光缆三部分组成。

**2. 什么是网络自愈？**

答：自愈是指在网络发生故障时，无须人为干预，网络自动地在极短的时间内，使业务自动从故障中恢复传输。

**3. ADSS光缆防电化学腐蚀的措施包括哪几种？**

答：采用防电晕环；采用防震锤；采用防电化学腐蚀的涂料；降低光缆挂点。

**4. 通信电源系统由哪四部分组成？**

答：交流供电系统、直流供电系统、接地系统、监控系统。

**5. 开关电源故障处理和维护的基本任务是什么？**

答：在设备发生故障后，能对故障点进行检修，使之迅速恢复正常运行，减少故障所造成的损失。

**6. 防止通信蓄电池热失控有什么措施？**

答：(1) 通信电源应具有充电限流功能，并具备充电电压温度补偿功能。

(2) 蓄电池组要放在通风良好的地方，最好有空调控制室温。

**7. 通信光传输设备危险点分析及控制措施是什么？**

答：尽量避免中断网上的业务；防止灼伤人眼和皮肤；避免测试仪器、光板的损坏；测试结束后恢复光路连接应可靠。

**8. 在 SDH 网络中，网络拓扑结构有哪几种？**

答：链形、星形、树形、环形、网孔形。

**9. 什么是规约？**

答：在远动系统中，为了正确地传送信息，必须有一套关于信息传输顺序、信息格式和信息内容等的约定。这一套约定，称为规约。

**10. 什么是网络拓扑功能？**

答：网络拓扑是调度自动化系统应用功能中的最基本功能。它根据遥信信息确定地区电网的电气连接状态，并将网络的物理模型转换为数学模型，用于状态估计、调度员潮流、安全分析、无功电压优化等网络分析功能和调度员培训模拟功能。

**11. 简述返送校核的概念。**

答：所谓返送校核是指厂站端 RTU 接收到调度中心的命令后，为了保证接收到的命令能正确地执行，对命令进行校核，并返送给调度中心的过程。

**12. 什么是 SOE？**

答：SOE 即事件顺序记录（sequence of event），把开关或保护动作发生的时间按先后顺序将有关的内容记录下来，这就是事件顺序记录。

**13. 计算机系统接地一般有几种？**

答：①安全保护接地；②交流工作接地；③计算机系统的直流接地；④防雷保护接地；⑤信号接地。

**14. 电网调度自动化系统按其功能可以分成哪几个子系统？**

答：①信息采集与命令执行子系统；②信息传输子系统；③信息的收集、处理与控制子系统；④人机联系子系统。

**15. 电力系统二次安全防护的防护策略是什么？**

答：①安全分区；②网络专用；③横向隔离；④纵向认证。

**16. 二次安防主机安全加固主要的方法包括哪些？**

答：①安全配置；②安全补丁；③强化操作系统访问控制能力；④配置安全的应用程序。

**17. 中断处理分哪几个阶段？**

答：分四个阶段，即：①保护断点现场；②查找识别中断源；③执行中断处理子程序；④恢复现场和退出中断。

**18. 测量误差中包括哪些误差？**

答：基本误差、附加误差、方法误差、人员误差、被测量随时间变比引起的误差。

**19. 调度自动化系统的性能指标和衡量标准是什么？**

答：(1) 可靠性：系统或设备的可靠性或设备在一定时间内和一定的条件下完成所要求功能的能力，通常以平均无故障工作时间来衡量。

(2) 实时性：远动系统的实时性指标可以用传送时间来表示。

(3) 准确性：数据的准确性可以用总准确度、正确率、合格率等进行衡量。

**20. 什么叫 BCD 码？试写出 0～9 的 BCD 码？**

答：BCD 码是一种用二进制编码的十进制数。它是用 4 位二进制数表示一个十进制数码的，由于这 4 位二进制数的权为 8421，因此 BCD 码又称为 8421 码。0～9 的 BCD 码分别为 0000、0001、0010、0011、0100、0101、0110、0111、1000、1001。

**21. 对厂站自动化系统的时间同步技术主要有哪些要求？**

答：(1) 各类自动化系统、各级调度机构的调度室、各类发电厂、变电站控制室的时钟、应该与 GPS 对时。

(2) RTU（测控单元）SOE 记录与 GPS 时间的允许偏差为±0.5ms。

(3) 主站各计算机系统时间与 GPS 时间的允许偏差为±1s。

(4) 调度室、发电厂、变电站控制室的时间与 GPS 时间的允许偏差为±1s。

(5) 电能表和电量计费装置与主站系统的时间允许偏差不大于 2s。

(6) 事件顺序记录（SOE）的站内分辨率不大于 2ms，站间分辨率不大于 20ms。

(7) 电网相位测量装置与 GPS 时钟的允许偏差为±1μs。

**22. 防火墙主要有哪些作用？**

答：(1) 过滤进、出网络的数据流；

(2) 管理进、出网络的访问行为；

(3) 记录通过防火墙的信息内容和活动；

(4) 对网络攻击进行检测和报警。

**23. 变电站时间同步系统信号传输介质有哪些？**

答：①同轴电缆；②屏蔽控制电缆；③音频通信电缆；④光纤；⑤双绞线。

**24. 什么是 Vlan？**

答：Vlan（virtual local area network）即虚拟局域网，是一种通过将局域网内的设备逻辑地而不是物理地划分成一个个网段从而实现虚拟工作组的技术。即在不改变物理连接的条件下，对网络做逻辑分组。

**25. 变电站模拟量采集有哪些？**

答：①电压；②电流；③有功功率；④无功功率；⑤功率角；⑥变压器挡位；⑦变压器温度。

**26. 网络连接设备主要有哪些？**

答：①中继器；②集线器；③交换机；④网桥；⑤网关；⑥路由器。

**27. 简述电力系统自动化遥控过程。**

答：①发遥控选择令；②遥控返校；③发遥控执行令；④现场执行；⑤返回。

**28. 自动化设备机房的要求有哪些？**

答：(1) 应保持机房的温度、湿度：A 级机房温度为夏季 23℃±2℃；冬季 20℃±2℃；温度变化率每小时不超±5℃；湿度为 45%～65%。B 级机房温度为 18～28℃；温度变化率每小时不超±10℃；湿度为 40%～70%。

(2) 机房内应有新鲜空气补给设备和防噪声措施。

(3) 机房应防尘，应达到设备厂商规定的空气清洁度，对部分要求净化的设备应设置净化间。

(4) 计算机系统内应有良好的工作接地。如果同大楼合用接地装置，接地电阻宜小于 0.5Ω，接地引线应独立并同建筑物绝缘。

(5) 根据设备的要求还应有防静电、防雷击和防过电压的措施。

(6) 机房内应有符合国家有关规定的防水、防火和灭火设施。

(7) 机房内照明应符合有关规定并应具有事故照明设施。

**29. 简述 GPS 时钟的组成部分。**

答：GPS 时钟由时间信号接收单元，接收外部时间基准信号；时间保持单元；时间信号输出单元组成。

**30. 通信的服务质量（QOS）包括哪些？**

答：误码率、传输时延、时延抖动、包丢失率和数据吞吐量。

**31. 路由器的主要作用是什么？**

答：路由器利用互联网协议将网络分成几个逻辑子网，能将通信数据包从一种格式转换成另一种格式，可以连接不同类型的网络。

**32. 光纤通信系统故障处理原则是什么？**

答：先干线、后支线；先群路、后分路；先抢通、后修复。

**33. 通信交换系统的系统检查测试有哪些？**

答：系统的建立功能；系统的交换功能；系统的维护管理功能；系统的信号方式及网络支撑。

**34. 电话用户能呼出，但不能呼入，可能原因是什么？**

答：可能是软件故障，如用户启动了免打扰、转移、限制拨号等功能；可能是线路故障，用户线出现错线。

**35. 什么是数据传输网络化？**

答：数据传输网络化是指能够通过专用的调度数据传输网络，实现电网运行和生产管理信息的快速、可靠传输以及系统的应急备用，为特高压大电网的安全稳定运行提供可靠地数据通信保障。

## 五、计算题

**1. 有一台额定容量为 200MW 的发电机组，满出力运行时，功率变送器的输出满值电压为 5.000V，而在 120MW 时输出为 2.960V，求变送器对应一次功率 120MW 这点的相对引用误差是多少？在变电站内，是否满足技术要求，并计算出功率变送器的输出电压在多少范围内符合要求？**

解：120MW 时的标准输出电压 $U_x=120\times5.000\div200=3.000$(V)

绝对误差：$\Delta U=U_x-U=3.000-2.960=0.040$(V)

相对引用误差：$X=\Delta U\div U=0.04\div5.000\times100\%=0.8\%$

因为站内引用误差小于 0.5%，$X=0.8\%>0.5\%$

所以误差不符合技术要求。

$U\times0.5\%=5.000\times0.5\%=0.025$(V)

输出电压范围：$3.000\pm0.025=3.025\sim2.975$(V)

所以输出电压在 2.975～3.025(V) 范围内符合要求。

**2. 某一输电线路 TV 为 220kV/100V，TA 为 600A/5A。现在测控单元端子排处用标准表测得二次电流值为 3A，TA 的精度是 0.2 级，则一次电流值在什么范围内？**

解：计算一次电流值$=600/5\times3=360$A

$360\pm600\times0.2\%=361.2$A

则一次电流值在 360～361.2A 内。

**3. 一条 10kV 配电线路，TV 变比为 10000/100，TA 变比为 300/5，三相电压对称，三相负载平衡，测得二次功率为 4156.8W，求一次功率？**

解：$P_1=P_2\times\text{TV}\times\text{TA}=4156.8\times(10000/100)\times(300/5)=2.49$(MW)

**4. 某线路电流互感器 CT 变比为 600/5，在 CT 二次回路中用 0.2 级表测得电流为 4A，调度主站 SCADA 系统显示值为多少时，这路遥测才为合格？**

解：远动系统 YC 综合误差不大于 $|\pm1.5\%|$，$\Delta I=600\times1.5\%=9$(A)

$I_1=600/5\times4=480$(A)

$I=I_1\pm\Delta I=480\pm9=(471\sim489)$A

所以调度主站 SCADA 系统显示值在 471～489A 之间为合格。

**5. 某 110kV 线路测控装置交流采样插件采用±10V 双极性 12 为 A/D 转换芯片，基准电压为 10V。母线电压 TV 二次侧线电压输出范围为交流 0～120V，遥测模件小变压器变比为 170/10，当采样点在 $u_a$ 正峰值时 A/D 转换结果为 010000001101。求：(1) $u_a$ 一次侧电压有效值是多少（保留 2 位小数点）？(2) 估算该变电站 110kV 母线电压是多少？**

解：(1) A/D 转换结果为 010000001101 对应的 10 进制为 $1024+13=1037$

A/D 输入电压为$(1037/2047)\times10=5.066$(V)

$u_a$ 二次侧电压正峰值为$(170/10)\times5.066=86.122$(V)

$u_a$ 二次侧电压正有效值为 $86.122/1.414=60.907$(V)

$u_a$ 一次侧电压正有效值为 $110000/100\times60.907=67.00$(kV)

（2）估算该变电站 110kV 母线电压是 67.0×1.732＝116(kV)

**6.（主站）某变电站 1 号主变压器 110kV 侧计量 TA 为 600/5，TV 为 110000/100。3 月 5 日零点正向有功电量抄见数为 1000，当天 13 点发生更换 TA 业务，更换后的 TA 为 800/5。TA 变更前正向有功电量抄见数为 1200，3 月 6 日零点正向有功电量抄见数为 1330。请计算出该主变压器 110kV 侧 3 月 5 日的正向有功电量。**

解：换 TA 前的总电量为

(1200－1000)×(600/5)×(110000/100)＝26400000(kWh)

换 TA 后的总电量为

(1330－1200)×(800/5)×(110000/100)＝22880000(kWh)

5 日总的有功电量为

26400000＋22880000＝49280000(kWh)

**7.（主站）某地调的系统维护员查询 2016 年 6 月 25 日 EMS 系统某 500kV 厂站的 1 号主变压器 220kV 侧遥测点，有功量测历史曲线无异常且 1 号主变压器有功平衡。根据曲线记录，有功最大值 500MW，负荷率 80%，但电能表计采集的此测点该日电能量值为 6432000kWh，请分析关口电量是否有问题，最可能的是什么问题，为什么？**

解：负荷率＝平均负荷/最大负荷，平均负荷＝500×80%＝400MW

因此计算电量＝400×24×1000＝9600000kWh，因为实时负荷的曲线无异常，则电能量表计采集值 6432000kWh 可能有错误，且电能表电量/计算电量的比结果约为 2/3，所以最可能是电能表的 TV 缺相。

**8. 假如 RTU 送出某遥测的满码是±2048，该遥测的工程满度值是±102.4MW，遥测越限告警上下限设置为±90MW，当 RTU 送出 2000 时，调度员看到的是什么数值？是否越限？假如越限告警死区设置为 2%，该遥测值在 88～92 之间多次变化，会不会多次产生遥测越限告警？**

解：遥测显示工程值＝102.4/2048×2000＝100MW。调度员看到是 100MW。该遥测值越上限。

102.4×2%＝2.048，告警上下限位±90MW，该遥测值在 88～92 之间多次变化，都在死区范围内，不会多次产生遥测越限告警。

**9. 某地区电网调度自动化系统共有 32 套远动装置（RTU），6 月份远动装置故障共计 82h，各类检修共计 48h，通道中断共计 12h，电源故障共计 8h，问该地区远动系统月可用率是多少？（答案小数点后保留 2 位）**

解：依照题意，各类远动系统停用时间的总和

$\sum t=82+48+12+8=150(\text{h})$

远动系统停用时间

$T=150/32\approx 4.69(\text{h})$

6 月份远动系统可用率

$$A_{6月}=\frac{720-4.69}{720}\times 100\%=99.35\%(\text{h})$$

**10. 某变电站一条 220kV 线路 CT 变比为 1200/5，电能表计量昨日零时电表底码为 20121.1，今日零时电表底码为 21666.1，则该线路昨日平均负荷为多少 MW？**

解：输出电量 $W$＝电表读数×PT 变比×CT 变比

$W=(22166.1-20121.1)\times(220\times 10^3/100)\times(1200/5)/10^6=1079.76\text{MWh}$

平均负荷 $P=W/24=1079.76/24=44.99\text{MW}$

## 六、识绘图题

**1. 请绘出网络式综合自动化系统结构，如 RCS9700、新 ISA300＋等的结构图。**

答：网络式综合自动化系统结构图如图 6-1 所示。

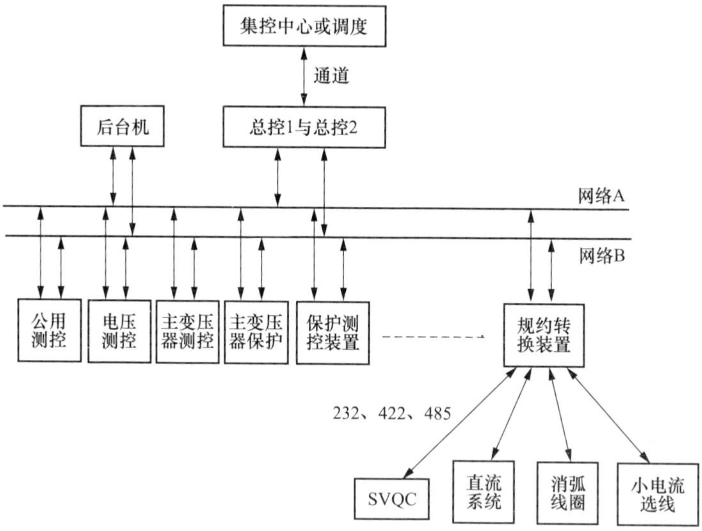


图 6-1 网络式综合自动化系统结构图

**2. 请绘出在线式 UPS 工作原理框图。**

答：在线式 UPS 工作原理框图如图 6-2 所示。

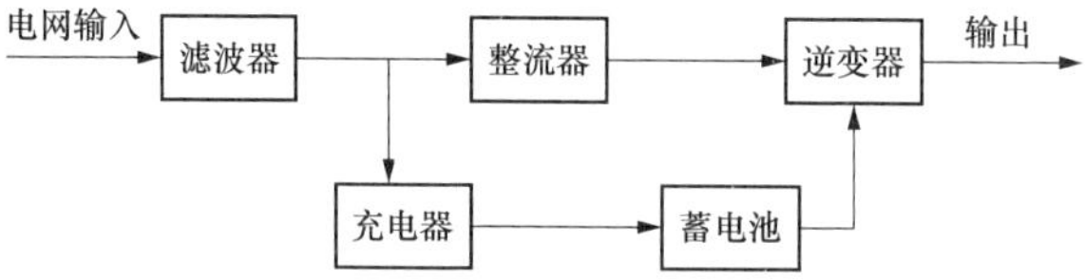


图 6-2 在线式 UPS 工作原理框图

**3. 请绘出遥控流程图。**

答：遥控流程图如图 6-3 所示。

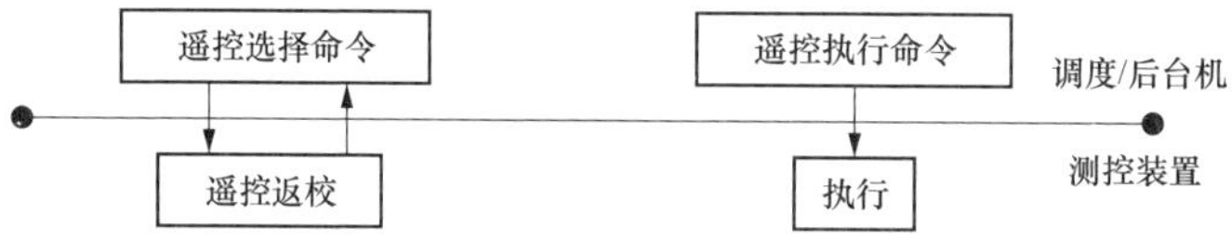


图 6-3 遥控流程图

**4. 试绘出告警直传传输方案。**

答：告警直传传输方案如图 6-4 所示。

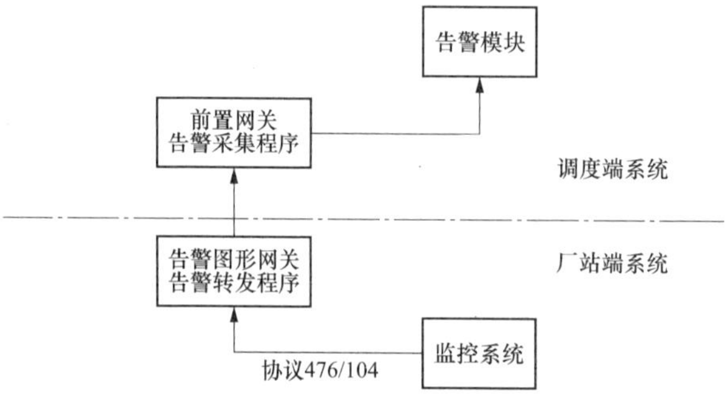


图 6-4 告警直传传输方案

## 七、论述题

**1. 通信检修开工必备条件是什么?**

答:(1)现场确认相关组织、技术和安全措施到位。

(2)依据通信检修申请票,填写现场工作票,现场开工许可办理完毕(在变电站检修必备)。

(3)相关通信调度确认电网通信业务保障措施已落实。

(4)相关通信调度确认受影响的继电保护及安全自动装置业务已退出。

(5)相关通信调度确认有关用户同意中断受影响的电网通信业务。

(6)相关通信调度确认通信网运行中无其他影响本次检修的情况。

(7)相关通信调度已逐级许可开工。

(8)所属通信调度下达开工令。

**2. 通信五级设备事件如何规定?**

答:(1)国家电力调度控制中心与直接调度范围内超过30%的厂站通信业务全部中断。

(2)电力线路上的通信光缆因故障中断,且造成省级以上电力调度控制中心与超过10%直调厂站的调度电话、调度数据网业务全部中断。

(3)省电力公司级以上单位本部通信站通信业务全部中断。

**3. 什么是通信运行管理?**

答:通信运行管理类应用从通信运行的值班调度、方式、检修、故障、备件等方面的流程化管理角度定义相关功能,通过对各类工作的流程化、标准化、信息化管理,实现了通信工作的规范管理和信息共享的目的,将通信运行管理实际需求与信息化手段有效结合,全面提高通信运行管理水平。

**4. 电力骨干通信网是如何构成的?**

答:目前,国家电网公司已建成"三纵四横"电力主干通信网络,形成了以光纤通信为主,微波、载波等多种通信方式并存的通信网络格局。

电力骨干通信网由以下四级组成。

一级通信网由国家电网公司总部至各区域电网公司和直调发电厂、变电站以及各区域电网公司之间的通信系统组成。

二级通信网由区域电网公司至区域内省电力公司和直调发电厂、变电站以及各省电力公司之间的通信系统组成。

三级通信网由省(自治区、直辖市)电力公司至所辖地(市)电力公司和直调发电厂、变电站以及各地(市)电力公司之间的通信系统组成。

四级通信网由地(市)电力公司至35kV及以上变电站、所属县供电公司、办公场所等通信系统组成。

**5. 通信光传输设备故障排除逐步操作有哪些原则?**

答:先恢复,后排除;先易后难;先外部,后传输;先软件,后硬件;先网络,后网元;先高速,后低速;先高级,后低级。

**6. 通信光传输设备告警查询一般步骤是什么?**

答:对全网告警进行核对,确保网管上显示内容与SDH设备上产生的告警相一致;查询紧急告警。通过故障处理,直至消除所有的紧急告警;对全网告警进行再次核对后,查询主要告警;对全网告警进行再次核对后,查询次要告警。

**7. 简述测控装置电压异常的处理方法。**

答:电压外部回路问题:可以将电压外部接线解开,用万用表测量。

内部回路问题:从端子排到装置背板都需检查。端子排检查接线是否有松动,是否接触不良;空气开关是否跳闸;背板接线是否正确,是否有松动。

遥测模块问题:确定是遥测模块的问题时,做好安全措施的前提下,需要更换模块。

CPU模块问题:遥测模块采集的数据送到CPU模块进行处理,如果电压回路和遥测模块没有问题,可以更换 CPU 模块。

**8. 简述主站遥控选择失败的常见原因。**

答：(1) 自动化主站与变电站主控通信故障。

(2) 主控与测控装置通信故障。

(3) 测控装置的把手处于就地位置。

(4) 测控装置故障。

(5) 测控装置判断出开关不能进行分合操作，发出了遥控闭锁的信号。

**9. 厂站新安装的子站设备或软件功能怎样才能正式投入运行?**

答：厂站新安装的子站设备或软件功能投入正式运行前，要经过 3 个月至半年的试运行期；在试运行期间，工程建设管理部门应将有关技术资料，包括功能技术规范、竣工验收报告、投运设备清单等提供给相关调度机构和厂站运行维护部门，并经对其有调度管辖权的调度机构书面批准后方能投入正式运行。

**10. 简述报文出错可能引起的错误现象。**

答：主站与厂站之间通过报文来交换数据，如果报文出错，会导致收到错误的数据。一般的规约都有校核机制，由于通道的原因产生误码时，报文校验出错，报文的接收方会将此条报文丢弃，防止发生误报。

新厂站接入前，都会进行通信联调，此时报文的错误容易被发现。一旦设备运行后，错误的报文不易被发现，会发生遥测跳变，开关频繁变位等现象，需要自动化维护人员及时处理。目前电力系统常用的规约有 IEC101 和 IEC104 规约。

**11. 简述遥控选择失败的常见原因。**

答：(1) 自动化主站与变电站主控通信失败，看参数设置是否一致，通信是否中断。

(2) 主控与测控装置通信失败，看参数设置是否一致，通信是否中断。

(3) 测控装置的把手处于就地位置。

(4) CPU 模块故障。

(5) 测控装置判断出开关不能进行分合操作，发出了遥控闭锁的信号。

**12. 厂站新安装的子站设备或软件功能怎样才能正式投入运行?**

答：厂站新安装的子站设备或软件功能投入正式运行前，要经过 3 个月至半年的试运行期；在试运行期间，工程建设管理部门应将有关技术资料，包括功能技术规范、竣工验收报告、投运设备清单等提供给相关调度机构和厂站运行维护部门，并经对其有调度管辖权的调度机构书面批准后方能投入正式运行。

## 八、案例分析题

**1. 动环发现 A 站三相交流输入中断，试分析此故障可能造成的后果，以及采取的措施。**

答：交流中断后，电源系统利用蓄电池对设备进行供电。若蓄电池电量耗尽后仍未恢复供电或者外接其他电源，则该站的设备会全部掉站，会导致该站的业务以及经过该站的业务中断。当值调度应关注蓄电池状态，以确定可以维持的时间。同时通知检修人员查明故障原因，并派应急供电车前往 A 站待命。

**2. 某一变电站的电容器（AVC）不能控制，试分析原因及处理方式。**

答：长期闭环控制的变电站，某电容器多次控制失败而闭锁，会导致该电容器不可再遥控，需要人工解锁后才能进行 AVC 控制。处理方式是与变电站运行人员联系，手动下发遥控命令给变电站，看能否遥控该电容器开关，若手动控制正常，则确保现场设备具备条件后，人工解锁 AVC 的闭锁条件，重新投入该电容器的 AVC 功能。

**3. 通过主站电量系统查询某变电站的电量，发现输入、输出电量不平衡，试分析原因及处理方式。**

答：主站检查该厂站平衡计算公式，看输入输出回路是否与实际相符。

(1) 主站检查 TA/TV 变比，确定参数正确。

(2) 与 SCADA 的实时电力数据的积分进行核对，找出不平衡的线路。

(3) 现场检查电能表，确定电能表数据与实际相符。

（4）现场检查电能表与电量采集终端的通信，确保数据正确传输。

（5）现场检查二次回路接线，确保二次接线无误。

（6）该站某回路的计量二次回路 TA 接线错误，导致电能表计量数据错误，导致电量不平衡。改正接线后数据平衡。

**4. 负载侧存在瞬间大电流设备，而造成 UPS 过载时，有哪些现象，应如何处理？**

答：故障现象：UPS 主机不定时的报 UPS 过载报警。

故障处理步骤和方法：

（1）根据故障现象初步判定负载侧存在问题。

（2）首先核实 UPS 负载情况，确定 UPS 确实满足所带负载的功率要求。

（3）停用部分负载设备后，观察 UPS 主机是否还存在此类报警现象。

（4）在排除负载设备存在短路或者接地现象后，着重分析了负载设备是否存在瞬间大电流设备。

（5）最终将问题设备定格在激光打印机上面。经试验发现，当打印机启动工作时，会出现瞬间大电流，从而造成 UPS 主机出现过载报警，将激光打印机从 UPS 负载中剔除后，UPS 主机过载报警故障消除。

**5. 因母联开关遥信错误，使母联分列，对状态估计计算有何影响，应怎样处理？**

答：对状态估计计算影响：双母线厂站，母联开关为分位，且两条母线有功不平衡量都不为零而相同时，造成母线异常分列，导致状态估计计算产生偏差。

故障处理步骤和方法：

（1）在状态估计结果的“母线估计结果”中，如果出现同一厂站两条母线不平衡功率相同且方向相反，查看该厂站母联开关遥信是否正确，如果错误，找出原因，解除故障。

（2）在告警查询的“遥信变位告警”中，查看是否有母联频繁变位信息，如果存在，查找原因，解除故障。

（3）在保证系统安全稳定运行前提下，进行模拟实验，切换各数据源，对错误数据源进行现场数据核实、进行故障处理，确定母联开关刀闸遥信正确，故障消除。

**6. 综合智能分析与告警可信度限值设置过高，会出现什么现象，应如何处理？**

答：故障现象：某类设备发生事故时，系统告警窗已显示告警，但系统未推画面，也未做语音告警，更未做事故追忆记录。

故障处理步骤和方法：

（1）检查各项记录，确定事故真实已发生。

（2）查询历史告警记录，是否存在历史告警信息，发现告警信息完整。

（3）对此事故进行定位，确定此事故属于哪一类。

（4）比较系统中设置的此类事故可信度限值和此事故发生时的权值，发现此事故发生时的权值小于此类事故可信度限值，并且发现可信度限值过高。

（5）根据实际情况对可信度限值进行修改。

（6）在保证系统安全稳定运行的前提下，进行模拟试验，确保此类事故时能依照要求正确触发，故障消除。

**7. 频率采集装置故障，会对主站 AGC 造成什么影响？应如何处理？**

答：影响：主站 SCADA 系统从频率采集装置实时获取系统频率数据，主站 AGC 系统通过实时库数据接口从 SCADA 系统获取系统频率信息，频率采集装置故障时，频率遥测值可能出现不变、跳变、过高、过低等，当 SCADA 频率量测质量位显示为老数据、坏数据或频率量测绝对值超过 AGC 控制暂停门槛值时，主站 AGC 系统控制暂停。

故障处理步骤和方法：

（1）经检查发现系统人机界面、主机数据库、备机数据库、频率采集报文都存在同样的问题，初步判断频率采集软件程序或频率采集硬件设备故障。

（2）重新设置频率采集设备，观察故障是否能够消除。

（3）重新启动频率采集程序，观察故障是否能够消除。

（4）若上述措施均无法消除故障，则重新更换设备或进行设备维修。

（5）观察频率数据质量和频率曲线是否恢复正常。

（6）观察主站 AGC 状态是否由暂停自动恢复到在线状态。

（7）确定故障已消除，本次故障处理结束。

**8. 调度主站自动化系统磁盘阵列故障，有何现象？应如何处理？**

答：故障现象：历时曲线、报表查询、信息查询、数据库同步功能无法正常运行。

故障处理步骤和方法：

（1）登录历时服务器查看磁盘阵列情况，发现下挂的磁盘阵列无法显示。

（2）进一步处理发现磁盘阵列硬盘灯已经出现多块硬盘报警。

（3）查看系统磁盘阵列情况，经查数据库已经停运，历史数据丢失。

（4）更换硬盘，重新组建 raid 模式，并安装 oracle 数据库软件后系统恢复正常。

**9. 主站遥控某变电站的所有断路器都失败，试分析原因及处理方式。**

答：（1）检查变电站主控是否正常，运行灯是否正常运行。

（2）检查通道是否正常，看主站侧该站的遥信、遥测是否正常刷新。

（3）检查变电站的禁止/允许把手是否在允许位置。

（4）检查主站与变电站的遥控参数是否一致，信息体地址是否一致。

**10. 因电网潮流变化时遥信遥测数据不同步，导致状态估计计算产生偏差。**

**答：**故障现象：在电网潮流发生变化时，经常出现电网变化的设备遥信和遥测数据不同步的情况，有时有遥测值而遥信是分位，有时是遥信合而遥测为零，错误的遥信遥测状态导致状态估计计算产生偏差。

故障处理步骤和方法：

（1）在状态估计估计结果模块中找出估计值为零而实际值不为零的设备，查看该设备遥信状态是否正确，如果不正确，找出原因，解除故障。

（2）在告警查询的“遥信变位告警”中，查看是否有某一开关频繁变位信息，如果存在，查找原因，解除故障。

（3）查看线路首末端有功功率一致而遥信错误，查找原因，解除故障。

（4）在保证系统安全稳定运行前提下，进行模拟实验，切换各数据源，对错误数据源进行现场数据核实、进行故障处理，确定遥信遥测同步进行，故障消除。

**11. 因厂站有功、无功遥测不平衡导致状态估计计算产生偏差。**

**答：**故障现象：厂站数据本身有功、无功不平衡，导致状态估计计算时把不平衡功率分配到其他相连的厂站，造成某一元件、厂站或区域的计算结果偏差。

故障处理步骤和方法：

（1）查看计算结果偏差较大的设备所属厂站，看厂站的 $\Delta P$ 和 $\Delta Q$ 是否为零，如果不为零确定厂站遥测存在偏差。

（2）查看厂站各数据源数据是否一致，如果有偏差与现场核实数据确保数据准确性。

（3）查看厂站内各线路首末端功率是否平衡，如果不平衡找出原因，解除故障。

（4）查看厂站内各线路有功曲线是否有较大波动，联系现场核实数据，确保数据准确。

（5）在保证系统安全稳定运行前提下，进行模拟实验，切换各数据源，对错误数据源进行现场数据核实、进行故障处理，确定厂站数据平衡，故障消除。

# 第七章　电　网　监　控

## 一、单选题

1. 220kV线路开关分闸时保护操作箱发出“控制回路断线”信号，操作箱上运行灯（OP灯）熄灭，表明操作箱内（　　）。(C)

A. 跳闸位置继电器失磁　　B. 合闸位置继电器失磁

C. 跳闸位置继电器和合闸位置继电器均失磁　　D. 操作直流电源消失

2. 监控系统中某变电站的一把处于分位的接地开关变为灰色，同时提示为“坏数据”，而该变电站本地监控系统显示正常，可能原因是（　　）。(C)

A. 该接地开关合位节点故障　　B. 该接地开关分位节点故障

C. 该站上传接地开关位置异常　　D. 变电站相关测控单元异常

3. 线路间隔挂上“检修标志牌”后，该线路间隔的遥测数据将（　　）。(C)

A. 不显示　　B. 不变化

C. 不做统计和计算使用　　D. 和未置牌时功能相同

4. 开关在遥控操作后，必须核对执行遥控操作后自动化系统上（　　），遥测量变化信号（在无遥测信号时，以设备变位信号为依据），以确定操作的正确性。(A)

A. 开关变位信号　　B. 隔离开关变位信号　　C. 电流变化　　D. 电压变化

5. 智能变电站二次装置失电告警信息应通过（　　）方式发送测控装置。(A)

A. 硬接点　　B. GOOSE　　C. SV　　D. MMS

6. 母线遥测信号不包括（　　）。(C)

A. 母线频率　　B. 母线电压　　C. 长母线倾斜角　　D. $3U_0$ 电压

7. 变电设备在线监测系统运行单位应定期检查在线监测系统的运行情况，及时发现和消除在线监测系统的（　　），并做好相关记录工作。(C)

A. 突发缺陷　　B. 潜在缺陷　　C. 运行缺陷　　D. 历史遗留缺陷

8. 变电站四类信息分别是（　　）。(C)

A. 事故、异常、SOE、变位　　B. 事故、异常、变位、告知

C. 事故、异常、越限、变位　　D. 事故、异常、故障、变位

9. 变电站综自系统改造、变电站远动机或其他变电站终端设备以及调度监控系统更换后应组织开展（　　）。(B)

A. 监控系统调试　　B. 监控信息验收　　C. 监控信号核对　　D. 监控权移交

10. 值班监控员启动缺陷管理程序后，应当报告（　　），经确认后通知相应设备运维单位处理，并填写缺陷管理记录。(C)

A. 调度员　　B. 调度值班负责人　　C. 监控值班负责人　　D. 调控班组负责人

11. 某刻，监控员操作进行线路远方操作送电，送电成功后即线路遭受雷击跳闸，重合闸动作不成功，若断路器为弹簧机构断路器，则整个过程中，下述（　　）信号不一定会出现。(D)

A. 弹簧未储能　　B. ××线第一套线路保护动作出口
C. ××线×××断路器遥控合　　D. 打压超时

12. 监控分析月报中，缺陷统计和分析包括已处理缺陷、（　　）、遗留缺陷进行分析。（A）
A. 新增缺陷　B. 疑难缺陷　C. 缺陷定性　D. 未处理缺陷

13. 500kV 开关重合闸出口信息属于（　　）中的遥信信号。（B）
A. 500kV 线路保护　　B. 500kV 断路器保护
C. 500kV 断路器测控装置　　D. 500kV 断路器操作机构

14. 220kV 开关重合闸出口信息属于（　　）中的遥信信号。（A）
A. 220kV 线路保护　　B. 220kV 断路器保护
C. 220kV 断路器测控装置　　D. 220kV 断路器操作机构

15.（　　）负责汇报设备缺陷处理情况。（D）
A. 设备监控处　B. 电科院　C. 设备维护单位　D. 设备管理单位

16. 监控指标分析指的是对周期内的缺陷处理率以及（　　）等监控业务评价指标进行统计分析。（B）
A. 缺陷处理归档率　　B. 缺陷处理及时率
C. 同类缺陷处理时间周期　　D. 缺陷处理平均时间

17. 平行线路的方向横差保护装有方向元件和（　　）元件。（B）
A. 选择　B. 启动　C. 闭锁　D. 监视

18. 下列（　　）不是国家电网公司关于加强调控机构设备监控管理工作的意见（　　）。（D）
A. 加强监控管理和自动化工作协同　　B. 完善监控信息统计和分析
C. 规范地、县级调控中心设备监控专业管理　　D. 规范监控专业横向管理

19. 有载调压及主变本体均配置的监控信号是（　　）。（D）
A. 油温过高告警　B. 过负荷告警　C. TA 断线　D. 压力释放告警

20. 变电站集中监控评估未通过，运维单位应按要求组织整改，整改完成后及时向调控中心提交再评估申请，调控中心接到申请后（　　）个工作日内组织再评估。（A）
A. 2　B. 3　C. 4　D. 5

21. 调控机构变电站监控信息的验收内容包括技术资料、（　　）、监控画面及（　　）。（C）
A. 四遥信息，保护配置表　　B. 监控功能，现场运行规程
C. 四遥信息，监控功能　　D. 保护配置表，现场运行规程

22. AVC 系统控制的变电站电容器、电抗器或变压器有载分接开关需停用时，监控员应按照相关规定将（　　）退出 AVC 系统。（C）
A. 电容器　B. 电抗器　C. 相应间隔　D. 全站 AVC

23. 不属于告知类的信息是（　　）。（D）
A. 母联副母刀闸　　B. 母联开关正母侧接地开关
C. 开关主变侧接地开关　　D. 开关控制回路断线

24. AVC 下发到不同变电站站的控制命令是（　　）。（A）
A. 并行的　B. 串行的　C. 既有串行又有并行　D. 其他

25. 下列信息属于事故信息的是（　　）。（D）
A. 1 号变压器保护测控 GOOSE 总报警　　B. 线路智能终端装置异常报警
C. 203 开关柜风机故障　　D. 3 号变压器本体重瓦斯出口

26. 下列信息属于告知信息的是（　　）。（C）
A. 2 号主变压器保护装置异常报警　　B. 母线 PT 断线报警
C. 5011 开关手把位置远方　　D. 5023 开关合

27. 下列信息属于变位信息的是（　　）。（B）
A. 611 开关手把位置远方　　B. 2214 开关位置

C. 5033 通道异常报警　　D. 冷却器第一组电源故障

28. 下列信息属于异常信息的是（　　）。(C)

A. 1 号变压器高中压分相差动保护出口　　B. 5011 失灵出口

C. 5031CT 断线报警　　D. 2215 手把位置就地

29. 集中监控系统报某站“5031 开关 $SF_6$ 压力低报警”，下列处理正确的是（　　）。(C)

A. 立即拉开 5031 开关，并报调度

B. 立即拉开 5031 开关，并报调度及设备运维单位

C. 立即通知设备运维单位及调度，并根据现场运维队人员的检查情况再做进一步处理（带电补气或拉停）

D. 直接通知运维单位带电补气，无须通知 5031 开关所属调度

30. 集中监控系统报某站“2212 保护通道异常报警”，下列说法正确的是（　　）。(B)

A. 此信号为事故信息

B. 此信号动作后影响 2212 线路保护动作

C. 此信号发生后应列一般缺陷

D. 此信号发生后影响监控人员远方操作 2212 开关

31. 监控巡视时发现受控站全站设备位置均为灰色，遥测值不刷新，下列说法正确的是（　　）。(A)

A. 立即通知变电站所属运维队，要求站端现场监视此变电站所有信号，同时通知自动化人员查找原因

B. 此现象是由于监控系统图形显示原因，对该变电站监视无影响

C. 此现象发生后，保护装置无法正确动作

D. 此现象影响遥测信息的正确上送，应列为严重缺陷

32. 变电站集中监控覆盖率是指变电站（　　）数量与变电站总数量的比值。(A)

A. 实施集中监控　　B. 无人值守

C. 具备集中监控条件　　D. 具备无人值守技术条件

33. 当瓦斯保护本身故障，运行值班人员应将（　　）打开，防止保护误动作。(A)

A. 跳闸压板　　B. 保护直流取下　　C. 瓦斯直流　　D. 控制直流

34. 预告信号装置分为（　　）。(C)

A. 延时预告　　B. 瞬时预告　　C. 延时和瞬时　　D. 三种都不对

35. 下列不属于监控员负责集中监控信息的是（　　）。(C)

A. 事故信息　　B. 异常信息　　C. 告知信息　　D. 变位信息

36. 调控中心负责对纳入集中监控的变电站设备监控信息进行（　　）监视。(D)

A. 定时　　B. 不定时　　C. 异常时　　D. 实时

37. 缺陷有发展的趋势，但可以采取措施坚持运行，列入月计划处理，不致造成事故的属于（　　）。(B)

A. 危急缺陷　　B. 严重缺陷　　C. 一般缺陷　　D. 以上都不对

38. 下面属于监控系统缺陷的是（　　）。(A)

A. 监控系统误发、漏发信息　　B. 受控站开关遥控返校成功，遥控失败

C. 受控站开关手把在就地，遥控失败　　D. 变电站远动机电源消失，通信中断

39. （　　）是指在某些特殊情况下，监控员对变电站设备采取的加强监视措施，如增加监视频度、定期抄录相关数据、对相关设备或变电站进行固定画面监视等，并做好事故预想及各项应急准备工作。(B)

A. 正常监视　　B. 特殊监视　　C. 全面监视　　D. 专项监视

40. 下列（　　）属于全面监视内容。(A)

A. 检查变电站设备遥测功能情况　　B. 检查变电站保护室温度

C. 检查变电站消防设施运行情况　　D. 检查变电站主变风冷轮换方式

41. IOJSCK 的意思是（　　）。(B)

A. 距离保护出口　B. 零序加速出口　C. 零序出口　D. 距离三段出口

42. 监控操作票中的“下令时间”是指调度下达操作（　　），对于自行掌握的操作，是指调度批准的时间。(A)

A. 动令时间　B. 预令时间　C. 结束时间　D. 开始时间

43. 进行倒闸操作时，监护人宣读操作项目，操作人复诵，监护人确认无误，发出（　　）执行命令后操作人方可操作。(B)

A. 干　B. 对！可以操作　C. 注意点　D. 对！看着点

44. 越限信息是指（　　）量越过限值的告警信息。(B)

A. 遥信　B. 遥测　C. 遥控　D. 遥调

45. 全面监视是指监控员对所有监控变电站进行全面巡视检查，500kV 变电站每值至少（　　），220kV 变电站每值至少（　　）。(A)

A. 两次，一次　B. 三次，两次　C. 两次，两次　D. 一次，一次

46.（　　）应对未按规定开展设备集中监视工作，造成工作延误、影响电网安全的情况进行考核，并追究相关人员责任。(A)

A. 调控中心　B. 电科院　C. 省级检修公司　D. 运检部

47. 监控信息处置以“分类处置、闭环管理”为原则，分为（　　）三个阶段。(B)

A. 信息查询、实时处置、分析处理　B. 信息收集、及时处置、分析处理

C. 信息收集、实时处置、分类处理　D. 信息收集、实时处置、分析处理

48. 危急缺陷处理时限不超过 24h，严重缺陷处理时限不超过（　　）。(C)

A. 7 天　B. 15 天　C. 一个月　D. 三个月

49. 监控员和各厂站值班人员进行调度业务联系时，必须相互通报（　　）。(B)

A. 厂站名称　B. 厂站名称及姓名　C. 姓名

50. 断路器液压机构中的压力表指示的是（　　）压力。(A)

A. 液体　B. 氮气　C. 空气　D. $SF_6$

51. 电压互感器与电力变压器的区别在于（　　）。(C)

A. 电压互感器有铁芯、变压器无铁芯

B. 电压互感器无铁芯、变压器有铁芯

C. 电压互感器主要用于测量和保护、变压器用于连接不同电压等级的电网

D. 变压器的额定电压比电压互感器高

52. 各分中心、省调负责组织调管范围内（　　）kV 及以上电压等级保护装置疑似家族性缺陷的初步统计、分析，并上报国调中心。(A)

A. 220　B. 500　C. 330　D. 750

53. 停用保护压板使用术语为（　　）。(C)

A. 停用　B. 脱离　C. 退出　D. 切开

54. 下列（　　）不属于直流系统危急缺陷。(C)

A. 蓄电池容量达不到 80%的额定容量

B. 充电装置整体工作异常或超过两个充电模块损坏

C. 满足充电模块 $N+1$ 配置直流系统，单个充电模块损坏

D. 直流接地或绝缘严重不良，或系统发直流接地信号

55. 监控员进行开关远方操作时，遥控命令及执行回路所经过的常规变电站二次设备依次是（　　）。(A)

A. 总控装置（远动机）—线路测控屏—线路保护屏操作箱—开关端子箱或 GIS 汇控柜

B. 变电站监控系统后台机—总控装置（远动机）—线路测控屏—线路保护屏操作箱—开关端子箱

或 GIS 汇控柜

C. 总控装置（远动机）—线路测控屏—开关端子箱或 GIS 汇控柜

D. 变电站监控系统—变电站五防一体机—线路测控屏—线路保护屏操作箱—开关端子箱或 GIS 汇控柜

56. 电流互感器损坏需要更换时，（ ）是不必要的。(D)

A. 变比与原来相同　　B. 极性正确

C. 经试验合格　　D. 电压等级高于电网额定电压

57. 调度控制处负责对监控系统告警信息进行分析判断，及时发现缺陷，通知设备运维单位，跟踪缺陷处置情况，并做好相关记录，必要时通知（ ）。(C)

A. 系统运行处　　B. 继电保护处　　C. 设备监控管理处　　D. 自动化处

58.（ ）是指监控员值班期间对变电站设备事故、异常、越限、变位信息及设备状态在线监测告警信息进行不间断监视。(B)

A. 全面监视　　B. 正常监视　　C. 特殊监视　　D. 不间断监视。

59. 基、改（扩）建变电站投运（ ）天内，变电站所属单位应向调控中心提供审核完毕的变电站现场运行规程（包括操作票）、反事故预案。(B)

A. 30　　B. 40　　C. 50　　D. 10

60. 已运行的变电站正式接入前，（ ）应再次与调控中心值班员核对运行方式、遥测信息及调控中心监视范围内信号动作信息，并确认核对无误。(A)

A. 站内运维人员　　B. 站内自动化人员　　C. 站内检修人员　　D. 试验人员

61. 下列不属于应对变电站相关区域或设备开展特殊监视的是（ ）。(D)

A. 新设备试运行期间　　B. 设备重载或接近稳定限额运行时

C. 电网处于特殊运行方式时　　D. 变电站设备有缺陷时

62. “测控装置就地/远方”属于（ ）类监控信息。(A)

A. 告知　　B. 异常　　C. 事故　　D. 越限

63. 新装投运的断路器在投运后（ ）h 内每小时巡视一次。(A)

A. 3　　B. 6　　C. 8　　D. 24

64. “本体轻瓦斯发信”属于（ ）类监控信息。(B)

A. 告知　　B. 异常　　C. 事故　　D. 越限

65. 新投运的 $SF_6$ 断路器投运（ ）后应进行全面的检漏一次。(A)

A. 3 个月　　B. 6 个月　　C. 9 个月　　D. 12 个月

66. 以下监控系统中遥测信息的单位规范正确的是（ ）。(B)

A. 有功功率：单位 kW　　B. 无功功率：单位 Mvar

C. 电流：单位 kA　　D. 线路电压、母线电压：单位 V

67. 下面（ ）属于监控系统的硬接点信号。(A)

A. 断路器位置　　B. 自检信息　　C. AVC 动作信息　　D. CVT 报警信息

68. 按照调监〔2013〕300 号《调度集中监控告警信息相关缺陷分类标准》，“AVC 控制装置通信中断”属于（ ）。(A)

A. 危急缺陷　　B. 严重缺陷　　C. 一般缺陷　　D. 以上都不对

69. 站内进行保护传动、校验工作时，每套装置串口、实点信号各传（ ）。具备开关实际传动条件的，各套主保护均带开关实际传动一次。(A)

A. 1 个　　B. 2 个　　C. 3 个　　D. 5 个

70. 运维单位应提前对变电站一、二次设备运行情况进行普查，及时消除影响监控远方操作的各类缺陷，向（ ）报备不具备远方操作条件的开关清单。(A)

A. 负责监控设备的调控机构　　B. 运检部门

C. 负责调管设备的调控机构　　D. 国调中心

71.（　）应对设备监控远方操作的接令记录、操作票和操作录音等进行检查，并定期对工作质量进行评价。(D)

A. 运维检修部　B. 安全质量部　C. 运维单位　D. 调控中心

72.（　）应根据监控员、运维单位人员情况汇报及综合智能告警等信息进行综合分析判断，并确定是否对线路进行远方试送。(B)

A. 值班监控员　B. 值班调度员　C. 监控值长　D. 运维人员

73. 线路保护装置应设置重合闸充电完成状态指示，应支持以（　）形式上送。(B)

A. 遥控　B. 遥信　C. 遥调　D. 遥测

74. 备自投装置应设置备自投充电完成状态指示，应支持以（　）形式上送。(B)

A. 遥控　B. 遥信　C. 遥调　D. 遥测

75. 当遇到（　）时，不允许对线路进行远方试送。(A)

A. 电缆线路故障或者故障可能发生在电缆段范围内

B. 开关远方操作到位判断条件满足两个非同样原理或非同源指示“双确认”

C. 线路主保护正确动作、信息清晰完整，且无母线差动、开关失灵等保护动作

D. 通过工业视频未发现故障线路间隔设备有明显漏油、冒烟、放电等现象

76. 设备评级分为一、二、三类，（　）设备统称为完好设备。(B)

A. 一类　B. 一、二类　C. 一、三类　D. 二、三类

77. 监控交班前（　），统计计划检修、远方操作、设备缺陷、事故处理等情况，检查整理完善监控运行日志、缺陷记录等交班资料。(A)

A. 30min　B. 1h　C. 15min　D. 2h

78. 对于开展重合闸软压板远方投退的线路保护，应在间隔图中设置“重合闸投入”软压板和（　）状态指示。(B)

A. 重合闸退出　B. 重合闸充电完成　C. 硬压板　D. 重合闸装置运行

79. 继电保护和安全自动装置技术要求，应支持以（　）方式进行定值区切换操作。(C)

A. 遥控　B. 遥信　C. 遥调　D. 遥测

80. 不属于监控开关常态化远方操作范围的是（　）。(C)

A. 一次设备计划停送电操　　B. 负荷倒供、解合环等方式调整操作

C. 隔离开关远方遥控试验操作　　D. 小电流接地系统查找接地时的线路试停操作

81. 继电保护定值切换，应支持以（　）形式上送当前定值区号。(D)

A. 遥控　B. 遥信　C. 遥调　D. 遥测

82. 已运行的变电站切改传动时，遥控传动应至少提前（　）通知调控中心。遥控传动应集中连续进行，中途不穿插遥信、遥测量的传动。(A)

A. 3天　B. 2天　C. 1天　D. 7天

83. 以下（　）信号将导致监控远方遥控失败。(A)

A. ××线智能终端 GOOSE 链路中断　　B. ××线保护 GOOSE 链路中断

C. ××线合并单元 GOOSE 断链　　D. ××线合并单元 SV 断链

84. 线路故障停运后，在变电运维人员到达现场前，调控中心监控员和运维单位人员应立即收集监控告警、故障录波、在线监测、工业视频等相关信息，对线路故障情况进行初步分析判断，并由（　）进行情况汇总。(B)

A. 变电运维人员　B. 监控员　C. 调度员　D. 线路巡线人员

85. 变电站集中监控范围内开展监控远方操作的开关应通过调控中心和（　）共同验收。(A)

A. 运检部门（单位）　　B. 变电运维单位

C. 电科院　　D. 设计部门

86. 监控系统报某断路器 $SF_6$ 气压低闭锁分合闸时，应立即通知现场检查确认，在确认 $SF_6$ 气压低至闭锁值时，应采取（　　）。(D)

A. 立即将重合闸停用　　B. 立即断开断路器
C. 不用采取措施　　D. 采取禁止跳闸的措施

87. 断路器液压机构漏油，将先后发（　　）信号。(C)

A. 开关油压低告警→开关油压低闭锁
B. 开关油压低闭锁→开关油压低告警
C. 开关油压低告警→开关油压低重合闸闭锁→开关油压低合闸闭锁→开关油压低分合闸总闭锁
D. 开关油压低告警→开关油压低合闸闭锁→开关油压低重合闸闭锁→开关油压低分合闸总闭锁

88. 监控巡视时发现受控站某间隔遥测量不刷新，其出现的原因可能为（　　）。(C)

A. 主站监控系统故障　　B. 受控站监控系统故障
C. 受控站该间隔测控装置故障　　D. 受控站该间隔 CT、PT 二次回路故障

89. 开关在合位时（　　）同时伴随有开关控制回路断线信号。(D)

A. 弹簧未储能　　B. 油压低合闸闭锁　　C. 油压低重合闸闭锁　　D. 开关控制电源消失

90. 装有自动重合闸的断路器应定期检查（　　）。(A)

A. 合闸断路器和重合闸的完好性能　　B. 二次回路的完好性
C. 重合闸位置的正确性能　　D. 重合闸二次接线的正确性

91. 变压器内部发出"咕嘟"声，可以判断为（　　）。(C)

A. 过负荷　　B. 缺相运行　　C. 绕组层间或匝间短路　　D. 穿心螺丝松动

92. 变压器运行时会有嗡嗡的响声，主要是（　　）产生的。(D)

A. 整流、电炉等负荷　　B. 零、附件振动
C. 绕组振动　　D. 铁芯片的磁滞伸缩

93. 输变电在线监测中的全电流由（　　）组成。(B)

A. 容性电流和感性电流　　B. 容性电流和阻性电流
C. 阻性电流和感性电流　　D. 负序电流和零序电流

94. 下面（　　）不是变电站监控系统的安全监视功能。(D)

A. 事故及参数越限告警　　B. 事故追忆
C. SOE 事件顺序记录　　D. 断路器自动同期

95. 某条线路因工作停电，恢复运行后，显示的功率值和电流值均为线路实际负荷的一半，其原因可能是（　　）。(C)

A. 电压互感器（TV）电压失相
B. 电压互感器更换，线路的二次电压互感器（TV）变比增大一倍
C. 电流互感器更换，线路的二次电流互感器（TA）变比增大一倍
D. 电流互感器更换，线路的二次电流互感器（TA）变比减小一半

96. 光缆引上管未封堵属于（　　）。(B)

A. 危急缺陷　　B. 严重缺陷　　C. 一般缺陷　　D. 危重缺陷

97. 已运行的变电站切改传动时，正式传动前调控中心传动人员应与站端自动化人员按照传动信息量表中的遥信部分核对所有开关、刀闸、地刀位置及遥信信息动作状态，开关、刀闸位置应逐个核对，其他遥信信息可只核对（　　）信号，并做好记录。(B)

A. 开关间隔　　B. 发出的报警　　C. 光字牌

98. 事故处理时，操作队人员到达事故现场后应及时上报调控中心值班员。调控中心值班员应在（　　）将站内运行方式和事故先期处理情况告知运维队。(A)

A. 事故先期处理告一段落后　　B. 操作队到达现场前
C. 试发开关后

99. 光缆断裂或部分断裂属于（　　）。(A)

A. 危急缺陷　　B. 严重缺陷　　C. 一般缺陷

100. 正常工作环境下，流过金属氧化物避雷器电阻片的电流为（　　）。(B)

A. 没有　　B. 微安级　　C. 毫安级　　D. 安级

101. 以下告警信息属于危急缺陷的是（　　）。(A)

A. 断路器 $SF_6$ 气压低闭锁　　B. 断路器油泵打压超时

C. 高抗冷却器控制器故障　　D. 高抗本体轻瓦斯告警

102. 以下变压器油中溶解气体在线告警信息中属于异常告警的是（　　）。(B)

A. ××气体绝对值越限　　B. ××气体相对产气速率越限

C. 油中溶解气体××气体绝对值告警　　D. ××气体绝对产气速率越限

103. 电流互感器例行试验项目中油中溶解氢气含量的注意值是（　　）。(A)

A. 150μL/L　　B. 1μL/L　　C. 300μL/L　　D. 50μL/L

104. 断路器“控制回路断线”信号是利用（　　）实现的。(C)

A. 合闸位置和分闸位置继电器同时得电　　B. 断路器常开、常闭辅助触点同时闭合

C. 合闸位置和分闸位置继电器同时失电　　D. 断路器常开、常闭辅助触点同时打合

105. 输变电在线监测变压器油中溶解气体氢气值的报警值为（　　）μL/L。(D)

A. 50　　B. 100　　C. 120　　D. 150

106. 变压器油内含有杂质和水分，使酸价增高，闪点降低，随之绝缘强度降低，容易引起（　　）。(A)

A. 变压器线圈对地放电　　B. 线圈的相间短路故障

C. 线圈的匝间短路故障　　D. 以上都是

107. 高抗油温过高告警属于（　　）缺陷。(A)

A. 危急　　B. 危机　　C. 严重　　D. 一般

108. 主变压器本体油位异常属于（　　）缺陷。(C)

A. 危急　　B. 危机　　C. 严重　　D. 一般

109. 事故信息主要内容不包括（　　）。(D)

A. 全站事故总信息　　B. 单元事故总信息

C. 各类保护、安全自动装置动作出口信息　　D. 开关变位信息

110. 限制变压器油与空气的接触，减少油受潮和氧化程度的一种变压器本体安全保护设施是（　　）。(A)

A. 油枕　　B. 净油器　　C. 防爆管　　D. 呼吸器

111. 监控员收集到变电站母线电压越限信息后，应根据有关规定，按照相关调度颁布的电压曲线及控制范围，不可进行的操作是（　　）。(D)

A. 投切电容器　　B. 投切电抗器

C. 调节变压器有载分接开关　　D. 投切主变压器

112. 变压器铁芯接地电流监测报警值为（　　）。(C)

A. 100mA　　B. 200mA　　C. 300mA　　D. 400mA

113. 预警信息表示输变电设备状态量变化趋势朝报警值方向发展，但未超过（　　）设备可能存在隐患，需加强监视。(C)

A. 预警值　　B. 正常值　　C. 报警值　　D. 告警值

114. 变压器油枕集气盒下面连有两根管，对这两根管说明正确的是（　　）。(B)

A. 一根是注油管，一根是排油管　　B. 一根是注、放油管，一根是排气管

C. 两根都是注油管　　D. 两根都是排气管

115.（　　）负责 500kV 变电站开关及保护设备的运行维护、正常检修等工作。(A)

A. 省检修分公司　B. 调度控制处　C. 设备监控处　D. 继电保护处

116.（　）负责本电网事故及紧急情况下线路开关远方操作有关保护异常告警信息的规范和界定。(B)

A. 省检修分公司　B. 调度控制中心　C. 运检部　D. 安全质量监察部

117.（　）负责监控范围内设备监控运行信息的收集和统计，并按要求开展监控运行专项分析。(B)

A. 省检修分公司　B. 调度控制处　C. 设备监控处　D. 继电保护处

118. 设备监控管理处每月（　）工作日前对上月监控运行工作进行汇总分析，形成省级监控运行分析月报。(B)

A. 2个　B. 3个　C. 4个　D. 5个

119. 变电站改、扩建或检修、技改后，如需变更接入调度技术支持系统的监控信息时，在设备投入运行前，运维单位应至少提前6个工作日，向（　）提交变电站监控信息变更申请单。(A)

A. 设备监控管理处　B. 调度控制处

C. 自动化处　D. 综合技术处

120. 在恶劣天气、特殊运行方式、重要保电等特殊情况下，按照重点监视范围，增加监视（　）。(A)

A. 频度　B. 次数　C. 强度　D. 时间

121. 主变压器冷却器电源消失属于（　）缺陷。(C)

A. 危急　B. 危机　C. 严重　D. 一般

122. 主变压器冷却器风扇故障属于（　）缺陷。(C)

A. 危急　B. 危机　C. 严重　D. 一般

123. 高电压长距离输电线路常采用分裂导线，其目的为（　）。(A)

A. 改变导线周围磁场分布，增加等值半径，减小线路电抗

B. 改变导线周围电场分布，减小等值半径，减小线路电抗

C. 改变导线周围磁场分布，增加等值半径，增大线路电抗

D. 改变导线周围电场分布，减小等值半径，增大线路电抗

124. 架空输电线路在雷电冲击电压作用下出现的电晕对波的传播有（　）影响。(C)

A. 传播速度加快，波阻抗减小　B. 波幅降低，陡度增大

C. 波幅降低，陡度减小　D. 传播速度减缓，波阻抗增加

125. P类保护用电流互感器的误差要求中规定，在额定准确限制一次电流下的复合误差不超过规定限制，则某电流互感器的额定一次电流为1200A，准确级为5P40，以下描述正确的是（　）。(D)

A. 在额定准确限制一次电流为40kA的情况下，电流互感器的复合误差不超过5A

B. 在额定准确限制一次电流为40kA的情况下，电流互感器的复合误差不超过5%

C. 在额定准确限制一次电流为40倍额定一次电流的情况下，电流互感器的复合误差不超过5A

D. 在额定准确限制一次电流为40倍额定一次电流的情况下，电流互感器的复合误差不超过5%

126. 油浸式电力变压器和电抗器例行试验项目油中溶解气体分析基准周期：500kV（　）个月。(A)

A. 3　B. 6　C. 9　D. 12

127. 油浸式电力变压器和电抗器例行试验项目油中溶解气体分析基准周期：110kV/66kV（　）个月。(D)

A. 3　B. 6　C. 9　D. 12

128. 发现电流互感器有异常音响、二次回路有放电声且电流表指示较低或到零，可判断为（　）。(B)

A. 电流互感器内部有故障　B. 二次回路断线

C. 电流互感器遭受过电压　D. 电流互感器二次负载太大

129. 变电站计算机监控系统控制操作优先权顺序为（　）。(A)

A. 就地控制—间隔层控制—站控层控制—远方控制
B. 远方控制—站控层控制—间隔层控制—就地控制
C. 间隔层控制—就地控制—站控层控制—远方控制
D. 就地控制—站控层控制—间隔层控制—远方控制

130. 变压器油中溶解气体装置上送调控中心的“××气体绝对值告警”属于（　　）信息。(B)
A. 事故　　B. 异常　　C. 越限　　D. 告知

131. 故障录波装置的故障起动方式不包括（　　）。(D)
A. 模拟量起动　　B. 开关量起动　　C. 手动起动　　D. 远方启动

132. 下列属于严重类缺陷的是（　　）。(B)
A. 断路器本体 $SF_6$ 气压低闭锁　　B. 断路器本体 $SF_6$ 气压低告警
C. 主变压器本体压力释放告警　　D. 直流系统接地

133. 异常信息是反映设备运行异常情况的报警信息和影响设备遥控操作的信息，不包括（　　）。(D)
A. 一次设备异常告警信息　　B. 二次设备、回路异常告警信息
C. 自动化、通信设备异常告警信息　　D. 开关异常变位信息

134. 越限情况不包括（　　）。(D)
A. 电压越限　　B. 电流越限　　C. 功率越限　　D. 功率差越限

135. 变电站监控信息联调验收，不需具备（　　）条件。(C)
A. 变电站监控系统已完成验收工作，监控数据完整、正确
B. 相关调度技术支持系统已完成数据维护工作
C. 在影响监控系统对电网设备正常监视的缺陷处理完成后
D. 相关远动设备、通信通道应正常、可靠

136. 无人值守变电站的站用电系统应取自至少两路不同电源，站用电源的容量应满足（　　）准则的要求。(B)
A. $N-1-1$　　B. $N-1$　　C. $N-2$　　D. $N-3$

137. 合并单元对时异常为（　　）。(A)
A. 异常信号　　B. 告知信号　　C. 事故信号　　D. 告警信号

138. 油浸式风冷变压器当冷却系统故障停风扇后，顶层油温不超过（　　）时，允许带额定负载运行。(A)
A. 65℃　　B. 55℃　　C. 75℃　　D. 85℃

139. 变压器在线监测中铁芯接地电流可作为诊断大型变压器（　　）故障的特征量。(D)
A. 匝间短路　　B. 绕组短路　　C. 近出口短路　　D. 铁芯短路

140. 下列信息属于一次设备异常告警信息的是（　　）。(A)
A. ××断路器气压低告警　　B. ××保护装置异常
C. ××保护装置通信中断　　D. ××保护 TA 断线

141. 同一导线温度采集单元应具备多路温度监测功能，测温点不低于（　　）。(A)
A. 1　　B. 2　　C. 3　　D. 4

142. 图像/视频监控装置每天至少每预置位拍摄（　　）张照片。(B)
A. 1　　B. 2　　C. 3　　D. 4

143. 在线监测装置试运行时间不小于（　　）。(B)
A. 1 个月　　B. 3 个月　　C. 6 个月　　D. 1 年

144. 须具有二次状态量计算的监测装置类型有（　　）。(B)
A. 导线温度监测装置　　B. 覆冰厚度监测装置
C. 微风振动监测装置　　D. 图像/视频监控装置

145. 按照调监〔2013〕300 号《调度集中监控告警信息相关缺陷分类标准》，“UPS（逆变）直流输入异

常”应（ ）。(B)

A. 列危急缺陷 B. 列严重缺陷 C. 列一般缺陷 D. 不列缺陷

146. 调度控制支持系统中监控模块遥测数据与实际数据不符影响集中监控的情况属于（ ）。(B)

A. 危急缺陷 B. 严重缺陷 C. 一般缺陷 D. 异常缺陷

147. 当线路保护上的遥信均采用硬接点上送，那么“线路保护装置通信中断”会影响（ ）。(C)

A. “线路保护出口”信号的上送 B. 该线路间隔遥测的上送

C. 该线路保护定值区的远方切换 D. 以上均无影响

148. 母差保护动作，一定不会出现的信号是（ ）。(B)

A. 控制回路断线 B. 弹簧未储能 C. 间隔事故信号 D. 全站事故总信号

149. 当弹簧操作机构的开关，运行时发“储能电机故障”信号，该开关（ ）。(C)

A. 只能执行一次分 B. 只能执行一次分→合

C. 只能执行一次分→合→分 D. 能执行两次分→合

150. 液压操作机构的开关，发“储能电机故障”，在处理恢复该缺陷前，以下（ ）信号将无法发出。(D)

A. 油泵启动 B. 油压低告警 C. 油压低闭锁重合闸 D. $N_2$ 泄漏闭锁

151. “主变压器本体测控装置通信中断”发信，以下说法错误的是（ ）。(D)

A. 主变压器将无法远方调档 B. 主变压器本体遥测将无法上送监控

C. 主变硬接点信号将无法上送监控 D. 主变压器保护的软报文信号将无法上送监控

152. “线路保护 TV 断线”的动作复归，以下正确的是（ ）。(D)

A. 瞬时发信、瞬时复归 B. 瞬时发信、延时复归

C. 延时发信、瞬时复归 D. 延时发信、延时复归

153. 如果母联为分相断路器，各相的常开、常闭接点应如何接入母线差动保护（ ）。(C)

A. 常开接点串联，常闭接点并联 B. 常开、常闭接点都串联

C. 常开接点并联、常闭接点串联 D. 常开、常闭都并联

154. 以下不属于输变电设备状态在线监测遥测量的是（ ）。(B)

A. 主变压器油中溶解氢气绝对值 B. 主变压器铁芯接地电流

C. 金属氧化物避雷器阻性电流 D. 线路微气象站风速

155. 双母接线方式，母线差动保护中“TA 断线”的判据是（ ）。(A)

A. 大差出现差流 B. 任一小差出现差流

C. 两个小差同时出现差流 D. 大差出现差流且任一小差有差流

156. 线路开关跳闸后，重合成功，但监控告警窗未收到“线路保护出口”信号，其他信号正常。监控员不应考虑可能的原因有（ ）。(D)

A. “线路保护出口”信号被告警抑制 B. “线路保护出口”信号不在本监控责任区

C. 开关偷跳 D. 通信通道有问题

157. 双跳闸线圈的开关在分位时，拉开第一组控制电源，不会造成（ ）。(D)

A. 发“第一组控制回路断线” B. 发“第一组控制电源消失”

C. 发“第二组控制回路断线” D. 发“第二组控制电源消失”

158. 智能变电站“主变压器本体智能终端 GOOSE 总告警”发信，以下说法正确的是（ ）。(C)

A. 主变压器油温无法上传 B. 主变压器本体信号无法上传

C. 主变压器无法遥调 D. 主变压器非电气量保护无法跳闸

159. 不会造成“间隔事故信号”发信的是（ ）。(D)

A. 开关偷跳 B. 保护动作跳开关

C. 在开关现场机构箱里分开关 D. 在测控屏上分开关

160. 双母接线方式，某线路间隔的母线刀闸辅助接点不到位，不会受影响的保护是（ ）。(D)

A. 母线差动保护 B. 母线差动失灵保护 C. 线路距离保护 D. 电流差动保护

161. 监控发现某站多个间隔通信中断，失去监视，可能的原因是（ ）。(D)

A. 通道原因 B. 总控原因 C. 测控装置原因 D. 站内交换机原因

162. 当出现（ ）时，不能进行远方遥控操作。(B)

A. 保护装置 TA 断线 B. 控制回路断线

C. 电机故障 D. $SF_6$ 压力低告警

163. 电气设备的操作采用分级控制，（ ）具有最高优先级的控制权。(C)

A. 调度（调控）中心控制 B. 间隔层设备控制

C. 设备本体就地操作 D. 站控层控制

164. 测量绝缘电阻及直流泄漏电流通常不能发现的设备绝缘缺陷是（ ）。(D)

A. 贯穿性缺陷 B. 整体受潮 C. 贯穿性受潮或脏污 D. 整体老化及局部缺陷

165. 某变电站某某开关事故跳闸后，主站收到保护事故信号，而未收到开关变位信号，其原因为（ ）。(C)

A. 通道设备故障 B. 保护装置故障

C. 开关辅助接点故障 D. 测控装置故障

166. 刀闸操作闭锁回路应采用开关的（ ）。(B)

A. 位置继电器触点 B. 辅助触点

C. 中间继电器触点 D. 闭锁继电器触点

167. 强迫油循环变压器冷却器的投切应按（ ）来确定。(C)

A. 温度 B. 负荷 C. 油温和负荷 D. 温度与天气

168. 在断路器合闸过程中如操动机构又接到分闸命令，则操动不应继续执行合闸命令而应立即分闸，称为断路器的（ ）。(B)

A. 偷跳 B. 自由脱扣 C. 重合闸闭锁 D. 合闸闭锁

169. 220kV 开关报一次设备故障，不可能的原因是（ ）。(D)

A. 开关压力低闭锁分合闸 B. 开关机构弹簧未储能

C. 开关储能电动机故障 D. 控制回路断线

170. GIS 汇控柜内没有（ ）的信息。(A)

A. 控制回路断线 B. 信号电源消失

C. 加热照明回路电源消失 D. 电气联锁解除

171. 不能反映保护或自动装置等二次设备运行工况的信息有（ ）。(A)

A. 保护出口 B. 保护装置故障 C. 保护装置异常 D. 保护装置直流电源消失

172. 当断路器出现辅助接点接触不良，合闸或分闸位置继电器故障时，会导致监控系统报出（ ）。(A)

A. ××断路器第一（二）组控制回路断线 B. ××断路器第一（二）组控制电源消失

C. ××断路器弹簧未储能 D. ××断路器分合闸闭锁

173. 在线监测功能应在智能电网调度控制系统平台上集成，部署在安全区（ ），应符合电力监控系统安全防护相关规定。(B)

A. Ⅰ B. Ⅱ C. Ⅲ D. Ⅳ

174. 变压器线圈或上层油面的油温与变压器所在环境温度之差，称为线圈或上层油面的（ ）。(C)

A. 温度 B. 温差 C. 温升 D. 测温

175. 监控系统设备传动类别有（ ）。(C)

A. 新设备传动 B. 检修设备传动

C. 新设备传动和检修设备传动 D. 停役设备传动

176. 调控实时数据可分为电网运行数据、（ ）、设备监控数据三大类。(B)

A. 断路器跳闸　　B. 电网故障信号　　C. 保护故障信号　　D. 母线电压信息

177. 对于强油风冷的变压器当风冷全停时，额定负载下允许运行，当油温未达到75℃时，允许上升到75℃，但最长运行不得超过（　　）小时。(B)

A. 0.5　　B. 1　　C. 1.5　　D. 2

178.（　　）是指监控员对所有监控变电站进行全面的巡视检查。(A)

A. 全面监视　　B. 正常监视　　C. 特殊监视　　D. 专项监视

179. 当进行断路器检修等工作时，应能利用计算机监控系统（　　）功能禁止对此断路器进行遥控操作。(A)

A. 检修挂牌　　B. 闭锁挂牌　　C. 人机界面　　D. 维护

180. 根据《国家电网公司调控机构设备监控信息处置管理规定》要求，事故信息处置结束后，（　　）应检查现场设备运行状态，并与监控员核对设备运行状态与监控系统是否一致。(B)

A. 值班调度员　　B. 变电运维人员

C. 自动化值班员　　D. 信息通信值班员

181. 断路器“控制回路断线”信号是利用（　　）实现的。(C)

A. 合闸位置和分闸位置继电器同时得电　　B. 断路器常开、常闭辅助触点同时闭合

C. 合闸位置和分闸位置继电器同时失电　　D. 断路器常开、常闭辅助触点同时打合

182. 油浸自冷或风冷变压器：额定负荷下，上层油温温升不超过（　　）℃。(C)

A. 65　　B. 60　　C. 55　　D. 50

183. 无人值守变电站，蓄电池容量应至少满足全站设备（　　）以上的用电要求。(D)

A. 180min　　B. 30min　　C. 60min　　D. 120min

184. 某单位的告警信号正确率为99.5%，其误发信号总数量为10条，漏发信号总数量为5条，该单位的告警信号总数量为（　　）条。(B)

A. 2000　　B. 3000　　C. 3200　　D. 4000

185. 变压器的运行电压一般不得高于运行分接开关额定电压的（　　）倍。(C)

A. 1.1　　B. 1　　C. 1.05　　D. 0.95

186. 由调度员直接发令操作的电容器、电抗器，监控员应按（　　）执行。(D)

A. 操作票　　B. 任务单　　C. 停电计划　　D. 调度指令

187. 对告警信息进行初步判断是（　　）的职责。(C)

A. 调度值班人员　　B. 运维人员　　C. 监控值班人员　　D. 检修人员

188. 母线的有功不平衡率误差应小于（　　）。(D)

A. 5%　　B. 3%　　C. 2%　　D. 1.5%

189. 电容器不得在超过（　　）倍的额定电压下长期运行。(A)

A. 1.1　　B. 1.2　　C. 1.5　　D. 2

190. 监控信息处置以（　　）为原则，分为信息收集、实时处置、分析处理三个阶段。(D)

A. 统一调度、分级管理　　B. 分类处置、分级管理

C. 分层分区、就地平衡　　D. 分类处置、闭环管理

191. 对于全面监视，220kV及以下变电站每值进行（　　）次。(A)

A. 1　　B. 2　　C. 3　　D. 4

192. 操作后核对确认时，需检查相应的（　　）、遥信变位以及告警窗信息，确认设备确已操作到位。(B)

A. 有功、无功　　B. 电压、电流　　C. 电压、功率　　D. 电流、功率

193. 正常监视是指监控员值班期间对变电站设备事故、异常、越限、变位信息及设备在线监测告警信息进行（　　）监视。(B)

A. 临时　　B. 不间断　　C. 随时　　D. 按时间阶段

194. 监控巡视时发现受控站某间隔遥测量不刷新，其出现的原因可能为（　　）。(C)

A. 主站监控系统故障　　B. 受控站监控系统故障
C. 受控站该间隔测控装置故障　　D. 受控站该间隔CT、PT二次回路故障

195. 监控系统应具有人工置牌功能，标志牌不包括（　　）。(C)
A. 检修　　B. 试验　　C. 解释　　D. 热备用

196. 监控员通过监控系统进行设备巡视，发现监控机上有异常信号，下面做法正确的是（　　）。(C)
A. 立刻汇报调度
B. 立刻填写缺陷记录
C. 通知运维班现场核实，确属设备严危缺陷再上报调度
D. 通知监控班长

197. 值班监控员对于逾期缺陷，及时通知（　　）协调处理。(C)
A. 检修人员　　B. 运维人员　　C. 设备监控管理人员　　D. 设备监控领导

198. 油浸式变压器开展色谱分析，一般取变压器（　　）油样。(B)
A. 上部　　B. 底部　　C. 瓦斯继电器　　D. 分接开关

199. 主站端事故跳闸的判别条件为开关由合到分变位同时该变电站（　　）信号动作。(A)
A. 事故总　　B. 测控装置异常　　C. 交流回路断线　　D. 保护装置告警

200. 告知类监控信息处置由（　　）负责。(D)
A. 监控员　　B. 调度员　　C. 设备监控管理处　　D. 运维单位

201. 远程图像监视系统功能，可作为事故处理的（　　）。(C)
A. 重要手段　　B. 主要依据　　C. 辅助判断　　D. 唯一依据

202. 合并单元对时异常为（　　）。(A)
A. 异常信号　　B. 告知信号　　C. 变位信号　　D. 告警信号

203. 下面属于监控系统缺陷的有（　　）。(A)
A. 监控系统误发、漏发信息　　B. 受控站开关手把在就地，遥控失败
C. 监控系统发开关压力闭锁，现场漏油　　D. 变电站远动机电源消失，通信中断

204. 下列缺陷描述属于严重缺陷的为（　　）。(D)
A. 保护装置TA断线　　B. 保护装置异常
C. 保护装置故障　　D. 保护装置通信中断

205. “主变本体油温高告警”在信息分类中属于（　　）。(B)
A. 事故信息　　B. 异常信息　　C. 越限信息　　D. 变位信息

206. 如果单间隔遥测不刷新，下列选项（　　）可能是原因。(B)
A. 远动装置故障　　B. 测控装置失电　　C. 主站系统故障　　D. 通道故障

207. 监控系统发生“××站3号主变有载轻瓦斯告警”信息，动作不复归。此监控信息可能发生的原因分析不正确的是（　　）。(D)
A. 主变有载内部发生轻微故障　　B. 瓦斯继电器本身有缺陷等
C. 二次回路误动作　　D. 主变高压侧引线有故障

208. 监控远方操作中，若发现电网或现场设备发生事故及异常，影响操作安全时，监控员应（　　）并报告调度员，必要时通知运维单位。(D)
A. 转现场操作　　B. 继续操作　　C. 不予理睬　　D. 立即终止操作

209. 监控员上午9时10分巡视时发现异常信号，并于9时12分通知运维人员，运维人员于9时55分到达变电站，运维人员响应用时为（　　）。(D)
A. 40min　　B. 41min　　C. 42min　　D. 43min

210. 某单位的缺陷处理及时率是99.8%，其超周期缺陷年度累计8次，该单位发现缺陷年度累计为（　　）条。(A)
A. 4000　　B. 3800　　C. 4100　　D. 4200

211. 若系统未发出“PT断线”信号，母线电压为：$U_a=10.29$kV，$U_b=10.79$kV，$U_c=0.21$kV时，则可判断该故障为（ ）。(A)

A. 金属性接地短路　B. 非金属性接地短路
C. PT一相二次熔断器熔断　D. PT一相一次熔断器熔断

212. 监控员对调度操作指令有疑问时，应询问（ ），核对无误后方可操作。(C)

A. 运维人员　B. 单位领导　C. 调度员　D. 管理人员

213. “线路保护重合闸闭锁”应列为（ ）。(D)

A. 不列缺陷　B. 一般缺陷　C. 严重缺陷　D. 危急缺陷

214. “××断路器重合闸出口”属于（ ）类监控信息。(A)

A. 事故　B. 异常　C. 越限　D. 告知

215. 监控机发“××开关控制回路断线”信号，造成该信号动作的原因分析不正确的是（ ）。(C)

A. 二次回路接线松动
B. 控制保险熔断或空气开关跳闸
C. 开关操作机构故障
D. 断路器辅助接点接触不良，合闸或分闸位置继电器故障

216. “××第一套××保护SV总告警”属于（ ）类监控信息。(B)

A. 事故　B. 异常　C. 越限　D. 告知

217. “××断路器$SF_6$气压低闭锁”应列为（ ）。(A)

A. 危急缺陷　B. 严重缺陷　C. 一般缺陷　D. 重要缺陷

218. 某1号主变保护装置A通信中断属于（ ）缺陷。(B)

A. 危急　B. 严重　C. 一般　D. 紧急

219. 操作中遇有系统发生异常或故障，影响操作安全时，值班监控员应（ ）。(A)

A. 中止操作并汇报发令调度，必要时根据新的调度指令进行操作
B. 继续操作
C. 直接转发至现场操作
D. 等待异常或故障消除后再操作

220. 监控远方操作中，监控员若对操作结果有疑问，应查明情况，必要时应通知（ ）核对设备状态。(C)

A. 管理人员　B. 值班调度员　C. 运维单位　D. 监控厂家

221. 下列缺陷中（ ）属于危急缺陷。(C)

A. 变电站部分通道工况退出　B. 消防装置故障告警
C. 站用电备自投装置故障　D. 线路保护装置通信中断

222. PT二次回路保护电压空开跳开属于（ ）。(B)

A. 一般缺陷　B. 严重缺陷　C. 危急缺陷　D. 重大缺陷

223. 电压互感器计量电压空开跳开属于（ ）。(B)

A. 危急缺陷　B. 严重缺陷　C. 异常缺陷　D. 一般缺陷

224. 电压中枢点是（ ）。(A)

A. 重要的电压支撑节点　B. 电压监测节点
C. 负荷节点　D. 其他三个选项都不是

225. 下列缺陷属于危急缺陷的是（ ）。(B)

A. 主变本体$SF_6$压力异常　B. 主变有载压力释放告警
C. 气泵打压超时　D. GIS设备本体汇控柜加热器异常

226. 监控远方操作中，若监控系统发生异常或遥控失灵，监控员应停止操作并汇报调度员，同时通知（ ）处理。(B)

A. 管理人员　　B. 相关专业人员　　C. 单位领导　　D. 厂家人员

227. 监控系统以一个变电站的（　　）作为其监控对象。(D)

A. 电流、电压、有功量、无功量　　B. 主变压器

C. 控制室内运行设备　　D. 全部运行设备

228.（　　）是指在某些特殊情况下，监控员对变电站设备采取的加强监视措施，如增加监视频度、定期抄录相关数据、对相关设备或变电站进行固定画面监视等，并做好事故预想及各项应急准备工作。(B)

A. 正常监视　　B. 特殊监视　　C. 全面监视　　D. 专项监视

229.（　　）是反映重要遥测量超出报警上下限区间的信息。重要遥测量主要有设备有功、无功、电流、电压、主变油温等。(B)

A. 异常信号　　B. 越限信号　　C. 告知信号　　D. 变位信号

230. 发现变压器着火时，监控员应立即（　　），具备远方灭火操作功能的应立即启动远方灭火装置进行灭火。(B)

A. 通知运维人员现场处理　　B. 断开主变各侧电源

C. 启动备用变压器

231. 变电站站端监控系统异常，监控数据无法正确上送调控中心时，调控中心应将相应的监控职责临时移交（　　）。(D)

A. 调控中心备调　　B. 通信调度　　C. 自动化值班人员　　D. 运维单位

232. 电压越上限，功率因数越下限，应该采取（　　）方法调整。(A)

A. 先调节变压器分接开关降压至电压正常，再投电容器

B. 先切电容器，后调变压器分接开关

C. 切电抗器，投电容器

D. 投入电容器，使功率因数合格后，调节变压器分接开关

233. 主站端后台全站遥测数据为“死数据”，现场后台正常，问题最有可能出现在（　　）。(A)

A. 总控　　B. 站内以太网　　C. 测控装置　　D. 电流互感器

234. 下面属于监控系统缺陷的有（　　）。(A)

A. 变电站远动机电源消失，通信中断　　B. 受控站断路器把手在就地，遥控失败

C. 监控系统发断路器压力闭锁，现场漏油　　D. 监控系统误发、漏发信息

235. 遥控操作过程中，监控系统发生异常或遥控失灵时，应（　　）。(D)

A. 继续操作

B. 通知自动化消缺后继续操作

C. 通知运维人员操作

D. 停止操作，汇报发令调度员，并通知运维人员现场检查

236. 远方投退重合闸、备自投软压板操作，应按照限定的（　　）步骤进行。(A)

A. 选择—返校—执行　　B. 返校—选择—执行

C. 执行—选择—返校　　D. 返校—执行—选择

237. 线路故障停运后，在变电运维人员到达现场前，调控中心监控员和运维单位人员应立即收集监控告警、故障录波、在线监测、工业视频等相关信息，对线路故障情况进行初步分析判断，并由（　　）进行情况汇总。(B)

A. 变电运维人员　　B. 监控员　　C. 调度员　　D. 线路巡线人员

238. 如果站端遥控校验失败，则在站端的遥控返校命令中会出现失败原因，这些原因不包括（　　）。(D)

A. 遥控点号和遥控对象编码不一致　　B. 间隔装置超时未返校

C. 间隔装置返校出错　　D. 通道异常

239. 变电站 VQC 装置设置了（　　），以防止电压来回摆动。(C)

A. 电压上限　　B. 电压下限　　C. 电压死区　　D. 无功下限

240. 当遇到（　　）时，不允许对线路进行远方试送。(A)

A. 电缆线路故障或者故障可能发生在电缆段范围内

B. 开关远方操作到位判断条件满足两个非同样原理或非同源指示“双确认”

C. 线路主保护正确动作、信息清晰完整，且无母线差动、开关失灵等保护动作

D. 通过工业视频未发现故障线路间隔设备有明显漏油、冒烟、放电等现象

241. “预置成功”，也下发了“执行”命令，但被控设备没有反应，以下原因错误的是（　　）。(D)

A. 测控装置异常　　B. 控制回路断线　　C. 分合闸闭锁　　D. 远动退出

## 二、多选题

1. $SF_6$ 断路器内气体水分含量增大的危害有（　　）。(ABCD)

A. 在绝缘材料表面结露，造成绝缘下降　　B. $SF_6$ 气体与水分产生水解反应，形成腐蚀性气体

C. 在电弧作用下分解产生有毒气体　　D. 影响气体纯度，降低灭弧能力

2. $SF_6$ 设备存在漏气点，下列说法正确的是（　　）。(BCD)

A. 定时补气就没问题　　B. 长时间会造成微水含量超标

C. 应进行处理　　D. 会造成大气中水分渗入设备内部

3. 变电站远动终端显示某开关遥信位置与实际不一致，原因可能是（　　）。(ABCD)

A. 开关的辅助触点位置不对位　　B. 遥信电缆芯线问题

C. 遥信电源异常　　D. 遥信板接触问题

4. 变压器有（　　）故障。(ABCD)

A. 绕组故障　　B. 套管故障　　C. 分接开关故障　　D. 铁芯故障

5. 变压器运行时各部位的温度叙述正确的是（　　）。(ABC)

A. 绕组温度最高　　B. 铁芯温度其次　　C. 绝缘油的温度最低　　D. 铁芯温度最高

6. 当重合闸重合于永久性故障时，主要有（　　）不利影响。(ABC)

A. 使电力系统又一次受到故障的冲击　　B. 使断路器的工作条件变得更加严重

C. 在连续短时间内，断路器要两次切断电弧　　D. 使中、短线路的零序电流保护不能充分发挥作用

7. 电容器发生（　　）的情况应立即退出运行。(ABCD)

A. 套管闪络或严重放电　　B. 接头过热或熔化

C. 内部有放电声及放电设备有异响　　D. 外壳膨胀变形

8. 电网监控信息规范中规定以下（　　）信息需实时监控。(ABC)

A. 事故　　B. 异常　　C. 变位　　D. 告知

9. 开关本身的故障有（　　）。(ABCD)

A. 拒合、拒跳　　B. 操作机构损坏　　C. 三相不同期　　D. 喷油或爆炸

10. 开关常见的故障有（　　）。(ABCD)

A. 闭锁分合闸　　B. 操动机构损坏或压力降低

C. 三相不一致　　D. 具有分相操动能力的断路器不按指令的相别动作

11. 合闸闭锁的开关应（　　）。(AB)

A. 有条件时将闭锁合闸的开关停用

B. 不能停用断路器时，将该开关的综合重合闸停用

C. 改为非自动状态

D. 不能停用断路器时，不必将该开关的综合重合闸停用

12. $SF_6$ 断路器压力表指示分为（　　）。(ABC)

A. 正常值　　B. 告警值　　C. 闭锁值　　D. 动作值

13. 换流变压器的功能作用是（　　）。(ABCD)

A. 为换流阀提供换相电压
B. 实现交、直流间的能量传输
C. 实现交直流系统隔离
D. 抑制网侧过电压进入阀本体

14. 某线路“电压回路断线”时，可能会出现（　　）情况。(ABC)
A. 功率表指示降为零
B. 断线闭锁装置动作
C. 距离保护误动
D. 电流保护误动

15. 判断母线失电的依据是同时出现（　　）现象。(ABD)
A. 该母线电压指示消失
B. 该母线的各出线及变压器负荷消失
C. 母线保护动作
D. 母线所供站用电失去

16. 事故类信息的特点是（　　）。(BC)
A. 需及时处理的信息
B. 立即处理的信息
C. 需实时监控的信息
D. 需定期检查的信息

17. 属于变位类的信息是（　　）。(AD)
A. 母联 A 相开关
B. 母联Ⅱ母刀闸
C. 母联开关Ⅰ母侧接地开关
D. 主变压器 220kV 侧开关

18. 属于事故类的信息是（　　）。(ABC)
A. 保护 A 相跳闸出口
B. 保护重合闸出口
C. 开关机构三相不一致跳闸出口
D. 开关储能电动机故障

19. SOE 的信息内容包括事件的（　　）。(ABC)
A. 名称　B. 原因　C. 时间　D. 状态

20. 巡回检查应包括（　　）。(ABCDE)
A. 监控系统是否正常，数据刷新是否正常
B. 遥测、遥信信息是否正常，遥信是否全部对位
C. 一、二次设备、站用变、交直流等设备是否正常
D. 电流、电压、有功、无功、温度等参数是否正常
E. 视频监控、防火、防盗等安保系统是否正常

21. 电流互感器的故障现象可能有（　　）。(ABCDE)
A. 二次开路
B. 温度升高发热冒烟
C. 内部发响或有火花放电声
D. 严重漏油漏胶
E. 绝缘损坏

22. 属于异常类的信息是（　　）。(BCD)
A. 母联开关气泵启动
B. 母联开关气泵打压超时
C. 母联开关气泵空气压力高告警
D. 母联开关机构弹簧未储能

23. 监控值班员在转接操作命令时，必须遵守（　　）。(ABCD)
A. 核对受令厂站名称，双方互报单位、姓名
B. 冠以下令时间和“命令”二字
C. 执行监护制，一人下达命令，另一人进行监护
D. 注意受令人重复命令，核对无误后才允许进行操作

24. 调控端远方遥控开关不成功的原因有（　　）。(ABCD)
A. 保护子站不返校
B. 子站端和调控主站对应点不对应
C. 现场开关控回路自身有问题
D. 通信通道不通

25. 变压器瓦斯继电器的巡视项目有（　　）。(ABCDE)
A. 瓦斯继电器连接管上的阀门应在打开位置
B. 变压器的呼吸器应在正常工作状态
C. 瓦斯保护压板投入正确

D. 检查油枕的油位在合适位置，继电器应充满油

E. 瓦斯继电器防水罩应牢固

26. 线路风偏监测接入的具体状态信息包括（　　）。(ABC)

A. 风偏角　　B. 倾斜角　　C. 最小电气间隙　　D. 舞动椭圆倾斜角

27. 隔离开关分合后（　　）。(ABCD)

A. 分闸后，断口张开角度应符合要求　　B. 合闸后，触头应接触良好

C. 分闸后，断口拉开距离应符合要求　　D. 应到现场检查实际位置

28. 下列（　　）信息属于遥信信息。(AB)

A. 断路器分、合状态　　B. 隔离开关分、合状态

C. 时间顺序记录　　D. 返送校核信息

29. 下列可能造成监控系统发出“测控装置异常”信号的原因是（　　）。(ABCD)

A. 装置内部通信出错　　B. 装置自检、巡检异常

C. 装置内部电源异常　　D. 装置内部元件、模块故障

30. 下列可能造成监控系统发出“开关 $SF_6$ 气压低告警”信号的原因是（　　）。(ABCD)

A. 压力继电器损坏

B. 开关有泄漏点，压力降低到告警值

C. 回路故障

D. 根据 $SF_6$ 压力温度曲线，温度变化时，$SF_6$ 压力值变化

31. 下列可能造成监控系统发出“开关本体三相不一致出口”信号的原因是（　　）。(ACD)

A. 开关三相不一致　　B. 开关加热器故障

C. 开关一相或两相跳开　　D. 开关位置继电器接点不好

32. 下列可能造成监控系统发出“开关储能电机故障”信号的原因是（　　）。(BCD)

A. 开关本体故障　　B. 开关储能电动机损坏

C. 电动机电源回路故障　　D. 电动机控制回路故障

33. 下列可能造成监控系统发出“开关弹簧未储能”信号的原因是（　　）。(ABCD)

A. 开关储能电动机损坏　　B. 储能电动机继电器损坏

C. 电动机电源消失或控制回路故障　　D. 开关机械故障

34. 不得直接进行遥控复归信号的项目有（　　）。(BD)

A. 误发信号　　B. 在未核实具体保护动作情况前

C. 过流保护动作跳闸，核实正确　　D. 开关或保护动作行为不正确时

35. 下列可能造成监控系统发出“开关控制电源消失”信号的原因是（　　）。(ABC)

A. 控制回路电源开关跳开　　B. 控制回路上级电源消失

C. 信号继电器误发信号　　D. 二次回路接线松动

36. 下列可能造成监控系统发出“开关控制回路断线”信号的原因是（　　）。(ABCD)

A. 二次回路接线松动

B. 断路器辅助接点接触不良，合闸或分闸位置继电器故障

C. 分合闸线圈损坏

D. 控制保险熔断或空气开关跳闸

37. 下列可能造成监控系统发出“开关失灵保护出口”信号的原因是（　　）。(ABCD)

A. 保护动作，一次开关拒动　　B. 死区故障

C. 失灵保护误动　　D. 保护正常动作

38. 下列可能造成监控系统发出“开关油压低分合闸总闭锁”信号的原因是（　　）。(ABCD)

A. 开关操作机构油压回路有泄漏点，油压降低到分闸闭锁值

B. 压力继电器损坏

C. 回路故障

D. 据油压温度曲线，温度变化时，油压值变化

39. 下列可能造成监控系统发出“开关重合闸出口”信号的原因是（　　）。(BCD)

A. 主变压器故障后开关跳闸　　B. 线路故障后开关跳闸

C. 开关偷跳　　D. 保护装置误发重合闸信号

40. 下列可能造成监控系统发出“线路保护通道异常”信号的原因是（　　）。(ABCD)

A. 保护装置内部元件故障　　B. 尾纤连接松动或损坏、法兰头损坏

C. 光电转换装置故障　　D. 通信设备故障或光纤通道问题

41. 目前可实现的 GIS 在线监测项目有（　　）。(ACD)

A. $SF_6$ 气体湿度　　B. $SF_6$ 气体分解物　　C. 局部放电　　D. $SF_6$ 气体压力

42. 可开展高频法局放检测的设备有（　　）。(ABCD)

A. 变压器　　B. 电流互感器　　C. 避雷器　　D. 电缆

43. 大跨越区监测内容一般情况下包括（　　）。(ABC)

A. 气象参数　　B. 微风振动　　C. 图像/视频　　D. 污秽度荷

44. 下列可能造成监控系统发出“线路保护装置告警”信号的原因是（　　）。(ABCD)

A. 内部通信出错　　B. 装置长期启动

C. 保护装置插件或部分功能异常　　D. 通道异常

45. 下列可能造成监控系统发出“主变保护装置告警”信号的原因是（　　）。(ABCD)

A. TA 断线　　B. TV 断线

C. 内部通信出错　　D. CPU 检测到电流、电压采样异常

46. 下列可能造成监控系统发出“主变本体轻瓦斯告警”信号的原因是（　　）。(ABCD)

A. 主变压器内部发生轻微故障　　B. 因温度下降或漏油使油位下降

C. 油枕空气不畅通　　D. 瓦斯继电器本身有缺陷

47. 下列可能造成监控系统发出“主变本体压力释放告警”信号的原因是（　　）。(ABCD)

A. 变压器内部故障　　B. 变压器运行温度过高，内部压力升高

C. 呼吸系统堵塞　　D. 变压器补充油时操作不当

48. 下列可能造成监控系统发出“主变本体重瓦斯出口”信号的原因是（　　）。(ABCD)

A. 主变压器内部发生严重故障　　B. 二次回路问题误动作

C. 主变压器附近有较强烈的振动　　D. 瓦斯继电器误动

49. 下列（　　）可能造成监控系统发出“主变压器差动保护出口”。(ABCD)

A. 变压器差动保护范围内的一次设备故障　　B. 变压器内部故障

C. 电流互感器二次开路或短路　　D. 保护误动

50. 下列（　　）属于事故信息。(ACD)

A. 全站事故总信息　　B. 一次设备异常告警信息

C. 单元事故总信息　　D. 开关异常变位信息

51. 下列（　　）监控信息属于异常信息。(ABCD)

A. 一次设备异常告警信息　　B. 二次设备、回路异常告警信息

C. 自动化、通信设备异常告警信息　　D. 其他设备异常告警信息

52. （　　）会使液压操动机构的油泵打压频繁。(ABC)

A. 储压筒活塞杆漏油

B. 高压油路漏油

C. 油内有杂质

53. 新变压器在投入运行时，做冲击试验是为了（　　）。(ABD)

A. 检查变压器的绝缘强度　　B. 考核变压器的机械强度

C. 考核变压器操作过电压是否在合格范围内 D. 考核继电保护是否会误动

54. 发现变压器有下列（ ）情况之一者，调控中心应加强监视，同时立即通知操作班，做好启动备用变压器或倒负荷的准备。(ABCE)

A. 过载30%以上 B. 声音异常

C. 严重漏油致使油位异常 D. 变压器大量漏油

E. 轻瓦斯保护动作

55. 下列（ ）属于开关危急缺陷。(BCD)

A. 导电回路部件温度超过设备允许的最高运行温度

B. 安装地点的短路电流超过开关的额定短路开断电流

C. 开关的累计故障开断电流超过额定允许的累计故障开断电流

D. 导电回路部件有严重过热或打火现象

56. 标准的告警条文按照“级别、（ ）、事件、原因”五段式进行描述。(CD)

A. 故障 B. 站名 C. 设备 D. 时间

57. 进行监控远方操作时，监控员应核对相关变电站一次系统图，严格执行模拟预演、（ ）等要求，确保操作正确。(ABCD)

A. 唱票 B. 复诵 C. 监护 D. 录音

58. 输电线路现场污秽度监测装置监测的内容是（ ）。(ABCD)

A. 盐密 B. 灰密 C. 气温 D. 相对湿度

59. 变电站站用电全停会影响（ ）等设备的电动操作。(AB)

A. 断路器 B. 隔离开关 C. 安控装置 D. 通信设备

60. 根据Q/GDW 231—2008《无人值守变电站及监控中心技术导则》，无人值守变电站应配置相应的视频系统和安防系统，应能实现（ ）等主要功能。(ABCDE)

A. 运行情况监视 B. 入侵探测 C. 防盗报警 D. 出入口控制

E. 安全检查

61. 监控系统禁止（ ）。(ABC)

A. 严禁在计算机上安装与运行系统无关的软件，防止计算机病毒感染

B. 未经允许在运行中退出监控系统至操作系统

C. 带电拔插主机、打印机、显示器联线

D. 在计算机上安装自带软件

62. 监控信息处置以“分类处置、闭环管理”为原则，分为（ ）三个阶段。(ABD)

A. 信息收集 B. 实时处置 C. 告警确认 D. 分析处理

63. 监控信息优化变电站数量是指负责监控的变电站中，已对设备信息进行（ ）实现监控信息优化的变电站数量。(ACD)

A. 规范命名 B. 分类 C. 合并 D. 筛选

64. 线路覆冰的危害有（ ）。(ABCD)

A. 加大杆塔负载 B. 减小导线对地距离 C. 导致线路鞭击 D. 绝缘子绝缘水平下降

65. 监控业务交接班时交接的监控系统内容包括（ ）。(ABCD)

A. 系统运行状况 B. 检修置牌情况 C. 信息封锁情况 D. 信息验收情况

66. 监控员操作职责包括（ ）。(ABC)

A. 按规定接受、执行调度指令，正确完成规定范围内的遥控操作

B. 负责与相关调度、运维单位之间进行监控远方操作有关的业务联系

C. 负责监控范围内变电站的无功电压调整

D. 发现设备异常及故障情况应及时向相关调度汇报

67. 监控员确认监控功能恢复正常后，应及时以录音电话方式通知运维单位，重新核对（ ），收回

监控职责，并做好相关记录。(AC)

A. 变电站运行方式　　B. 变电站辅助信息
C. 监控信息　　D. 变电站直流系统信息

68. 监控员正常巡查内容有（　　）。(ABCD)

A. 监控系统、AVC 系统是否正常，数据刷新是否正常
B. 遥测遥信信息是否正常，有无异常信息
C. 电流、电压、有功、无功是否正常，有无越限
D. 防火、防盗等安保系统是否正常

69. 监控远方操作中，若发现电网或现场设备发生事故及异常，影响操作安全时，监控员应（　　）。(ABC)

A. 立即终止操作　　B. 报告调度员
C. 必要时通知运维单位　　D. 汇报相关部门领导

70. 遥信信号可分为（　　）信号进行调试。(ABC)

A. 变位　　B. 掉牌　　C. 事故及告警　　D. 音响

71. 输变电设备状态在线监测信息管理，设备监控管理处职责是（　　）。(ABCD)

A. 负责在线监测告警信息的接入及验收管理
B. 负责规范在线监测告警信息及处置工作，定期进行统计分析
C. 负责协调运检部门，运维单位和电科院对在线监测告警信息进行处置
D. 负责对电科院在线监测工作进行指导和评价

72. 下列（　　）属于设备监控运行指标。(ABC)

A. 人均监控信息量　　B. 监控信息错误率
C. 监控远方操作成功率　　D. 缺陷处理及时率

73. 下列（　　）属于全面监视内容。(ABCD)

A. 检查变电站设备运行工况和无功电压　　B. 检查站用电系统运行工况
C. 检查变电站设备遥测功能情况　　D. 核对监控系统检修置牌情况

74. 值班监控人员通过监控系统发现监控告警信息后，应迅速确认，根据情况应对下列（　　）信息进行收集。(ABCD)

A. 告警发生时间　　B. 保护动作　　C. 关键断面潮流　　D. 频率、电压的变化等

75. 值班监控员发现告警信息后，要做的工作有（　　）。(ABDE)

A. 做初步判断　　B. 启动缺陷管理程序　　C. 进行事故处理　　D. 报告值班负责人
E. 填写缺陷记录

76. 可由调度控制中心监控（调控）值班员遥控操作的项目包括（　　）。(ABCD)

A. 拉合开关的单一操作　　B. 调节变压器分接开关（遥调）
C. 远方投切电容器、电抗器　　D. 省调允许的其他遥控操作

77. GIS（HGIS）本体检测项目中，关于 $SF_6$ 气体的检测项目有（　　）。(ABCD)

A. $SF_6$ 气体湿度　　B. $SF_6$ 气体纯度
C. $SF_6$ 气体分解物　　D. $SF_6$ 气体泄漏成像法检测

78. 220kV 及以上变电站当发现断路器泄压时，（　　）。(ABD)

A. 若未达到分合闸闭锁，应立即将该断路器停电
B. 若分合闸闭锁，应将该断路器所带负荷倒出后，将该断路器两侧刀闸拉开，停电
C. 继续运行
D. 线路开关分合闸闭锁，可采用母联串代或旁路代方法停电

79. 对于 110kV（66kV）电压等级电容型设备存在以下（　　）情况之一的宜配置在线监测装置。(ABC)

A. 存在潜伏性绝缘缺陷　　B. 存在严重家族性绝缘缺陷
C. 运行位置特别重要　　D. 运行时间超过 5 年

80. 对于 500kV 油浸式变压器的在线监测配置原则，说法正确的有（　　）。(AC)
A. 应配置油色谱在线监测装置
B. 需配置油中含水量在线监测装置
C. 可根据需要配置铁芯接地电流在线监测装置
D. 需配置局放在线监测装置

81. 对于 GIS 在线监测装置配置原则，说法正确的有（　　）。(AD)
A. 220kV 及以上电压等级 GIS 可根据需要配置 $SF_6$ 气体压力和湿度在线监测装置
B. 500kV 及以上电压等级 $SF_6$ 断路器必须配置 $SF_6$ 湿度在线监测装置
C. 不宜配置分合闸线圈电流在线监测装置
D. 220kV 及以上电压等级 GIS 应预留供日常检测使用的超高频传感器及测试接口

82. 在线监测系统正常工作，但发出了报警，应进行（　　）。(BC)
A. 立即开展主设备的停电试验
B. 在线监测数据变化的趋势、横向比较和相关性分析
C. 视具体情况对设备进行诊断
D. 在线监测不一定准确，可以适当参考

83. 在线监测系统的验收分为（　　）。(ABD)
A. 预验收　　B. 试运行　　C. 中间验收　　D. 最终验收

84. 下面关于在线监测系统过程层的说法正确的有（　　）。(AB)
A. 包括变压器、断路器、GIS 等一次设备的在线监测装置
B. 实现变电设备状态信息自动采集、测量、就地数字化等功能
C. 能控制整个在线监测系统
D. 省去了综合监测单元，监测装置直接与站端监测单位通信

85. 图像/视频监控装置具备的高级功能包括（　　）。(ABCD)
A. 具备红外摄像功能
B. 具备红外控制功能
C. 具备远程受控变焦、聚焦、方位调整及预置位设置功能
D. 具备对摄像机及云台的可控加热功能

86. 输电线路状态监测装置应具有（　　）。(ABCD)
A. 防雨　　B. 防潮　　C. 防尘　　D. 防腐蚀

87. 判别母线失电的依据是同时出现（　　）现象。(ABD)
A. 该母线的电压表指示消失
B. 该母线的各出线及变压器负荷消失（电流表、功率表指示为零）
C. 母线保护动作
D. 该母线所供厂用电或所用电失去

88. 输电线路图像/视频监控装置有（　　）。(AB)
A. 摄像装置　　B. 视频处理单元
C. 状态监测主站　　D. 状态监测代理装置

89. 舞动区监测内容一般情况下包括（　　）。(ABCD)
A. 气象参数　　B. 导线张力
C. 导线舞动　　D. 图像/视频

90. 下列（　　）属于变压器在线监测装置。(ABC)
A. 油中溶解气体在线监测装置　　B. 铁芯接地电流在线监测装置

C. 套管介损监测装置　　D. 机械特性监测装置

91. 对在线监测系统运行人员的要求是（　　）。(BCD)

A. 了解在线监测系统的原理　　B. 熟悉在线监测系统的功能和使用

C. 熟悉应巡视的项目　　D. 熟悉故障缺陷特征

92. 在下列（　　）下，由操作监护人报值班长，经值班长核实后报运行主管领导，并在确认操作无误前提下，方可使用万能钥匙进行解锁，并做好记录。(ABCD)

A. 五防机或电脑钥匙发生故障不能进行正常操作时

B. 事故情况下的操作

C. 在断路器检修过程中的试分、试合操作

D. 电动操作刀闸失灵使用手摇操作时

93. 发生在线监测系统报警后应尽快安排检查和开展以下（　　）工作。(ABCDE)

A. 报警值的设置是否正确

B. 外部接线、网络通信是否出现异常中断

C. 是否有强烈的电磁干扰源发生，如开关操作、外部短路故障等

D. 监测装置及系统是否异常

E. 是否有异常天气

94. 覆冰监测接入的具体状态信息包括（　　）。(ABCDE)

A. 等值覆冰厚度　　B. 综合悬挂载荷　　C. 不均衡张力差　　D. 绝缘子串风偏角

E. 绝缘子串倾斜角

95. 金属氧化物避雷在线监测装置主要监测的状态量是（　　）。(AC)

A. 全电流　　B. 电容量　　C. 阻性电流　　D. 介质损耗因数

96. 设备缺陷性质分为（　　）三类。(BCD)

A. 紧急　　B. 危急　　C. 严重　　D. 一般

97. 下列（　　）措施属于监控员对变电站设备采取的加强监视措施。(ACD)

A. 增加监视频度　　B. 现场巡视

C. 定期抄录相关数据　　D. 对相关设备或变电站进行固定画面监视

98. 告警直传信息技术要求包括（　　）。(ACD)

A. 变电站告警直传应具备同时上送至多个调控中心的能力

B. 变电站应具有对调控中心发送的远程操作指令进行安全认证的功能

C. 变电站应根据调控中心要求响应特定时间、特定对象事件的召唤

D. 变电站与调控中心链路恢复后，能补传中断期间的告警信息

99. 保护装置中反映 SV 采样的信号有（　　）。(ABC)

A. SV 总告警　　B. SV 采样数据异常　　C. SV 采样链路中断　　D. SV 对时异常

100. 遥信联调验收应做到（　　）。(ABD)

A. 对监控画面、遥信逐项进行联调测试，确保信号完整，上送时延满足要求，分类及间隔定义正确

B. 对合并信号，应在站端对每个被合并信号进行变位试验，核查上送信号正确性

C. 对合并信号，只需要在站端验证任意被合并信号变位试验正确即可确保上送信号正确性

D. 对事故总信号，重点核查其合成方式是否满足规范要求，并能自动复归，事故列表推画面正确动作

101. 下列倒闸操作中，具备监控远方操作条件的开关操作，原则上应由调控中心远方执行（　　）。(ABCD)

A. 一次设备计划停送电操作

B. 故障停运线路远方试送操作

C. 无功设备投切及变压器有载调压开关操作

D. 负荷倒供、解合环等方式调整操作，小电流接地系统查找接地时的线路试停操作

102. 影响变压器油温的因素主要有（ ）。(ABC)

A. 负荷的变化 B. 环境温度 C. 冷却装置 D. 容量大小

103. 为加强控制命令的安全性，需要在控制类命令的传输过程加强和增加安全认证机制。安全认证涉及控制命令的全过程，包括（ ）环节。(ABC)

A. SCADA应用 B. 采集模块 C. 变电站 D. CIM/G

104. 监控员应根据相关调度颁布的（ ），投切电容器、电抗器和调节变压器有载分接开关，操作完毕后做好记录。(AB)

A. 电压曲线 B. 电压控制范围 C. 运行方式 D. 稳定限额

105. 变压器轻瓦斯保护动作发出信号时，正确的处理是（ ）。(AB)

A. 应立即对变压器的电流、电压、温度、油位等进行检查

B. 检查瓦斯继电器是否有气体

C. 将重瓦斯改投信号

D. 立即将变压器停役

106. 500kV变电站低压侧主要连接（ ）。(BC)

A. 融冰间隔 B. 无功补偿设备 C. 站用电源 D. 直流系统

107. 变压器的量测主要包括（ ）。(ABCD)

A. 有功 B. 无功 C. 电流 D. 分接头位置

108. 电力系统调度自动化体系由三个层次组成，即（ ）。(ABC)

A. 厂站内系统 B. 主站与厂站之间

C. 主站侧系统 D. 厂站与厂站之间

109. 重污区监测内容一般情况下包括（ ）。(BC)

A. 气象参数 B. 大气污染物 C. 污秽度 D. 图像/视频

110. 以下（ ）属于无人值守变电站安全Ⅱ区的设备。(ABCD)

A. 综合应用服务器 B. 计划管理终端

C. 电能量采集终端 D. 安防、消防

111. 无人值守变电站的操作控制可按（ ）的分层操作原则考虑。(ABCD)

A. 远方操作 B. 站控层 C. 间隔层 D. 设备级

112. 变电站集中监控运行期间，发生（ ）等情况，导致调控中心无法对变电站设备监控信息进行正常监视时，应将相应监控职责临时移交变电站运维单位，并做好记录。(ABCD)

A. 重要设备严重故障 B. 频发告警信息

C. 通信通道异常 D. 监控系统异常

113. 变电站设备监控信息应纳入工程设计范畴，与一、二次系统同步设计，并按照变电站设备监控信息技术规范要求，统一命名规则、（ ）、统一传输方式。(ABCD)

A. 统一信息建模 B. 统一信息分类 C. 统一信息描述 D. 统一告警分级

114. 变电站运维检修单位负责落实设备监控信息相关管理和技术要求，并履行（ ）职责。(ABCD)

A. 对接入变电站监控系统的设备监控信息进行验收

B. 提交变电站设备监控信息接入（变更）及验收申请，配合调控中心开展设备监控信息联调验收

C. 提交变电站集中监控许可申请，配合调控中心开展设备监控信息现场评估

D. 对变电站设备监控信息进行定期巡视和分析以及对相关缺陷进行现场处置

115. “变电站设备监控信息”是指为满足集中监控需要接入智能电网调度控制系统的变电站一次设备、二次设备及辅助设备监视和控制信息，包括通常所指的（ ）。(ABC)

A. 监控信号 B. 监控信息 C. 监控数据 D. 视频遥视

116. 监控远方操作重合闸软压板需要下列信号予以确认反映（ ）。(AB)

A. 重合闸压板状态　　B. 重合闸充电状态
C. 重合闸放电状态　　D. 重合闸硬压板状态

117. 导线舞动采集单元可采用（　　）供电。(ABCD)
A. 太阳能　　B. 感应取能　　C. 高能电池　　D. 小型发电机

118. 某保护装置发收 GOOSE 链路中断，影响该装置采集（　　）。(ABD)
A. 开关位置　　B. 刀闸位置　　C. 电流　　D. 母差失灵保护信息

119. 需要采集 GOOSE 总告警信号的装置有（　　）。(ABCD)
A. 合并单元　　B. 智能终端　　C. 保护装置　　D. 测控装置

120. 缺陷统计和分析，对本月（　　）进行分析。(BCD)
A. 上月已处理缺陷　　B. 已处理缺陷
C. 新增缺陷　　D. 遗留缺陷

121. 监控运行定期分析分为（　　）。(CD)
A. 周分析　　B. 季度分析　　C. 月度分析　　D. 年度分析

122. 在线监测数据采集方式分为（　　）。(ABD)
A. 数据直采　　B. 数据转发　　C. 数据模拟　　D. 数据采控

123. 设备异常趋势跟踪分析应结合（　　）数据变化，对设备运行异常趋势及时跟踪分析。(ACD)
A. 电网运行　　B. 制造厂家　　C. 环境　　D. 在线监测

124. 针对在线监测系统功能不完善，无法提示监控员及时发现设备异常运行状态风险的典型控制措施是（　　）。(AD)
A. 完善输变电设备状态在线监测系统对调控运行监视的支撑功能
B. 汇报领导，将监控权移交运维站
C. 凭监控员个人经验判断决定
D. 监控员应熟悉输变电在线监测各项应用功能

125. 监控信息表每次变更都应进行相应编号更新，并注明（　　）。(ABD)
A. 更新原因　　B. 更新日期　　C. 更新人员　　D. 被替换的编号

126. 变电站监控信息变更申请单中一并上报的资料包括（　　）。(ABC)
A. 一次接线图　　B. 信息表（调控信息表和信息对应表）
C. 设备调度命名文件　　D. 监控信息变验收请单

127. 变电站监控信息的验收内容包括（　　）。(ABC)
A. 技术资料　　B. 四遥信息
C. 监控画面及监控功能　　D. 遥控传动

128. 变电站集中监控试运行期间，调控中心各相关处室应按照工作方案做好（　　）移交准备工作。(ABCD)
A. 调度控制处负责修订、完善相应运行规程和台账记录
B. 调度控制处负责开展监控运行人员相关培训，设备监控管理处参与配合
C. 设备监控管理处负责制订电流、电压和温度等告警限值
D. 其他专业处室需开展的准备工作

129. 现场运维单位向调度机构设备监控管理处提交变电站实施集中监控许可的技术资料包括（　　）。(ABCD)
A. 设备台账　　B. 设备运行限额　　C. 现场运行规程　　D. 保护配置表

130. 交班前半小时，统计（　　）等情况，检查整理完善监控运行日志、缺陷记录等交班资料。(ABCD)
A. 计划检修　　B. 远方操作　　C. 设备缺陷　　D. 事故处理

131. 调控中心监控人员对在线监测告警信息进行初步判断，确定（　　），并通知运维单位和电科院进

行分析和处理。(ABC)

A. 告警类型　B. 告警数据　C. 告警设备　D. 告警原因

132. 液压机构的断路器发出“分合闸总闭锁”信号时应(　)。(BCD)

A. 立即远方拉开该断路器所在母线上的所有断路器

B. 监控员通知操作班人员迅速检查液压机构的实际压力值

C. 监控员向当值调度员报告，并做好倒负荷的准备

D. 如果压力值确实已降到低于跳闸闭锁值，现场人员应断开油泵的电源，装上机构闭锁卡板，再退出有关保护的压板

133. 下列可能造成监控系统发出“断路器储能电机故障”信号的原因是(　)。(BCD)

A. 断路器本体故障　B. 断路器储能电机损坏

C. 电机电源回路故障　D. 电机控制回路故障

134. 下列可能造成监控系统发出“断路器弹簧未储能”信号的原因是(　)。(ABCD)

A. 断路器储能电机损坏　B. 储能电机继电器损坏

C. 电机电源消失或控制回路故障　D. 断路器机械故障

135. 监控员收集到变位信息后，应确认设备变位情况是否正常。如变位信息异常，应根据情况参照(　)进行处置。(BC)

A. 越限信息　B. 事故信息　C. 异常信息　D. 告知信息

136. 下列可能造成监控系统发出“主变本体重瓦斯出口”信号的原因是(　)。(ABCD)

A. 主变内部发生严重故障　B. 二次回路问题误动作

C. 主变附近有较强烈的震动　D. 瓦斯继电器误动

137. 下列中的(　)可以判断保护是误动。(AB)

A. 故障录波器有无波形　B. 纵联保护单侧动作

C. 变压器单侧开关跳闸　D. 线路单侧开关跳闸

138. 下列可能造成监控系统发出“主变本体轻瓦斯告警”信号的原因是(　)。(ABCD)

A. 主变内部发生轻微故障　B. 因温度下降或漏油使油位下降

C. 油枕空气不畅通　D. 瓦斯继电器本身有缺陷

139. 下列可能造成监控系统发出“断路器控制回路断线”信号的原因是(　)。(ABCD)

A. 二次回路接线松动

B. 断路器辅助接点接触不良，合闸或分闸位置继电器故障

C. 分合闸线圈损坏

D. 控制保险熔断或空气开关跳闸

140. 下列可能造成监控系统发出“主变保护装置告警”信号的原因是(　)。(ABCD)

A. TA 断线　B. TV 断线

C. 内部通信出错　D. CPU 检测到电流、电压采样异常

141. 下列可能造成监控系统发出“断路器重合闸出口”信号的原因是(　)。(BCD)

A. 主变故障后断路器跳闸　B. 线路故障后断路器跳闸

C. 断路器偷跳　D. 保护装置误发重合闸信号

142. 下列可能造成监控系统发出“主变本体压力释放告警”信号的原因是(　)。(ABCD)

A. 变压器内部故障　B. 变压器运行温度过高，内部压力升高

C. 呼吸系统堵塞　D. 变压器补充油时操作不当

143. 下列可能造成监控系统发出“主变差动保护出口”的是(　)。(ABCD)

A. 变压器差动保护范围内的一次设备故障　B. 变压器内部故障

C. 电流互感器二次开路或短路　D. 保护误动

144. 下列可能造成监控系统发出“线路保护通道异常”信号的原因是(　)。(ABCD)

A. 保护装置内部元件故障
B. 尾纤连接松动或损坏、法兰头损坏
C. 光电转换装置故障
D. 通信设备故障或光纤通道问题

145. 监控员监盘过程中，发现监控后台发断路器液压机构打压频繁信号，原因可能有（　　）。(ABD)

A. 油泵故障
B. 机构内部密封件渗油
C. 打压时间继电器整定错误
D. 液压油泄漏到氮气储压桶

146. 遇有（　　）情况，应对变电站相关区域或设备开展特殊监视。(ABCD)

A. 新设备试运行期间
B. 设备重载或接近稳定限额运行时
C. 遇特殊恶劣天气
D. 重点时期及有重要保电任务

147. 监控员通过监控系统发现监控告警信息后，应迅速确认，根据情况对（　　）相关信息进行收集。(ABCD)

A. 告警发生时间
B. 保护动作信息、开关变位信息、监控画面推图信息
C. 现场视频信息（必要时）
D. 关键断面潮流、频率、电压的变化等信息

148. 变压器瓦斯保护能反映变压器内部的（　　）。(ABC)

A. 铁芯过热烧伤
B. 油面低
C. 绕组少数匝间短路
D. 套管故障

149. 异常信息是指反映电网设备非正常运行状态的监控信息，包括（　　）。(ABCD)

A. 一次设备异常告警信息
B. 二次设备、回路异常告警信息
C. 自动化、通信设备异常告警信息
D. 其他设备异常告警信息

150. 下列倒闸操作中，具备监控远方操作条件的开关操作，原则上应由调控中心远方执行（　　）。(ABCD)

A. 一次设备计划停送电操作
B. 故障停运线路远方试送操作
C. 无功设备投切及变压器有载调压开关操作
D. 负荷倒供、解合环等方式调整操作，小电流接地系统查找接地时的线路试停操作

151. 在线监测系统正常工作，但发出了报警，应进行（　　）。(BC)

A. 立即开展主设备的停电试验
B. 在线监测数据变化的趋势、横向比较和相关性分析
C. 视具体情况对设备进行诊断
D. 在线监测不一定准确，可以适当参考

152. 特殊巡视包括（　　）。(ACD)

A. 设备有严重、危急缺陷或设备重载、过载运行时
B. 新设备启动过程期间
C. 在特殊运行方式下或特殊恶劣天气时
D. 重点时期及有重要保电任务时

153. 下列（　　）情况需要对高压设备进行特巡。(BCD)

A. 设备满负荷运行时
B. 新设备投运后
C. 设备异常运行时
D. 有重要政治供电任务时

154. 监控职责临时移交时，监控员应与运维单位明确移交（　　）内容。(ABC)

A. 移交范围　　B. 时间　　C. 移交前运行方式　　D. 移交后运行方式

155. 属于电压的监视内容包括（　　）。(ABCD)

A. 母线三相电压应平衡，无接地、电压不合格等遥信告警
B. 母线三相电压应在合格范围内，符合电压曲线要求
C. 并列运行的母线电压应相差不大
D. 电压数据刷新正常，无封锁、置数、遥测不刷新、三相不平衡较大等情况

156. 特殊监视是指在某些特殊情况下，监控员对变电站设备采取的加强监视措施，如（　　）等，并做好事故预想及各项应急准备工作。(ABCD)

A. 增加监视频度　　B. 定期查阅相关数据

C. 对相关设备进行固定画面监视　　D. 对变电站进行固定画面监视

157. 在特殊运行方式下或设备重载、过载运行时，应做到（　）。(ABCD)

A. 及时与现场运维人员核对设备运行情况

B. 及时汇报相关调度

C. 监控员加强监视，并与运维人员共同做好应急处置准备

D. 确认信息正确及设备运行状态

158. 监控系统发"××站 2211 断路器失灵保护出口"信息，动作不复归，下列可能引起此信号的原因是（　）。(ABC)

A. 保护动作，一次断路器拒动　　B. 死区故障

C. 失灵保护误动　　D. 断路器偷跳

159. 变压器运行时各部位的温度（　）。(ABC)

A. 绕组温度最高　　B. 铁芯温度其次

C. 绝缘油的温度最低　　D. 铁芯温度最高

160. 下列信息属于告知信息的是（　）。(ABC)

A. 保护压板投退　　B. 测控装置远方/就地

C. 主变运行挡位　　D. 保护装置异常

161. CT 开路影响的保护有（　）。(AD)

A. 差动保护　　B. 瓦斯保护　　C. 低周保护　　D. 距离保护

162. 遇有下列（　）情况，应对变电站相关区域或设备开展特殊监视。(ABCD)

A. 设备有严重或危急缺陷，需加强监视时　　B. 新设备试运行期间

C. 遇特殊恶劣天气时　　D. 重点时期及有重要保电任务时

163. 变压器油位的变化与（　）因素有关。(ABCD)

A. 负荷的变化　　B. 环境温度的变化　　C. 冷却装置的运行情况　　D. 内部故障

164. 特殊巡视时应将特殊巡视的（　）记入巡视记录。(ABD)

A. 范围　　B. 时间　　C. 要求　　D. 人员及巡视情况

165. 在（　）等非常时期，监控人员更需要加强运行监视，及时发现异常问题。(ABCD)

A. 季节变化　　B. 特殊运行方式　　C. 重大保供电　　D. 特殊气象

166. 变电站远动终端显示某开关遥信位置与实际不一致，原因可能是（　）。(ABCD)

A. 开关的辅助触点位置不对位　　B. 遥信电缆芯线问题

C. 遥信电源异常　　D. 遥信板接触问题

167. 监控远方操作中，若发现电网或现场设备发生事故及异常，影响操作安全时，监控员应（　）。(ABC)

A. 立即终止操作　　B. 报告调度员　　C. 必要时通知运维单位　　D. 汇报相关部门领导

168. 监控职责移交时，应检查（　）等设备。(ABCD)

A. 检查一次设备运行方式（含站用电运行方式）

B. 二次设备运行状态

C. 通信通道

D. 主站与站端自动化等设备

169. 某一变电站 66kV 母线电压不变化，可能的原因是（　）。(ABD)

A. 66kV 母线 PT 测控死机　　B. 66kV 母线 PT 测控网络中断

C. 66kV 母线 PT 熔丝熔断　　D. 远动装置死机

170. 以下遥控操作项目，可以不得到调度员指令或许可的为（　）。(ABC)

A. 有载调压变压器分接头调整　　B. 电容器投切

C. 信号复归　　　　D. 系统倒方式

## 三、判断题

1. 正常监视要求监控员在值班期间不得遗漏监控信息，对各类告警信息及时确认。（√）

2. 监控远方操作和现场操作应在调控中心统一调度指挥下开展。（√）

3. 检查监控系统时发现某站 3 号变压器上层油温 25℃，2 号变压器上层油温 60℃，两台变压器型号一致，负载率均为 60%左右，环境温度在 25℃左右，说明 3 号变压器散热良好，无问题。（×）

4. 检查监控系统发现某站 220kV 2 号母线电压为灰色且不刷新，应列严重缺陷。（√）

5. 监控系统发“2212 纵联电流差动保护 TV 断线报警”“2212 保护装置异常报警”，检查本站其他间隔均未发此信号，检查 2212 开关所在 220kV 2 号母线电压正常，则可说明此信号为误发。（×）

6. 监控系统发 220kV 徐东 3 号线“2223 线路保护 TV 断线报警”动作，此缺陷属于危急缺陷。（√）

7. 监控系统发 500kV 丰徐 1 号线“5031 测控装置与监控系统通信中断报警”动作，此缺陷属于严重缺陷。（×）

8. 监控信息处置以“分类处置、闭环管理”为原则，分为信息收集、实时处置、分析处理三个阶段。（√）

9. 监控员应及时将全面监视和特殊监视范围、时间、监视人员和监视情况汇报监控值长。（×）

10. 变压器的吸湿器，内部充有吸附剂，为硅胶式活性氧化铝，其中常放入一部分变色硅胶，当由红变蓝时，表明吸附剂已受潮，必须干燥或更换。（×）

11. 对于现场发现的危急缺陷，值班监控员应根据缺陷的性质对一、二次设备进行方式调整。（×）

12. 监控员确认监控功能恢复正常后，应及时以录音电话方式通知运维单位，收回监控职责，并做好相关记录。（×）

13. 变电站内主变压器、断路器等重要设备发生严重故障，危及电网安全稳定运行时，调控中心应将相应的监控职责临时移交运维单位。（√）

14. 运维人员响应用时＝运维人员到站时间－通知运维人员故障时间。（√）

15. 主变压器保护装置 TA 断线告警属于严重缺陷。（×）

16. 直流系统中 UPS 逆变压器交流输入异常是危急缺陷。（×）

17. 交流系统中站用电备自投装置故障属于危急缺陷。（√）

18. 监控远方操作应在监控系统主接线图或者间隔图上进行。（×）

19. 对于 $SF_6$ 断路器，当气压降低至不允许的程度时，断路器的跳闸回路断开，并发出“直流电源消失”信号。（×）

20. 对油浸自冷和风冷变压器，总负荷不应超过额定容量的 20%，对强迫油循环风冷和强迫油循环水冷变压器，不应超过 30%。（×）

21. 在正常温度情况下，$SF_6$ 气体分解物与水分和空气等杂质反应可能产生一些有毒物质。（×）

22. 变压器每隔 1～3 年做一次预防性试验。（√）

23. 变压器额定负荷时强油风冷装置全部停止运行，此时其上层油温不超过 75℃就可以长时间运行。（×）

24. 当全站无电后，必须将电容器的开关拉开。（√）

25. 值班监控员发现在线监测系统信息中断等异常情况无法正常监视时，应及时通知运维单位排查处理。（×）

26. 值班监控员接到运维单位缺陷消除的报告后，应与运维单位核对监控信息，确认缺陷信息复归且相关异常情况恢复正常。（√）

27. 运维单位和调控中心按照集中监控许可批复进行监控职责移交，调控中心当值值班监控员与现场值班运维人员通过录音电话按时办理集中监控职责交接手续，并向相关调度汇报。（√）

28. 一次设备退出运行或处于备用、检修状态时，远动装置、测控单元、变送器、电能计量装置、网络

通信设备以及监控系统均不得停运，确需停运的应按规定向调度申请。(√)

29. 无人值守变电站应配置相应的视频安防、消防、环境监测等系统，并能够实现远方监视和控制。(√)

30. 调控中心应在收到运维单位书面申请后的2个工作日，完成变电站监控业务移交工作方案。(×)

31. 无人值守变电站的交直流电源设备应可靠，相应监控信息可不上送至调控中心。(×)

32. 调控中心对接入告警信息的完整性和准确性进行审批。(×)

33. 调控中心监控系统异常，无法正常监视变电站运行情况时，需要将相应监控职责临时移交运维单位。(√)

34. 事故信息处置结束后，现场运维人员应检查现场设备运行状态，并与监控员核对设备运行状态与监控系统是否一致。(√)

35. 事故信息处置过程中，监控员应按照调度指令进行事故处理，并监视相关变电站运行工况，跟踪了解事故处理情况。(√)

36. 备运行状态即可，不必与监控员核对设备运行状态。(×)

37. 电压互感器刀闸检修时，应拉开二次侧空开，防止反充电造成高压触电。(√)

38. 人均监控信息量属于设备监控运行指标。(√)

39. 人均监控信息量是指每值监控告警信息量与监控人员总数的比值。(×)

40. 缺陷处理率属于设备监控能效指标。(√)

41. 缺陷发起时，值班监控员无需向相关值班调度员汇报。(×)

42. 漏发信号总数量是指当月现场装置已动作或设备故障异常已发生，但调控中心监控系统主站未收到相应监控告警的信号总数量。(√)

43. 目前未实现告警直传方式的变电站，其告警直传信息以调控直采方式接入。(√)

44. 拉合开关的单一操作可由监控员进行远方操作。(√)

45. 开关遥控操作后，应检查断路器的机构动作及复归的信号。(√)

46. 监控职责移交时，监控员应以书面告知方式进行移交。(×)

47. 监控运行评价以提高设备监控运行水平和设备运维管理水平为导向，反映监控信息的规范性和正确性、设备缺陷情况和监控运行工作量。(√)

48. 监控运行的风险辨识内容为未按照监控运行分析制度开展相应的工作，导致监控运行存在的问题和隐患不能提前辨识、防范。(√)

49. 缺陷处理及时率是指已处理的缺陷数量与缺陷总数量的比值。(×)

50. “××开关储能电机故障”属于二次故障。(√)

51. 220kV变电站220kV母线正常运行方式时，电压允许偏差为系统额定电压的－3%～＋7%；事故运行电压允许偏差为系统额定电压的－5%～＋10%。(×)

52. 监控远方操作成功率属于设备监控能效指标。(×)

53. 有载调压开关不能连续操作，应间隔1min，且每天不能超过15次。(×)

54. 预警信息表示输变电设备状态量变化趋势朝报警值方向发展，但未超过报警值设备可能存在隐患，需加强监视。(√)

55. 越限信息是指遥测量越过限值的告警信息。(√)

56. 监控远方操作中，监控员若对操作结果有疑问，应查明情况，必要时应通知运维单位核对设备状态。(√)

57. 监控远方操作中，若监控系统发生异常或遥控失灵，监控员应汇报调度员，同时可以尝试进行远方操作。(×)

58. 重合闸充电回路受控制开关触点的控制。(√)

59. 需要为运行中的变压器补油时，应先将重瓦斯保护改接信号再工作。(√)

60. 正常监视是指监控员值班期间对变电站设备事故、异常、越限、变位信息及设备状态在线监测告警

信息进行不间断监视。(√)

61.“××线××重合闸动作”属于事故告警信息。(√)

62.“××线路保护装置异常”属于二次告警信息。(√)

63. 在开关控制回路中防跳继电器是由电压启动线圈启动，电流线圈保持来起防跳作用的。(×)

64.“××线路开关机构三相不一致跳闸出口”属于事故信息。(√)

65.“消防装置故障告警”属于异常信息。(√)

66.“消防装置火灾告警”属于事故信息。(√)

67. 25号变压器油中的25表示油的凝固点是−25℃。(√)

68. 监控远方操作成功率是指成功遥控操作次数与遥控操作总次数的比值。(√)

69. 监控信息优化变电站数量属于设备监控运行指标。(×)

70. 监控信息错误率属于设备监控能效指标。(×)

71. 监控效率指监控变电站数量乘以不同电压等级变电站折算系数与值班人员总数量的比值。(×)

72. 告警信号正确率＝（1−误发信号总数量/告警信号总数量）×100%。(×)

73. 监控系统建设的风险辨识要点为：监控员全过程参与系统建设。(√)

74. 发现 $SF_6$ 断路器气体压力表指示不正常时，应及时汇报并加强监视。(√)

75. 强迫油循环风冷变压器冷却装置投入的数量应根据变压器油温和负荷来决定。(√)

76. 变压器取气时，必须两人同时进行。(√)

77. 变压器换油时可同时进行差动保护校验工作。(×)

78. 变压器的最高运行温度受绝缘材料耐热能力限制。(√)

79. 变电站在集中监控试运行期满后，监控信息存在误报、漏报、频繁变位现象，不予通过试运行评估。(√)

80. 无人值守变电站继电保护和安全自动装置的动作信息、告警信息应传至调控中心。(√)

81. 无人值守变电站开始操作前运维人员应告知值班监控员，避免双方同时操作同一对象。(√)

82. 变电站运维检修单位应将变电站设备监控信息纳入定期巡视范畴，发现异常信息及时向调控中心汇报。(√)

83. 无人值守变电站配置蓄电池容量应至少满足全站设备3h以上，事故照明1h以上的用电要求。(×)

84. 变电站设备进行检修、改造等工作，造成监控信息变更的，运维检修单位应提前向调控中心提交监控信息变更申请，并在设备投运前与调控中心完成联调验收。(√)

85. 主站侧对所有遥控信息点逐点进行遥控试验，可以单人完成。(×)

86. 在线监测告警信息统计应以表格、饼图、柱形图、折线图等方式展示统计结果，并提供导出功能。(√)

87. 对监控画面、遥测逐项进行联调测试，需确保信息的采样、变比、相位正确，数据曲线连续，发现问题应及时纠正。(√)

88. 监控信息分类分析，主要对变电站设备出现的事故、异常、越限三类信息处置情况及原因进行分析。(×)

89. 联调验收时应对告警窗显示、语音告警、实时数据、画面、光字牌等多环节同时验收。(√)

90. 电压越限时，应检查AVC系统运行情况，发现异常情况时应执行遥控投切电容器、电抗器进行电压调整，并及时通知相关人员处理。(√)

91. 变电站AVC跳、合各组电容器（电抗器）应通过电容器（电抗器）的操作回路实现。(√)

92. 变电站集中监控覆盖率属于设备监控运行指标。(×)

93. 变电站设备集中监控试运行期限一般为两周。(√)

94. 变电站在集中监控试运行期间内，监控业务移交工作组对变电站是否具备集中监控技术条件进行现场检查。(√)

95. 接班时，交班人员对变电站运行方式、系统通道工况、未复归告警信息、检修置牌、信息封锁等进行核对。(×)

96. 已实施集中监控的变电站改、扩建后，相关监控信息完成验收联调后，运维单位如需将改、扩建部分设备纳入调控中心设备集中监控，不需要再向调度机构设备监控管理处提交相应设备实施集中监控许可申请和相关技术资料。(×)

97. 变电设备检修，涉及信号、测量或控制回路的，若监控信息表未发生变化，运维单位不需要在工作前向值班监控员汇报。(×)

98. 检修结束恢复送电前，运维单位不需要与值班监控员核对双方监控系统信息一致性。(×)

99. 当变电站综自系统改造、变电站远动机或其他变电站终端设备以及调度监控系统更换，调控中心可以不用组织开展监控信息验收。(×)

100. 越限信息是反映重要遥测量超出报警上下限区间的信息。重要遥测量主要有设备有功、无功、电流、电压、主变油温、断面潮流等，是需实时监控、及时处理的重要信息。(√)

101. 开关远方操作到位判断条件满足两个非同样原理或非同源指示“双确认”。(√)

102. 监控职责临时移交时，监控员应以录音电话方式与运维单位明确移交范围、时间、移交前运行方式等内容，并做好相关记录。(√)

103. 变电运维人员到达现场后，应检查确认相关一、二次设备运行状态，并及时汇报调控中心。如果此时线路尚未恢复运行，应由运维人员进行试送操作。(×)

104. 按照调监〔2013〕300号《调度集中监控告警信息相关缺陷分类标准》，“本体轻瓦斯告警”应列为危急缺陷。(×)

105. 按照调监〔2013〕300号《调度集中监控告警信息相关缺陷分类标准》，“本体压力释放告警”应列为危急缺陷。(√)

106. 按照调监〔2013〕300号《调度集中监控告警信息相关缺陷分类标准》，“直流母线电压异常”应列为危急缺陷。(√)

107. 发现变压器着火时，监控员应立即断开主变各侧电源，具备远方灭火操作功能的应立即远方启动灭火装置进行灭火。(√)

108. AVC控制覆盖率属于设备监控运行指标。(×)

109. 按照《调度集中监控告警信息相关缺陷分类标准》，“直流电源控制装置通信中断”应列为危急缺陷。(×)

110. “××主变压器220kV侧开关油泵启动”属于异常信息。(×)

111. “××线路间隔二次设备或回路告警”不是合并信号。(×)

112. “××主变压器220kV间隔一次设备故障”是合并信号。(√)

113. 调控机构设备监控信息表是指满足调控机构变电站集中监控需要的接入调控机构的变电站信息表。(√)

114. 变电站一、二次设备检修、改造不涉及监控信息变更，仅是设备命名调整时，运维单位也应提交变电站监控信息变更申请单并附监控信息表。(×)

115. 变压器压力释放阀、瓦斯继电器和油流速动继电器应加装防雨罩。(√)

116. 已实施集中监控的变电站改、扩建后，相关监控信息完成验收联调后，改、扩建部分设备即纳入调控中心集中监控。(×)

117. 调控中心应对变电站设备监控信息采集中断、遥控故障、不正确上送等事件进行分析和试验，并向运维检修单位报送分析报告。(×)

118. 无人值守变电站须具备完善的安防设施，应能实现安防系统运行情况监视、防盗报警等主要功能，相关报警信息应传送至安监部门。(×)

119. 合并单元应能保证在电源中断、电压异常、采集单元异常、通信中断、通信异常、装置内部异常等情况下不误输出；合并单元应能够输出上述各种异常信号和自检信息。(√)

120. 合并单元应能够接收IEC61588或B码同步对时信号。(√)

121. 测控装置收GOOSE链路中断，不影响接收智能终端及合并单元的装置告警信息。(×)

122. 智能终端收GOOSE链路中断，将无法执行开关、刀闸的跳合闸命令。(√)

123. 新设备试运行期间开展只需要开展正常监视。(×)

124. 设备重载或接近稳定限额运行时，不需要开展特殊巡视。(×)

125. 重点时期及有重要保电任务时，应开展特殊巡视。(√)

126. 新建工程在设计招标和设计委托时，工程管理部门应明确要求施工单位设计监控信息表。(×)

127. 遥测联调验收的安全风险典型控制措施是：对监控画面、遥测逐项进行联调测试，确保信息的采样、变比、相位正确，数据曲线连续，发现问题应及时纠正。(√)

128. 异常和事故分析的风险辨识要点为：开展电网异常和事故分析、编制分析报告。(√)

129. 误发信号总数量是指当月调控中心监控系统主站接收到监控告警，但经检查未发现设备故障异常的信号总数量。(√)

130. 拉开断路器操作电源后，监控系统发控制回路断线信号。(√)

131. 监控员对监控系统日常巡视，内容不包括隔离开关操作电源。(×)

132. 对于全面监视，330kV及以上变电站每值进行两次。(√)

133. 监控机五防闭锁逻辑接地刀闸在合位，就地合开关，提示错误，是不正确的。(√)

134. 并列运行的主变在遥调分接头前，应先检查主变负荷情况，当主变压器超过额定负荷时应禁止操作。(√)

135. 变压器出现轻瓦斯保护告警情况时，可不立即停电处理。(√)

136. 监控员在紧急事故处理时，可以单人操作。(×)

137. 调控中心负责对每月监控运行分析例会形成会议纪要，并发送相关单位、部门。(√)

138. 监控变电站数量统计口径为按电压等级统计。(√)

139. 监控信息总量统计口径为按监控信息类型统计。(√)

140. 监控员应根据相关调度颁布的电压曲线及控制范围，投切电容器、电抗器和调节变压器有载分接开关。(√)

141. 监控远方操作前，值班监控员应考虑设备是否满足远方操作条件以及操作过程中的危险点及预控措施，并拟写监控远方操作票。(√)

142. 若缺陷可能会导致电网设备退出运行或电网运行方式改变时，值班监控员应立即汇报监控值班负责人。(×)

143. 电网的负荷分配或潮流变化与运行方式变化的关系不大。(×)

144. "××主变220kV间隔一次设备故障"是合并信号。(√)

145. 主变的正常过负荷、事故过负荷等都必须是在变压器无异常的前提下运行，当出现主变冷却器损坏、严重渗漏油、本体保护异常的情况下，则可以视情况允许过负荷运行。(×)

146. 检修结束恢复送电前，运维单位不需要与值班监控员核对双方监控系统信息一致性。(×)

147. "××线路间隔二次设备或回路告警"不是合并信号。(×)

148. 变电站工业视频系统不具备自动巡视功能。(×)

149. 监控信息分为事故、异常、越限、变位、告知五类。(√)

150. 当出现遥测有数值，但不刷新时，应首先检查其他间隔遥测颜色显示是否异常，是本间隔不刷新还是该变电站均不刷新，区分全站性故障还是单间隔异常。(√)

151. "××主变220kV侧开关油泵启动"属于异常信息。(×)

152. 变电设备检修，涉及信号、测量或控制回路的，若监控信息表未发生变化，运维单位不需要在工作前向值班监控员汇报。(×)

153. 断路器保护装置通讯中断属于危急缺陷。(×)

154. 低频低压减载装置异常属于危急缺陷。(√)

155. AVC系统异常，不能正常控制部分变电站无功电压设备时，监控员应汇报相关调度，并停用AVC系统。(×)

156. 事故信息处置过程中，监控员应按照调度指令进行事故处理，并监视相关变电站运行工况，跟踪了解事故处理情况。(√)

157. 按照《调度集中监控告警信息相关缺陷分类标准》，"本体轻瓦斯告警"应列为危急缺陷。(×)

158. 严重缺陷是指监控信息反映出对人身或设备有重要威胁，暂时尚能坚持运行但需尽快处理的缺陷。(√)

159. 误发信号总数量是指当月调控中心监控系统主站接收到监控告警，但经检查未发现设备故障异常的信号总数量。(√)

160. 交接班时，交班人员对变电站运行方式、系统通道工况、未复归告警信息、检修置牌、信息封锁等进行核对。(×)

161. 遥测联调验收的安全风险典型控制措施是：对监控画面、遥测逐项进行联调测试，确保信息的采样、变比、相位正确，数据曲线连续，发现问题应及时纠正。(√)

162. 严重缺陷是指监控信息反映出对人身或设备有重要威胁，需立即处理的缺陷。(×)

163. 变压器送电前，应检查与并列运行的变压器分接头位置一致或符合要求。(√)

164. 正常监视要求监控员在值班期间不得遗漏监控信息，对各类告警信息及时确认。(√)

165. 线路故障后通过远方遥控试送电时，为防止重合闸动作，应提前停用重合闸功能。(×)

166. 在线监测系统的主要功能可实现对电力设备状态的参数的连续监测、传输、处理分析，并可实现越限报警，提示设备可能有潜在缺陷。(√)

167. 遥控操作中如发生异常或故障，应立即汇报当值负责人及发令调度，并通知运维人员现场检查。(√)

168. 断路器操作时，若远方操作失灵，厂站规定允许就地操作，应三相同时操作，不得分相操作。(√)

169. 已经通过遥控功能验收的断路器，当调控主站新建、改造或者进行与前置系统相关的升级时，无需再次对断路器进行遥控功能正确性验证。(×)

170. 调控机构设备监控信息表是指满足调控机构变电站集中监控需要的接入调控机构的变电站信息表。(√)

171. 值班监控员无法对变电站实施正常监视时，应通知相关输变电设备运维单位，并将监控职责移交至输变电设备运维人员。(√)

172. 监控远方操作前后，值班监控员应检查核对设备名称、编号和开关、刀闸的分、合位置。若对设备状态有疑问，应通知输变电设备运维人员核对设备运行状态。(√)

173. 电压越限时，应检查 AVC 系统运行情况，发现异常情况时应执行遥控投切电容器、电抗器进行电压调整，并及时通知相关人员处理。(√)

174. 监控信息存在误报、漏报、频繁变位现象时，集中监控评估报告应不予通过评估。(√)

175. 设备重载或接近稳定限额运行时，不需要开展特殊巡视。(×)

176. 发现变压器着火时，监控员应立即断开主变各侧电源，具备远方灭火操作功能的应立即远方启动灭火装置进行灭火。(√)

177. 按照《调度集中监控告警信息相关缺陷分类标准》，变压器"本体压力释放告警"应列为危急缺陷。(√)

178. 变电站测控装置遥控出口压板退出，会造成监控远方遥控预置失败。(×)

179. 遥信变位应采用双位置接点，即断路器常闭接点与常开接点同时引入遥信值。(√)

180. 监控员确认监控功能恢复正常后，应及时通过录音电话与运维单位重新核对变电站运行方式、监控信息和监控职责移交期间故障处理等情况，收回监控职责，并做好相关记录。(√)

## 四、简答题

**1. 何谓无人值守变电站？**

答：无人值守变电站是指在调控中心管辖范围内，能够向调控中心上传全站运行信息，并接收和执行调控中心下发的遥控、遥调指令的变电站。站内一般不设置固定运行维护值班岗位，由调控中心负责远方集中监控。

**2. 请简述监控员异常工作处理的工作要求。**

答：监控员异常工作处理的工作要求：

（1）发现告警信息后，应迅速收集相关信息，按照规程、规定进行处理并及时汇报调度，通知运维单位。输变电设备状态在线监测告警信息还需及时通知相应技术支持单位。

（2）如定性为缺陷的，应按照缺陷流程进行处置，并做好记录；对于重要缺陷，应做好相应的风险防控预案。

（3）处置结束后，应与运维人员进行信息状态核对，并做好记录。

**3. 监控员应在确认满足什么条件后，及时向调控中心调度员汇报站内设备具备线路远方试送操作条件？**

答：监控员需确认满足的条件有：

（1）线路主保护正确动作、信息清晰完整，且无母线差动、开关失灵等保护动作。

（2）对于带高抗、串补运行的线路，未出现反映高抗、串补故障的告警信息。

（3）通过工业视频未发现故障线路间隔设备有明显漏油、冒烟、放电等现象。

（4）故障线路间隔一、二次设备不存在影响正常运行的异常告警信息。

（5）开关远方操作到位判断条件满足两个非同样原理或非同源指示“双确认”。

（6）集中监控功能（系统）不存在影响远方操作的缺陷或异常信息。

**4. 弹簧操动机构为什么必须装有“未储能信号”及相应的合闸回路闭锁装置？**

答：由于弹簧操动机构只有当它已处在储能状态后才能合闸操作，因此必须将合闸控制回路经弹簧储能位置开关触点进行连锁。弹簧未储能或正在储能过程中均不能合闸操作，并且要发出相应的信号。在运行中，一旦发出弹簧未储能信号，就说明该断路器不具备一次快速自动重合闸的能力，应及时进行处理。

**5. 输变电设备在线监测通过监测避雷器的全电流、阻性电流实现绝缘监测的基本原理是什么？**

答：正常工作电压下，流过金属氧化物避雷器电阻片的电流仅为微安级，但是由于阀片（电阻片）长期承受工频电压作用而产生劣化，引起电阻特性的变化，导致流过阀片的泄漏电流增加；由于避雷器结构不良、密封不严格使内部构件和阀片受潮，也会导致运行中的避雷器泄漏电流增加，电流中的阻性分量的急剧增加，会使阀片的温度上升而发生热崩溃，严重时甚至会避雷器的爆炸事故。

**6. 变电站监控系统遥控操作失败，导致这种情况发生的原因有哪些？**

答：导致变电站监控系统遥控操作失败的可能有：

（1）远方/就地手把在于就地位置。

（2）五防闭锁发生信号，可能是由于五防信号没有传递过来，此时应该将五防关闭重起，并将钥匙取下，重新插入。

（3）集控权限不正确，此时在于集控控制方式；此时可以通过集控将权限切过来。

（4）开关压力闭锁或未储能等情况。

（5）测控回路、二次回路故障。

（6）遥控时，有变位信息上送，遥控终止。

**7. 为什么某些开关在分合闸时会出现“控制回路断线”动作又立即复归的信号？有什么技术措施可以避免该现象？**

答：当开关分合闸后因弹簧压力或液压下降，当下降至分合闸闭锁压力时将断开控制回路，故会出现“控制回路断线”，而当弹簧或液压机构再次储能完成后，控制回路将自动开放，故“控制回路断线”信号复归。可通过主站监控系统将该信号设置延时以躲过开关储能时间，即可避免该现象。

**8. 断路器远方操作时出现异常应如何检查？**

答：断路器远方遥控操作出现超时或遥控操作失败应检查以下项目：

（1）检查操作是否符合规定。

（2）若遥控预置超时，可再试一次。

（3）检查断路器是否因 $SF_6$ 气体压力低导致分合闸回路闭锁。

（4）检查测控装置“就地/远方”切换把手位置。

（5）检查控制回路是否断线。

（6）检查通信是否中断。

（7）如果仍无法进行操作，应通知自动化或运维人员处理。

**9. 断路器拒分、拒合的原因有哪些？**

答：控制电源失压、控制回路断线，断路器分、合闸闭锁（包括弹簧储能机构未储能），断路器操作控制选择小开关置于“就地”位置，跳、合闸回路电气元件故障（如操作控制把手、断路器的辅助接点、跳合闸线圈、防跳继电器、分合闸闭锁回路和同期回路等）。

**10. 主变压器冷却器组控制小开关有几个位置？各代表什么意义？**

答：（1）工作——主变压器冷却器在运行状态。

（2）停用——主变压器冷却器在停用状态。

（3）辅助——受上层油温（或负荷）控制自动投切。

（4）备用——当运行的主变压器冷却器故障时自动投入。

**11. 变电站监控信息联调验收应具备的条件是什么？**

答：变电站监控信息联调验收应具备的条件是：

（1）变电站监控系统已完成验收工作，监控数据完整、正确。

（2）相关调度技术支持系统已完成数据接入和护工作。

（3）相关远动设备、通信通道应正常、可靠。

**12. 变电站实施集中监控应满足哪些技术要求？**

答：变电站实施集中监控应满足的技术要求有：

（1）满足 Q/GDW 231—2008《无人值守变电站及监控中心技术导则》要求。

（2）变电站设备已完成验收和调试，正式投入运行。

（3）按照监控信息管理的相关规定，完成监控信息的接入和验收。

（4）消防、技防等监控辅助系统告警总信号接入调度技术支持系统（调度端监控系统）。

**13. 遇有何种情况，应对变电站相关区域或设备开展特殊监视？**

答：遇到以下情况，应对变电站相关区域或设备开展特殊监视：①设备有严重或危急缺陷，需加强监视时；②新设备试运行期间；③设备重载或接近稳定限额运行时；④遇特殊恶劣天气时；⑤重点时期及有重要保电任务时；⑥电网处于特殊运行方式时；⑦其他有特殊监视要求时。

**14. 调控中心应对无人值守变电站站内设备具备哪些操作功能？**

答：调控中心应对无人值守变电站站内设备具备操作功能有：

（1）具备对全站所有断路器、刀闸、主变压器有载调压分接头、无功功率补偿装置及与控制运行相关的智能设备的控制及参数设定功能。

（2）具备事故紧急控制功能，通过对开关的紧急控制，实现故障区域快速隔离。

（3）智能变电站还需具备顺序控制功能。

**15. 调控中心监控系统应具备哪些安全操作功能？**

答：调控中心监控系统应具备安全操作功能有：

（1）应具备对所辖变电站安全进行遥控、遥调等操作功能。

（2）应具备有效区分控制责任区的功能。

（3）应具备有效的口令和校验机制确保运行的安全。宜实现分站、分压、分人、分组控制不同的变电站，并根据责任区的划分分类告警。

（4）应具备集控防误闭锁功能。配置中央监控防误闭锁系统时，应实现对无人值守变电站远方操作的强制性闭锁。

（5）应能够记录各项操作的内容和时间。

**16. 出现哪些情况，调控中心应组织开展监控信息验收？**

答：出现以下情况，调控中心应组织开展监控信息验收：

（1）新建、改建、扩建工程投产。

（2）变电站综自系统改造、变电站远动机或其他变电站终端设备以及调度监控系统更换。

（3）在远动主机或其他远动终端工作，引起远动数据库变动。

**17. 简述调控中心应将监控职责临时移交运维单位的几种情形。**

答：（1）变电站站端自动化设备异常，监控数据无法正确上送调控中心。

（2）调控中心监控系统异常，无法正常监视变电站运行情况。

（3）变电站与调控中心通信通道异常，监控数据无法上送调控中心。

（4）变电站设备检修或者异常，频发告警信息影响正常监控功能。

（5）变电站内主变、断路器等重要设备发生严重故障，危及电网安全稳定运行。

（6）因电网安全需要，调控中心明确变电站应恢复有人值守的其他情况。

**18. 变电站远程图像监控系统主要监视功能有哪些？**

答：变电站远程图像监控系统主要监视功能有：

（1）能监视变电站内主变压器的外观状态，可以清楚监视主变压器本体及油位等重要运行信息。

（2）能辅助监视变电站内断路器、隔离开关、电流互感器、电压互感器、避雷器和瓷绝缘子等高压设备的外观状态。

（3）能监视变电站内其他充油设备、易燃设备的外观。

（4）监视变电站内主要室内（主控室、开关室、保护室、蓄电池室、低压配电室、电容器室、电抗器室、电缆夹层、通信室、远动室等）设备运行情况。

**19. 远程图像监控系统应用时发现以下哪些现象时，应及时上报缺陷？**

答：远程图像监控系统应用时发现以下现象时，应及时上报缺陷：

（1）画面模糊不可调节。

（2）可控制的摄像机或传感器无法控制，或是控制不灵活、不正确、不快捷。

（3）画面传输停滞或中断。

（4）传感器误报警时。

（5）系统死机，无法使用。

（6）其他影响使用的现象。

**20. 站用电系统发生异常时应如何处理？**

答：当发现站用电系统异常信号时，应检查带站用变的线路有无失电，或有无进线、主变压器失电，有无直流系统信号。发现异常情况应通知运维人员检查处理，如果带有直流系统异常信号时必须尽快到现场检查。如发生某站站用变切换动作时，应查看交流系统遥测值是否显示正确，且应清楚站用变交流系统的接线方式。当站用电系统失电时应关注蓄电池使用情况。

**21. 母线失压故障的现象有哪些？**

答：母线失压故障的现象有：①该母线的电压指示消失。②该母线所有进、出线及变压器电流、功率显示为零。③该母线所供的站用电消失。④不可只凭站用电源或照明全停而误认为母线全停电。

**22. 监控员通过监控系统发现监控告警信息后，应迅速确认，根据情况对哪些相关信息进行收集？**

答：监控员通过监控系统发现监控告警信息后，应迅速确认，根据情况对以下相关信息进行收集：①告警发生时间；②保护动作信息；③开关变位信息；④关键断面潮流、频率、电压的变化等信息；⑤监控画面推图信息；⑥现场视频信息（必要时）。

**23. 开关常态化远方操作、严格远方操作防误管理的要求是什么？**

答：开关常态化远方操作、严格远方操作防误管理的要求是：

（1）规范监控信息表管理，严格管控监控信息表变更，确保调度主站端和变电站端监控信息表准确无误。

（2）应结合调度数字证书严格调控权限管理，加强用户名和密码管理，应用双机监护功能，确保远方操作监护到位。

（3）完善集中监控功能，具备远方操作模拟预演、拓扑防误校核等手段。

（4）加强监控系统尤其是变电站端系统运行维护管理，落实调度控制远方操作技术规范要求，确保操作指令传输各环节安全、准确、可靠，严防遥控误操作。

**24. 对运行状态的开关进行遥控验收，为防止误出口或误控其他设备，可采取哪些安全措施？**

答：对运行状态的开关进行遥控验收，为防止误出口或误控其他设备，可采取以下安全措施：

（1）现场断开遥控回路，如退出测控屏上遥控出口压板或拉开遥控重动继电器电源。

（2）将所有测控装置上远近控切换装置切至“就地”位置，仅验收的开关切“远方”。

（3）拉开所有刀闸的操作电源。

（4）可将开关遥信位置封锁取反后发控制令，即便真的出口也是再合一次，开关不会分闸。

**25. 主变本体油位告警信号含义及可能的原因是什么？**

答：（1）信号含义：主变本体油位偏高或偏低时告警。

（2）可能的原因：①变压器内部故障；②主变压器过负荷；③主变压器冷却器故障或异常；④变压器漏油造成的油位低；⑤环境温度变化造成油位异常。

**26. 国家电网企管〔2014〕747 号文件关于调控机构调控运行交接班管理规定，监控业务交接内容应包括哪些内容？**

答：（1）监控范围内的设备电压越限、潮流重载、异常及事故处理等情况。

（2）监控范围内的一、二次设备状态变更情况。

（3）监控范围内的检修、操作及调试工作进展情况。

（4）监控系统、设备状态在线监测系统及监控辅助系统运行情况。

（5）监控系统检修置牌、信息封锁及限额变更情况。

（6）监控系统信息验收情况。

（7）其他重要事项。

**27. 自动电压控制系统（AVC）异常，不能正常控制变电站无功电压设备时，监控员应如何处理？**

答：自动电压控制系统（AVC）异常，不能正常控制变电站无功电压设备时，监控员应：

（1）自动电压控制系统（AVC）异常，不能正常控制变电站无功电压设备时，监控员应汇报相关调度。

（2）将受影响的变电站退出 AVC 系统控制，并通知相关专业人员进行处理。

（3）退出 AVC 系统控制期间，监控员应按照电压曲线及控制范围调整变电站母线电压。

**28. 线路故障停运后监控员需进行远方试送时、站内设备需满足哪些远方试送操作条件？**

答：（1）线路主保护正确动作、信息清晰完整，且无母线差动、开关失灵等保护动作。

（2）对于带高抗、串补运行的线路，未出现反映高抗、串补故障的告警信息。

（3）通过工业视频未发现故障线路间隔设备有明显漏油、冒烟、放电等现象。

（4）故障线路间隔一、二次设备不存在影响正常运行的异常告警信息。

（5）开关远方操作到位判断题条件满足两个非同样原理或非同源指示“双确认”。

（6）集中监控功能（系统）不存在影响远方操作的缺陷或异常信息。

**29. 监控系统报“××主变压器冷却器全停告警”信息，不能复归，会造成什么后果？**

答：造成主变压器油温过高，如果运行时间过长，将危及主变压器安全运行、缩短寿命，甚至损坏，造成事故。

**30. 变电站集中监控分析应包含哪些内容？**

答：（1）变电站集中监控覆盖率及各电压等级变电站集中监控工作开展情况。

（2）集中监控实现方式。

（3）集中监控变电站自动电压控制（AVC）情况。

（4）集中监控变电站倒闸操作情况。

（5）事故处理到站时间。

（6）监控职责移交情况。

**31. 监控信息分析应包含哪些内容？**

答：（1）监控信息接入量分析。

（2）监控告警信息分类分析。

（3）监控信息正确率分析。

**32. 监控运行分析月报应包含哪些内容？**

答：（1）监控运行总体情况。

（2）变电站集中监控分析。

（3）监控信息分析。

（4）监控设备缺陷分析。

（5）输变电设备状态在线监测与分析。

（6）本月开展工作及总结。

（7）其他需要分析的事项。

**33. 临时工作许可风险的典型控制措施有哪些？**

答：（1）临时工作答复前仔细核对现场一二次设备状态。

（2）考虑临时工作对电网运行方式及负荷的影响。

（3）许可临时工作前，应核对系统正在进行的工作，检查是否会对正在进行的工作造成影响。

**34. 监控信息监视存在风险的典型控制措施有哪些？**

答：（1）明确监视范围，不间断监视变电站设备事故、异常、越限、变位信息及输变电设备状态在线监测告警信息。

（2）掌控监控系统、设备在线状态监测系统和视频监控系统等运行情况。

（3）对于设备各类异常告警信息，及时与运维人员进行确认，并汇报相关调控，做好处置准备工作。

（4）对检修信息进行置牌，避免干扰；核对监控系统检修置牌情况、信息封锁情况。

（5）检修结束后，要及时与现场联系确认设备运行状态及告警信息情况。

**35. 简述监控员对监控范围内变电站的断路器监视内容及要求。**

答：（1）电流：监控后台或表计指示的三相相电流、线电流之间基本一致，随线路或主变压器潮流而变化，不超过断路器的额定值。

（2）电压：应满足相关调度部门下发的电压曲线的要求。

（3）有功功率、无功功率：不超过设备稳定限额。

（4）控制方式：正常运行中的开关应处于可遥控状态。

（5）$SF_6$压力：定时监测压力值及环境温度，折算为标准温度下的数值，压力接近额定值，大于报警值。

**36. 定值修改操作应满足哪些要求？**

答：（1）可通过监控系统或调控中心修改定值，装置统一时间仅接受一种修改方式。

（2）定值修改前应与定值单进行核对，核对无误后方可修改。

（3）支持远方切换定值区。

**37. 在线监测信息监视范围包括哪些内容？**

答：（1）变压器/电抗器油中溶解气体监测。

（2）电容型设备绝缘监测。

（3）金属氧化物避雷器绝缘监测。

（4）线路微气象环境监测。

（5）杆塔倾斜监测。

（6）电缆护层电流监测。

（7）其他监测。

**38. 请简述试运行通过后，集中监控职责交接时需要注意的工作要点。**

答：(1) 运维单位和调控中心按照批复进行监控职责移交。

(2) 调控中心当值值班监控员与现场值班运维人员通过录音电话按时办理集中监控职责交接手续，核对设备运行正常且遥测、遥信正确，并向相关调度汇报。

(3) 按制度正确完整做好交接记录。

**39. 当设备发生哪些故障时，调度控制处应及时开展专项分析，并形成分析报告？**

答：(1) 220kV 及以上主变压器故障跳闸。

(2) 110kV 及以上母线故障跳闸。

(3) 发生越级故障跳闸。

(4) 发生保护误动、拒动。

(5) 其他需开展专项分析的情况。

**40. 调控机构设备监控安全风险辨识防范手册中遥控联调验收要求有哪些？**

答：(1) 按照联调方案逐点进行遥控试验。

(2) 联调验收时有失败现象的（包括返校、执行等环节）；遥控响应速度慢的情况应立即分析原因查找问题，发现通道异常或厂站端设备原因应及时通知相关部门处理，对主站端的原因应立即排除。

(3) 联调方案应充分考虑现场实际可能各种条件，针对不同情况进行模拟遥控测试。

**41. 调控机构设备监控信息表指的是什么？有什么内容？**

答：调控机构设备监控信息表（以下简称监控信息表）是指满足调控机构变电站集中监控需要的接入调控机构的变电站信息表，包括遥测、遥信、遥控信息及其与变电站现场监控系统信息的对应关系。

**42. 调控中心实施远方操作须采取哪些措施？**

答：调控中心实施远方操作必须采取防误措施，严格执行模拟预演、唱票、复诵、监护、录音等要求，确保操作正确。

**43. 缺陷处理过程中，值班监控员应做好哪些工作？**

答：(1) 值班监控员收到设备运维单位核准的缺陷定性后，应及时更新缺陷管理记录。

(2) 值班监控员对设备运维单位提出的消缺工作需求，应予以配合。

(3) 值班监控员应及时在调控中心缺陷管理记录中记录缺陷发展以及处理情况。

**44. 事故信息收集与判断的风险辨识内容有哪些？**

答：(1) 未及时全面掌握异常或事故信息，导致事故处理时误判断、误下令。

(2) 异常或事故处理时，未及时全面掌握当地天气和相关负荷性质等情况，导致事故处理不准确。

(3) 在处理电网发生事故或异常时，不清楚现场运行方式，盲目处理，导致误操作或事故扩大。

**45. 监控系统出现数据不刷新应如何处理？**

答：(1) 单个单元数据不刷新：一般由测控单元失电或故障、TV/TA 回路异常、通信中断等原因引起，监控人员应通知通信及运维站人员进行检查。

(2) 单个变电站所有数据不刷新：一般由远动装置及通道异常等原因引起，监控员应与自动化人员联系，了解故障站前置机数据是否更新，若站端数据刷新，通知远动人员处理；若站端数据不更新，则应通知通信人员和远动人员检查主站端设备，同时通知运维站联系检修人员检查站端设备。

(3) 告警窗数据长时间不刷新：告警窗无任何告警信息时，检查本机的信息总线是否良好；如在告警窗看不到某条告警信息，但在信息总表可以查询到时，应按以下步骤进行检查：

1) 查看此条告警信息的告警定义行为中有无上告警窗动作。

2) 查看告警窗上的告警类型选择对话框中是否包含此条信号的告警类型。

3) 查看此告警类型在节点告警定义中是否禁止上告警窗。

4) 查看本机责任区是否包含该设备。

**46. 某座无人值守变电站即将投运，监控中心在投运前应该做好哪些工作？**

答：(1) 应检查对该变电站是否能进行遥控、遥调等操作功能。

（2）检查该变电站报警功能是否正常，报警时应实时发出语音信号，发生事故时是否能正确快速地自动推出事故变电站的一次主接线图，AVC 系统是否正常。

（3）检查该变电站视频系统和安防系统是否具备运行情况监视、入侵探测、防盗报警、出入口控制、安全检查等主要功能。

**47. 监控系统满足什么条件时，应进行线路开关远方操作强送。**

答：（1）开关已完成远方遥控实传试验，并报省调及相关地调备案；

（2）跳闸线路开关及跳闸线路保护无异常告警信息；

（3）线路跳闸主保护动作信息完备，无后备保护、远方跳闸动作信息，相邻设备无母线保护、失灵保护、主变保护等动作信息；

（4）通信状态正常；

（5）带高抗的线路，高抗保护未动作，且没有出现未复归的反映高抗的告警信息；

（6）监控系统不存在影响故障线路间隔远方操作的缺陷或异常信息；

（7）具备工业视频条件的，天气良好时，应通过视频系统遥视开关无明显异常（如明火、冒烟），若因天气异常等原因无法清晰遥视的，可不考虑工业视频遥视；不具备工业视频条件的，无需运维人员到达现场进行设备检查。

**48. 监控员远方遥控开关时，遥控返校成功，无法遥控执行分闸，请说出至少 5 种原因？**

答：（1）开关本体问题。弹簧未储能，$SF_6$ 压力低等原因造成分合闸闭锁；分合闸线圈烧坏；储能电源故障（消失）。

（2）操作回路问题。控制回路断线；控制电源消失。

（3）远方就地切换把手位置在“就地”位置。

（4）机构箱就地控制把手位置切在“就地”位置。

（5）遥控功能压板未投入。

## 五、论述题

**1. 根据《调控机构设备监控安全风险辨识防范手册》，针对远方遥控操作要求有哪些典型控制措施？**

答：（1）倒闸操作应根据值班调控人员的指令，受令人复诵无误后执行。

（2）发布指令应准确、清晰，使用规范的调度术语和设备双重名称，即设备名称和编号。发令人和受令人应先互报单位和姓名，发布指令的全过程（包括对方复诵指令）和听取指令的报告时应录音并做好记录。

（3）操作人员（包括监护人）应了解操作目的和操作顺序。对指令有疑问时应向发令人询问清楚无误后执行。发令人、受令人、操作人员（包括监护人）均应具备相应资质。

（4）操作时，若发生电网或现场设备发生事故或异常，应立即停止操作，并报告调度员，必要时通知运维单位。

（5）操作时若发生监控系统异常或遥控失灵，立即停止操作，并报告调度员，通知相关人员处理。

**2. 事故及异常信息处置有哪些风险，怎样控制这些风险？**

答：风险内容：①未及时全面掌握异常或事故信息，导致事故处理时误判断题、误下令；②异常或事故处理时，未及时全面掌握当地天气和相关负荷性质等情况，导致事故处理不准确；③在处理电网发生事故或异常时，不清楚现场运行方式，盲目处理，导致误操作或事故扩大；④事故情况下处置事故信息，汇报相应调度或通知运维人员不及时、不准确，导致事故影响扩大。

风险控制措施：①仔细核对监控系统中告警时间、设备状态、运行方式、保护及自动装置动作情况等，并与现场确认；②在未能及时全面了解情况前，应先简要了解事故或异常发生的情况，及时做好应对措施和对系统影响的初步分析；③事故处理时应进一步全面了解事故或异常情况，核对相关信息；④应及时了解事故地点的天气情况、相关损失或拉路负荷的性质；⑤根据已掌握的信息和分析，按事故处理原则进行事故处理，随时掌握事故处理进程及电网运行方式的变化；⑥监控员收到事故信息后，按照有关规定及时向相关调度汇报，并通知运维单位检查，事故信息处置过程中，监控员应按照规定进行事故处理，并监视相关变电站工况信息，跟踪了解事故处理情况，事故处理结束后，监控员应与现场运维人员核对现场设备运行状态与监控系统是否一致。

**3. 运行中电压互感器出现哪些现象须立即停止运行？**

答：电压互感器出现以下现象须立即停止运行：①高压侧熔断器接连熔断二、三次；②引线端子松动过热；③内部出现放电异音或噪声；④见到放电，有闪络危险；⑤发出臭味，或冒烟；⑥溢油。

**4. 变压器有哪几种常见故障？**

答：变压器常见故障如下：

（1）线圈故障：主要有线圈匝间短路、线圈接地、相间短路、线圈断线及接头开焊等。

（2）套管故障：主要有套管炸毁、闪络放电及严重漏油等。

（3）分接开关故障：主要有分接头绝缘不良；弹簧压力不足，分接开关接触不良或腐蚀，有载分接开关装置不良或调整不当。

（4）铁芯故障：主要有铁芯柱的穿心镙杆及夹紧镙杆绝缘损坏而引起的；铁芯有两点接地产生局部发热，产生涡流造成过热。

（5）瓦斯保护故障：主要有瓦斯二次回路故障，变压器内部故障引起油质分解劣化引起的故障。

**5. “双确认”条件不满足导致误判断的风险点和应对措施是什么？**

答：风险点：在部分运行条件下，例如短线路空充，线路负荷特别小等情况下，难以满足遥控操作的“双确认”条件，一旦发生遥信错误等情况，可能导致监控员误判断。

应对措施：①应主要采用开关遥信和遥测作为判据；②对于短线路空充、负荷特别小等原因导致遥测变化不明显等情况下，调控端不满足“双确认”条件的，应由运维人员现场检查设备进行确认；③220kV及以上非联动开关逐步实现三相遥信、遥测采集；④对于具备视频条件的变电站，可采用开关遥信和工业视频信号作为判据。

**6. 缺陷管理分哪几个阶段？简述其流程。**

答：缺陷管理分为缺陷发起、缺陷处理和消缺验收三个阶段。

（1）缺陷发起：

1）值班监控员发现监控系统告警信息后，应按调控机构信息处置管理规定进行处置，对告警信息进行初步判断，认定为缺陷的启动缺陷管理程序，报告监控值班负责人，经确认后通知相应设备运维单位处理，并填写缺陷管理记录。

2）若缺陷可能会导致电网设备退出运行或电网运行方式改变时，值班监控员应立即汇报相关值班调度员。

（2）缺陷处理：

1）值班监控员收到设备运维单位核准的缺陷定性后，应及时更新缺陷管理记录。

2）值班监控员对设备运维单位提出的消缺工作需求，应予以配合。

3）值班监控员应及时在调控中心缺陷管理记录中记录缺陷发展以及处理情况。

（3）消缺验收：

1）值班监控员接到运维单位缺陷消除的报告后，应与运维单位核对监控信息，确认缺陷信息复归且相关异常情况恢复正常。

2）值班监控员应及时在缺陷管理记录中填写验收情况并完成归档。

**7. 全面监视是指监控员对所有监控变电站进行全面的巡视检查，其主要内容包括哪些？**

答：全面监视是指监控员对所有监控变电站进行全面的巡视检查，其主要内容包括：

（1）检查监控系统遥信、遥测数据是否刷新。

（2）检查变电站一、二次设备，站用电等设备运行工况。

（3）核对监控系统检修置牌情况。

（4）核对监控系统信息封锁情况。

（5）检查输变电设备状态在线监测系统和监控辅助系统（视频监控等）运行情况。

（6）检查变电站监控系统远程浏览功能情况。

（7）检查监控系统 GPS 时钟运行情况。

（8）核对未复归、未确认监控信号及其他异常信号。

**8. 电网监控专业主要工作包括哪些？对于“电压”这个运行参数有哪些监视要求？**

答：监控专业主要工作：①变电站设备集中监视；②输变电设备状态在线监测信息的监视；③监控异常信息处置；④监控远方操作；⑤事故处理；⑥无功电压调整；⑦监控信息接入及验收等工作。

“电压”监视要求：①根据调度下达的电压曲线监视有无越限；②三相电压应平衡，当不平衡时，监视最大相的电压；③不超过设备运行最高允许电压和过电压运行的最长时间；④事故情况下，依据调度要求进行控制；⑤设备一般操作，并、解列操作，投切空载变压器，超高压长线路应加强监视。

**9. 为什么要装设电容器欠压保护？“电容器保护欠压出口”信号和“电容器保护出口”信号为什么要分开上送？按国调典型信息表，依次写出 1 号电容器（127 断路器）欠压保护动作跳闸的所有 A、D 类监控信号（含复归信号）。**

答：系统失电，电容器会有残余电压，如果系统恢复送电，电容器将可能会过电压而损坏，所以需装设欠压保护。

因“欠压保护动作”而跳闸的电容器在系统电压恢复后可以投运，而“电容器保护动作”信号指不平衡保护动作、过压保护动作、过流保护动作等信号的合并，在这些保护动作后电容器是不可用的，所以欠压保护要单独上送。

监控信号：1 号电容器保护欠压出口动作；1 号电容器 127 断路器分闸；1 号电容器间隔事故总动作；全站事故总动作；1 号电容器保护欠压出口复归；全站事故总复归。

**10. 调控中心是变电站设备监控信息专业管理的归口部门，需要履行的职责包括哪些？**

答：调控中心是变电站设备监控信息专业管理的归口部门，需要履行的职责包括：

（1）组织制订变电站设备监控信息技术规范和管理规定，并协调、监督有关部门和单位落实。

（2）参与涉及变电站设备监控信息的设计审查、设备选型和出厂验收。

（3）组织开展变电站设备监控信息接入（变更）及联调验收。

（4）负责变电站集中监控许可管理，对变电站设备监控信息进行现场评估。

（5）实时监视和处置变电站设备监控信息，组织开展监控运行分析。

（6）组织开展变电站设备监控信息考核评价。

**11. 某站接线方式如图 7-1 所示，单数开关运行于Ⅰ母线，双数开关运行Ⅱ母线，220kV 母联开关处于合位，请简述 262 断路器需从Ⅱ母线隔离开关至Ⅰ母线操作期间，监控后台会报出的信号及其意义。**

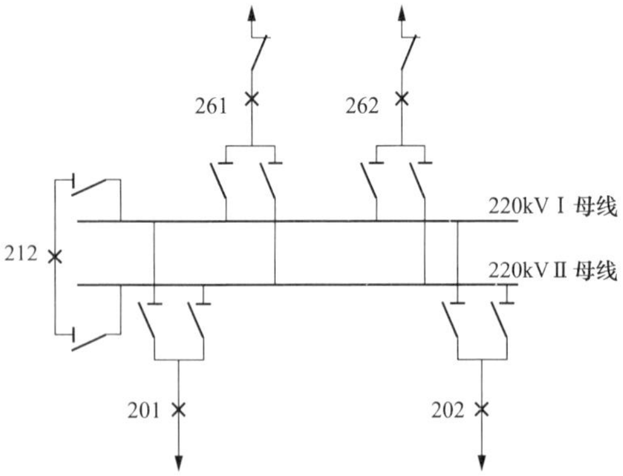

图 7-1　某站接线方式

答：（1）操作内容：投入第一，二套母线差动保护互联压板。

相应信号：220kV 母线第一（二）套母线差动保护互联。

（2）操作内容：拉开 220kV 母联第一二套控制电源空气开关。

相应信号：220kV 212 母联开关第一（二）组控制电源消失；220kV 212 母联开关第一（二）组控制回路断线。

（3）操作内容：合上 2621 隔离开关。

相应信号：220kV 262 开关切换继电器同时接通；220kV 母线第一（二）套母线差动保护开入异常告警。

（4）操作内容：拉开 2622 隔离开关。

相应信号：220kV 262 断路器切换继电器同时接通（复归）。

（5）操作内容：合上 220kV 母联第一二套控制电源空气开关。

相应信号：220kV 212 母联开关第一（二）组控制回路断线（复归）；220kV 212 母联开关第一（二）组控制电源消失（复归）。

（6）操作内容：退出第一、二套母线差动保护互联压板。

相应信号：220kV 母线第一（二）套母线差动保护互联（复归）。

（7）操作内容：核对母线差动保护装置刀闸位置与实际隔离开关位置一致，手动复归信号。

相应信号：220kV 母线第一（二）套母线差动保护开入异常告警（复归）。

**12. 遇有哪些情况时不允许进行断路器远方遥控操作？**

答：出现以下情况时不允许进行断路器远方遥控操作：

（1）设备异常或检修：①监控系统反映出现场一、二次设备出现如“控制回路断线”“分合闸闭锁”等影响开关遥控操作的异常告警信号（出现“合闸闭锁”尚未出现“分闸闭锁”时，监控员可根据调度指令进行分闸操作）；②监控系统、通信通道存在影响远方遥控操作的缺陷或异常；③断路器、变电站总控装置、相应测控装置等自动化设备开展调试检修工作；④待操作断路器间隔监控职责已移交现场。

（2）技术条件不满足：①断路器未通过监控遥控实传试验验收；②经相关运维单位确认不具备远方遥控操作条件的断路器（清单需及时进行更新）；③送电操作中需要采用检同期、检无压功能时，现场总控装置未实现自动检同期、检无压功能或监控系统不具备远方选择检同期、检无压合闸操作指令功能；④断路器切除故障短路电流次数（由运维单位统计、计算）或正常操作次数已达规定值；⑤不满足远方遥控操作“双确认”技术条件的断路器。

（3）其他：①投入 AVC、SVC 自动控制的断路器；②运维人员向监控员提出安全要求时（如巡视、检修等情况）；③其他不允许远方遥控操作的情形。

**13. 请论述倒闸操作风险的典型控制措施。**

答：倒闸操作风险的典型控制措施有：

（1）倒闸操作应根据值班调控人员的指令，受令人复诵无误后执行。

（2）发布指令应准确、清晰，使用规范的调度术语和设备双重名称，即设备名称和编号。发令人和受令人应先互报单位和姓名，发布指令的全过程（包括对方复诵指令）和听取指令的报告时应录音并做好记录。

（3）操作人员（包括监护人）应了解操作目的和操作顺序。对指令有疑问时应向发令人询问清楚无误后执行。发令人、受令人、操作人员（包括监护人）均应具备相应资质。

（4）操作时，若发生电网或现场设备发生事故或异常，应立即停止操作，并报告调度员，必要时通知运维单位。

（5）操作时若发生监控系统异常或遥控失灵，立即停止操作，并报告调度员，通知相关人员处理。

**14. 监控系统监视到设备异常应如何处理？**

答：监控系统监视到设备异常应：

（1）监控系统发出电网设备异常信号时，监控员应准确记录异常信号的内容与时间，并对发出的信号迅速进行研判，研判时应结合监控画面上开关变位情况，电流、电压、频率等遥测值、光字牌信号进行综合分析，判断有无故障发生，必要时通知现场配合检查，不能仅依靠语音告警或事故推画面来判断故障。

（2）若排除监控系统误发信号，确认设备存在异常的，应立即汇报调度，做好配合调度进行遥控操作的准备，并根据异常情况进行事故预想，严防设备异常造成事故。

（3）监控员应将监控到的信息和分析判断的结果告知运维站人员以协助其检查，并提醒其有关安全注意事项。

（4）监控员应要求现场人员对电气设备缺陷进行定性，详细汇报具体缺陷情况。

(5) 对于危急缺陷和可能影响电网安全运行的严重缺陷，要求现场立即将检查结果及须采取的隔离方式汇报设备管辖调度，并告知监控。对于主变压器风冷系统全停、35kV 母线单相接地、直流接地等重大异常，监控员应记录异常持续时间并监视其发展情况，与现场运维人员密切配合，按有关规程的规定采取措施，并做好事故预想。

(6) 现场异常隔离或缺陷消除后，运维人员应及时汇报监控员。监控员应与在现场的运维人员核对相关信号，确认已复归信号，并将异常处理的结果汇报给调度。

**15. 变电站在集中监控试运行期满后，监控业务移交工作组对试运行情况进行分析评估，形成集中监控评估报告，作为许可变电站集中监控的依据。评估报告应包括哪些内容？**

答：评估报告电话内容有：①变电站基本情况；②变电站现场检查情况；③变电站试运行情况；④调控中心监控移交准备工作情况；⑤需在报告中体现的其他情况；⑥评估意见（明确是否具备集中监控条件）。

**16. 变压器有载分接开关在什么情况下，应禁止或终止操作？**

答：出现下列情况，应禁止或终止操作分接开关：①遥调操作分接开关发生拒动、误动；②电压表和电流表变化异常；③电动机构或传动机械故障；④分接位置指示不一致；⑤压力释放保护装置动作；⑥变压器过负荷时（特殊情况下除外）；⑦有载调压装置的瓦斯保护频繁发出信号时；⑧有载调压装置的油标中无油位时；⑨有载调压装置的油箱温度低于−40℃时。

**17. 调度员应根据监控员、运维单位人员情况汇报及综合智能告警等信息进行综合分析判断，并确定是否对线路进行远方试送。当遇到哪些情况时，不允许对线路进行远方试送？**

答：当遇到以下情况，不允许对线路进行远方试送：

(1) 监控员汇报站内设备不具备远方试送操作条件；

(2) 运维单位人员汇报由于严重自然灾害、山火等导致线路不具备恢复送电的情况；

(3) 电缆线路故障或者故障可能发生在电缆段范围内；

(4) 判断故障可能发生在站内；

(5) 线路有带电作业，且明确故障后不得试送；

(6) 相关规程规定明确要求不得试送的情况。

## 六、案例分析题

**1. 220kV 甲变电站和 220kV 乙变电站均为监控范围内省调直调的无人值守站，雷雨大风天气，监控系统出现以下报文：**

**09 时 22 分 15 秒：220kV 甲变电站 220kV 甲乙Ⅰ线 612 线路第一套 RCS-931 保护动作出口；**

**09 时 22 分 15 秒：220kV 甲变电站 220kV 甲乙Ⅰ线 612 线路第二套 CSL-101A 保护动作出口；**

**09 时 22 分 15 秒：220kV 乙变电站 220kV 甲乙Ⅰ线 606 线路第一套 RCS-931 保护动作出口；**

**09 时 22 分 15 秒：220kV 乙变电站 220kV 甲乙Ⅰ线 606 线路第二套 CSL-101A 保护动作出口；**

**09 时 22 分 15 秒：220kV 甲变电站 220kV 甲乙Ⅰ线 612 断路器 C 相分闸；**

**09 时 22 分 15 秒：220kV 乙变电站 220kV 甲乙Ⅰ线 606 断路器 C 相分闸；**

**09 时 22 分 15 秒：220kV 甲变电站 220kV 甲乙Ⅰ线 612 线路第一组控制回路断线；**

**09 时 22 分 15 秒：220kV 甲变电站 220kV 甲乙Ⅰ线 612 线路第二组控制回路断线；**

**09 时 22 分 16 秒：220kV 甲变电站 220kV 甲乙Ⅰ线 612 线路第一套 RCS-931 保护重合闸动作；**

**09 时 22 分 16 秒：220kV 甲变电站 220kV 甲乙Ⅰ线 612 线路第二套 CSL-101A 保护重合闸动作；**

**09 时 22 分 16 秒：220kV 乙变电站 220kV 甲乙Ⅰ线 606 线路第一套 RCS-931 保护重合闸动作；**

**09 时 22 分 16 秒：220kV 乙变电站 220kV 甲乙Ⅰ线 606 线路第二套 CSL-101A 保护重合闸动作；**

**09 时 22 分 17 秒：220kV 乙变电站 220kV 甲乙Ⅰ线 606 断路器 C 相合闸；**

**09 时 26 分 08 秒：220kV 甲变电站 220kV 甲乙Ⅱ线 614 线路第一套 RCS-931 保护动作出口；**

**09 时 26 分 08 秒：220kV 甲变电站 220kV 甲乙Ⅱ线 614 线路第二套 CSL-101A 保护动作出口；**

**09 时 26 分 08 秒：220kV 乙变电站 220kV 甲乙Ⅱ线 608 线路第一套 RCS-931 保护动作出口；**

**09时26分08秒：220kV乙变电站220kV甲乙Ⅱ线608线路第二套CSL－101A保护动作；**

**09时26分08秒：220kV甲变电站220kV甲乙Ⅱ线614断路器ABC相分闸；**

**09时26分08秒：220kV乙变电站220kV甲乙Ⅱ线608断路器ABC相分闸；**

**09时26分09秒：220kV甲变电站220kV甲乙Ⅰ线612断路器三相不一致跳闸出口；**

**09时26分10秒：220kV甲变电站220kV甲乙Ⅰ线612断路器AB相分闸。**

**根据以上监控信息，判断本次事故的原因，并写出详细经过。**

答：9时22分15秒：甲乙Ⅰ线线路C相瞬时故障，两侧断路器C相跳闸。

甲站甲乙Ⅰ线612断路器合闸线圈损坏，C相跳开后分合闸位置继电器同时失电，发出第一二组控制回路断线信号。

乙站甲乙Ⅰ线606断路器C相重合成功，甲站甲乙Ⅰ线612断路器因电流较小，三相不一致保护经零负序电流闭锁未开放，非全相运行。

9时26分08秒：甲乙Ⅱ线线路相间故障，两侧断路器三跳。

因甲乙Ⅱ线跳闸，甲乙Ⅰ线潮流增大，甲站甲乙Ⅰ线612断路器三相不一致保护经零负序电流闭锁开放，三相不一致跳闸出口跳AB两相。

**2. 某地区500kV系统刚建立不久，某日乙站1号主变压器的2201 $SF_6$断路器（配液压操作机构）在运行中发生频繁“打压”（发出“油泵运转”信号）约2h后，由于液压操作机构泄压，使断路器出现“慢分”，2201断路器B相的两个灭弧室爆炸，220kV母线差动保护动作，跳Ⅰ号母线上所连接的元件，220kV母联失灵保护动作，跳开Ⅱ号母线上所连接的元件，1号主变压器高压侧复压闭锁过流保护动作，1.0s跳开500kV侧的5032、5033断路器。在此期间，乙甲线甲厂侧的高频方向保护（工作方式选为允许式，与载波机复用通道）动作出口，跳开B相断路器，重合不成功，再三相跳闸。事后检查发现母联断路器的相电流元件的输出接点损坏（粘连）。系统接线图如图7-2所示，请初步分析各保护的动作行为。**

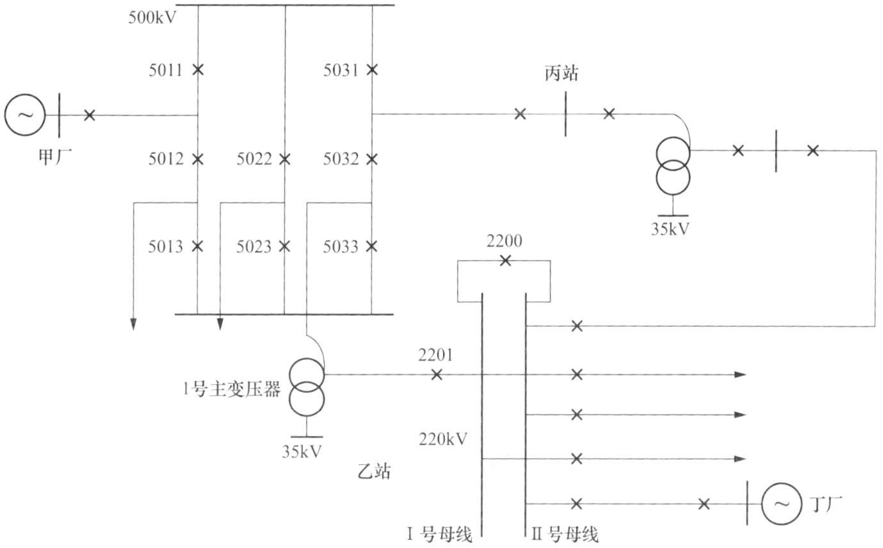


图7-2 某地区500kV系统接线图

答：（1）由于故障点发生在2201断路器B相爆炸，则故障点在1号主变压器差动保护范围之外，220kV母线差动保护范围之内，因此220kV母线差动保护动作是正确的。Ⅰ号母线切除后故障并未切除，因此1号主变压器高压侧复压闭锁过流保护动作，1.0s跳开500kV侧的5032、5033断路器是正确的。此故障对甲乙线高频允许式保护来说是区外故障不应动作跳闸。因此甲厂侧的高频方向保护是误动作，可能是乙站向甲厂误发了跳闸允许信号，或甲厂误收到干扰信号。220kV母联失灵保护动作，跳开Ⅱ号母线上所连接的元件，是不正确的。

（2）母联失灵保护动作的条件应同时满足 3 条：①母线差动保护动作；②母联断路器的相电流判别元件动作（其接点闭合）；③复合电压闭锁开放。

（3）由图 7-2 可知，220kV Ⅰ号母线切除后，Ⅱ号母线上的丁厂仍然通过丁乙线—乙丙线—丙站变压器—丙乙线—乙站 1 号主变压器向故障点提供短路电流，Ⅱ号母线的 $3U_0$ 定值（通常整定为 8V），可能达到开放条件，即满足了失灵保护动作的条件③；220kV Ⅰ号母线切除后，2201 的 TA 仍然有故障电流流过，造成Ⅰ号母线母差选择元件继续处于动作状态，即满足了失灵保护动作的条件①；由于母联断路器的相电流判别元件损坏（其接点粘连），则满足了失灵保护动作的全部条件。故失灵保护动作。

**3. 220kV 甲变电站，220kV 接线方式为双母接线并列运行，共 4 条出线，分别是甲乙线、甲丙线、甲丁线、甲子线，运行方式为甲乙线、甲丙线运行在Ⅰ号母线上，甲丁线、甲子线运行在Ⅱ号母线上。如果甲乙线甲站开关 A 相的液压机构由于泄漏导致油压低分合闸闭锁，而此时该线路发生 A 相接地故障，请分析保护和开关的动作情况。监控系统会打出哪些信号（写出对判断事故、异常有决定作用的主要信号并标出该信号类别）?**

答：（1）A 相发生故障后，线路保护动作，A 相开关拒动，失灵启动母差及远跳保护，如对侧开关已由线路保护跳开，则远跳保护启动后返回。母线差动保护在第一时限先跳开母联开关，再跳开Ⅰ号母线上所有开关。因 220kV 线路开关为分相开关，油压低闭锁分合闸后，重合闸也将闭锁，保护三跳出口，跳开 B、C 两相。

（2）监控系统的关键信号。异常信号有：220kV 甲乙线××开关油压低分合闸总闭锁；220kV 甲乙线××开关油泵打压超时；220kV 甲乙线××开关第一（二）组控制回路断线。事故信号有：220kV 甲乙线第一（二）套主保护出口；220kV 甲乙线第一（二）套保护 A（B、C）相跳闸；220kV Ⅰ号母线第一（二）套失灵保护出口；相关间隔的事故信号。变位信号有：220kV 甲乙线 B（C）相开关分闸；220kV ××母联开关分闸；220kV ××母联开关 A（B、C）相分闸；220kV 甲丙线××开关分闸；220kV 甲丙线××开关 A（B、C）相分闸。

**4. 3 时，监控系统出现××站 1 号主变压器油温告警信号，监控员检查该主变油温遥测量在正常范围内，判断为误报警未通知现场进行核查。5 时 1 号主变压器重瓦斯保护动作，1 号主变压器跳闸。经查看曲线图发现该主变压器油温遥测量于前日 21 时起即不刷新，请分析该案例中暴露出的问题及防治对策。**

答：暴露问题：

（1）监控员在白班与中班、中班与夜班的交接班巡视及中夜班的班中巡视未按巡视流程进行，未查看变电站重要遥测数据情况。

（2）变电站重要遥测数据不刷新时，监控系统无报警信息，导致监控员不易发现此类隐蔽缺陷。

（3）监控员运行经验不足、责任心不强。未通知现场检查即简单判断为误告警，造成异常进一步发展造成事故。

防治对策：

（1）加强监控员交接班规范管理，交接班检查巡视要到位。

（2）加强监控员班中巡视实效，对变电站重要遥测量表巡视检查全面到位。

（3）在监控系统中，对重要遥测量长时间不刷新时，设置遥测死数报警信息，以提醒监控员注意。

（4）加强监控员业务培训及责任心教育。

**5. 监控范围某 500kV 站 AVC 系统出现闭锁信息，此时该站 220kV 母线电压接近越限，监控需要将该站 AVC 系统功能立即退出并人工进行无功设备调整，但运维现场回复退出该站 AVC 功能需派人至现场，尚有一段时间，此期间该站 220kV 母线电压越限监控如何处置？若此时该站 500、220kV 母线电压均越限，且因站内无功设备现场异常，造成监控和运维现场均无法对站内无功设备进行遥控操作，监控员如何处置?**

答：（1）监控员立即通知自动化相关专业人员对该站 AVC 系统进行处理。

（2）监控员立即将该站 AVC 系统异常汇报调度。

（3）因 220kV 母线电压暂时接近越限，监控员应汇报调度员，建议可暂时调整分区内其他 220kV 变电站无功设备或调节分区内电厂的无功出力。

（4）该站500、220kV母线电压均越限，监控员要求运维现场立即派人处理，并告知无功设备无法操作的严重性；将现场无功设备异常情况立即汇报分中心及省调，由其通过其他调整方式控制该站500、220kV母线电压。

**6. 某500kV变电站10时发“××开关$SF_6$压力低报警”信号，监控员立即通知运维班人员检查，10时40分后又发“××开关$SF_6$压力低闭锁”“××开关第二组控制回路断线”信号，监控员再次联系运维班人员，此时运维人员到达现场，现场运维人员汇报“××开关A相$SF_6$压力下降至闭锁值，需将开关进行隔离”，监控员与现场核对信号，确认“××开关第一组控制回路断线”信号确未发出，监控员立刻将该开关遥控分闸进行隔离。请问监控员的处置是否得当，为什么？**

答：监控员的处置不当。

（1）对于需要改变设备状态的缺陷，监控员应立即汇报设相关调度员，按照相关调度员指令处理。

（2）虽然“××开关第一组控制回路断线”信号确未发出，第一组控制回路可以正常操控开关，但现场运维人员明确汇报“××开关A相$SF_6$压力下降至闭锁值”，开关本身的工况已不适合进行操作，隔离开关的过程中不能对开关进行遥控分闸。

（3）根据开关具体的接线方式，按规程规定对开关进行隔离。

1）有专用旁路或母联兼旁路开关的厂站，应采用代路方式使开关隔离。

2）用母联开关串故障开关，使故障开关停电。

3）母联开关故障，可用某一元件隔离开关跨接两母线（或倒单母线），然后拉开母联开关两侧刀闸。

4）3/2接线的开关，在保证故障开关所在串与其他串并联运行时，可用其两侧刀闸隔离（用刀闸拉母线环流或空载母线要经过相应试验并有明确规定）。

**7. ××公司35kV×变电站AVC未投运，母线电压调整仍采用人工投切电容器方式。6月1日14时××中心站汇报当值监控员现场巡视发现35kV××变电站10kV 1号电容器有异常声响，要求先改为热备用待检修人员到站前来检查处理。14时15分早班××监控员随即遥控拉开10kV 1号电容器开关，但并未悬挂禁止遥控、缺陷等标示牌，也不作记录。15时中班人员前来接班，早班交班人员与中班接班监控员进行交接班，但未交代此异常情况。15时15分中班监控员接班后对监控范围内设备电压进行监视，发现35kV××变电站10kV一段母线电压偏低，而10kV 1号电容器开关在分闸位置，随即遥控合上10kV 1号电容器开关，15时18分××变电站10kV 1号电容器室发生爆炸，1号主变压器低压过流保护动作，开关跳闸，10kV自投不成功，10kV一段母线失电，造成了较大的事故影响。试分析上述案例暴露出的问题与防范对策。**

答：（1）值班监控员安全意识薄弱，在接到现场异常情况汇报后，未引起重视，未做登记记录，是此次事故发生的重要原因。

（2）值班监控员遥控操作结束后没采取防范措施，交接班也不向接班人员交代，是这次事故发生的直接原因。

防治对策：

（1）加强《调度操作规程》学习，严格执行监控联系与交接班制度，做到不漏记、不漏交。

（2）认真吸取事故教训，加强安全教育，严格遵守各项安全生产规程、规定和制度，确保电网安全加强现场反违章力度，克服麻痹松懈思想，防止电网、主设备和误操作事故的发生。

**8. 某500kV变电站存在$N_2$储能的断路器，某日凌晨01时发“220kV××断路器$N_2$压力低”信号，监控员发现信号后立即通知运维人员进行检查，1h后运维人员到达现场，汇报“该信号现场确实发出，具体情况需专业人员进行检查”。在等待检查人员处理的过程中04时又发“220kV××断路器$N_2$压力低总闭锁”“220kV××断路器第一组控制回路断线”“220kV××断路器第二组控制回路断线”信号，监控员立即汇报相关调度，按调度指令对断路器进行了隔离。请问监控员的处置能否可以改进，怎样改进？**

答：可以改进。

监控员应清楚$N_2$储能的断路器，发“220kV××断路器$N_2$压力低”信号后可能会延时闭锁。

监控员应询问现场运维人员，查阅现场规程，明确该短路器是否会延时闭锁，以及延时的时间。

督促现场运维人员在闭锁前查明问题，如确实无法查明，则应汇报相关调度，尽量在闭锁信号发出前将该断路器分闸。

**9. 某500kV变电站10时发“××开关$SF_6$压力低闭锁”“××开关第一组控制回路断线”“××开关第二组控制回路断线”信号，该站为运维站驻地，运维人员现场检查汇报××开关三相$SF_6$压力正常，作为监控员该怎么处置？**

答：(1) 从现场汇报结果来看一次设备本身运行正常，可判断为信号误发。

(2) 需同时现场运维人员尽快明确控制回路是否真正断线（通知运维人员检查确认开关操作继电器箱的监视灯是否正常）。

(3) 如控制回路真的断线，则开关将无法遥控分闸，电网发生故障时保护装置也无法跳开开关，需汇报相关调度按规定尽快对开关进行隔离后，尽快查明原因处理。

(4) 如控制回路并没有断线，则不影响开关运行，通知现场运维人员尽快查明信号误发原因并处理。

**10. 09～11时，监控系统频繁出现××站220kV ××开关油泵启动，返回信息；期间出现2次该开关油泵打压超时动作、返回信息。因信息返回未引起监控员重视，12时监控系统出现××站220kV ××开关闭锁重合闸；12时02分该线路单相故障，开关未重合直接三相跳闸。请分析该案例中暴露出的问题及防治对策。**

答：暴露问题：

(1) 监控员运行经验不足，频繁发5类信息开关油泵启动时，未引起注意，同一间隔出现打压超时因信号返回仍未引起重视导致未提前发现为设备异常。

(2) 异常未及时得到处理，从开关仅打压频繁发展到闭锁重合闸，导致无法一次进一步发展。

防治对策：

(1) 加强监控员业务培训，对一些典型运行经验，要及时进行积累，并有分析，整理成培训教材，适时对监控员进行培训。

(2) 加强监控员责任心教育，对于频繁出现的同一间隔的五类信息应引起重视。

**11. 2012年7月22日08时35分，监控交接班，接班人员进行监控系统画面检查时，发现××变电站的所有电压等级母线电压均不刷新。点击查看曲线图发现，不刷新情况从前一天的14时10分就出现了。通知运维人员现场检查发现公用测控装置死机，重启后正常。使公用测控遥测数据长达20h失去监视。该案例暴露出哪些问题？防治对策可以有哪些？**

答：暴露问题：

(1) 监控员在白班与中班、中班与夜班的交接班巡视及中夜班的班中巡视未按巡视流程进行，未查看变电站重要遥测数据情况。

(2) 变电站重要遥测数据不刷新时，监控系统无报警信息，导致监控员不易发现此类隐蔽缺陷。

防治对策：

(1) 加强监控员交接班规范管理，交接班检查巡视要到位。

(2) 加强监控员班中巡视实效，对变电站重要遥测量表巡视检查全面到位。

(3) 在监控系统中，对重要遥测量长时间不刷新时，设置遥测死数报警信息，以提醒监控员注意。

**12. 某110kV电网接线图如图7-3所示，线路均配置常规距离、零序保护，乙站为单母线接线，正常方式为甲乙线带乙站，丙乙线带丙站1号主变压器，甲丙线带丙站2号主变压器，丙站110kV分段开关在热备用。某日乙站线路、主变压器保护报“保护装置TV断线、装置告警”，母线相电压指示分别为11、52、57kV。**

**请问：**

**(1) 该现象产生的原因有哪些？**

**(2) 该缺陷对电网运行有什么影响？**

**(3) 写出主要处理过程。**

答：(1) 可能出现的原因：电压互感器二次接线松动；电压互感器一次异常。

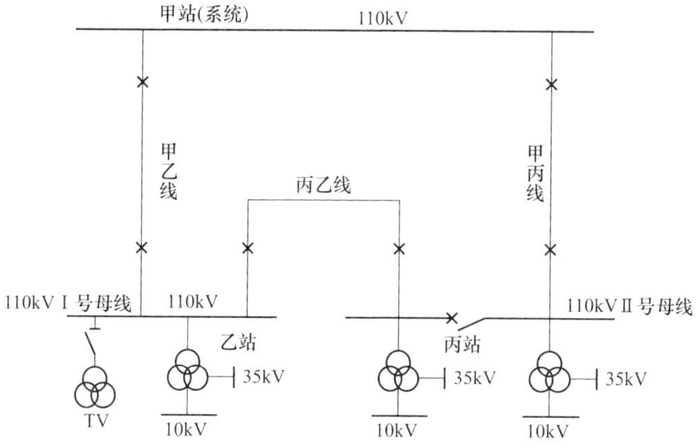


图 7-3 某 110kV 电网接线图

（2）造成的影响："保护装置 TV 断线"，母线电压指示不正常说明 110kV 电压回路存在异常，会造成丙乙线线路失去保护，乙站主变压器复压过流保护变为纯过流保护。

（3）处理过程：发现告警信息后，应迅速收集相关信息，并及时汇报调度，通知运维单位。丙乙线线路保护 TV 断线闭锁，应将丙乙线线路停运。

具体处理步骤如下：①投入乙站甲乙线保护；②投入丙站甲丙线保护；③调整丙站 110kV Ⅰ段、Ⅱ段母线电压基本一致；④合上丙站 110kV 分段断路器，并检查断路器位置、潮流情况；⑤断开乙站丙乙线断路器，并检查断路器位置、潮流情况；⑥退出丙站甲丙线保护。

**13. 监控系统中某 500kV 常规变电站"5031 断路器保护故障"监控信息及光字牌动作，处理该缺陷应将该开关转至何种状态？为什么？**

答：应将 5031 断路器转为冷备用。

原因：

（1）500kV 断路器保护为单套配置，保护故障后断路器失去保护，断路器不能无保护运行，故需将断路器停用。

（2）5031 断路器保护故障后，5031 断路器失灵和死区保护退出，若只拉开 5031 断路器，当 5031 断路器与 TA 之间死区故障时，500kV 母线差动保护动作，但故障点仍然存在，5031TA 仍流过故障电流，只能靠对侧线路后备保护切除故障，这样会延长故障切除时间，扩大事故影响范围，因此须将 5031 转至冷备用状态。

**14. 监控系统发生"××站 1 号主变压器冷却器故障告警"信息，动作不复归。**

**（1）请分析此监控信息可能发生的原因及可能引起的后果。**

**（2）请说明调控中心及现场运维的一般处置原则。**

答：（1）原因分析：冷却控制的各分支系统（指风扇或油泵输出控制回路）故障，由风控箱内热继电器或电机开关辅助接点启动告警信号。造成后果：造成主变压器油温过高，危及主变压器安全运行。

（2）调控中心处置原则：

1）上报调度，通知运维单位，加强运行监控，做好相关操作准备。

2）时刻监视主变压器油温值。

3）了解现场处置的基本情况和处置原则。

4）根据处置方式制定相应的监控措施，及时掌握 $N-1$ 后设备运行情况。

现场运维一般处置原则：

1）首先考虑冷却器故障后能否满足主变压器正常运行需要，若不满足，立即汇报调度申请降负荷或停电处理。若满足运行条件，则进一步检查现场主变压器风冷系统情况，是风扇故障还是油泵故障，对应的热耦继电器是否动作。

2）如果热耦继电器动作，风扇或油泵外观检查未见异常，可手动复归热耦继电器恢复冷却器正常运行。若复归热耦继电器失败，则进一步检查风扇或油泵故障，应采取断开风扇或油泵控制电源措施，并立即上报调度，同时制订更换措施和方案。

3）如果是热耦继电器或电机开关辅助接点故障造成误发信号应对热耦继电器或电动机开关辅助接点进行检查，及时消除故障。

**15. 监控系统发生“××站1号直流系统接地”信息，动作不复归。**

**（1）请分析此监控信息可能发生的原因及可能引起的后果。**

**（2）请说明调控中心及现场运维的一般处置原则。**

答：原因分析：

（1）直流电源柜内直流母线或二次回路绝缘性能降低，直流母线直接接地。

（2）在二次回路上工作时，造成直流馈线接地。

（3）保护、自动装置元器件损坏，绝缘击穿。

（4）端子箱、机构箱、隔离开关密封不严，造成端子排或接线柱受潮绝缘性能降低。

（5）绝缘监测装置或直流监控装置故障误发信号。

造成后果：若再有一点直流接地可能造成直流系统短路使熔丝熔断，造成直流失电或者使保护拒动或者误动。调控中心处置原则：通知运维单位，加强运行监视。

现场运维一般处置原则：

（1）通过检查绝缘监测装置判断接地范围。

（2）根据现场运行规程进行查处和处理。

**16. 监控系统发生“××站站用电3号母线失电”信息，动作不复归。**

**（1）请分析此监控信息可能发生的原因及可能引起的后果。**

**（2）请说明调控中心及现场运维的一般处置原则。**

答：原因分析：

（1）站用变故障跳闸。

（2）站用变高压侧无电。

（3）站用电母线受总开关跳闸。

（4）站用电电压二次回路异常。

造成后果：造成站用电全部或部分消失。

调控中心处置原则：

（1）通知运维单位，采取相应的措施。

（2）了解现场处置的基本情况和处置原则。

（3）加强对相关信号的监视。

现场运维一般处置原则：

（1）检查站用变保护动作情况、现场检查站用变有无故障现象。

（2）站用电全部或部分消失时，投入备用电源或站内迅速采取措施恢复全部站用电负荷的供电。

（3）对主变压器风冷、直流系统的交流电压切换进行检查。

**17. 3月25日，220kV ××变信息调试。主站与厂站联调过程中，由于现场设备原因，未完成××间隔××信息调试，主站人员未做相应记录，便继续往下调试，调试工作结束后，也未进行核对和确认，导致××间隔××信息遗漏，未联调就投入运行。请分析该案例中暴露出的问题及防治对策。**

答：暴露问题：

（1）主站维护人员在联调过程中，未严格按照操作票要求执行，监护不到位。

（2）厂站联调人员不仔细，并未做记录。

（3）联调标准化作业指导书不完善，导致出现遗漏现象。

防治对策：

（1）严格执行两票三制管理规定。

（2）加强联调工作的管理和监护，完善标准化作业指导书，使作业指导书更具针对性、操作性。

（3）主、厂站联调人员应提高工作责任心，认真负责地完成信息联调接入工作。

**18. 某变电站断路器事故跳闸，由于该断路器跳闸发生时系统未推出画面，当时正值强对流天气，告警信号及语音报警频发，造成断路器跳闸未能及时发现，导致故障处理发生延误。请分析该案例中暴露出的问题及防治对策。**

答：暴露问题：

（1）验收人员责任心不强，导致实际验收标准降低。

（2）极端天气情况下，监控员对事故告警系统依赖性较强，放松了对日常巡视的要求，未有效收集电网运行的变化情况，没有及时发现开关跳闸。

防治对策：

（1）提高验收人员的工作责任心，对验收工作务必按照相关的制度和规定，严格把关，防止类似事件再次发生。

（2）在源头上规范验收制度的执行，按照相关标准设置验收环境，确保验收过程符合规定，杜绝系统隐患在运行过程中发生影响监控质量甚至系统瘫痪的事故发生。

（3）监控员在工作过程中应始终坚持密切监视监控系统中厂站信息的变化情况，密切跟踪电网事故或电网设备故障跳闸处理情况和电网运行情况，防止漏监控事件发生。

**19. 2013 年 1 月 1 日 15 时 42 分 AVC 动作合上某站 1 号电容器组 954 开关，15 时 43 分发出“1 号电容器组 954 开关保护装置异常”，此时，三相电流 A 相 0、12A，B 相 160A，C 相 160A（备注：1 号电容器组 954 开关为真空开关。保护型号为南瑞继保 LFP－963A，配置保护：过流Ⅰ、Ⅱ段、低压、过压、不平衡电压保护）。**

**请分析：“1 号电容器组 954 开关保护装置异常”信号是否正确发出？开关为什么没有跳闸？同时监控人员应该如何处置？**

答：根据 1 号电容器组 954 开关三相电流分析，A 相应该存在断线原因，造成保护装置 CT 断线，故装置正确发出异常信号。由于此保护未配置零序过流保护，母线电压又未发生变化，故开关未跳闸。监控人员应将异常情况立即汇报相关调度并通知运维人员到站端检查处理。同时将 AVC 系统中此开关设置“人工闭锁”。不得私自盲目地将其开关拉开。其目的是防止真空开关因真空泄露灭弧性能消失造成开关爆炸。因为有可能是 A 相真空破裂，开关未合闸到位。应待运维检查后根据检查情况进行处理。

**20. 某 110kV 变电站 1、2 号主变压器中低压侧均并列运行，当告警窗口发出 10kV Ⅰ、Ⅱ号母线接地信号时，监控人员如何进行判别和故障点查找？**

答：当发出 10kV Ⅰ、Ⅱ号母线接地信号告警信号后，值班监控员首先看该站 10kV 母线电压遥测数据，根据电压数据判断是接地还是母线 TV 保险熔断。如母线线电压不变，一相电压为零，其余两相电压升高为线电压，则说明存在接地现象。

监控人员汇报配调后根据调度命令进行查找：①断开 10kV 分段开关，判断接地故障发生在哪段母线；②依次拉开该段母线上开关，找出故障线路；③如该母线上所有开关都以拉开接地现象未消失，则将该母线上所有开关转热备用，依次送线路，送出线路发出接地信号则拉开该开关，用此方法查找出两点及以上同相接地故障；④以上方法都不能查找到故障线路，则是接地点在母线上或主三次开关到主变压器 10kV 套管处接地；⑤值班监控员合上 10kV 分段开关后拉开故障母线上的主变压器主三次开关，如接地信号消失，则接地点在拉开主三次开关到主变压器 10kV 套管之间；如接地信号未消失，则接地点在发生接地故障母线上，汇报配调故障点，通知运维人员。做好记录。

**21. 某站接线方式如图 7-4 所示。**

**事故经过：2013 年 12 月 04 日 09 时 30 分，1 号主变压器停电检修，工作任务：1 号主变压器非电量回路工作。10 时 14 分 26 秒，1 号主变压器本体重瓦斯出口，孜方线 151 断路器跳闸（当时运行方式：1 号主**

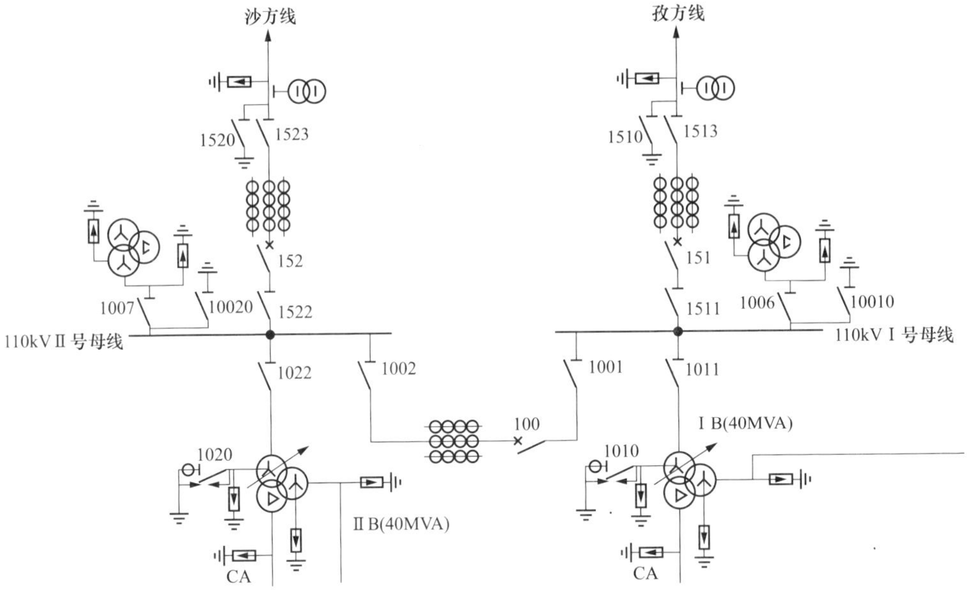


图 7-4　某站接线方式

变压器停电检修，2 号主变压器运行，110kV 分段运行，35、10kV 母线由 2 号主变压器供电）。

**请分析：（1）孜方线 151 断路器跳闸原因。**

**（2）请针对本站 1 号主变压器检修工作，写出监控运行风险中的预控措施（至少写出 2 点）。**

答：（1）因现场运维人员漏退 1 号主变压器跳孜方线 151 断路器的出口压板，造成检修工作中 1 号主变压器本体重瓦斯出口跳孜方线 151 断路器。

（2）第一点：监控人员应对检修停电范围、运行方式不熟悉造成开关跳闸后未正确分析出原因。要求所有值班人员应对每日的停电申请、停电范围等熟悉。

第二点：对监控各类异常、事故等信号应认真分析，不得盲目判断，对断路器跳闸等信号及时汇报调度。

第三点：对检修设备应划分到检修责任区，避免检修信息干扰正常信息，造成漏监或误判断。

**22. 图 7-5 为 220kV 智能变电站 110kV 出线（电校 721 线）间隔整个信息流关系图（110kV 双母接线）：**

**（1）写出有数字标注的信息流具体传输内容（含补全部分）。**

**（2）如果电校 721 线智能终端误投检修压板，之后该线路发生相间故障，请叙述保护动作直至故障切除的整个过程（110kV 母联热备用、1 号主变压器中压侧 701 断路器运行于 110kV 正母供电校 721 线，电校 721 线保护配置为距离、零序、无纵联保护）。**

**（3）根据国网监控典型信息表，依次写出本站会发出的全部动作、复归信号。**

答：（1）各信息流具体传输内容：

1）合并单元至 110kV 母线差动保护：采用点对点 SV，发送该间隔电流。

2）合并单元通过过程层 SV 网络至保护测控装置：采用组网 SV，发送该间隔电流、电压给测控。

3）合并单元至线路保护：采用点对点 SV，发送该间隔电流、电压。

4）智能终端至线路保护：①智能终端至线路保护采用点对点 GOOSE，发送开关位置、闭重信息给保护重合闸；②线路保护至智能终端采用点对点 GOOSE，发送跳合闸命令。

5）智能终端通过过程层 GOOSE 网络至合并单元：采用组网 GOOSE，发送母线刀闸位置给合并单元，用于电压切换。

智能终端通过过程层 GOOSE 网络至测控装置：采用组网 GOOSE，发送该间隔一次遥信、智能终端柜温湿度给测控装置。

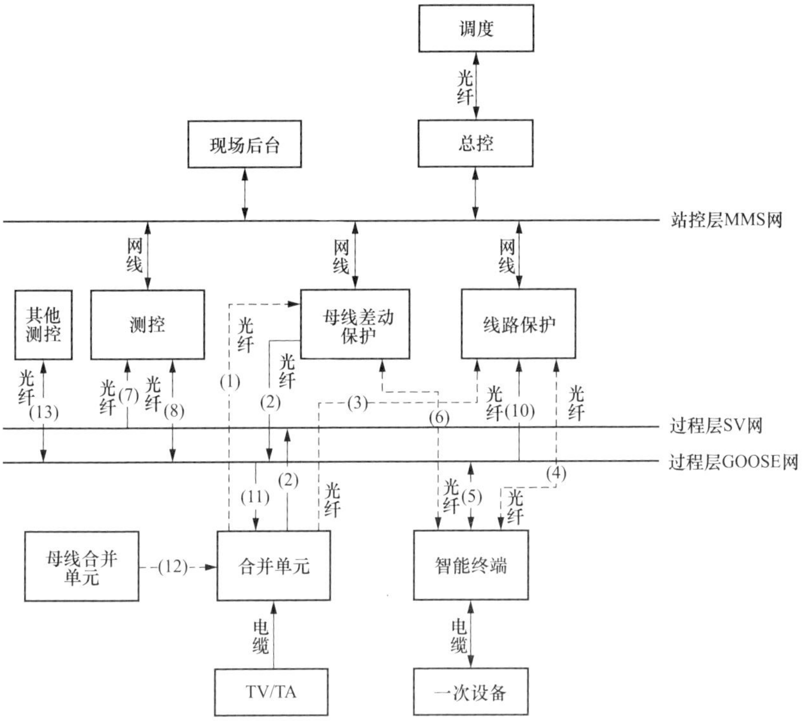


图 7-5 220kV 智能变电站 110kV 出线（电校 721 线）间隔整个信息流关系图（110kV 双母接线）

测控装置通过过程层 GOOSE 网络至智能终端：采用组网 GOOSE，发送遥控命令给智能终端。

6）智能终端至母线差动保护：采用点对点 GOOSE，发送母线刀闸位置给母线差动。

母线差动保护至智能终端：采用点对点 GOOSE，发送跳闸命令给智能终端。

7）本间隔测控通过过程层 GOOSE 网络至其他测控：采用组网 GOOSE，发送联闭锁信号给其他测控。其他测控通过过程层 GOOSE 网络至本间隔测控：采用组网 GOOSE，发送联闭锁信号给本间隔测控。

8）母线差动保护通过过程层 GOOSE 网络至线路保护：采用组网 GOOSE，发送闭锁重合闸信号给线路保护。

9）母线合并单元至本间隔合并单元：采用点对点 SV，发送母线电压给本间隔合并单元，用于线路保护。

（2）保护动作切除全过程：电校 721 线距离保护动作，跳令到该间隔智能终端，由于智能终端误投检修压板，判检修不一致，智能终端不出口，721 开关不跳闸，1 号主变压器中后备保护动作，跳开 1 号主变压器 701 开关。

（3）全部信号：电校 721 线智能终端检修状态投入动作；电校 721 线保护出口动作；电校 721 线保护出口复归；1 号主变压器第一套中后备保护出口动作；1 号主变压器第二套中后备保护出口动作；1 号主变压器 701 断路器控制回路断线动作；1 号主变压器 701 断路器间隔二次设备或回路故障动作；1 号主变压器 701 断路器分闸；1 号主变压器 701 断路器控制回路断线复归；1 号主变压器 701 断路器间隔二次设备或回路故障复归；1 号主变压器 701 断路器间隔事故总动作；全站事故总动作；电校 721 线保护 TV 断线（可无）动作；电校 721 线保护装置异常动作；电校 721 线间隔二次设备或回路告警动作；全站事故总复归。

**23. 正常运行方式：35kV ××2 线 323、35kV 分段 310 断路器、1 号主变压器 301、1 号主变压器 101、2 号主变压器 302、2 号主变压器 102 断路器在运行，10kV 分段 110 断路器及各出线均在运行状态。即 1 号主变压器和 2 号主变压器高、低压侧均在并列运行，其中 1 号主变压器分接头为 35±4×2.5%/10.5kV、2 号主变压器分接头为 35±3×2.5%/10.5kV。**

**某日，10kV 分段 110 断路器位置由合转分，但是监控人员漏监分闸信号。待几日后，AVC 系统“无功异常”语音报警。监控人员发现此时 1 号主变压器挡位在 6 挡、2 号主变挡位在 1 挡，10kV 分段 110 断路器位置显示在分位，刀闸位置正常，该间隔遥测正常（具体如图 7-6 所示）。**

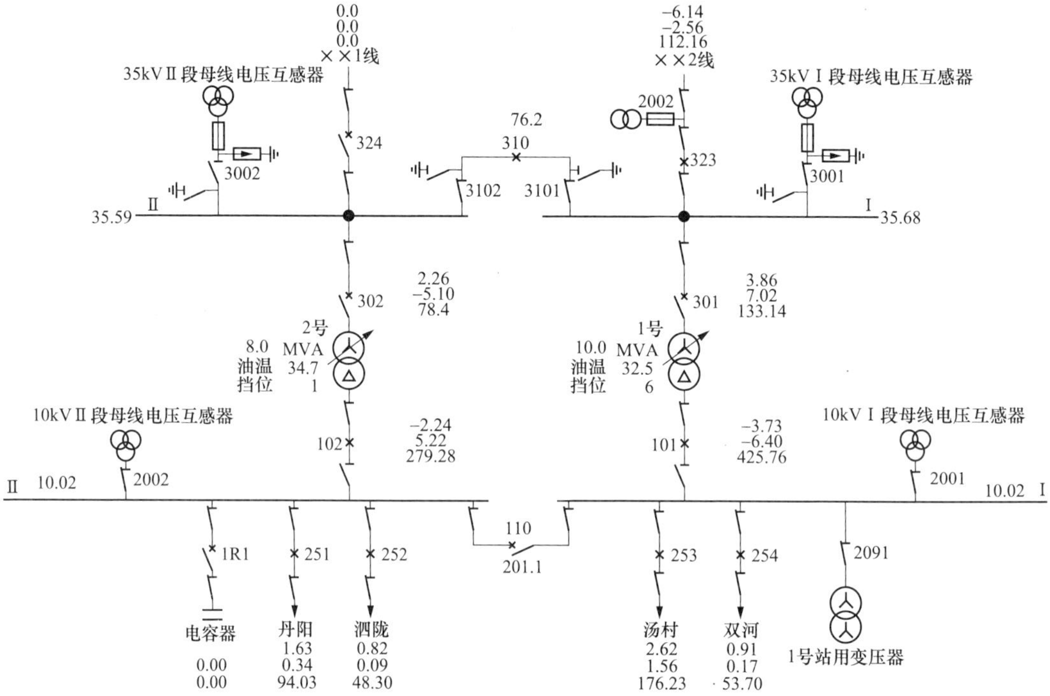


图 7-6　接线图

**（1）该开关显示分位的可能原因，请在表 7-1 中画“√”，如不勾选请说明原因。**

**表 7-1　　本题案例分析表（一）**

| 可能的原因 | 请勾选（如不勾选请说明原因） |
|---|---|
| 开关辅助接点问题 | |
| 测控装置上该开关位置遥信端子松动 | |
| 总控设置有问题 | |
| 测控装置通信异常 | |
| 测控装置遥信板故障 | |
| 开关误分 | |
| 开关偷跳 | |

**（2）此时对系统有何危害，产生该危害的原因。**

**（3）出现该异常后，监控如何处理？**

答：（1）本题案例分析示意表见表 7-2。

**表 7-2　　本题案例分析示意表（二）**

| 可能的原因 | 请勾选（如不勾选请说明原因） |
|---|---|
| 开关辅助接点问题 | √ |
| 测控装置上该开关位置遥信端子松动 | √ |
| 总控设置有问题 | 如是总控问题，不会影响现场后台 |
| 测控装置通信异常 | 如是该问题，该间隔开关位置及遥测也会失去 |
| 测控装置遥信板故障 | 如是该问题，该间隔开关位置也会失去 |
| 开关误分或偷跳 | 如是该问题，该间隔遥测会失去 |

（2）此时1号主变压器在6挡（变比为35－2.5%/10.5kV），2号主变压器为1挡（变比为35＋7.5%/10.5kV），造成两台变比不一样的主变压器并列运行，会产生环流。

造成该情况的原因是：AVC系统采集监控系统的开关位置，以判断运行方式。当AVC系统采集到监控系统10kV分段110开关合位时，AVC系统按照主变压器并列运行方式调压，AVC系统执行的是联调策略，以保证并列运行的主变压器变比一致。由于10kV分段110开关监控系统显示分位，AVC系统采集到开关在分位，AVC系统按照主变压器分列运行方式调压，不执行联调策略，从而造成并列运行的主变压器变比不一致。

（3）先在监控系统中将该开关位置封锁在合位，以保证与实际一致，并汇报调度，填写缺陷记录；在AVC系统中，将两台主变压器调挡人工封锁；在监控系统中手动将两台主变压器变比调为一致，并要满足10kV母线电压要求。

**24. 某220kV线路，采用单相重合闸方式，在线路单相瞬时故障时，一侧单跳单重，另一侧直接三相跳闸。若排除断路器本身的问题，试分析可能造成直接三跳的原因。**

答：若排除断路器本身的问题，可能造成直接三跳的原因有：①保护沟通三跳开入；②重合闸充电未满或重合闸停用，单相故障发三跳令；③保护选相失败；④保护装置本身问题造成误动跳三相；⑤电流互感器或电压互感器二次回路存在两个以上的接地点，造成保护误跳三相；⑥定值中跳闸方式整定为三相跳闸；⑦分相跳闸保护未投入，由后备保护三相跳闸；⑧故障发生在电流互感器与断路器之间，母线差动保护动作并停信。

**25. ×月×日05时10分，值班监控员接值班调度员指令：将220kV ××变电站110kV ××开关由运行转热备用。当值监控员丁××在监控值长王××的监护下，在主站监控系统的220kV ××变电站一次主接线图上，开始执行监控远方操作。05时15分，主站监控系统发出110kV ××开关分闸信号，同时该变电站的一次主接线画面中显示，110kV ××开关在分位，且电流、有功值显示为0。监控员丁××汇报监控值长开关已经拉开了，监控值长王××汇报值班调度员操作结束，告知220kV ××变电站的变电运维值班员孙××，110kV ××开关已经拉开了。随即值班调度员下令至220kV ××变电站运维值班员：将220kV ××变电站110kV ××开关由热备用转冷备用。5时30分，变电运维人员未重新核对开关三相位置，直接拉开110kV ××开关线路侧刀闸，导致带负荷拉闸，电弧灼伤变电运维值班员孙××。经过检查发现：110kV ××开关B相因机构断裂，该相开关在监控远方操作时未能拉开，点击进入110kV ××开关间隔分图中查看发现，开关B相仍有电流值，整个操作至结束，监控员丁××与监控值长王××均未查看间隔分图遥测、遥信信息。请分析该案例中暴露出的问题及防治对策。**

答：暴露问题：①该监控员安全意识淡薄，责任心不强，未在间隔分图中进行拉开关操作，导致操作结束后，不能详细检查开关遥测、遥信信息，“双确认”检查不到位，从而未能及时发现该开关B相未拉开，是导致该事故发生的主要原因；②变电运维人员在拉刀闸前未能再次核对开关三相已拉开，是本次事故发生的次要原因；③班组管理松懈，监控值长作为本次操作监护人未能及时发现开关B相未拉开，监护流于形式，是本次事故发生的原因之一。

防治对策：①加强安全知识培训，提高监控员的安全意识；②加强监控远方操作培训，严格遵守监控远方操作相关要求，切实遵守在间隔分图中操作的规定，严格执行“双确认”检查的要求；③加强班组安全管理，严格执行监控远方操作监护制度；④认真吸取事故教训，加大反违章力度，严格遵守各项安全生产规程、规定和制度，克服麻痹松懈思想。

**26. 3月15日21时40分监控员接××运维站汇报现场巡视进行红外测温时发现500kV ××变电站2号主变压器3号电抗器C相温度达到90℃，现场要求将此电抗器转热备用待处理。21时42分当值监控员遥控拉开2号主变压器3号电抗器323开关，因同时处理其他事务，未及时对2号主变压器3号电抗器323开关悬挂禁止遥控、缺陷等标示牌，也未做记录。21时50分下一值监控员前来接班，交班人员告知接班人员：“系统没什么事情，你们自己看监控日志。”23时10分监控员发现500kV ××变电站220kV母线电压偏高，未询问现场运维人员，直接遥控合上2号主变压器3号电抗器323开关，23时24分500kV ××变电站35kV 2号主变压器3号低抗323开关三相跳闸，35kV 2号主变压器3号低抗Ⅱ段过流保护动作，现场检查**

**发现 35kV 2 号主变压器 3 号低抗 C 相冒烟。专业班组经检查分析判断题为 35kV 2 号主变压器 3 号低抗 C 相局部过热引起匝间绝缘破坏导致电流过流保护动作。请分析该案例中暴露出的问题及防治对策。**

答：暴露问题：①接班监控员在进行遥控操作前未询问现场运维人员该低抗情况直接执行遥控操作，是该事故发生的主要原因；②交班监控员责任心不强，安全意识薄弱，在操作后未做任何相关记录和置牌，麻痹大意，且未向接班人员详细交代，是此次事故发生的次要原因。

防治对策：①加强国家电网企管〔2014〕454 号《国家电网公司调控机构设备集中监视管理规定》《调控机构设备监控安全风险辨识防范手册》学习，严格执行监控联系与记录制度，做到及时记录、及时处置；②认真吸取事故教训，加强安全教育培训，增强值班人员责任意识，严格遵守各项安全生产规程、规定和制度；③加强班组管理，严格执行交接班制度，杜绝麻痹大意，确保人员时刻在岗在状态，确保监控运行安全。

**27. ××月××日，××地调监控员丁××在新扩建 220kV 2745 线路间隔验收时需要对 2745 开关进行遥控传动试验、监控员丁××未核对现场检修专业人员是否将站内其他开关的“远方/就地”切换开关切至“就地”位置，也未与检修专业人员进行 2745 开关遥控点号核对，11 时 10 分在 220kV 2745 线路间隔图上对 220kV 2745 开关进行遥控合闸操作，11 时 11 分现场汇报相邻间隔 220kV 2748 开关（电压调节需要、已按省调要求将该线路拉停）被遥控合上，220kV 2745 开关仍在分闸位置，经查原因为现场检修专业人员在进行遥控点号配置时误将 220kV 2748 开关与 220kV 2745 开关点号接反，而且现场 220kV 2748 开关“远方/就地”切换开关未切至“就地位置”。请分析该案例中暴露出的问题及防治对策。**

答：暴露问题：①信息验收监控员责任心不强，安全意识薄弱，在进行遥控传动试验前未确认现场已经做好相关安全措施，未将站内其他开关“远方/就地”切换开关切至“就地”位置是事故发生的主要原因；②在遥控传动试验前未进行试验开关的遥控点号核对是事故发生的次要原因。

防治对策：①加强监控信息验收安全管理，严格监控信息验收流程，遥控操作前要确认现场已做好安全措施，并确认遥控点号无误；②加大考核力度，确保监控信息验收人员精力集中，杜绝信息验收中遥控误操作事故的发生。

**28. 2016 年 5 月 5 日 11 时 15 分 59 秒，××变电站 220kV ××线开关跳闸，监控系统 SCADA 显示××线三相开关跳闸，××线第Ⅰ、第Ⅱ套保护差动电流保护动作；距离Ⅰ断保护动作；重合闸动作；开关跳闸重合良好，1s 后××线开关再次跳闸。由于监控人员查看报文不够准确、详尽，未能发现线路跳闸后重合闸动作成功，误认为重合不良（实际情况是开关两次跳闸，一次重合良好，再次跳闸未重合，故障相分别是 A、C 两相）。请分析此线路故障重合闸重合成功后跳闸与重合不成功的区别？**

答：共同之处：①线路故障跳闸重合闸启动后再次跳闸，开关位置显示开关跳—合—跳；②开关跳闸重合不良，开关位置同样显示跳—合—跳。

不同之处：①线路故障跳闸重合闸启动后再次跳闸在监控报文中应无重合闸后加速报文，而跳闸重合不成功应有重合闸后加速动作；②从现场故障录波器波形图中可以看出故障动作情况；③线路两套纵联保护装置故障采集时间为 5s，为此对于故障间距 5s 以上故障可以从装置报文中看到。

**29. ××××年×月××日××时××分，监控系统显示：××变电站 66kV Ⅱ号母线相电压出现紧急越限，线电压无异常（三相相电压迅速波动，最高值达 80kV）。当时该地区阵雨。66kV Ⅱ号母线三相电压紧急越限 A、B、C 三相相电压分别在 24～80kV 范围内快速波动，请分析该事件如何处理，并分析电网异常产生原因？**

答：电网异常处理：①监控人员发现××变电站母线电压快速波动，初步认定是局部电网发生谐振，立即汇报地调；②调度人员令监控人员立即合上该变电站母联开关，消除谐振。

电网异常产生原因：①天气变化引起架空线路对地电容量发生变化；②局域电网改变运行方式要注意消弧线圈补偿度，防止由于改变运行方式造成电网异常进一步扩大。

**30. 2 月 4 日 13 时 1 分，××变电站 2061 电容器在运行过程中不平衡动作跳闸，值班监控员王××发现跳闸后通知站端运维人员；14 时 32 分，运维人员刘×到变电站检查后，汇报调度员张××电容器需进行处缺，张××告知刘××对电容器工作自理。变电站内刘××操作、李××负责监护，操作时未切换远方/**

**就地把手，在操作拉出 2061 手车时，另一位值班监控员赵××在无功电压调整工作中发现该站母线无功不足，电压偏低，将 2061 电容器投入，造成刘××拉出手车开关时为带负荷拉刀闸，出现人身伤害事故。该案例暴露出的问题及防范措施是什么？**

答：暴露问题：①2061 电容器不平衡跳闸后，监控员王×并未采取挂牌等措施通知其他值班人员，造成其他人员并未实时掌握设备缺陷情况；②监控员赵××监控工作执行不到位，未发现 2061 设备存在缺陷、不可操作，误将 2061 电容器投入，造成事故；③操作人员刘××未按工作规程要求将远方/就地把手切至就地位置，为事故发生埋下隐患；④操作人员与监护人员未进行设备信息和相关信号核对，缺乏有效沟通，导致未切换到就地位置，监控员赵××也未掌握现场人员操作情况；⑤调控一体融合不到位，仍然出现调度员与监控员各司其职的情况，工作中缺乏配合与呼应；⑥调控端与站端“五防”模拟系统为实现互通互联，未能确保同间隔设备唯一操作权，使“五防”系统形同虚设。

防范措施：①监控专业加强设备缺陷管理，出现缺陷及时挂牌或采取其他方式将缺陷情况发布，确保当值人员掌握；②站端操作人员严格执行相关的电力安全工作规程，确保正确操作；③加强监控人员岗位培训，要求监控人员值班工作中应实时掌握设备运行状态；④加强专业工作管理，明确在监控工作中应定时对各变电站基本运行信息等进行巡视和确认；⑤工作开始前，监控人员应核对设备运行位置、各类信号是否正确，发现问题及时与站端沟通；⑥调控端与站端“五防”系统应实现互通互联，任何一方对设备进行模拟时，“五防”系统可有效闭锁另一方的模拟操作。

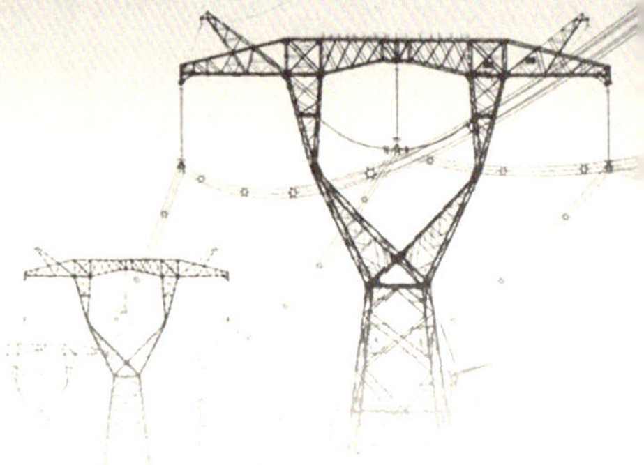

# 第八章　电网操作及调控

## 一、单选题

1. “充电”是指设备与电源接通，(　　) 负荷。(B)

A. 一定带　　B. 不带　　C. 可以带　　D. 带感性

2. 新建或改建线路第一次送电时，尽可能先进行零起升压试验并以额定电压将线路冲击合闸 (　　) 次。(C)

A. 1　　B. 2　　C. 3　　D. 5

3. 以下 (　　) 措施不是消除系统间联络线过负荷的有效措施。(B)

A. 受端系统的发电厂迅速增加出力

B. 送端系统的发电厂迅速增加出力

C. 有条件时，值班调度员改变系统接线方式，使潮流强迫分配

D. 受端切除部分负荷

4. 在中性点经消弧线圈接地的系统中，消弧线圈的补偿宜采用 (　　)。(C)

A. 全补偿方式　　B. 欠补偿方式　　C. 过补偿方式　　D. 恒补偿方式

5. 中性点经装设消弧线圈后，若接地故障的电感电流大于电容电流，此时补偿方式为 (　　)。(B)

A. 全补偿方式　　B. 过补偿方式　　C. 欠补偿方式　　D. 不能确定

6. (　　) 是指发电机调速系统的频率特性固有的能力，随频率变化而自动进行频率调整。(C)

A. 自动调频　　B. 手动调频　　C. 一次调频　　D. 二次调频

7. 变电站倒母线操作或变压器停送电操作，一般应下达 (　　) 操作指令。(C)

A. 即时　　B. 逐项　　C. 综合　　D. 根据调度员习惯下达

8. 220kV 变电站只有一台变压器，则中性点应 (　　) 接地。(B)

A. 经保护间隙　　B. 直接　　C. 经小电抗　　D. 经消弧线圈

9. 变压器差动保护在新投运前 (　　) 带负荷测量向量和差电流。(A)

A. 应该　　B. 不能　　C. 不确定是否应该　　D. 其他三个选项都不是

10. 220kV 变压器停送电操作时，中性点必须接地是为了 (　　)。(A)

A. 防止过电压损坏主变压器　　B. 减小励磁涌流

C. 主变压器零序保护需要　　D. 主变压器间隙保护需要

11. 变压器投切时会产生 (　　)。(B)

A. 系统过电压　　B. 操作过电压　　C. 大气过电压　　D. 谐振过电压

12. 变压器在带负荷测试前，应将 (　　) 退出，再进行测试。(B)

A. 重瓦斯保护　　B. 差动保护　　C. 复压过流保护　　D. 间隙保护

13. 变压器在低频运行时，使铁芯磁密加大，铁损加大，从而限制了 (　　) 使用。(C)

A. 变压器电压　　B. 变压器尺寸　　C. 变压器的容量　　D. 以上都不是

14. 操作对调度管辖范围以外设备和供电质量有较大影响时，应 (　　)。(D)

A. 暂停操作　　B. 重新进行方式安排　　C. 汇报领导　　D. 预先通知有关单位

15. 操作票上的操作项目包括检查项目必须填写双重名称，即设备（　　）。(D)

A. 位置和编号　　B. 名称和位置　　C. 名称和表记　　D. 名称和编号

16. 出现紧急情况时，值班调度人员可以调整（　　），发布限电、调整发电厂功率、开或者停发电机组等指令；可以向本电网内发电厂、变电站的运行值班单位发布调度指令。(B)

A. 月度发电、供电计划　　B. 日发电、供电计划

C. 年度发电、供电计划　　D. 日检修计划

17. 当断路器允许遮断故障次数少于（　　）次时，应停用该断路器的重合闸。(B)

A. 1　　B. 2　　C. 3　　D. 4

18. 倒闸操作中不得使停电的（　　）由二次返回高压。(C)

A. 电流互感器　　B. 阻波器　　C. 电压互感器　　D. 电抗器

19. 低频减载装置是按（　　）来决定分级减载的。(B)

A. 电压等级　　B. 用户的重要程度　　C. 供电可靠性　　D. 负荷电流的大小

20. 电力系统操作前应考虑（　　）。(A)

A. 潮流变化　　B. 负荷变化　　C. 电流　　D. 功率因数变化

21. 电网监视控制点电压降低超过规定范围时，下列（　　）措施是值班调度员不应采取的。(A)

A. 切除无功补偿电容器　　B. 切除并联电抗器

C. 迅速增加发电机无功出力　　D. 投入无功补充电容器

22. 断路器降压运行时，其遮断容量会（　　）。(C)

A. 相应增加　　B. 增加或者降低　　C. 相应降低　　D. 先降低后升高

23.（　　）方式是指在电源允许偏差范围内，供电电压的调整使高峰负荷时的电压值低于低谷负荷时的电压值。(A)

A. 顺调压　　B. 恒调压　　C. 逆调压　　D. 手动调压

24. 断路器远控操作失灵，允许断路器可以近控分相和三相操作时，下列说法错误的是（　　）。(C)

A. 必须现场规程允许　　B. 确认即将带电的设备应属于无故障状态

C. 限于对设备进行轻载状态下的操作　　D. 限于对设备进行空载状态下的操作

25. 对母线充电时，下列（　　）措施不能消除谐振。(C)

A. 先将线路接入母线　　B. 先将变压器中性点及消弧线圈接地

C. 用刀闸进行操作　　D. 在母线电压互感器二次侧开口三角并接消谐电阻

26. 对线路零起升压前，应（　　）。(C)

A. 退出线路保护　　B. 停用发电机 PSS

C. 停用发电机自动励磁　　D. 站内变中性点必须接地

27. 对于 220kV 电压等级的变压器，送电时应先送（　　）。(A)

A. 电源侧断路器　　B. 负荷侧断路器

C. 电源侧或负荷侧断路器皆可　　D. 以上说法都不正确

28. 对于合解环点正确的说法是（　　）。(D)

A. 在受端合解环　　B. 在短路容量大的地方合解环

C. 在送端合解环　　D. 在短路容量小的地方合解环

29. 分层无功平衡的重点是（　　）kV 及以上电压层面的无功平衡。(C)

A. 35　　B. 110　　C. 220　　D. 500

30. 隔离开关可以进行（　　）。(A)

A. 恢复站用变压器　　B. 代替断路器切故障电流

C. 任何操作　　D. 切断接地电流

31. 检修后的变压器试运行时，瓦斯继电器的重瓦斯必须投（　　）位置。(B)

A. 信号　B. 跳闸　C. 告警　D. 合闸

32. 交接班时间遇到正在进行的调度操作，应（　）。(A)

A. 在操作告一段落后，再进行交接班　B. 操作暂停，交接班结束后继续操作

C. 边进行操作，边交接班　D. 加快操作进度

33. 进行零起升压时，被升压的设备均应有完备的保护，（　）退出。(C)

A. 失灵保护　B. 过电压保护　C. 重合闸　D. 以上都不是

34. 可控负荷备用是指在（　）min 内各级调度部门通过负荷控制系统等手段能直接调度控制的负荷。(C)

A. 10　B. 20　C. 30　D. 60

35. 母线倒闸操作中产生疑问时，应立即停止操作并向（　）报告。(A)

A. 发令人　B. 接令人　C. 工作负责人　D. 本单位总工程师

36. 母线隔离开关操作可以通过回接触点进行（　）切换。(B)

A. 信号回路　B. 电压回路　C. 电流回路　D. 保护电源回路

37. 双母线分开运行时，应停用母联断路器（　）。(B)

A. 充电保护　B. 失灵启动保护　C. 三相不一致保护　D. 断路器保护

38. 调度操作指令执行完毕的标志是（　）。(B)

A. 汇报时间　B. 汇报完成时间　C. 操作结束时间　D. 汇报操作完成

39. 调节变压器分接头，实质上是（　）。(C)

A. 改变了电压损耗的数值　B. 改变了负荷变化时次级电压的变化幅度

C. 改变了电网的无功功率分布　D. 增加了整个电力系统的无功功率容量

40. 调相机的主要用途是供给（　）、改善功率因数、调整网络电压，对改善电力系统运行的稳定性起一定的作用。(B)

A. 有功功率　B. 无功功率　C. 有功功率和无功功率　D. 视在功率

41. 铜损是指变压器一、二次电流流过该线圈（　）之和。(A)

A. 电阻所消耗的能量　B. 电流

C. 能量　D. 热量

42. 为解决系统无功电源容量不足、提高功率因数、改善电压质量、降低线损，可采用（　）。(C)

A. 串联电容和并联电抗　B. 串联电容

C. 并联电容　D. 并联电抗

43. 为了保证用户正常电压，调度机构应选择地区负荷集中的发电厂和变电站的（　）作为电压监视点。(D)

A. 设备　B. 变压器　C. 线路　D. 母线

44. 无载调压的变压器分接开关更换分接头后，必须先测量（　）合格后，方能恢复送电。(B)

A. 电压　B. 三相直流电阻　C. 相位　D. 以上都不是

45. 系统高峰负荷时，升高电压，低谷负荷时降低电压是（　）。(B)

A. 顺调压　B. 逆调压　C. 常调压　D. 恒调压

46. 系统解列时，应先将解列点（　）调整至零，（　）调至最小，使解列后的两个系统频率，电压均在允许的范围内。(B)

A. 无功功率、电流　B. 有功功率、电流

C. 有功功率、电压　D. 无功功率、电流

47. 系统特殊方式下（如节假日等）母线运行电压可能超过规定电压曲线时，应考虑（　）。(D)

A. 调整变压器分接头　B. 投切无功设备

C. 调整机组运行方式　D. 三种都可以

48. 系统运行时的电压是通过系统的（　）来控制。(D)

A. 变压器　　B. 高抗　　C. 有功　　D. 无功

49. 系统运行时的频率是通过系统的（　　）来控制。(C)

A. 发电机　　B. 负荷　　C. 有功　　D. 无功

50. 下列对线路进行充电的说法中错误的是（　　）。(D)

A. 用小电源向线路充电时，应核算继电保护灵敏度

B. 充电端必须有变压器中性点接地

C. 要考虑线路充电功率对电网及线路末端电压的影响

D. 应优先考虑由电厂侧先送电

51. 新变压器投入运行时应冲击合闸（　　）次，大修后的变压器需冲击 3 次。(B)

A. 3　　B. 5　　C. 1　　D. 7

52. 新建线路投入运行时，应以额定电压进行冲击，（　　）和试运时间按有关规定或启动措施执行。(C)

A. 冲击强度　　B. 冲击设备　　C. 冲击次数　　D. 冲击位置

53. 新投产的线路或大修后的线路，必须进行（　　）核对。(C)

A. 长度　　B. 容量　　C. 相位　　D. 型号

54. 新投产的线路或大修后的线路，必须进行（　　）核对。(B)

A. 长度　　B. 相序　　C. 容量　　D. 型号

55. 新投运电容器组应进行（　　）合闸冲击试验。(A)

A. 3 次　　B. 5 次　　C. 7 次　　D. 1 次

56. 新投运或大修后的变压器应进行（　　），确认无误后方可并列运行。(A)

A. 核相　　B. 校验　　C. 验电　　D. 以上都不是

57. 用母联断路器对母线充电时，必须投入（　　）。(D)

A. 母差保护　　B. 光纤差动保护　　C. 失灵保护　　D. 充电保护

58. 有载调压变压器通过调节（　　）调节变压器变比。(A)

A. 分接头位置　　B. 低压侧电压　　C. 中压侧电压　　D. 高压侧电压

59. 允许用隔离开关拉合电容电流不超过（　　）的空载线路。(C)

A. 2A　　B. 3A　　C. 5A　　D. 10A

60. 220kV 运行中的变压器中性点接地隔离开关如需倒换，其操作顺序为（　　）。(B)

A. 先拉后合　　B. 先合后拉　　C. 视系统方式而定　　D. 需由稳定计算而定

61. 在大区域互联电网中，互联电网的频率及联络线交换功率应由参与互联的电网共同控制，自动发电控制（AGC）的控制模式应选择（　　）。(C)

A. 定联络线功率控制模式　　B. 定频率控制模式

C. 频率与联络线偏差控制模式　　D. 停用

62. 正常运行情况下，低频解列点应是（　　）平衡点或基本平衡点，以保证在解列后小电源侧的（　　）能够基本平衡。(A)

A. 有功功率　　B. 无功功率　　C. 视在功率　　D. 其他都不对

63. 只对一个单位、一项操作内容，由下级值班调度员或现场运行人员完成的操作，需要调度员（　　）。(B)

A. 口头许可　　B. 下单项操作指令　　C. 下逐项操作指令　　D. 下综合指令

64. 中性点直接接地系统中，部分变压器中性点不接地的主要目的是限制（　　）。(D)

A. 零序电流　　B. 故障电流　　C. 相间短路电流　　D. 单相短路电流

65. 220kV 线路停电检修操作时，操作顺序为（　　）。(A)

A. 拉开开关，拉开线路侧刀闸，再拉开母线侧刀闸

B. 拉开开关，拉开母线侧刀闸，再拉开线路侧刀闸

C. 拉开开关，同时拉开开关两侧刀闸

D. 拉开开关，不用拉开开关两侧刀闸

66. 500kV线路运行时，线路开关的（　　）必须停用，而在线路停运时，必须投入运行。(B)

A. 重合闸　B. 短引线保护　C. 失灵保护　D. 三相不一致保护

67. 被调度的单位值班负责人在接受单位领导人发布的指令时，如涉及值班调度员的权限时，必须经（　　）的许可才能执行，但在现场事故处理规程内已有规定者除外。(A)

A. 值班调度员　B. 单位领导　C. 自行决定　D. 无规定

68. 变更电力系统设备状态的行为称为（　　）。(B)

A. 方式调整　B. 倒闸操作　C. 状态调整　D. 方式操作

69. 变压器停送电操作注意事项正确的是（　　）。(B)

A. 充电时应投入部分继电保护

B. 充电或停运前，必须将中性点接地开关合上

C. 220kV变压器高低压侧均有电源送电时一般应由低压侧充电，高压侧并列

D. 根据系统需要决定是否合中性点接地开关

70. 变压器中性点直接接地时，应停用（　　）。(D)

A. 差动保护　B. 重瓦斯保护　C. 复压过流保护　D. 间隙保护

71. 操作票应由（　　）填写。(C)

A. 监护人　B. 值班员　C. 操作人　D. 工作负责人

72. 变压器差动保护在第一次投入运行时，为检查其躲避励磁涌流性能，应对变压器做（　　）次空载冲击合闸试验。(D)

A. 1　B. 2　C. 3　D. 5

73. 产生频率崩溃的原因为（　　）。(A)

A. 有功功率严重不足　B. 无功功率严重不足

C. 系统受到过电压干扰　D. 系统发生短路

74. 带电作业，要按检修申请制度提前向所属（　　）提出申请，批准后方允许作业。严禁约时强送。(D)

A. 生产部　B. 基建部　C. 送电部　D. 调度

75. 当变比不同的两台升压变压器并列运行时，将在两台变压器内产生环流，使得两台变压器空载的输出电压（　　）。(C)

A. 上升　B. 降低

C. 变比大的升，小的降　D. 变比小的升，大的降

76. 当变压器电压超过额定电压的（　　）时，将使变压器铁芯饱和，铁损增大。(B)

A. 15%　B. 10%　C. 5%　D. 20%

77. 当母线电压过高时，应（　　）。(A)

A. 退出电容器　B. 退出电压互感器　C. 退出电抗器　D. 退出消弧线圈

78. 电力系统同期并列的条件是并列开关两侧（　　）相同，（　　）不超过本网规定。(D)

A. 频率、相序；电压、相位　B. 频率、相位；电压、相序

C. 频率、电压；相序、相位　D. 相序、相位；频率、电压

79. 电力系统中重要的电压支撑节点称为电压（　　）。(C)

A. 考核点　B. 监测点　C. 中枢点　D. 控制点

80. 电容器组的工作电流不应大于电容器额定电流的（　　）倍。(D)

A. 1.1　B. 1.2　C. 1.25　D. 1.3

81. 电容器组开关分闸后至再次合闸，其间隔时间应一般大于（　　）min。(C)

A. 1　B. 3　C. 5　D. 10

82. 电压、电流互感器运行中一次电压、电流不得超过额定值的（　　）。(B)

A. 110%　　B. 120%　　C. 115%　　D. 130%

83. 电压互感器二次侧只允许在（　　）过程中短时间并列运行。(C)

A. 异常　　B. 事故　　C. 操作　　D. 检修

84. 断路器保护回路有工作时，应断开该断路器（　　）保护起动回路的压板。(A)

A. 失灵　　B. 零序　　C. 距离　　D. 过流

85. 断路器在下列情况下，可以进行分闸操作的有（　　）。(B)

A. 真空损坏　　B. 合闸闭锁　　C. 套管炸裂　　D. 严重漏油

86. 对220kV及以下电网电压进行控制和调整时，其控制原则为（　　）。(A)

A. 逆调压　　B. 顺调压　　C. 恒调压　　D. 自动调压

87. 对500kV线路，减少潜供电流措施是（　　）。(A)

A. 高压电抗器中性点加小电抗　　B. 采用分裂导线

C. 使用系统稳定控制器（PSS）　　D. 联切负荷

88. 对变压器充电时，下面（　　）操作是正确的。(A)

A. 变压器充电时，应先合装有保护的电源侧开关，后合负荷侧开关，停电时则反之

B. 变压器充电时，应先合负荷侧开关，后合装有保护的电源侧开关，停电时则反之

C. 变压器充电时，先合哪一侧开关均可以

D. 变压器充电时，变压器中性点可以不接地

89. 对于新投、大修、事故检修或换油后的220kV变压器，在施加电压前静止时间不应少于（　　）h。(B)

A. 24　　B. 48　　C. 72　　D. 96

90. 对于新投、大修、事故检修或换油后的500kV变压器，在施加电压前静止时间不应少于（　　）h。(C)

A. 24　　B. 48　　C. 72　　D. 96

91. 高低压侧均有电源的变压器送电时，一般应由（　　）充电。(C)

A. 短路容量大的一侧　　B. 短路容量小的一侧

C. 高压侧　　D. 低压侧

92. 根据电力系统频率特性和电压特性，可以得知（　　）。(B)

A. 频率和电压都可以集中调整、控制　　B. 频率可以集中调整，电压不能

C. 频率和电压都不能集中控制、调整　　D. 电压可以集中调整，频率不能

93. 工作票有效作用的起始时间是（　　）。(A)

A. 许可人许可的时间　　B. 计划开工时间

C. 签发人签发的时间　　D. 计划许可时间

94. 合解环操作前，应注意（　　）。(B)

A. 电压应一致　　B. 相位应一致　　C. 系统接线方式　　D. 系统负荷

95. 进行电网合环操作前若发现两侧（　　）不同，则不允许操作。(B)

A. 频率　　B. 相位　　C. 电压　　D. 相角

96. 开关验收后，试拉合（　　）无问题，方可投入运行。(C)

A. 一次　　B. 二次　　C. 三次　　D. 四次

97. 两台变压器并列运行时，必须绝对满足的条件是变压器的（　　）。(B)

A. 型号相同　　B. 联接组标号相同　　C. 变比相等　　D. 短路电压相等

98. 两台阻抗电压不相等变压器并列运行时，在负荷分配上（　　）。(A)

A. 阻抗电压大的变压器负荷小　　B. 阻抗电压小的变压器负荷小

C. 负荷分配不受阻抗电压影响　　D. 一样大

99. 母线倒闸操作中产生疑问时，应立即停止操作并向（　　）报告。(A)

A. 发令人　B. 接令人　C. 工作负责人　D. 本单位总工程师

100. （　　）不是变压器并联运行的条件。(B)

A. 变比相等　B. 容量相等　C. 短路电压相等　D. 绕组接线组别相同

101. 逆调压是指使电网高峰负荷时的电压（　　）低谷负荷时的电压。(B)

A. 低于　B. 高于　C. 等于　D. 低于等于

102. 如进行系统并列时，两个系统电压原则上应相等，500kV 电压差最大不得超过（　　）。(B)

A. 2.5%　B. 5%　C. 10%　D. 15%

103. 调度机构的两票是指（　　）。(B)

A. 操作票、工作票　B. 操作票、检修票

C. 工作票、检修票　D. 第一种工作票、第二种工作票

104. 调度术语中“许可”的含义是指（　　）。(B)

A. 上级值班调度员对下级值班调度员或厂站值班人员提出的申请、要求予以同意

B. 在改变电气设备的状态和电网运行方式前，由有关人员提出操作项目，值班调度员同意其操作

C. 值班调度员对厂站值班人员发出调度指令，同意其操作

D. 值班调度员向值班人员发布调度命令的调度方式

105. 调度员在进行操作前要拟写操作票，要做到“四对照”，下面（　　）不是“四对照”的要求之一。(D)

A. 对照现场　B. 对照检修票

C. 对照实际系统运行方式　D. 对照值班记录

106. 调频厂选择的原则是（　　）。(A)

A. 具有足够的调频容量　B. 应选择机组容量较小的火电厂

C. 应尽量选择核电　D. 应选择机组容量最大的电厂

107. 停变压器时，应将中低压侧负荷倒出，（　　）中性点进行接地，由（　　）开关拉空载变压器。(C)

A. 高压侧、中压侧　B. 中压侧、中压侧

C. 高压侧、高压侧　D. 中压侧、高压侧

108. 停电工作完毕又恢复送电的设备，调度员遥控进行合闸后断路器又跳闸，无论保护是否动作，均（　　），必须立即通知运维人员到现场检查。(A)

A. 不得再遥控试合　B. 立即再遥控试合

C. 经请示后再遥控试合　D. 过一段时间再遥控试合

109. 通常选择在（　　）进行合解环操作。(C)

A. 送端　B. 短路容量大的地方　C. 短路容量小的地方　D. 受端

110. 通过调整有载调压变压器分接头进行调整电压时，对系统来说（　　）。(C)

A. 改变了有功分布　B. 改变系统的频率

C. 改变了无功分布　D. 能提高功率因数

111. 投入电网运行的设备，应符合电网正常运行的载流容量和最大方式下的（　　）等各项要求，设备规范齐全。(B)

A. 短路电流　B. 短路容量　C. 负荷电流　D. 故障电流

112. 为了调整运行变压器的分接头，需要变压器停运，这种变压器的调压方式称为（　　）。(B)

A. 投、停变压器调整　B. 无载调压

C. 有载调压　D. 逆调压

113. 未核相的系统之间应有（　　）。(B)

A. 地线　B. 明显断开点　C. 断点　D. 开关

114. 系统并列时调整电压，下面（　　）是正确的。(C)

A. 两侧电压相等，无法调整时220kV及以下电压差最大不超过15%，500kV最大不超过10%

B. 电压相等，无法调整时220kV及以下电压差最大不超过20%，500kV最大不超过20%

C. 电压相等，无法调整时220kV及以下电压差最大不超过10%，500kV最大不超过5%

D. 电压相等，无法调整时220kV及以下电压差最大不超过5%，500kV最大不超过3%

115. 系统电压正常，而大容量发电机同期装置失灵在低于额定转速时并入电网会出现（　　）后果。(A)

A. 主变压器过激磁　　B. 主变压器励磁涌流加大

C. 主变压器过电压　　D. 主变压器过负荷

116. 系统向用户提供的无功功率越小，用户电压就（　　）。(C)

A. 无变化　　B. 越合乎标准　　C. 越低　　D. 越高

117. 下列不允许用隔离开关进行的操作是（　　）。(C)

A. 拉、合无故障的电压互感器　　B. 拉、合220kV及以下母线充电电流

C. 拉、合500kV运行中的线路高抗　　D. 拉、合运行中的500kV母线环流

118. 调度业务联系时，下列（　　）报数方式是规范的。(C)

A. 一、二、三、四、五、六、七、八、九、零

B. 幺、二、三、四、伍、陆、拐、八、九、洞

C. 幺、两、三、四、伍、陆、拐、八、九、洞

D. 幺、二、三、四、伍、陆、七、八、九、洞

119. 线路保护一侧重合闸停用时，另一侧重合闸（　　）继续使用。(C)

A. 不能　　B. 必须　　C. 可以　　D. 不要求

120. 线路带电作业时，重合闸应（　　）。(D)

A. 投单重　　B. 投三重　　C. 改时限　　D. 按工作要求投退

121. 线路停电时，必须按照（　　）的顺序操作，送电时相反。(A)

A. 断路器、负荷侧隔离开关母线侧隔离开关

B. 断路器、母线侧隔离开关负荷侧隔离开关

C. 负荷侧隔离开关、母线侧隔离开关、断路器

D. 母线侧隔离开关、负荷侧隔离开关、断路器

122. 已运行变电站接入调控中心传动过程中或基、改（扩）建工程送电过程中，相应变电站或新设备间隔由（　　）负责监视和操作。(A)

A. 运维队人员　　B. 站内检修人员　　C. 调控中心人员　　D. 监控员

123. 以下不能影响系统电压的因素是（　　）。(C)

A. 由于生产、生活、气象等因素引起的负荷变化

B. 无功补偿容量的变化

C. 大量照明负荷、电阻炉负荷的投退

D. 系统运行方式的改变引起的功率分布和网络阻抗变化

124. 以下关于电压互感器的说法正确的是（　　）。(B)

A. 二次侧可以短路，但不能开路　　B. 二次侧可以开路，但不能短路

C. 二次侧可以开路，也可以短路　　D. 二次侧不能开路，也不能短路

125. 用母联断路器向空母线充电前退出电压互感器是因为（　　）。(A)

A. 消除谐振　　B. 防止操作过电压

C. 消除空载母线电容电流　　D. 防止保护误动

126. 由于长线路的电容效应及电网的运行方式突然改变而引起的持续时间相对较长的过电压称作（　　）。(A)

A. 工频过电压　　B. 大气过电压　　C. 操作过电压　　D. 谐振过电压

127. 在（　　）容易产生较大的变压器励磁涌流。(A)

A. 变压器全电压充电时　　B. 变压器正常运行时

C. 变压器停电检修时　　D. 变压器超额定容量运行时

128. 在变压器带电滤油或注油时，应该将（　　）。(C)

A. 零序过流保护退出跳闸　　B. 间隙过压保护投入跳闸

C. 重瓦斯保护投信号　　D. 变压器中性点不接地

129. 在母线倒闸操作中，母联开关的（　　）应拉开。(B)

A. 跳闸回路　　B. 操作电源空开　　C. 直流回路　　D. 开关本体

130. 值班运行人员与调度员进行倒闸操作联系时，要首先互报（　　）。(D)

A. 单位、姓名、年龄　　B. 单位、值别、姓名

C. 单位、姓名、运行状态　　D. 单位、姓名、时间

131. 装有有载调压变压器和无功补偿装置的变电站应以就地补偿无功的原则进行调整，对于三绕组变压器应按（　　）的无功负荷进行补偿。(A)

A. 高压侧　　B. 中压侧　　C. 低压侧　　D. 负荷侧

132. 准同期并列的条件是相序相同、频率相同、（　　）等。(B)

A. 无功潮流为零　　B. 电压相等　　C. 阻抗相同　　D. 电流相同

133. 自耦变压器中性点必须接地，这是为了避免当高压侧电网内发生单相接地故障时，（　　）。(A)

A. 中压侧出现过电压　　B. 高压侧出现过电压

C. 高压侧、中压侧都出现过电压　　D. 低压侧出现过电压

134. 自耦变压器中性点应（　　）运行。(A)

A. 直接接地　　B. 不接地　　C. 经消弧线圈接地　　D. 经电阻接地

135. 倒闸操作可以通过（　　）方式完成。(B)

A. 就地操作和遥控操作　　B. 就地操作、遥控操作和程序操作

C. 就地操作和程序操作　　D. 遥控操作和程序操作

136. 变压器充电时，应注意检查电源电压，使充电后变压器各侧电压不超过其相应分接头电压的（　　）。(B)

A. 2.5%　　B. 5%　　C. 7.5%　　D. 10%

137. 遥控操作必须核对设备（　　）。(D)

A. 编号　　B. 设备名称　　C. 位置　　D. 设备名称和编号

138. 高低压侧均有电源的变压器送电时，一般应由（　　）充电。(C)

A. 短路容量大的一侧　　B. 短路容量小的一侧

C. 高压侧　　D. 低压侧

139. 当关口功率因数越下限，而关口下所带电容器本站电压偏高时，AVC 系统组合控制策略会（　　）。(A)

A. 主变分接头降挡，投入电容器　　B. 主变分接头升挡，切除电容器

C. 主变分接头降挡，切除电容器　　D. 主变分接头升挡，投入电容器

140. 某 66kV 线路电流互感器计量绕组变比为 600/5，EMS 系统中显示线路所带负荷电流为 480A，该线路电流互感器负载率为（　　）。(C)

A. 48%　　B. 60%　　C. 80%　　D. 90%

141. 运行中的变压器保护，当现场进行（　　）工作时，重瓦斯保护应由“跳闸”位置改为“信号”位置运行。(A)

A. 进行注油和滤油时　　B. 变压器中性点不接地运行时

C. 变压器轻瓦斯动作后　　D. 变压器中性点接地运行时

142. 在无功过剩的情况下，如果及时投入电抗器和（　　）并联电容器，能够减轻局部电网电压升高

现象。(B)

A. 投入　B. 退出　C. 合上　D. 接入

143. 电容器跳闸后（　）。(C)

A. 可以强送一次　B. 可以强送二次　C. 不得强送　D. 可以远方遥控

144. 任一母线故障或检修都不会造成停电的接线方式是（　）。(C)

A. 双母线接线　B. 单母线接线　C. 3/2 接线　D. 双母带旁路

145. 当母线电压（　）调度下达的电压曲线时，应优先退出电抗器，再投入电容器。(A)

A. 低于　B. 高于　C. 等于　D. 大于

146. 220kV 双回线或环网中一回线停电时应（　）。(D)

A. 应先停受端，后停送端，以减少断路器两侧电压差

B. 应先停受端，后停送端，以增加断路器两侧电压差

C. 应先停送端，后停受端，以增加断路器两侧电压差

D. 应先停送端，后停受端，以减少断路器两侧电压差

147. 一般情况下，220kV 变压器高、低压侧均有电源时，停电时则先在（　）解列。(B)

A. 高压侧　B. 低压侧　C. 中压侧　D. 电源侧

148. 一般情况下，220kV 变压器高、低压侧均有电源时，送电时应由（　）充电。(A)

A. 高压侧　B. 低压侧　C. 中压侧　D. 电源侧

149. 两台变压器间定相是为了核定（　）。(C)

A. 相序　B. 相位差　C. 相序和相位　D. 相位

150. 3/2 接线方式，线路停电时的操作顺序为（　）。(B)

A. 一般应先断开母线侧断路器，后断开中间断路器，然后拉开线路侧隔离开关，最后拉开母线侧隔离开关

B. 一般应先断开中间断路器，后断开母线侧断路器，然后拉开线路侧隔离开关，最后拉开母线侧隔离开关

C. 一般应先断开母线侧断路器，后后拉开母线侧隔离开关

D. 一般应先断开中间断路器，然后拉开线路侧隔离开关

151. 下列对线路进行充电的说法中错误的是（　）。(D)

A. 用小电源向线路充电时，应核算继电保护灵敏度

B. 充电端必须有变压器中性点接地

C. 要考虑线路充电功率对电网及线路末端电压的影响

D. 应优先考虑由电厂侧先送电

152. 220kV 线路由旁路带时，在用旁路断路器合环前应退出（　）。(C)

A. 距离保护　B. 充电保护　C. 零序保护三、四段　D. 重合闸

153. 双母线倒闸操作过程中，母线保护仅由（　）构成，动作时将跳开两段母线上所有连接单元。(A)

A. 大差　B. 大差、两个小差　C. 两个小差　D. 大差、一个小差

154. 旁代主变压器断路器运行时，旁路断路器电流互感器与主变压器电流互感器转换前要退出主变压器（　）保护压板。(B)

A. 瓦斯　B. 差动　C. 过负荷　D. 后备

155. 用于双母线接线形式的变电站，其母线差动保护、断路器失灵保护的复合电压闭锁触点应（　）在各断路器的跳闸回路中，不得共用。(A)

A. 分别串接　B. 串接　C. 并接　D. 分别并接

156. 两台变压器并列运行，在升压操作时，应（　），以防止环流过大。(A)

A. 先操作二次输出电压低的一台，再操作二次输出电压高的一台

B. 先操作二次输出电压高的一台，再操作二次输出电压低的一台

C. 先操作负荷电流大的一台，再操作负荷电流小的一台

D. 先操作额定电流大的一台，再操作额定电流小的一台

157. 变压器中性点接地运行方式的安排，应尽量保持变电站（　　）基本不变。(C)

A. 正序阻抗　　B. 负序阻抗　　C. 零序阻抗　　D. 正序阻抗与负序阻抗

158. 变压器中性点切换原则是保证电网不失去（　　）。(A)

A. 接地点　　B. 合环点　　C. 解列点　　D. 监测点

159. 220kV 电压等级的变压器分接开关一天内分接变换次数，一般不得超过（　　）次。(B)

A. 5　　B. 10　　C. 20　　D. 40

160. 500kV、220kV 双回线或环网中一回线路停电时，应先停送端，后停受端，以减少断路器两侧（　　）。(C)

A. 电流差　　B. 频率差　　C. 电压差　　D. 相位差

161. 下列对新变压器在投入运行前作冲击试验的说法不正确的是（　　）。(C)

A. 检查变压器的绝缘强度　　B. 考核变压器的机械强度

C. 考核变压器操作过电压是否在合格范围内　D. 考核继电保护是否会误动

162. 正常运行方式时，在进行变压器调压操作时，应控制 220kV 变电站 66kV 母线电压在（　　）kV 范围内。(B)

A. 66～72.5　　B. 64.02～70.62　　C. 60～66　　D. 62.7～69.3

163. 消弧线圈倒换分接头或消弧线圈停送电时，一般情况下应遵循（　　）的原则。(A)

A. 过补偿　　B. 欠补偿　　C. 全补偿　　D. 未补偿

164. 下列（　　）不是母线操作过程中的危险点。(C)

A. 对故障母线充电，引启事故扩大　　B. 可能发生的带负荷拉刀闸事故

C. 母线倒闸过程中继电保护及自动装置拒动　D. 向空载母线充电发生串联谐振

165. 一侧发电厂、一侧变电站的线路停电操作，一般（　　）侧解环。(A)

A. 发电厂　　B. 变电站　　C. 任一侧　　D. 短路电流小的一侧

166. 双母线中的一组母线进行零起升压时，母差保护应（　　），母联断路器应改为（　　）。(A)

A. 停用，冷备用　　B. 投跳闸，冷备用　　C. 停用，热备用　　D. 投跳闸，热备用

167. 对于新线路第一次送电，说法不正确的是（　　）。(A)

A. 设备送电前所有设备验收合格，包括母线差动保护及重合闸等全部投入

B. 新线路送电时要按规定进行全电压冲击，来检验线路的绝缘水平

C. 双电源线路或双回线送电后应做定相试验

D. 送电后应对线路的继电保护进行相量测定

168. 当母线电压（　　）调度下达的电压曲线时，应优先退出电容器，再投入电抗器。(B)

A. 低于　　B. 高于　　C. 等于　　D. 小于

169. 某一 500kV 变电站 220kV 母线扩建间隔，B 段母线需停电 7 天，根据供电能力，三座 220kV 变电站（A 站负荷 90MW，B、C 站负荷各 180MW）总负荷需控制在 300MW 以内。调控中心采取了以下措施：安排 B 站企业用户 70MW 负荷配合停电检修（电网年度计划与企业设备检修年度计划相互配合）；将 C 站 30MW 负荷调 A 站带（单电源）；将 A 站全部负荷调另一供电区域供电。调整后断面负荷是（　　）。(B)

A. 200MW　　B. 260MW　　C. 300MW　　D. 320MW

170. 最优潮流就是优化潮流分布，使得在满足所有节点约束和电网（　　）的条件下，某一目标量（如发电厂成本或网损等）为最优。(B)

A. 刚性约束　　B. 安全约束　　C. 发供电平衡　　D. 母线电压约束

171.（　　）是指未来 1h 以内的负荷预测。(A)

A. 超短期负荷预测　　B. 短期负荷预测

C. 中期负荷预测　　D. 长期负荷预测

172. 某一地区日最高负荷 100MW，最小负荷 65MW，平均负荷 85MW，日负荷率（　　）。(D)

A. 0.65　　B. 0.75　　C. 0.76　　D. 0.85

173. 区域电网间联络线超过稳定限额时不应采取以下措施（　　）。(A)

A. 受端电网发电厂减出力　　B. 受端电网限电

C. 送端电网的发电厂降低功率，并提高电压　D. 受端电网发电厂增加功率

174.（　　）是指未来 35 年的负荷预测。(D)

A. 超短期负荷预测　B. 短期负荷预测　　C. 中期负荷预测　　D. 长期负荷预测

175.（　　）是按最优化准则将区域所需的有功功率分配于受控机组的调频方式。(C)

A. 一次调频　　B. 二次调频　　C. 三次调频　　D. 四次调频

176.（　　）是指日负荷预测和周负荷预测。(B)

A. 超短期负荷预测　　B. 短期负荷预测

C. 中期负荷预测　　D. 长期负荷预测

177. 为了使系统频率维持不变，需要运行人员手动操作或调度自动化系统 AGC 自动操作，增减发电机组的发电功率，使频率恢复目标值，这种频率调整称为（　　）。(B)

A. 一次调频　　B. 二次调频　　C. 三次调频　　D. 四次调频

178. 潮流计算的任务就是通过给定的运行条件来确定系统的（　　），为其他各类安全稳定分析计算提供初始潮流，是其他计算的基础。(D)

A. 节点电压　　B. 线路潮流　　C. 安全裕度　　D. 运行状态

179. 负荷预测分为电量预测和（　　）。(D)

A. 日最高负荷预测　　B. 日最低负荷预测

C. 负荷率预测　　D. 电力预测

180. 当系统频率发生变化，由发电机调速系统静态频率特性而增减发动机的出力做起到的调频作用叫频率的（　　）。(A)

A. 一次调频　　B. 二次调频　　C. 三次调频　　D. 四次调频

181. 负荷率是指电网某一段时间内平均负荷与（　　）的比值。(A)

A. 最大负荷　　B. 最小负荷　　C. 腰荷　　D. 尖峰负荷

182. 为尽快消除联络线过负荷，可以采取（　　）的人为调整措施。(B)

A. 发电机进相运行　　B. 送端系统的发电厂降低有功出力，提高电压

C. 投入并联电容器　　D. 切除并联电抗器

183. 电网每日（　　）之差，称为日负荷峰谷差。(B)

A. 平均负荷与尖峰负荷　　B. 最大负荷与最小负荷

C. 最大负荷与平均负荷　　D. 平均负荷与最小负荷

184.（　　）只有在电网频率超出某一规定值后参加频率调整。(B)

A. 主调频厂　　B. 辅助调频厂　　C. 非调频厂　　D. 调峰调频厂

185. 最优潮流除了对有功及耗量进行优化外，还对无功及网损进行优化，还考虑了（　　）及线路潮流的安全约束。(D)

A. 刚性约束　　B. 安全约束　　C. 发供电平衡　　D. 母线电压约束

186. 超短期负荷预测用于预测下一小时系统负荷，最小时间间隔为（　　）min。(C)

A. 1　　B. 2　　C. 5　　D. 15

187. 电力系统频率的波动根据其（　　）分为三类，分别通过不同的手段对其进行控制和调节。(A)

A. 周期长短、幅值大小　　B. 变化频率、幅值大小

C. 周期、幅值　　D. 频率、幅值

188. 调度员潮流计算结果中的重载信息查询，重载率是指（　　）的百分比。(C)

A. 当前值和最大值　　　B. 实测值和平均值
C. 当前值和限值　　　D. 实测值和最大值

189. 电网振荡需解列电网时，解列点的开关应装有（　　），以便振荡消除后，易于进行系统并列操作。(D)

A. 远程监控装置　B. 检无压装置　C. 过流保护装置　D. 检同期装置

190. 对变压器差动保护进行相量图分析时，应在变压器（　　）时进行。(C)

A. 停电　B. 空载　C. 带有一定负荷　D. 满载

191. 变压器有载调压装置在远方调压操作过程中，如果发现母线电压无变化，应立即（　　）调压操作。(C)

A. 就地　B. 手动　C. 停止　D. 重复

192. 检修完工后的变压器送电过程中，变压器差动保护动作后，如明确为（　　）造成变压器跳闸，可立即试送。(B)

A. 空载电流　B. 励磁涌流　C. 空载电压　D. 潮流变化

193. 新母线投运时，用外来（或本侧）电源对母线冲击（　　）次，冲击侧应有可靠的一级保护。(A)

A. 1　B. 2　C. 3　D. 4

194. 新投入的变压器应进行（　　）次空载全电压冲击合闸，应在无异常情况下，第一次受电后持续时间不少于（　　）min。(B)

A. 3、5　B. 5、10　C. 5、5　D. 3、10

195. 消弧线圈在从一台变压器切换到另一台变压器时，消弧线圈隔离开关应（　　）。(A)

A. 先拉后合　B. 先合后拉　C. 可以同时操作　D. 无要求

196. 按照无功电压综合控制策略，电压和功率因数都低于下限，应（　　）控制。(B)

A. 调节变压器分接头
B. 先投入电容器组，根据电压变化情况再调变压器有载分接头位置
C. 投入电容器组
D. 先调节变压器分接头升压，再根据无功功率情况投入电容器组

197. 变电站电压无功综合控制策略，当电压和功率因数都高于上限时，应（　　）。(B)

A. 调节变压器分接头
B. 先停电容器组，根据电压变化情况再调变压器有载分接头位置
C. 退出电容器组
D. 先调节变压器分接头降压，再根据无功情况停电容器组

198. 电网监视控制点电压降低超过规定范围时，值班调度员采取（　　）的措施是不正确的。(D)

A. 迅速增加发电机无功出力　　　B. 投入无功补偿电容器
C. 必要时启动备用机组调压　　　D. 投入并联电抗器

199. 对于3/2接线的500kV线路停电，先断开（　　），后断开（　　）。(B)

A. 母线侧断路器，中间断路器　　　B. 中间断路器，母线侧断路器
C. 线路侧断路器，中间断路器　　　D. 线路侧断路器，母线侧断路器

200. 线路送电时，应注意（　　）。(D)

A. 应避免由发电厂侧先送电
B. 充电断路器必须具备完整的继电保护，并具有足够的灵敏度
C. 必须考虑充电功率可能引起的电压波动或线路末端电压升高
D. 以上均正确

201. 220kV变压器停送电操作时，中性点必须接地是为了（　　）。(A)

A. 防止过电压损坏主变　　　B. 减小励磁涌流

C. 主变零序保护需要　　D. 主变间隙保护需要

202.《国家电网公司调控机构安全工作规定》调控机构应执行迎峰度夏（冬、汛）、节假日及特殊保电时期等安全检查制度，根据季节性特点、检修时段，每年组织不少于（　　）调控系统安全专项检查。(A)

A. 一次　　B. 两次　　C. 三次　　D. 四次

203. 转供能力是指某一供电区域内，当电网元件或变电站发生停运时，电网转移负荷的能力，一般量化为（　　）。(B)

A. 可转移的负荷的最大值　　B. 可转移的负荷占该区域总负荷的比例

C. 可转移的负荷的最小值　　D. 可转移的负荷的平均值

204. 220kV 电网正常合解环操作的电压差不得超过（　　）。(B)

A. 5%　　B. 10%　　C. 15%　　D. 20%

205. 需要将运行中的变压器补油时，应将重瓦斯保护改接（　　）再进行工作。(A)

A. 信号　　B. 跳闸　　C. 停用　　D. 不用改

206. 系统频率降低时，可以通过（　　）的办法使频率上升。(C)

A. 增加发电机励磁，降低功率因数　　B. 投入大电流联切装置

C. 增加发电机有功出力或减少用电负荷　　D. 投入调相机，提高系统电压

207. 断路器大修后应进行（　　）。(B)

A. 红外测温　　B. 特巡　　C. 加强巡视　　D. 正常巡视

208. 某环网运行的电网，甲站为 500 千伏变电站，乙站和丙站均为 220 千伏变电站，甲乙线、乙丙线、甲丙Ⅰ、Ⅱ线为三站联络线，允许电流均为 800A，乙站和丙站无其他进线，乙站负荷为 170MW，丙站负荷为 180MW。甲丙Ⅰ、Ⅱ线同塔故障则甲乙线运行（　　）。( C )

A. 运行正常，不存在过负荷情况　　B. 过负荷 5%左右

C. 过负荷 15%左右　　D. 过负荷 25%左右

209. 按照《辽宁电网调控运行规程》，对 220kV 设备计划停、送电操作中的下达预令、正式操作，说法错误的是（　　）。(B)

A. 下达预令时，省调、地调监控员收到省调调度员下达的预令后，负责与省调调度员核对，并将预令转发至变电运维人员，变电运维人员负责与监控员核对预令

B. 下达预令时，如对预令有疑问，变电运维人员应直接向省调调度员汇报

C. 正式操作时，现场具备操作条件后，由变电运维人员汇报地调监控员，监控员汇报省调调度员

D. 检修作业竣工后，省检修公司或供电公司有关人员向相应监控员汇报竣工，再由监控员汇报省调调度员

210. 在 220kV 系统中，LGJ-240 的导线安全功率约为（　　）MW。(B)

A. 210　　B. 230　　C. 260　　D. 300

## 二、多选题

1.（　　）可能引起相位变化，必须经测定证明合环点两侧相位一致。(BC)

A. 停役后　　B. 首次合环　　C. 检修后　　D. 二次工作

2. 110kV 及以上电力变压器在（　　）前，中性点必须接地，并投入接地保护。(AC)

A. 停电　　B. 安装小电抗　　C. 送电　　D. 以上都不是

3. 变压器的操作正确的是（　　）。(AC)

A. 对于 220kV 电压等级的变压器，送电时应先送电源侧断路器，再送负荷侧断路器

B. 对于 220kV 电压等级的变压器，送电时应先送负荷侧断路器，再送电源侧断路器

C. 送电先送联变，后送低抗或电容补偿装置

D. 110kV 及以上电网中性点的倒换操作应遵守先断后合的原则

4. 变压器投运前需要做（　　）试验。(ACD)

A. 短路　　B. 甩负荷　　C. 核相　　D. 全电压空载冲击合闸

5. 不满足下列（　　）条件，不得进行合环操作。(ABCD)

A. 如首次合环或检修后可能引起相位变化，必须经测定证明合环点两侧相位一致

B. 相位应一致

C. 合环后环网内各元件不致过载

D. 继电保护与安全自动装置应适应环网运行方式

6. 超高压并联电抗器会改善电力系统无功运行状况，主要包括（　　）。(ABCD)

A. 改善长输电线路上的电压分布

B. 使轻负荷时线路中的无功功率尽可能就地平衡

C. 减轻空载或轻负荷线路上的电容效应，以降低工频暂态过电压

D. 在大机组与系统并列时，降低高压母线上工频稳态电压，便于发电机同期并列

7. 当受端（或送端）交流电网发生严重故障时，有可能要求直流系统增大（或减小）输送的直流功率，支援受端（或送端）电网，以便使其尽快地恢复正常运行，这种调制功能称为（　　）。(AC)

A. 功率提升（或回降）　　B. 阻尼控制

C. 紧急功率支援　　D. 潮流反转

8. 当整个系统无功电源不足时，应尽量将一次系统的电压提高至上限运行，原因是（　　）。(ACD)

A. 降低一次系统的无功损失　　B. 降低一次系统有功损失

C. 增加一次系统的充电功率　　D. 减少系统无功缺额

9. 电力系统的负荷曲线是指系统中负荷数值随时间而变化的特性曲线，包括（　　）。(ABCD)

A. 日负荷曲线　　B. 周负荷曲线　　C. 月负荷曲线　　D. 年负荷曲线

10. 电网备用容量包括（　　）。(BCD)

A. 生活备用容量　　B. 负荷备用容量

C. 事故备用容量　　D. 检修备用容量

11. 电网监视控制点电压降低超过规定范围时，值班调度员应采取的措施是（　　）。(ABCD)

A. 迅速增加发电机无功出力　　B. 投入无功补偿电容器

C. 设法改变系统无功潮流分布　　D. 条件允许降低发电机有功出力，增加无功出力

12. 电网经济调度工作的主要内容有（　　）。(ABCD)

A. 经济负荷分配　　B. 机组经济组合　　C. 降低网损　　D. 水电利用

13. 电网无功补偿的原则是（　　）。(ABCD)

A. 按分层分区和就地平衡原则考虑

B. 应能随负荷或电压进行调整

C. 保证系统各枢纽点的电压在正常和事故后均能满足规定的要求

D. 避免经长距离线路或多级变压器传送无功功率

14. 断路器投切 500kV 高抗的目的是（　　）。(ABCD)

A. 考核开关投切 500kV 高抗的能力

B. 考核高抗耐受冲击合闸的能力

C. 测录操作时系统的操作过电压、合闸涌流等电磁暂态分量

D. 验证该断路器的相关操作对系统运行的影响

15. 对线路零起升压前，应（　　）。(BCD)

A. 退出线路保护　　B. 退出线路重合闸

C. 停用发电机自动励磁　　D. 发电机升压变中性点必须接地

16. 对于（　　）后的 500kV 变压器，在施加电压前静止时间不应少于 72h。(ABCD)

A. 新投　　B. 大修　　C. 事故检修　　D. 换油

17. 对于变电站的500kV母线电压的允许偏差值，说法正确的是（　　）。(AD)
A. 正常运行方式下，最高运行电压不得超过额定电压的110%
B. 最低运行电压不应低于额定电压的95%
C. 正常运行方式下，最高运行电压不得超过额定电压
D. 最低运行电压不应影响系统同步稳定和电压稳定、厂用电的正常使用和下一级电网的电压调节
18. 发电机调相运行的作用是（　　）。(AC)
A. 作为系统备用容量　　B. 提高动态稳定水平
C. 调节无功协助调压　　D. 提高暂态稳定水平
19. 发电机组有功调节性能包括（　　）。(ABC)
A. 调差性能　　B. 自动发电控制调节性能
C. 一次调频性能　　D. 拍停性能
20. 防雷冷备用是指输配电线路的（　　）。(AD)
A. 断路器、线路隔离开关拉开　　B. 断路器、母线隔离开关拉开
C. 线路隔离开关不拉开　　D. 母线隔离开关不拉开
21. 分闸闭锁的断路器应（　　）。(AC)
A. 改为非自动状态　　B. 不必改为非自动状态
C. 不得影响其失灵保护的启用　　D. 应停用失灵保护
22. 下列关于电压监测点说法正确的是（　　）。(ABCD)
A. A类是指城市10kV母线电压
B. B类是指66kV及以上用户及专用线用户电压
C. C类是指66kV非专供线及10kV用户电压
D. D类是指低压（380/220V）电压
23. 关于母线启动说法正确的是（　　）。(BCD)
A. 用本侧电源对母线冲击一次，冲击侧应有可靠的二级保护
B. 用外来电源对母线冲击一次，冲击侧应有可靠的一级保护
C. 冲击正常后新母线电压互感器二次侧必须做核相试验
D. 老母线扩建，宜采用母联断路器充电保护对新母线进行冲击
24. 合环前，应充分考虑（　　）。(AC)
A. 合环后电压的变化　　B. 天气情况
C. 合环后潮流的变化　　D. 设备情况
25. 合解环操作前，应注意（　　）。(ABCD)
A. 相位应一致
B. 如首次合环或检修后可能引起相位变化，必须经测定证明合环点两侧相位一致
C. 合环后环网内各元件不致过载
D. 继电保护与安全自动装置应适应环网运行方式
26. 换流站无功功率控制是通过（　　）来实现的。(ACD)
A. 调整换流站装设的无功补偿设备　　B. 调整换流站的极性
C. 改变换流器吸收的无功功率　　D. 换流器触发角的快速相位控制
27. 换流站装设的无功功率补偿设备通常有（　　）。(ABD)
A. 交流滤波器　　B. 并联电容器、电抗器
C. 同步调相机　　D. 静止无功补偿器（SVC）
28. 计划操作应尽量避免在（　　）情况下进行。(ABCD)
A. 交接班时　　B. 恶劣天气时　　C. 电网事故时　　D. 电网高峰负荷时段
29. 解、合环操作必须保证操作后（　　）。(ABCD)

A. 电压在正常范围
B. 潮流不超继电保护的限额
C. 潮流不超电网稳定的限额
D. 潮流不超设备容量的限额

30. 进行倒母线操作时，应注意（　　）。(BCD)
A. 母联断路器状态为自动
B. 母线差动保护不得停用并应做好相应调整
C. 各组母线上电源与负荷分布的合理性
D. 一次接线与电压互感器二次负载是否对应

31. 进行解环操作时，满足（　　）条件。(AC)
A. 解环后各元件不应过载
B. 解环后电压角差小于 10°
C. 解环后各节点电压不应超过规定值
D. 解环后电压角差小于 20°

32. 进行母线倒闸操作应注意（　　）。(ABCD)
A. 对母线差动保护的影响
B. 各段母线上电源与负荷分布是否合理
C. 主变压器中性点分布是否合理
D. 双母线 TV 在一次侧没有并列前二次侧不得并列运行，防止 TV 对停运母线反充电

33. 空载变压器的冲击合闸试验目的是（　　）。(ABCD)
A. 验证空载主变压器耐受全电压下的冲击性能
B. 测录系统的操作过电压及合闸涌流等电磁暂态分量
C. 检查变压器差动保护躲开励磁涌流的能力
D. 为继电保护正确定值和系统安全运行提供依据

34. 留检修备用容量时，应考虑（　　）。(ABCD)
A. 系统负荷特点　B. 水火电比重　C. 设备质量　D. 检修水平

35. 母线的操作，正确的是（　　）。(BD)
A. 省调在母线操作中应采用防止谐振的措施
B. 母线或旁路母线送电时，必须选择有速断保护的断路器试送电
C. 用变压器向母线充电时，变压器中性点不能直接接地
D. 对 GIS 母线进行操作时，应保证 $SF_6$ 的充气压力和密度在规定值以内

36. 线路跳闸后，不宜强送电的情况有（　　）。(ABD)
A. 空充线路　B. 电缆线路　C. 轻载线路　D. 试运行线路

37. 区域电网间联络线超过稳定限额时应采取的措施是（　　）。(ABD)
A. 受端电网限电
B. 送端电网的发电厂降低功率，并提高电压
C. 受端电网发电厂减出力
D. 受端电网发电厂增加功率

38. 若只能用隔离开关对母线送电时，应进行必要的检查确认其（　　）。(ABCD)
A. 设备正常
B. 绝缘良好
C. 连接母线的所有接地线拆除
D. 连接母线的所有接地隔离开关拉开

39. 受阻容量包括（　　）。(ABCD)
A. 电网原因造成的窝电容量
B. 煤质差造成的火电机组可调最大出力和铭牌出力之间的差额
C. 水头不够造成的水电机组可调最大出力和铭牌出力之间的差额
D. 火电机组缺煤停机容量

40. 下列（　　）情况不许调整变压器有载调压开关。(ABCD)
A. 主变压器过负荷
B. 系统振荡
C. 调压装置异常
D. 有载调压装置的瓦斯保护频繁出现信号

41. 双母线中任一组电压互感器停役，可不必进行一次倒闸操作，但需按（　　）要求执行。(AB)
A. 将接于检修电压互感器上的线路保护切换至另一条母线电压互感器上
B. 母线差动保护投互联方式

C. 母联断路器改“非自动方式”

D. 需停用母线差动保护

42. 调度员在下令操作时应遵守（　　）制度。(ABCD)

A. 操作指令票制　B. 复诵指令制　C. 监护制　D. 录音记录制

43. 调整电网电压的手段有（　　）。(ABCD)

A. 调整发电机无功功率　B. 投切电容器

C. 投切电抗器　D. 调整变压器分接头

44. 为防止系统电压崩溃和稳定破坏，调度机构应对系统内某些枢纽点的电压进行计算，并规定出（　　）和（　　）。(AC)

A. 最低运行电压　B. 最高运行电压　C. 最低极限电压值　D. 最高极限电压值

45. 下列（　　）情况下自动重合闸装置不应动作。(AB)

A. 由值班人员手动跳闸或通过遥控装置跳闸时

B. 手动合闸，由于线路上有故障，而随即被保护跳闸时

C. 继电保护动作时

D. 出口继电器误碰跳闸时

46. 系统电压是电能质量的重要指标之一，电压质量对电力系统的（　　）等有直接的影响。(ABC)

A. 电力系统的安全稳定　B. 经济运行

C. 用户产品质量　D. 系统运行方式

47. 线路空载冲击合闸，会产生相当高的操作过电压，因此对于（　　）后的线路，使用这种方法来检查线路绝缘质量。(AB)

A. 新投　B. 检修　C. 故障　D. 停役

48. 新建线路投入运行时，应以额定电压进行冲击，（　　）按有关规定或启动措施执行。(CD)

A. 冲击强度　B. 冲击设备　C. 冲击次数　D. 试运时间

49. 新投产的线路或大修后的线路，必须进行（　　）核对。(BC)

A. 长度　B. 相序　C. 相位　D. 容量

50. 防止电压崩溃的有效措施是（　　）。(AB)

A. 在正常运行中要备有一定的可以瞬时自动调出的无功功率备用容量

B. 高电压、远距离、大容量输电系统，在中途短路容量较小的受电端，设置静补、调相机等作为电压支撑

C. 电网正常运行时各个发电厂尽量多发无功

D. 电网正常运行时尽量多的投入无功补偿装置

51. 为防止事故扩大，厂站值班员可不待调度指令自行进行以下紧急操作，但事后应立即向调度汇报的操作是（　　）。(ABC)

A. 对人身和设备安全有威胁的设备停电

B. 将故障停运已损坏的设备隔离

C. 当厂（站）用电部分或全部停电时，恢复其电源

D. 对已停电线路两侧挂地线

52. 影响系统电压的主要因素有（　　）。(ABC)

A. 负荷变化　B. 无功补偿容量变化　C. 运行方式变化　D. 接地方式变化

53. 允许用隔离开关直接进行的操作有（　　）。(ABCD)

A. 在电网无接地故障时，拉合电压互感器

B. 在无雷电活动时拉合避雷器

C. 拉合 220kV 及以下母线和直接连接在母线上设备的电容电流

D. 在电网无接地故障时，拉合变压器中性点接地隔离开关

54. 正常运行时，电网调峰的手段有（　　）。(ABC)

A. 储蓄电厂改变运行方式　　B. 水电厂起停

C. 火电厂压负荷　　D. 拉闸限电

55. 直流输电系统常用的调制功能有（　　）。(ABCD)

A. 功率提升（或回降）　　B. 频率控制

C. 无功功率调制　　D. 阻尼控制

56. 直流系统的控制和调节，需要具备的基本功能是（　　）。(ABCD)

A. 减少由于交流系统电压变化引起的直流电流波动

B. 限制最大和最小直流电流

C. 尽量减小逆变器换相失败并适当减小换流器所消耗的无功功率

D. 正常运行时，保持直流电压在额定值水平，使在输送给定功率时线路的功率损耗适当

57. 主变压器零起升压的目的是（　　）。(ABC)

A. 检验新主变压器及其相关的一、二次回路中设备绝缘耐受情况

B. 一次、二次接线的正确性

C. 测量主变压器的伏安特性

D. 校验主变压器机械强度

58. 主变压器零起升压的目的是：检验新主变压器及其相关的（　　）回路中设备绝缘耐受情况；一次、二次接线的正确性；测量主变压器的伏安特性。(CD)

A. 综自　　B. 通信　　C. 一次　　D. 二次

59. 装设备用电源自动投入装置对电网带来的好处为（　　）。(ABD)

A. 提高供电可靠性　　B. 降低造价，节省投资

C. 继电保护配置简单化　　D. 简化电网一次接线

60. "调度管辖"是指（　　）的指挥权限划分。(ABCD)

A. 发电设备的出力改变

B. 发电设备运行状态改变

C. 电气设备的运行方式（包括继电保护和安全自动装置的状态）

D. 倒闸操作及事故处理

61. 投切500kV空载线路目的是（　　）。(ABCD)

A. 考核开关投切500kV空载线路的能力　　B. 测录操作时系统的操作过电压暂态分量

C. 测录合闸涌流等电磁暂态分量　　D. 验证该断路器的相关操作对系统运行的影响

62. 500kV变压器停送电说法正确的有（　　）。(BD)

A. 必须在500kV侧停电或充电　　B. 一般在500kV侧停电或充电

C. 一般在220kV侧停电或充电　　D. 停送电过程中，变压器各侧中性点接地

63. 500kV线路高抗（无专用开关）投停操作必须在（　　）状态下进行。(AC)

A. 线路冷备用　　B. 线路运行　　C. 线路检修　　D. 线路空充

64. 电压互感器检修影响下列保护和自动装置有（　　）。(BCD)

A. 变压器差动保护　　B. 低频减载装置　　C. 备自投装置　　D. 距离保护

65. 备用电源自动投入装置应符合的要求是（　　）。(ACD)

A. 应保证在工作电源或设备断开后，才投入备用电源或设备

B. 备用电源自动投入装置必须具备双向备投功能

C. 自动投入装置应保证只动作一次

D. 工作电源或设备上的电压，不论因任何原因消失时，自动投入装置均应动作

66. 变压器并列运行必须满足的条件有（　　）。(ABD)

A. 变比相等　　B. 短路电压相等　　C. 相角差不大于10°　　D. 相同接线组别

67. 断路器出现（ ）情况，不能用断路器进行分合操作。（ABCD）
A. 严重漏油，油标管内已无油位　B. 套管炸裂
C. 真空损坏　D. $SF_6$ 气压低闭锁
68. 下列对于合环操作描述错误的是（ ）。（ABC）
A. 相位可以不一致　B. 电压相角差无要求
C. 电压差无要求　D. 相位必须一致
69. 系统频率降低时，自动按频率减负荷装置的作用是（ ）。（ABCD）
A. 自动断开一部分不重要负荷　B. 阻止频率下降
C. 保证重要用户的供电　D. 可以避免因频率下降引起的系统瓦解事故
70. 并网发电厂应向有关调度部门提供的资料有（ ）。（ABCD）
A. 发电厂主结构图及经批准的设备命名　B. 主设备规范、参数
C. 继电保护、安全自动装置原理结构图　D. 发电厂运行规程
71. 操作过电压主要包括（ ）。（ABC）
A. 切除空载线路引起的过电压　B. 空载线路合闸时的过电压
C. 切除空载变压器引起的过电压　D. 不对称短路引起的非故障相电压升高
72. 倒闸操作的原则有（ ）。（ABD）
A. 操作隔离开关时，断路器必须先断开
B. 设备送电前必须将有关继电保护启用
C. 断路器允许带电压手动合闸
D. 发现误合隔离开关时，不允许将误合的隔离开关再拉开
73. 电力负荷预测主要包括（ ）的预测。（ABCD）
A. 最大负荷功率　B. 负荷电量　C. 负荷曲线　D. 最小负荷功率
74. 电力系统操作前应考虑（ ）。（ABCD）
A. 潮流变化　B. 备用容量分布　C. 电压变化　D. 频率变化
75. 电力系统的设备运行状态一般分为（ ）。（ABCD）
A. 检修　B. 冷备用　C. 热备用　D. 运行
76. 电力系统同期并列的条件有（ ）。（ABCD）
A. 相序相同　B. 相位相同　C. 压差在规定范围内　D. 频差在规定范围内
77. 电力系统中的无功电源有（ ）。（ACD）
A. 并联补偿电容器　B. 串联补偿电容器
C. 高压输电线路的充电功率　D. 静止补偿器
78. 电气设备操作中发生以下（ ）情况构成事故。（ACD）
A. 带负荷拉、合隔离开关
B. 对变压器充电时，励磁涌流过大造成差动保护动作跳闸
C. 带电挂接地线或合接地隔离开关
D. 带接地线或接地隔离开关合断路器
79. 电网的无功补偿应以（ ）为原则，并应随负荷（或电压）变化进行调整。（ABC）
A. 分区　B. 分层　C. 就地平衡　D. 补偿充电功率
80. 电网互联双方应根据联网后的变化，修正本网的（ ）；按照电网稳定运行需要协商确定安全自动装置配置方案。（AC）
A. 自动低频减负荷方案　B. 设备参数
C. 自动低压减负荷方案　D. 负荷预测
81. 电网监视控制点电压降低超过规定范围时，值班调度员应避免采取的措施是（ ）。（AB）
A. 减少发电机无功出力　B. 投入并联电抗器

C. 设法改变系统无功潮流分布　　D. 必要时启动备用机组调压

82. 系统电压调整的常用方法有（　）。(ABCD)

A. 增减无功功率进行调压　　B. 改变有功功率和无功功率的分布进行调压

C. 改变网络参数进行调压　　D. 调整用电负荷或限电

83. 电压调整方式分为（　）。(ABC)

A. 顺调压　　B. 逆调压　　C. 恒调压　　D. 动态调压

84. 断路器在操作后，应检查（　），来证明断路器的实际位置。(ABC)

A. 表计变化　　B. 指示灯　　C. 断路器机械位置　　D. 有电指示装置

85. 对仅有隔离开关的电压互感器可以单独操作，其状态有（　）。(ACD)

A. 运行　　B. 热备用　　C. 冷备用　　D. 检修

86. 多台并列运行的变压器进行有载调压，下列说法正确的是（　）。(AD)

A. 升压操作时，应先操作负载电流较小的一台

B. 升压操作时，应先操作负载电流较大的一台

C. 降压操作时，应先操作负载电流较小的一台

D. 降压操作时，应先操作负载电流较大的一台

87. 两台变压器并列运行应符合（　）等条件。(ABC)

A. 接线组别相同　　B. 变压比相等　　C. 短路电压相等　　D. 容量比不超过 4∶1

88. 分区运行的电网在合环时应满足（　）。(ABC)

A. 同一系统下　　B. 相位正确

C. 电压差在 20%以内　　D. 电压差在 30%以内

89. 负荷功率因数低造成的影响包括（　）。(ABC)

A. 线路电压损失增大　　B. 有功损耗增大

C. 发电设备未能充分发挥作用　　D. 有功损耗减少

90. 合环时应根据（　）来考虑合环时潮流的变化。(ABCD)

A. 上一级网络的方式情况　　B. 参与合环的低压侧母线压差

C. 上一级网络的网络参数　　D. 运行经验

91. 换流站设置无功补偿装置的目的是（　）。(ABCD)

A. 满足换流器所需无功　　B. 稳定换流母线电压

C. 提高系统暂态动态电压稳定性　　D. 提高电能质量

92. 解环操作必须保证操作后潮流不超（　）等方面的限额，电压在正常范围。(ABC)

A. 设备容量　　B. 继电保护　　C. 电网稳定　　D. 电压

93. 解环前，应充分考虑（　）。(AB)

A. 解环后电压的变化　　B. 解环后潮流的变化

C. 天气情况　　D. 设备情况

94. 静止无功发生器（SVG）的主要功能是（　）。(ABCD)

A. 改善系统稳定　　B. 电压支撑

C. 无功补偿　　D. 动态无功发生

95. 局部电网无功功率过剩、电压偏高，可采取（　）措施。(ABCD)

A. 降低发电机无功出力　　B. 切除并联电容器

C. 投入并联电抗器　　D. 改变运行方式

96. 母线差动保护在母线倒闸操作过程中（　）。(ABD)

A. 不得停用　　B. 失去选择性

C. 仍具有选择性　　D. 断开母联断路器操作电源

97. 如遇有（　）情况，必须联系值班调度员并得到许可后方可强送电。(ABD)

A. 由于母线故障引起线路跳闸，没有查出明显故障点时
B. 环网线路故障跳闸
C. 线路无重合闸或重合闸拒动时（发现明显故障点、空载线路、电缆除外）
D. 可能造成非同期合闸的线路跳闸

98. 调度员在拟票时应考虑（　　）。(ABCD)
A. 对电网接线方式的影响　　B. 对通信、自动化的影响
C. 对相关调度的影响　　D. 保护及安全自动装置的配合调整

99. 以下不允许使用隔离开关操作的有（　　）。(ABD)
A. 切、合空载变压器　　B. 切、合并联电抗器
C. 隔离停电设备　　D. 切、合空载线路

100. 以下关于零起升压正确的有（　　）。(ABCD)
A. 担任零起升压的发电机容量应足以防止发生自励磁，发电机强励退出，联跳其他非零起升压回路开关的压板退出，其余保护均可靠投入
B. 升压线路保护完整，可靠投入，联跳其他非升压回路开关压板退出，线路重合闸停用
C. 对主变压器或线路串变压器零起升压时，该变压器保护必须完整并可靠投入，中性点必须接地
D. 双母线中的一组母线进行零起升压时，母线差动保护应停用，母联开关应改为冷备用，防止开关误合造成非同期并列

101. 以下应停用线路重合闸的有（　　）。(ABC)
A. 线路长期充电运行时　　B. 线路带电作业要求时
C. 超过开关跳闸次数时　　D. 对线路进行计划送电时

102. 遇有下列（　　）情况，应立即停用有关线路重合闸装置。(ABD)
A. 可能造成非同期合闸时　　B. 长期对线路充电时
C. 线路发生瞬时故障重合成功以后　　D. 线路上有带电作业要求时

103. 允许用刀闸直接进行的操作有（　　）。(AB)
A. 拉合电压互感器　　B. 拉合避雷器
C. 拉合母线环流　　D. 拉合空载母线

104. 在（　　）情况下会考虑采取合环运行。(AD)
A. 不停电转供电　　B. 降低短路电流
C. 提高系统运行经济性　　D. 提高系统供电可靠

105. 在（　　）情况下变压器需要做合闸冲击试验。(BC)
A. 小修后　　B. 大修后　　C. 新投运　　D. 故障后

106. 值班调度员在解、合环前，应认真考虑的因素有（　　）。(ABCD)
A. 继电保护及自动装置　　B. 潮流变化
C. 设备过载　　D. 电压波动

107. 装有重合闸的线路，当它们的断路器跳闸后，以下（　　）情况下，不允许或不能重合。(ABCD)
A. 手动跳闸　　B. 断路器失灵保护动作跳闸
C. 母差远方跳闸　　D. 重合于永久性故障又跳闸

108. 变压器产生稳态不平衡电流的原因有（　　）。(BCD)
A. 变压器的励磁涌流
B. 变压器各侧电流互感器的饱和特性和励磁电流不同
C. 电流互感器实际变比和计算变比不同
D. 变压器调压分接头调整

109. 电网解环操作前应进行以下调整（　　）。(ABCD)
A. 降低解环点有功潮流　　B. 降低解环点无功潮流

C. 重新考虑继电保护配合　　D. 和相关单位协调

110. 无功电压调度管理主要内容包括（　　）。（ABCD）

A. 确定电压考核点、电压监视点

B. 编制季度（月度）电压曲线

C. 指挥直调系统无功补偿装置运行，确定调整变压器分接头位置

D. 统计考核电压合格率

111. 当遇到下列（　　）情况时，不允许对线路进行远方试送。（ABCD）

A. 监控员汇报站内设备不具备远方试送操作条件

B. 运维单位人员汇报由于严重自然灾害、山火等导致线路不具备恢复送电的情况

C. 电缆线路故障或者故障可能发生在电缆段范围内

D. 判断故障可能发生在站内

112. 实施调控一体操作时，应具备（　　）等验证机制，防止保护误投和误整定的发生。（AB）

A. 保护投退　　B. 定值变更　　C. 地址变更　　D. 压板变更

113. 调度可通过（　　）等通信方式与调度电话中断的厂站取得联系。（AB）

A. 外线电话　　B. 手机　　C. 现场指挥　　D. 网络

114. 新建线路投入运行时，应以额定电压进行冲击，（　　）按有关规定或启动措施执行。（CD）

A. 冲击强度　　B. 冲击设备　　C. 冲击次数　　D. 试运时间

115. 发电机准同期并列的条件有（　　）。（ABCD）

A. 并列断路器两侧的电压大小相同　　B. 并列断路器两侧的频率相同

C. 并列断路器两侧的相位相同　　D. 并列断路器两侧的相序相同

116. 电网合环运行有（　　）优点。（ABCD）

A. 减少电能损失　　B. 提高供电可靠性

C. 提高电压质量　　D. 各个电网之间可以互相支援互相调剂，互为备用

117. （　　）可能引起相位变化，必须经测定证明合环点两侧相位一致。（BC）

A. 停役后　　B. 首次合环　　C. 检修后　　D. 二次工作

118. 220kV 某间隔热倒母线操作的电气联锁条件是（　　）。（ABC）

A. 母联断路器合上　　B. 母联两侧隔离开关合上

C. 本间隔对应的另一把母线隔离开关合上　　D. 本间隔隔离开关合上

119. 线路空载冲击合闸，会产生相当高的操作过电压，故对于（　　）后的线路，使用这种方法来检查线路绝缘质量。（AB）

A. 新投　　B. 检修　　C. 故障　　D. 停役

120. 解、合环操作必须保证操作后（　　）。（ABCD）

A. 电压在正常范围　　B. 潮流不超继电保护的限额

C. 潮流不超电网稳定的限额　　D. 潮流不超设备容量的限额

121. 关于母线启动以下哪些说法是正确的（　　）。（BCD）

A. 用本侧电源对母线冲击一次，冲击侧应有可靠的二级保护

B. 用外来电源对母线冲击一次，冲击侧应有可靠的一级保护

C. 冲击正常后新母线电压互感器二次侧必须做核相试验

D. 老母线扩建，宜采用母联断路器充电保护对新母线进行冲击

122. 进行母线倒闸操作应注意（　　）。（ABCD）

A. 对母差保护的影响

B. 各段母线上电源与负荷分布是否合理

C. 主变压器中性点分布是否合理

D. 双母线 PT 在一次侧没有并列前二次侧不得并列运行，防止 PT 对停运母线反充电

123. 新设备启动应严格按照批准的调度实施方案执行，调度实施方案的内容包括：（ ）、调试系统示意图。（ABCD）

A. 启动范围　B. 启动条件　C. 启动步骤　D. 预定启动时间

124. （ ）是负荷控制的组织措施。（BCD）

A. 提高机组出力　B. 分配用电指标　C. 拉闸限电　D. 用户轮流休息制度

125. 经济调度优化功能模块有（ ）。（ABCD）

A. 负荷预测　B. 机组优化组合　C. 等微增调度　D. 线损修正

126. 联络线控制潮流的方法有（ ）。（ABC）

A. 恒定频率控制　B. 恒定交换功率控制

C. 交换功率和频率偏差控制　D. 恒定电压控制

127. 自动发电控制（AGC）的控制目标是（ ）。（ABCD）

A. 使全系统的发电出力与全系统的负荷保持平衡

B. 电力系统的频率误差调节到零，保持系统频率为额定值

C. 使区域联络线上传输的净交换功率为计划值

D. 在区域内机组间实行经济负荷

128. 在利用 AGC 进行跨区间联络线控制时，除满足 CPS 考核标准外，还必须满足（ ）条件。（ABC）

A. 电网安全约束　B. 节能优化调度原则　C. 三公调度原则　D. A1、A2 标准

129. 电力预测包括（ ）。（ABCD）

A. 最大负荷　B. 最小负荷　C. 峰谷差　D. 负荷率

130. 安排系统调峰时应考虑的安全约束条件主要有（ ）。（ABC）

A. 对联络线较薄弱的地区应分地区进行平衡　B. 调峰速度应符合本系统的实际情况

C. 满足电压质量要求　D. 调峰需求容量

131. 电压中枢点选择原则（ ）。（ABC）

A. 区域性水、火电厂的高压母线　B. 分区选择母线短路容量较大的 220kV 变电站母线

C. 有大量地方负荷的发电厂母线　D. 负荷较重的 220kV 变电站母线

132. 电网经济调度的主要内容包括（ ）。（ABCD）

A. 经济负荷分配　B. 机组经济组合　C. 降低网损　D. 水电利用

133. 电力系统短期负荷预报可分为（ ）负荷预报。（BC）

A. 小时　B. 日　C. 周　D. 月

134. 电力负荷预测是（ ）的前提，掌握电力生产的主动权应先做好负荷预测工作。（ACD）

A. 实时控制　B. 稳定运行　C. 运行计划　D. 发展规划

135. 按照电网调度的核心业务和生产需求，能量管理系统的体系结构可分为（ ）功能。（ABC）

A. 安全Ⅰ区的调度实时监控类　B. 安全Ⅱ区的调度计划类

C. 安全Ⅲ区应用　D. 安全Ⅳ区办公

136. 按照未来负荷预测的时段长短，负荷预测可分为（ ）负荷预报。（ABCD）

A. 超短期　B. 短期　C. 中期　D. 长期

137. 目前使用的负荷预测软件主要包括（ ）负荷预测。（AB）

A. 系统　B. 母线　C. 线路　D. 设备

138. 对于变压器有载分接开关的操作，说法正确的是（ ）。（ABCD）

A. 应逐级调压，同时监视分接位置及电压、电流的变化

B. 单相变压器组和三相变压器分相安装的有载分接开关，宜三相同步电动操作

C. 有载调压变压器并联运行时，其调压操作应轮流逐级或同步进行

D. 有载调压变压器与无励磁调压变压器并联运行时，两变压器的分接电压应尽量靠近

139. 无功电压调度管理主要内容包括（　　）。（ABCD）

A. 确定电压考核点、电压监视点

B. 编制季度（月度）电压曲线

C. 指挥直调系统无功补偿装置运行，确定调整变压器分接头位置

D. 统计考核电压合格率

140. 双回线中任一回线停送电操作，下列说法正确的是（　　）。（AB）

A. 线路停电之前，必须将双回线送电功率降低至一回线按稳定条件所允许的数值

B. 线路停电时，先拉开送端开关，然后再拉开受端开关

C. 线路送电前，运行线路潮流需保持稳定

D. 线路送电时，先合送端开关，后合受端开关

141. 220kV 变压器停送电操作，以下说法正确的是（　　）。（ABC）

A. 变压器充电时，应投入全部继电保护

B. 变压器在充电或停运前，必须将中性点接地刀闸合上

C. 220kV 变压器高低压侧均有电源送电时，应由高压侧充电

D. 220kV 变压器高低压侧均有电源停电时，则先在高压侧解列

142. 无功功率不足的电网中，在高峰负荷到来前就应当将电容器投入，使电网电压提高至上限运行，这是因为（　　）。（ABC）

A. 可以防止高峰负荷使电压下降

B. 先提高电压，可以使电容器充电无功增加

C. 如果电压下降后调整往往调不上去或调节效果不好

D. 先提高电压可以使线路的充电无功增加

143. 线路停送电操作可能引起下列（　　）现象。（ABD）

A. 发电机在无负荷情况下投入空载线路产生自励磁

B. 投入空线路时，电网电压大幅上升

C. 切除空线路时，电网电压大幅上升

D. 空载线路末端电压升高至允许值以上

144. 采用（　　）措施可以提高线路的输电能力。（ABCD）

A. 加强电力网络结构　　B. 采用多分裂导线

C. 增大导线截面面积　　D. 提高系统稳定水平

145. 关于母线启动的要求是（　　）。（ABD）

A. 老母线扩建，宜采用母联断路器充电保护对新母线进行冲击

B. 冲击正常后，新母线电压互感器二次侧必须做核相试验

C. 用本侧电源对母线冲击一次，冲击侧应有可靠的二级保护

D. 用外来电源对母线冲击一次，冲击侧应有可靠的一级保护

146. 对于送端系统，热稳定输送能力低的并行输电线路，为提高外送通道的供电能力，可以（　　）。（AC）

A. 装设过负荷解列装置　　B. 联切负荷

C. 联切机装置　　D. 联切大容量负荷变压器

147. 解、合环操作，必须保证操作后潮流不超（　　）方面的限额。（ABC）

A. 继电保护　　B. 电网稳定　　C. 设备容量　　D. 变压器允许电流

148. 切换 220kV 变压器中性点接地开关的规定是（　　）。（AC）

A. 先合上备用接地点的隔离开关，再拉开工作接地点的隔离开关

B. 先拉开工作接地点的隔离开关，再合上备用接地点的隔离开关

C. 将中性点接地的变压器上零序保护投入

D. 零序保护无需切换

149. 变压器新安装或大修后，投入运行前应验收的项目有（　　）。(ABCD)

A. 变压器本体无缺陷，外表整洁，无严重渗漏油和油漆脱落现象

B. 变压器绝缘试验应合格，无遗漏试验项目

C. 各部油位应正常，各阀门的开闭位置应正确，油的性能试验、色谱分析和绝缘强度试验应合格

D. 变压器外壳应有良好的接地装置，接地电阻应合格

150. 倒停母线时拉母联断路器应注意（　　）。(ABC)

A. 对要停电的母线再检查一次，确认设备已全部倒至运行母线上

B. 拉母联断路器前，检查母联断路器电流应指示为零

C. 拉母联断路器后，检查停电母线的电压表应指示零

D. 先拉电压互感器，后拉母联断路器

151. 电力系统正常运行方式有（　　）。(ABCD)

A. 计划检修方式　　B. 水电大发方式

C. 最大、最小负荷方式　　D. 最小开机方式

152. 电力系统特殊方式包括（　　）。(ABCD)

A. 节假日运行方式

B. 主干线路、变压器或其他系统重要元件、设备计划外检修

C. 电网主要安全稳定控制装置退出

D. 其他对系统安全稳定运行影响较为严重的方式

153. 调度日方式编制的主要内容包含（　　）。(ABCD)

A. 机组启停方式　　B. 设备检修计划安排

C. 水库调度计划　　D. 保护变更情况

154. 系统频率降低时，自动按频率减负荷装置的作用是（　　）。(ABCD)

A. 自动断开一部分不重要负荷

B. 阻止频率下降

C. 保证重要用户的供电

D. 可以避免因频率下降引起的系统瓦解事故

155. 以下属于电网调峰主要手段的有（　　）。(ABCD)

A. 抽水蓄能电厂改发电机状态为电动机状态

B. 核电机组减负荷调峰

C. 通过对用户侧负荷管理的方法，削峰填谷调峰

D. 燃煤机组减负荷、启停调峰、少蒸汽运行、滑参数运行

156. 220kV 扩建、改建或新建工程而投入新设备停送电时，一般来说，下面说法正确的是（　　）。(ABCD)

A. 全电压合闸，合闸时一般应使用双重开关和双重保护

B. 相位与相序要核对正确

C. 冲击合闸开关的自动重合闸装置在退出位置

D. 新建变电站新投运设备冲击次数一般为：变压器 5 次，线路 3 次

157. 调度运行管理系统主要功能包括（　　）。(ABCD)

A. 电量填报　　B. 跳闸统计　　C. 负荷增长原因　　D. 常用电话维护

158. 220kV 空充线路运行要求（　　）。(ABCD)

A. 解环侧开关热备用　　B. D5000 解环开关监视

C. 解环侧重合闸停用　　D. 对侧微机后备保护改第二套定值使用

## 三、判断题

1. 220kV及以上的辐射线路停、送电时，线路末端允许带有变压器。(×)

2. 220kV及以下电压等级的内桥接线变压器投入运行时，条件具备时应采用进线开关充电。(√)

3. 在继电保护装置、安全自动装置及自动化监控系统系统屏（柜）上或附近进行打眼等振动较大的工作时，应采取防止运行中设备误动作的措施，必要时向调度申请，经值班调度员或运行值班负责人同意，将保护暂时停用。(√)

4. 500kV变压器停送电，一般在500kV侧停电或充电，必要时可以在220kV侧停电或充电。(√)

5. 把电容器串联在高压线路上以补偿电路电抗，可以改善电压质量，提高系统稳定性和增加电力输出能力。(√)

6. 备用母线的充电，有母联开关时应使用母联开关向母线充电。(√)

7. 变比相同、短路电压相等但接线组别不同的2台变压器可以并列运行。(×)

8. 变电站的母线上装设避雷器是为了防止反击过电压。(×)

9. 在高压电气设备的绝缘材料中，若材料中存留有小的空气隙，外施电压后，空气隙比绝缘材料的电场强度高。(√)

10. 变压器带负荷运行在铜耗和铁耗相等时，效率最高，称为经济运行。(√)

11. 变压器分接头调整不能增减系统的无功，只能改变无功分布。(√)

12. 变压器过负荷运行时也可以调节有载调压装置的分接开关。(×)

13. 变压器空载合闸时，其零序保护可能发生误动。(√)

14. 变压器空载时，一次绕组中仅流过励磁电流。(√)

15. 变压器中性点接地数目越多其零序电抗越大。(×)

16. 并联电容器是重要的调压无功补偿设备，其性能缺陷是输出功率随安装母线电压降低而成平方地降低。(√)

17. 运维队应通过监控系统对变电站设备运行状态进行监视和检查，掌握变电站设备运行状况的（全部）信息。(×)

18. 串联电抗器主要用来限制短路电流，同时也由于短路时电抗压降较大，它可以维持母线的电压水平。(√)

19. 从线路安全接地开始，到调度员接到关于检修人员撤离现场，并拆除地线，可以送电的报告时间为止为工作时间。(√)

20. 带负荷拉刀闸时，发现拉错，应立即将该刀闸合上。(×)

21. 单相、两相或三相对地电压升高是系统发生内部过电压的现象之一。(√)

22. 当变电站备自投装置失灵，运行人员应根据备自投规程的要求拉开（合上）相应的开关，立即报调度及有关部门。(√)

23. 当电流互感器二次回路短路时，应查明短路位置并设法将短路处断开，如果不能进行处理时，可申请调度停电处理。(×)

24. 当母线电压低于调度下达的电压曲线时，应优先投入电容器，再退出电抗器。(×)

25. 当设备投运、检修、改造或改变接线后，可以不经过核相立即投入运行。(×)

26. 刀闸的操作范围：与开关并联的旁路刀闸，当开关在合闸位置时可以拉合开关的旁路电流。(√)

27. 电抗器支柱绝缘子的接地线不得构成闭合环路。(√)

28. 电力变压器的高压绕组常常绕在低压绕组里面。(√)

29. 电力系统中所采取的电抗器，常见的有串联电抗器和并联电抗器。串联电抗器主要用来吸收电网中的容性无功，并联电抗器用来限制短路电流。(×)

30. 电流互感器的一次电流由一次回路的负荷电流决定，不随二次回路的阻抗改变而变化。(√)

31. 电流互感器二次侧可以开路，但不能短路；电压互感器二次侧可以短路，但不能开路。(×)

32. 电容器的无功输出功率与电容器的电容成正比与外施电压的平方成反比。(×)

33. 电容器组的工作电流不应大于电容器额定电流的 1.2 倍。(×)

34. 电网的电气操作，应按调度管辖范围进行。(√)

35. 电网应保留一定的无功备用容量，以保证正常方式下，突然失去一个元件时，能够保持电压稳定。无功事故备用容量，应主要储备于发电机组、调相机和静止型动态无功补偿设备。(√)

36. 对于可能送电至停电设备的各方面或停电设备可能产生感应电压的都要装设接地线，所装接地线与带电部分应符合安全距离的规定。(√)

37. 对于跨区供电线路，调度电源侧设备的区调值班调度员有权对调度负荷侧设备的区调值班调度员发布调度命令，调度负荷侧设备的区调值班调度员必须严格执行。(√)

38. 发电调度与防洪调度发生矛盾时应服从防洪调度。(√)

39. 防止电网频率崩溃，各电网内必须装设适当数量的低频减载自动装置，并按规程规定运行。(√)

40. 负荷线路停电操作时，先操作电源侧厂、站的出线开关刀闸，再操作负荷侧变电站的进线开关刀闸；送电时顺序相反。(×)

41. 高压开关断口并联电容器的作用是使各断口电压分布均匀。(√)

42. 继电保护装置、安全自动装置及自动化监控系统做传动试验或一次通电时，应通知运行人员和有关人员，并由工作负责人或由他指派专人到现场监视，方可进行。(√)

43. 检定无压的重合闸，不允许同时投入同期检定回路。(×)

44. 接入调控中心监控运行的设备，应按照公司变电站设备监控信息采集、配置等相关文件的要求，具有完整、准确的监视信息和监控功能。信息或功能不全原则上不能接入调控中心监控运行。(√)

45. 解、合环操作必须保证操作后潮流不超继电保护、电网稳定和设备容量等方面的限额，电压在正常范围。(√)

46. 解列操作时，需将解列点有功功率调整接近于零，无功功率调至最小，使解列后的两个系统周波、电压均在允许范围内，才能进行操作。(√)

47. 解列前应调整电网频率和电压，尽可能将解列点的有功功率调至零，无功功率调至最小。(√)

48. 紧急事故情况下可以“约时”停电和送电。(×)

49. 可以使用刀闸对 500kV 母线停电或充电。(×)

50. 雷电时，严禁测量线路绝缘。(√)

51. 两侧均为变电站的线路送电操作时，一般在短路容量小的一侧送电，短路容量大的一侧解合环。(×)

52. 母线充电保护只在母线充电时投入，当充电良好后，应及时停用。(√)

53. 母线为 3/2 接线方式，设备送电时，应先合母线侧开关，后合中间开关。(√)

54. 任何停电作业的电气设备，必须先在所有电源侧挂地线后，才允许在作业侧挂地线。(√)

55. 如系统无功不足，整个系统电压水平降低，可采用调整变压器分接头的方法提高电压。(×)

56. 若一项操作任务包含现场操作步骤时应由现场运维队人员负责操作，不应分解令。(√)

57. 运行中的变压器进线开关无电后，自动(或手动)断开此进线开关，合入备用电源开关，不属于投、切空载变压器。(√)

58. 试送的开关必须完好，且具有完备的继电保护。(√)

59. 试送前应对试送端电压控制，并对试送后首端、末端及沿线电压做好估算，避免引起过电压。(√)

60. 在整个系统普遍缺少无功的情况下，不可能用改变变压器分接头的方法来提高所有用户的电压水平。(√)

61. 只要一次相序和相位正确，就可以保证正确的并列。(×)

62. 主要联络线过载时，可以通过提高送端电压来降低线路电流以缓解过载情况。(√)

63. 自耦变压器的一次侧和二次侧不仅有磁的联系，还有电的联系，而普通变压器只有磁的联系。(√)

64. 调控中心遥控操作应经过五防装置闭锁，并严格履行标准操作程序。(√)

65. 调控中心重点对电网一次设备运行状态、对电网安全稳定运行有直接影响的设备故障及异常、影响远方监控功能信息的实时监视。(√)

66. 投入电容器组发生谐振情况时，应立即将电抗器组或其他电感元件切除。(×)

67. 无载调压变压器可以在变压器空载运行时调整分接开关。(×)

68. 系统并列电压无法调整时，220kV 及以下电压差最大不超过 15%，500kV 最大不超过 5%。(×)

69. 系统频率严重下降，值班人员应在请示值班调度员后迅速地将装有自动低频减负荷装置应动而未动的线路拉闸。(×)

70. 线路并联电抗器不可以在输电线路轻载的情况下运行。(×)

71. 线路的充电功率与其长度成正比。(√)

72. 线路断路器，由于人员误操作或误碰而跳闸，现场运行人员应立即强送并向值班调度员汇报。(×)

73. 线路检修需要线路刀闸及线路高抗高压侧刀闸拉开，线路 TV 或 CVT 低压侧断开，并在线路出线端合上接地刀闸（或挂好接地线）。(√)

74. 线路停电操作时必须先拉开母线侧刀闸，后拉开线路侧刀闸。(×)

75. 消弧线圈采用过补偿方式运行时，容易造成谐振。(×)

76. 严禁约时停、送电，但可以约时挂、拆接地线。(×)

77. 一侧发电厂、一侧变电站的线路停电操作，一般在变电站侧解环，发电厂侧停电。(×)

78. 一次调频的调整速度快且不受调度员控制。(√)

79. 一个变电站有多台变压器运行，只允许有一台变压器中性点接地，当中性点接地变压器停运时，应先停该变压器，再找另一台变压器中性点接地。(×)

80. 已运行变电站在切改传动过程中，在进行遥控传动时，可穿插遥测、遥信传动。(×)

81. 在试送前，要检查重要线路的输送功率在规定的限额之内，必要时应降低相关线路的输送功率或采取提高电网稳定的措施。(√)

82. 因工作需要将变电站无功设备停用时，操作时运维队人员可直接操作，因无功设备停用造成电压越限时，调控中心值班员应及时通知运维队人员。(×)

83. 影响变压器励磁涌流的主要原因：变压器剩磁的存在；电压合闸角。(√)

84. 用刀闸进行经试验许可的拉开母线环流或 T 接短线操作时，须远方操作。(√)

85. 用发电机对主变压器或线路串变压器零起升压时，变压器保护必须完整并可靠投入，中性点可以不接地。(×)

86. 越级调度指紧急情况下值班调度员不通过下一级调度机构值班调度员而直接下达调度指令给下一级调度机构调度管辖的运行值班单位的运行值班员的方式。(√)

87. 将电气设备由一种状态转为另一种状态的过程叫作倒闸，所进行的操叫倒闸操作。(√)

88. 禁止用隔离开关拉合带负荷设备或带负荷线路，可以用隔离开关拉开、合上无故障的空载主变压器。(×)

89. 用隔离开关可以拉合无故障时的电压互感和避雷器。(√)

90. 若最小日负荷预计不准确，在最小负荷发生时，发电出力过剩，导致电网频率升高。(√)

91. 频率升高会导致电网的损耗增加。(√)

92. 管母线振动应尽快安排停电处理。(√)

93. 正常运行中，变压器呼吸器硅胶变色达到二分之一时，运行人员应通知检修人员更换。(×)

94. 低电压情况下，线路和变压器的功率传输能力降低，使输变电设备的容量不能充分利用。(√)

95. 用母联断路器对空母线充电后发生谐振，应立即拉开母联断路器使母线停电，以消除谐振。(√)

96. 线路运行人员应积极利用红外测温技术监测耐张线夹等引流连接金具的发热情况，高温大负荷期间应增加夜巡，发现缺陷及时处理。(√)

97. 采取拉路限电措施是应对电网电压异常升高的调整手段。(×)

98. 采用电容式电压互感器取代电磁式电压互感器能够防止铁磁谐振。(√)

99. 进行旁路代路时，应首先核对旁路断路器与所代断路器的保护定值是否一致（若互感器变比不同，则保护定值应进行折算）。（√）

100. 负荷预测是从已知用电需求出发，考虑经济、气候等相关因素，对未来用电需求做出的预测。（√）

101. 电容器开关跳闸后应立即强送一次。（×）

102. 停电操作顺序：拉开断路器，拉开线路侧隔离开关，拉开母线侧隔离开关，在线路上可能来电的各端合接地刀闸（或挂地线）。（√）

103. 解列操作是指通过人工操作或保护及自动装置动作使电网中断路器断开，使发电机（调相机）脱离电网或电网分成两个及以上部分运行的过程。（√）

104. 母线在正常运行状态时，母联充电保护应投入运行。（×）

105. 为防止发生谐振过电压，在用带有均压电容的断路器将母线停电或给母线充电时，应先将该母线的电磁式电压互感器停用。（√）

106. 线路停送电操作要注意线路上是否有“T”接负荷。（√）

107. 线路停、送电操作中可以约定时间，按照约定时间操作。（×）

108. 母线分列运行可以限制短路电流。（√）

109. 新设备投产送电前，值班调度员应与现场值班人员核对接线方式正确。（√）

110. 新线路冲击正常后必须核相、做保护带负荷试验。（√）

111. 新设备启动不允许调度员现场指挥操作。（√）

112. 倒母线操作时要拉开母联断路器操作电源的目的是防止母联断路器误跳闸，造成带负荷拉隔离开关事故。（√）

113. 欠补偿运行下退出线路时，应先调整消弧线圈分接头再退出线路。（√）

114. 母线的电压互感器所带的保护，如不能提前切换到运行母线的电压互感器上供电，则事先应将这些保护停用。（√）

115. 变电站母线上装设避雷器是为了防止直击雷。（×）

116. 母线的正常操作，调度员一般使用综合指令。（√）

117. 变压器分接开关调整分为有载调整和无载调整两种方式。（√）

118. 线路启动送电时，冲击侧应有可靠的一级保护。（√）

119. 消弧线圈从一台变压器切换到另一台变压器时，应先将消弧线圈撤出，然后再投到另一台变压器的中性点上。（√）

120. 解环前，应充分考虑解环后电压的变化和潮流的变化。（√）

121. 若变压器低压侧有电源，则变压器中性点必须直接接地，以防止高压侧断路器跳闸，变压器成为中性点绝缘系统。（√）

122. 无旁路断路器的母线接线，主变压器保护更换后用主变压器断路器与母联断路器串供运行，做有关保护试验。（√）

123. 线路停送电操作，如果两侧均为变电站，一般从短路容量大的停送电，短路容量小的的一侧解合环。（√）

124. 新设备启动方案应对冲击试验、定相核相试验、保护带负荷试验做出要求。（√）

125. 待用间隔（母线连接排、引线已接上母线的备用间隔）应有名称、编号，并列入调度管辖范围。（√）

126. 老母线扩建，宜采用母联断路器充电保护对新母线进行冲击。（√）

127. 用母联断路器向空母线充电后，发生谐振应立即拉开充电母线电压互感器。（×）

128. 仅带有电感式电压互感器的空母线时，母线送电前应先将电压互感器隔离开关合上。（×）

129. 新设备试运行期间，应对变电站相关区域或设备开展特殊监视。（√）

130. 母线停、送电操作时，应做好电压互感器二次切换，防止电压互感器二次侧向母线反充电。（√）

131. 低功率因数下运行会造成供电电流增大，电气设备损耗增加，电气设备投资增加。(√)

132. 不对称运行时，变压器三相电流不平衡，每相绕组发热不一致，必须按发热条件来决定变压器的可用容量。(√)

133. 年最大负荷利用小时数是指一年中最大负荷的运行时间。(×)

134. 环形网络中潮流调整方法包括改变电源出力、改变负荷分配、改变网络结构。(√)

135. 功率因数在数值上是无功功率和视在功率的比值。(×)

136. 电压既能全网集中统一调整，又能分区调整控制。(×)

137. 任何原因引起的电力系统三相对称性的破坏，均称为不对称运行。(√)

138. 由电力系统各种扰动引发的系统电压不断下降最终到零的现象称为电压失稳。(×)

139. 在通过 AGC 进行负荷调整时，必须满足电网所有安全约束条件，不能造成设备过载或者超过稳定控制极限。(√)

140. 合理调整电网运行方式，改善潮流分布，调整负荷及合理安排设备检修可以降低网络损耗。(√)

141. 母线倒闸操作中不得使停电的电压互感器由二次返回高压。(√)

142. 有载调压变压器能在额定容量范围内带负荷调整电压，且调整范围大，可以减少或避免电压大幅度波动。(√)

143. 线路恢复送电时，应正确选取充电端，一般离系统中枢点及发电厂母线越远越好。(√)

144. 220kV 环路中合环断路器两侧电压差一般不超过 10%。(√)

145. 母线为 3/2 接线方式的设备送电时，应先合母线侧断路器，后合中间断路器。停电时应先拉开中间断路器，后拉开母线侧断路器。(√)

146. 调度倒闸操作应填写操作指令票。当投退 AVC 功能、无功补偿装置、故障处置操作时，值班调度员可不用填写操作指令票。(√)

147. 220kV 变压器投、停前，各侧中性点必须接地。(√)

148. 变压器充电时，重瓦斯应投信号。(×)

149. 长期对重要线路充电时，应投入线路重合闸。(×)

150. 电缆线路一般不装设重合闸。(√)

151. 系统解、合环操作必须保证操作后潮流不超继电保护、电网稳定和设备容量等方面的限额，电压在正常范围内。具备条件时，合环操作应使用同期装置。(√)

152. 新安装或大修后变压器投运前，应做冲击合闸试验，并均应连续冲击 5 次，每次间隔 5min。(×)

153. 检修母线时，应根据母线的长度和有无感应电压等实际情况确定接地线数量。检修 10m 以下的母线，可只装设一组接地线。(√)

154. 母联断路器向空母线充电后，发生了谐振，应立即拉开母联断路器使母线停电，以消除谐振。(√)

155. 备用母线必须试充电正常后，才可以直接投入运行。(√)

156. 隔离开关可以拉合 220kV 及以下空母线充电电流。(√)

157. 强迫油循环变压器发出“冷却器全停”信号后，值班人员应立即检查断电原因，尽快恢复冷却装置的运行。(√)

158. 站用变停电操作，应先拉中间相，后拉边相。(√)

159. 无载调压变压器可以在变压器空载运行时调整分接开关。(×)

160. 新设备投入时应核对相位相序正确，相应的保护装置通信自动化设备同步调试投入，将新设备全电压合闸送电。(√)

161. 新安装或大修后的有载调压变压器在投入运行前，运行人员应检查有载调压装置的瓦斯保护应接入信号位置。(×)

162. 110kV 及以上变压器在停电及送电前必须将中性点接地，是因为断路器的非同期操作引起的过电压会危及变压器的绝缘。(√)

163. 消弧线圈可以同时连接在两个主变中性点上运行。(×)

164. 双母线接线中当停用一组母线时，要防止另一组运行母线电压互感器二次倒充停用母线而引起二次保险熔断或自动开关断开，使继电保护失压引起误动作。(√)

165. 新变压器或变压器大修后冲击送电时，压力释放保护应投跳闸，最后一次冲击无问题，将压力释放，保护改接信号。(×)

166. 变压器投运时，进行五次冲击合闸前，应投入瓦斯保护，停用差动保护。(×)

167. 取油样时应将重瓦斯保护改信号。(×)

168. 220kV 主变发生非全相运行无法恢复时，有条件的应先考虑旁代故障开关进行隔离，否则应停主变进行隔离。此间不得进行中性点倒换操作。(√)

169. 需要为运行中的变压器补油时，应先将重瓦斯改接信号后再工作。(√)

170. 双母线倒闸操作过程中，母线保护仅由大差构成，动作时将跳开两段母线上所有连接单元。(√)

171. 运行中的变压器中性点接地隔离开关如需倒换，则应先拉开原来一台变压器的中性点接地隔离开关，再合上另一台变压器的中性点接地隔离开关。(×)

172. 当开关检修同时开关保护校验时，它的启动失灵保护的回路应同时退出工作。(√)

173. 新投入的变压器或大修后变动过内外连接线的变压器，在投入运行前必须进行定相。(√)

174. 交接后的新设备应调整至冷备用状态，所有保护自动化装置在停用状态。(√)

175. 新安装或大修后的有载调压变压器在投入运行前，检查有载调压机械传动装置，应用手摇操作一个循环，位置指示及动作计数器应正确动作，极限位置的机械闭锁应可靠动作，手摇与电动控制的联锁也应正常。(√)

176. 在电力设备由一种运行方式转为另一种运行方式的操作过程中，允许短时失去保护，允许短时失去选择性。(×)

177. 报电量时应注意校验数据是否有跃变，并及时查找原因。(√)

178. 220kV 线路送电时，应正确选取充电端，一般以对稳定影响较小，离电网重要变电站及离发电厂母线越远越好，尽量选择从有主变中性点直接接地的母线侧充电。(√)

179. 在新设备、新装置投运前或继电保护和安全自动装置改变定值投运前，授权地调指挥的设备，省调值班调度员与地调值班调度员核对定值单编号一致。正确无误后，核对人员在定值通知单上签字并注明执行时间。(√)

180. 220kV 变压器停电或充电操作时，为防止开关三相不同期或非全相投入而产生过电压影响变压器绝缘，停电或充电前，应将变压器中性点直接接地。变压器充电后中性点接地方式应重新考虑。(√)

## 四、简答题

**1. 计划操作应尽量避免在哪些情况下进行?**

答：计划操作应尽量避免在下列情况下进行：①交接班时；②雷雨、大风等恶劣天气时；③电网发生异常及事故时；④通信、自动化及监控系统发生异常时；⑤电网高峰负荷时段；⑥重要保电任务时。

**2. 电力系统电压调整的方式有哪几种？什么叫逆调压?**

答：电压调整方式一般分为逆调压方式、恒调压方式、顺调压方式。

逆调压是指在电压允许偏差范围内，供电电压的调整使电网高峰负荷时的电压高于低谷负荷时的电压值，使用户的电压高峰、低谷相对稳定。

**3. 电力系统电压调整的常用方法有几种?**

答：系统电压的调整应根据系统的具体要求，在不同的厂站，采用不同的方法，常用电压调整方法有以下几种：

(1) 增减无功功率进行调压，如发电机、调相机、静止无功补偿器、并联电容器、并联电抗器调压。

(2) 改变有功功率和无功功率的分布进行调压，如改变有载调压变压器分接头调压。

(3) 改变网络参数进行调压，如调整线路串联电容器、投停并列运行变压器、投停空载或轻载高压线路调压。

（4）特殊情况下有时采用调整用电负荷或限电的方法调整电压。

**4. 电网调峰的手段有哪些？**

答：电网调峰的手段主要有：

（1）抽水蓄能电厂改发电机状态为电动机状态，调峰能力接近额定容量的200%。

（2）水电机组减负荷调峰或停机，调峰依最小出力（考虑震动区）接近额定容量的100%。

（3）燃油（气）机组减负荷，调峰能力在额定容量的50%以上。

（4）燃煤机组减负荷、启停调峰、少蒸汽运行、滑参数运行，调峰能力分别为额定容量的30%～50%（若投油或加装助燃器可减至更低）、100%、100%、40%。

（5）核电机组减负荷调峰。

（6）通过对用户侧负荷管理的方法，削峰填谷调峰。

**5. 什么是旋转备用？旋转备用容量的配置原则是什么？**

答：旋转备用指运行正常的发电机组维持额定转速，随时可以并网，或已并网但仅带一部分负荷，随时可以加出力的发电机组。旋转备用容量应合理布局，满足电网稳定限额约束，保证可以随时调出使用，应按全网最大发电负荷的2%～5%配置。因电网事故或机组跳闸造成旋转备用容量不足时，应尽快采取有效的措施，恢复旋转备用容量。

**6. 检修设备停电必须注意哪些问题？**

答：将检修设备停电，必须把各方面的电源完全断开（任何运用中的星形接线设备的中性点应视为带电设备），禁止在只经开关断开电源的设备上工作，必须拉开刀闸，手车开关必须拉至试验或检修位置，应使各方面至少有一个明显的断开点（对于有些设备无法观察到明显断开点的除外）。与停电设备有关的变压器和电压互感器必须将设备各侧断开，防止向停电检修设备反送电。

**7. 零起升压一般有哪些规定？**

答：零起升压一般有如下规定：

（1）担任零起升压的发电机容量应足以防止发生自励磁，发电机强励退出，联跳其他非零起升压回路开关的压板退出，其余保护均可靠投入。

（2）升压线路保护完整，可靠投入，联跳其他非升压回路开关压板退出，线路重合闸停用。

（3）对主变压器或线路串变压器零起升压时，该变压器保护必须完整并可靠投入，中性点必须接地。

（4）双母线中的一组母线进行零起升压时，母线差动保护应停用，母联开关应改为冷备用，防止开关误合造成非同期并列。

（5）其他规程规定中确定的事项。

**8. 线路零起升压的步骤是什么？**

答：线路的零起升压步骤如下：

（1）发电机和线路的继电保护全部投入，发电机的自动励磁调节装置、强行励磁和线路重合闸停用。

（2）对于中性点直接接地的系统，发电机的升压变压器中性点必须直接接地。对于经消弧线圈接地系统，则升压变压器中性点应尽量带有恰当分接头的消弧线圈。

（3）发电机的励磁调整电阻应放至最大。

（4）开关的操作顺序是：在发电机准备好之后，先将线路开关合上，利用母线电压互感器检查线路确无电压，待发电机转速稳定后，合发电机变压器组开关及自动灭磁开关，开始加压。

（5）逐渐增大励磁电流，提升电压。这时要监视定子电流和电压的变化。如果三相电压及电流平衡，且随励磁电流的增加三相电压和电流都均衡增加时，则可逐渐提高电压至额定值或其他规定的数值。如加励磁时，只是三相电流增加而电压不升高，说明线路有三相短路；如各相电流电压不平衡，则说明有不对称短路或接地，应立即停止加压。

（6）如加压正常需要停电时，则先将电压降至最低，然后切断线路开关，最后切断开关。

**9. 电网并列应具备哪些条件?**

答：并列操作必须使用同期并列装置，电网并列条件有：①相序、相位相同；②频率偏差在0.1Hz内；③并列点两侧电压偏差在5%以内；④其他具体情况，经计算校验后，允许并列的条件。

**10. 电网解列应注意哪些事项?**

答：在电网解列成几部分前，应首先平衡各部分有功和无功负荷，调整有关控制点和监测点的电压，指定孤网调频厂，并通知有关厂站。解列操作时，原则上应将解列点的有功功率调至零，无功功率调至最小，使解列后的两个系统频率、电压均在允许范围内。如调整有困难，可使小电网向大电网输送少量功率，避免解列后小电网频率和电压有较大幅度的变化。

**11. 电力系统新设备启动投运包括哪些内容?**

答：新设备启动投运包括新建、扩建、改建的发电和输配电（含用户）设备在完成可研、设计、施工后接入系统运行。新设备启动投运涉及调度运行、运行方式、继电保护、通信、自动化等各方面的配合协调，事先应制订启动投产方案并严格按方案实施。

**12. 电力系统新设备启动分为哪几个阶段?**

答：新设备启动程序分五个阶段实施：

(1) 资料收集。运行方式（系统运行）专业按照新设备启动申请，确定调度范围、设备命名及编号等。

(2) 下发调度编号、方式保护计算、确定通信方式。

(3) 编制启动调试调度方案、方式发文、下达定值。

(4) 审批启动调试调度方案、编制运行、设备联调、发布接线图规定。

(5) 审批调度方案、上报实测参数。

**13. 电网解环操作应注意哪些问题?**

答：在解环操作前，应检查解环点的有功及无功潮流，确保解环后电网电压质量在规定范围内，潮流变化不超过电网稳定、设备容量等方面的控制范围和继电保护、安全自动装置的配合；解环前后应与有关方面联系。

**14. 什么是定相? 为什么要进行定相?**

答：定相是指新建、改建的线路、变电站在投运前核对三相标志与运行系统是否一致。

若三相标志与运行系统不一致，则无法进行核相工作，无法确定相位、相序是否正确，如果相序、相位与运行系统不一致，那么并列或合环后，将产生很大的电流，损坏电气设备，因此需要定相。

**15. 什么是核相? 为什么要进行核相? 哪些情况下要核相?**

答：核相是用仪表或其他手段对两电源或环路相位进行检测。

若相位或相序不同的交流电源并列或合环，将产生很大的电流，巨大的电流会造成发电机或电气设备的损坏，因此需要核相。

为了正确的并列，不但要一次相序和相位正确，还要求二次相位和相序正确，否则也会发生非同期并列。对于新投产的线路或更改后的线路，必须进行相位、相序核对，与并列有关的二次回路检修时改动过，也须核对相位、相序。

**16. 电流互感器两个相同的二次绕组采用串联和并联接线有什么区别?**

答：电流互感器两个相同的二次绕组串联接线时，其变比不变，但因感应电动势增大一倍，其允许负载阻抗数值也增加一倍，即容量增加一倍。电流互感器二次绕组并联接线时，由于每个电流互感器的变比没变，因而二次回路的电流将增加一倍，即变比是原变比的一半，也可以说一次电流较原来额定电流降低一半。

**17. 何谓准同期并列，并列的条件有哪些?**

答：当满足下列条件或偏差不大时，合上电源间开关的并列方法为准同期并列。

(1) 并列开关两侧的电压相等，最大允许相差20%以内。

(2) 并列开关两侧电源的频率相同，一般规定频率相差0.5Hz即可进行并列。

(3) 并列开关两侧电压的相位角相同。

（4）并列开关两侧的相序相同。

**18. 为什么不允许电流互感器长时间过负荷运行？**

答：电流互感器长时间过负荷运行，会使误差增大，表计指示不正确。另外，由于一、二次电流增大，会使铁芯和绕组过热，绝缘老化快，甚至损坏电流互感器。

**19. 什么叫倒闸？什么叫倒闸操作？**

答：电气设备分为运行、热备用、冷备用、检修四种状态。将设备由一种状态转变为另一种状态的过程叫倒闸，所进行的操作叫倒闸操作。

**20. 线路停电拉刀闸的顺序是怎样规定的？为什么要这样规定？**

答：停电操作必须按照切开开关—拉开负荷侧刀闸—拉开母线侧刀闸。假设开关未拉开，先拉负荷侧刀闸，弧光短路发生在开关保护范围内，线路开关跳闸，可以切除故障缩小事故范围。倘若先拉母线侧刀闸，弧光短路发生在线路开关保护范围之外，由于误操作引起故障电流并未通过 TA，该线路开关保护不动作，线路开关不会跳闸，将造成母线短路并使上一级开关跳闸，扩大事故范围。

**21. 什么情况下可直接用刀闸操作？**

答：（1）在系统无接地故障时，拉合 220kV 及以下电压等级的电压互感器、变压器中性点，在无雷电活动时拉合避雷器。

（2）拉合 220kV 及以下电压等级的空母线。

（3）拉合开关闭合情况下的旁路电流。

（4）拉合励磁电流不超过 2A 的空载变压器。

（5）拉合电容电流不超过 5A 的无负荷线路。

（6）拉合经计算、试验无问题的环路均衡电流。

**22. 严禁用刀闸进行哪些操作？**

答：严禁用刀闸进行以下操作：

（1）带负荷分、合操作。

（2）雷电时，拉合避雷器。

（3）系统有接地或电压互感器内部故障时，拉合电压互感器。

（4）禁止解、合系统环路电流和接地电流。

**23. 倒闸操作中如果发生带负荷错拉、错合刀闸时怎么办？**

答：错合刀闸时：即使合错，甚至在合闸时发生电弧，也不准将刀闸再拉开。因为带负荷拉隔离刀闸，将造成三相弧光短路事故。

错拉刀闸时：在刀片刚离开固定触头时便发生电弧，这时应立即合上，可以消灭电弧，避免事故。但如果刀闸已全部拉开，则不允许将误拉的刀闸再合上。

**24. 变压器全电压冲击合闸的目的是什么？**

答：变压器全电压冲击合闸的目的是：

（1）拉开空载变压器时，有可能产生操作过电压，在电力系统中性点不接地，或经消弧线圈接地时，过电压幅值可达 4～4.5 倍相电压；中性点直接接地时，可达 3 倍相电压，为了检查变压器绝缘强度能否承受全电压或操作过电压，需做冲击试验。

（2）带电投入空载变压器时，会出现励磁涌流，其值可达 6～8 倍额定电流。励磁涌流开始衰减较快，一般经 0.5～1s 后即减到 0.25～0.5 倍额定电流值，但全部衰减时间较长，大容量的变压器可达几十秒，由于励磁涌流产生很大的电动力，为了考核变压器地机械强度，同时考核励磁涌流衰减初期能否造成继电器保护误动，需做冲击试验。

（3）励磁涌流不应引起差动保护误动作。

**25. 电力变压器调压方式有哪几种？**

答：变压器调压方式分有载调压和无载调压两种。

有载调压是指：变压器在运行中可以调节变压器分接头位置，从而改变变压器变比，以实现调压目的。

有载调压变压器中又有线端调压和中性点调压两种方式，即变压器分接头在高绕组线端侧或在高压绕组中性点侧之区别。分接头在中性点侧可降低变压器抽头的绝缘水平，有明显的优越性，但要求变压器在运行中中性点必须直接接地。

无载调压是指：变压器在停电、检修情况下进行调节变压器分接头位置，从而改变变压器变比，以实现调压目的。

**26. 自耦变压器运行中应注意什么问题？**

答：自耦变压器运行中应注意的问题主要有：

（1）由于自耦变压器的一、二次侧有直接电的联系，为防止由于高压侧单相接地故障而引起低压侧的电压升高，用在电网中的自耦变压器的中性点必须可靠的直接接地。

（2）由于一、二次侧有直接电的联系，高压侧受到过电压时，会引起低压侧的严重过电压。为避免这种危险，须在一、二次侧都加装避雷器。

（3）由于自耦变压器短路阻抗较小，其短路电流较普通变压器大，因此在必要时需采取限制短路电流的措施。

（4）运行中注意监视公用绕组的电流，使之不过负荷，必要时可调整第三绕组的运行方式，以增加自耦变压器的交换容量。

**27. 系统高频率运行的处理方法有哪些？**

答：处理系统高频率运行的主要办法有：

（1）调整电源出力：对非弃水运行的水电机组优先减出力，直至停机备用。对火电机组减出力至允许最小技术出力。

（2）启动抽水蓄能机组抽水运行。

（3）对弃水运行的水电机组减出力直至停机。

（4）火电机组停机备用。

**28. 电力变压器停、送电操作，应注意哪些事项？**

答：电力变压器停、送电操作，应注意以下事项：

一般变压器充电时应投入全部继电保护，为保证系统的稳定，充电前应先降低相关线路的有功功率。变压器在充电或停运前，必须将中性点接地刀闸合上。

一般情况下，220kV 变压器高、低压侧均有电源时，送电时应由高压侧充电，低压侧并列；停电时则先在低压侧解列。

环网系统的变压器操作时，应正确选取充电端，以减少并列处的电压差。变压器并列运行时，应符合并列运行的条件。

**29. 多台并列运行的变压器，在升压、降压时如何操作？**

答：多台并列运行的变压器，在升压、降压时应进行以下操作：

（1）应先操作负载电流相对较小的一台。

（2）再操作负载电流较大的一台，以防止环流过大。

（3）降压操作时，顺序相反。

**30. 调整电压的主要手段有哪些？**

答：调整电压的主要手段有：①调整发电机的励磁电流；②投入或停用补偿电容器和低压电抗器；③调整变压器分接头位置；④调整发电厂间的出力分配；⑤调整电网运行方式；⑥对运行电压低的局部地区限制用电负荷。

**31. 消弧线圈的作用是什么？为什么要经常切换分接头？**

答：因为电力系统架空输电线路和电缆线路对地的电容较大，当发生单相接地时，流经接地点的容性电流与电网大小有关，电网越大容性电流则越大，甚至达 100A 以上，致使电弧熄灭困难，会造成较大的事故。若在变压器中性点加一电感性的消弧线圈，当发生单相接地时，使其形成的电感电流与电容电流相抵消，使接地电流减少，起到消弧的作用，即电流补偿。为了得到适时合理补偿，电网在运行中随着线路增减的变化，而切换消弧线圈的分接头，以改变电感电流的大小，从而达到适时合理补偿的目的。

**32. 说明辽宁电网 220kV 线路及母线指挥关系原则是什么？**

答：（1）220kV 线路两侧变电站为一个供电公司，且线路由该供电公司维护：地调指挥。

（2）220kV 线路两侧变电站为一个供电公司，但线路由两个供电公司共同维护：地调指挥。

（3）220kV 线路两侧变电站为不同供电公司：省调指挥。

（4）220kV 线路一侧为供电公司变电站，另一侧为牵引站：地调指挥。

（5）220kV 线路一侧为供电公司变电站，另一次用户站/电厂：省调指挥。

（6）220kV 线路一侧为供电公司变电站，另一侧 500kV 变电站 220kV 侧：省调指挥。

（7）220kV 线路一侧为用户站/电厂，另一侧 500kV 变电站 220kV 侧：省调指挥。

（8）用户厂站、发电厂 220kV 母线：省调指挥。

（9）供电公司变电站 220kV 母线：地调指挥。

**33. 主变压器全电压合闸冲击送电有哪些要求？**

答：新投入运行的变压器冲击送电，一般应从高压侧进行，充电 5 次，第一次充电运行时间为 10min，间隔 10min，其余每次充电 5min，间隔 5min。大修后的变压器，应充电 3 次，充电时应将变压器的所有保护全部投入，差动保护、零序保护即使不能保证其极性的正确性也应投入，轻瓦斯保护采用短接线接跳闸回路，充电完毕后拆除短接线，恢复到原信号位置。充电时，要严格监视被充电设备的充电情况，及时发现不正常现象，以便及时处理。

**34. 倒闸操作中应重点防止哪些误操作事故？**

答：（1）误拉、误合断路器或隔离开关。

（2）带负荷拉合隔离开关。

（3）带电挂地线（或带电合接地刀闸）。

（4）带地线合闸。

（5）非同期并列。

（6）误投退继电保护和电网自动装置。

除以上 6 点外，防止操作人员误入带电间隔、误登带电架构，避免人身触电，也是倒闸操作中须注意的重点。

## 五、计算题

**1. 某地区电网，日全天供电量为 12000000kWh，最大电力为 800000kW，最小电力 400000kW，试求该地区电网日平均负荷、峰谷差及负荷率。**

解：平均负荷＝12000000÷24＝500000(kW)

峰谷差＝800000－400000＝400000(kW)

负荷率＝500000÷800000×100％＝62.5％

**2. 某地级市 2014 年网供电量为 130 亿 kWh，2015 年，该地区 220kV 变电站主一次电量合计 140 亿 kWh，220kV 牵引站合计 3 亿 kWh，66kV 外送电量 2.5 亿 kWh，66kV 外受电量 2 亿 kWh，地方上网电量为 4 亿 kWh，求 2015 年该地区网供电量为多少？年同比增长率为多少？全口径电量为多少？**

解：网供电量＝140＋3＋2－2.5＝142.5 亿 kWh

年同比增长率＝(142.5－130)/130＝9.6％

全口径电量＝网供电量＋地方上网电量＝142.5＋4＝146.5 亿 kWh

**3. 某地区 220kV 变电站，两台 SFZ11—120000/66 的三相变压器，额定电压 220±8×1.25％/66，66kV 侧分列运行（66kV 母联开关热备用），分别配出 66kV 一、二段母线，已知一段母线系统对地的电容电流是 35.8A，系统消弧线圈分接头电流 38.6A；二段母线系统对地的电容电流是 30.3A，系统消弧线圈分接头电流 32.5A。现由于系统经济运行需求，66kV 侧改并列运行（66kV 母联开关运行），试问：**

**（1）系统方式变更后采用什么补偿方式？**

**(2) 如果系统发生单相接地时，接地点的残流是多少？**

**(3) 系统方式变更后系统的补偿度是多少？**

解：(1) 此系统为过补偿方式；$I_L(38.6+32.5)>I_C(35.8+30.3)$

(2) 接地点残流 $I=I_L-I_C=(38.6+32.5)-(35.8+30.3)=5(A)$

(3) 系统补偿度 $Q=(38.6+32.5-35.8-30.3)\div(35.8+30.3)\times100\%=7.56\%$

**4. 某 66kV 系统接线图如图 8-1 所示，各线路的电容电流和消弧线圈分接头位置如下：请选择补偿方式，如果分接头位置在 7 挡，计算此时的补偿度（母线电容按 12%考虑）。**

**线路 L1：10A；线路 L2：5A；线路 L3：4A；线路 L4：7A**

**消弧线圈分接头位置见表 8-1。**

**表 8-1**　　消弧线圈分接头位置　　A

| 位置 | 1 | 2 | 3 | 4 | 5 | 6 | 7 | 8 | 9 | 10 | 11 | 12 | 13 | 14 |
|---|---|---|---|---|---|---|---|---|---|---|---|---|---|---|
| 电流 | 25 | 26.4 | 27.8 | 29.3 | 30.9 | 32.6 | 34.4 | 36.3 | 38.3 | 40.4 | 42.6 | 44.9 | 47.4 | 50 |

解：采用过补偿方式。

$\sum I_C=(10+5+4+7)\times1.12=29.12(A)$

取分接头 7

$\sum I_L=34.4(A)$

补偿度$=\dfrac{\sum I_L-\sum I_C}{\sum I_C}\times100\%=\dfrac{34.4-29.12}{29.12}\times100\%=18.1\%$

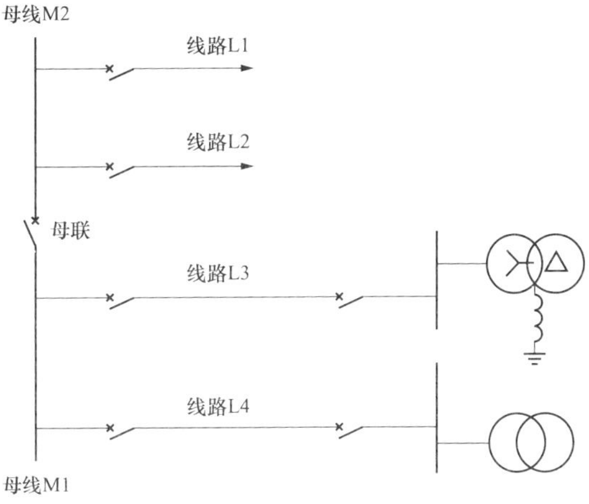


图 8-1　某 66kV 系统接线图

**5. 66kV 牛庄变由 220kV 海城变 66kV 海牛甲线受电，线路长度为 20km，导线为 LJQ-95 型，电阻为 0.288Ω/km，电抗为 0.3965Ω/km，功率因数为 0.8，输送平均有功功率为 8000kW，220kV 海城变系统电压运行 66kV，试求：66kV 海牛甲线线路受端运行电压及电压损失率 ΔU%。**

解：20km 导线总电阻和总电抗分别为

$R=0.288\times20=5.76(\Omega)$

$X=0.3965\times20=7.93(\Omega)$

$S=P\div\cos\varphi=8000\div0.8=10000(kVA)$

$Q=\sqrt{S^2-P^2}=6000(kvar)$

导线上的电压损失

$\Delta U=(PR+QX)\div U=(8000\times5.76+6000\times7.93)\div66\approx1.42(kV)$

受端运行电压

$U_2=U_1-\Delta U=66-1.42=64.58(kV)$

线路上的电压损失率

$\Delta U\%=\Delta U\div U\times100\%=1.42\div66\times100\%\approx2.15\%$

**6. 66kV 高速变电站为台资企业进驻的配套工程项目，两台 SZ-50000/66 变压器 A 与 B 并列运行在 66kV 一、二段母线上，两台主变压器额定电压 66±8×1.25%/11kV，A 与 B 变压器分接开关均在 5（69.3/11）投运，阻抗电压均为 9%，接线组别为 YNd11。现启动投运想效验差动保护相位，将 A 变压器分接开关由 5 改 7（67.65/11）运行后，11kV 低压侧 $U_{A2}=10830V$、$U_{B2}=10555V$，试求 A 与 B 变压器低压侧的估算环流。**

解：变压器的额定电流：

$I_{A2}=50000\times1000\div\sqrt{3}\div10830=2665.6(A)$

$I_{B2}=50000\times1000\div\sqrt{3}\div10556=2734.8(A)$

变压器的短路阻抗：

$Z_{AK}=9\div100\times10830\div2665.6=0.366(\Omega)$

$Z_{BK}=9\div100\times10555\div2734.8=0.347(\Omega)$

$\Delta_U=U_{A2}-U_{B2}=10830-10555=275(V)$

$I_{H2}=275\div(0.366+0.347)=385.7(A)$

**7. 有一运行电压为10kV的架空线路，线路阻抗为15.75＋j8.88Ω，已知末端输出功率为600～j400kVA，线路首端电压为$U_1$＝11kV，试求线路末端电压及电压偏移百分数。**

解：线路阻抗中的功率为

$P-jQ=(0.6^2+0.4^2)\div10^2\times15.75-j(0.6^2+0.4^2)\div10^2\times8.88=0.082-j0.046(MVA)$

线路首端功率为

$P-jQ_1=(0.6-j0.4)+(0.082-j0.046)=0.68-j0.45(MVA)$

线路末端电压为

$U_2=U_1-(P_1R+Q_1X)\div U_1=11-(0.68\times15.75+0.45\times8.88)\div11=11-1.34=9.66(kV)$

线路末端电压偏移百分数

$m_2(\%)=(U_2-U_e)\div U_e\times100=(9.66-10)\div10\times100\%=-3.4\%$

**8. 有一额定电压为66kV的供电线路，长度20km，若线路末端功率为20－j10MVA，试求线路阻抗中功率损耗及等值电路的首端功率。线路参数为$r_0$＝0.21Ω/km，$X_0$＝0.416Ω/km。**

解：$R=r_0L=0.21\times20=4.2(\Omega)$

$X=X_0L=0.416\times20=8.32(\Omega)$

线路阻抗中功率损耗

$\Delta P=(P^2+Q^2)\div U^2\times R=(20^2+10^2)\div66^2\times4.2=0.48(MW)$

$\Delta Q=(P^2+Q^2)\div U^2\times X=(20^2+10^2)\div66^2\times8.32=0.96(Mvar)$

线路环节首端功率为

$(20+0.48)-j(10+0.96)=20.48-j10.96(MVA)$

**9. 一台变压器额定电压110/35kV额定容量为31500kVA连接组别YNd11，一次侧电流互感器变比300/5，二次侧电流互感器变比600/5，求流入差动继电器不平衡电流是多少？可以采取什么措施降低不平衡电流？**

解：110kV额定电流 $I_1=31500/(1.732\times110)=165A$

二次侧为165/60×1.732＝4.76A

35kV额定电流 $I_2=31500/(1.732\times35)=519A$

二次侧为519/120＝4.33A

不平衡电流为4.76－4.33＝0.43A

可采取增大变化，减小二次负载，电流互感器串联使用降低不平衡电流。

**10. 某降压变电站装有额定电压为110kV的有载变压器一台，电压为110±3×2.5%/11kV。已知，最大负荷时，高压侧实际电压为105kV，变压器阻抗中电压损耗为高压侧额定电压的7.5%；最小负荷时，高压侧实际电压为112kV，变压器阻抗中电压损耗为高压侧额定电压的3.5%，低压侧母线额定电压为10kV，要求逆调压（1.05～1），试选择最大、最小负荷时的分接头电压。**

解：最大负荷时，分接头电压为

$U_{fmax}=(U_{1max}-U_{1max})\div U_{2max}\times U_{2e}=(105-7.5\div100\times110)\div(1.05\times10)\times11=101.36(kV)$

选分接头－3×2.5%，电压为101.75（kV）

校验

$U_{2max}=(105-8.25)\div101.75\times11=10.459(kV)$

$U_{max}(\%)=(10.459-10)\div10\times100\%=4.59\%$，基本满足要求

最小负荷时，分接头电压为

$U_{fmin}=(U_{1min}-\Delta U_{1min})\div U_{2min}\times U_{2e}=(112-3.5\div100\times110)\div(1.0\times10)\times11=118.965(kV)$

选分接头+3×2.5%，电压为 118.25(kV)

校验

$U_{2min}=(112-3.85)\div118.25\times11=10.06(kV)$

$U_{min}(\%)=(10.06-10)\div10\times100\%=0.6\%$，基本满足要求

**11. 某降压变电站有一台 SFL1—10000/110 双绕组变压器，电压为 110±2×2.5%/11kV。已知，最大负荷时，高压侧实际电压为 113kV，变压器阻抗中电压损耗归算到高压侧的值为 5.09kV；最小负荷时，高压侧实际电压为 115kV，变压器阻抗中电压损耗归算到高压侧的值为 3.09kV。变电站低压母线额定电压为 10kV 采用顺调压（1.025～1.075V），试选择变压器分接头电压。**

解：最大负荷时，分接头电压为

$U_{fmax}=(U_{1max}-U_{Bmax})\div U_{2max}\times U_{2e}=(113-5.09)\div(1.025\times10)\times11=115.8(kV)$

最小负荷时，分接头电压为

$U_{fmin}=(U_{1min}-U_{Bmin})\div U_{2min}\times U_{2e}=(115-3.09)\div(1.075\times10)\times11=114.5(kV)$

取平均值

$U_{f}=(U_{fmax}+U_{fmin})\div2=(115.8+114.5)\div2=115.15(kV)$

选取标准分接头+2×2.5%电压为 115.5kV

校验

在最大负荷时，低压侧实际电压为

$U_{2max}=(113-5.09)\div115.5\times11=10.277(kV)$

电压偏移百分数

$U_{max}(\%)=(10.277-10)\div10\times100\%=2.77\%>2.5\%$（满足要求）

在最小负荷时，低压侧实际电压为

$U_{2min}=(115-3.09)\div115.5\times11=10.658(kV)$

电压偏移百分数

$U_{min}(\%)=(10.658-10)\div10\times100\%=6.58\%<7.5\%$（满足要求）

由于在最大、最小负荷时，变压器低压侧电压偏移均满足顺调压方式的要求，因此选取标准分接头电压为 115.5kV（+2×2.5%的分接头）。

**12. 已知一个系统装机容量为 2000MVA，机组平均 $K_G$（发电机的静态频率调节效应系数）为 20MW/0.1Hz，负荷的静态调节效应系数 $K_f$ 为 2.5MW/0.1Hz，现机组全部满发，一台 100MW 机组突然跳闸，此时系统需要切除多少负荷，系统频率才能合格。**

解：因为$\dfrac{\Delta P}{P}=-K_f\dfrac{\Delta f}{f_N}$

所以 $\Delta f=-\dfrac{\Delta P\times f_N}{K_f\times P}=-\dfrac{100\times50}{2.5\times2000}=-1$

$f=f_N+\Delta f=50-1=49Hz$

因为系统装机容量为 2000MW，小于 3000MW，频率合格为 49.5～50.5Hz，由上式可得

$$\frac{100-\Delta P}{P}=-K_f\frac{\Delta f}{f_N}$$

$$\Delta P=100+\frac{K_f\times P\times\Delta f}{f_N}=100-50=50MW$$

答：至少切除 50MW 负荷，才能使频率合格。

**13. 如图 8-2 所示。系统 1、系统 2、系统 3 通过 L12、L23 两条线路联网。事故前潮流情况：系统 1 总出力 3000MW，负荷 2950MW；系统 2 总出力 700MW，负荷 1050MW；系统 3 总出力 3300MW；负荷 3000MW；联络线潮流情况如图 8-2 所示。系统额定频率为 50Hz，各系统负荷频率调节系数 $K_{pf}$ 均为 2。L23 线路三相故障跳闸后，线路 L12 的潮流为多少 MW？**

图 8-2　联络线潮流情况图

解：因为当线路 L23 跳闸后，系统 1、2 共有 300MW 的功率缺额，其负荷的频率响应系数均为 2，所以 300MW 的缺额应按容量成正比例分配，系统 1 的缺额为 300×2950/(2950+1050)=221.25MW，线路 L12 的潮流为 221.25+50=271.25MW。

答：线路 L12 的潮流为 271.25MW。

**14. 系统的额定频率为 50Hz，总装机容量为 2000MW，调差系数 $\delta$ 为 0.04，总负荷 $P_L$=1600MW，$K_L$（负荷的静态频率调节效应系数）=50MW/Hz，在额定频率下运行时增加负荷 430MW。若所有发电机仅参加一次调频，则频率变化为多少 Hz？若所有发电机均参加二次调频，则频率变化为多少 Hz（结果保留 3 位小数）？**

解：$K_G=\dfrac{P_{GN}}{f_N\delta}=\dfrac{2000}{50\times0.04}=1000\text{MW/Hz}$

$K_S=K_G+K_L=50+1000=1050\text{MW/Hz}$

所有发电机仅参加一次调频，所以功率缺额为 430MW

$\Delta f=-\dfrac{\Delta P_L}{K_S}=-\dfrac{430}{1050}=-0.409\text{Hz}$

若所有发电机均参加二次调频，总装机容量 2000MW 小于总负荷 1600MW+430MW，故容量缺额为 30MW

$\Delta f=-\dfrac{\Delta P_L}{K_S}=-\dfrac{30}{1050}=-0.029\text{Hz}$

答：所有发电机仅参加一次调频时，频率变化为 0.409Hz；若所有发电机均参加二次调频时，频率变化为 0.029Hz。

**15. 系统 A 负荷增加 250MW 时，频率下降 0.1Hz；系统 B 负荷增加 400MW 时，频率下降 0.1Hz。现 A 系统运行频率 49.85Hz，B 系统运行频率 50Hz，拟通过联络线将 A、B 两系统并列运行，求并列后系统频率及联络线功率。**

解：由公式 $\Delta f=-\dfrac{\Delta P}{K}$，可有

$$-0.1=-\frac{250}{K_A}\Rightarrow K_A=2500(\text{MW/Hz})$$

$$-0.1=-\frac{400}{K_B}\Rightarrow K_B=4000(\text{MW/Hz})$$

A 系统运行频率 49.85Hz：$(49.85-50)=-\dfrac{\Delta P_A}{2500}\Rightarrow\Delta P_A=375(\text{MW})$

B 系统运行频率 50Hz：$\Delta P_B=0$（MW）

则：$\Delta f=-\dfrac{375}{2500+4000}=-0.0577(\text{Hz})$　　$f=50-0.0577=49.9423(\text{Hz})$

$P_{AB}=-4000\times(-0.0577)=230.8(\text{MW})$

答：并列后系统频率为 49.9423Hz，联络线功率为 230.8MW。

**16. 如图 8-3 所示：系统 1、系统 2、系统 3 通过 L12、L23 两条线路联网。事故前潮流情况：系统 1 总出力 3000MW，负荷 2950MW；系统 2 总出力 700MW，负荷 1050MW；系统 3 总出力 3300MW，负荷 3000MW；联络线潮流情况如图 8-3 所示。系统额定频率为 50Hz，各系统负荷频率调节系数 $K_f$ 均为 2。求 L12 线路三相故障跳闸后，系统 2、3 的频率（保留 2 位小数）？**

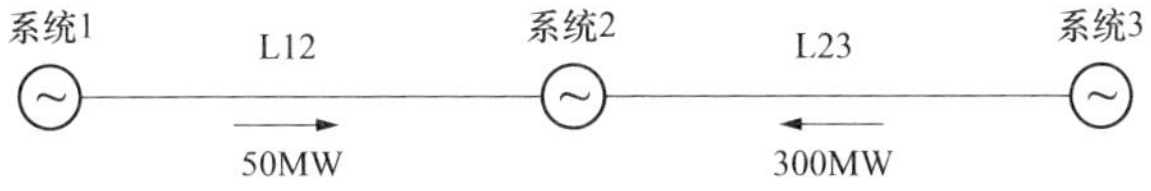


图 8-3　系统图

解：根据已知可得$\frac{\Delta P}{P}=-K_{f}\frac{\Delta f}{f_{N}}$

系统 2、3 的总负荷为 4050MW；功率缺额为 50MW，有

$$\Delta f=\frac{\Delta P\times f_{N}}{K_{f}\times P}=-\frac{50\times 50}{2\times 4050}=-0.31(\text{Hz})$$

$$f=f_{N}+\Delta f=50-0.31=49.69(\text{Hz})$$

## 六、论述题

**1. 电力系统运行操作的原则有哪些？**

答：电力系统运行操作一般有如下原则：

（1）电力系统运行操作，应按规程规定的调度指挥关系，在值班调度员的指挥下进行。

（2）操作前要充分考虑操作后系统接线的正确性，并应特别注意对重要用户供电的可靠性的影响。

（3）操作前要对系统的有功功率和无功功率加以平衡，保证操作后系统的稳定性，并应考虑备用容量的分布。

（4）操作时注意系统变更后引起潮流、电压及频率的变化，并应将改变的运行接线及潮流变化及时通知有关现场。

（5）任何停电作业的电气设备，必须先在所有电源侧挂地线后，才允许在作业侧挂地线，开始作业；送电前，必须所有作业单位全部作业结束，现场地线全部拆除，作业人员已全部撤离现场，然后才能将所有电源侧地线拆除。

（6）继电保护及自动装置应配合协调。

（7）由于检修、扩建有可能造成相序或相位紊乱者，送电前注意进行核相。环状网络中的变压器的操作，可能引起电磁环网中接线角度发生变化时，应及时通知有关单位。

（8）带电作业，要按检修申请制度提前向所属调度提出申请，批准后方允许作业。

（9）严禁约时停、送电，严禁约时挂、拆接地线，严禁约时开始、结束检修工作。

（10）系统操作后，事故处理措施应重新考虑。应事先拟好事故预想，并与有关现场联系好。系统变更后的解列点必要时应重新考虑。

（11）对于重大倒闸操作，在操作前应启用在线安全分析计算，进行电网预想方式分析。

**2. 论述电网合环操作必须满足的条件及注意事项有哪些？**

答：电网合环运行应具备下列条件：

（1）相位应一致。如首次合环或检修后可能引起相位变化，必须经过核对相位证明合环点两侧一致。

（2）如果是电磁环网，则环网内的变压器接线组别相位差为零。特殊情况下，经计算校验继电保护不会误动作及有关环路设备不过载，允许变压器接线相位差 30°进行合环操作。

（3）合环后环网内各元件不致过载。

（4）各母线电压值不应超过规定值。

（5）继电保护和安全自动装置应适应环网运行方式。

（6）系统的稳定性应符合规定的要求。

电网合环操作时注意事项如下：两端必须相位相同；电压差、相角差应符合规定；应确保合环网络内潮流变化不超过电网稳定、设备容量方面的限制；对于比较复杂的环网操作，应先进行计算或校验；操作前后要和有关方面联系好。

**3. 什么是负荷调整？负荷调整的原则是什么？错峰、避峰、拉闸、限电等负荷调整手段有何区别？**

答：负荷调整是根据电力系统的实际情况，按照各类用户不同的用电规律，合理地安排用电时间，把系统高峰分散，使一部分高峰时间的负荷转移到低谷时间使用，达到“削峰填谷”的目的，以求得发电、供电和用电之间的平衡。

负荷调整的原则：

（1）保证电网安全：只有保证电网安全才能避免电网崩溃带来的巨大损失，最大范围保证用户供电。

（2）统筹兼顾：调整负荷时，要考虑到各种因素，照顾到各方面的利益。

（3）保住重点：调整负荷时以国家利益为重，优先保证居民用电，优先保证各级重点企业和一类负荷的企业用电。

（4）个性化对待：根据不同的电力系统、不同的电源结构，拟定不同的调整负荷方案。

（5）兼顾生活习惯：在日负荷中的晚高峰时段，要尽力照顾居民的生活照明；尽量减少对居民生活的影响。

（6）明确限电和其他负荷调整手段的关系。

错峰是指在用电高峰期间减少用电负荷并将这部分用电负荷移至非高峰期间使用。错峰应基本不造成用电量损失。

避峰是指事先安排客户在用电高峰期间减少用电负荷，而这部分用电负荷未转移至非高峰期间使用。避峰将造成用电量减少。

拉闸是指在电力系统中拉开供电线路断路器，强行停止供电的措施。在特定的用电环境无法达到满负荷运载需求时，中断一个区域或部分地方的电力供应（一般多发于夏季）。限掉的负荷亦将造成用电量减少。

限电是指临时采取减少客户用电负荷的措施。限掉的负荷同样会造成用电量减少。限电对应的主要措施有：通知大客户自行控制减少用电负荷和采用电力负荷管理系统下达终端用电负荷指标实施当地控制限制用电负荷。

**4. 运行操作前应充分考虑哪些问题？**

答：调度员在运行操作前应充分考虑以下问题：

（1）接线方式改变后电网的稳定性和合理性，有功功率、无功功率平衡及必要的备用容量，防止事故的对策。

（2）功率、电压、频率的变化。潮流超过稳定极限、设备过负荷、电压超过正常范围等情况。

（3）继电保护、安全自动装置配置是否合理，变压器中性点接地方式、无功补偿装置投入情况，防止引起操作过电压。

（4）操作后对通信、远动、计量装置等设备的影响。

（5）新、改、扩建设备的投运，或检修后可能引起相序、相位错误的设备带电前，应查明相序、相位正确。

（6）根据检修工作范围和安全工作的规定，做安全措施。

**5. 线路停送电操作有哪些注意事项？**

答：线路停送电操作时有以下注意事项：

（1）线路停送电操作，如一侧发电厂、一侧变电站，一般在变电站侧停送电，发电厂侧解合环；如两侧均为变电站或发电厂，一般在短路容量大的一侧停送电，短路容量小的一侧解合环；有特殊规定的除外。

（2）应考虑电压变化和潮流转移，特别注意防止其他设备过负荷或超过稳定限额，防止发电机自励磁及线路末端电压超过允许值。

（3）任何情况下严禁“约时”停电和送电。

（4）线路停电时，应在线路两侧开关拉开后，先拉开线路侧刀闸，后拉开母线侧刀闸。对于3/2接线的厂站，应先拉开中间开关，后拉开母线侧开关。当线路需转检修时，应在线路可能受电的各侧都停止运行，相关刀闸均已拉开后，方可在线路上做安全措施；反之在未全部拆除线路上安全措施之前，不允许线路任一侧恢复备用。

（5）线路高抗（无专用开关）投停操作必须在线路冷备用或检修状态下进行。

**6. 220kV变压器停送电操作时，其中性点为什么一定要接地？**

答：变压器停送电操作时中性点接地主要是为防止过电压损坏被投退变压器而采取的一种措施。

对于高压侧有电源的受电变压器，当其开关非全相拉、合时，若其中性点不接地有以下危险：

（1）变压器电源侧中性点对地电压最大可达相电压，这可能损坏变压器绝缘。

（2）变压器的高、低压线圈之间有电容，这种电容会造成高压对低压的“传递过电压”。

（3）当变压器高低压线圈之间电容耦合，低压侧会有电压达到谐振条件时，可能会出现谐振过电压，损坏绝缘。

对于低压侧有电源的送电变压器：

（1）由于低压侧有电源，在并入系统前，变压器高压侧发生单相接地，若中性点未接地，则其中性点对地电压将是相电压，这可能损坏变压器绝缘。

（2）非全相并入系统时，在一相与系统相连时，由于发电机和系统的频率不同，变压器中性点又未接地，该变压器中性点对地电压最高将是二倍相电压，未合相的电压最高可达2.73倍相电压，将造成绝缘损坏事故。

**7. 220kV变压器停送电操作有哪些注意事项？**

答：变压器停送电操作的注意事项有：

（1）变压器在充电或停运前，必须将中性点接地刀闸合上。

（2）变压器送电时，应先合电源侧开关，后合负荷侧开关。停运时操作顺序相反。对于有多侧电源的变压器，应同时考虑差动保护的灵敏度和后备保护情况。环网系统的变压器操作时，应正确选取充电端，以减少并列处的电压差。

（3）变压器并列运行时应符合并列运行的条件，即接线组别相同、变比相等、短路电压比相等。当上述条件不符合时，必须经过计算合格，才允许并列运行。

（4）并列运行的变压器，在倒换中性点接地刀闸时，应先合上不接地变压器的中性点接地刀闸，再拉开接地变压器的中性点接地刀闸，且两个接地点的并列时间越短越好。

**8. 母线的操作方法和注意事项有哪些？**

答：母线的操作方法和注意事项有：

（1）备用母线的充电，有母联开关时应使用母联开关向母线充电。母联开关的充电保护应在投入状态。如果备用母线存在故障，可由母联开关切除，防止扩大事故。

（2）在母线倒闸操作中，母联开关的操作电源应拉开，防止母联开关误跳闸，造成带负荷拉刀闸事故。

（3）双母线接线方式，一条母线的所有元件须全部倒换至另一母线时，一般情况下是将一元件的刀闸合于一母线后，随即拉开另一母线刀闸。另一种是将需要倒母线的全部元件都合于运行母线之后，再将另一母线侧对应的所有刀闸拉开。采用哪种方法要根据操作机构布置和规程规定决定。

（4）由于设备倒换至另一母线或母线上电压互感器停电，继电保护和自动装置的电压回路需要转换由另一电压互感器供电时，应注意勿使继电保护及自动装置因失去电压而误动。避免电压回路接触不良以及通过电压互感器二次向不带电母线反充电，而引起的电压回路熔断器熔断，造成继电保护误动作等情况出现。

（5）进行母线倒闸操作时应注意对母线差动保护的影响，要根据母线差动保护运行规程做相应的变更。在倒母线操作过程中无特殊情况下，母线差动保护应投入运行。

（6）变压器向母线充电时，变压器中性点必须直接接地。

（7）带有电感式电压互感器的空母线充电时，为避免开关触头间的并联电容与电压互感器感抗形成串联谐振，母线停送电操作前将电压互感器刀闸拉开或在电压互感器的二次回路内并（串）联适当电阻。

（8）进行母线倒闸操作，操作前要做好事故预想，防止因操作中出现异常如刀闸支持瓷瓶断裂等情况，而引起事故的扩大。

**9. 新设备启动投运条件有哪些？**

答：新设备启动投运条件有：

（1）发电企业已签订购售电协议（合同）及并网调度协议。

（2）新设备全部按照设计要求安装、调试完毕，且验收、质检工作已经结束（包括主设备、继电保护及安全自动装置、电力通信设施、调度自动化设备等），设备具备启动条件。

（3）110kV及以上设备参数实测工作结束，并经设备运行维护单位确认，于启动前7日报送有关调度机构。

（4）现场生产准备工作就绪，包括运行人员的培训、考试合格，现场图纸、规程、制度、设备编号标志、抄表日志、记录簿等均已齐全。

（5）电力通信通道及自动化信息接入工作已经完成，调度通信、自动化设备及计量装置运行良好，通道畅通，实时信息满足调度运行需要。

**10. 新设备启动操作的基本原则有哪些？**

答：新设备启动应严格按照批准的新设备启动投运方案执行，新设备启动投运方案内容包括：启动范围、调试项目、启动条件、预定启动时间、启动程序、继电保护要求、电气主接线图等。新设备投产前10日调控部门按启动要求编制新设备启动投运方案。设备运行维护单位应保证新设备的相位与系统一致。可能形成环路时，启动过程中必须核对相位；不可能形成环路时，启动过程中可以只核对相序。厂、站内设备相位的正确性由设备运行维护单位负责。在新设备启动过程中，调试系统保护应有足够的灵敏度，允许失去选择性，不得无保护运行。在新设备启动过程中，相关母差电流互感器及母差方式应根据系统运行方式做相应调整。母差电流互感器短接退出或恢复接入应在断路器冷备用或母差保护停用状态下进行。如保护进行调整，可能对电网安全稳定运行有重大影响时，由运行方式、继电保护经计算、协商后进行专项处理。

**11. 线路、母线、变压器、机组并网等新设备启动有哪些具体要求？**

答：线路启动：有条件时应采用发电机零起升压，正常后用老断路器对新线路冲击三次，冲击侧应有可靠的一级保护；无零起升压条件时，用老断路器对新线路冲击三次（老线改造可只冲击一次），冲击侧应有可靠的两级保护；冲击正常后必须做核相试验，新线路两侧断路器相关保护及母线差动保护需做带负荷试验。

母线启动：有条件时应采用发电机零起升压，正常后用外来或本侧电源对新母线冲击一次，冲击侧应有可靠的一级保护；无零起升压条件时，用外来电源（无条件时可用本侧电源）对母线冲击一次，冲击侧应有可靠的一级保护；冲击正常后新母线电压互感器二次侧必须做核相试验，母线差动保护需做带负荷试验；老母线扩建延长，宜采用母联断路器充电保护对新母线进行冲击。

变压器启动：有条件时应采用发电机零起升压，正常后用高压侧电源对新变压器冲击五次，冲击侧应有可靠的一级保护；无零起升压条件时，必须用高压侧电源对新变压器直接冲击五次时，冲击侧电源宜选用外来电源，采用两只断路器串供，冲击侧应有可靠的两级保护；冲击过程中，新变压器各侧中性点均应直接接地，所有保护均启用，方向元件短接退出；冲击新变压器时，保护定值应考虑变压器励磁涌流的影响，并有足够的灵敏度；冲击正常后，新变压器中、低压侧必须核相，变压器保护及母线差动保护需做带负荷试验。

机组并网启动：新机组并网前，设备运行维护单位负责做好新机组的各种试验并满足并网运行条件；新机组同期并网后，发变组有关保护和母线差动保护需做带负荷试验；新机组的升压变压器需冲击时，按新变压器启动原则执行。

## 七、案例分析题

**1. 根据检修票编制220kV历营线停电操作票和送电操作票。正常方式下历林变电站历营线2262运行于Ⅳ母线，营口变电站历营线6624运行于南母线，充电端为两侧。一次设备检修票见表8-2。**

答：220kV历营线停电操作票见表8-3，送电操作票见表8-4。

**表 8-2** 一次设备检修票

| 内容编制 | | | | | | | | | |
|---|---|---|---|---|---|---|---|---|---|
| 检修设备 | 历营线 | 停电类型 | 计划 | 编号 | LN-2017-1088 | 设备类型 | 线路 | 是否新设备相关 | ○是⊙否 |
| 工作性质 | 常检 | 电压等级 | 220kV | 调度关系 | 辽宁省调 | 工作方案是否上报且满足要求 | ⊙是○否 | 是否影响通信光缆 | ○是⊙否 |
| 操作类型 | 停电 | 现场作业负责人 | | 现场联系电话 | | 是否预警 | ○是⊙否 | 设备状态 | 转检修 |
| 申报类别 | 正常申报 | 保护要求 | 无保护要求 | 稳定、安控要求 | 无稳定、安控要求 | 安全措施、恢复运行要求及备注 | | 无安全措施、恢复运行要求及备注 | |
| 工作方案附件 | | | | 是否重大检修 | ○是⊙否 | 申请人联系电话 | | | |
| 送电前涉网试验方案是否上报且满足要求 | | ⊙是○否 | | 涉网试验方案附件 | | 主请单位 | | | |
| 其他要求 | | | | 其他附件 | | 综合扣分 | | | |

| 申请信息 | | 时间 | | 工作内容 | 停电范围及要求 | 现场附件 | 相应月计划 |
|---|---|---|---|---|---|---|---|
| 工作单位 | 营口供电公司 | 计划停电 | 2017-04-11 07:00 | 开关、TA、乙隔离开关清扫检查，高压试验；保护定期试验 | 由运行转检修 | | |
| 施工受令单位 | 营口变电站 | 计划送电 | 2017-04-11 17:00 | | | | |
| 申请单位 | 营口供电公司 | 作业开始 | 2017-04-11 07:30 | | | | |
| 申请人 | | 作业结束 | 2017-04-11 16:30 | | | | |
| 工作单位 | 营口供电公司 | 计划停电 | 2017-04-11 07:00 | 更换防舞动间隔棒；13号改双串（原营柳线31号）；15基耐张线夹紧固 | 由运行转检修 | | |
| 施工受令单位 | 营口供电公司 | 计划送电 | 2017-04-11 17:00 | | | | |
| 申请单位 | 营口供电公司 | 作业开始 | 2017-04-11 07:30 | | | | |
| 申请人 | | 作业结束 | 2017-04-11 16:30 | | | | |
| 工作单位 | 历林变电站 | 计划停电 | 2017-04-11 07:00 | 无作业 | 由运行转检修 | | |
| 施工受令单位 | 历林变电站 | 计划送电 | 2017-04-11 17:00 | | | | |
| 申请单位 | 历林变电站 | 作业开始 | 2017-04-11 07:00 | | | | |
| 申请人 | | 作业结束 | 2017-04-11 17:00 | | | | |

| 会签意见和注意事项 | | 调度附件 | |
|---|---|---|---|
| | | 网调附件 | |

| 初审 | 网调 | 系统 | 系统 2 | 保护 | 保护 2 | 自动化 | 信通 | 调度 | 计划 | 水新 | 设备监控 | 复审 | 终审 |
|---|---|---|---|---|---|---|---|---|---|---|---|---|---|
| | | | | | | | | | | | | | |

表 8-3　　220kV 历营线停电操作票

调度指令　201704031　号　　　　计划时间：2017 年 04 月 11 日 07 时 00 分

| 序号 | 发令时间 | 发令人 | 受令人 | 实际时间 | 操作单位 | 操 作 内 容 | 注意事项 |
|---|---|---|---|---|---|---|---|
| 1 | | | | | 辽宁省调 | 调整系统潮流，使 220kV 历营线停电后相关线路不过载 | |
| 2 | | | | | 辽宁监控 | 将历林变电站历营线 2262 由运行转热备用（解环） | |
| 3 | | | | | 营口监控 | 将营口变电站历营线 6624 由运行转热备用（停电） | |
| 4 | | | | | 辽宁监控 | 将历林变电站历营线 2262 由热备用于Ⅳ母线转冷备用 | |
| 5 | | | | | 营口监控 | 将营口变电站历营线 6624 由热备用于（南）母线转冷备用 | |
| 6 | | | | | 辽宁监控 | 将历林变电站历营线 2262 由冷备用转检修 | |
| 7 | | | | | 营口监控 | 将营口变电站历营线 6624 由冷备用转检修 | |
| 8 | | | | | 辽宁省调 | 通知营口监控营口变电站历营线 6624 有关作业可以开始，站内安全措施自行负责 | |
| 9 | | | | | 辽宁省调 | 通知营口监控营口局历营线线路作业可以开始，现场安全措施自行负责 | |
| 10 | | | | | 辽宁省调 | 通知营口调度历营线已停电 | |
| | | | | | | | |
| | | | | | | | |

| 制定 | | 审核 | | 批准 | | 发出人 | | 受理人及受理时间 | | 复核 | | 监护 | |
|---|---|---|---|---|---|---|---|---|---|---|---|---|---|

注　1. 请历林变电站、柳树变电站操作人员提前 1h 到达现场做好操作准备。
　　2. 本票按历营线停电历林变电站站内无作业而制。

表 8-4　　220kV 历营线送电操作票

调度指令　201704032　号　　　　计划时间：2017 年 04 月 11 日 17 时 00 分

| 序号 | 发令时间 | 发令人 | 受令人 | 实际时间 | 操作单位 | 操 作 内 容 | 注意事项 |
|---|---|---|---|---|---|---|---|
| 1 | | | | | 营口监控 | 汇报营口变电站历营线 6624 有关作业全完了，站内安全措施全拆除，送电无问题 | |
| 2 | | | | | 营口监控 | 汇报营口局历营线线路作业全完成，现场安全措施全拆除，送电无问题 | |
| 3 | | | | | 辽宁省调 | 核实历林变电站历营线 2262 站内确无作业，站内确无安全措施，送电无问题 | |
| 4 | | | | | 营口监控 | 将营口变电站历营线 6624 由检修转冷备用 | |
| 5 | | | | | 辽宁监控 | 将历林变电站历营线 2262 由检修转冷备用 | |
| 6 | | | | | 营口监控 | 将营口变电站历营线 6624 由冷备用转热备用于南母线 | |
| 7 | | | | | 辽宁监控 | 将历林变电站历营线 2262 由冷备用转热备用于Ⅳ母线 | |
| 8 | | | | | 营口监控 | 将营口变电站历营线 6624 由热备用转运行（充电，保护按正常方式启用） | |
| 9 | | | | | 辽宁监控 | 将历林变电站历营线 2262 由热备用转运行（环并，检查三相电流平衡） | |
| 10 | | | | | 辽宁省调 | 系统按正常掌握 | |
| 11 | | | | | 辽宁省调 | 通知营口调度历营线已送电 | |
| | | | | | | | |
| | | | | | | | |

| 制定 | | 审核 | | 批准 | | 发出人 | | 受理人及受理时间 | | 复核 | | 监护 | |
|---|---|---|---|---|---|---|---|---|---|---|---|---|---|

**2. 根据送电方案编制 220kV 朝阳热电厂倒送电操作票。朝阳热电厂倒送电方案如下：**

（1）说明。

1）马山变电站热马一、二线为新间隔，线路保护为新保护，需要测试，220kV 母线差动保护需要测试。

2）朝阳热电厂均为新设备、新保护，线路保护、1 号启动备用变压器保护及 220kV 母线差动保护均需要测试。

3）朝阳热电厂母线 TV 为感式。

（2）送电前应具备的条件。

1）马山变电站：汇报 220kV 热马一、二线有关一、二次设备已安装、调试完了，试验、验收均合格，站内安全措施全拆除，送电无问题。

2）朝阳热电厂：汇报热马一、二线，启动备用变压器有关一、二次设备安装调试工作结束，试验、验收合格，远动、电量采集设备安装结束，验收合格，所有元件开关及隔离开关在开位，热马一、二线，1 号启动备用变压器主一次开关及 220kV 母联 TA 均已接入母线差动保护回路，站内安全措施全拆除，送电无问题。

3）朝阳调度：汇报热马一、二线全线已形成，线路参数测试工作已完成，有关作业全完成，现场安全措施全拆除，送电无问题。

4）马山变电站：按辽调继（2017－3014、3016）核对热马一、二线线路保护定值正确且线路保护停用中，重合闸停用中；按辽调继（2017－3027）核对 220kV 故障录波器保护定值正确后启用。

5）朝阳热电厂：按辽调继（2017－3013、3015、3017、3019）核对热马一、二线线路保护定值正确且线路保护停用中；按辽调继（2017－3022）核对 220kV 母线差动保护定值正确，且保护停用中；按辽调继（2017－3026）核对启动备用变压器中性点定值正确后并启用；按辽调继（2017－3023）核对 220kV 线路故障录波器定值正确后并启用。

6）朝阳热电厂：已在 220kV 母联加装两套临时保护，一套临时电流速断保护，定值为 1500A/0s，一套临时过流保护，定值为 300A/0.3s，临时过流保护启用，临时电流速断保护不投（临时保护传动试验应良好，传动后开关在开位；临时电流速断保护可保护热马一、二线全线，临时过流保护可保护 1 号启动备用变压器本体）。

7）朝阳热电厂：将 1 号启动备用变压器复合电压闭锁过流保护改为过流保护，时间改为 0.3s 后投入，启动备用变压器其他保护全投入。

（3）送电方案。

1）省调：与省调继电专业核实热马一、二线实测参数与理论参数均无问题，可以送电。

2）省调：核实热马一、二线两侧线路侧均无地线。

3）马山变电站：将 220kV Ⅰ、Ⅱ母元件倒Ⅰ母线运行，Ⅱ母线停电。

4）省调：控制燕山湖电厂 1 号机组出力不大于 300MW。

5）省调：指挥将燕南变电站燕马一、二线微机后备保护改第二套定值使用。

6）马山变电站：将 220kV 母线差动保护及失灵保护停用，热马一、二线 TA 接入母线差动保护回路，母线差动保护调整参数并核对正确后不投。

7）马山变电站：在 220kV 母联加装临时电流速断保护并启用，定值为 1500A/0s（临时保护传动试验应良好，传动后开关在开位；临时电流速断保护可保护热马一、二线全线）。

8）省调：指挥将热马一、二线两侧两套纵联保护投入，两侧微机后备保护按第二套定值投入，重合闸不投。

9）马山变电站：用 220kV 母联开关对Ⅱ母线充电且良好。

10）马山变电站：用热马一线开关在 220kV Ⅱ母线方式对线路进行 2 次冲击合闸，第 3 次充电至朝阳热电厂 220kV Ⅰ、Ⅱ母线，且良好（第 3 次充电前朝阳热电厂热马一线开关及其线路隔离开关、Ⅰ母隔离开关，220kV 母联开关及其两侧隔离开关，220kV Ⅰ、Ⅱ母 TV 一次隔离开关，热马二线开关及其Ⅱ母隔离开关，1 号启动备用变压器Ⅱ母隔离开关已无压合好；热马一线Ⅱ母隔离开关，热马二线线路隔离开关、Ⅰ母隔离开关，1 号启动备用变压器主一次开关及其Ⅰ母隔离开关，1、2 号主变压器主一次开关及其两侧隔离开关均在开位）。

11）朝阳热电厂：在 220kV Ⅰ、Ⅱ母 TV 二次定相，且正确。

12）朝阳热电厂：拉开热马二线开关及其Ⅱ母隔离开关。

13）朝阳热电厂：用 1 号启动备用变压器主一次开关在Ⅱ母线方式对 1 号启动备用变压器进行 5 次冲击合闸，第 5 次冲击合闸良好后开关在合位（冲击合闸前 1 号启动备用变压器中性点隔离开关已合好，充电良好后 1 号启动备用变压器中性点隔离开关按规定掌握）。

14）朝阳热电厂：在 1 号启动备用变压器二次定相（具体操作由现场自行负责）。

15）朝阳热电厂：将 220kV 母联临时过流保护停用。

16）朝阳热电厂：将 1 号启动备用变压器两套差动保护停用。

17）朝阳热电厂：将 1 号启动备用变压器两套复合电压闭锁过流保护轮停，时间、电压接点恢复正常后投入。

18）省调：指挥将热马一线两侧两套纵联及微机后备保护停用。

19）朝阳热电厂：1 号启动备用变压器带负荷。

20）朝阳热电厂：测两套 220kV 母线差动保护相位、差流，正确后不投。

21）朝阳热电厂：测 1 号启动备用变压器两套差动保护相位、差流、差压正确后投入。

22）朝阳热电厂：测热马一线两套线路保护相位正确后微机后备保护按第二套定值投入，纵联保护及重合闸不投。

23）马山变电站：测热马一线两套线路保护相位正确后微机后备保护按第二套定值投入，纵联保护及重合闸不投。

24）马山变电站：测两套 220kV 母线差动保护相位、差流，正确后不投。

25）省调：指挥检查热马一线两侧两套纵联保护通道，良好后投跳闸，朝阳热电厂侧微机后备保护改回第一套定值使用，马山变电站侧微机后备保护仍按第二套定值使用，两侧重合闸按规定使用。

26）马山变电站：将热马一线倒Ⅰ母线运行，Ⅱ母线空充电。

27）朝阳热电厂：将 1 号启动备用变压器倒Ⅰ母线运行，Ⅱ母线停电（拉开 220kV 母联开关及其两侧隔离开关）。

28）马山变电站：用热马二线开关在Ⅱ母线方式对线路进行 3 次冲击合闸，第 3 次充电至朝阳热电厂 220kV Ⅱ母线，且良好（第 3 次充电前朝阳热电厂热马二线开关及其线路隔离开关、Ⅱ母隔离开关已无压合好；220kV 母联开关及其两侧隔离开关保持在断位）。

29）朝阳热电厂：在 220kV Ⅰ、Ⅱ母线 TV 二次定热马一线、热马二线线路一次相位，且正确。

30）省调：指挥将热马二线两侧两套纵联及微机后备保护停用。

31）朝阳热电厂：将 220kV 母联临时电流速断保护启用。

32）朝阳热电厂：用 220kV 母联开关环并。

33）朝阳热电厂：拉开热马一线开关，解环。

34）朝阳热电厂：测 220kV 两套母线差动保护相位、差流正确后投入，失灵保护启用。

35）朝阳热电厂：测热马二线两套线路保护相位正确后微机后备保护按第二套定值投入，纵联保护及重合闸不投。

36）马山变电站：测 220kV 两套母线差动保护相位、差流正确后投入，失灵保护启用。

37）省调：控制燕山湖电厂 1 号机组出力按正常掌握。

38）省调：指挥将燕南变电站燕马一、二线微机后备保护改回第一套定值使用。

39）马山变电站：测热马二线两套线路保护相位正确后微机后备保护按第二套定值投入，纵联保护及重合闸不投。

40）省调：指挥检查热马二线两侧两套纵联保护通道良好后投跳闸，两侧两套微机后备保护改回第一套定值使用，两侧重合闸按规定使用。

41）朝阳热电厂：合上热马一线开关，环并。

42）马山变电站：将热马一线两套微机后备保护改回第一套定值使用。

43）朝阳热电厂：将 220kV 母联临时电流速断保护停用，母联保护按规定使用。

44）马山变电站：将 220kV 母联临时电流速断保护停用，母联保护按规定使用。

45）马山变电站：将 220kV 母线恢复固定接线方式。

46）朝阳热电厂：220kV 母线恢复固定接线方式。

朝阳热电厂接线图如图 8-4 所示，马山变电站接线图如图 8-5 所示。

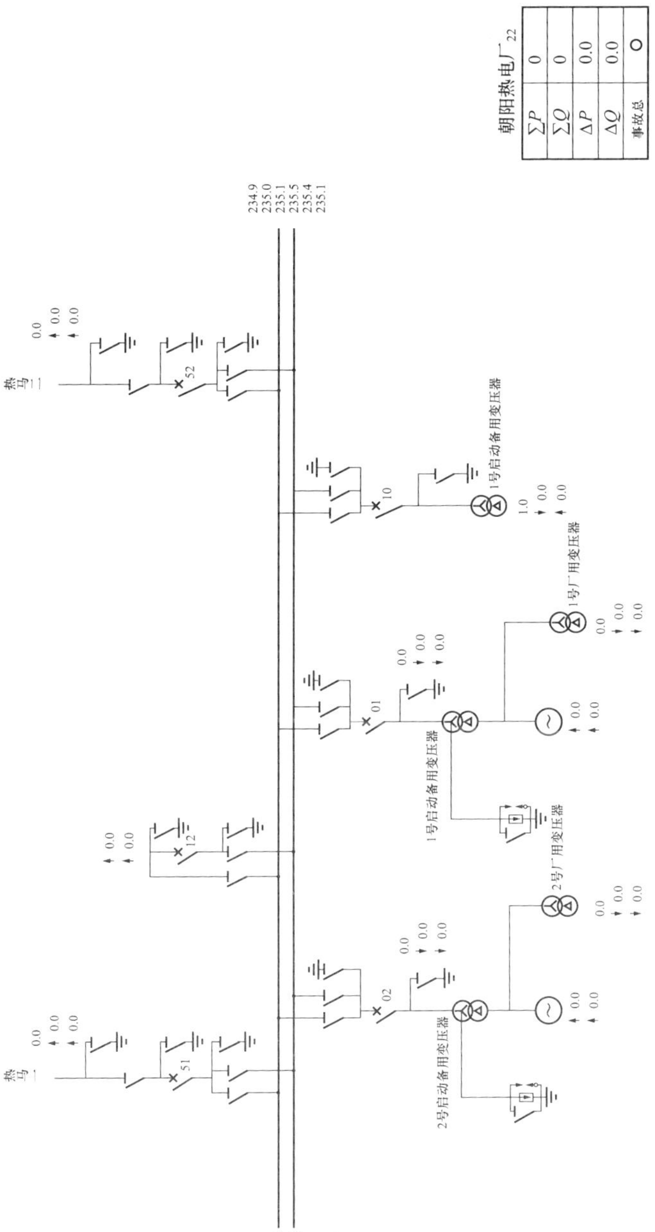


图 8-4　朝阳热电厂接线图

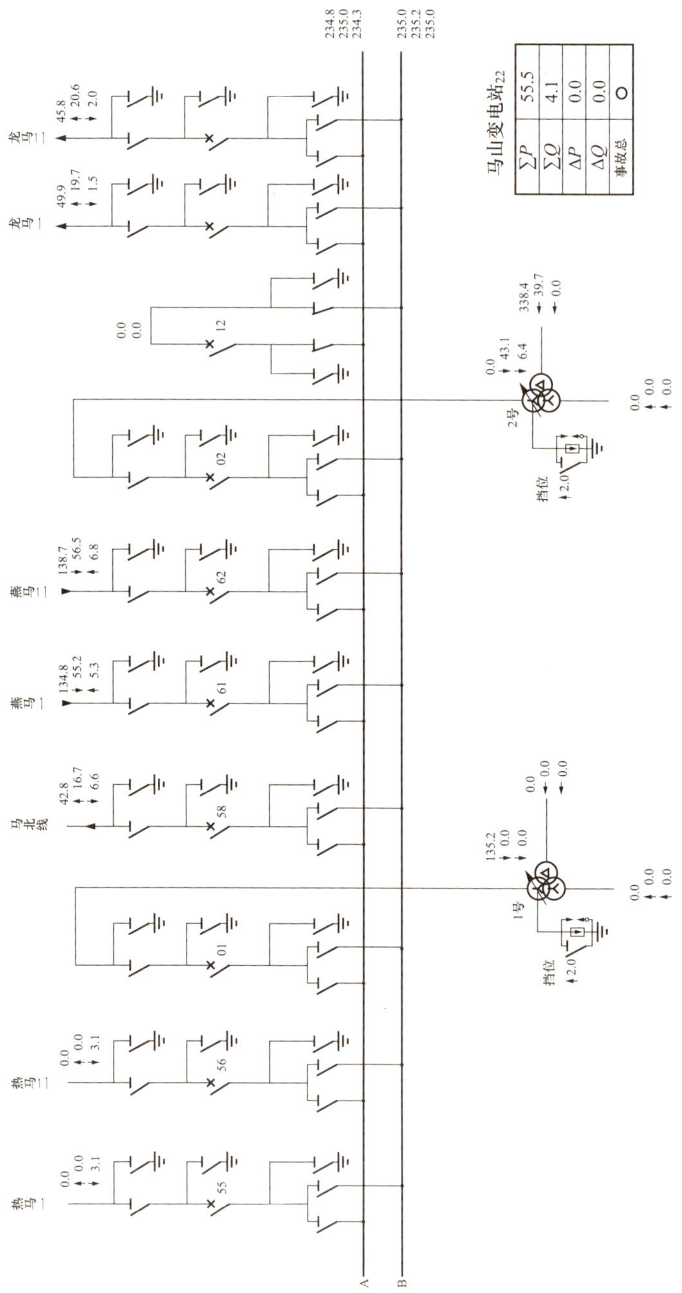


图 8-5　马山变电站接线图

答：新建220kV热马一线、热马二线送电操作计划书见表8-5。

**表8-5　　新建220kV热马一线、热马二线送电操作计划书**

调度指令　201704025　号　　　　计划时间：2017年4月10日9时00分

| 序号 | 发令时间 | 发令人 | 受令人 | 实际时间 | 操作单位 | 操作内容 | 注意事项 |
|---|---|---|---|---|---|---|---|
| 1 | | | | | 朝阳监控 | 汇报马山变电站220kV热马一线2255、热马二线2256有关一、二次设备已安装、调试完了，试验、验收均合格，站内安全措施全拆除，送电无问题 | |
| 2 | | | | | 朝阳热电厂 | 汇报热马一线2251，热马二线2252，启动备用变压器2210有关一、二次设备安装调试工作结束，试验、验收合格，远动、电量采集设备安装结束，验收合格，所有元件开关及隔离开关在开位，热马一、二线、1号启动备用变压器主一次及220kV母联TA均已接入母线差动保护回路，厂内安全措施全拆除，送电无问题 | |
| 3 | | | | | 朝阳监控 | 汇报热马一、二线全线已形成，线路参数测试工作已完成，有关作业全完成，现场安全措施全拆除，送电无问题 | |
| 4 | | | | | 朝阳监控 | 按辽调继（2017-3014、3016、3018、3020）核对马山变电站热马一、二线线路保护定值正确且线路保护停用中，重合闸停用中；按辽调继（2017-3027）核对220kV故障录波器保护定值正确后启用 | |
| 5 | | | | | 朝阳热电厂 | 按辽调继（2017-3013、3015、3017、3019）核对热马一、二线线路保护定值正确且线路保护停用中；按辽调继（2017-3021、3022）核对220kV母线差动保护定值正确，且保护停用中；按辽继（2017-3026）核对启动备用变压器中性点定值正确后并启用；按辽调继（2017-3023）核对220kV线路故障录波器定值正确并启用 | |
| 6 | | | | | 朝阳热电厂 | 在220kV母联2212加装两套临时保护，一套临时电流速断保护，定值为1500A/0s，一套临时过流保护，定值为300A/0.3s，临时过流保护启用，临时电流速断保护不投（临时保护传动试验应良好，传动后开关在开位；临时电流速断保护可保护热马一、二线全线，临时过流保护可保护1号启动备用变压器本体） | |
| 7 | | | | | 朝阳热电厂 | 将1号启动备用变压器2210复合电压闭锁过流保护改为过流保护，时间改为0.3s后投入，启动备用变压器其他保护全投入 | |
| 8 | | | | | 辽宁省调 | 汇报网调新建220kV热马一、二线开始送电 | |
| 9 | | | | | 辽宁省调 | 与省调继电专业核实热马一、二线实测参数与理论参数均无问题，可以送电 | |
| 10 | | | | | 辽宁省调 | 核实朝阳监控马山变电站热马一线2255、热马二线2256确为冷备用状态 | |
| 11 | | | | | 辽宁省调 | 核实朝阳热电厂马山变电站热马一线2251、热马二线2252确为冷备用状态 | |
| 12 | | | | | 朝阳监控 | 将马山变电站220kV Ⅰ、Ⅱ母元件倒Ⅰ母线运行，Ⅱ母线由运行转冷备用 | |
| 13 | | | | | 辽宁省调 | 控制燕山湖电厂1号机组出力不大于300MW | |
| 14 | | | | | 辽宁监控 | 将燕南变电站燕马一线2255、燕马二线2256微机后备保护改第二套定值使用 | |

续表

| 序号 | 发令时间 | 发令人 | 受令人 | 实际时间 | 操作单位 | 操作内容 | 注意事项 |
|---|---|---|---|---|---|---|---|
| 15 | | | | | 朝阳监控 | 将马山变电站220kV母线差动保护及失灵保护停用，热马一线2255、热马二线2256 TA接入母线差动保护回路，母线差动保护调整参数并核对正确后不投 | |
| 16 | | | | | 朝阳监控 | 在马山变电站220kV母联2212加装临时电流速断保护并启用，定值为1500A/0s（临时保护传动试验应良好，传动后开关在开位；临时电流速断保护可保护热马一、二线全线） | |
| 17 | | | | | 朝阳监控 | 将马山变电站热马一线2255、热马二线2256两套纵联保护投入，微机后备保护按第二套定值投入，重合闸不投 | |
| 18 | | | | | 朝阳热电厂 | 将热马一线2251、热马二线2252两套纵联保护投入，微机后备保护按第二套定值投入，重合闸不投 | |
| 19 | | | | | 朝阳监控 | 将马山变电站220kV母联开关2212由冷备用转运行，对Ⅱ母线充电，且良好（保护按正常启用） | |
| 20 | | | | | 朝阳监控 | 将马山变电站热马一线2255由冷备用转热备用于Ⅱ母线 | |
| 21 | | | | | 朝阳监控 | 用马山变电站热马一线2255开关对线路进行2次冲击合闸。良好后开关在开位 | |
| 22 | | | | | 朝阳热电厂 | 将220kV Ⅰ、Ⅱ母线TV由冷备用转运行 | |
| 23 | | | | | 朝阳热电厂 | 合上热马二线2252Ⅱ母线隔离开关 | |
| 24 | | | | | 朝阳热电厂 | 合上热马二线2252开关（无压合） | |
| 25 | | | | | 朝阳热电厂 | 合上1号启动备用变压器2210Ⅱ母线隔离开关 | |
| 26 | | | | | 朝阳热电厂 | 将220kV母联2212由冷备用转运行（无压合） | |
| 27 | | | | | 朝阳热电厂 | 将热马一线2251由冷备用转热备用于Ⅰ母线 | |
| 28 | | | | | 朝阳热电厂 | 将热马一线2251由热备转运行（无压合） | |
| 29 | | | | | 辽宁省调 | 核实朝阳热电厂热马一线2251Ⅱ母线隔离开关，热马二线2252线路隔离开关、Ⅰ母线隔离开关，1号启动备用变压器主一次开关2210及其Ⅰ母线隔离开关，1号主变一次开关2201、2号主变主一次开关2202及其两侧隔离开关均在开位 | |
| 30 | | | | | 朝阳监控 | 将马山变电站热马一线2255由热备转运行，对热马一线线路及朝阳热电厂220kV Ⅰ、Ⅱ母母线充电，且良好 | |
| 31 | | | | | 朝阳热电厂 | 在220kV Ⅰ、Ⅱ母线TV二次定相，且正确 | |
| 32 | | | | | 朝阳热电厂 | 拉开热马二线2252开关 | |
| 33 | | | | | 朝阳热电厂 | 拉开热马二线2252Ⅱ母线隔离开关 | |
| 34 | | | | | 朝阳热电厂 | 用1号启动备用变压器主一次开关2210在Ⅱ母线方式对1号启动备用变压器进行5次冲击合闸，第5次冲击合闸良好后开关在合位（冲击合闸前1号启动备用变压器中性点隔离开关已合好，充电良好后1号启动备用变压器中性点隔离开关按规定掌握） | |
| 35 | | | | | 朝阳热电厂 | 在1号启动备用变压器二次定相（具体操作由现场自行负责） | |
| 36 | | | | | 朝阳热电厂 | 将220kV母联2212临时过流保护停用 | |

续表

| 序号 | 发令时间 | 发令人 | 受令人 | 实际时间 | 操作单位 | 操 作 内 容 | 注意事项 |
|---|---|---|---|---|---|---|---|
| 37 | | | | | 朝阳热电厂 | 将1号启动备用变压器两套差动保护停用 | |
| 38 | | | | | 朝阳热电厂 | 将1号启动备用变压器两套复合电压闭锁过流保护轮停，时间、电压接点恢复正常后投入 | |
| 39 | | | | | 朝阳热电厂 | 将热马一线2251两套纵联及微机后备保护停用 | |
| 40 | | | | | 朝阳监控 | 将马山变电站热马一线2255两套纵联及微机后备保护停用 | |
| 41 | | | | | 朝阳热电厂 | 1号启动备用变压器带负荷 | |
| 42 | | | | | 朝阳热电厂 | 测两套220kV母线差动保护相位、差流，正确后不投 | |
| 43 | | | | | 朝阳热电厂 | 测1号启动备用变压器两套差动保护相位、差流、差压，正确后投入 | |
| 44 | | | | | 朝阳热电厂 | 测热马一线2251两套线路保护相位，正确后微机后备保护按第二套定值投入，纵联保护及重合闸不投 | |
| 45 | | | | | 朝阳监控 | 测马山变电站热马一线2255两套线路保护相位，正确后微机后备保护按第二套定值投入，纵联保护及重合闸不投 | |
| 46 | | | | | 朝阳监控 | 测马山变电站两套220kV母线差动保护相位、差流，正确后不投 | |
| 47 | | | | | 朝阳监控 | 检查马山变电站热马一线2255两套纵联保护通道，良好后投跳闸，微机后备保护仍按第二套定值使用，重合闸不投 | |
| 48 | | | | | 朝阳热电厂 | 检查热马一线2251两套纵联保护通道，良好后投跳闸，微机后备保护改回第一套定值使用，重合闸不投 | |
| 49 | | | | | 朝阳监控 | 将马山变电站热马一线2255倒Ⅰ母线运行，Ⅱ母线空充电 | |
| 50 | | | | | 朝阳热电厂 | 将1号启动备用变压器倒Ⅰ母线运行，Ⅱ母线由运行转冷备用 | |
| 51 | | | | | 朝阳监控 | 将马山变电站热马二线2256由冷备用转热备用于Ⅱ母线 | |
| 52 | | | | | 朝阳监控 | 用马山变电站热马二线2256开关对热马二线线路进行2次冲击合闸，良好后，开关在开位 | |
| 53 | | | | | 朝阳热电厂 | 将热马二线2252由冷备用转热备用于Ⅱ母线 | |
| 54 | | | | | 朝阳热电厂 | 将热马二线2252由热备转运行（无压合） | |
| 55 | | | | | 朝阳监控 | 将马山变电站热马二线2256由热备用于Ⅱ母线转运行，对热马二线及朝阳热电厂Ⅱ母线充电，且良好 | |
| 56 | | | | | 朝阳热电厂 | 在220kV Ⅰ、Ⅱ母线TV二次定热马一线、热马二线线路一次相位，且正确后 | |
| 57 | | | | | 朝阳热电厂 | 将热马二线2252两套纵联及微机后备保护停用 | |
| 58 | | | | | 朝阳监控 | 将马山变电站热马二线2256两套纵联及微机后备保护停用 | |
| 59 | | | | | 朝阳热电厂 | 将220kV母联2212临时电流速断保护启用 | |
| 60 | | | | | 朝阳热电厂 | 将220kV母联2212由冷备用转运行 | |

续表

| 序号 | 发令时间 | 发令人 | 受令人 | 实际时间 | 操作单位 | 操作内容 | 注意事项 |
|---|---|---|---|---|---|---|---|
| 61 | | | | | 朝阳热电厂 | 将热马一线 2251 由运行转热备用（解环） | |
| 62 | | | | | 朝阳热电厂 | 测 220kV 两套母线差动保护相位、差流，正确后投入，失灵保护启用 | |
| 63 | | | | | 朝阳热电厂 | 测热马二线 2252 两套线路保护相位，正确后微机后备保护按第二套定值投入，纵联保护及重合闸不投 | |
| 64 | | | | | 朝阳监控 | 测马山变电站 220kV 两套母线差动保护相位、差流，正确后投入，失灵保护启用 | |
| 65 | | | | | 辽宁省调 | 控制燕山湖电厂 1 号机组出力，按正常掌握 | |
| 66 | | | | | 辽宁监控 | 将燕南变电站燕马一线 2255、燕马二线 2256 微机后备保护改回第一套定值使用 | |
| 67 | | | | | 朝阳监控 | 测马山变电站热马二线 2256 两套线路保护相位，正确后微机后备保护按第二套定值投入，纵联保护及重合闸不投 | |
| 68 | | | | | 朝阳监控 | 检查马山变电站热马二线 2256 两套纵联保护通道，良好后投跳闸，两套微机后备保护改回第一套定值使用，重合闸不投 | |
| 69 | | | | | 朝阳热电厂 | 检查热马二线 2252 两套纵联保护通道，良好后投跳闸，两套微机后备保护改回第一套定值使用，重合闸不投 | |
| 70 | | | | | 朝阳热电厂 | 将热马一线 2251 由热备用转运行（环并） | |
| 71 | | | | | 朝阳监控 | 将马山变电站热马一线 2255 两套微机后备保护改回第一套定值使用 | |
| 72 | | | | | 朝阳热电厂 | 将 220kV 母联 2212 临时电流速断保护停用，母联保护按规定使用 | |
| 73 | | | | | 朝阳监控 | 将马山变电站 220kV 母联 2212 临时电流速断保护停用，母联保护按规定使用 | |
| 74 | | | | | 朝阳监控 | 将马山变电站 20kV 母线恢复固定接线方式 | |
| 75 | | | | | 朝阳热电厂 | 将 220kV 母线恢复固定接线方式 | |
| 76 | | | | | 辽宁省调 | 汇报网调新建 220kV 热马一、二线送电良好 | |
| 77 | | | | | 辽宁省调 | 通知朝阳调度新建 220kV 热马一、二线送电良好 | |
| | | | | | | | |
| | | | | | | | |
| | | | | | | | |
| | | | | | | | |

| | | | | | | | | | | | | |
|---|---|---|---|---|---|---|---|---|---|---|---|---|
| 制定 | | 审核 | | 批准 | | 发出人 | | 受理人及受理时间 | | 监护 | | |

注 1. 马山变电站热马一、二线为新间隔，线路保护为新保护，需要测试，220kV 母线差动保护需要测试。
2. 朝阳热电厂均为新设备、新保护，线路保护、1 号启动备用变压器保护及 220kV 母线差动保护均需要测试。
3. 朝阳热电厂母线 TV 为感式。现场母线停送电注意防谐振。

**3. 图 8-6 所示为 66kV 高速变电站主接线图，写出 10kV 中新线线路及站内作业的停、送电简要过程操作票。**

答：(1) 高速变电站：10kV 中新线线路停电。

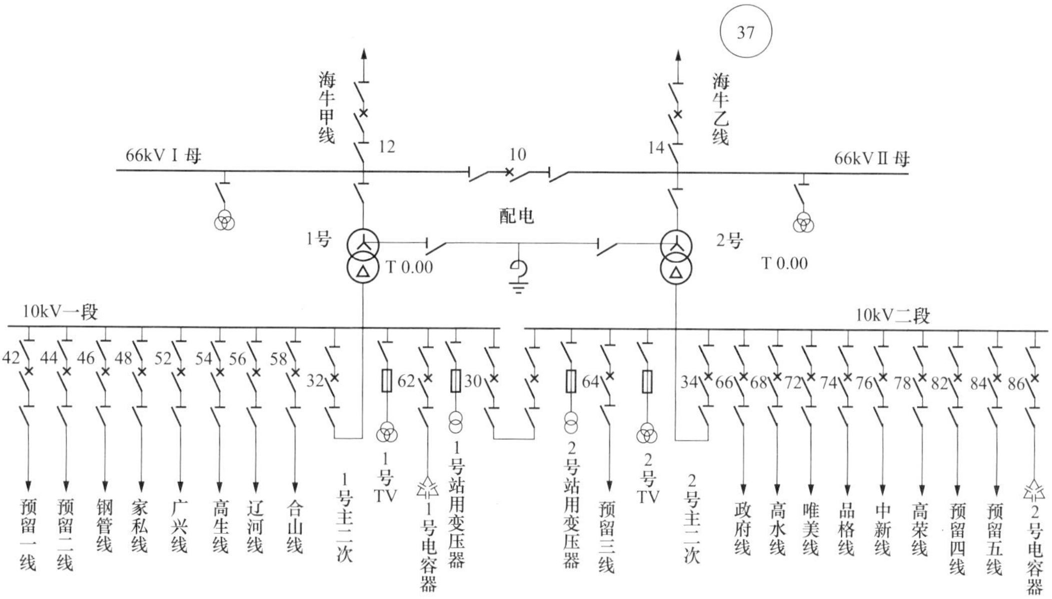


图 8-6　66kV 高速变电站主接线图

1）高速变电站：10kV 中新线停电可以。

2）调控中心：遥控拉开 10kV 中新线 3776 断路器（主站信息指示正确）。

3）高速变电站：检查 10kV 中新线 3776 断路器在开位。

4）高速变电站：拉开 10kV 中新线 3776 乙、甲隔离开关。

5）高速变电站：在 10kV 中新线 3776 乙隔离开关外装设地线一组。

6）高速变电站：10kV 中新线已停电，站内相关作业可以，现场安全措施自行掌握。

7）配电运检：高速变电站 10kV 中新线已停电，已在 10kV 中新线乙隔离开关外装设地线一组，10kV 中新线线路作业可以，现场安全措施自行掌握。

（2）高速变电站：10kV 中新线线路送电。

1）高速变电站：10kV 中新线站内作业全部结束，现场安全措施全部拆除，人员全部撤离现场，送电无问题。

2）配电运检：10kV 中新线线路作业全部结束，现场安全措施全部拆除，人员全部撤离现场，送电无问题。

3）高速变电站：拆除 10kV 中新线 3776 乙隔离开关外地线一组。

4）高速变电站：合上 10kV 中新线 3776 甲、乙隔离开关。

5）调控中心：合上 10kV 中新线 3776 断路器（主站信息指示正确）。

6）高速变电站：检查 10kV 中新线 3776 断路器在合位。

7）配电运检：10kV 中新线送电良好，可以带负荷。

**4. 大连电网新建一座 66kV 变电站，命名为中山变电站，断路器及隔离开关均为常规设备。220kV 海湾变电站（66kV 母联热备用）至中山变电站新建 66kV 海中左右线供电（双回线同塔），中山变压器为线路变压器组接线，两台主变压器分列运行，容量为 2×40MVA，10kV 侧为单母分段，正常运行时 10kV 分段热备用，分段 BZT 启用。其中 10kV 天华线为中山变电站与另一座已运行的 66kV 变电站的联络线，其余配电线为负荷线路，可以满足测相位。线路已加压至中山变电站的出口。现海中左右线及中山变电站已经具备送电条件，请编制操作票，指挥中山变电站送电（包括 10kV Ⅰ，Ⅱ母 TV）海湾变海中左右线为距离、过流保护，中山侧海中左右线无保护，主变压器保护为瓦斯、差动、主变压器高压过流保护，不考虑消弧线圈补偿。220kV 海湾变电站接线图如图 8-7 所示。**

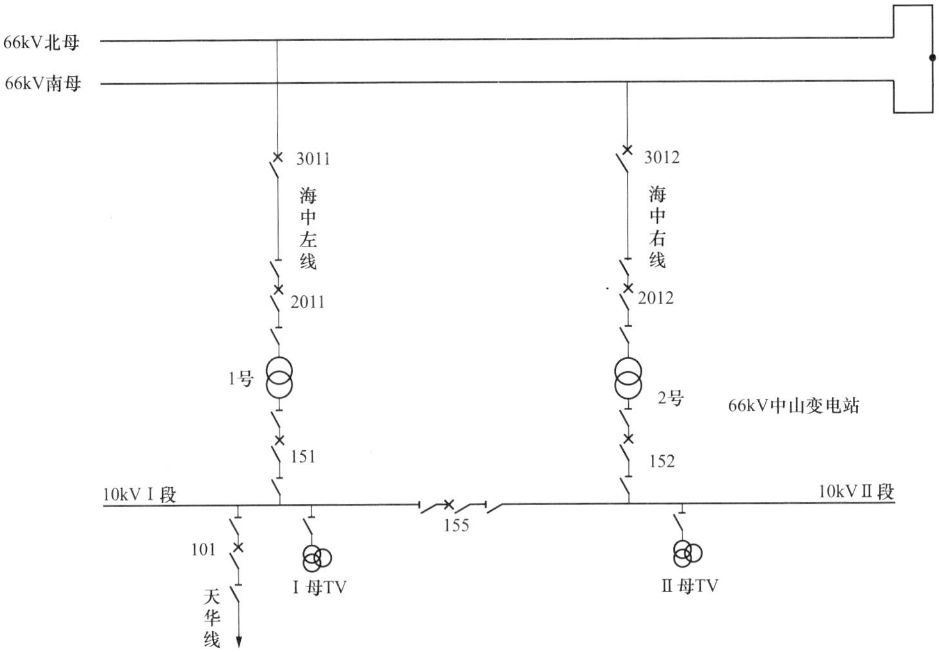


图 8-7　220kV 海湾变电站接线图

答：(1) 海湾变电站：66kV 母线差动保护停止，二次回路接线。

(2) 海湾变电站：海中左右线距离、过流保护启用。

(3) 海湾变电站：合上海中左线 3011 乙甲隔离开关及断路器，加压三次，良好后开关保持在合位。

(4) 中山变电站：1、2 号主变压器瓦斯、有载调压瓦斯、差动及主变压器高压过流保护启用。

(5) 中山变电站：合上海中左线 2011 乙甲隔离开关及断路器，1 号主变压器加压五次（第一次带电时间不少于 10min，以后每次间隔 5min），良好后断路器保持在合位。

(6) 中山变电站：自负 10kV Ⅰ母 TV 送电（无压）。

(7) 中山变电站：合上 1 号主变压器二次 151 乙甲隔离开关及断路器，10kV Ⅰ段母线加压。

(8) 中山变电站：1 号主变压器进行有载调压试验。

(9) 海湾变电站：合上海中右线 3012 乙甲隔离开关及断路器，加压三次，良好后开关保持在合位。

(10) 中山变电站：合上海中右线 2012 乙甲隔离开关及断路器，2 号主变压器加压五次（第一次带电时间不少于 10min，以后每次间隔 5min），良好后断路器保持在合位。

(11) 中山变电站：自负 10kV Ⅱ母 TV 送电（无压）。

(12) 中山变电站：合上 2 号主变压器二次 152 乙甲隔离开关及断路器，10kV Ⅱ段母线加压。

(13) 中山变电站：2 号主变压器进行有载调压试验。

(14) 中山变电站：10kV Ⅰ母、Ⅱ母 TV 二次定相，定相正确。

(15) 中山变电站：合上 10kV 分段 155Ⅰ母隔离开关。

(16) 中山变电站：合上 10kV 分段 155 断路器。

(17) 中山变电站：在 10kV 分段 155Ⅱ母隔离开关开口处定相，定相正确。

(18) 中山变电站：拉开 10kV 分段 155 开关。

(19) 中山变电站：拉开 10kV 分段 155Ⅱ母隔离开关。

(20) 中山变电站：合上 10kV 天华线 101 乙隔离开关和断路器。

(21) 中山变电站：在 10kV 天华线 101 甲隔离开关开口处定相，定相正确。

（22）中山变电站：拉开 10kV 天华线 101 断路器。

（23）中山变电站：合上 10kV 天华线 101 甲隔离开关。

（24）海湾变电站：海中左右线距离保护停止。

（25）中山变电站：1、2 号主变压器差动保护停止。

（26）中山变电站：10kV Ⅰ母、Ⅱ母分别带负荷。

（27）海湾变电站：海中左右线距离保护及 66kV 母线差动保护测相位，正确后距离保护及 66kV 母线差动保护启用。

（28）中山变电站：1、2 号主变压器差动保护测相位，正确后启用。

**5. 图 8-8 所示为铁东变电站主接线图，66kV 消弧线圈在 1 号主变压器运行，10kV 分段开关热备用（分段备自投保护投入），1、2 号主变压器满足 *N*－1 运行需求，请写出 1 号主变压器保护更换的停、送电操作票。**

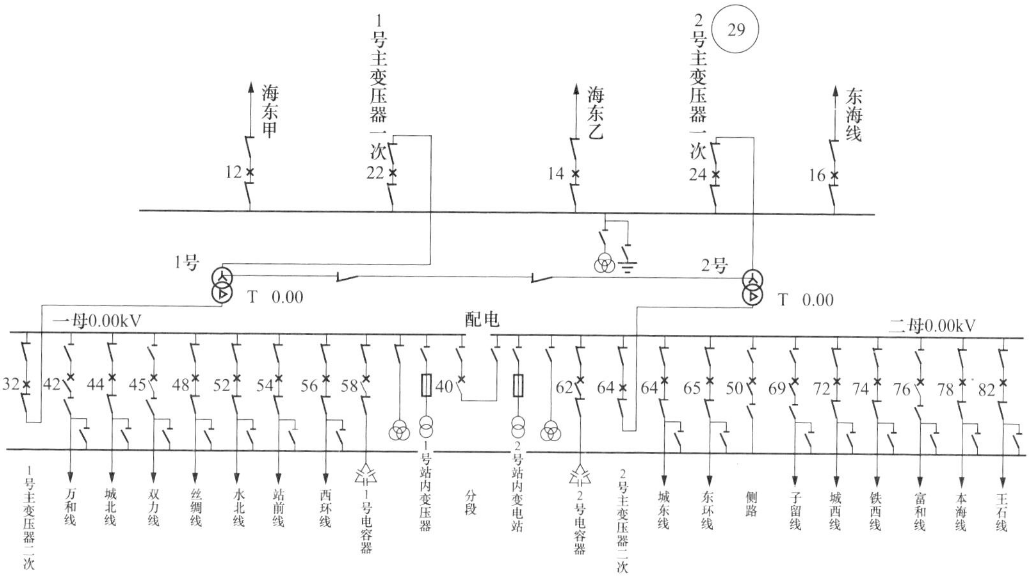


图 8-8 铁东变电站主接线图

答：（1）铁东变电站：1 号主变压器停电，负荷改由 2 号主变压器代送。

1）铁东变电站：1 号主变压器停电可以。

2）铁东变电站：将 66kV 消弧线圈由 1 号主变压器改 2 号主变压器运行。

3）铁东变电站：将 10kV 分段备自投保护退出。

4）铁东变电站：合上 10kV 分段 2940 断路器（并列）。

5）铁东变电站：拉开 1 号主变压器二次 2932 断路器（解列）。

6）铁东变电站：拉开 1 号主变压器一次 2922 断路器（主变压器停电）。

7）铁东变电站：检查 1 号主变压器二次低压过流保护解 10kV 分段保护在退出位置。

8）铁东变电站：拉开 1 号主变压器二次 2932 乙、甲隔离开关。

9）铁东变电站：拉开 1 号主变压器一次 2922 变压器及母线侧隔离开关。

10）铁东变电站：1 号主变压器已停电，相关站内作业可以，现场安全措施自行掌握。

（2）铁东变电站：1 号主变压器保护更换后，恢复送电。

1）铁东变电站：1 号主变压器作业结束，现场安全措施全部拆除，1 号主变压器恢复送电无问题。

2）铁东变电站：检查 1 号主变压器相关保护按定值单投入使用。

3）铁东变电站：将 1 号主变压器复合电压闭锁过流保护改不经电压闭锁，时间改 0.4s 后投入。

4）铁东变电站：合上 1 号主变压器一次 2922 母线及变压器侧隔离开关。

5）铁东变电站：合上 1 号主变压器一次 2922 断路器（按现场规定冲击三次，保持在合位）。

6）铁东变电站：将 1 号主变压器复合电压闭锁过流保护改经电压闭锁，时间改整定值后投入。

7）铁东变电站：退出 1 号主变压器差动保护。

8）铁东变电站：合上 1 号主变压器二次 2932 甲、乙隔离开关。

9）铁东变电站：合上 1 号主变压器二次 2932 断路器（并列）。

10）铁东变电站：拉开 10kV 分段 2940 断路器（解列）。

11）铁东变电站：测量 1 号主变压器差动保护相位及差流、差压指示正确后，投入 1 号主变压器差动保护。

12）铁东变电站：将 10kV 分段备自投保护投入。

13）铁东变电站：将 66kV 消弧线圈由 2 号主变压器改 1 号主变压器运行。

**6. 图 8-9 所示为 66kV 耿庄变电站主接线图。66kV 耿庄变电站由 220kV 牛庄变电站二母线送出 66kV 牛耿线受电，带 66kV 一二母线及 1 号主变压器运行，10kV 一、二段母线并列运行，66kV 海方线耿庄分停止备用。目前 2 号主变压器增容改造后待投运，请写出 2 号主变压器投运操作票。**

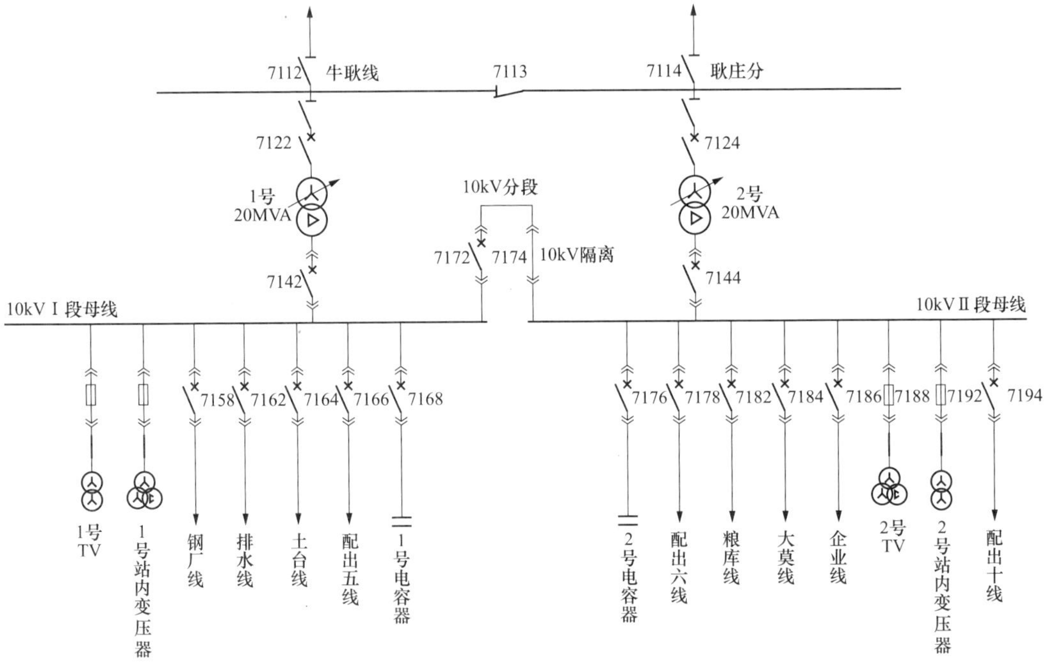


图 8-9　66kV 耿庄变电站主接线图

答：送电步骤：

（1）耿庄变电站：耿庄变 2 号主变压器相关站内所有作业全部结束，安全措施全部拆除，相关试验、验收全部合格，2 号主变压器送电无问题。

（2）耿庄变电站：2 号主变压器分接头与 1 号主变压器分接头保持在 6 挡，2 号主变压器保护定值已输入，并核对正确，2 号主变压器所有保护在投入中。

（3）耿庄变电站：将 2 号主变压器复合电压闭锁过流保护改不经电压闭锁，时间改 0.4s 后投入。

（4）耿庄变电站：合上 2 号主变压器一次 7124 隔离开关。

（5）牛庄变电站：将 66kV 牛耿线重合闸停用。

（6）耿庄变电站：用 2 号主变压器一次 7124 开关，对 2 号主变压器进行冲击合闸 5 次，良好后不停回。
（7）牛庄变电站：将 66kV 牛耿线重合闸投入。
（8）耿庄变电站：在 2 号主变压器二次 7144 断路器及隔离开关两侧间核相，正确。
（9）耿庄变电站：将 2 号主变压器复合电压闭锁过流保护恢复正常后投入。
（10）耿庄变电站：合上 2 号主变压器二次 7144 断路器、两侧隔离开关。
（11）耿庄变电站：将 2 号主变压器差动保护退出。
（12）耿庄变电站：合上 2 号主变压器二次 7144 断路器（并列带负荷）。
（13）耿庄变电站：测 2 号主变压器差动保护相位，正确后投入。
（14）耿庄变电站：拉开 2 号主变压器二次 7144 断路器（空载运行 24h 后，恢复热备用状态）。

**7. 系统如图 8-10 所示。66kV 海东甲、乙线是 220kV 海城变电站Ⅱ母线送出到 66kV 铁东变电站的并列运行双回线，目前 66kV 海东甲线线路及两侧间隔设备（开关、TA）增容改造中，66kV 海东乙线带 66kV 铁东变电站 66kV 母线运行，转供 66kV 东滑线。保护配置 220kV 海城变电站侧 66kV 海东甲、乙线为双回线 RCS951 保护，66kV 铁东变电站侧 66kV 海东甲、乙线为双回线横差及合流保护。写出 66kV 海东甲线投运操作票。**

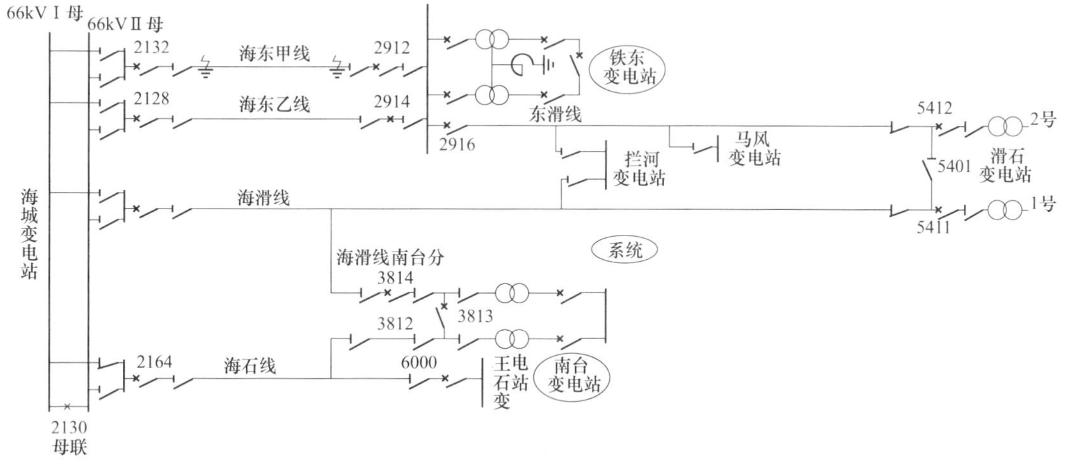


图 8-10　系统图

答：（1）海城变电站：66kV 海东甲线送电。
（2）铁东变电站：66kV 海东甲线站内作业结束，现场安全措施全部拆除，海东甲线送电无问题。
（3）海城变电站：66kV 海东甲线站内作业结束，现场安全措施全部拆除，海东甲线送电无问题。
（4）输电运维：66kV 海东甲线线路作业结束，相序核查正确，内部安全措施全部拆除，人员全部撤离现场，66kV 海东甲线恢复送电无问题。
（5）海城变电站：将 66kV 母线差动保护改为无选择方式使用。
（6）海城变电站：拉开母联 2130 开关操作直流。
（7）海城变电站：将 66kVⅡ母元件改Ⅰ母运行。
（8）海城变电站：合上母联 2130 开关操作直流。
（9）海城变电站：拉开 66kV 母联 2130 开关。
（10）海城变电站：将 66kV 母联 2130 开关保护改临时定值使用，并传动试验正确。
（11）海城变电站：退出母线差动保护，将 66kV 海东甲线新 TA 接入母线差动回路。
（12）海城变电站：合上 66kV 海东甲线 2132Ⅱ母及线路隔离开关。
（13）铁东变电站：合上 66kV 海东甲线 2912 线路隔离开关。
（14）铁东变电站：合上 66kV 海东甲线 2912 断路器。
（15）海城变电站：合上 66kV 母联 2130 断路器（Ⅱ母线充电良好）。
（16）海城变电站：合上 66kV 海东甲线 2132 断路器（线路冲击三次，良好后不停回）。

（17）铁东变电站：在 66kV 海东甲线 2912 母线隔离开关两侧核相，正确。

（18）铁东变电站：拉开 66kV 海东甲线 2912 断路器。

（19）铁东变电站：合上 66kV 海东甲线 2912 母线隔离开关。

（20）铁东变电站：合上 66kV 海东甲线 2912 断路器（并列）。

（21）铁东变电站：测量 66kV 海东甲线 2912 断路器关联保护相位正确后，将海东甲、乙线双回线横差及合流保护改双回线运行方式使用。

（22）海城变电站：测量 66kV 海东甲线 2132 断路器保护相位正确后，将海东甲、乙线双回线 951 保护改双回线运行方式使用。

（23）海城变电站：测量 66kV 母线差动保护相位正确后，将 66kV 母线差动保护无选择方式投入。

（24）海城变电站：拉开母联 2130 断路器操作直流。

（25）海城变电站：将母联 2130 断路器保护改正常方式使用。

（26）海城变电站：将 66kVⅠ、Ⅱ母元件改正常方式运行。

（27）海城变电站：合上母联 2130 断路器操作直流。

（28）海城变电站：66kV 母线差动保护改为双母线运行方式使用。

**8. 某电网接线如图 8-11 所示。220kV 海城变电站 66kV 系统为过补偿（10.4%）运行，系统电容电流 45.2A。系统中 A、B 变压器装设消弧线圈运行，其中 A 变压器消弧线圈型号为 XDZJ1－950/60，分接开关在 14 挡（24.9A）；其中 B 变压器消弧线圈型号为 XDJL－1900/60，分接开关在 1 挡（25A）；220kV 牛庄变电站 66kV 系统为欠补偿（－18.5%）运行，系统电容电流 29.5A。系统中 D 变压器装设消弧线圈运行，消弧线圈型号为 XDZJ1－950/60，分接开关在 14 挡（24.9A）补偿。66kV 海牛线（电容电流 5A）为 220kV 海城变电站与 220kV 牛庄变电站 66kV 系统的联络线，现由于 66kV 海牛线带 C 变压器负荷递增，想将 220kV 牛庄变电站系统运行的 66kV 海牛线 C 变压器负荷并列改至 220kV 海城变电站 66kV 系统供电，请论述 66kV 补偿系统操作过程中存在几种谐振的危险并解析？它的具体操作步骤有哪些？**

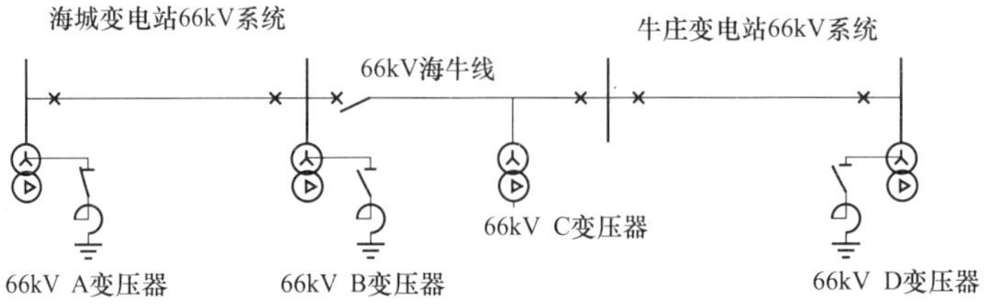


图 8-11　某电网接线图

答：（1）校验海城变电站系统与牛庄变电站系统并列、海城变电站系统倒入海牛线、牛庄变电站系统倒出海牛线三种状态是否谐振。

1）海城变电站系统与牛庄变电站系统并列：电容电流 45.2＋29.5＝74.4A，电感电流 24.9＋25＋24.9＝74.8A，补偿度（74.8－74.4）/74.4＝0.5%（接近全补偿）。

2）海城变电站系统倒入海牛线：电容电流 45.5＋5＝50.2A，电感电流 24.9＋25＝49.9A，补偿度(49.9－50.2)/50.2＝－0.6%（接近全补偿）。

3）牛庄变电站系统倒出海牛线：电容电流 29.5－5＝24.5A，电感电流 24.9A，补偿度（24.9－24.5)/24.5＝0.5%（接近全补偿）。

（2）操作步骤：

1）拉开海城变电站 66kV 系统 B 变消弧线圈，海城变电站 66kV 系统改为欠补偿方式。

2）海城变电站 66kV 系统与牛庄变电站 66kV 系统并列。

3）拉开牛庄变电站 66kV 系统 D 变压器消弧线圈。

4）将 66kV 海牛线并列倒至海城变电站 66kV 系统。

5）调整牛庄变电站 66kV 系统的 D 变压器消弧线圈后投入。

6）调整海城变电站 66kV 系统的 B 变压器消弧线圈后投入。

**9. 如图 8-12 所示，叙述有源单回联络线解、并列怎样操作。**

答：如图 8-12 所示，解列操作时，首先调整电源侧出力，使通过 QF1 的有功潮流调整至零，无功调整至最小，拉开断路器 QF1，然后再拉开断路器 QF2，与系统解列后电源侧单独运行。

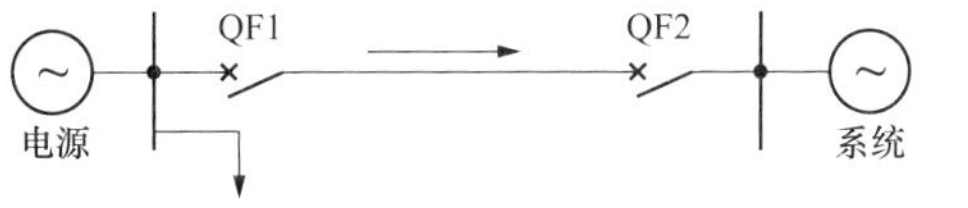

图 8-12　有源单回联络线

并列时先合断路器 QF2 向线路充电，再合上断路器 QF1 同期并列。

**10. 如图 8-13 所示，叙述对线路零起加压的步骤。**

答：如图 8-13 所示，线路零起加压步骤如下：

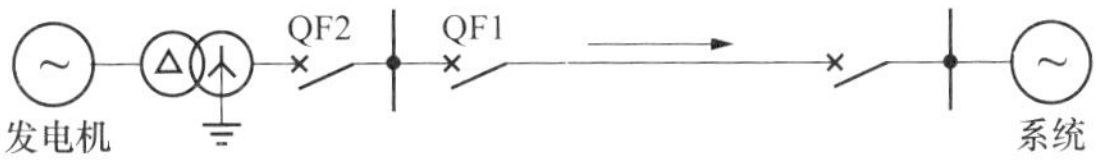

图 8-13　发电机-变压器-线路接线图

（1）应将发电机和线路的继电保护全部投入，发电机的自动励磁调节装置、强行励磁和线路重合闸停用。

（2）对于中性点直接接地的系统，发电机的升压变压器中性点必须直接接地。对于经消弧线圈接地的系统，则升压变压器中性点应尽量带有恰当分接头的消弧线圈。

（3）发电机的励磁调整电阻应放至最大。

（4）断路器的操作顺序是：在发电机准备好之后，先将线路断路器 QF1 合上，利用母线电压互感器检查线路确无电压，待发电机转速稳定后，合发电机变压器组断路器 QF2 及自动灭磁断路器，开始加压。

（5）逐渐增大励磁电流，提升电压。这时要监视定子电流和电压的变化。如果三相电压及电流平衡，且随励磁电流的增加三相电压和电流都均衡增加时，则可逐渐提高电压至额定值或其他规定的数值。如加励磁时，只是三相电流增加而电压不升高，说明线路有三相短路；如果各相电流电压不平衡，则说明有不对称短路或接地，应立即停止加压。

（6）加压良好与受端系统并列后，发电机开始带负荷时，必须保持励磁电流与发电机出力的相应增长，防止因发电机内部电动势过低与系统失步。

（7）如加压正常需要停电时，则先将电压降至最低，然后切断线路断路器 QF1，最后切断断路器 QF2。

**11. 系统接线图如图 8-14 所示，220kV AB 线路停电检修改造，工作结束后送电要求线路核相，应如何操作？**

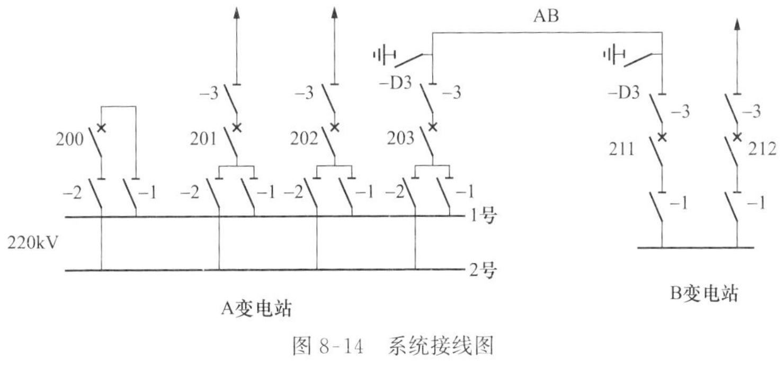

图 8-14　系统接线图

答：（1）A 变电站 220kV 所有电源线、负荷线调 2 号母线运行，220kV 1 号母线冷备用。

（2）A 变电站拉开 AB 线 203－D3 线路侧接地隔离开关。

（3）B 变电站拉开 AB 线 211－D3 线路侧接地隔离开关。

（4）A 变电站合上 AB 线 203－1、203－3 隔离开关。

（5）B变电站合上AB线211－1、211－3隔离开关。

（6）A变电站合上AB线203断路器。

（7）B变电站合上AB线211断路器对线路及A变电站220kV 1号母线充电。

（8）A变电站用220kV 1、2号母线电压互感器核对一次系统相位正确。

（9）A变电站合上220kV母联200－1、200－2隔离开关。

（10）A变电站合上220kV母联200断路器并环。

（11）A变电站220kV母线恢复固定连接方式运行。

**12. 系统接线图如图8-15所示，A变电站是一内桥式母线接线，正常情况下两台主变压器由AB线供电，WL1线路202断路器作热备用，对侧停用重合闸，该站投入备自投装置。现在要求将线路AB停电，工作内容是A变电站201－D3线路接地隔离开关检修，应如何操作？**

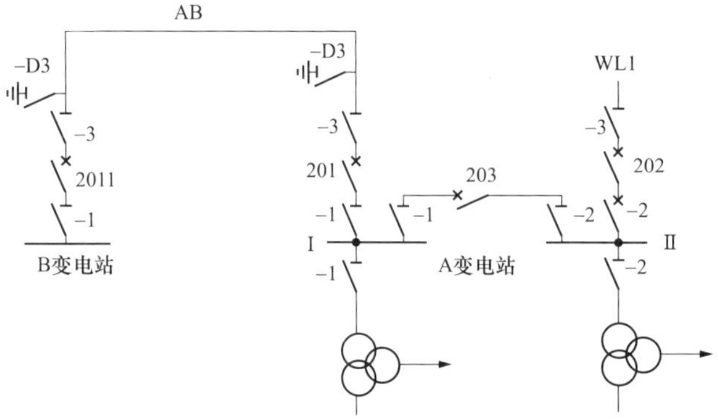


图8-15　系统接线图

答：（1）A变电站停用备自投装置。

（2）A变电站合上WL1线路202断路器，拉开AB线201断路器解环。

（3）投入WL1线路对侧重合闸。

（4）B变电站拉开AB线2011断路器。

（5）B变电站拉开AB线2011－3、2011－1隔离开关。

（6）A变电站拉开AB线201－3、201－1隔离开关。

（7）B变电站合上AB线2011－D3线路侧接地隔离开关。

（8）A变电站在AB线线路出线侧挂地线一组。

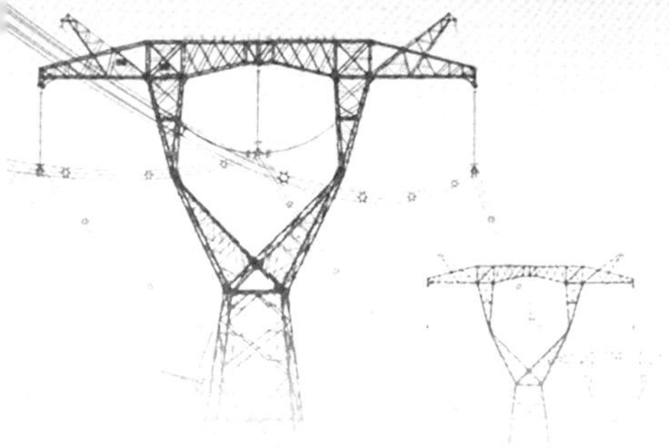

# 第九章　电网异常及事故处理

## 一、单选题

1. 以下高压开关的故障中最严重的是（　　）。（A）
   A. 分闸闭锁　　B. 开关压力降低　　C. 合闸闭锁　　D. 开关打压频繁
2. 在线路故障跳闸后，调度员下达巡线指令时，应明确是否为（　　）。（C）
   A. 紧急巡线　　B. 故障巡线　　C. 带电巡线　　D. 全线巡线
3. 自耦变压器中性点必须接地，这是为了避免高压电网内发生单相接地故障时（　　）。（B）
   A. 高压侧出现过电压　　B. 中压侧出现过电压
   C. 低压侧出现过电压　　D. 中性点出现过电压
4. 下述（　　）故障对电力系统稳定运行的影响最小。（A）
   A. 单相接地　　B. 两相短路　　C. 两相接地短路　　D. 三相短路
5. 不考虑负荷电流的影响，（　　）类型的短路故障在不考虑暂态过程时没有零序电流分量。（B）
   A. 两相短路接地故障　　B. 两相相间故障
   C. 单相接地故障　　D. 单相断线故障
6. 超高压输电线路单相接地故障跳闸后，熄弧慢是由于（　　）。（C）
   A. 短路阻抗小　　B. 单相故障跳闸慢　　C. 潜供电流的影响　　D. 线路较长
7. 当故障相跳开后，另两健全相通过电容耦合和磁感应耦合供给故障点的电流叫（　　）。（C）
   A. 故障电流　　B. 零序电流　　C. 潜供电流　　D. 精工电流
8. 电力系统发生短路故障时，通常伴有（　　）降低现象。（C）
   A. 电流　　B. 相角　　C. 电压　　D. 频率
9. 电力系统发生短路故障时，通常伴有（　　）增大现象。（A）
   A. 电流　　B. 相角　　C. 电压　　D. 频率
10. 电力系统发生故障时，最基本的特征是（　　）。（A）
    A. 电压降低，电流增大　　B. 电流增大，电压升高
    C. 电流减少，电压升高　　D. 电流减少，电压减小
11. 电力系统一般事故备用容量约为系统最大负荷的（　　）。（C）
    A. 2%～5%　　B. 3%～5%　　C. 5%～10%　　D. 5%～8%
12. 有关系统有功功率事故备用容量，下列说法正确的是（　　）。（C）
    A. 事故备用容量应全部为非旋转备用
    B. 事故备用容量应全部为旋转备用
    C. 事故备用容量应大于系统中的最大单机容量
    D. 事故备用容量应小于系统中的最大单机容量
13. 在大接地电流系统中，故障线路上的零序功率是（　　）。（A）
    A. 由线路流向母线　　B. 由母线流向线路

C. 不流动　　　　D. 方向不固定

14. 发生短路时，越靠近故障点数值越大的是（　　）。(D)

A. 正序电压　　B. 负序电压　　C. 零序电压　　D. 负序和零序电压

15. 发生短路时，越靠近故障点数值越小的是（　　）。(A)

A. 正序电压　　B. 负序电压　　C. 零序电压　　D. 负序和零序电压

16. 接地故障时，零序电流的大小（　　）。(B)

A. 与零序和正负序等值网络的变化有关　　B. 只与零序等值网络的状况有关

C. 只与正序等值网络的变化有关　　D. 只与负序等值网络的变化有关

17. 各种不对称短路故障中的序电压分布规律是（　　）。(C)

A. 正序电压、负序电压越靠近电源数值越高

B. 正序电压、负序电压越靠近电源数值越低

C. 正序电压越靠近电源数值越高，负序电压越靠近电源数值越低

D. 正序电压越靠近电源数值越低，负序电压越靠近电源数值越高

18. 快速切除线路与母线的短路故障，是提高电力系统（　　）稳定的最重要手段。(B)

A. 静态　　B. 暂态　　C. 动态　　D. 小扰动

19. 系统中短路故障发生概率最高的是（　　）。(A)

A. 单相接地　　B. 三相短路　　C. 相间短路　　D. 两相接地

20. 快速切除故障可有效地减少加速功率，能有效地防止电网（　　）的破坏。(B)

A. 静态稳定　　B. 暂态稳定　　C. 动态稳定　　D. 系统稳定

21. 两相接地故障时（　　）。(D)

A. 只有正序故障分量　　B. 只有负序故障分量

C. 只有零序故障分量　　D. 正序、负序、零序故障分量都有

22. 变压器发生内部故障时的主保护是（　　）。(B)

A. 差动保护　　B. 瓦斯保护　　C. 过流保护　　D. 零序保护

23. 电力系统中出现高一级电压的初期，发生线路三相短路故障时，（　　）采取切机和切负荷的措施，保证电力系统的稳定运行。(A)

A. 允许　　B. 不允许　　C. 紧急情况下允许　　D. 事故处理时允许

24. “电力系统安全稳定导则”规定，正常运行方式下，任一元件单一故障时，不应发生系统失步、电压和频率崩溃。其中正常运行方式（　　）计划检修。(A)

A. 包含　　B. 不包含

C. 根据需要确定是否包含　　D. 事故处理时包含

25. 电力系统故障，从短路发生的形态来讲单相接地故障概率占绝大多数，占（　　）。(B)

A. 70%～80%　　B. 80%～90%　　C. 85%～90%　　D. 75%～80%

26. 当发电厂仅有一回送出线路时，送出线路故障可能导致失去一台以上发电机组，此种情况按（　　）原则考虑。(A)

A. $N-1$　　B. $N-2$　　C. 系统稳定　　D. 抗扰动

27. 直流输电系统的故障包括（　　）。(D)

A. 换流器故障　　B. 直流输电线路故障

C. 直流输电系统交流侧故障　　D. 以上都是

28. 任一母线故障或检修都不会造成停电的接线方式是（　　）。(C)

A. 双母线接线　　B. 单母线接线　　C. 3/2 接线　　D. 双母带旁路接线

29. 在中性点直接接地的系统中，当发生单相接地时，其非故障相的对地电压（　　）。(A)

A. 不变　　B. 升高　　C. 升高 $\sqrt{3}$ 倍　　D. 降低一半

30. 为了限制故障的扩大，减轻设备的损坏，提高系统的稳定性，要求继电保护装置具有（　　）。(B)

A. 灵敏性　　B. 快速性　　C. 可靠性　　D. 选择性

31. 中性点经消弧线圈接地后，若单相接地故障的电流呈感性，此时的补偿方式为（　　）。(B)

A. 全补偿　　B. 过补偿　　C. 欠补偿　　D. 无补偿

32. 对采用单相重合闸的线路，当发生永久性单相接地故障时，保护及重合闸的动作顺序为（　　）。(B)

A. 三相跳闸不重合

B. 选跳故障相、延时重合单相、后加速跳三相

C. 选跳故障相、瞬时重合单相、后加速跳三相

D. 选跳故障相、瞬时重合单相、后加速跳故障相

33. 关于变压器的励磁涌流与故障电流描述，说法不正确的是（　　）。(C)

A. 它们都含有很高的非周期分量，所以偏向时间轴的一侧

B. 当励磁涌流和故障电流很大时，它们对一次设备会有损害

C. 它们都含有很高的二次谐波，所以对一次设备损害很大

D. 励磁涌流波形有很大的间断角，而故障电流没有

34. 下面对故障类型说明正确的是（　　）。(A)

A. 两相接地故障，含有正序、负序和零序分量

B. 单相接地故障，含有正序和零序，不含有负序分量

C. 三相接地故障，含有正序和零序，不含有负序分量

D. 相间短路故障，只含有负序，不含正序和零序分量

35. 当10kV中性点不接地系统发生单相金属性接地故障时，电压互感器二次开口三角形电压为（　　）。(C)

A. 57.7V　　B. 33.3V　　C. 100V　　D. 66.6V

36. 通过缩短故障切除后的电气距离以提高暂态稳定性的措施是（　　）。(A)

A. 设置开关站　　B. 采用并联补偿装置　　C. 采用自动重合闸　　D. 增加强励倍数

37. 在三相系统的短路故障中，属于对称性短路的是（　　）。(D)

A. 单相短路　　B. 两相接地短路　　C. 两相短路　　D. 三相短路

38. 中性点经消弧线圈接地系统，发生单相接地，非故障相对地点压（　　）。(D)

A. 不变　　B. 升高3倍　　C. 降低　　D. 略升高

39. 母线单相故障，母线差动保护动作后，断路器（　　）。(B)

A. 单跳　　B. 三跳　　C. 单跳或三跳　　D. 三跳后重合

40. 当某电压互感器二次回路有故障时，（　　）。(C)

A. 其所带的保护与自动装置还能短时运行

B. 马上恢复已跳闸的熔断器

C. 严禁将正常的电压互感器二次回路与之并列

41. 当母线发生故障后，下列说法正确的是（　　）。(B)

A. 可直接对母线强送电

B. 一般不允许用主变压器开关向故障母线试送电

C. 充电时，母线差动保护应退出跳闸

D. 用主变压器开关向母线充电时，变压器中性点一般不接地

42. 发电厂及500kV变电站220kV母线事故运行电压允许偏差为系统额定电压的（　　）。(A)

A. −5%～10%　　B. 0%～10%　　C. −3%～7%　　D. 5%～10%

43. 单星形接线的电容器组中的单台电容器故障，动作的保护是（　　）。(B)

A. 过流保护　　B. 不平衡电压保护　　C. 低电压保护　　D. 不平衡电流保护

44. 在大电流接地系统中，当相邻平行线停运检修并在两侧接地时，电网接地故障线路通过零序电流，

将在该运行线路上产生零序感应电流，此时在运行线路中的零序电流将会（　　）。(A)

A. 增大　　B. 减小　　C. 无变化　　D. 视故障地点情况而定

45. 当架空输电线路发生三相短路故障时，该线路保护安装处的电流和电压的相位关系是（　　）。(B)

A. 功角　　B. 线路阻抗角

C. 保护安装处的功角　　D. 负荷阻抗角

46. 接地故障时，零序电压与零序电流的相位关系取决于（　　）。(C)

A. 故障点过渡电阻的大小　　B. 系统容量的大小

C. 相关元件的零序阻抗　　D. 相关元件的各序阻抗

47. 电力系统中，为保证系统稳定，防止事故扩大，需采用自动控制措施，那么下列（　　）措施不在对功率缺额与频率下降的一侧所采用。(A)

A. 短时投入电气制动

B. 对发电机组快速加出力

C. 将发电机快速由调相改发电运行，快速起动备用机组等

D. 切除部分负荷

48. 在我国，当66kV电网单相接地故障时，如果接地电容电流超过（　　）A，就应在中性点装设消弧线圈。(A)

A. 10　　B. 20　　C. 30　　D. 50

49. 在中性点不直接接地系统中，当发生单相金属性接地故障时，这时非接地相的对地电压却升高为相电压的（　　）倍。(B)

A. 2　　B. 1.732　　C. 1.5　　D. 3

50. 中性点不接地系统发生单相接地故障时，接地故障电流比负荷电流相比往往（　　）。(B)

A. 大得多　　B. 小得多

C. 看故障点接地电阻大小　　D. 无法确定

51. 为从时间上判别断路器失灵故障的存在，失灵保护的动作时间应（　　）故障元件断路器跳闸时间和继电保护动作时间之和。(A)

A. 大于　　B. 等于　　C. 小于　　D. 小于或等于

52. 一条线路有两套微机保护，线路投单相重合闸方式，如果将两套微机重合闸的把手均打在单重位置，两套重合闸的合闸出口压板都投入，当线路故障时可能造成（　　）后果。(D)

A. 开关拒跳闸　　B. 保护拒动　　C. 重合闸拒动　　D. 开关短时内两次重合

53. 油浸风冷式变压器，当风扇故障时，变压器允许带负荷为额定容量的（　　）。(C)

A. 30%　　B. 50%　　C. 70%　　D. 90%

54. 在中性点非直接接地系统发生单相接地时，在故障线路上，零序电流为（　　）。(A)

A. 全系统非故障元件对地电容电流总和

B. 故障元件对地电容电流总和

C. 全系统对地电容电流总和

55. 超高压线路单相接地故障时，潜供电流产生的原因是（　　）。(C)

A. 线路上残存电荷　　B. 线路上残存电压

C. 线路上电容和电感耦合　　D. 开关断口电容

56. 在中性点不接地的三相对称系统中，当发生金属性单相接地时，其非故障相的相对地电压（　　）。(C)

A. 不变　　B. 升高不明显　　C. 升高$\sqrt{3}$倍　　D. 升高

57. 在中性点非直接接地的电网中，线路单相断线不接地故障的现象是（　　）。(A)

A. 断线相电流接近0，其他两相电流相等　　B. 电流没有变化

C. 断线相电流最大，其他两相电流为0　　D. 开关跳闸

58. 当电力线路发生短路故障时，在短路点将会（　　）。(B)

A. 产生一个高电压　　B. 通过很大的短路电流

C. 流过一个正常的负荷电流　　D. 产生零序电流

59. 大电流接地系统，在保护范围内部故障时，$3I_0$ 超前 $3U_0$（　　）。(A)

A. 90°～110°　　B. 60°～90°　　C. 0°～90°　　D. 70°

60. 电力系统振荡时，接地故障点的零序电流将随振荡角的变化而变化。当故障点越靠近振荡中心，零序电流变化幅度（　　）。(A)

A. 越大　　B. 越小　　C. 不变　　D. 以上都不对

61. 当瓦斯保护本身故障时，值班人员应（　　），防止保护误动作。(A)

A. 将跳闸压板退出　　B. 将保护直流断开

C. 将瓦斯直流打开　　D. 向领导汇报

62. 用试拉断路器的方法寻找接地故障线路时，应先试拉（　　）。(B)

A. 长线路　　B. 充电线路　　C. 电源线路　　D. 带消弧线圈线路

63. 油浸风冷变压器当冷却系统故障停风扇后，允许带额定负载运行的情况下，顶层油温不超过（　　）。(A)

A. 65℃　　B. 75℃　　C. 85℃　　D. 95℃

64. 电容器组的过流保护反映电容器的（　　）故障。(B)

A. 内部　　B. 外部短路　　C. 接地　　D. 过负荷

65. 对线路零起加压，当逐渐增大励磁电流，以下（　　）现象说明线路无故障。(C)

A. 三相电流增加而电压不升高　　B. 三相电压升高而电流不增加

C. 三相电压和电流都均衡增加　　D. 三相电流电压不平衡

66. 双母线的电流差动保护，当故障发生在母联断路器与母联电流互感器之间时，此时应该（　　）。(D)

A. 启动远方跳闸　　B. 启动母联失灵保护

C. 启动失灵保护及远方跳闸　　D. 启动死区保护

67. 双母线运行倒闸操作过程中会出现两个隔离开关同时闭合（双跨）的情况，如果此时一条母线发生故障，母线保护（　　）。(A)

A. 切除双母线　　B. 切除故障母线

C. 启动失灵保护及远方跳闸　　D. 不动作

68. 在大接地电流系统中，当相邻平行线路停运检修并在两侧接地时，电网发生接地故障，此时停运线路（　　）零序电流。(A)

A. 流过　　B. 没有　　C. 不一定有

69. 大接地电流系统中发生接地故障时，（　　）零序电压为零。(B)

A. 故障点　　B. 变压器中性点接地处

C. 系统电源处　　D. 变压器中性点间隙接地处

70. 大接地电流系统中发生接地故障时，（　　）正序电压最高。(C)

A. 故障点　　B. 变压器中性点接地处

C. 系统电源处　　D. 变压器中性点间隙接地处

71. 线路故障跳闸后，线路处于热备用状态，此时应发布（　　）命令。(A)

A. 带电查线　　B. 停电查线　　C. 事故查线　　D. 运行查线

72. 如果二次回路故障导致重瓦斯保护误动作变压器跳闸，应将重瓦斯保护（　　）变压器恢复运行。(B)

A. 投入　　B. 退出　　C. 继续运行　　D. 运行与否都可以

73. 在中性点非直接接地的电网中发生单相接地时，在故障线路上，零序电流为（　　），电容性无功

功率的实际方向为由线路流向母线。(A)

A. 全系统非故障元件对地电容电流之总和

B. 故障元件对地电容电流之总和

C. 全系统对地电容电流之总和

74. 电力系统中性点非直接接地系统发生单相接地故障时，接地点将通过接地线路对应电压等级电网的全部对地（　　）电流。(D)

A. 负序　　B. 非线性　　C. 电感　　D. 电容

75. 电力系统发生事故时，各单位的运行人员在上级值班调度员的指挥下处理事故，应做到以下几点：①用一切可能的方法保持设备继续运行，首先保证发电厂及枢纽变电站的自用电源；②调整系统运行方式，使其恢复正常；③尽快对已停电的用户特别是重要用户保安电源恢复供电；④尽快限制事故的发展，消除事故的根源并解除对人身和设备安全的威胁，防止系统稳定破坏或瓦解。其正确的处理顺序为（　　）。(C)

A. 2134　　B. 4213　　C. 4132　　D. 3142

76. 电压互感器发生异常有可能发展成故障时，母线差动保护应（　　）。(D)

A. 停用　　B. 改接信号　　C. 改为单母线方式　　D. 仍启用

77. 电力系统某处发生故障，电压瞬时下降或上升后，立即恢复正常叫（　　）。(A)

A. 波动　　B. 摆动　　C. 摇动　　D. 闪变

78. 当光伏电站事故处理完毕，电力系统恢复正常运行状态后，光伏发电站应（　　）。(B)

A. 根据电站需要并网运行　　B. 按调度指令并网运行

C. 立刻并网运行　　D. 根据当时情况由电站运行人员决定是否并网运行

79. 对于双母线接线方式的变电站，当某一连接元件发生故障且断路器拒动时，失灵保护应首先跳开（　　）。(B)

A. 拒动断路器所在母线上的进线断路器

B. 母联断路器

C. 拒动断路器所在母线上的主变压器断路器

D. 拒动断路器所在母线上的所有断路器

80. 在小电流接地系统发生单相接地故障时，保护装置动作（　　）。(C)

A. 断路器跳闸　　B. 断路器不跳闸　　C. 发出接地信号

81. 在中性点不接地系统中，发生单相接地故障时，流过故障线路始端的零序电流（　　）。(B)

A. 超前零序电压 90°　　B. 滞后零序电压 90°

C. 和零序电压同相　　D. 滞后零序电压 180°

82. 当变压器外部故障时，有较大的穿越性短电流流过变压器，这时变压器的差动保护（　　）。(C)

A. 立即动作　　B. 延时动作　　C. 不应动作　　D. 短路时间长短而定

83. 因隔离开关传动机构本身故障而不能操作的，应（　　）处理。(A)

A. 停电　　B. 自行　　C. 带电处理　　D. 以后

84. 母联电流相位比较式母线差动保护，当母联断路器和母联断路器的电流互感器之间发生故障时（　　）。(C)

A. 将会切除非故障母线，而故障母线反而不能切除

B. 将会切除故障母线，非故障母线不能切除

C. 将会切除故障母线和非故障母线

85. 检查线路无电压与检查同期重合闸，在线路发生瞬时性故障跳闸后，（　　）。(B)

A. 先合的一侧是检查同期侧　　B. 先合的一侧是检查无压侧

C. 两侧同时合闸　　D. 近故障点侧先合闸

86. 会导致变压器瓦斯保护动作的故障是（　　）。(B)

A. 变压器套管放电　　B. 变压器绕组匝间短路
C. 变压器母线桥短路　　D. 变压器避雷器爆炸

87. 母线电压感器有异常情况，即将发展成故障时，应（　　）。(C)
A. 拉开电压互感器隔离开关　　B. 与正常运行中的电压互感器并列
C. 断开所在母线的电源　　D. 断开变电站的主电源

88.（　　）情况下，单相接地故障电流大于三相短路电流。(A)
A. 故障点的零序综合阻抗小于故障点正序阻抗
B. 故障点的零序综合阻抗等于故障点正序阻抗
C. 故障点的零序综合阻抗大于故障点的正序阻抗

89. 小电流接地系统中，发生（　　）故障时，反映为一相电压降低但不为零，另两相电压升高但低于线电压。(D)
A. 单相完全接地　B. 单相断线　C. 两相断线　D. 单相不完全接地

90. 试问电容器故障跳闸后的强送原则是（　　）。(D)
A. 间隔 5min 后送电　　B. 立即强送一次
C. 联系处理　　D. 不强送

91. 线路递升加压时，三相电压和三相电流平衡为线路充电电流，且随励磁电流增加而增加，即应逐渐提高电压至额定电压 1.05 倍时，经（　　）min 无异常时，说明无故障。(B)
A. 1～3　B. 3～5　C. 10～15　D. 5～10

92. 在接地故障线路上，零序功率方向（　　）。(B)
A. 与正序功率同方向　　B. 与正序功率反向
C. 与负序功率同方向　　D. 与负荷功率同向

93. 处理事故时值班调度员不填写（　　），下达操作指令时冠以"事故处理"，厂站值班人员不填写操作票，双方均应必须做好记录。事故处理原则和步骤应经同值调度员同意。(B)
A. 事故记录单　B. 操作指令票　C. 计划票

94. 装机容量在 3000MW 及以上电力系统，频率偏差超出（　　）Hz，即可视为电网频率异常。(C)
A. 50±0.1　B. 50±0.15　C. 50±0.2　D. 50±0.5

95. 装机容量在 3000MW 以下电力系统，频率偏差超出（　　）Hz，即可视为电网频率异常。(D)
A. 50±0.1　B. 50±0.15　C. 50±0.2　D. 50±0.5

96. 防止因恶性连锁反应或失去电源容量过多而引起受端系统崩溃的措施有（　　）。(D)
A. 受端系统应有一定的备用电源容量
B. 每一回送电线路的最大输送功率所占受端系统总负荷的比例不宜过大
C. 送到不同方向的几回送电线路如在送端连在一起，必须具备事故时快速解列或切机等措施
D. 以上都是

97. 频率降低时，可以通过（　　）的办法使频率上升。(C)
A. 增加发电机的励磁，降低功率因数
B. 投入大电流联切装置
C. 增加发电机有功出力或减少用电负荷
D. 增加发电机的无功出力

98. 电网发生事故时，按频率自动减负荷装置动作切除部分负荷，当电网频率恢复正常时，被切除的负荷（　　）送电。(C)
A. 经单位领导指示后　　B. 运行人员迅速自行
C. 经值班调度员下令后　　D. 不能

99. 不是同步振荡时现象的为（　　）。(C)
A. 发电机和线路电流表、功率表周期性变化，但变化范围较小，发电机鸣声较小，发电机有功不过零

B. 发电机发出有节奏的鸣响，电压波动大，电灯忽明忽暗
C. 电动机机端和电网电压波动较小，无局部明显降低
D. 发电机及电网频率变化不大，全网频率同步降低或升高

100. 消除发电机异步振荡的措施为（　　）。(C)

A. 增加发电机有功出力　　B. 降低发电机励磁电流
C. 调节系统侧发电机出力，使滑差为零　　D. 调节系统电压，使与振荡发电机电压相近

101. 异步振荡的特点为（　　）。(B)

A. 系统频率能保持基本相同
B. 失步的发电厂间联络线的输送功率往复摆动
C. 各电气量的波动范围不大
D. 振荡在有限的时间内衰减，从而进入新的平衡状态

102. 系统振荡时（　　）保护可能会受到影响。(C)

A. 零序电流保护　B. 负序电流保护　C. 相间距离保护　D. 光纤差动保护

103. 系统短路时电流、电压是突变的，而系统振荡时电流、电压的变化是（　　）。(C)

A. 缓慢的
B. 与三相短路一样快速变化
C. 缓慢的且与振荡周期有关

104. 正常运行方式下的电力系统中任一元件（如线路、发电机、变压器等）无故障或因故障断开，电力系统应能保持稳定运行和正常供电，其他元件不过负荷，电压和频率均在允许范围内，这通常称为（　　）原则。(C)

A. 系统稳定　B. 抗扰动　C. $N-1$　D. $N-2$

105. 变压器事故过负荷时，不能采取的措施是（　　）。(C)

A. 投入备用变压器　　B. 指令有关调度转移负荷
C. 退出过负荷变压器　　D. 按有关规定进行拉闸限电

106. 当电网发生稳定破坏时，应采用适当措施使之再同步，防止电网瓦解并尽量减小负荷损失。其中频率升高的发电厂，应立即自行降低出力，使频率下降，直到振荡消失或频率降到不低于（　　）。(C)

A. 50.20Hz　B. 50.00Hz　C. 49.80Hz　D. 49.60Hz

107. 在正常负载和冷却条件下，变压器温度不正常并不断上升，且经检查证明温度指示正确，说法正确的是（　　）。(C)

A. 降低负荷至允许运行温度的相应容量
B. 变压器可继续运行，但应加强监视
C. 认为变压器已发生内部故障，应立即将变压器停运
D. 降低负荷至允许运行温度的相应容量，同时加强监视

108. 遇到非全相运行断路器所带元件为发电机不能进行分、合闸操作时，应（　　）。(C)

A. 应迅速降低该发电机有功出力至零
B. 应迅速降低该发电机无功出力至零
C. 应迅速降低该发电机有功和无功出力至零

109. 发现断路器严重漏油时，应（　　）。(C)

A. 立即将重合闸停用　　B. 立即断开断路器
C. 尽快将断路器退出运行　　D. 不用采取措施

110. （　　）不是变电站全停现象。(C)

A. 所有电压等级母线失电　　B. 各出线、变压器的负荷消失（电流、功率为零）
C. 与调度电话不通　　D. 照明全停

111. 变电站全停对电网有（　　）影响。(C)

A. 导致大量发电机组跳闸
B. 导致机组产生次同步谐振
C. 枢纽变电站全停，通常会导致以它为上级电源的多个低电压等级变电站全停
D. 导致调度电话系统中断

112. 当发电机进相运行或功率因数较高，引起失步时，应立即（　　），以便使发电机重新拖入同步。(C)

A. 减少发电机有功，减少励磁　B. 减少发电机无功，增加发电机有功
C. 减少发电机有功，增加励磁　D. 减少发电机无功，增加汽轮机进汽

113. 下面（　　）不是发电机失磁的现象。(C)

A. 转子电流表指示为零或接近于零
B. 定子电流表指示升高并摆动，有功功率表指示降低
C. 无功功率表指示为负值，发电机调相运行
D. 发电机母线电压指示降低并摆动

114. 黑启动过程中，为保持启动电源在最低负荷下稳定运行和保持电网电压有合适的水平，往往需要（　　）。(C)

A. 投入电抗器　B. 投入电容器　C. 接入部分负荷　D. 调整变压器分接头

115. 距离保护中振荡闭锁装置的作用是当系统发生振荡时，一般将保护（　　）。(D)

A. Ⅰ段退出　B. Ⅲ段退出　C. 全部退出　D. Ⅰ、Ⅱ段退出

116. 频率异常，下列处理方法无效的是（　　）。(D)

A. 调整负荷　B. 调整发电出力
C. 跨区事故支援　D. 各区按联络线计划值控制

117. 系统发生振荡时，不论频率升高或降低的电厂都要按发电机事故过负荷的规定，最大限度地提高（　　）。(D)

A. 定子电流　B. 有功　C. 转速　D. 励磁电流

118. 系统发生振荡时，送端高频率的电厂，应（　　）发电出力，直到振荡消除。(D)

A. 增大　B. 缓慢降低　C. 迅速增大　D. 迅速降低

119. 事故处理的一般原则有（　　）。(D)

A. 迅速限制事故发展，消除事故根源，解除对人身、设备和电网安全的威胁
B. 用一切可能的方法保持正常设备的运行和对重要用户及厂用电的正常供电
C. 电网解列后要尽快恢复并列运行
D. 以上都是

120. 当电力系统发生振荡事故后，必要时可采取（　　）方式将电网分开，或切机或投入电气制动，以恢复电力系统稳定。(B)

A. 并列　B. 解列　C. 保护动作　D. 闭锁

121. 无功功率严重不足会造成（　　）事故。(C)

A. 静态稳定破坏　B. 暂态稳定破坏　C. 电压崩溃　D. 频率崩溃

122. 在事故后经调整的运行方式下，电力系统仍应有按规定的（　　）稳定储备，其他元件允许按规定的事故过负荷运行。(A)

A. 静态　B. 动态　C. 稳态　D. 暂态

123. 线路故障跳闸后，调度员应了解（　　）。(D)

A. 保护动作情况　B. 一次设备状态　C. 天气情况　D. 以上都是

124. 变压器瓦斯保护不能反映（　　）故障。(D)

A. 绕组匝间短路　B. 绕组的各种相间短路
C. 油位下降　D. 套管闪络

125. 变压器出现（　　）情况时，可不立即停电处理。(D)

A. 内部音响很大，很不均匀，有爆裂声　　B. 油枕或防爆管喷油

C. 油色变化过甚，油内出现碳质　　D. 轻瓦斯保护告警

126. 电网低频率运行，将使汽轮机的汽耗（　　）。(B)

A. 不变　　B. 增加　　C. 减少　　D. 忽高忽低

127. 电力系统在发生事故后应尽快调整运行方式，以恢复到正常运行状态。必要时可采取拉闸限电等措施，以保证电力系统满足（　　）。(B)

A. 动态稳定储备　　B. 静态稳定储备　　C. 稳定储备　　D. 安全稳定限额

128. 第一级安全稳定标准是指正常运行方式下的电力系统受到第Ⅰ类大扰动后，保护、开关及重合闸（　　），（　　）稳定控制措施，必须保持电力系统稳定运行和电网的正常供电，其他元件不超过规定的事故过负荷能力，不发生连锁跳闸。(A)

A. 正确动作，不采取　　B. 不正确动作，不采取

C. 正确动作，采取　　D. 不正确动作，采取

129. 电气设备停电后，即使是事故停电，在（　　）和做好安全措施以前，不得触及设备或进入遮栏，以防突然来电。(C)

A. 未检查断路器是否在断开位置　　B. 未挂好接地线

C. 未拉开有关隔离开关　　D. 未装设好遮栏

130. 变压器空载合闸时，易导致（　　）保护误动作。(B)

A. 轻瓦斯　　B. 差动保护　　C. 重瓦斯　　D. 零序

131. 变压器故障送电，下列（　　）是错误的。(B)

A. 变压器主保护（包括重瓦斯、差动保护）同时动作跳闸，未经查明原因和消除故障之前，不得进行强送电

B. 变压器的重瓦斯或差动保护之一动作跳闸，经过各方面检查证明变压器内部无明显故障后，即可试送电一次

C. 对500kV联变跳闸，进行试送电需经省公司领导批准

D. 变压器过流保护等后备保护动作跳闸，在找到故障并有效隔离后，可试送一次

132.（　　）是实现电网黑启动的关键。(B)

A. 黑启动方案　　B. 黑启动电源　　C. 黑启动路径　　D. 黑启动试验

133. 允许同时接入的最大负荷量，不应使系统频率较接入前下降（　　）Hz。(B)

A. 0.2　　B. 0.5　　C. 0.1　　D. 1

134. 电网黑启动恢复初期的空载或轻载充电输电线路会释放（　　），可能造成发电机组自励磁和电压升高失控。(B)

A. 有功功率　　B. 无功功率　　C. 电流　　D. 谐波

135. 黑启动过程中，负荷的少量恢复将延长恢复时间，而过快恢复又可能导致（　　），导致发电机低频切机动作，造成电网减负荷。(B)

A. 频率升高　　B. 频率降低　　C. 电压升高　　D. 电压降低

136. 黑启动恢复的中后期，由于负荷恢复较多，某些变电站的电压可能会偏低，需要及时调整（　　）。(B)

A. 电容器　　B. 变压器　　C. AVC　　D. 无功

137. 设备异常需紧急处理或设备故障停运后需紧急抢修时，（　　）可安排相应设备停电。(A)

A. 值班调度员　　B. 调度计划专业　　C. 系统运行专业　　D. 继电保护专业

138. 发电机失磁后，发电机从电网吸收大量的（　　）。(B)

A. 有功功率　　B. 无功功率　　C. 感性电流　　D. 容性电流

139. 在电网振荡时，振荡中心的电压（　　）。(B)

A. 最高　B. 最低　C. 不确定　D. 相角为零

140. 电力系统发生故障、并网点电压出现跌落时，风电场应动态调整（　　）。(C)

A. 机组无功功率　B. 场内无功补偿容量　C. A 和 B　D. 都不对

141. 线路—变压器和线路—发变组的线路和主设备电气量保护均应启动断路器失灵保护。当本侧断路器无法切除故障时，应采取启动（　　）跳闸等后备措施加以解决。(B)

A. 就地　B. 远方　C. 后台

142. 电源联络线故障断路器跳闸，根据调度指令进行处理（　　）。(C)

A. 有重合闸、重合闸停用或拒动时，应立即强送一次，强送不成，不再强送

B. 重合闸重合不成，一般应强送一次，强送不成，不再强送

C. 无重合闸、重合闸停用或拒动时，应立即强送一次，强送不成，不再强送

D. 不再强送

143. 母线、变压器的故障切除时间按同电压等级线路（　　）故障切除时间考虑。(A)

A. 近端　B. 远端　C. 中间　D. 距首端 1/4 处

144. 双极直流输电系统中，如果其中一极的设备发生故障，另一极（　　）。(B)

A. 无法运行　B. 可以运行　C. 不受影响　D. 其他三个选项都不是

145. 电力系统中，（　　）主要用来限制故障时的短路电流。(D)

A. 并联电容器　B. 并联电抗器　C. 串联电容器　D. 串联电抗器

146. 带负荷错拉隔离开关，当隔离开关已全部拉开后，应（　　）。(B)

A. 立即合上

B. 保持断位

C. 待观察一、二次设备无问题后，合上该隔离开关

147. 断路器非全相运行可能出现（　　）后果。(B)

A. 电压位移使各相对地电压不平衡

B. 个别相对地电压升高，容易产生绝缘击穿事故

C. 零序电流在系统内产生电磁干扰，引起保护拒动作

D. 系统两部分间连接阻抗减小，造成异步运行

148. 发电厂全停后恢复送电应注意（　　）问题。(B)

A. 应立即启动全部跳闸机组

B. 必要时，只恢复厂用、站用电和部分重要用户的供电

C. 紧急情况下，可不应考虑相关设备保护整定值，允许短时间无保护或保护并配合情况

149. 变电站站用电全停会影响断路器、隔离开关等设备的（　　）操作。(B)

A. 手动　B. 电动　C. 电动和手动

150. 末端变电站全停通常会导致（　　）。(B)

A. 大量变电站全停　B. 部分负荷损失

C. 大量发电机组跳闸　D. 调度电话系统中断

151. 系统发生振荡时，应争取在（　　）min 内消除振荡，否则应在适当地点解列。(B)

A. 1～2　B. 3～4　C. 5～8　D. 10

152. 线路故障时，线路断路器未断开，此时（　　）。(A)

A. 应将该断路器隔离　B. 可对该断路器试送一次

C. 检查二次设备无问题后可以试送　D. 用母联断路器串带方式对断路器试送

153. 在自动低频减负荷装置切除负荷后，（　　）使用备用电源自动投入装置将所切除的负荷送出。(A)

A. 不允许　B. 允许　C. 视过载情况可以　D. 无要求

154. 电网频率过高时，对汽轮机的影响是（　　）。(A)

A. 引起汽轮机叶片断裂　B. 增加汽耗
C. 使循环水泵转速增加　D. 使风机转速增加

155. 为加快两个电网的并列，允许两个电网的频率稳定在（　　）之间任一值就可并列。(A)
A. 49.8～50.2Hz　B. 48.0～49.1Hz　C. 49.1～49.8Hz　D. 49.5～50.5Hz

156. 电力系统发生振荡时，各点电压和电流（　　）。(A)
A. 均做往复性摆动　B. 均会发生突变
C. 变化速度较快　D. 电压做往复性摆动

157. 电力系统振荡时系统三相是（　　）的。(A)
A. 对称　B. 不对称　C. 完全不对称　D. 基本不对称

158. 电力系统发生振荡时，（　　）不会发生误动。(A)
A. 分相电流差动保护　B. 距离保护
C. 电流速断保护　D. 瓦斯保护

159. 系统振荡时，电压振荡最激烈的地方是系统振荡中心，每一周期约降低至零值（　　）。(A)
A. 一次　B. 二次　C. 三次　D. 四次

160. 同步振荡和异步振荡的主要区别是（　　）。(A)
A. 同步振荡时系统频率能保持相同　B. 异步振荡时系统频率能保持相同
C. 同步振荡时系统电气量波动　D. 异步振荡时系统电气量波动

161. 操作中遇有系统发生异常或故障，影响操作安全时，值班监控员应（　　）。(A)
A. 中止操作并汇报发令调度，必要时根据新的调度指令进行操作
B. 继续操作
C. 直接转发至现场操作
D. 等待异常或故障消除后再操作

162. 黑启动电源一般选择（　　）。(A)
A. 水电　B. 核电　C. 风电　D. 火电

163. （　　）导致黑启动过程中出现低频振动现象。(A)
A. 长距离输送负荷　B. 频率不稳
C. 电压不稳　D. 无功过大

164. 电网黑启动时自启动机组具有吸收（　　）的能力。(A)
A. 无功　B. 有功　C. 有功和无功　D. 视载

165. 电网黑启动时应首先恢复（　　）。(A)
A. 较小负荷　B. 较大负荷　C. 感性负荷　D. 容性负荷

166. 断路器出现闭锁分合闸时，不宜按如下（　　）方式处理。(A)
A. 将对侧负荷转移后，用本侧隔离开关拉开
B. 本侧有旁路断路器时，旁代后拉开故障断路器两侧隔离开关
C. 本侧无旁路断路器时，用母联串代故障断路器后，在对侧负荷转移后断开母联断路器，再断开故障断路器两侧隔离开关
D. 对于母联断路器闭锁分合闸时，可将某一元件两条母线隔离开关同时合上，再断开母联断路器两侧隔离开关

167. 发电厂保安段电源失去会导致机组热控装置失去电源，引发各种热工保护（　　）。(A)
A. 误动或拒动　B. 损坏　C. 退出运行　D. 无影响

168. 发电厂全停后，按规程规定立即将多电源间可能联系的断路器拉开，若双母线母联断路器没有断开应首先拉开母联断路器，防止突然来电造成（　　）。(A)
A. 非同期合闸　B. 机组同期并网　C. 母线过电压　D. 人员伤亡

169. 以下选项（　　）不是变电站全停的原因。(A)

A. 变电站主变压器跳闸
B. 母线上元件故障时断路器拒动，导致失灵保护动作，母线失电
C. 变电站外部联络线停电
D. 站用直流电源消失，被迫将全站停电

170. 枢纽变电站全停通常将使系统（　　）。(A)
A. 失去多回重要联络线　　B. 频率降低
C. 大量发电机组跳闸　　D. 调度电话系统中断

171. 变电站全停，运行值班人员应首先设法恢复受影响的（　　）。(A)
A. 站用电　　B. 保护信号　　C. 通信系统　　D. 直流系统

172. 变电站全停后调度人员首先应（　　）。(A)
A. 采取紧急措施保证事故后电网稳定运行
B. 向单位领导汇报情况，等待处理方案
C. 不待现场申请，立即用相邻线路断路器给发电厂母线充电
D. 停止相关操作，等待发电厂汇报现场情况

173. 在电压崩溃的系统中，最有效的稳定措施是（　　）。(A)
A. 切除末端负荷　　B. 切除机组　　C. 增加机组出力　　D. 调整无功设备

174. 变电站发生事故，运维队到达现场后或者事故发生时运维队在现场的情况下，事故处理由（　　）执行。(A)
A. 运维队现场人员　　B. 调度员
C. 监控员　　D. 检修人员

175. 操作中如有异常应及时处理并汇报（　　）。(A)
A. 值班调度　　B. 本级领导　　C. 上一级领导　　D. 检修人员

176. 操作中发生事故时应立即停止操作，事故处理告一段落后再根据（　　）或实际情况决定是否继续操作。(A)
A. 调度命令　　B. 领导指示　　C. 预案　　D. 检修人员意见

177. 在超高压长距离输电线路上，较大的谐波电流会使（　　）熄灭延缓，导致单相重合闸失败，扩大事故。(A)
A. 潜供电流　　B. 负荷电流　　C. 感应电弧　　D. 重燃电弧

178. 当线路保护和高抗保护同时动作造成线路跳闸时，在未查明高抗保护动作原因和消除故障前（　　）带高抗送电。(A)
A. 不可以　　B. 可以　　C. 立即　　D. 无要求

179. 试送前应对试送端电压控制，并对试送后首端、末端及沿线电压做好估算，避免引起（　　）。(A)
A. 过电压　　B. 过电流　　C. 过负荷　　D. 电网振荡

180. 因线路等其他原因导致带串补装置的线路停运时，如需对线路试送，需（　　）串补装置后再进行试送。(A)
A. 退出　　B. 投入　　C. 转运行　　D. 无要求

181. 系统解列时，需将解列点的有功功率调至（　　），电流调至（　　）。(A)
A. 零，最小　　B. 零，最大　　C. 无要求，最小　　D. 无要求，最大

182. 当联络线跳闸造成系统解列后，送电时（　　）。(A)
A. 须检同期　　B. 须检无压　　C. 可以不检同期　　D. 无要求

183. 变电站全停后，应全面了解变电站（　　）。(D)
A. 继电保护动作情况　　B. 断路器位置
C. 有无明显故障现象　　D. 以上都是

184. 下列（　　）情况可能导致系统稳定破坏，必须采取预定措施，以防止系统崩溃。(D)

A. 故障时断路器拒动

B. 失去大容量发电厂

C. 故障时继电保护和安全自动装置误动或拒动

D. 以上都是

185. 若发生低频振荡，可通过调整（　　）来进行控制。(B)

A. 网络结构　B. 发电机出力　C. 地区电压　D. 地区负荷

186. 设备出现异常或危急缺陷时，能否坚持运行，需带电或停电处理应以（　　）为主。(B)

A. 检修人员　B. 现场报告和要求　C. 调度令　D. 以上都是

187. 线路恢复送电时，应正确选取充电端，一般离系统中枢点及发电厂母线（　　）。(B)

A. 越近越好　B. 越远越好

C. 与距离无关　D. 两侧均可以，但需有快速保护

188. 线路故障跳闸后，一般允许调度不须经主管生产的领导同意的情况下可试送（　　）。(A)

A. 1次　B. 2次　C. 3次　D. 不可以试送

189. 低一级电网中的任何元件（包括线路、母线、变压器等）发生各种类型的单一故障（　　）影响高一级电压电网的稳定运行。(B)

A. 可以　B. 不能　C. 不确定是否可以　D. 其他三个选项都不是

190. 变电站增加一台中性点直接接地的变压器，在变电站母线上发生单相接地故障时，变电站出线的零序电流（　　）。(B)

A. 变大　B. 变小　C. 不变

191. 母线故障时，关于母线差动保护TA饱和程度，以下（　　）正确。(C)

A. 故障电流越大，TA饱和越严重

B. 故障初期3～5ms TA保持线性不变，以后饱和程度逐步减弱

C. 故障电流越大，且故障所产生的非周期分量越大和衰减时间常数越长，TA饱和越严重

192. 运行中的距离保护装置发生交流电压断线故障且信号不能复归时，应要求运行人员首先（　　）。(B)

A. 通知并等候保护人员现场处理，值班人员不必采取任何措施

B. 停用保护并向调度汇报

C. 汇报调度等候调度命令

193. 220kV某一条线路发生两相接地故障，该线路保护所测的正序和零序功率的方向是（　　）。(C)

A. 均指向线路　B. 零序指向线路，正序指向母线

C. 正序指向线路，零序指向母线　D. 均指向母线

194. （　　）是换流器最为严重的一种故障。(C)

A. 误触发　B. 单相接地　C. 阀短路故障　D. 丢脉冲

195. 逆变压器侧发生不开通故障时，直流电压（　　），直流电流上升。(A)

A. 下降　B. 上升　C. 不变　D. 波动

196. 直流架空线路故障时，为了尽快地寻找出故障点，一般在换流站装设（　　）。(D)

A. 电流互感器　B. 电压互感器　C. 直流滤波器　D. 故障定位装置

197. 直流线路中（　　）的目的是检测直流线路上的接地故障，并且通过控制活动熄灭故障电流。(A)

A. 行波保护　B. 接地极线断线保护　C. 直流开路试验保护　D. 交流母线过电压保护

198. 特高压直流输电系统中，一个阀组故障退出运行后，剩余阀组（　　）保持正常运行。(C)

A. 不能　B. 不确定　C. 能　D. 可能保持运行

199. 高压输电电路上所发生的短路故障大多是单相接地故障，因此在故障发生后，可以（　　），有利于系统的暂态稳定性。(A)

A. 只切除故障相　B. 三相全切　C. 三段保护动作　D. 以上都不是

200. 某 220kV 线路因雷击造成两侧跳闸，在重合闸动作前，线路再次单相遭雷击并导致一侧开关断口被击穿，开关重燃，此时应由（　　）切除故障。(C)

A. 两侧纵联保护　B. 开关重燃侧的后备保护

C. 重燃侧的断路器失灵保护　D. 开关三相不一致保护

201. 下列对于单相断线故障的叙述中，正确的是（　　）。(A)

A. 故障点的复合序网与两相接地短路故障相似

B. 故障点的复合序网与两相相间短路故障相似

C. 故障点的复合序网与单相接地短路故障相似

D. 故障点的复合序网与三相接地短路故障相似

202. 母线电压互感器有异常情况，即将发展成故障时，应（　　）。(C)

A. 拉开电压互感器隔离开关　B. 与正常运行中的电压互感器并列

C. 断开所在母线的电源　D. 断开变电站的主电源

203. 超出规定的电压曲线数值的±5%，且延续时间超过（　　）小时为电压异常。(B)

A. 0.5　B. 1　C. 2　D. 3

204. 对线路强送电是指：线路开关跳闸后，（　　）送电。(B)

A. 经处理后首次　B. 未经处理即行　C. 经处理后多次　D. 未经调度许可即行

205. 10kV 母线单相接地一般允许继续运行（　　）小时。(A)

A. 2　B. 8　C. 10　D. 24

206. 10kV 母线单相接地的现象是（　　）。(A)

A. 接地相电压降低，非接地相电压升高　B. 接地相电压降低，非接地相电压不变

C. 三相电压均升高　D. 三相电压均降低

207. 若母线电压为：$U_a$=2.66kV，$U_b$=5.96kV，$U_c$=5.98kV 时，判断该故障为（　　）。(B)

A. PT 一相二次熔断器熔断　B. PT 一相一次熔断器熔断

C. PT 两相一次熔断器熔断　D. PT 两相二次熔断器熔断

208. 若系统未发出“PT 断线”信号，母线电压为：$U_a$=6.87kV，$U_b$=3.88kV，$U_c$=8.00kV 时，判断该故障为（　　）。(B)

A. 金属性接地短路　B. 非金属性接地短路

C. PT 一相二次熔断器熔断　D. PT 一相一次熔断器熔断

209. 在系统频率恢复至（　　）以上时，可经上级调度同意恢复对拉闸和自动低频减负荷装置动作跳闸线路的送电。(D)

A. 49.2Hz　B. 49.0Hz　C. 49.5Hz　D. 49.8Hz

210. 断路器拒合闸通常发生在合闸操作和线路断路器（　　）过程中。(B)

A. 分闸操作　B. 重合闸　C. 过负荷　D. 故障跳闸

211. 发现母线绝缘子断裂、破损、放电等异常情况时，必须采取（　　）。(B)

A. 监视运行　B. 停电处理　C. 红外测温　D. 加固措施

212. 对处理系统高频率运行，不正确的处理方法是（　　）。(C)

A. 对于非弃水运行的水电机组优先减出力

B. 对火电机组减出力至允许最小技术出力

C. 启动抽水蓄能机组发电运行

D. 对弃水运行的水电机组减出力直至停机

213. 隔离开关（　　）部分引线接头发热，动静触头分合不到位时，应加强红外测温，必要时带电或停电处理。(B)

A. 固定　B. 导电　C. 接触　D. 转动

214. 变压器油位持续下降，将可能首先使（　　）保护动作。(D)

A. 零序　B. 差动　C. 重瓦斯　D. 轻瓦斯

215. 下列选项中有可能导致变压器气体继电器内有气体的原因是（　　）。(C)

A. 油温过高　B. 电压过高　C. 油位下降　D. 外部故障

216. 管母线振动应尽快（　　）处理。(B)

A. 安排更换　B. 安排停电检修　C. 安排减负荷　D. 安排加固

217. 若线路发生瞬间故障时，断路器在重合闸过程中发生（　　），将造成该线路停电。(A)

A. 拒合闸　B. 拒分闸　C. 跳跃　D. 连动

218. 硬母线伸缩接头在使用中有时会发生部分软连接片断裂或破损的现象，这主要是由于使用时间过长，伸缩接头（　　）造成的。(A)

A. 热胀冷缩运动　B. 振动　C. 过负荷　D. 绝缘老化

219. 导线最大弧垂发生在（　　）。(D)

A. 最高气温时　B. 最低气温时　C. 覆冰时　D. 最高气温时或覆冰时

220. 电网中一些电感、电容元件在系统进行操作或发生故障时可形成各种振荡回路，在一定的能量作用下，会产生串联谐振现象，导致系统某些元件出现严重的（　　）。(A)

A. 过电压　B. 过电流　C. 欠电压　D. 过负荷

221. 架空线路导线或避雷线在特殊气象条件和地形地貌下会发生大幅度的跳动现象称为舞动，下面是对导线舞动的论述，其中错误的是（　　）。(C)

A. 导线舞动因素主要有风、覆冰脱落等

B. 导线舞动的特点：低频、大振幅

C. 分裂导线数越多，导线舞动概率越低

D. 导线舞动与地形、气压、导线档距等因素影响有关

222. 运行中的电压互感器引线端子过热应（　　）。(C)

A. 加强监视　B. 加装跨引　C. 停止运行　D. 继续运行

223. 若自动化系统发生严重故障且短时无法恢复，有条件的电网可考虑（　　）。(B)

A. 加强信息交流　B. 启用备用调度　C. 汇报上级调度　D. 安排操作队巡视

224. 电压崩溃发生的过程持续时间从几秒到几十分钟不等，甚至可以使局部电网（　　）。(B)

A. 谐振　B. 瓦解　C. 过电压　D. 过负荷

225. 母线桶内有严重放电声、母线产生强烈振动、母线桶变形或局部发热等异常现象属于（　　）常见异常。(C)

A. 管型母线　B. 软母线　C. GIS 母线　D. 铜母线

226. 电容器外壳温度超过（　　）℃，采取降温措施无效时，应立即退出运行。(B)

A. 45　B. 55　C. 65　D. 75

227. 用试拉断路器的方法寻找接地故障线路时，应先试拉（　　）。(B)

A. 电缆线路　B. 充电空载线路　C. 无重要用户的线路　D. 电源联络线

228. 运行中的电压互感器低压侧：一相电压为零，其余两相不变；线电压两个降低，一个不变，说明（　　）。(D)

A. 低压侧两相熔丝熔断　B. 高压侧一相熔丝熔断

C. 高压侧两相熔丝熔断　D. 低压侧一相熔丝熔断

229. 铁磁谐振是由铁芯（　　）元件和系统的电容元件形成谐振条件，持续激发使系统产生谐振过电压。(B)

A. 电容　B. 电感　C. 电抗　D. 阻抗

230. 对线路零起升压前，不应（　　）。(A)

A. 退出线路保护　B. 退出线路重合闸

C. 停用发电机自动励磁　　D. 发电机升压变压器中性点必须接地

231. 对线路零起加压，当逐渐增大励磁电流，以下（　　）现象不能说明线路有故障。(C)

A. 三相电流增加而电压不升高　　B. 三相电压升高而电流不增加

C. 三相电压和电流都均衡增加　　D. 三相电流电压不平衡

232. 将事故发生前和事故发生后一段时间事故的全过程记录下来，作为事故分析的依据，这种功能称为（　　）。(D)

A. 事件记录　　B. 信息存储　　C. 事件顺序记录　　D. 事故追忆

233. 关于强送，说法不对的是（　　）。(C)

A. 空充线路不宜强送　　B. 电缆线路不宜强送

C. 长线路跳闸不宜强送　　D. 线路变压器组跳闸不宜强送

234. 在中性点不直接接地的电网中，母线一相对地电压约为零，另两相对地电压均为相电压，这是（　　）的现象。(C)

A. 线路单相断线不接地　　B. 铁磁谐振

C. 母线电压互感器高压侧一相熔丝熔断　　D. 系统单相金属性接地

235. 全停发电厂有条件应启动备用柴油发电机，尽快恢复必要的（　　），保证设备安全。(B)

A. 机组辅机　　B. 厂用负荷　　C. 热力系统　　D. 油系统

236. 在线路故障跳闸后，调度员下达巡线指令时，应明确是否为（　　）。(C)

A. 紧急巡线　　B. 故障巡线　　C. 带电巡线　　D. 全线巡线

237. 变压器后备保护动作时应（　　）。(D)

A. 停用后备保护后可试送　　B. 不得试送

C. 可试送两次　　D. 找到故障并隔离后可试送一次

238. 下面（　　）不是消除死区故障的方法。(D)

A. 在断路器两侧分别安装电流互感器　　B. 置专门的母联死区保护

C. 使用母差停信或母差远跳功能　　D. 等待设备越级跳闸

239. 变电站全停后调度员首先应（　　）。(A)

A. 采取紧急措施保证事故后电网稳定运行

B. 向单位总工汇报情况，等待处理方案

C. 不待现场申请，立即用相邻线路断路器给发电厂母线充电

D. 停止相关操作，等待发电厂汇报现场情况

240. 发电厂全停后，若双母线母联断路器没有断开应首先拉开母联断路器，防止突然来电造成（　　）。(D)

A. 机组同期并网　　B. 母线过电压　　C. 人员伤亡　　D. 非同期合闸

241. 若发生低频振荡，可通过调整（　　）来进行控制。(B)

A. 网络结构　　B. 发电机出力　　C. 地区电压　　D. 地区负荷

242. 所谓黑启动：是指整个系统因故障停运后，系统（　　），处于全“黑”状态，通过系统中具有自启动能力的发电机组或取得外网的电力，带动无自启动能力的发电机组，逐渐扩大系统恢复范围，最终实现整个系统的恢复。(B)

A. 解列运行　　B. 全部停电　　C. 大部分停电　　D. 小部分停电

243. 变压器分接开关（　　）故障是指发出一个调压指令后，连续转动几个分接，甚至达到极限位置。(D)

A. 跳跃　　B. 控制　　C. 拒动　　D. 连动

244. 事故处理完成恢复送电时应按（　　）进行。(D)

A. 自行　　B. 指挥中心　　C. 变电站负责人　　D. 调度的统一指挥下

245. 以下故障原因中不属于变压器套管故障原因的是（　　）。(D)

A. 动物闪络　B. 冲击闪络　C. 法兰接地　D. 油道堵塞

246. 线路故障中，不属于外力破坏的是（　）。(C)

A. 车辆撞断电杆　B. 超高车挂断导线　C. 鸟害　D. 放风筝碰触导线

247. 下面（　）不是造成复合故障的原因。(D)

A. 继电保护或断路器没有正确动作，无法完成故障点的隔离

B. 两个或以上同时发生接地或短路电气故障

C. 故障产生连锁反应，造成电力系统解列等其它故障

D. 单一故障保护正确动作

248. 判别母线故障的依据（　）。(A)

A. 母线保护动作、断路器跳闸及有故障引起的声、光、信号等

B. 该母线的电压表指示消失

C. 该母线的各出线及变压器负荷消失

D. 该母线所供厂用电或所用电失去

249. 电网输电断面超稳定限额运行时间超过 1h 定为（　）。(B)

A. 重大电网事故　B. 一般电网事故　C. 电网一类障碍　D. 特大电网事故

250. 以下哪一点是对线路强送电时可暂不考虑的问题（　）。(A)

A. 线路运行年限　B. 可能永久性故障存在而影响稳定

C. 强送时对临近线路暂态稳定的影响　D. 线路跳闸前是否有带电作业

251. 输电线路下焚烧农作物、山林失火，造成线路跳闸原因属于（　）。(B)

A. 恶劣天气影响　B. 外力破坏　C. 设备绝缘材料老化　D. 其他原因

252. 线路故障时，线路断路器未断开，此时（　）。(D)

A. 用母联断路器串带方式对断路器试送　B. 可对该断路器试送一次

C. 检查二次设备无问题后可以试送　D. 应将该断路器隔离

253. 若站内是两台变压器，其中一台变压器事故跳闸后，监控员应重点监视另一台主变压器有无（　）现象。(A)

A. 过负荷　B. 过电压　C. 无功过补　D. 冒烟着火

254. 发生母联死区故障时（　）。(D)

A. 母联在分为时，母联失灵保护动作，切带故障母线

B. 母联在分为时，母联失灵保护动作，两条母线均跳闸

C. 母联在合位时，死区保护动作，切带故障母线

D. 母联在合位时，死区保护动作，两条母线均跳闸

255. 单电源线路跳闸，重合不成或重合闸停用时，应（　）。(A)

A. 根据调度指令强送一次，强送不成，不再强送

B. 根据调度指令强送一次，强送不成，可再强送一次

C. 根据调度指令可多次强送

D. 不再强送

256. 断路器出现闭锁分合闸时，不宜按如下（　）方式处理。(A)

A. 将对侧负荷转移后，用本侧隔离开关拉开

B. 旁代后拉开故障断路器两侧刀闸

C. 母联串代故障断路器，负荷转移后断开母联断路器，再隔离故障

D. 若为母联断路器，可将某一元件两条母线隔离开关同时合上，再隔离故障

257. 变电站事故处理时，如果（　）受到威胁，应立即设法解除这种威胁，并在必要时停止设备的运行。(A)

A. 人身和设备　B. 一次设备　C. 二次设备　D. 电网

258. 由（ ）针对电网薄弱环节编制反事故演习方案，设置事故处理考察要点。(B)

A. 导演组 B. 主演组 C. 反事故总指挥 D. 被演组

259. 变压器过流保护（或低压过流）动作，检查主变压器无问题后（ ）。(D)

A. 停电备用 B. 有效隔离 C. 检修试验 D. 可以送电

260. （ ）输送负荷导致黑启动过程中出现低频振荡现象。(B)

A. 大容量 B. 长距离 C. 短距离 D. 过负荷

261. （ ）是指在电力系统整体或部分系统完全失电后，机组在失去外部电源的情况下，能够启动发电以恢复电力系统运行的容量。(B)

A. 黑启动机组 B. 黑启动容量 C. 再启动容量 D. 被启动容量

262. 当母线失压时，带时限切除所有接在母线上的电容器，原因是（ ）。(A)

A. 防止放电不充分合闸过电压造成电容器组的损坏

B. 防止故障时过电压对电容器组造成损坏

C. 母线失电后，不需要无功补偿

D. 防止母线送电时，造成过电压，危害人身、设备安全

263. 装有比率制动式母差保护的双母线，当母联断路器和母联断路器的电流互感器之间发生故障时，（ ）。(C)

A. 将会切除非故障母线 B. 只切除故障母线

C. 相继切除两条母线 D. 同时切除两条母线

264. 母线发生故障后，处理不正确的是（ ）。(D)

A. 将故障母线上的断路器全部断开

B. 找到故障点并能迅速隔离的，在隔离故障后对停电母线恢复送电

C. 找到故障点但不能隔离的，将该母线转为检修

D. 查找不到故障点时，应对故障母线试送电

265. 若 CT 为不完全接线方式，有关两条接地线路跳闸的说法正确的是（ ）。(B)

A. 一条线路跳闸后系统仍然接地的概率为三分之一

B. 同时跳闸的概率为三分之一

C. 同时跳闸的概率为三分之二

D. 均会同时跳闸

266. 变压器故障跳闸，可能造成电网解列，在试送变压器或投入备用变压器时，要防止（ ）。(B)

A. 运行主变压器过载 B. 非同期并列

C. 带负荷冲击电流过大 D. 主变压器中性点未按正常方式进行调整

267. 变压器重瓦斯保护动作跳闸后，如找不到确切原因，则应测量（ ），进行油色谱分析等补充试验，证明变压器良好，经公司领导同意后可试送一次。(A)

A. 变压器线圈直流电阻 B. 分接开关绕组直流电阻

C. 铁芯对地绝缘 D. 绝缘油密度

268. 防止频率崩溃，下列措施无效的是（ ）。(D)

A. 保证足够的旋转备用 B. 水电机组低频自启动

C. 采用低频率自动减负荷装置 D. 调整负荷分配

269. 对关联输电断面稳定限额的制订，应按照（ ）的原则，由上级调控机构统筹管理。(A)

A. 下级服从上级 B. 上下级协调配合 C. 上下级统筹 D. 协调一致

270. 日前计划安全校核需要根据安全校核结果，针对（ ）断面越限情况，采取预控措施消除越限。(A)

A. 基态潮流及 $N-1$ 开断后潮流 B. 基态潮流

C. $N-1$ 开断后潮流 D. $N-2$ 开断后潮流

271. 为正确分析事故原因、研究对策提供原始资料，是（　　）的作用之一。(A)

A. 故障录波装置　B. 低频减载装置　C. 低压解列装置　D. 低频解列装置

272. 电网发生事故时，按频率自动减负荷装置动作切除部分负荷，当电网频率恢复正常时，被切除的负荷（　　）送电。(C)

A. 经单位领导指示后　B. 运行人员迅速自行

C. 经值班调度员下令后　D. 不允许

273. 有带电作业线路跳闸后，（　　）。(C)

A. 可以强送一次　B. 绝对不允许强送

C. 在得到申请单位同意后方可进行强送电　D. 视系统方式而定

274. 对线路强送电是指线路开关跳闸后，（　　）送电。(B)

A. 经处理后首次　B. 未经处理即行　C. 经处理后多次　D. 未经调度许可即行

275. 线路故障跳闸后，线路处于热备用状态，此时应发布（　　）命令。(A)

A. 带电查线　B. 停电查线　C. 事故查线　D. 运行查线

276. 全电缆线路事故跳闸后（　　）。(A)

A. 不得强送　B. 可不待检查，立即强送一次

C. 雷雨时不得强送，可待雨小后强送一次　D. 以上都不对

277. 母线三相电压同时升高，相间电压仍为额定值，电压互感器开口三角端有较大的电压，这是（　　）现象。(C)

A. 单相接地　B. 断线　C. 工频谐振　D. 电压互感器熔丝熔断

278. 线路恢复送电时，应正确选取充电端，一般离系统中枢点及发电厂母线（　　）。(A)

A. 越远越好　B. 与距离无关　C. 越近越好　D. 以上都有可能

279. 输电断面功率越限处置原则中，下列描述正确的是（　　）。(D)

A. 送端电网发电厂增加出力，并提高电压　B. 送端电网发电厂降低出力，并降低电压

C. 送端电网限电　D. 改变电网运行方式，调整潮流分布

280. 全线敷设电缆的配电线路，一般不装设自动重合闸，原因是（　　）。(B)

A. 电缆线路故障概率少　B. 电缆线路故障多系永久性故障

C. 电缆配电线路是低压线路　D. 电缆线路故障后无法实现重合

281. 变压器过负荷，（　　）措施是无效的。(D)

A. 投入备用变压器　B. 转移负荷

C. 改变系统接线方式　D. 调整变压器分接头

282. 当大电源切除后发供电功率严重不平衡，将造成频率或电压降低，如用低频减负荷不能满足安全运行要求时，须在某些地点装设（　　），使解列后的局部电网保持安全稳定运行，以确保对重要用户的可靠供电。(D)

A. 低频减载装置　B. 联切负荷装置　C. 稳定切机装置　D. 低频或低压解列装置

283. 以下措施不是消除系统间联络线过负荷的有效措施的为（　　）。(D)

A. 有条件时，值班调控员改变系统结线方式，使潮流强迫分配

B. 受端切除部分负荷

C. 受端系统的发电厂迅速增加出力

D. 送端系统的发电厂迅速增加出力

284. 变电站全停后，应全面了解变电站信息，下列说法正确的是（　　）。(D)

A. 继电保护动作情况　B. 断路器变位情况

C. 有无明显故障现象　D. 以上都是

285. 双母线运行倒闸过程中会出现两个隔离开关同时闭合的情况，如果此时Ⅰ母发生故障，母线保护应（　　）。(C)

A. 先切除Ⅰ母，紧接着切除Ⅱ母　　B. 先切除Ⅱ母，紧接着切除Ⅰ母
C. 同时切除两条母线　　D. 只切除Ⅰ母

286. 装有比率制动式母差保护的双母线，当母联断路器和母联断路器的电流互感器之间发生故障时，(　　)。(A)
A. 相继切除两条母线　　B. 只切除故障母线
C. 将会切除非故障母线　　D. 同时切除两条母线

287. 断路器出现闭锁分合闸时，不宜按如下(　　)方式处理。(A)
A. 将对侧负荷转移后，用本侧隔离开关拉开
B. 本侧有旁路开关时，旁代后拉开故障断路器两侧刀闸
C. 本侧有母联开关时，用其串代故障开关后，在对侧负荷转移后断开母联开关，再断开故障断路器两侧隔离刀闸
D. 对于母联断路器拒动时可将某一元件两条母线隔离开关同时合上，再断开母联断路器两侧隔离开关

288. 电压监视和控制点电压偏差超出电网调度规定值的(　　)，且延续时间超过(　　)h，为一般电网事故。(A)
A. ±10%，1　　B. ±5%，1.5　　C. ±5%，1　　D. ±5%，3

289. 当变压器外部故障时，有较大的穿越性短路电流流过变压器，这时变压器的差动保护(　　)。(B)
A. 应立即动作　　B. 不应动作
C. 视短路时间长短和性质而定　　D. 可能动作

290. 强送的定义是(　　)。(B)
A. 设备带标准电压但不带负荷　　B. 设备因故障跳闸后，未经检查即送电
C. 对设备充电并带负荷　　D. 设备因故障跳闸后经初步检查后再送电

291. 单侧电源线路的自动重合闸装置必须在故障切除后，经一定时间间隔才允许发出合闸脉冲，这是因为(　　)。(B)
A. 需与保护配合
B. 故障点要有足够的去游离时间以及断路器及传动机构的准备再次动作时间
C. 防止多次重合
D. 断路器消弧

292. 当交流电流回路不正常或断线时，母线差动保护应(　　)。(A)
A. 闭锁　　B. 跳开　　C. 开放　　D. 正常工作

293. 以下那种情况线路可以强送(　　)。(D)
A. 电缆线路　　B. 线路开关有缺陷或遮断容量不足的线路
C. 已掌握有严重缺陷的线路　　D. 刚正式投运不久的架空线路

294. 变压器中性点零序过流保护在(　　)时方能投入，而间隙过压保护在变压器中性点(　　)时才能投入。(B)
A. 中性点直接接地，中性点直接接地　　B. 中性点直接接地，经放电间隙接地
C. 经放电间隙接地，中性点直接接地　　D. 经放电间隙接地，经放电间隙接地

295. 零起升压系统线路的重合闸状态为(　　)。(A)
A. 停用　　B. 应用　　C. 根据具体情况定　　D. 无关

296. 全电缆线路之所以不使用重合闸，主要是因为(　　)。(B)
A. 电缆线路基本不会发生故障，故没必要使用重合闸
B. 电缆线路发生的故障大多为永久性故障，重合闸成功率极低
C. 电缆线路造价昂贵，万一重合于永久性故障，将损失惨重

D. 运行习惯

297. 主接线为3/2接线，重合闸采用单相方式，当线路发生瞬时性单相故障时，（　　）。(A)

A. 线路保护动作，单跳与该线路相连的边开关及中开关，并启动其重合闸，边开关首先重合，然后中开关再重合

B. 线路保护动作，单跳与该线路相连的边开关及中开关，并启动其重合闸，中开关首先重合，然后边开关再重合

C. 线路保护动作，单跳与该线路相连的边开关及中开关，并启动其重合闸，边开关及中开关同时重合

D. 线路保护动作，三跳与该线路相连的边开关及中开关，并启动其重合闸，边开关首先重合，然后中开关再重合

## 二、多选题

1. 下述（　　）方式，会降低系统承受故障扰动的能力。(ABC)

A. 系统电压降低　B. 电磁环网　C. 线路检修　D. 机组未满出力运行

2. 线路故障跳闸后，值班人员应迅速汇报（　　）。(ABCD)

A. 一次设备状态　B. 故障时间

C. 保护安自装置动作情况　D. 开关变位情况

3. 低频振荡常出现在（　　）的输电线路上。(ABD)

A. 弱联系　B. 远距离　C. 轻负荷　D. 重负荷

4. 中性点不接地或经消弧线圈接地的网络发生单相接地故障时，如故障点为金属性接地，则（　　）。(AD)

A. 故障相电压为0，其他两相电压升高，但线间电压是平衡的

B. 故障相电压不变，其他两相电压升高，但线间电压是不平衡的

C. 故障现象会涉及其他电压等级的网络上去

D. 故障现象不会涉及其他电压等级的网络上去

5. 通过缩短故障切除后的电气距离以提高暂态稳定性的措施是（　　）。(AB)

A. 设置开关站　B. 采用串联补偿装置

C. 采用自动重合闸　D. 增加强励倍数

6. 瓦斯保护可以保护的故障种类为（　　）。(ABCD)

A. 变压器内部的多相短路　B. 匝间短路，绕组与铁芯或与外壳短路

C. 铁芯故障　D. 油面下降或漏油

7. 系统发生故障时，事故单位应立即准确地向上级值班调度汇报内容（　　）。(ABCD)

A. 时间及现象　B. 断路器变位情况

C. 继电保护和自动装置动作情况　D. 频率、电压、潮流变化情况

8. 线路故障时，线路断路器未断开，下列描述不正确的是（　　）。(BCD)

A. 应将该断路器隔离　B. 可对该断路器试送一次

C. 检查二次设备无问题后可以试送　D. 用母联断路器串带方式对断路器试送

9. 发电厂全停后恢复送电，应注意（　　）。(ABCD)

A. 恢复厂用电时应按顺序恢复，防止备用变压器过载。

B. 必要时，只恢复厂用、站用电和部分重要用户的供电

C. 恢复送电时必须注意防止非同期并列，防止向有故障的线路反送电

D. 利用备用电源恢复供电时，应考虑其负载能力和保护整定值，防止过负载和保护误动作

10. 母线差动保护动作，母线差动范围内检查未发现明显故障点，应按（　　）处理。(ABD)

A. 线路对侧试送电　B. 有条件时零升　C. 改检修　D. 分段试送

11. 电力系统操作过电压是由于电网内开关操作或故障跳闸引起的过电压，引起操作过电压的情况有（ ）。（ABCDE）

A. 切除空载线路引起的过电压　B. 空载线路合闸时的过电压

C. 切除空载变压器引起的过电压　D. 间隙性电弧接地引起的过电压

E. 解合大环路引起的过电压

12. 电力系统发生短路故障时，系统总会出现（ ）。（ABC）

A. 电流突然增大　B. 网络电压降低　C. 网络阻抗变小　D. 零序电流

13. 断路器常见故障包括（ ）。（ABCD）

A. 闭锁分合闸　B. 三相不同期

C. 机构损坏或压力降低　D. 具有分相操作功能的断路器不按指令的相别动作

14. 双侧电源线路的自动重合闸必须在故障切除后，经一定时间间隔才允许发出合闸脉冲，这是因为（ ）。（AC）

A. 需与保护配合　B. 防止多次重合　C. 故障点去游离需一定时间

15. 下列（ ）可能导致系统稳定破坏，必须采取预定措施，以防止系统崩溃。（ABCD）

A. 故障时断路器拒动

B. 失去大容量发电厂

C. 故障时继电保护和安全自动装置误动或拒动

D. 多重故障

16. 当联络线跳闸造成系统解列后，送电时描述不正确的是（ ）。（BCD）

A. 须检同期　B. 须检无压　C. 可以不检同期　D. 无要求

17. 对于同杆并架双回线，为避免跨线异名相故障造成双回线跳闸，可采用（ ）保护方式。（AB）

A. 分相电流差动保护　B. 分相跳闸逻辑的纵联保护

C. 高频距离、高频零序保护　D. 高频方向保护

18. 两端有电源的线路故障跳闸，选择强送端的原则包括（ ）。（ABD）

A. 短路故障容量小的一端

B. 断路器遮断故障次数少和断路器遮断容量大的一端

C. 短路故障容量大的一端

D. 能迅速恢复用户供电和正常接线方式的一端

19. 两端有电源可分段的线路故障断路器跳闸，值班调度员应按（ ）处理。（AB）

A. 无重合闸、重合闸停用或拒动时，应全线强送一次；强送不成，再根据保护动作情况分段强送

B. 有重合闸重合不成，分段强送；若一段强送不成，则强送另一段；若强送成功，另一段不再强送

C. 无论重合闸投、停或拒动与否时，应全线强送一次；强送不成，不再强送

D. 无论重合闸投、停或拒动与否时，均不应强送

20. 220kV 双母线接线形式的变电站，当某一 220kV 出线发生故障且断路器拒动时，失灵保护启动跳开（ ）。（ABC）

A. 拒动断路器所在母线上的所有断路器

B. 母联断路器

C. 拒动断路器所在母线上的所有出线的对侧断路器

D. 两条母线上的所有断路器

21. 瓦斯保护动作跳闸时，在查明原因消除故障前不得将变压器投入运行。为查明原因应重点考虑（ ），做出综合判断。（ABCD）

A. 是否呼吸不畅或排气未尽　B. 变压器外观有无明显反映故障性质的异常现象

C. 瓦斯继电器中积聚气体量，是否可燃　D. 油中溶解气体的色谱分析结果

22. 直流系统发生（ ）故障时，故障报警装置应可靠动作，发出报警信号。（ABC）

A. 交流电源失压（包括断相） B. 充电浮充电装置故障
C. 蓄电池组熔断器熔断 D. 蓄电池组漏液

23. 单电源重合闸停用（或重合不成）的线路故障跳闸，不正确的处理方法是（ ）。(BCD)
A. 根据调度指令强送一次，强送不成，不再强送
B. 等待查明跳闸原因后再决定是否强送线路
C. 现场值班人员不必等待调度指令立即强送一次
D. 请示有关领导

24. 电缆常见故障有（ ）。(ABCD)
A. 机械损伤 B. 绝缘老化 C. 绝缘受潮 D. 过热或过电压

25. 电网运行中，出现零序电压或零序电流的故障有（ ）。(ABC)
A. 单相接地短路 B. 两相接地短路 C. 单相断线 D. 三相短路

26. 恢复送电时必须注意防止（ ）。(AC)
A. 非同期并列 B. 空充线路
C. 向有故障的电源线路反送电 D. 防止电压下降

27. 直流系统接地时用“瞬停法”仍然查找不到故障点，可能是（ ）原因。(ABCD)
A. 接地点在母线上 B. 接地点可能在充电设备、蓄电池本身上
C. 接地点在环路供电的线路上 D. 接地点在同极的不同点

28. 主变压器发生下列（ ）故障时瓦斯保护动作跳闸。(ABC)
A. 匝相短路、绕组与铁芯或与外壳短路 B. 铁芯故障、油面下降速度很快或大量漏油
C. 分接开关接触不良或导线焊接不牢固 D. 本体油位异常升高

29. 线路发生故障后，值班调度员发布巡线指令时应说明（ ）情况。(ABC)
A. 线路是否已经带电
B. 若线路无电是否已做好安全措施
C. 找到故障后是否可以不经联系立即开始处理

30. 一般根据（ ）判断是否母线故障。(ABC)
A. 仪表指示 B. 保护和自动装置动作情况
C. 开关信号及事故现象 D. 站用电消失

31. 以下小电流接地系统的各种故障特点正确的是（ ）。(AC)
A. 单相完全接地：一相电压为零，两相升高为线电压
B. 单相断线：一相电压为零，两相升高为线电压
C. 基频谐振：一相电压降低，两相电压升高超过线电压

32. 有载调压变压器分接开关故障是由（ ）原因造成的。(ABCD)
A. 辅助触头中的过渡电阻在切换过程中被击穿烧断，且发生闪烙
B. 由于分接开关密封不严进水而造成相间短路
C. 由于触头滚轮被卡住，使分接开关停在过渡位置，造成相间短路而烧坏
D. 分接开关油箱内缺油

33. 变压器事故跳闸的处理原则是（ ）。(ABCD)
A. 若主保护（瓦斯、差动等）动作，未查明原因消除故障前不得送电
B. 检查相关设备有无过负荷问题
C. 有备用变压器或备用电源自动投入的变电站，当运行变压器跳闸时应先起用备用变压器或备用电源，然后再检查跳闸的变压器
D. 如因线路故障，保护越级动作引起变压器跳闸，则故障线路断路器断开后，可立即恢复变压器运行

34. 电压断线信号告警时，应立即将（ ）保护停用。(ABCD)

A. 距离保护　　B. 振荡解列装置
C. 检查无电压的重合闸　　D. 低电压保护

35. 用试拉断路器的方法寻找接地故障线路时，不应先试拉（　　）。(ACD)
A. 长线路　　B. 充电线路　　C. 无重要用户的线路　　D. 电源线路

36. 线路故障跳闸后，线路处于热备用状态，此时下列命令不正确的是（　　）。(BCD)
A. 带电查线　　B. 停电查线　　C. 事故查线　　D. 运行查线

37. 220kV 线路断路器至电流互感器间发生单相接地短路故障，则会造成（　　）动作。(BD)
A. 断路器失灵保护　　B. 母线差动保护
C. 本线路零序电流一段保护　　D. 本线路对侧继电保护装置

38. 电力系统中的不对称故障有（　　）。(ABCD)
A. 两相短路　　B. 两相接地短路　　C. 单相接地　　D. 单相和两相断线

39. 变压器（　　）动作跳闸，未查明原因消除故障前不得送电。(ABD)
A. 瓦斯保护　　B. 差动保护　　C. 低压过流保护　　D. 瓦斯、差动保护

40. 当线路跳闸后，调度员根据（　　）现象判断是越级跳闸而不是本线故障。(BCD)
A. 本线主保护动作
B. 本线主保护未动
C. 本线后备保护动作
D. 受端变电站转供线路或主变保护动作，开关未跳闸

41. 变压器纵差保护主要反映（　　）故障。(AC)
A. 变压器绕组短路
B. 变压器铁芯过热、油面降低等本体内的任何故障
C. 变压器引出线的相间短路、接地短路
D. 变压器少数匝间短路

42. 在区外线路故障时，可造成主变压器差动保护误动作跳闸的原因有（　　）。(ABC)
A. 主变压器差动保护所用 CT 选型不当，其暂态误差大，保护定值没有躲过暂稳态误差
B. 主变压器保护设备硬件故障
C. 主变压器保护差动用 CT 回路接触不良
D. 二次谐波制动回路未起作用

43. 电容器开关跳闸后，应查明继电保护的动作情况，并对（　　）进行外观检查分析，未查明故障原因不允许投入运行。(ABD)
A. 其开关、刀闸　　B. 电流互感器、放电线圈、电缆
C. 电压互感器　　D. 电容器本体

44. 发电厂、变电站母线失电是指母线本身无故障而失去电源，判别母线失电的依据是同时出现下列（　　）现象。(ACD)
A. 该母线的电压指示消失
B. 断路器跳闸及有故障引起的声、光、信号
C. 该母线的各出线及变压器负荷消失（电流、功率指示为零）
D. 该母线所供厂用电或所用电失去

45. 当故障相自两侧切除后，非故障相与断开相之间存在的（　　），继续向故障相提供的电流为潜供电流。(AB)
A. 电容耦合　　B. 电感耦合　　C. 过渡电阻　　D. 电容电流

46. 出现下列（　　）故障立即将电抗器停运。(ABCD)
A. 干式电抗器出现突发性声音异常或振动　　B. 接头及包封表面异常过热、冒烟
C. 干式电抗器出现沿面放电　　D. 电抗器绝缘子有明显裂纹

E. 电抗器接地体及围网、围栏有异常发热

47. 变压器瓦斯保护能反应变压器的（　　）故障。(ABC)

A. 铁芯过热烧伤　B. 油渗漏　C. 少数匝间短路　D. 套管闪络

48. 重合闸重合于永久性故障上对电力系统有（　　）的不利影响。(AB)

A. 使电力系统又一次受到故障的冲击

B. 使断路器的工作条件变得更加恶劣，因为短时间内，断路器要连续两次切断电弧

C. 设备动稳定能力下降

49. 母线差动保护中，母联开关电流取自Ⅱ母侧电流互感器，如母联开关与电流互感器间发生短路故障时，下列说法不正确的有（　　）。(ABC)

A. Ⅰ母线差动保护动作，切除Ⅰ母元件后，Ⅱ母线差动保护动作，切除Ⅱ母元件

B. Ⅱ母线差动保护动作，切除Ⅱ母元件后，Ⅰ母线差动保护动作，切除Ⅰ母元件

C. Ⅰ母线差动保护动作，切除Ⅰ母元件，Ⅱ母线差动保护不动作，Ⅱ母元件只能由对侧后备保护切除

D. Ⅰ母线差动保护动作，切除Ⅰ母元件后，死区保护动作，切除Ⅱ母元件

50. 负序旋转磁场会对发电机产生的影响有（　　）。(ABD)

A. 发电机转子发热　B. 机组振动增大

C. 机端电压降低　D. 定子绕组由于负荷不平衡出现个别相绕组过热

51. 配置双母线完全电流差动保护的母线元件倒闸操作，下列说法正确的是（　　）。(ABD)

A. 倒闸过程中不退出母线差动保护

B. 倒闸过程中若出现故障，两条母线将同时跳闸

C. 倒闸过程中若出现故障，只有故障母线跳闸

D. 倒闸过程应将母联断路器的跳闸回路断开

52. 电网发生事故时，按频率自动减负荷装置动作切除部分负荷，当电网频率恢复正常时，被切除负荷送电时的要求，不正确的是（　　）。(ABD)

A. 经单位领导指示后可以送电　B. 运行人员迅速自行可以送电

C. 经值班调度员下令后可以送电　D. 不能送电

53. 系统故障时，快速关闭汽机阀门会（　　）。(ABD)

A. 降低原动机的输出机械功率　B. 减少功率差额

C. 增加加速面积　D. 提高暂态稳定水平

54. 差动保护中防止励磁涌流影响的方法有（　　）。(ACD)

A. 采用具有速饱和铁芯的差动继电器

B. 鉴别短路电流和励磁涌流波形的区别，要求间断角为 55°～60°

C. 鉴别短路电流和励磁涌流波形的区别，要求间断角为 60°～65°

D. 利用二次谐波制动，制动比为 15%～20%

55. 电压互感器发生异常情况可能发展成故障时，（　　）。(CD)

A. 不允许操作电压互感器高压侧隔离开关

B. 允许用近控的方法操作该电压互感器高压侧隔离开关

C. 电压互感器高压侧隔离开关可以远控操作时，应用高压侧隔离开关远控隔离

D. 禁止将该电压互感器的二次侧与正常运行的电压互感器二次侧进行并列

56. 变压器事故过负荷时，应采取（　　）措施消除过负荷。(ACD)

A. 指令有关调度转移负荷　B. 投入无功补偿装置

C. 按有关规定进行拉闸限电　D. 投入备用变压器

57. 隔离开关在运行时发生烧红、异响等情况，（　　）。(ACD)

A. 应采取措施降低通过该隔离开关的潮流　B. 可以采用合另一把母线隔离开关的方式

C. 可以采用旁路代的方式　D. 可以采用停用隔离开关的方式

58. 发电厂保厂用电的措施有（　　）。(ABCDE)
　A. 为确保厂用电的安全，厂用电部分应设计合理，厂用电应分段供电，并互为备用（可在分段断路器加装备用自动投入装置）
　B. 发电机出口引出厂高压变压器，作为机组正常运行时本台机组的厂用电源，并可以作为其他厂用电源的备用
　C. 装设专用的备用厂用高压变压器，即直接从电厂母线接入备用厂用电源，或从三绕组变压器低压侧接入备用电源
　D. 通过外来电源接入厂用电
　E. 电厂装设小型发电机（如柴油发电机）提供厂用电，或直流部分通过蓄电池供电
59. 单机异步振荡的现象有（　　）。(AD)
　A. 机组有功、无功、电流大幅摆动，可能出现过零，其余机组变化趋势与之相反
　B. 机组有功、无功、电流摆动幅度不大
　C. 机组鸣声较小，发电机有功不过零
　D. 机组有周期性轰鸣声、水轮机导叶或汽轮机汽门开度周期性变化
60. 导致频率异常的因素有（　　）。(AB)
　A. 由电网事故造成　　B. 由运行方式安排不当造成
　C. 由用户偷电造成　　D. 由跨区弱联网造成
61. 发电机发生同步振荡，下列说法正确的是（　　）。(ABC)
　A. 最终稳定在新的功角下　　B. 需要在新的功角附近做若干次振荡
　C. 发电机仍保持同步运行　　D. 振荡频率在 0.5～2Hz 之间
62. 系统发生振荡事故时，应如何处理（　　）。(ABC)
　A. 任何发电机都不得无故从系统中解列
　B. 若由于发电机失磁而引起系统振荡，应立即将失磁的机组解列
　C. 通知有关发电厂提高无功出力，尽可能使电压提高到允许最大值
　D. 通知有关发电厂降低无功出力，尽可能使电压降低到正常值
63. 电网黑启动时控制频率涉及（　　）。(ABC)
　A. 负荷的恢复速度　　B. 机组的调速器响应
　C. 二次调频
64. 制定电网黑启动计划需注意（　　）。(ABC)
　A. 无功功率平衡　　B. 有功功率平衡　　C. 选择同期点　　D. 恢复速度
65. 黑启动电源一般选择水电，因为是（　　）。(ABC)
　A. 结构简单　　B. 辅机少　　C. 启动速度快
66. 线路强送端的选择，除考虑线路正常送电注意事项外，还应考虑（　　）。(ABC)
　A. 一般宜从距离故障点远的一端强送
　B. 避免在振荡中心和附近进行强送
　C. 避免在单机容量为 20 万 kW 及以上大型机组所在母线进行强送
　D. 避免在单机容量为 30 万 kW 及以上大型机组所在母线进行强送
67. 无功电源中的事故备用容量，主要储备于（　　）。(ABC)
　A. 运行的发电机　　B. 无功静止补偿装置　　C. 运行的调相机　　D. 运行的异步电动机
68. 隔离开关常见异常现象有（　　）。(ABC)
　A. 隔离开关分不到位　　B. 隔离开关接头发热
　C. 隔离开关合不到位
69. 断路器非全相运行可能出现下列（　　）后果。(ABC)
　A. 电压位移使各相对地电压不平衡

B. 个别相对地电压升高，容易产生绝缘击穿事故

C. 零序电流在系统内产生电磁干扰，引起零序保护动作

D. 系统两部分间连接阻抗减小，造成异步运行

70. 单母线接线方式，若母线侧隔离开关发热，可采取措施（　　）。（ABC）

A. 减轻负荷　　B. 旁路代断路器运行

C. 若无旁路，最好将线路停电　　D. 立即将该刀闸所在母线停役处理

71. 发电厂厂用电全停对发电厂设备的影响包括（　　）。（ABC）

A. 因辅机等相关设备停电对恢复机组运行造成困难

B. 发电厂失去厂用电会威胁机组轴系等相关设备安全

C. 照明用电全停

D. 造成升压站母线 TV 异常

72. 发电厂全停后调度人员应向现场全面了解（　　）信息。（ABC）

A. 发电厂继电保护动作情况　　B. 断路器位置

C. 有无明显故障现象　　D. 领导到岗到位情况

73. 枢纽变电站全停对电网的影响有（　　）。（ABC）

A. 使系统失去多回重要联络线

B. 损失部分负荷

C. 导致以它为上级电源的多个低电压等级变电站全停

D. 导致发电机大量解列

74. 变电站全停后现场人员应（　　）处理。（ABC）

A. 变电站全停，运行值班人员应首先设法恢复受影响的站用电，有条件的应启动备用柴油发电机

B. 按规程规定立即将多电源间可能联系的断路器拉开，若双母线母联断路器没有断开应首先拉开母联断路器，防止突然来电造成非同期合闸

C. 尽快查清是本站故障还是因外部故障导致本站停电

D. 检查是否有出线线路侧有电压，如果发现带电线路，则立即合入该线路断路器给失电母线送电

75. 母线失压，在（　　）情况下未查明原因前，不得试送母线。（ABC）

A. 母线差动保护动作跳闸　　B. 母线因后备保护动作跳闸

C. 母线有带电作业时电压消失　　D. 母线因备自投装置拒动电压消失

76. 电力系统中，为保证系统稳定，防止事故扩大，需采用自动控制措施，那么下列（　　）措施在功率缺额与频率下降的一侧所采用。（ABC）

A. 切除部分负荷　　B. 发电机组快速加出力

C. 快速启动备用机组　　D. 短时投入电气制动

77. 系统振荡后，利用人工再同步的方法进行处理的要点有（　　）。（ABC）

A. 通知有关发电厂提高无功出力，尽可能使电压提高到允许最大值

B. 频率升高的发电厂应自行降低出力使频率下降，直至振荡消失

C. 频率降低的发电厂应采取措施使频率提高到系统正常频率偏差的下限值以上

D. 通知有关发电厂降低无功出力，尽可能使电压降低到正常值

78. 当频率低于正常值时，可采取紧急调整负荷的措施，措施主要包括（　　）。（ABC）

A. 由低频减载装置动作切除负荷

B. 调度员下令切除负荷线路或负荷变压器

C. 由变电站按照事先规定的顺序自行拉开负荷线路断路器

D. 用户自行将负荷停电

79. 当频率低于正常值时，需采取紧急增加发电机有功出力的措施，措施主要包括（　　）。（ABC）

A. 迅速调出旋转备用　　B. 迅速开启备用机组

C. 抽水蓄能机组由抽水改发电　　D. 发电机组超铭牌出力运行

80. 以下可能产生操作过电压的操作有（　　）。(ABC)

A. 切除空载线路　B. 空载线路充电　C. 切除空载变压器　D. 空载变压器充电

81. 系统振荡时的一般现象有（　　）。(AC)

A. 各点电压和电流周期性地剧烈摆动　　B. 各点电压和电流无规律地剧烈摆动

C. 振荡中心电压摆动最大　　D. 振荡中心电压摆动最小

82. 发生异步振荡时，系统频率（　　）。(AC)

A. 不能保持同一频率　　B. 能够保持同一频率

C. 送端系统频率升高　　D. 受端系统频率升高

83. 以下情况需要紧急停机的有（　　）。(ABCD)

A. 机组严重超速　　B. 胀差超过允许值

C. 主机推力瓦温度高　　D. 正常运行时主、再热蒸汽温度低于规定值

84. 变压器出现以下（　　）情况时，应立即停电处理。(BC)

A. 严重过负荷

B. 油枕或防爆管喷油

C. 漏油致使油面下降，低于油位指示计的指示限度

D. 出现异常声音

85. 作为枢纽变电站的发电厂全停会（　　）。(BC)

A. 导致电网电压升高　　B. 严重破坏电网结构

C. 使系统失去多回重要联络线　　D. 仅造成机组跳闸，不会造成负荷损失

86. 电力系统振荡和短路的主要区别有（　　）。(ABCD)

A. 短路时电流、电压值是突变的

B. 振荡时系统任何一点电流与电压之间的相位角都随功角变化而变化

C. 振荡时系统各点电压和电流值均做往复性摆动

D. 短路时，电流与电压之间的角度是基本不变的

87. 防止电压崩溃的措施有（　　）。(ABCD)

A. 安装足够的无功补偿容量　　B. 使用有载调压变压器

C. 安装低电压自动减负荷装置　　D. 尽量避免远距离、大容量的无功功率输送

88. 母线试送电原则是（　　）。(ABCD)

A. 尽可能用外来电源进行试送电

B. 试送电断路器应有完善的速动保护功能

C. 当使用本厂（站）母联断路器送电时，应可靠投入母联的充电保护

D. 必要时也可使用主变断路器充电，该主变中性点应接地，改变保护动作时限

89. 母线故障失压时现场人员应根据（　　）信号判断是否母线故障，并将情况立即报告调度员。(ABCD)

A. 继电保护动作情况　　B. 断路器跳闸情况

C. 现场发现故障的声、光现象　　D. 故障录波器录波情况

90. 变电站全停后，调度人员应（　　）。(BCD)

A. 向单位总工汇报情况，等待处理方案

B. 全面了解变电站继电保护动作情况、断路器位置、有无明显故障现象

C. 了解站用系统情况，有无备用电源等

D. 查明故障原因后，尽快给变电站母线送电

91. 发电机并网线路上发生短路故障时（　　）。(ABCD)

A. 机端电压会下降　　B. 转子会加速

C. 发电机突变到较低的功角曲线运行　　D. 静态稳定性降低

92. 变压器常见故障有（　）。(ABCD)

A. 绕组故障　B. 套管故障　C. 分接开关故障　D. 铁芯故障

93. 变压器重瓦斯与差动保护同时动作后的处理（　）。(ABCD)

A. 立即向调度汇报　　B. 通知运维单位现场检查

C. 不得强送　　D. 待查处理

94. 母线电压不平衡的原因有（　）。(ABCD)

A. 输电线路发生金属性接地或非金属性接地故障

B. 电压互感器一、二次侧熔断器熔断

C. 空母线或线路的三相对地电容电流不平衡，有可能出现假接地现象

D. 母线电压谐振

95. 隔离开关以下常见缺陷，必须要停电处理的有（　）。(ACD)

A. 瓷质部分绝缘子有裂纹、放电声　　B. 导电部分引线接头发热

C. 传动部分传动杆断裂或脱落　　D. 操动机构电动操作或遥控失灵

96. 隔离开关常见异常现象有（　）。(ABCD)

A. 隔离开关分不到位　　B. 隔离开关接头发热

C. 隔离开关合不到位　　D. 隔离开关拒分闸

97. 以下选项中属于电流互感器常见异常有（　）。(ABCD)

A. 漏油　B. 外绝缘破裂　C. 过负荷　D. 二次回路开路

98. 环网运行的220kV变电站失压，本站所有断路器未分闸，而所有出线的对侧断路器保护跳闸，故障原因可能是（　）。(AB)

A. 本站220kV母线故障，母差保护未动

B. 220kV线路故障，保护拒动，越级跳闸

C. 主变压器低压侧故障，主变压器主保护未动

D. 220kV线路故障，本断路器拒动

99. 以下选项中属于断路器气压或液压操动机构常见故障的是（　）。(ABCD)

A. 渗油　B. 漏气　C. 内漏　D. 机构频繁打压

100. 母线设备接头过热可能是（　）等造成的。(ABCD)

A. 紧固不良　B. 接触面积不足　C. 接头老化　D. 过负荷

101. 大型变压器有过励磁保护，能反应系统（　）异常运行状态。(AC)

A. 电压升高　B. 过负荷　C. 频率下降　D. 绕组绝缘破坏

102. 某一厂站通信设备异常可能导致（　）。(ABCD)

A. 自动化通道中断　B. 数据网通道中断　C. 调度电话中断　D. 图像监控通道中断

103. 断路器非全相运行可能出现的后果有（　）。(ABC)

A. 电压位移使各相对地电压不平衡

B. 个别相对地电压升高，容易产生绝缘击穿事故

C. 零序电流在系统内产生电磁干扰，引起零序保护动作

D. 系统两部分间连接阻抗减小，造成异步运行

104. 隔离开关在运行中出现发热时，应（　）。(ABCD)

A. 立即设法减少负荷

B. 以适当的断路器，利用倒母线或以备用断路器倒旁路母线等方式，转移负荷，使其退出运行

C. 采取带电作业进行抢修

D. 使用接短路线的方法，临时将刀闸短接

105. 在实际调度运行中，经常能遇到线路隔离开关发热的等其他异常情况，此时应（　）。(ABC)

A. 加强红外测温　B. 必要时带电或停电处理
C. 采取措施降低负荷　D. 不予处理，气温降低后自然恢复

106. 母线失压，在（　　）情况下未查明原因前，不得试送母线。(ABC)
A. 母差保护动作跳闸　B. 母线因后备保护动作跳闸
C. 母线有带电作业时电压消失　D. 母线因备自投装置拒动电压消失

107. 电压异常处理方法一般有（　　）。(ABC)
A. 调整无功电源　B. 调整无功负荷　C. 调整电网运行方式　D. 调整系统频率

108. 架空线路缺陷有（　　）。(ABCD)
A. 线路断股　B. 线路上悬挂异物　C. 接线卡发热　D. 绝缘子串破损

109. 事故处理的操作中应严格执行操作监护制并认真核对设备（　　）防止误操作。(ABC)
A. 位置　B. 名称　C. 编号　D. 厂家

110. 母线故障失压时现场人员应根据以下哪些信号判断是否母线故障，并将情况立即报告调度员（　　）。(ABCD)
A. 继电保护动作情况　B. 断路器跳闸情况
C. 现场发现故障的声、光　D. 故障录波器录波情况

111. （　　）可能导致系统稳定破坏，必须采取预定措施，以防止系统崩溃。(ABCD)
A. 故障时断路器拒动
B. 失去大容量发电厂
C. 故障时继电保护和安全自动装置误动或拒动
D. 多重故障

112. 对于双母线接线方式的变电站，当某一 220kV 出线发生故障且断路器拒动时，应由（　　）切除电源。(AC)
A. 失灵保护　B. 母线保护　C. 对侧线路保护　D. 主变压器后备保护

113. 引起电力系统事故的原因主要有（　　）。(ACD)
A. 自然灾害　B. 雨天　C. 设备自身　D. 人为因素

114. 线路故障的主要原因有（　　）等。(ABCD)
A. 外力破坏　B. 恶劣天气影响　C. 设备绝缘材料老化　D. 小动物原因

115. 线路故障跳闸后，值班人员应迅速汇报（　　）。(ABCD)
A. 一次设备状态　B. 故障时间　C. 保护动作情况　D. 安自装置动作情况

116. 线路故障跳闸后，调度员应了解（　　）。(ABCD)
A. 保护动作情况　B. 一次设备状态　C. 天气情况　D. 故障录波情况

117. 变压器套管故障主要原因有（　　）。(ABCD)
A. 老化、裂纹　B. 污染　C. 受潮　D. 闪络

118. 恶劣天气影响容易对线路造成（　　）危害。(ABCD)
A. 大风造成线路风偏闪络　B. 输电线路遭雷击跳闸
C. 输电线路覆冰　D. 输电线路污闪

119. 属于变压器绝缘系统故障的有（　　）。(ABCD)
A. 绝缘油异常　B. 绝缘系统受潮　C. 相间短路　D. 围屏树枝状放电

120. 输电线路覆冰可能会造成线路（　　）等。(ABCD)
A. 舞动　B. 冰闪　C. 倒塔　D. 导线断股

121. 线路永久性故障的象征可能为（　　）。(ABCD)
A. 断路器先分位，再合位，然后再次分位
B. 故障线路电流、功率瞬间为零
C. 故障线路的某种保护动作、重合闸动作、故障录波动作

D. 故障线路的重合闸动作、故障录波动作

122. 变压器事故跳闸后，若变压器（　　）动作，未查明原因并消除故障前不得送电。(AC)

A. 瓦斯保护　　B. 过流保护　　C. 差动保护　　D. 复压过流保护

123. 变压器跳闸后，监控人员应根据（　　）判断是否是变压器故障跳闸，将简要情况汇报相关调度。(ABC)

A. 断路器变位信息　　B. 保护动作情况

C. 相关遥测信息　　D. 电网潮流变化

124. 电网黑启动主要考虑（　　）。(ABCD)

A. 频率控制　　B. 电压控制　　C. 暂态稳定性　　D. 静态稳定性

125. 电网黑启动时控制频率涉及（　　）。(ABC)

A. 负荷的恢复速度　　B. 机组的调速器响应

C. 二次调频　　D. 无功功率调整

126. 分闸闭锁的断路器应（　　）。(AC)

A. 改为非自动状态　　B. 不必改为非自动状态

C. 不得影响其失灵保护的启用　　D. 应停用失灵保护

127. 消弧线圈动作时应记录（　　），并报告调度。(ABCD)

A. 动作时间　　B. 接地相别

C. 中性点电压、电流　　D. 三相对地电压的变化及时间

128. 变压器主保护动作跳闸时，试送电前应注意事项为（　　）。(ABCD)

A. 检查变压器外部无明显故障　　B. 进行油分析检验

C. 检查瓦斯气体　　D. 检查故障录波器动作情况

129. 对线路零起升压前，应（　　）。(ACD)

A. 退出线路重合闸　　B. 退出线路保护

C. 停用发电机自动励磁　　D. 发电机升压变压器中性点必须接地

130. 刀闸在运行时发生烧红、异响等情况，应（　　）。(ACD)

A. 应采取措施降低通过该刀闸的潮流　　B. 可以采用合另一把母线刀闸的方式

C. 可以采用旁路代的方式　　D. 可以采用停用刀闸的方式

131. 母线失压，在（　　）情况下未查明原因前，不得试送母线。(ABC)

A. 母差保护动作跳闸　　B. 母线因后备保护动作跳闸

C. 母线有带电作业时电压消失　　D. 母线因备自投装置拒动电压消失

132. 母线故障的处理原则（　　）。(ABCD)

A. 若确认系保护误动作，应尽快恢复母线运行

B. 找到故障点并能迅速隔离的，在隔离故障点后对停电母线恢复送电

C. 双母线中的一条母线故障，且短时不能恢复，在确认故障母线上的元件无故障后，将其冷倒至运行母线并恢复送电

D. 找不到明显故障点的，有条件时应对故障母线零起升压，否则可对停电母线试送电一次

133. 断路器闭锁分闸现场采取措施无效时，尽快将闭锁断路器从运行中隔离的措施是（　　）。(ABCD)

A. 用母联断路器串故障断路器，使故障断路器停电

B. 用专用旁路或母联兼旁路断路器隔离

C. 母联断路器故障，可用某一元件隔离开关跨接两母线（或倒单母线），然后拉开母联断路器两侧隔离开关

D. 3/2 接线的断路器，保证故障断路器所在串与其他串并联运行时，可用其两侧隔离开关隔离

134. 当电网输电断面超过稳定限额时，应按以下（　　）原则采取措施降至限额以内。(BCD)

A. 降低受端发电厂出力，并降低电压水平　B. 降低送端发电厂出力，并提高电压水平
C. 在受端进行限电　D. 调整系统运行方式，转移过负荷元件的潮流

135. 用旁路断路器转代的操作规定（　）。(ACD)
A. 旁路断路器与拟转代断路器在同一母线
B. 用母联断路器向旁路母线充电
C. 调整旁路断路器的定值与拟转代断路器定值一致
D. 用旁路断路器向旁路母线充电

136. 电网反事故措施的主要内容有（　）。(ABCD)
A. 防止电网稳定破坏的措施　B. 防止设备和线路过负荷的措施
C. 防止误下令、误操作的措施　D. 防止继电保护装置误动、拒动的措施

137. 电网事故处置系列预案中内容包括（　）。(ABCD)
A. 重要变电站—重要发电厂事故，包括全停的紧急处置
B. 黑启动预案
C. 重要厂站、线路遭受自然灾害、外力破坏、毁灭性破坏或打击等的紧急处置
D. 互联电网系统解列的紧急处置

138. （　）是电网黑启动过程中应注意的问题。(ABCD)
A. 无功功率平衡问题　B. 有功功率平衡问题
C. 保护配置问题　D. 频率和电压控制问题

139. 防止频率崩溃有（　）措施。(ABC)
A. 电力系统运行应保证有足够的、合理分布的旋转备用容量和事故备用容量
B. 采用重要电源事故联切负荷装置
C. 制订系统事故拉电序位表，在需要时紧急手动切除负荷
D. 系统装设足够的电容器

140. 下列关于黑启动方案论述正确的是（　）。(ABC)
A. 系统故障全部停电后的恢复方案即黑启动方案
B. 黑启动方案包括启动电源、启动步骤、负荷恢复及快速启动组织和技术措施等
C. 黑启动方案关键环节应通过试验进行验证，并根据系统情况每年进行一次修编
D. 黑启动方案一般 2 年进行一次修订

141. 环网运行的 220kV 变电站失压，本站所有断路器未跳闸，而所有出线的对侧断路器保护跳闸，故障原因可能是（　）。(AB)
A. 本站 220kV 母线故障，母差保护未动作　B. 220kV 线路故障，保护拒动，越级跳闸
C. 220kV 线路故障，本开关拒动　D. 主变压器低压侧故障，主变压器主保护未动作

142. 在系统中的（　）地点，可考虑设置低频、低压解列装置。(ABCD)
A. 地区电厂的高压侧母线联络断路器
B. 地区系统中从主系统受电的终端变电站母线联络断路器
C. 系统间连络线
D. 专门划作系统事故紧急启动电源专带厂用电的发电机组母线联络断路器

143. 发电厂、变电站运行人员在系统发生故障又与各级调度通信中断时，应按下列原则处理（　）。(AD)
A. 允许发电厂按调度曲线自行调整出力
B. 不允许发电厂按调度曲线自行调整出力
C. 一切已批准但未执行的检修计划继续执行
D. 一切已批准但未执行的检修计划及临时操作应暂停执行

144. 变压器有载分接开关操作失灵的主要原因有（　）。(ABCD)

A. 操作电源电压消失或过低　　B. 电机绕组断线烧毁，起动电机失压
C. 联锁触点接触不良　　D. 转动机构脱扣及销子脱落

145. 断路器拒绝分闸的原因有（　　）。(ACD)
A. 断路器操作控制箱内“远方/就地”选择开关在就地位置
B. 弹簧机构的断路器弹簧未储能
C. 断路器控制回路断线
D. 分闸线圈故障

146. 当电网输电断面超过稳定限额时，可采取（　　）原则迅速采取措施降至限额以内。(ACD)
A. 增加受端发电厂出力，并提高电压水平　　B. 降低送端发电厂出力，并降低电压水平
C. 调整系统运行方式　　D. 在受端进行限电或拉电

147. 当出现（　　）等紧急情况时，值班调度员可以调整日发电、供电调度计划，发布限电，调整发电厂功率，开停发电机组。(ACD)
A. 发电、供电设备发生重大事故或者电网发生事故
B. 电网频率或电压超过额定值
C. 输变电设备负载超过规定值
D. 主干线路功率值超过规定的稳定限额

148. 母线试送电原则是（　　）。(ABCD)
A. 尽可能用外来电源进行试送电
B. 试送电开关应有 0s 跳闸功能
C. 当使用本厂站电源试送电时，应首先使用带 0s 充电保护的母联或旁母开关
D. 需要时也可使用主变压器开关，但应更改主变压器保护定值，提高灵敏度，缩短动作时限

149. 调度员在下令线路强送之前应考虑（　　）。(ABCD)
A. 选择强送电端　　B. 强送的开关跳闸次数是否达到允许开断次数
C. 强送端变压器中性点是否接地　　D. 线路是否有不能强送的带电工作

150. 安全稳定自动装置动作后所切除负荷的恢复送电的顺序为（　　）。(BC)
A. 低频减载装置从高频率轮次逐级向低频率轮次恢复送电
B. 低频减载装置从低频率轮次逐级向高频率轮次恢复送电
C. 低压减载装置从低电压轮次逐级向高电压轮次恢复送电
D. 低压减载装置从高电压轮次逐级向低电压轮次恢复送电

151. 母线失压，在（　　）情况下未查明原因前，不得试送母线。(ABC)
A. 母差保护动作跳闸　　B. 母线因后备保护动作跳闸
C. 母线有带电作业时电压消失　　D. 母线因备自投装置拒动电压消失

152. 应停用线路重合闸装置的情况有（　　）。(ABCD)
A. 不能满足重合闸要求的检查测量条件时　　B. 可能造成非同期合闸时
C. 长期对线路充电时　　D. 线路上有带电作业要求时

153. 线路事故处理正确的是（　　）。(AD)
A. 500kV 线路开关跳闸后，重合闸未投，可以强送一次
B. 500kV 线路开关跳闸后，重合闸未投，不可以强送
C. 220kV 线路开关跳闸后，重合闸未投，不可以强送
D. 220kV 线路开关跳闸后，重合闸未投，可以强送一次

154. 消除电力系统振荡的措施有（　　）。(AC)
A. 尽可能提高发电厂母线电压　　B. 降低发电厂功率
C. 在适当点解列　　D. 提高发电厂功率

155. 刀闸在运行中出现发热时，可（　　）。(ABCD)

A. 应立即设法减少负荷
B. 以适当的开关，利用倒母线或以备用开关倒旁路母线等方式，转移负荷，使其退出运行
C. 采取带电作业进行抢修
D. 可以使用接短路线的方法，临时将刀闸短接

156. 调度系统应急工作规范中规定，电网事故处置预案应包括（　　）。(ABCD)
A. 重要变电站、重要发电厂事故，包括全停的紧急处置
B. 重载潮流断面事故的紧急处置
C. 互联电网系统解列的紧急处置
D. 重要厂站、线路遭受自然灾害、外力破坏、毁灭性破坏或打击等的紧急处置

## 三、判断题

1. “黑启动”是指整个系统因故障停运后，在无外来电源供给的情况下，通过系统中具有自启动能力机组的启动，带动无自启动能力的机组，逐步扩大电力系统的恢复范围，最终实现整个电力系统的恢复。(√)

2. 电力系统的 $N-1$：正常运行方式下的电力系统中任一元件（线路、发电机、变压器等）无故障或因故障断开，电力系统应能保持稳定运行和正常供电，其他元件不过负荷，电压和频率均在允许的范围内。这通常称为 $N-1$ 原则。(√)

3. 电力系统内部过电压是由电网内部能量转化或传递过程中产生的，可分为两大类，一类是由于故障或开关操作所引起，如工频过电压、操作过电压；另一类是由于电网中电感和电容参数在特定条件配合下发生谐振而引起，如谐振过电压。(√)

4. 所谓电力系统事故是指电力系统设备故障或人员工作失误，影响电能供应数量或质量并超过规定范围的事件。(√)

5. 操作过电压是由于电网内断路器操作或故障跳闸引起的过电压。(√)

6. 电力系统大扰动主要指各种短路故障、各种突然断线故障、断路器无故障跳闸、非同期并网（包括发电机非同期并列）、大型发电机失磁、大容量负荷突然启停等。(√)

7. 同一故障地点、同一运行方式下，三相短路电流一定大于单相短路电流。(×)

8. 全线敷设电缆线路故障跳闸后不允许试送电。(√)

9. 正序电压是越靠近故障点数值越小，负序电压和零序电压是越靠近故障点数值越大。(√)

10. 当线路出现不对称断相时，因为没有发生接地故障，所以线路没有零序电流。(×)

11. 电磁环网中高压线路故障断开时，系统间的联络阻抗将显著增大。(√)

12. 中性点不接地系统发生单相接地故障时，非接地相的对地电压升高为相电压的 3 倍。(×)

13. 中性点不接地系统发生单相接地故障时，接地故障电流比负荷电流大。(×)

14. 故障时继电保护和安全自动装置误动或拒动，必须采取预定措施，防止系统崩溃，并尽量减少负荷损失。(√)

15. 接地电阻过大时，发生接地故障时，使中性点电压偏移增大，可能使健全相和中性点电压过高，超过绝缘要求的水平而造成设备损坏。(√)

16. 变压器励磁涌流是变压器发生故障时在其绕组中产生的暂态电流。(×)

17. 当线路保护和高抗保护同时动作造成线路跳闸时，在未查明高抗保护动作原因和消除故障前可以带高抗送电。(×)

18. 若事故时伴随有明显的故障现象，如火花、爆炸声、电网振荡等，待查明原因后再考虑能否试送。(√)

19. 双极直流输电系统中，如果其中一极的设备发生故障，另一极也无法运行。(×)

20. 母线、变压器的故障切除时间按同电压等级线路近端故障切除时间考虑。(√)

21. 低一级电网中的任何元件（包括线路、母线、变压器等）发生各种类型的单一故障均不得影响高一

级电压电网的稳定运行。(√)

22. 检查线路无电压和检查同期重合闸装置，在线路发生永久性故障跳闸时，检查同期侧重合闸不会动作。(√)

23. 500kV 线路瞬时性单相故障时如潜供电流过大，可能会导致开关重合不成，需在线路上装设高压并联电抗器并带中性点小电抗来限制潜供电流。(√)

24. 消除系统振荡故障首要是判断出振荡中心，判断正确后迅速将振荡中心附近电网与主网解列，以保证主网安全运行。(×)

25. 并联电容器主要故障形式是短路故障，它可造成电网的相间短路。(√)

26. 变压器瓦斯保护动作跳闸时，在查明原因消除故障前，不得将变压器投入运行。(√)

27. 当发现电压互感器有异常可能发展为故障时，应立即用隔离开关拉开故障电压互感器。(×)

28. 配电线路发生 30%～100%永久性接地时，方准选择。选出后根据要求在允许时间内运行，但不宜超过 2h，及时通知有关单位巡线找出故障点并采取措施消除。(√)

29. 某 10kV 系统发生单相接地时，在所有线路轮流拉路一遍后仍然没有找到故障线路，则原因可能是两条及以上线路同时发生同名相接地故障。(√)

30. 发现隔离开关过热时，应采用倒闸的方法，将故障隔离开关退出运行，如不能倒闸则应停电处理。(√)

31. 在重合闸投入时，运行中线路故障跳闸而重合闸未动作，可不经调度同意，立即手动重合一次。(√)

32. 系统故障后，当一个区域大面积电压比较低时，地调值班调度员可以调整变压器抽头的办法吸收无功提高低压系统电压。(×)

33. 双母线并列运行，母联开关发生泄压故障，闭锁分合闸时，应将某一元件两条母线刀闸同时合上双跨，然后拉开母联开关两侧刀闸，将母联开关停电。(√)

34. 系统无接地及谐振故障时，隔离开关可以拉合主变压器中性点。(√)

35. 有接地故障的 66kV 线路可以和其他一次变环并倒负荷。(×)

36. 正常运行方式下，系统任一元件发生单一故障时不应导致主系统发生非同步运行，不应发生频率崩溃或电压崩溃。正常检修方式下则另行考虑。(×)

37. 线路开关跳闸重合或强送成功后，随即出现单相接地故障时，应首先判定该线路为故障线路，并立即将其断开。(√)

38. 事故检修申请可随时向值班调度员提出，值班调度员可先批准其故障设备检修开工，不必办理事故检修申请手续。(×)

39. 任一线路、母线主保护停运时，发生单相永久接地故障，应采取措施保证电力系统的稳定运行。(√)

40. 若电压互感器冒烟、着火，来不及进行倒母线时，应立即拉开该母线电源线断路器，然后拉开故障电压互感器隔离开关隔离故障，再恢复母线运行。(√)

41. 线路故障跳闸后，强送电次数一般只允许一次。(√)

42. 在小接地电流系统中，发生单相接地故障时，因不破坏系统电压的对称，所以一般允许短时间运行。(√)

43. 试送是指设备故障跳闸后，未经检查即送电。(×)

44. 一条线路由 A、B 两供电企业负责维修，该线路故障跳闸构成事故时，两供电企业经过检查均未发现故障点，如 A 提供了故障录波图，计算出的故障点在本侧，B 有录波设备而未能提供故障录波图时，则仅 A 定为一次事故。(×)

45. 发生接地故障时可以用隔离开关断开系统中的消弧线圈。(×)

46. 在电网无接地故障时，允许用隔离开关拉合电流互感器。(×)

47. 变压器温度的测量，主要是通过对其油温的测量来实现的。如果发现油温较平时相同负载和相同条

件下高出10℃时，应考虑变压器内发生了故障。(√)

48. 短路故障通常比断线故障对电网产生的影响严重。(√)

49. 双极直流输电系统中，如果其中一极的设备发生故障，另一极仍能以大地作备用回路，带半负载运行，而交流输电则无法做到这一点。(√)

50. 直调范围内电网发生故障，调控机构应按要求立即进行故障处置；若影响其他电网运行时，应及时通报相关调控机构，需上级或同级调控机构配合时，应由上级调控机构协调处理。(√)

51. 调控机构值班调度员在其值班期间是电网运行、操作和故障处置的指挥人，按照直接调度范围行使指挥权。(×)

52. 下级调控机构制定的稳定控制策略应服从上级调控机构的稳定控制要求，稳定控制策略必须通过联网计算故障集合校验。(√)

53. 线路故障跳闸后，值班监控员、厂站运行值班人员及输变电设备运维人员应立即收集故障相关信息并汇报值班调度员，由值班监控员综合考虑跳闸线路的有关设备信息并确定是否试送。(×)

54. 变压器、高压电抗器后备保护动作跳闸，确定本体及引线无故障后，可试送一次。(√)

55. 串联补偿装置因故障停运，未经检查处理，不得试送。(√)

56. 电网发生故障时，调控机构值班调度员应结合综合智能告警信息，监视本网频率、电压及重要断面潮流情况，开展故障处置。(√)

57. 对停电母线进行试送时，应优先采用外来电源。试送开关必须完好，并有完备的继电保护。有条件者可对故障母线进行零起升压。(√)

58. 设备异常需紧急处理或设备故障停运后需紧急抢修时，值班调度员可安排相应设备停电，紧急停电无须补交检修申请。(×)

59. 跨区、跨省重要送电通道故障后，国调、分中心指挥相关省调通过调整机组出力、控制联络线功率等措施，将相关断面潮流控制在稳定限额之内，必要时采取控制受端电网负荷等措施，控制电网频率、电压满足相关要求。(√)

60. 经检查不能找到故障点，可以对停电母线试送一次。(×)

61. 单相接地短路短路点故障电压等于零。(√)

62. 通信类故障是指终端与主控站的数据传输已不能正常进行的故障。(√)

63. 当线路出现不对称断相时，因为没有发生接地故障，所以线路没零序电流。(×)

64. 电力系统安全自动装置，是指在电力网中发生故障或异常运行时，起控制作用的自动装置。(√)

65. 风电场因故障退出运行，故障修复后不可自行并网。(√)

66. 两个电源一个作为工作电源，另一个作为备用电源，备用电源自动投入装置（BZT）装在工作电源的进线断路器上。当工作电源因故障断电时，BZT动作，断路器闭合，备用电源继续供电。(×)

67. 自动重合闸只能动作一次，避免把断路器多次重合至永久性故障上。(√)

68. 发生短路时，正序电压是越近故障点数值越小，负序电压和零序电压是越近故障点数值越大。(√)

69. 故障点零序综合阻抗 $Z_{k0}$ 小于正序综合阻抗 $Z_{k1}$ 时，单相接地故障电流大于三相短路电流。(√)

70. 主接线采用3/2断器接线方式的厂站中，当线路运行，线路侧隔离开关投入时，该短引线保护在线路侧故障时，将无选择地动作，因此必须将该短引线保护停用。(√)

71. 变压器差动保护反映该保护范围内的变压器内部及外部故障。(√)

72. 当线路发生单相接地故障时，进行三相重合闸会比单相重合闸产生较大的操作过电压。(√)

73. 电力系统的不对称故障有三种单相接地、三种两相短路接地、三种两相短路和断线、系统振荡。(×)

74. 在换流站附近发生故障，应考虑直流输电系统发生换相失败对系统安全稳定运行的影响，但基本不必考虑多回直流同时换相失败的可能性。(×)

75. 事故或异常处理情况下远方拉合开关、变压器中性点隔离开关等操作，在变电站内无人工作时，调控中心值班员可按照事故处理规定或调度指令的要求先行操作，操作完毕后再通知相关运维队。(√)

76. 开关因本体或操作机构异常出现“合闸闭锁”尚未出现“分闸闭锁”时，值班调度员可视情况下令拉开此开关。(√)

77. 线路任一侧电压互感器发生异常情况影响线路保护时，线路应配合停运。(√)

78. 尽量避免在高峰负荷、异常运行和气候恶劣等情况下进行倒闸操作。任何情况下严禁约时停送电。(√)

79. 系统发生事故或异常情况，有关单位值班员应待情况查清楚后再报告调度员详细内容。(×)

80. 运行中的母联断路器发生异常（非全相除外）需短时停用时，为加速事故处理，允许采取合出线（或旁路）断路器两把母线隔离开关的办法对母联断路器进行隔离。此时应调整好母线差动保护的方式。(√)

81. 系统操作后，事故处理措施应重新考虑。应事先拟好事故预想，并与有关现场联系好。系统变更后的解列点必要时应重新考虑。(√)

82. 电力系统发生事故时，首先要想办法恢复对重要用户的供电。(×)

83. 事故处理时，为尽快恢复设备送电，无须进行危险点分析。(×)

84. 电气设备发生事故后，拉开有关断路器及隔离开关，即可接触设备。(×)

85. 在发生人身触电事故时，必须经上级许可，才能断开有关设备的电源解救触电人。(×)

86. 当系统发生事故电压严重降低时，应通过自动励磁控制装置快速降低发电机电压，如无法降低发电机电压，则应将发电机进行灭磁，并将发电机与系统解列。(×)

87. 事故处理、拉合断路器的单一操作和拉合接地开关或拆除全厂（所）仅有的一组接地线等工作可以不用操作票。(×)

88. 在系统发生事故时，不允许变压器过负荷运行。(×)

89. 事故处理时，调控中心当值值班员应在值长的指挥下，采用会商形式，尽快确定遥控操作方案，并进行事故处理。调度指令下达、执行、回令等程序应留有正式记录。(√)

90. 为便于调度值班调度员迅速、正确地处理系统振荡事故，防止系统瓦解，有条件时应事先设置振荡解列点。当采用人工再同步无法消除振荡时，可手动拉开解列点开关。(√)

91. 变电站发生事故，运维队到达现场后或者事故发生时运维队在现场的情况下，事故处理由运维队现场执行。(√)

92. 在电网振荡时，除厂站事故处理规程规定者以外，厂站运行值班员不得解列发电机组。在频率或电压下降到威胁到厂用电的安全时可按照发电厂规程将机组（部分或全部）解列。(√)

93. 电力系统瓦解就是电力系统发生大事故，全部停电。(×)

94. 事故处理时调度值班员的职责是汇总事故信息，值长负责下令处理。(×)

95. 事故发生后，监控员应主动及时做好事故处理和恢复送电准备，执行远方操作，做好记录。(×)

96. 事故发生后，发现有装设备自投装置未动作的开关，可以立即给予送电。(×)

97. 事故处理过程中，为尽快恢复对停电用户的供电，可以采用未装设保护装置的线路断路器对其进行转供，暂由上一级线路后备保护来实现该线路的保护，但应尽快汇报有关人员，尽快调整事故方式。(√)

98. 电气设备停电后（包括事故停电），在未拉开有关隔离开关和做好安全措施前，不得触及设备或进入遮栏，以防突然来电。(√)

99. 事故后运行方式是指电力系统事故消除后，在恢复到正常运行方式前所出现的短期稳态运行方式。(√)

100. 互联电网在事故过程中易发生潮流的大范围转移，使得输电通道上的枢纽节点和重潮流区域的电压快速下降或崩溃。(√)

101. 电力系统事故备用容量为最大发电负荷的10%左右，但不小于系统一台最大机组的容量。(√)

102. 为防止系统性事故而需紧急操作者，可不填写操作票而发布口头命令。(√)

103. 由于事故处理改变运行方式时，短时间内可不考虑保护的不配合，也可以无保护。如长时间不能恢复正常运行方式时必须及时变更保护使之与新运行方式配合。(×)

104. 变压器事故过负荷可以经常使用。（×）

105. 系统发生事故时，事故及有关单位应立即准确地向有关上级值班调度员报告概况。汇报内容包括事故发生的时间及现象、开关变位情况、继电保护和安全自动装置动作情况以及频率、电压、潮流的变化和设备状况等。待弄清情况后，再迅速详细汇报。（√）

106. 在事故处理或进行倒闸操作时，不得进行交接班，交接班时发生事故应立即停止交接班，并由交班人员处理，接班人员在交班值长指挥下协助工作。（√）

107. 事故时通信失灵，调度员无法指挥，致使事故扩大，不算事故。（×）

108. 事故情况下，值班调度员可按已批准的“事故限电序位表”直接发布拉闸限电指令。（√）

109. 事故单位与调度联系电话不通时，可以自行停送电、解合环等操作。（×）

110. 为了防止频率严重降低而扩大事故，电网中安装发电自动控制装置。（×）

111. 特殊运行方式是指检修方式或事故后的运行方式。（×）

112. 事故处理改变运行方式时，短时间内可不考虑保护的不配合，但不得无保护。如长时间不能恢复正常方式时，必须立即及时变更保护使之与新运行方式配合。（√）

113. 发生接地事故的系统，不得与其他系统并列倒负荷。（√）

114. 发生事故时，运行人员可以不经过调度员的命令自行处理。（×）

115. 自动低频减负荷装置动作，应确保全网及解列后的局部网频率恢复到 49.5Hz 以上，并不得高于 51Hz。（√）

116. 线路故障时，线路断路器未断开，应将该断路器隔离。（√）

117. 当系统中某线路的隔离开关或线路接头处出现接触不良，导致电阻增加，也会导致线路三相电流不平衡。（√）

118. $SF_6$ 封闭母线气室压力升高，应带电处理。（×）

119. 当线路出现三相电流不平衡时，应立即将线路停运。（×）

120. 当发现变压器的油位较当时油温所应有的油位显著降低时，应立即查明原因。（√）

121. 变压器过负荷指流过变压器的电流超过变压器的额定电流值。（√）

122. 变压器严重漏油使油面降低，并低于有危及变压器运行的指示限度时，应立即停用变压器。（√）

123. 母线的“冷倒操作”一般情况下适用于母线故障后的倒母线方式。（√）

124. 电压互感器更换后可不进行一、二次的定相及核相工作。（×）

125. 电网事故处理时，可以短时将一台消弧线圈同时接于两台变压器中性点上。（×）

126. 如因线路故障，保护越级动作引起的变压器跳闸，将故障线路开关断开后，可立即恢复变压器运行。（√）

127. 线路故障跳闸，强送电的断路器完好，且有继电保投入，即可进行强送。（×）

128. 变压器油故障属于变压器内部故障中绝缘系统故障。（√）

129. 大容量发电厂全停时使系统失去电源，可能导致系统频率事故。（√）

130. 线路有带电作业时跳闸，无论重合闸是否停用，均不得立即试送。（√）

131. 大型联合反事故演习中，由演习指挥和导演总体掌控反事故演习进程，实现相关各系统的协调配合。（√）

132. 所谓“复合故障”就是同时存在两个及以上的“单一故障”或故障与设备异常的组合。（√）

133. 封闭式（GIS）双母线一组母线故障，经外部检查，未查到故障点，应禁止各元件冷倒母线，有条件时可进行零起升压及升流；否则必须查清并修复故障或隔离故障点后方能试送。（√）

134. 为了防止事故扩大，不允许对故障母线不经检查即行强送电。（√）

135. 线路跳闸后，若引起相邻线路或变压器过载、超稳定极限运行，则应立即强送线路，强送不成后再采取其他措施消除过载现象。（×）

136. 凡发生事故时，低压减载装置或联跳装置动作切除负荷的线路，可以根据负荷情况自行试送。（×）

137. 由于恶劣天气，如大雾、暴风雨等，造成局部地区多条线路相继跳闸时，因恶劣天气线路永久性故障概率较大，不宜强送。(×)

138. 雷击、大风天气下刮上异物等能够造成变压器故障。(√)

139. 变电站站用电全停会影响监控系统运行。(√)

140. 变压器油位低有可能造成变压器套管故障。(√)

141. 电力系统事故是指由于电力系统设备故障或人员工作失误而影响电能供应数量或质量超过规定范围的事件。(√)

142. 发生越级跳闸事故，要及时拉开保护拒动的断路器和拒分断路器的两侧隔离开关。(√)

143. 发生事故和异常时，运行人员应坚守岗位，服从现场最高领导指挥，正确执行领导的命令。(×)

144. 母线及其引线的绝缘子闪络或击穿，或支持绝缘子断裂倾倒是导致母线故障的原因之一。(√)

145. 对停电母线进行试送时，应优先采用外来电源。(√)

146. 发电机组高压侧断路器跳闸时，先调整相邻机组的有功功率、无功功率以维持电网出力平衡。后根据发电机组跳闸原因进行处理。(√)

147. 发电厂、变电站发现来电后即可及时恢复厂用、站用负荷。(√)

148. 发电厂全停后，按规程规定立即将多电源间可能联系的断路器拉开。(√)

150. 找到故障点但不能迅速隔离的，若系双母线中的一组母线故障时，应迅速对故障母线上的各元件冷倒至运行母线并恢复送电。(×)

151. 加强监视故障后线路、变压器的负荷状况，防止因故障致使负荷转移，造成其他设备长期过负荷运行，及时联系调度消除过负荷。(√)

152. 某线路发生相间短路故障时，根据单重重合闸动作特性，重合闸应该不动作。(√)

153. 黑启动电源通常首选是水电机组，如抽水蓄能机组，与火电、核电机组相比，水轮发电机结构简单，没有复杂的辅机系统，厂用电少，启动速度快，因此是理想、方便的启动电源。(√)

154. 变电站全停后须将电容器开关拉开。(√)

155. 反事故演习中，被演组人员可以临时指定。(√)

156. 母线上所接开关或保护拒动时，可能导致变电站全停。(√)

157. 发电厂、变电站全停，恢复送电时必须注意防止非同期并列，防止向有故障的电源线路反送电。(√)

158. 调度员在判明发电厂或变电站处于全停状态时，可分别选择一个或几个电源向该厂、站送电。(√)

159. 变压器差动或瓦斯保护动作，紧急情况下可以强送一次。(×)

160. 发电厂全停后，必要时只恢复厂用、站用电和部分重要用户的供电。(√)

161. 变压器油是变压器内部的主绝缘，起绝缘、散热、灭弧的作用，一旦缺油使变压器绕组绝缘受潮发生事故。(√)

162. 线路故障按故障性质划分瞬间故障和永久故障。(√)

163. 变电站全停指该变电站各级电压母线转供负荷均降至零。(√)

164. 隔离开关在运行中出现发热严重时，应以适当的断路器，利用倒母线或备用断路器倒旁路母线等方式，转移负荷，使其退出运行。(√)

165. 当母线发生谐振时，禁止用断开电压互感器的方法来消除谐振。(√)

166. 母线因后备保护动作跳闸电压消失，可立即对母线试送一次。(×)

167. 特殊运行方式是指主干线路、大联络变压器等设备检修及其他对系统稳定运行影响较严重的运行方式。(√)

168. 线路故障后，在试送前，值班调度员应与值班监控员、厂站运行值班人员及输变电设备运维人员确认具备试送条件。具备监控远方试送操作条件的，应进行监控远方试送。(√)

169. 在系统发生事故时，不允许变压器过负荷运行。(×)

170. 当发现电压互感器有异常可能发展为故障时，应立即用隔离开关拉开故障电压互感器。(×)

171. 新建的变电设备投入运行前需进行全电压冲击合闸操作，应选择距离电源较远，对负荷影响较小的断路器作为冲击合闸点。(√)

172. 变压器额定负荷时，强油风冷装置全部停止运行，此时其上层油温不超过75℃就可以长时间运行。(×)

173. 开关在合闸状态下，发弹簧未储能只会影响开关重合闸，不会影响开关分闸。(√)

174. 环网系统（或并列双回线）突然开环，使两部分电网的联络阻抗突然增大，引起动稳破坏而失去同步是电网发生振荡的原因之一。(√)

175. 电力系统发生全相振荡时，分相电流差动元件不会发生误动。(√)

176. 电缆线路故障，未查明原因前不得试送。(√)

177. 电网发生故障时，调控机构值班调度员应结合综合智能告警信息，监视本网频率、电压及重要断面潮流情况，开展故障处置。(√)

178. 开关因本体或操作机构异常出现“合闸闭锁”尚未出现“分闸闭锁”时，值班调度员可视情况下令拉开此开关。(√)

179. 对于曾经发生谐振过电压的母线，必须采取防范措施才能进行倒闸操作。(√)

180. 事故发生后，监控员应主动及时做好事故处理和恢复送电准备，执行远方操作，做好记录。(×)

181. 运行中的断路器因机构泄压闭锁分、合闸，因上一级保护可保护到本设备，故泄压的断路器可继续运行，等待安排检修。(×)

182. 运行断路器单相跳闸，造成两相运行时，厂站值班员应立即手动合闸一次，合闸不成应尽快拉开其余两相断路器。(√)

183. 220kV线路为中性点直接接地系统，因系统单相接地故障最多，所以断路器都装分相操动机构。(√)

184. 线路停送电操作应考虑潮流转移和系统电压，特别注意使运行线路不过负荷、断面输送功率不超过稳定限额，应防止发电机自励磁及线路末端电压超过允许值。(√)

185. 母联断路器非全相运行，应立即调整降低母联断路器电流，然后进行处理，必要时将一条母线停电。(√)

186. 地区电网解列时，各孤立小电网的频率调整由所在地区的地调值班调度员和主力发电厂值长负责。(√)

187. 《国家电网公司十八项电网重大反事故措施》规定：对检修或事故跳闸停电的母线进行试送电时，应首先考虑用外来电源送电。(√)

188. 变压器过负荷时应采取以下方法：①投入备用变压器；②指令有关调度转移负荷；③改变电网的接线方式；④按有关规定进行拉闸限电。(√)

189. 新投运变压器充电前，应停用变压器差动保护，待相位测定正确后，才允许将变压器差动保护投入运行。(×)

190. 瓦斯保护能反应变压器油箱内的任何故障，如铁芯过热烧伤、油面降低等，但差动保护对此无反应。(√)

191. 对于分级绝缘的变压器，中性点不接地或经放电间隙接地时应装设零序过电压和零序电流保护，以防止发生接地故障时因过电压而损坏变压器。(√)

192. 变电站发生事故后尽一切可能保证良好设备继续运行，确保对用户的连续供电。(√)

193. 用隔离开关可以断开系统中发生接地故障的消弧线圈。(×)

194. 变压器过负荷保护接入跳闸回路。(×)

195. 当系统发生事故时，变压器允许过负荷运行。(√)

196. 断路器偷跳闸后，自动重合闸应当动作。(√)

197. 在220kV双母线运行方式下，当任一母线故障，母差保护动作但母联断路器拒动时，需由断路器

失灵保护切除故障。(√)

198. 在双母线接线方式下，利用电压闭锁元件来防止差动继电器误动或误碰出口中间继电器造成母线保护误动。(√)

199. 通信中断时，母线故障不允许对故障母线不经检查就强送电，以防事故扩大；经过检查找不到故障点时，应继续查找，不得擅自恢复送电。(√)

200. 当电力系统发生振荡时，故障录波器应启动。(√)

201. 当巡视发现并联电抗器存在紧急缺陷时，应加强红外测温，必要时停电处理。(√)

## 四、简答题

**1. 事故处理的一般原则是什么?**

答：电力系统发生事故时，各单位的运行人员在上级调度的指挥下处理事故，并做到如下几点：

(1) 迅速限制事故发展，消除事故根源，解除对人身、设备和电网安全的威胁。

(2) 用一切可能的方法保持正常设备的运行和对重要用户及厂用电的正常供电。

(3) 电网解列后要尽快恢复并列运行。

(4) 尽快恢复对已停电的地区或用户供电。

(5) 调整并恢复正常电网运行方式。

**2. 系统发生事故后，有关单位人员必须立即向调度汇报的内容是什么?**

答：系统发生事故后，事故发生单位及有关单位应立即准确地向上级值班调度员报告概况。汇报内容包括：事故发生的时间及现象，断路器变位情况，继电保护和自动装置动作情况和频率、电压、潮流的变化，设备状况及天气情况等。待情况查明后，再迅速详细汇报故障测距及电压、潮流的变化等，必要时还应向上级调度机构传送故障录波图及现场照片等材料。

**3. 可不待调度指令自行处理然后报告的事故有哪些?**

答：为防止事故扩大，厂站值班员可不待调度指令自行进行以下紧急操作，但事后应立即向调度汇报：

(1) 对人身和设备安全有威胁的设备停电。

(2) 将故障停运已损坏的设备隔离。

(3) 当厂（站）用电部分或全部停电时，恢复其电源。

(4) 现场规程规定的可以不待调度指令自行处理者。

**4. 对系统低频率事故处理有哪些方法?**

答：任何时候保持系统发供用电平衡是防止低频率事故的主要措施，因此在处理低频率事故时的主要方法有：

(1) 调出旋转备用。

(2) 迅速启动备用机组。

(3) 联网系统的事故支援。

(4) 必要时切除负荷（按事先制订的事故限电序位表执行）。

**5. 防止频率崩溃有哪些措施?**

答：防止频率崩溃一般有如下措施：

(1) 电力系统运行应保证有足够的、合理分布的旋转备用容量和事故备用容量。

(2) 水电机组采用低频自启动装置和抽水蓄能机组装设低频切泵及低频自动发电的装置。

(3) 采用重要电源事故联切负荷装置。

(4) 电力系统应装设并投入足够容量的低频率自动减负荷装置。

(5) 制订保证发电厂厂用电及对近区重要负荷供电的措施。

(6) 制订系统事故限电序位表，在需要时紧急手动切除负荷。

**6. 什么是电压崩溃? 有何危害?**

答：电力系统运行电压如果等于（或低于）临界电压，那么如扰动使负荷点的电压下降，将使无功电源永远小于无功负荷，从而导致电压不断下降最终到零（如果无功负荷增加很多，电压会迅速下降至零）。这种电压不断下降最终到零的现象称为电压崩溃，或者叫作电力系统电压不稳定。

电压降落的持续时间一般较长，从几秒到几十分不等，电压崩溃会导致系统大量损失负荷，甚至大面积停电或使系统（局部电网）瓦解。

**7. 怎样判断变电站母线是否因故障停电？**

答：变电站母线停电，一般是因母线故障或母线上所接元件保护、断路器拒动造成的，亦可能因外部电源全停造成的。要根据遥测数据指示，继电保护和自动装置动作情况，断路器信号及事故现象（如火光、爆炸声等），判断事故情况，并且迅速采取有效措施。事故处理过程中切不可只凭站用电源全停或照明全停而误认为是变电站全停电。

**8. 母线故障停电的一般处理原则是什么？**

答：母线故障停电的一般处理原则如下：

当母线发生故障或停电后，厂站值班员应立即向调度员汇报，同时将故障母线上的断路器全部断开。当母线故障停电后，值班员应立即对停电的母线进行检查，并把检查情况汇报调度员，调度员应按下述原则进行处理：找到故障点并能迅速隔离的，在隔离故障后对停电母线恢复送电；找到故障点但不能很快隔离的，将该母线转为检修；经过检查不能找到故障点时，可对停电母线试送一次。对停电母线进行试送，应使用外来电源；试送断路器必须完好，并有完备的继电保护；有条件者可对故障母线进行零起升压。

**9. 双母线接线方式下，母线差动保护动作使母线停电应如何处理？**

答：双母线接线方式下，差动保护动作使母线停电一般按如下处理：

（1）双母线接线当单母线运行时母线差动保护动作使母线停电，值班调度员可选择电源线路断路器试送一次，如不成功则切换至备用母线。

（2）双母线运行而又因母线差动保护动作同时停电时，现场值班人员不待调度指令，立即拉开未跳闸的断路器。经检查设备未发现故障点后，遵照值班调度员指令，分别用线路断路器试送一次，选取哪个断路器试送，由值班调度员决定。

（3）双母线之一停电时（母线差动保护选择性切除），应立即联系值班调度员同意，用线路断路器试送一次，必要时可使用母联断路器试送，但母联断路器必须具有完善的充电保护（相间、接地保护均有），试送失败拉开故障母线所有隔离开关。将线路切换至运行母线时，应防止将故障点带至运行母线。

**10. 区域电网间联络线超过稳定限额时应采取哪些措施？**

答：如区域电网间联络线输送功率超过稳定限额或过负荷时，相关网、省调可不待国调调度指令迅速采取措施使其降至限额之内。处理方法一般包括：

（1）受端电网发电厂增加功率，包括快速启动水电厂备用机组，调相的水轮机快速改发电运行，并提高电压。

（2）受端电网限电。

（3）送端电网的发电厂降低功率，并提高电压。

（4）改变电网接线，使潮流强迫分配。

**11. 哪些情况下线路跳闸后不宜立即试送电？**

答：下列情况的线路跳闸后，不宜立即试送电：①空充电线路。②试运行线路。③线路跳闸后，经备用电源自动投入已将负荷转移到其他线路上，不影响供电。④电缆线路。⑤有带电作业工作并申明不能试送电的线路。⑥线路变压器组断路器跳闸，重合不成功。⑦运行人员已发现明显故障现象时。⑧线路断路器有缺陷或遮断容量不足的线路。⑨已掌握有严重缺陷的线路，如水淹、杆塔严重倾斜、导线严重断股等情况。

**12. 变电站母线停电的原因主要有哪些？一般根据什么判断是否母线故障？应注意什么？**

答：（1）变电站母线停电，原因一般有：母线本身故障；母线上所接元件故障，保护或开关拒动；外部电源全停造成等。

（2）是否母线故障要根据：仪表指示，保护和自动装置动作情况，开关信号及事故现象（如火光、爆炸声等）等，判断事故情况，并且迅速采取有效措施。

（3）事故处理过程中应注意，切不可只凭站用电源全停或照明全停而误认为是变电站全停电。同时，应尽快查清是本站母线故障还是因外部原因造成本站母线无电。

**13. 电力系统中性点直接接地和不直接接地系统中，当发生单相接地故障时各有什么特点？**

答：电力系统中性点运行方式主要分两类，即直接接地和不直接接地。直接接地系统供电可靠性相对较低。这种系统中发生单相接地故障时，出现了除中性点外的另一个接地点，构成了短路回路，接地相电流很大，为了防止损坏设备，必须迅速切除接地相甚至三相。不直接接地系统供电可靠性相对较高，但对绝缘水平的要求也高。因这种系统中发生单相接地故障时，不直接构成短路回路，接地相电流不大，不必立即切除接地相，但这时非接地相的对地电压却升高为相电压的1.7倍。

**14. 电容器开关跳闸如何处理？查不出故障怎么办？**

答：电容器开关跳闸不准强行试送，值班员必须检查保护动作情况，根据保护动作情况进行分析判断，顺序检查电容器开关、电流互感器、电力电缆，检查电容器有无爆炸、严重发热、鼓肚或喷油，接头是否过热和熔化，套管有无放电痕迹。若无以上情况，电容器开关跳闸系外部故障造成母线电压波动所致，经检查后可以试送。否则应进一步对保护做全面通电试验，以及对电流互感器做特性试验，如果仍检查不出原因，就需拆开电容器，逐台进行试验，未查明原因之前不得试送。

**15. 调度员在线路故障后发布巡线指令时应说明哪些情况？**

答：线路发生故障后，值班调度员在发布巡线指令时应说明：

（1）线路是否已经带电。

（2）若线路无电是否已做好安全措施。

（3）找到故障后是否可以不经联系立即开始处理，同时值班调度员还应将继电保护动作情况告诉巡线单位，并尽可能根据故障录波器测量数据指出故障点，以供巡线单位参考。

**16. 选择线路接地故障顺序的原则是什么？**

答：①充电线路；②选择多分支的次要线路；③改变运行方式、分割系统，选择故障范围及线路；④在不影响负荷的情况下，选择环状网络和双回线路；⑤选择主要、重要的负荷线路；⑥选择专用线路。

**17. 变压器出现哪些情况时应立即停电处理？**

答：变压器有下列情况之一者，应立即停电进行处理：

（1）内部声响很大，很不均匀，有爆裂声。

（2）在正常负荷和冷却条件下，变压器温度不正常且不断上升。

（3）油枕或防爆管喷油，压力释放阀动作。

（4）漏油致使油面下降，低于油位指示计的指示限度。

（5）油色变化过甚，油内出现碳质等。

（6）套管有严重的破损和放电现象。

（7）其他现场规程规定者。

**18. 变压器事故跳闸的处理原则是什么？**

答：变压器事故跳闸一般有以下处理原则：

（1）检查相关设备有无过负荷问题。

（2）若主保护（瓦斯、差动等）动作，未查明原因消除故障前不得送电。

（3）如变压器后备过流保护（或低压过流）动作，在找到故障并有效隔离后，可以试送一次。

（4）有备用变压器或备用电源自动投入的变电站，当运行变压器跳闸时应先起用备用变压器或备用电源，然后再检查跳闸的变压器。

（5）如因线路故障，保护越级动作引起变压器跳闸，则故障线路断路器断开后，可立即恢复变压器运行。

**19. 断路器常见的故障有哪些？**

答：断路器本身常见的故障有：闭锁分合闸、三相不一致、操动机构损坏或压力降低、切断能力不够造成的喷油或爆炸及具有分相操动能力的断路器不按指令的相别动作等。

**20. 断路器出现非全相运行应该如何处理？**

答：根据断路器发生不同的非全相运行情况，分别采取以下措施：

（1）断路器操作时，发生非全相运行，厂站值班员应立即拉开该断路器并向调度汇报。

（2）断路器在运行中一相断开，厂站值班员应立即试合该断路器一次并向调度汇报，试合不成功应尽快采取措施拉开该断路器。

（3）当断路器运行中两相断开时，厂站值班员应立即拉开该断路器并向调度汇报。

（4）如上述措施仍不能恢复全相运行时，应尽快采取措施将该断路器停电。

**21. 隔离开关在运行中出现异常应该如何处理？**

答：隔离开关运行中的异常应分别进行如下处理：

（1）对于隔离开关过热，应设法减少负荷。

（2）隔离开关发热严重时，应以适当的断路器，利用倒母线或以备用断路器倒旁路母线等方式，转移负荷，使其退出运行。

（3）如停用发热隔离开关，可能引起停电并造成损失较大时，应采取带电作业进行抢修。

（4）隔离开关绝缘子外伤严重、绝缘子掉盖、对地击穿、绝缘子爆炸、刀口熔焊等，应按现场规定采取停电或带电作业处理。

**22. 通信中断情况下，出现电网故障应该如何处理？**

答：通信中断情况下，出现电网故障，应按如下原则处理：

（1）厂站母线故障全停或母线失压时，应尽快将故障点隔离。

（2）当电网频率异常时，各电厂按照频率异常处理规定执行，并注意线路输送功率不得超过稳定限额。

（3）电网电压异常时，各厂站应及时调整电压，视电压情况投切无功补偿设备。

（4）下级调度及厂站在通信恢复后，应立即向上级调度补报在通信中断期间一切应汇报事项。

（5）必要时启用备调。

**23. 值班调度员在处理事故时应特别注意什么？**

答：值班调度员在处理事故时应特别注意：

（1）防止联系不周、情况不明或现场汇报不准确造成误判断。

（2）按照规定及时处理异常频率、电压。

（3）防止过负荷跳闸。

（4）防止带地线合闸。

（5）防止非同期并列。

（6）防止电网稳定破坏。

（7）断路器故障跳闸次数是否在允许范围内。

**24. 用母联断路器对空母线充电后发生谐振，应如何处理？送电时应如何避免发生谐振？**

答：发生谐振后，应立即拉开母联断路器使母线停电，以消除谐振。为避免谐振，送电时可采用线路及母线一起充电的方式，或者对母线充电前退出电压互感器，充电正常后再投入电压互感器。

**25. 系统低频振荡的现象有哪些？**

答：系统低频振荡的现象有：

（1）系统联络线有功功率发生周期性摆动，摆动周期一般在 0.3～10s 之间。

（2）有关发电厂发电机组有功功率、无功功率、发电厂高压母线电压发生周期性摆动，摆动周期与联络线有功功率摆动周期基本相同。

（3）有关变电站母线电压发生周期性摆动，摆动周期与联络线有功功率摆动周期基本相同。

（4）系统频率在正常值附近上下变化，一般变化幅值不大。

（5）有功功率摆动幅度最大的联络线所联络的系统为发生低频振荡的系统。

**26. 中性点不接地系统发生单相金属性接地时，电压、电流是如何变化的?**

答：电压的变化如下：

(1) 中性点的电位升高为相电压。

(2) 故障相对地电压为零，非故障相对地电压升高为线电压。

(3) 相间电压不变。

电流的变化如下：

(1) 故障相对地电容电流为零，非故障相对地电容电流升高为原来的$\sqrt{3}$倍。

(2) 接地点的电流为正常运行时相对地电容电流的 3 倍。

**27. 引起电力系统异步振荡的主要原因是什么?**

答：引起电力系统异步振荡的主要原因是：

(1) 输电线路输送功率超过极限值造成静态稳定破坏。

(2) 电网发生短路故障，切除大容量的发电、输电或变电设备，负荷瞬间发生较大突变等造成电力系统暂态稳定破坏。

(3) 环状系统（或并列双回线）突然开环，使两部分系统联系阻抗突然增大，引启动稳定破坏而失去同步。

(4) 大容量机组跳闸或失磁，使系统联络线负荷增大或使系统电压严重下降，造成联络线稳定极限降低，易引起稳定破坏。

(5) 电源间非同步合闸未能拖入同步。

**28. 电网发生非同步振荡时的主要现象有哪些?**

答：电网发生非同步振荡时的主要现象有：

(1) 发电机、变压器和联络线的电流表、电压表、功率表周期性地剧烈摆动，发电机、变压器发出周期性的异常轰鸣声。

(2) 电网中各点电压表的指针周期性摆动，振荡中心的电压表摆动最大，并周期性地降低到接近于零；白炽照明灯光忽明忽暗。

(3) 失去同期的电网联络线或发电厂间联络线的输送功率往复摆动。

(4) 送端部分电网频率升高，受端部分电网频率降低，并略有摆动。

(5) 下级值班人员发现上述现象，应立即汇报上级值班调度员。

**29. 母线故障的处理原则是什么?**

答：母线故障的处理原则有：

(1) 若确认系保护误动作，应尽快恢复母线运行。

(2) 找到故障点并能迅速隔离的，在隔离故障点后对停电母线恢复送电。

(3) 双母线中的一条母线故障，且短时不能恢复，在确认故障母线上的元件无故障后，将其冷倒至运行母线并恢复送电。

(4) 找不到明显故障点的，有条件时应对故障母线零起升压，否则可对停电母线试送电一次。对停电母线进行试送，应优先用外部电源。试送开关必须完好，并有完备的继电保护。

(5) 对端有电源的线路送电时要防止非同期合闸。

**30. 开关在运行中出现闭锁分合闸应采取什么措施?**

答：开关在运行中出现闭锁分合闸应尽快将闭锁断路器从运行中隔离开来，可根据以下不同情况采取措施：

(1) 凡有专用旁路断路器或母联兼旁路断路器的变电站，需采用代路方式使故障断路器脱离电网。

(2) 用母联断路器串带故障断路器，然后拉开对侧电源断路器，使故障断路器停电。

(3) 对Ⅱ型接线，合上线路外桥隔离开关使Ⅱ接改 T 接，停用故障断路器。

(4) 对于母联断路器可将某一元件两条母线隔离开关同时合上，再断开母联断路器的两侧隔离开关。

(5) 对于双电源且无旁路断路器的变电站线路断路器泄压，必要时可将该变电站改成一条电源线路供电的终端变电站的方式处理泄压断路器的操动机构。

（6）对于3/2接线母线的故障断路器可用其两侧隔离开关隔离。

**31. 电网发生事故时，运行值班人员应迅速正确地向值班调度员报告哪些情况？**

答：电网发生事故时，运行值班人员应迅速正确地向值班调度员报告下列情况：

（1）跳闸断路器（名称、编号）及时间、现象。

（2）继电保护和自动装置动作情况，故障录波及测距。

（3）表计摆动、出力、频率、电压、潮流、设备过载等情况。

（4）人身安全和设备运行异常情况。

**32. 为了迅速处理事故，防止事故扩大，哪些情况事故单位可无须等待调度指令自行处理？**

答：为了迅速处理事故，防止事故扩大，下列情况事故单位可无须等待调度指令自行处理

（1）对人身和设备安全有威胁时，根据现场规程采取措施。

（2）厂、站用电全停或部分全停时，恢复送电。

（3）电压互感器熔断器熔断或二次空开跳闸时，将有关保护停用。

（4）将已损坏的设备隔离。

（5）电源联络线跳闸后，断路器两侧有电压，恢复同期并列或并环。

（6）安全自动装置（如切机、切负荷、低频解列、低压解列等装置）应动未动时手动代替。

（7）现场规程明确规定可不等待值班调度员指令自行处理者。事故单位处理完上述情况后应尽快报告值班调度员。

**33. 电网监视控制点电压降低超过规定范围时，值班调度员应采取哪些措施？**

答：电网监视控制点电压降低超过规定范围时，应采取如下措施：

（1）迅速增加发电机无功出力。

（2）投无功补偿电容器（应有一定的超前时间）。

（3）设法改变系统无功潮流分布。

（4）条件允许降低发电机有功出力，增加无功出力。

（5）必要时启动备用机组调压。

（6）切除并联电抗器。

（7）确无调压能力时拉闸限电。

**34. 对于局部电网无功功率过剩、电压偏高，应采取哪些基本措施？**

答：对于局部电网无功功率过剩、电压偏高，应采取：①发电机高功率因数运行，尽量少发无功；②部分发电机进相运行，吸收系统无功；③切除并联电容器；④投入并联电抗器；⑤控制低压电网无功电源上网；⑥必要且条件允许时改变运行方式；⑦调相机组改进相运行。

**35. 多电源的变电站全停电时，变电站应采取哪些基本方法以便尽快恢复送电？**

答：多电源联系的变电站全停电时，变电站运行值班人员应按规程规定：立即将多电源间可能联系的开关拉开，若双母线母联开关没有断开应首先拉开母联开关，防止突然来电造成非同期合闸。每条母线上应保留一个主要电源线路开关在投运状态，或检查有电压测量装置的电源线路，以便及早判明来电时间。

**36. 发电厂高压母线停电时，应采取哪些方法尽快恢复送电？**

答：当发电厂母线停电时（包括各种母线接线），可依据规程规定和实际情况采取以下方法恢复送电：

（1）现场值班人员应按规程规定立即拉开停电母线上的全部电源开关（视情况可保留一个外来电源线路开关在合闸投运状态），同时设法恢复受影响的厂用电。

（2）对停电的母线进行试送电，应尽可能利用外来电源线路开关试送电，必要时也可用本厂带有充电保护的母联开关给停电母线充电。

（3）当有条件且必要时，可利用本厂一台机组对停电母线零起升压，升压成功后再与系统同期并列。

**37. 为尽快消除系统间联络线过负荷，应主要采取哪些措施？**

答：为尽快消除系统间联络线过负荷，应主要采取：

（1）受端系统的发电厂迅速增加出力，或由自动装置快速启动受端水电厂的备用机组，包括调相的水轮发电机快速改发电运行。

（2）送端系统的发电厂降低有功出力，并提高电压，频率调整厂应停止调频率，并可利用适当降低频率运行，以降低线路的过负荷。

（3）当联络线已达到规定极限负荷时，应立即下令受端切除部分负荷，或由专用的自动装置切除负荷。

（4）有条件时，值班调度员改变系统接线方式，使潮流强迫分配。

**38. 变压器事故过负荷时，应采取哪些措施消除过负荷？**

答：变压器事故过负荷时，应采取：①投入备用变压器；②指令有关调度转移负荷；③改变系统接线方式；④按有关规定进行拉闸限电。

**39. 调度员在线路故障后发布寻线指令时应说明哪些情况？**

答：调度员在线路故障后发布寻线指令时应说明以下情况：

（1）线路是否已经带电。

（2）若线路无电是否已做好安全措施。

（3）找到故障后是否可以不经联系立即开始处理，同时值班调度员还应将继电保护动作情况告诉巡线单位，并尽可能根据故障录波器测量数据指出故障点，以供巡线单位参考。

**40. 220kV 线路开关因故不能操作锁死，用侧路开关代送操作步骤是什么？**

答：线路开关因故不能操作锁死，用侧路开关代送操作步骤是：

（1）侧路开关保护应改为被代线路保护定值。

（2）用侧路开关给侧路母线充电良好后停回。

（3）合上被代线路开关的侧路隔离开关。

（4）将被代线路两侧的纵联保护改信号。

（5）合上侧路开关。

（6）将侧路开关的操作直流停用。

（7）拉开被代线路开关的两侧隔离开关。

（8）将侧路开关的操作直流起用。

（9）检查线路两侧纵联保护通道良好后投跳闸，重合闸使用方式按调度命令执行。

注意：（1）以上过程中，无纵联线路两侧微机后备保护不必改第二套定值。

（2）如果侧路代送不能实现，应尽快用母联串带，母联没有线路保护时，立即停电，严禁线路无保护运行。

## 五、论述题

**1. 系统发生低频振荡如何处理？**

答：（1）首先判断发生低频振荡的系统位置，其次判断振荡系统的送端和受端。

（2）立即降低振荡时送端系统主要发电机组（对系统稳定影响最大的机组）的有功功率，降低联络线有功潮流，同时提高送端系统主要发电机组的无功功率和母线电压。

（3）立即增加受端系统机组有功功率和无功功率，提高受端系统母线电如因线路、变压器等设备停电操作引起系统低频振荡，应立即恢复线路、变压器等停电设备运行。

（4）如因发电机并列操作引起系统低频振荡，应立即解列该发电机组。

（5）如因线路、变压器等设备事故跳闸引起系统低频振荡，应立即按规定控制相关断面、联络线等潮流。有条件尽快恢复跳闸设备运行。

（6）发电厂运行值班人员应立即检查发电机励磁调节方式、电力系统稳定器（PSS）等设备，查找振荡源。

（7）如因变更发电机励磁调节方式、电力系统稳定器（PSS）等设备运行状态引起系统低频振荡，应立即恢复发电机原励磁调节方式、PSS 等设备运行状态。

（8）如低频振荡导致系统稳定破坏，按系统稳定破坏事故处理规定执行。

**2. 系统发生异步振荡应该如何处理？**

答：异步振荡的处理方法：

（1）增加发电机、调相机、静补装置等的无功功率，并发挥其过载能力，尽量提高电压。

（2）运行中的电厂退出机组 AGC、AVC。

（3）未得到调度允许，电厂不得将发电机解列（现场规程有规定者除外），若由于大机组失磁而引起电网振荡，可立即将失磁机组解列。

（4）因环状电网或并列运行的双回路的操作或误跳而引起的电网振荡，应立即合上解环或误跳的断路器。经采取措施后振荡仍未消除时，应迅速按规定的解列点解列，防止扩大事故，电网恢复稳定后，再进行并列。电网发生稳定破坏，又无法确定合适的解列点时，只能采取适当措施，使之再同步，防止电网瓦解并尽量减少负荷损失。其主要办法是：

1）频率升高的发电厂，应立即自行降低机组有功功率，使频率下降，直至振荡消失，但不得使频率低于 49.50Hz，同时应保证厂用电的正常供电。

2）频率降低的发电厂，应立即增加机组有功功率至最大值或启动备用水轮机组，直至恢复电网频率到 49.50Hz 以上，振荡消除。各级调度应在频率降低侧（受端）迅速按超计划用电和事故限电序位表限电，使频率升高，直至振荡消除。

**3. 断路器在运行中出现闭锁分合闸时应采取什么措施？**

答：断路器在运行中因本体或操动机构异常出现闭锁分合闸时，应尽快将闭锁断路器从运行中隔离出来，可根据以下不同情况采取措施：

（1）断路器出现“合闸闭锁”尚未出现“分闸闭锁”时，可根据情况下令拉开此断路器。

（2）断路器出现“分闸闭锁”时，应停用断路器的操作电源，并按现场规程进行处理，如为 3/2 或 4/3 接线方式，可远方操作隔离开关解本站组成的母线环流（隔离开关拉母线环流要经过试验并有明确规定），解环前确认环内所有断路器在合闸位置。

（3）异常断路器所带元件（线路、变压器等）有条件停电，首先考虑将闭锁断路器停电隔离后，再无压拉开闭锁断路器两侧隔离开关处理。双母线方式时，对侧先拉开线路（变压器另一侧）断路器后，本侧将其他元件倒到另一条母线，用母联断路器与异常断路器串联，再用母联断路器拉开空载线路，将异常断路器停电，最后拉开异常断路器的两侧隔离开关。有专用旁路或母联兼旁路断路器的厂站，应采用代路方式使断路器隔离。

**4. 简述系统振荡与短路故障时，电气变化量的主要差别。**

答：系统振荡与短路故障时，电气变化量的主要差别：

（1）振荡过程中，由并列运行发电机电动势间相角差所决定的电气量是平滑变化的，短路时的电气量是突变的。

（2）振荡过程中，电网上任一点的电压与电流之间的角度，随着系统电动势间相角差的不同而改变，而短路时电流和电压之间的角度基本上是不变的。

（3）振荡过程中，系统是对称的，故电气量中只有正序分量。

**5. 厂站与调度通信中断应该如何处理？**

答：若厂站与调度通信中断，应按如下原则处理：

（1）有调频任务的发电厂，仍负责调频工作，其他各发电厂应按调度规程中相关规定协助调频。各发电厂或有调相机的变电站还应按规定的电压曲线进行调整电压。

（2）发电厂和变电站的运行方式，尽可能保持不变。

（3）正在进行检修的设备，在通信中断期间完工，具备恢复运行条件时，应待通信恢复正常后，根据调度指令恢复运行。

(4) 当调度员下达操作指令后，受令方未重复指令或虽已重复指令但调度员未下达下令时间，失去通信联系，则该操作指令不得执行；若调度员已下达下令时间，值班员应将该操作指令全部执行完毕。调度员在下达操作指令后而未接到操作完成的汇报前，与受令单位失去通信联系，则仍认为该操作指令正在执行中。

(5) 凡涉及系统安全的调度业务联系，失去通信联系后，在与调度员联系前不得自行处理；紧急情况下按规程规定处理。

**6. 系统发生振荡，若频率异常应该如何处理？**

答：系统振荡时，若系统频率发生异常，一般处理方法如下：

(1) 当频率低至49.79～49.00Hz时，各级调度应立即调出备用功率，控制用电负荷，将频率恢复至正常；各厂、站应检查低频减负荷装置（特殊轮）动作情况，并按相关规定处理。

(2) 当频率低于49.00Hz时，各电厂应按调度要求调整发电功率，统一调度事故备用机组容量，并保证不使相应线路过载或超过稳定限额；各级调度应增加机组功率，启动备用机组，并按事故限电序位表限电，将频率恢复至正常；各厂站应检查低频减负荷装置动作情况，当电网事故达到低频减负荷动作值，而装置未动作时，应立即断开该装置所接跳的断路器。

(3) 当频率高至50.21～50.50Hz时，各级调度按正常频率调整方法进行调整，并检查高频切机动作情况。

(4) 事故拉闸限电及低频减负荷装置切除的线路，不得自行送出，不准将停电线路负荷倒至其他线路供电；如危急人身设备安全时，可先送保安用电，再向调度汇报。

**7. 系统发生振荡，若电压异常应该如何处理？**

答：系统振荡时，若系统电压发生异常，一般处理方法如下：

(1) 当枢纽变电站或重要变电站母线电压低于额定电压88%时，应立即增加发电机、调相机励磁，投入补偿电容，调整静补无功，使电压恢复至下限以上，如无法调整，应立向调度汇报。

(2) 调度员应充分发挥发电机、调相机及静补的事故过负荷能力，将母线电压恢复至下限以上。

(3) 各级调度应按事故限电序位表限电，直至电压恢复至下限以上。

(4) 当电网事故达到低压减负荷动作值而装置未动作时，应立即断开该装置所接跳的断路器。

(5) 当采取以上措施还不能恢复电压至下限以上时，调度员应按事先确定的解列点解列，防止发生电网电压崩溃。

(6) 当枢纽变电站或重要变电站母线电压高于上限时，按照正常电压调整方法进行。

**8. 发电厂全停电应该如何处理？**

答：全厂停电后，如有可能应尽量保持一台机带厂用电运行，使该机、炉的辅机由该机组供电，等待与系统并列或带上负荷。如果全厂停电原因是厂用电、热力系统或油系统故障，调度员应迅速从系统恢复联络线送电，电厂应迅速隔离厂内故障系统。在联络线来电后迅速恢复主要厂用电。如有一台机带厂用电运行，则应该将机组并网运行，使其带上部分负荷（包括厂用电），使其正常运行，然后逐步启动其他机、炉。如无空载运行的机组，有可能则利用本厂锅炉剩汽启动一台容量较小的厂用机组。启动成功后，即恢复厂用电，并设法让该机组稳定运行，尽快与主网并列，根据地区负荷情况，逐步启动其他机炉。

**9. 如何处理系统解列事故？**

答：处理系统解列事故必须进行以下操作：

(1) 迅速恢复频率、电压至正常数值；维持各独立运行系统的正常运行，防止事故进一步扩大，有条件时尽快恢复对用户的供电、供热。

(2) 尽快恢复全停电厂的厂用供电，使机组安全快速地与系统并列。

(3) 尽快使解列的系统恢复同期并列，并迅速恢复向用户供电。

(4) 尽快调整系统运行方式，恢复主网架运行方式。

(5) 做好事故后的负荷预测，合理安排电源。

（6）当发生系统事故时，有同期并列装置的变电站在可能出现非同期电源来电时，应主动将同期并列装置接入，检验是否真正同期。发现符合并列条件时，应立即主动进行并列，而不必等待调度员命令。调度员应调整并列系统间的频率差和电压差，尽快使系统恢复并列。当需要进行母线倒闸操作才能并列时，值班调度员要让现场提前做好倒闸操作，以便系统频率、电压调整完毕立即进行并列。总之，发生系统解列事故时迅速恢复并列是非常重要的。在选择母线接线方式时就应考虑到同期并列的方便性。

**10. 电网黑启动过程中应注意哪些问题？**

答：电网黑启动过程中考虑到电网频率和电压的波动以及电网稳定的冗余度情况应注意以下几个问题：

（1）无功功率平衡问题。在电网的恢复过程中，自启动机组发出的启动功率需经过高压输电线路送出，恢复初期的空载或轻载充电输电线路会释放大量的无功功率，可能造成发电机组自励磁和电压升高失控，引起自励磁过电压限制器动作。因此要求自启动机组具有吸收无功的能力，并将发电机置于厂用电允许的最低电压值，同时将自动电压调节器投入运行。在线路送电前，将并联电抗器先接入电网，断开并联电容器，安排接入一定容量（最好是低功率因数）的负荷等。

（2）有功功率平衡问题。为保持启动电源在最低负荷下稳定运行和保持电网电压有合适的水平，往往需要及时接入一定负荷。负荷的少量恢复将延长恢复时间，而过快恢复又可能使频率下降，导致发电机低频切机动作，造成电网减负荷。因此增负荷的比例必须在加快恢复时间和机组频率稳定两者之间兼顾。为此，应首先恢复较小的馈供负荷，而后逐步带较大的馈供负荷和电网负荷。低频减载装置控制的负荷，只应在电网恢复的最后阶段才能予以恢复。一般认为，允许同时接入的最大负荷量，不应使系统频率较接入前下降 0.5Hz。

（3）频率和电压控制问题。在黑启动过程中，保持电网频率和电压稳定至关重要，每操作一步都需要监测电网频率和重要节点的电压水平，否则极易导致黑启动失败。频率和系统有功即与机组出力和负荷水平有关，控制频率涉及负荷的恢复速度、机组的调速器响应和二次调频。因此，恢复过程中必须考虑启动功率和重要负荷的分配比例，尽量减少损失，从而加快恢复速度。

（4）投入负荷的过渡过程。一般除了电阻负荷外，在电网中接入其他负荷都会产生过渡过程功率，但由于大多数负荷的暂态过程不过 1～2s，它们对带负荷机组的频率及电压一般影响都不大。

（5）保护配置问题。恢复过程往往允许电网工作于比正常状态恶劣的工况，此时若保护装置不正确动作，就可能中断或延误恢复，因此必须相应调整保护装置的配置及整定值，保证简单可靠。

**11. 防止电压崩溃应采取哪些措施？**

答：防止电压崩溃的措施主要有：

（1）依照无功分层分区就地平衡的原则，安装足够容量的无功补偿设备，这是做好电压调整、防止电压崩溃的基础。

（2）在正常运行中要备有一定的可以瞬时自动调出的无功功率备用容量。

（3）正确使用有载调压变压器。

（4）避免远距离、大容量的无功功率输送。

（5）超高压线路的充电功率不宜做补偿容量使用，防止跳闸后电压大幅度波动。

（6）高电压、远距离、大容量输电系统，在中途短路容量较小的受电端，设置静补、调相机等作为电压支撑。

（7）在必要的地区安装低电压自动减负荷装置，配置低电压自动联切负荷装置。

（8）建立电压安全监视系统，提供电网中有关地区的电压稳定裕度及应采取的措施等信息。

**12. 对跳闸线路试送电前应注意哪些问题？**

答：线路跳闸后，为加快事故处理，可进行试送电，在试送前应考虑：

（1）正确选择试送端，使电网稳定不致遭到破坏。在试送前，要检查重要线路的输送功率在规定的限额之内，必要时应降低相关线路的输送功率或采取提高电网稳定的措施。

（2）厂站值班员必须对故障跳闸线路的相关设备进行外部检查，并将检查结果汇报，若事故时伴随有明显的故障现象，如火花、爆炸声、电网振荡等，待查明原因后再考虑能否试送。

(3) 试送的断路器必须完好，且具有完备的继电保护。

(4) 试送前应对试送端电压控制，并对试送后首端、末端及沿线电压做好估算，避免引起过电压。

(5) 线路故障跳闸后，一般允许试送一次。如试送不成功，需再次试送，须经主管生产的领导同意。

(6) 线路故障跳闸，断路器切除故障次数已达到规定次数，由厂站值班员根据现场规定，向相关调度汇报并提出处理建议。

(7) 当线路保护和高抗保护同时动作造成线路跳闸时，事故处理应考虑线路和高抗同时故障的情况，在未查明高抗保护动作原因和消除故障前不得试送；如线路允许不带电抗器运行，可将高抗退出后对线路试送。

(8) 有带电作业的线路故障跳闸后，若明确要求停用线路重合闸或故障跳闸后不得试送者，在未查明原因之前不得试送。

**13. 带电作业有几种形式？对高压带电作业气象条件有何要求？带电作业哪些情况下应应停用线路重合闸？作业过程中遇有线路突然停电怎么办？**

答：带电作业的形式主要包括等电位、中间电位、地电位和低压带电作业四种方式。

对带电作业气象条件的要求：带电作业应在良好天气下进行。如遇雷电（听见雷声、看见闪电）、雪雹、雨雾不得进行带电作业，风力大于5级时，一般不宜进行带电作业。

带电作业有下列情况之一者应停用重合闸，并不得强送电：

(1) 中性点有效接地的系统中有可能引起单相接地的作业。

(2) 中性点非有效接地的系统中有可能引起相间短路的作业。

(3) 工作票签发人或工作负责人认为需要停用重合闸的作业。

(4) 严禁约时停用或恢复重合闸。

(5) 带电作业过程中设备突然停电：作业人员应视设备仍然带电；工作负责人应尽快与调度联系，值班调度员未与工作负责人取得联系前不得强送电。

**14. 2015年辽宁电网低频、低压减载装置调整后的动作值是如何设置的？**

答：(1) 低频减载装置分基本轮和特殊轮：①基本Ⅰ轮：49.2Hz，0.3s。②基本Ⅱ轮：49.0Hz，0.3s。③基本Ⅲ轮：48.8Hz，0.3s。④基本Ⅳ轮：48.6Hz，0.3s。⑤基本Ⅴ轮：48.4Hz，0.3s。⑥基本Ⅵ轮：48.2Hz，0.3s。⑦特殊轮：49.2Hz，20s。49.2Hz，25s。49.2Hz，30s。

(2) 鞍山、营口、辽阳增加了防止发生电网频率崩溃事故的第二道防线，低频切负荷值为49.3Hz，延时0.3s。

(3) 为防止电压崩溃事故，低压减载定值分四轮，按照$0.8U_e$/6s整定。

## 六、案例分析题

**1. 红旗66kV变电站运行方式：66kV母线受电公民线送1、2号主变压器带负荷，花园线热备用；1、2号主变压器带10kV Ⅰ、Ⅱ段母线分列运行；10kV分段开关在开位，两侧隔离开关在合位，10kV分段备自投装置启用；10kV配出线路均为架空/电缆混合线路。接线方式如图9-1所示：**

**(1) 请根据红旗66kV变电站10kV Ⅱ段配出线路负荷性质，编制10kV Ⅱ段接地选择拉闸顺位表。10kV Ⅱ段配出线路负荷性质如下：胜利1号线为大型百货公司专用负荷线路（一级负荷）、胜利2号线为空载试运行线路、胜利3号线为多分支公用负荷线路（三级负荷，重载线路）、胜利4号线为部队训练场专用负荷线路（二级负荷）、胜利5号线为多分支公用负荷线路（三级负荷，轻载线路）、胜利6号线为多分支公用负荷线路（三级负荷，轻载且经常发生接地线路）。**

**(2) 调度监控显示红旗66kV变电站10kV Ⅱ段电压指示分别为$U_A$=0kV、$U_B$=10.5kV、$U_C$=10.5kV、$U_{AC}$=10.5kV。**

**1) 请根据上述电压指示判断接地相别、接地程度并画出相量图。**

**2) 运行人员在进行拉闸接地选择时，当拉开胜利2号线开关后，10kV Ⅱ段电压显示为$U_A$=6.06kV、$U_B$=0.54kV、$U_C$=6.05kV、$U_{AC}$=10.5kV。请判断原因并写出简要处理步骤。**

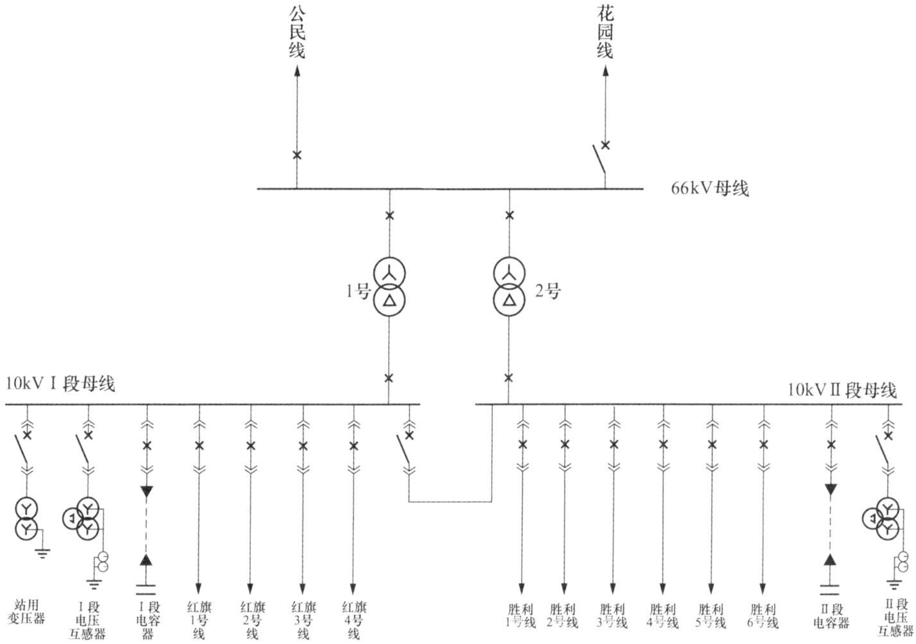


图 9-1　红旗 66kV 变电站接线方式

答：(1) 拉闸顺序：胜利 2 号线、胜利 6 号线、胜利 5 号线、胜利 3 号线、胜利 4 号线、胜利 1 号线。

(2) A 相 100%接地。相量图如图 9-2 所示。

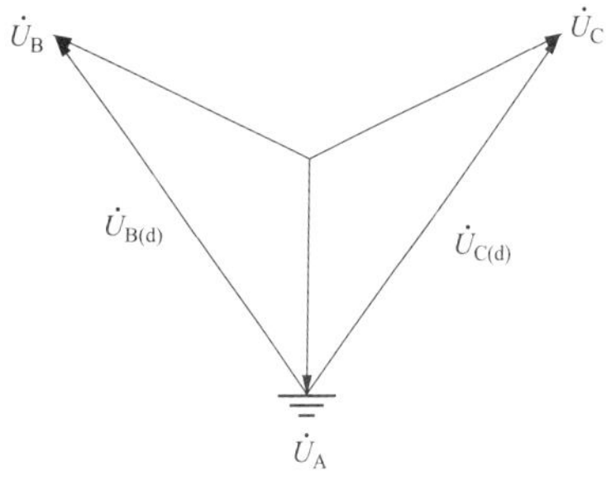


图 9-2　相量图

接地线路为胜利 2 号线，在拉开胜利 2 号线开关检除接地点的同时，10kV Ⅱ段电压互感器 B 相一次保险器熔断。

处理步骤：①胜利 2 号线为空载试运行线路，接地检除后，开关保持在分位；②停止 10kV 分段备自投装置；③合上 10kV 分段开关；④拉开 2 号主压器二次开关；⑤自负 10kV Ⅰ、Ⅱ段电压互感器二次并列（合上 10kV Ⅰ、Ⅱ段电压互感器二次并列开关）；⑥拉开 10kV Ⅱ段电压互感器二次空气开关；⑦拉开 10kV Ⅱ段电压互感器一次隔离开关（隔离 10kV Ⅱ段电压互感器）；⑧10kV Ⅱ段电压互感器更换熔丝作业许可；⑨下令运维单位，胜利 2 号线事故巡线，接地故障点隔离并布置好安全措施后，许可接地处理作业。

**2. 青堆子 220kV 变电站 66kV 系统如图 9-3 所示。青堆子 220kV 变电站，66kV 南母线配出青山一线、二线、1 号电容器、青沟一线、青赵线、青北线；66kV 北母线配出青风线、青廖线、青吴线、青沟二线、2 号电容器、青八线。铁南变电站 2 号主变压器带 10kV 一、二段母线负荷，1 号主变压器热备用，2 号主变压器带消弧线圈运行；大虎山 1、2 号主变压器分列运行，2 号主变压器带消弧线圈运行；沟帮子变 1 号主变压器带消弧线圈运行；66kV 青廖线带电作业更换瓷瓶。**

**11 时 28 分，调控人员刘某发现 66kV 南北母线接地，66kV 南北段母线系统电压指示为 A 相 65.46kV、B 相 66.57kV、C 相 1.14kV。刘某立即汇报调控值长，值长当即同意进行故障研判及查找。当时地区天气为大风天气。请写出青堆子变电站 66kV 系统青沟二线接地故障处理的具体步骤。**

答：(1) 询问青堆子变电站 66kV 青廖线带电作业负责人现场作业无异常，并令其停止作业，告知系统 C 相接地故障，余下作业待调度令进行。

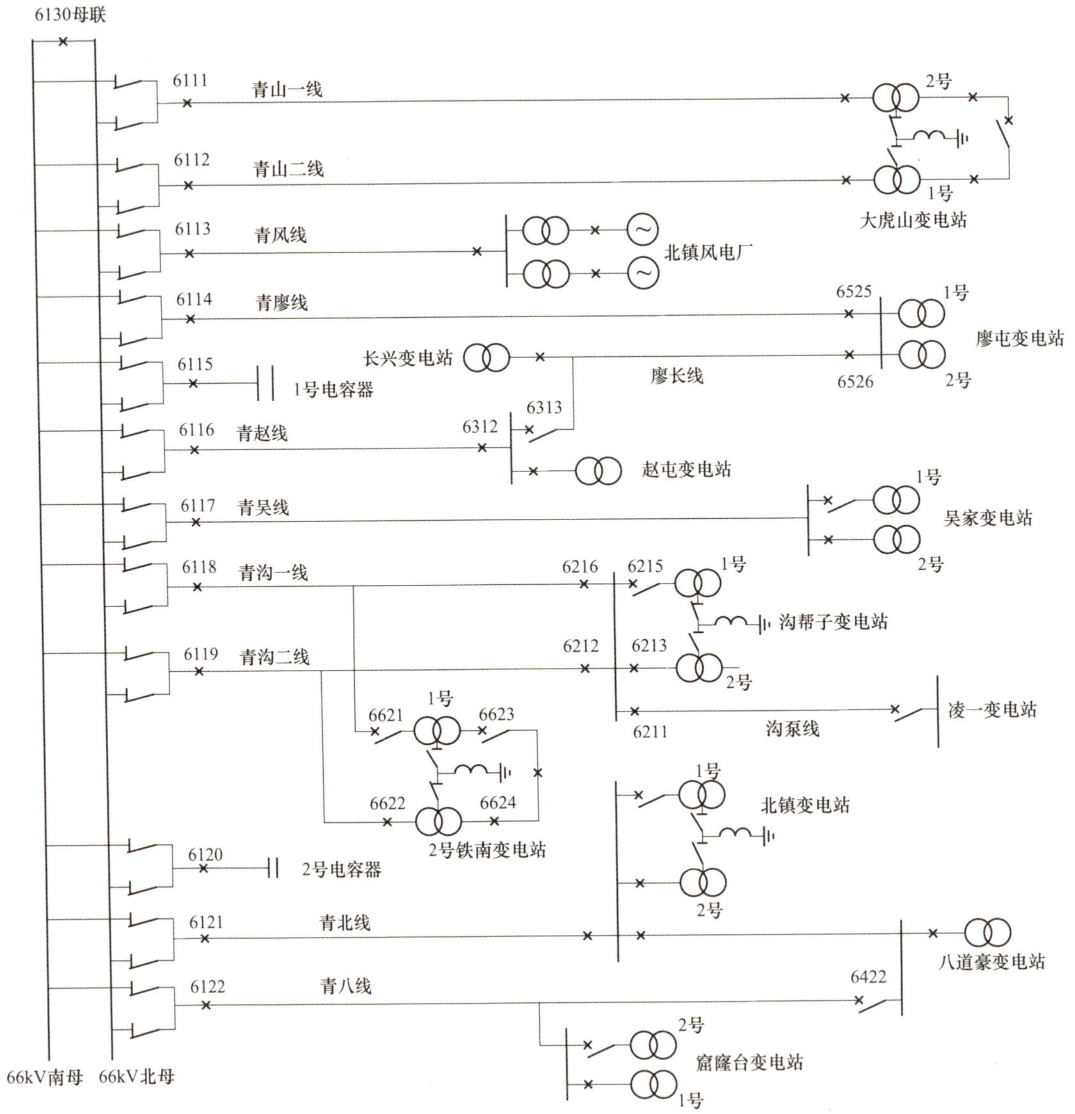


图 9-3　青堆子 220kV 变电站 66kV 系统图

（2）立即通知变电站运维等相关人员到现场检查设备，发现问题联系调度处理。

（3）通知输电运检人员青堆子变 66kV 系统异常，做好巡线准备。

（4）拉开青堆子变电站 66kV 1、2 号电容器 6115、6120 断路器。

（5）拉开青堆子变电站 66kV 母联 6130 断路器，查看 66kV 北母线系统电压指示为 A 相 65.46kV、B 相 1.14kV、C 相 66.57kV，南母线电压正常，确认为北母线系统接地后，合上青堆子变电站 66kV 母联 6130 断路器。

（6）拉开沟帮子变电站 66kV 沟泵线 6211 断路器，接地未消失。

（7）赵屯变电站合上 6313 断路器，拉开廖屯变电站 6526 断路器，北母线接地未消失，判定廖长线无问题，合上廖屯变电站 6526 断路器。

拉开廖屯变电站 6525 断路器，青堆子变电站拉开青廖线 6114 断路器，北母线接地未消失，判定青廖线无问题，恢复原方式。拉开赵屯变电站 6313 断路器。

（8）八道豪变合上青八线 6422 断路器环并，青堆子变电站拉开青八线 6122 断路器环解，拉开 66kV 母联 6130 断路器，北母线接地未消失，判定青八线无问题，恢复原方式。

（9）拉开 66kV 青吴线 6117 断路器，北母线接地未消失，合上 66kV 青吴线 6117 断路器。

（10）联系风电厂做发电机解列准备，拉开 66kV 青风线 6113 断路器，北母线接地未消失，合上 66kV 青风线 6113 开关。

（11）合上沟帮子变电站 6215 断路器，将 1 号主变压器投入空载运行。将铁南变电站方式改为 1 号主变压器带 10kV 一、二段母线，2 号主变压器热备用。拉开沟帮子变青沟二线 6212 断路器，青堆子拉开青沟二线 6119 断路器，系统接地消失。同时将青堆子变电站、沟帮子变电站青沟一、二线保护改单回线运行方式。

（12）通知输电运检人员立即对 66kV 青沟二线进行带电巡线，发现问题联系调度处理。

**3. 图 9-4 是某区域电网接线图，滨海 220kV 变电站 220kV 侧单母线差动保护动作，滨海 220kV 变电站各 220kV 元件开关及线路对侧开关均跳闸。作为地区调度员，**

**（1）请写出事故快速处理原则。**

**（2）写出事故处理具体步骤。**

**（3）系统故障排除后，恢复送电原则。**

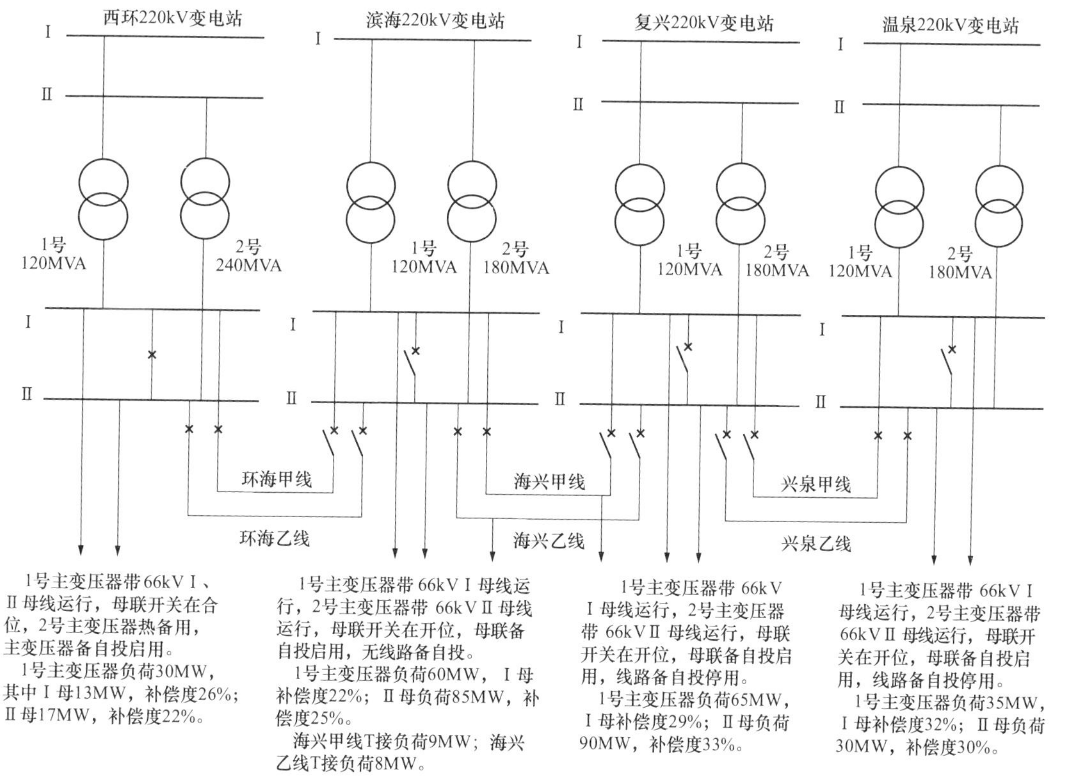


图 9-4 某区域电网接线图

备注：（1）四座 220kV 变电站 220kV 部分均由省调委托地调指挥。

（2）事故前运行方式：滨海 220kV 变电站 220kV 出线三回，分别为西滨线（至西环站）、滨复线（至复兴站）、滨温线（至温泉站）；西环 220kV 变电站 220kV 出线 4 回，有 2 回线与热电厂连接；复兴 220kV 变电站、温泉 220kV 变电站的 220kV 出线均为 4 回，都无高危用户，在电网中重要性质相同。

（3）每个 220kV 变电站所带负荷性质为 50%耗能负荷、50%工农业负荷。

**(4) 各变电站之间的66kV联络线参数：环海甲、乙线，2×LGJ240－20km；海兴甲、乙线，2×LGJ300－15km；兴泉甲、乙线，2×LGJ300－10km。**

答：(1) 事故快速处理原则：

1) 立即汇报上级调控机构，变电站故障时间、保护动作等情况。

2) 充分利用变电站之间联络线功能，将负荷转移到对侧送出。

3) 立即启用西环220kV变电站的备用2号变压器。

4) 将滨海220kV变电站的负荷通过与西环220kV变电站相连的环海甲乙线带出。

5) 汇报单位领导及相关专业人员。

6) 上述处理情况再次汇报上级调控机构。

(2) 事故处理具体步骤：

1) 滨海220kV变电站：220kV单母线差动保护动作，滨海220kV变电站各220kV元件开关及三条220kV线路对侧开关均跳闸；西环220kV变电站：1号主变压器一、二次主开关跳闸，2号主变压器备自投动作，合上2号主变压器一、二次主开关。

2) 将上述故障时间、保护动作信息等情况立即汇报上级调控机构，并将变电站运行方式及处理思路简要介绍。

3) 通知变电运维、二次检修等相关专业到现场检查设备，发现问题联系调控处理。

4) 将海兴甲、乙线停电倒至复兴220kV变电站侧送电，保护按规定执行。

5) 西环220kV变电站的2号主变压器备自投若动作不成功，应手动将西环220kV变电站的2号主变压器由热备用转运行。

6) 滨海220kV变电站：合上环海甲、乙线，带出站内负荷。

7) 上述操作注意系统补偿度。

8) 注意监视系统潮流变化。

9) 将滨海220kV变电站的1号主变压器备自投启用。

10) 将上述处理情况汇报单位领导及相关专业人员。

11) 将上述处理情况再次汇报上级调控机构。

(3) 系统故障排除后，恢复送电原则：

1) 恢复送电时，由于西环220kV变电站有2回线与热电厂连接，所以首先不考虑西滨线（至西环站）送电。

2) 考虑到变电站位置，采用温泉220kV变电站，先试送220kV滨温线开关（充电）；滨海220kV变电站，合上220kV滨温线开关（环并）。

3) 然后分别给220kV滨复线（至复兴站）送电良好。

4) 将滨海220kV变电站两台主变压器恢复送电。

5) 滨海220kV变电站：拉开环海甲、乙线；将海兴甲、乙线倒回滨海220kV变电站侧送电；将站内恢复正常运行方式。

6) 恢复220kV西滨线（至西环站）送电。

7) 西环220kV变电站：将站内恢复正常运行方式。

**4. 66kV高速变电站主接线图如图9-5所示，1号主变压器带10kV一、二段母线运行，2号主变电站热备用（海牛乙线进线自投保护投入），当发生10kV一段母线家私线、高生线线路A相同时接地时，请写出查找接地的过程。**

答：(1) 检查站内设备有无故障。

(2) 退出高速变海牛乙线进线备自投。

(3) 合上66kV内桥3710开关（2号主变压器充电）。

(4) 合上10kV 2号主二次3734断路器（并列）。

(5) 拉开10kV分段3730断路器（解列，确认一段母线接地）。

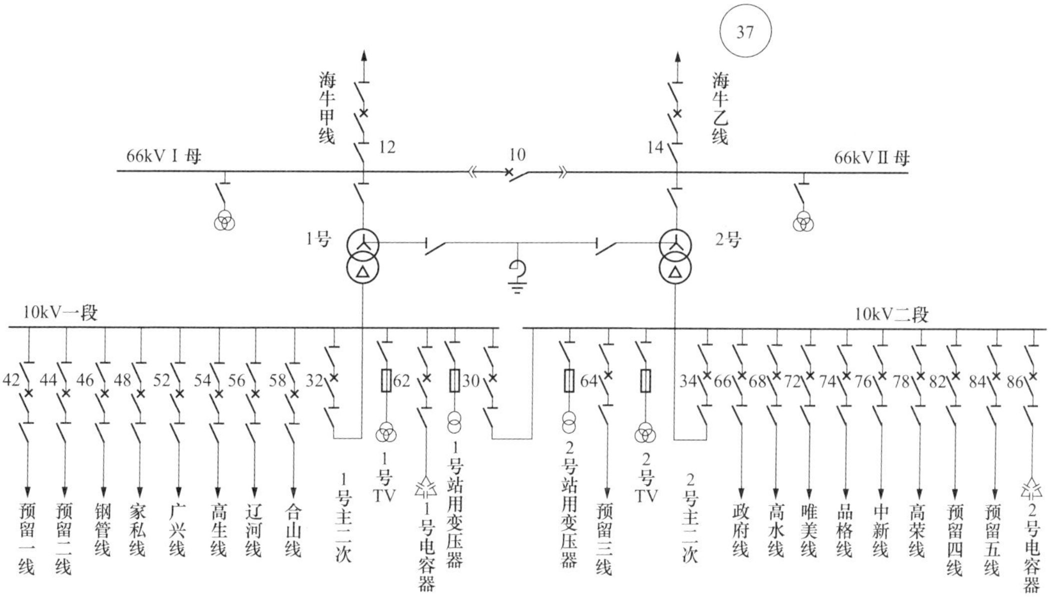


图 9-5　66kV 高速变电站主接线图

（6）分别检除钢管线、家私线、广兴线、高生线后，10kV 一段母线 A 相接地信号未消失。判断为多点接地。

（7）再次分别检除钢管线、家私线、广兴线、高生线，每次试拉后不送电，当拉至高生线时，10kV 一段母线 A 相接地信号消失，确定高生线为其中接地的一线路。

（8）然后分别试送钢管线、家私线、广兴线，当试送家私线时，10kV 一段母线 A 相接地信号再次发出，确定家私线 A 相接地，拉开家私线断路器，继续试送广兴线钢管线系统相电压未见异常。

（9）根据 10kV 家私线、高生线负荷性质，确认送出其一线路（带接地点运行），然后通知线路运维单位带电巡线检查（告知线路运行情况）。

（10）合上 10kV 分段 3730 断路器（并列）。

（11）拉开 10kV 2 号主二次 3734 断路器（解列）。

（12）拉开 66kV 内桥 3710 断路器（2 号主变压器停电，恢复备用）。

（13）投入高速变电站海牛乙线进线备自投。

**5. 图 9-6 为 66kV 牛西变电站主接线图，现 66kV Ⅰ母 TV A 相高压侧金属性接地，请编制操作票消除接地点，并满足检修作业条件。不包括消除接地点后送电过程。66kV 运行方式：牛西二线运行，牛西一线（热备用），66kV 分段 5910 分段隔离开关合位。两台主变压器二次分列运行，10kV 分段 5950 断路器在开位（备自投保护投入）。**

答：（1）牛西变电站：检查两台主变压器负荷情况是否满足 $N-1$ 要求。

（2）牛西变电站：合上 66kV 牛西一线 5912 断路器（并列）。

（3）牛西变电站：拉开 66kV 牛西二线 5914 断路器（解列）。

（4）牛西变电站：退出 10kV 分段 5950 断路器备自投保护。

（5）牛西变电站：合上 10kV 分段 5950 断路器（并列）。

（6）牛西变电站：拉开 2 号主二次 5934 断路器（解列）。

（7）牛西变电站：拉开 2 号主一次 5924 断路器（2 号主变压器停电）。

（8）牛西变电站：拉开 66kV 分段 5910 隔离开关（拉空母线）。

（9）牛西变电站：合上 66kV 牛西二线 5914 断路器（Ⅱ母线充电）。

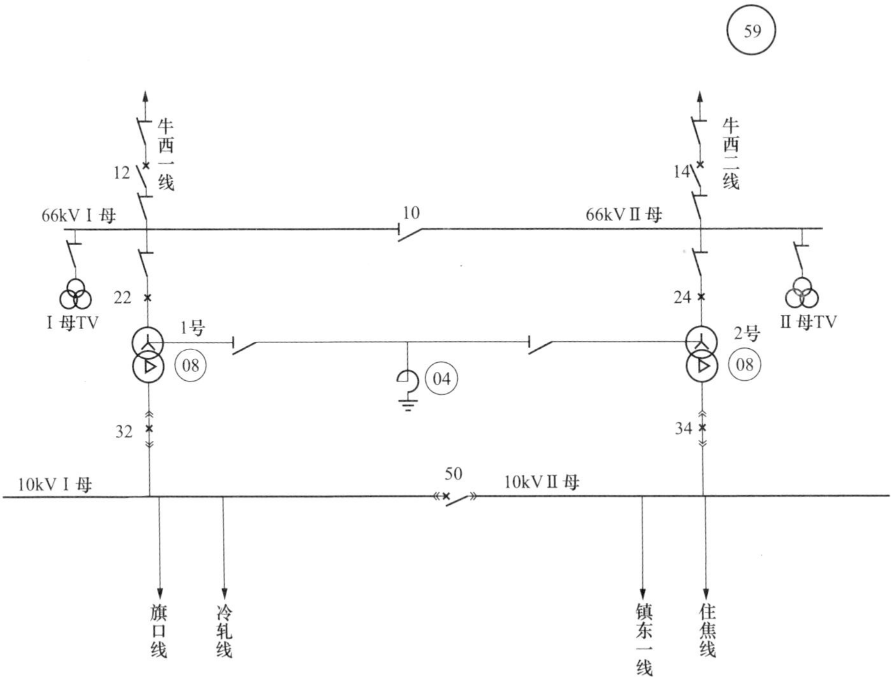


图 9-6　66kV 牛西变电站主接线图

（10）牛西变电站：合上 2 号主一次 5924 断路器（2 号主变压器充电）。

（11）牛西变电站：合上 2 号主二次 5934 断路器（并列）。

（12）牛西变电站：拉开 1 号主二次 5932 断路器（解列）。

（13）牛西变电站：拉开 1 号主一次 5922 断路器（1 号主变压器停电）。

（14）牛西变电站：拉开 66kV 牛西一线 5912 断路器（切除接地点）。

（15）牛西变电站：拉开 66kV 牛西一线 5912 线路及母线隔离开关。

（16）牛西变电站：拉开 1 号主一次 5922 隔离开关。

（17）牛西变电站：66kV Ⅰ母线已停电，Ⅰ母线 TV 接地点消除工作可以开始，现场安全措施自行掌握。

**6. 铁东变电站主接线图如图 9-7 所示，铁东变电站内 10kV 东环线开关与甲隔离开关之间发生单相（A 相）接地，请写出消除故障点的事故处理过程；写出 10kV 万和线路故障，断路器拒动的事故现象及事故处理步骤。**

答：（1）消除故障点的事故处理过程：

1）铁东变电站：将 10kV 侧路 2950 断路器保护定值改带东环线 2966 断路器使用。

2）铁东变电站：合上 10kV 侧路 2950 甲、乙隔离开关。

3）铁东变电站：合上 10kV 侧路 2950 断路器（侧母充电良好）。

4）铁东变电站：拉开 10kV 侧路 2950 断路器（侧母停电）。

5）铁东变电站：合上 10kV 东环线 2966 丙隔离开关（侧母充电）。

6）铁东变电站：合上 10kV 侧路 2950 断路器（环并）。

7）铁东变电站：拉开 10kV 侧路 2950 及东环线 2966 开关操作直流（改非自动）。

8）铁东变电站：拉开 10kV 东环线 2966 甲隔离开关（解列）。

9）铁东变电站：合上 10kV 侧路 2950 及东环线 2966 断路器操作直流。

10）铁东变电站：拉开 10kV 东环线 2966 断路器（切除故障点）。

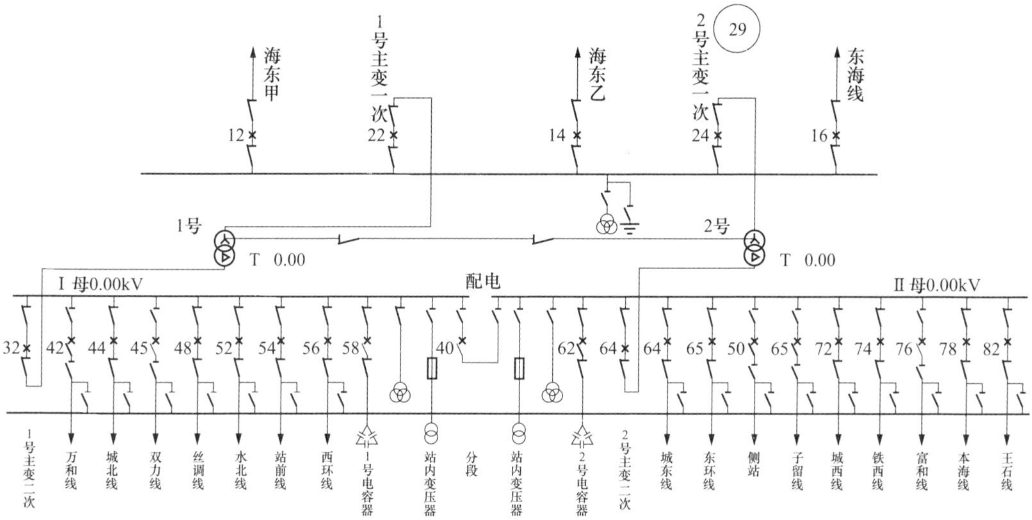


图 9-7　铁东变电站主接线图

11）铁东变电站：拉开 10kV 东环线 2966 乙隔离开关。

12）铁东变电站：10kV 东环线 2966 断路器已停电，站内作业可以开始，内部措施自行掌握。

（2）事故现象：

1）10kV 万和线速断、过流保护动作，2942 断路器动作未跳闸。

2）1 号主变压器低压过流保护动作，将 1 号主变二次 2932 及分段 2940 断路器解开，造成 10kV 一段母线全停。

处理步骤：

1）铁东变电站：拉开 10kV 万和线 2942 乙、甲隔离开关（拒动开关隔离）。

2）铁东变电站：拉开 10kV 一段母线各线断路器。

3）铁东变电站：合上 1 号主变二次 2932 断路器（10kV 一母送电良好）。

4）铁东变电站：合上 10kV 一段母线各线断路器（非故障线路送电）。

5）铁东变电站：合上分段 2940 断路器（并列）。

6）铁东变电站：10kV 万和线 2942 断路器已停电，事故处理作业可以，内部措施自行掌握。

7）铁东变电站：若万和线 2942 断路器或保护的故障不能在短时处理好，可用 10kV 侧路断路器带出万和线 2942 线路送电。

**7. 66kV 高速变电站系统接线图如图 9-8 所示，海牛甲线带 1 号主变压器及 10kV 一、二段母线运行，2 号主变压器热备用（海牛乙线进线自投保护投入），66kV 消弧线圈在 1 号主变压器运行。10 时 00 分 10kV 一、二段母线接地告警，10kV 相电压指示 A 相 0.12kV、B 相 10.22kV、C 相 10.15kV，10 时 05 分判断 10kV 钢管线 A 相接地，10 时 15 分 10kV 钢管线、高生线、高荣线过流二段保护动作，断路器跳闸，均重合不良，假设 10kV 钢管线 A 相与 10kV 高荣线 C 相为永久性接地故障点，请写出故障线路强送电过程。**

答：（1）检查站内设备有无故障。

（2）合上 10kV 钢管线 3746 断路器后，接地信号告警，显示 A 相金属性接地，立即拉开钢管线 3746 断路器。

（3）合上 10kV 高生线 3754 断路器后，系统指示无异常（高生线瞬时故障已消除）。

（4）合上 10kV 高荣线 3778 断路器后，接地信号告警，显示 C 相金属性接地。

（5）合上 66kV 内桥 3710 断路器（2 号主变压器充电）。

（6）合上10kV 2号主二次3734断路器（并列）。

（7）拉开10kV分段3730断路器（解列）。

（8）合上10kV钢管线3746断路器后，接地信号告警，显示A相金属性接地。

（9）通知线路运维单位10kV钢管线A相与10kV高荣线C相金属性接地，令带电巡线检查。

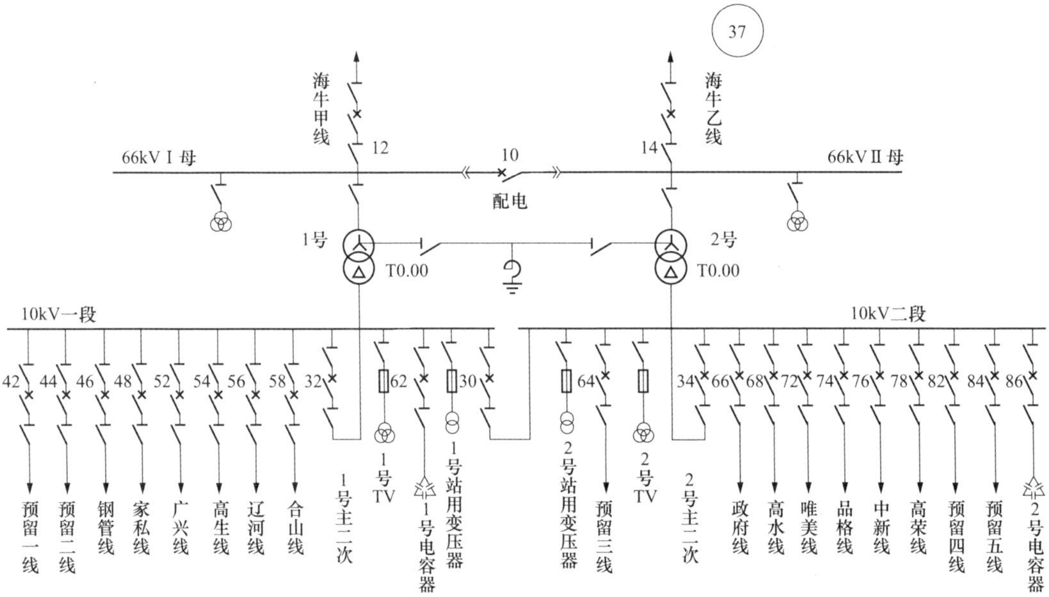


图9-8　66kV高速变电站系统接线图

**8. 某66kV系统如图9-9所示，试分别写出各线路和元件因故障跳闸后强送原则。**

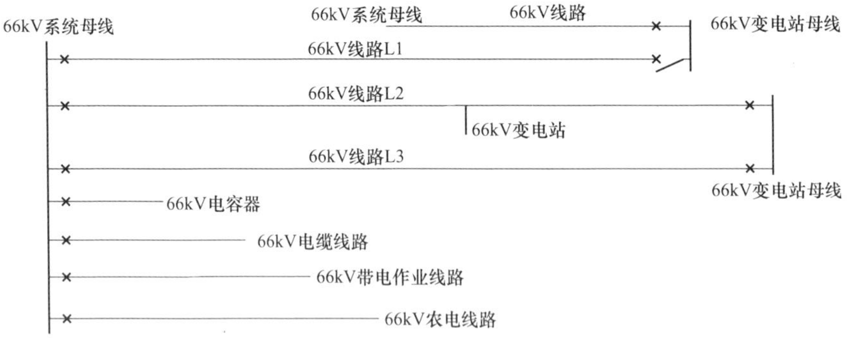


图9-9　某66kV系统图

答：各线路和元件因故障跳闸后强送原则

（1）线路L1跳闸不强送（充电线路）。

（2）线路L2跳闸，重合不良，强送一次（带分歧负荷）。

（3）线路L3跳闸，重合不良，不强送，联系处理。

（4）电容器跳闸不强送。

（5）电缆线路跳闸不强送，联系处理。

（6）带电作业线路跳闸不强送，联系处理。

（7）农电线路跳闸，强送一次。

**9. 系统如图9-10所示，某电厂额定容量为300MW×4，由电厂1、2号线与主网联络，两条出线最大承受电流均为1250A（合480MW），正常线路配有安全自动装置一套，即一回线跳闸后，自动装置检测机组出力，当机组出力超过定值后，将切除1～2台机组。某日1～4号机组均满负荷运行，电厂1号线纵联差动保护动作跳闸，重合不良，安全自动装置动作只切除了4号机组，电厂2号线严重过载。请写出调度员的简要事故处理步骤。**

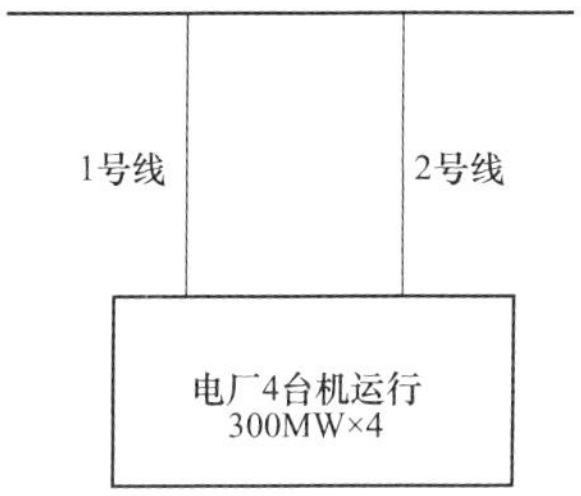

图9-10　系统图

答：（1）调度员接到电厂运行人员汇报后，立即下令电厂运行人员手动切除1台机组，运行的两台机组出力降低至480MW以下。

（2）开启备用水电机组增加系统相关调频电厂出力，避免出现频率波动。

（3）通知相关运维单位立即巡线检查。

**10. 某系统图如图9-11所示。110kV变电站两台110kV变压器（2×80MVA）并列运行，带35kV小地区运行。正常1号变压器中性点接地运行。小地区有一台小水电机组备用，额定出力30MW。小地区当前负荷100MW，预计高峰负荷120MW。某日19点30分现场报，1号变压器冷却系统故障切除全部冷却器，变压器顶层油温已达到70℃，现场要求尽快将1号变压器转检修处理。请写出简要异常处理过程。**

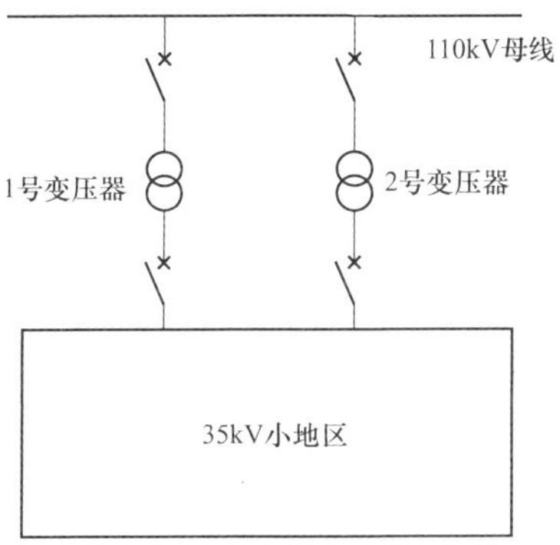

图9-11　系统图

答：（1）调度令小地区水电机组开机发电，并带满负荷。

（2）借助联络线转移部分负荷，将地区负荷控制在100MW以下，同时做好负荷高峰时限电措施。

（3）令合上2号变压器中性点接地隔离开关，将1号变压器停电。

（4）通知有关单位现场检修处理。

**11. 香海电厂系统如图9-12所示，香海电厂海香左、右线开关及66kV母联都有同期合闸装置。请写出海香左线故障，可能出现的情况及处理过程。**

答：（1）高峰负荷时：香海电厂1、3号机与系统解列，兴工变香王右线备自投动作，跳开香王左线开关，合上香王右线开关，长兴1号主变压器负荷通过低压侧备至2号主变压器。

处理过程：

1）海湾变：调整北母系统消弧线圈。

2）海湾变：调整南母系统消弧线圈。

3）下级调度：兴工变：香王右线备自投停止。

4）香海电厂：合上66kV母联开关。

5）香海电厂：自负1、3号机与系统并列。

6）下级调度：长兴变：恢复原方式运行。

7）下级调度：兴工变：合上香王左线开关A。

8）下级调度：兴工变：拉开香王右线开关。

9）下级调度：兴工变：香王右线备自投启用。

10）监视海香右线负荷，如果过负荷可以先将王家沟变北母负荷倒走。

（2）低谷负荷时：香海电厂1、3号机带东母单运，负荷没有损失。

处理过程：

1）海湾变：调整北母系统消弧线圈。

2）海湾变：调整南母系统消弧线圈。

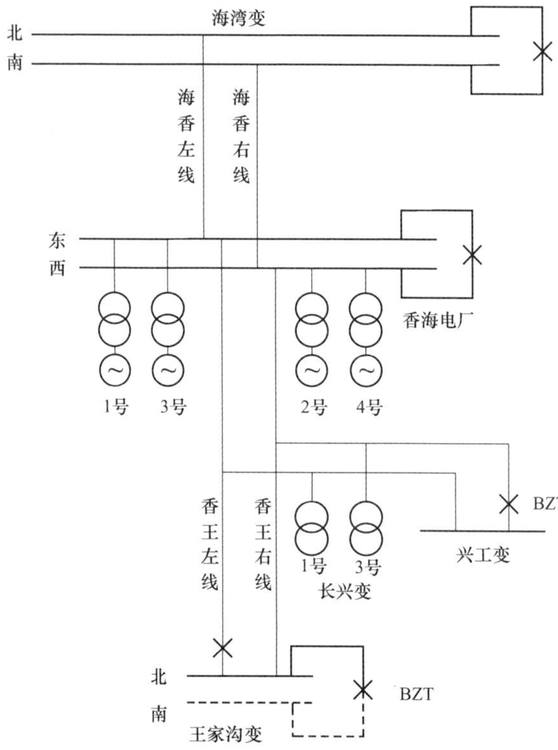


图 9-12 香海电厂系统图

3）香海电厂：合上 66kV 母联开关（同期合闸）。

4）监视海香右线负荷，如果过负荷可以先将王家沟变北母负荷倒走。

**12. 李官变电站系统图如图 9-13 所示，66kV 单母带侧路，现侧路开关作业中，侧母备用状态。监控发现李许右线开关 $SF_6$ 压力低，不能分闸，网具场不能停电，请写出处理过程。**

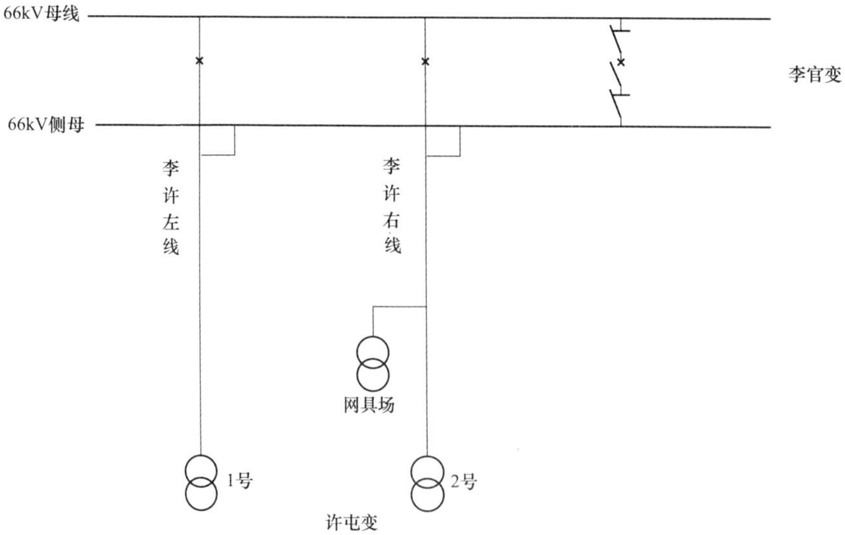


图 9-13 李官变电站系统图

答：(1) 许屯变：1 号主变压器负荷由低压侧倒 2 号主变压器运行。

（2）李官变：拉开李许左线断路器。

（3）李官变：合上李许左线丙隔离开关。

（4）李官变：合上李许左线断路器。

（5）李官变：合上李许右线丙隔离开关。

（6）李官变：李许右线操作电源停止。

（7）李官变：李许左线操作电源停止。

（8）李官变：拉开李许右线甲、乙隔离开关。

（9）李官变：李许右线断路器站内作业可以开始。

**13. 故障情况：220kV 线路永久性故障，220kV 长兴Ⅰ线单相永久接地故障。接线如图 9-14 所示。**

**运行方式：220kV 兴党线 213 断路器、长兴Ⅰ线 212 断路器供 220kV Ⅰ母线带 1 号主变压器，220kV 兴姚线 214 断路器、长兴Ⅱ线 211 断路器供 220kV Ⅱ母线带 2 号主变压器。220kV Ⅰ、Ⅱ母线经 220kV 母联 200 断路器并列运行。**

**事故现象：兴隆站发“事故总”“预告总”信号，长兴Ⅰ线纵联保护动作，接地距离、零序保护动作（相间故障：相间距离保护动作），单相重合闸动作，212 断路器分闸，212 断路器合闸，212 断路器分闸。长清站发“事故总”“预告总”信号，长兴Ⅰ线纵联保护动作，接地距离、零序保护动作，单相重合闸动作，217 断路器分闸，217 断路器合闸，217 断路器分闸。**

分析事故处理过程。

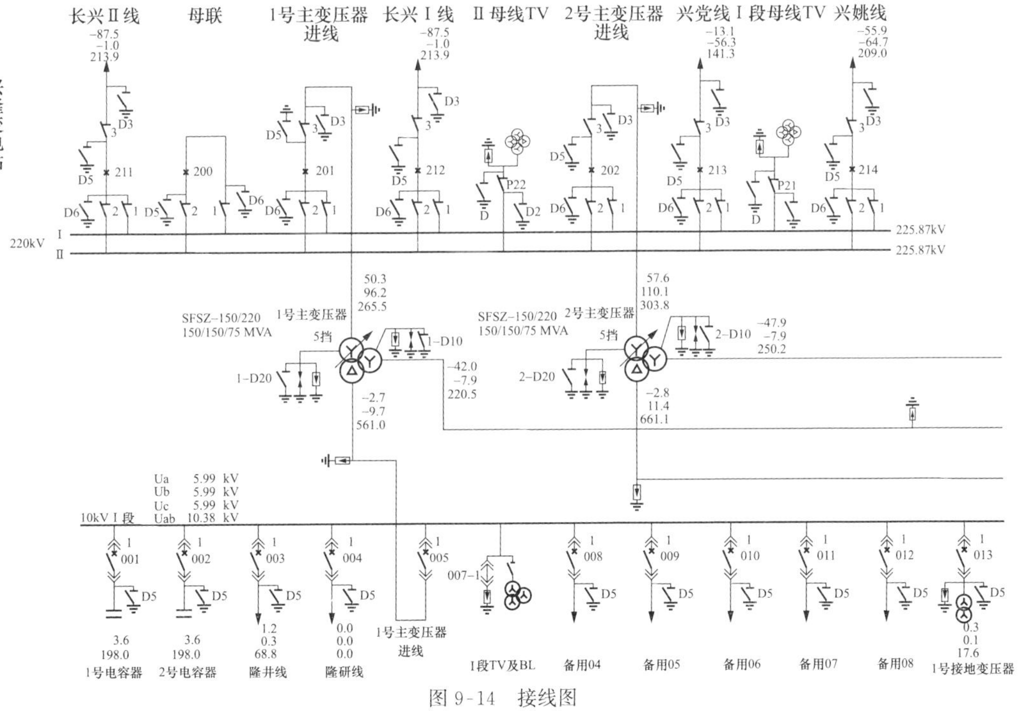


图 9-14　接线图

答：（1）兴隆站汇报：220kV 长兴Ⅰ线纵联保护动作跳闸，重合不成功。故障录波器测距 18km 站内检查无异常。

（2）长清站汇报：220kV 长兴Ⅰ线纵联保护动作跳闸，重合不成功。故障录波器测距 23.9km 站内检查无异常。

（3）令兴隆站：强送长兴Ⅰ线 212 断路器一次，若强送成功，在长清站由长兴Ⅰ线 217 断路器合环。若强送不成，不再强送。

（4）通知管辖线路工区带电巡线。

（5）根据线路工区汇报结果：220kV 长兴Ⅰ线 19 号杆处被市政施工吊车误碰导线造成，导线有断股，需要停电处理。

（6）将 220kV 长兴Ⅰ线由热备用转检修。

（7）做好记录，汇报有关领导。

**14. 如图 9-15 所示为 220kV 网络图。运行方式为 220kV 各线路均环网运行。220kV 输电线路均配置闭锁式高频方向、闭锁式高频距离保护。某时刻，甲乙线两侧高频方向、高频距离保护动作 A 相跳闸，重合不成。丙变电站 220kV 乙丙线高频距离保护动作，A 相跳闸，重合不成。请分析保护动作行为及调度处理方案（不考虑潮流变化）。**

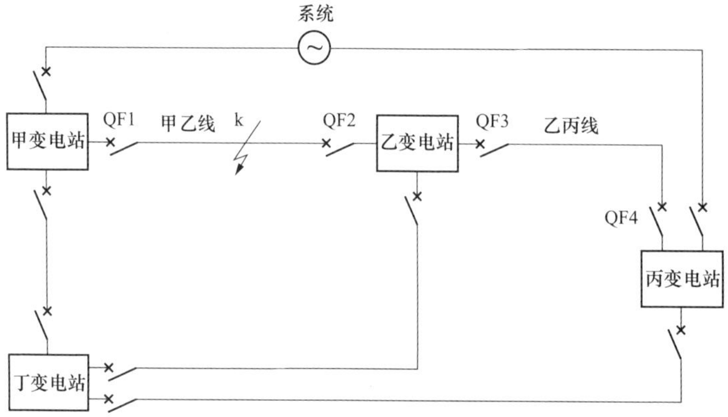


图 9-15　220kV 网络图

答：保护动作行为：

（1）甲乙线路 A 相可能永久性故障，故障点在两侧高频方向、高频距离保护范围内，保护动作行为正确。

（2）乙变电站，故障点在乙丙线路高频方向、高频距离保护反方向上，QF3 没有动作跳闸，保护判断正确。丙变电站，乙丙线路高频方向、高频距离保护测得故障点在其正方向，且只有高频距离保护动作于乙丙线 QF4 跳闸，可能原因是：乙变电站高频距离保护未向对侧乙丙线高频距离保护发出闭锁信号导致乙丙线 QF4 跳闸；或高频距离保护虽已向对侧高频距离保护发出闭锁信号，由于通道不通和收发信机故障，导致乙丙线 QF4 跳闸。

结论：甲乙线路两侧保护动作正确。丙变电站乙丙线路 QF4 跳闸属于高频距离误动造成的越级跳闸。

处理方案：停用 220kV 乙丙线高频距离保护装置，由乙变电站对乙丙线路充电，丙变电站合环；如乙变电站有旁路则可用旁路代乙丙线路 QF3 运行，丙变电站合环，通知检修人员处理乙丙线保护异常。由乙变电站对甲乙线路强送一次，成功后甲变电站合环，强送不成时将甲乙线路隔离，并做好安全措施，通知查线处理。

**15. 图 9-16 所示为某变电站 220kV 母线接线图。运行方式：WL1 运行于 1 号母线，WL2、WL3 运行于 2 号母线，1、2 段母线经母联 200 断路器并列运行，旁路 210 断路器冷备用。运行中母联 200 断路器因操动机构有问题 A 相偷跳造成非全相且变成死断路器，如何处理？**

答：处理思路是：用 WL1 线 202－1、202－2 隔离开关跨接 1、2 号母线运行，然后隔离母联 200 断路器。操作步骤如下：

（1）核对旁路 210 断路器保护定值并投入 WL1 定值。

（2）合旁路 210－2、210－4 隔离开关及 210 断路器，对 4 号母线充电，良好后拉开旁路 210 断路器。

（3）合上 WL1 线 202－4 隔离开关，合上旁路 210 断路器。

（4）停用 WL1 线 202 断路器、旁路 210 断路器操作电源。

（5）合上 WL1 线 202－2 隔离开关。

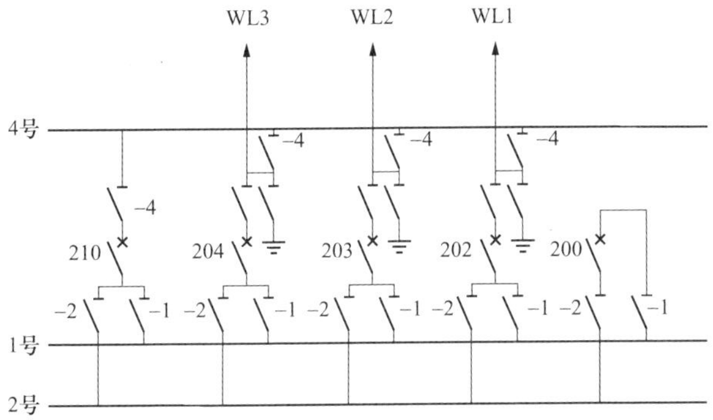

图 9-16　某变电站 220kV 母线接线图

（6）投入 WL1 线 202 断路器、旁路 210 断路器操作电源。

（7）拉开旁路 210 断路器及两侧 210－4、210－2 隔离开关，恢复备用。

（8）拉开 WL1 线 202－4 隔离开关。

（9）拉开母联 200－1、200－2 隔离开关，隔离母联 200 断路器。

（10）拉开 WL1 线 202－1 隔离开关，220kV 1 号母线停电。

**16. 图 9-17 所示为某变电站 220kV 母线接线图，设备为 GIS 设备。运行方式：WL1、1 号主变压器、WL3 运行于 1 号母线，WL2、2 号主变压器运行于 2 号母线，1、2 号母线经母联 200 断路器并列运行。保护配置：全部出线及对侧线路保护均为 LEP－901（A）902A 微机线路保护，均采用单相重合闸；母线保护为 RCS－915。除 1、2 号主变压器外其余断路器失灵启动回路均接入母线保护。试分析：**

**（1）图 9-17 中 WL1 的 k 处发生单相永久性接地故障，本站保护及对侧线路保护的动作行为，断路器跳闸情况，并说出处理过程。**

**（2）经检修处理完毕后，请确定送电方案。**

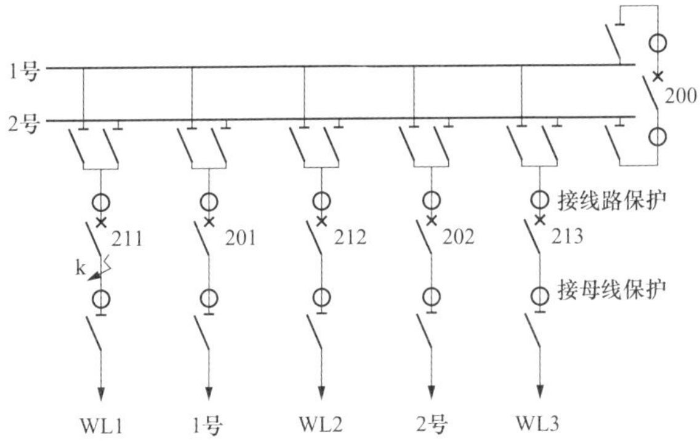

图 9-17　某变电站 220kV 母线接线图

答：保护及断路器动作情况如下：因故障点 k 既在 WL1 线路两侧保护范围内，又在本站母线差动保护范围内，故本站母线差动保护动作跳开母联 200、1 号主变压器 201、WL3 线 213、WL1 线 211 断路器。WL1 线 901、902 主保护，零序电流 Ⅰ 段，接地距离 Ⅰ 段动作。WL1 线对侧 901、902 主保护动作跳单相，重合不成跳三相。WL3 线对侧 901、902 主保护动作跳单相重合成功。

处理步骤如下：

（1）隔离 WL1 线 211 间隔。

（2）用 WL3 线 213 断路器对 1 号母线充电。

（3）用母联 200 断路器合环。

（4）用 1 号主变压器 201 断路器对 1 号主变压器送电。

（5）WL1线路停电并做安全措施。

WL1恢复方案：可考虑WL1线对侧对211断路器间隔试送，正常后用WL1线211断路器合环恢复原方式。如不能从对侧送电，则本站空出一条母线，合上211间隔的母线侧隔离开关及WL1线211断路器，用母联断路器试送，正常后恢复原方式。

**17. 某变电站220kV母线接线如图9-18所示。运行方式：WL1、WL2线运行于1号母线，WL3、WL4线运行于2号母线，上述4条线路均与系统环网运行，1、2号母线经母联200断路器并列运行。母线配置母线保护，所有出线均在运行位置。故障k点如图9-18所示，请分析保护动作及各断路器切除过程，并简述恢复送电方案和k点故障处理结束恢复原方式供电方案。**

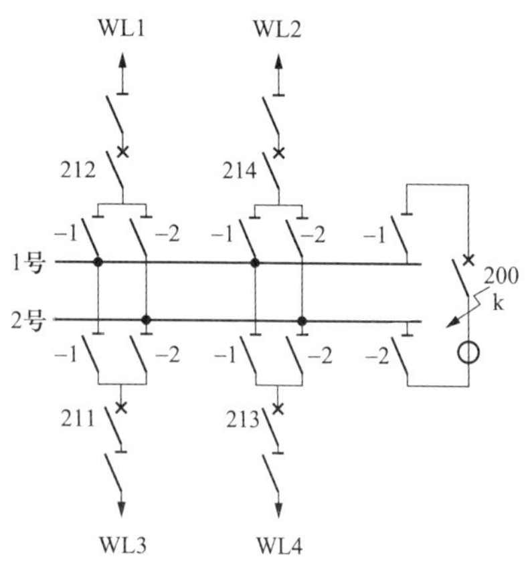


图9-18　某变电站220kV母线接线图

答：保护动作及各断路器切除过程：由于故障点位于母线差动电流互感器与母联断路器之间，母线差动保护首先判断为1号母线故障，母线差动保护动作跳开母联200断路器和运行在1号母线上的WL1线212、WL2线214断路器。跳开母联200断路器后，故障点依然存在，母联死区保护动作跳开运行在2号母线上的WL3线211、WL4线213断路器。

恢复送电方案：首先隔离故障点k，拉开200断路器两侧隔离开关，将1号母线停电，用WL1线或WL2线的对侧对1号母线充电，良好后其他出线送电于1号母线。当k点故障处理结束时，合上母联200－2隔离开关，拉开WL3线211断路器及211－3、211－1隔离开关（或WL4线213断路器及213－3、213－1隔离开关），合上WL3线211－2、211－3隔离开关（或WL4线213－2、213－3隔离开关），用WL3线211断路器（或WL4线213断路器）对Ⅱ母线及k点进行冲击送电，良好后，合上母联200－1隔离开关，1号母线、母线由200断路器并列，WL4线（或WL3线）倒到2号母线上。

**18. 系统接线方式如图9-19所示。乙变电站运行方式：由甲乙Ⅰ线供电，甲乙Ⅱ线充电备用（102断路器热备用），甲乙Ⅰ、Ⅱ线线路全长20km，110kV备自投装置投入，1、2号主变压器10kV侧分列运行；甲变电站侧甲乙Ⅰ、Ⅱ线配置零序三段、接地和相间距离三段保护，甲变电站投入甲乙Ⅰ线重合闸。**

**（1）如乙变电站甲乙Ⅰ线101断路器机构泄压，已闭锁分、合闸，试写出处理步骤。**

**（2）如在甲乙Ⅰ线距甲变电站5km处k1点发生A相单相永久性接地（零序Ⅰ段保护线路全长的50%），试说明有关保护装置动作行为及处理步骤。**

**（3）如在k2点发生相间短路，试说明有关保护装置动作行为及处理步骤。**

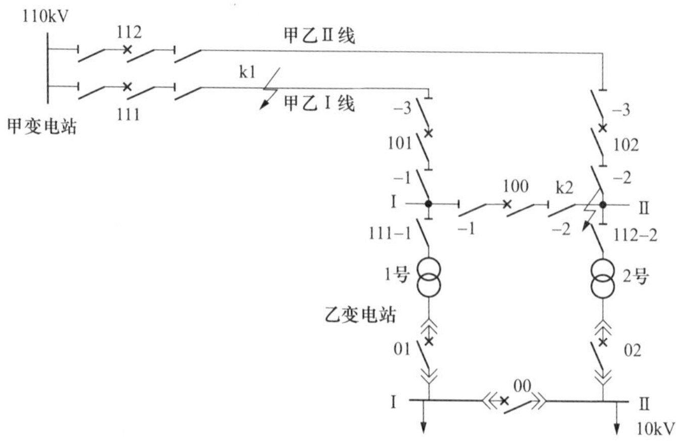


图9－19　系统接线图

答：(1) 处理步骤：乙变电站停用甲乙Ⅰ线 101 断路器打压电源及断路器操作电源，停用备自投装置；将站内负荷降至一台主变压器允许电流；合上 10kV 分段 00 断路器 1、2 号主变压器并列，拉开 1 号主变压器 01 断路器，用甲乙Ⅱ线 102 断路器合环，拉开分段 100 断路器。甲变电站甲乙Ⅰ线停电，投入甲乙Ⅱ线 112 断路器重合闸。乙变电站拉开甲乙Ⅰ线 101－3、101－1 隔离开关；用分段 100 断路器对 110kV Ⅰ段母线送电；合上 1 号主变压器 01 断路器；拉开 10kV 分段 00 断路器；恢复限电负荷。通知检修单位处理乙变电站 101 断路器机构泄压的缺陷。

(2) 甲变电站甲乙Ⅰ线 111 断路器零序Ⅰ段、接地距离Ⅰ段动作跳闸，重合不成。

乙变电站 110kV 备自投装置动作，跳开甲乙Ⅰ线 101 断路器，合上甲乙Ⅱ线 102 断路器。

处理步骤：投入甲变电站侧甲乙Ⅱ线 112 断路器重合闸。甲乙Ⅰ线线路停电，做好措施，通知检修单位巡线处理。

(3) 乙变电站：2 号主变压器差动保护动作，跳开分段 100 断路器、02 断路器；10kV Ⅱ母线失电。

处理步骤：隔离 110kV Ⅱ母线；停用 110kV 备自投装置；用 10kV 分段 00 断路器送 10kV Ⅱ母线带负荷；控制负荷不超 1 号主变压器允许电流。

**19. 某变电站 10kV 接线如图 9-20 所示。线路 WL1、WL2、WL3 及 1 号主变压器运行于 10kV Ⅰ段母线，线路 WL4、WL5、WL6、WL7 运行于 10kV Ⅱ段母线。10kV Ⅰ、Ⅱ段母线由分段 00 断路器并列运行，主变压器 02 断路器对Ⅱ段母线热备用。当发生线路 WL4、WL6 的 A 相同时接地时，试写出查找接地的过程。**

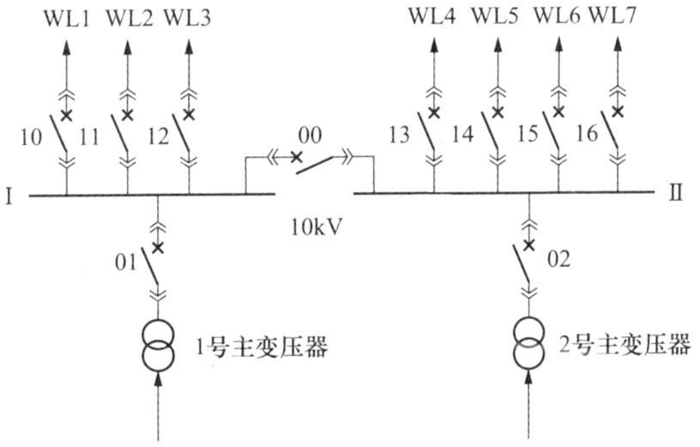


图 9-20　某变电站 10kV 接线图

答：(1) 检查站内设备有无故障。

(2) 合上 2 号主变压器 02 断路器。

(3) 拉开分段 00 断路器，确定 10kV Ⅱ段母线 A 相接地。

(4) 分别试拉 WL4、WL5、WL6、WL7（每次试拉后再送电），10kV Ⅱ段母线 A 相接地信号未消失，未确定出接地出线。

(5) 再次分别试拉 WL4、WL5、WL6、WL7，每次试拉后不再送电，当拉至 WL6 时 10kV Ⅱ段母线 A 相接地信号消失，确定 WL6 为其中接地的一线路。

(6) 然后分别试送 WL4、WL5，当试送 WL4 时 10kV Ⅱ段母线 A 相接地信号再次发出，确定 WL4A 相接地，每次试送后再拉开预防多条线路同时同相接地。

(7) WL4、WL6 停电待查。

(8) 合上 10kV 分段 00 断路器，检查负荷正常后拉开号 2 号主变压器 02 断路器。

**20. 某变电站 35kV 接线如图 9-21 所示。运行方式：35kV 两段并列运行，35kV Ⅰ、Ⅱ段母线由 1 号主变压器供电，2 号主变压器处于冷备用状态。1 号电容器、1 号站用变压器、WL1、WL2、WL3、1 号主变压器运行于 35kV Ⅰ段母线，2 号电容器、2 号站用变压器、WL4、WL5、WL6 运行于 35kV Ⅱ段母线。某一日雨天，位于 3012 断路器与 35kV Ⅰ段母线间的电流互感器 B 相绝缘击穿单相接地。试简述查找接地步骤。**

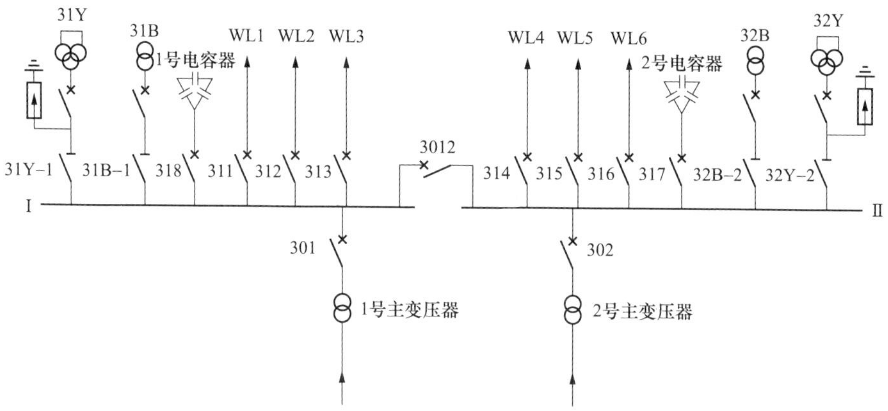


图 9-21　某变电站 35kV 接线图

答：(1) 检查站内有无明显故障点。

(2) 2 号主变压器送电并列 35kV 侧，拉开分段 3012 断路器，判断 35kV Ⅰ段母线接地。

(3) 试拉 35kVⅠ号电容器组（接地查出后再送电）。

(4) 试拉 35kVⅠ段母线 WL1、WL2、WL3 各出线，每次试拉后再送电，35kVⅠ段母线接地信号未消失。

(5) 考虑到两条线路同相接地的可能性，再次试拉暂不送电，35kV Ⅰ段母线接地信号仍未消失。

(6) 再次检查 1 号站用变压器间隔无接地放电等现象，并将 1 号站用变压器负荷调出。试拉 1 号站用变压器，接地未消失。

(7) 拉开 1 号主变压器 301 断路器，拉开 31Y-1，合上分段 3012 断路器，接地仍未消失，确定接地点在 35kV Ⅰ段母线及母线直接连接的设备上。

(8) 调出 35kV Ⅰ段母线出线负荷，Ⅰ段母线停电。通知检修人员到现场检查试验，通过试验发现为 3012 断路器与 35kV Ⅰ段母线间的电流互感器 B 相绝缘击穿造成单相接地。

**21. 某电厂 220kV 母线故障分析，图 9-22 所示为 A 电厂接线图，图 9-23 所示为 220kV 网络图。事故前运行方式如下。**

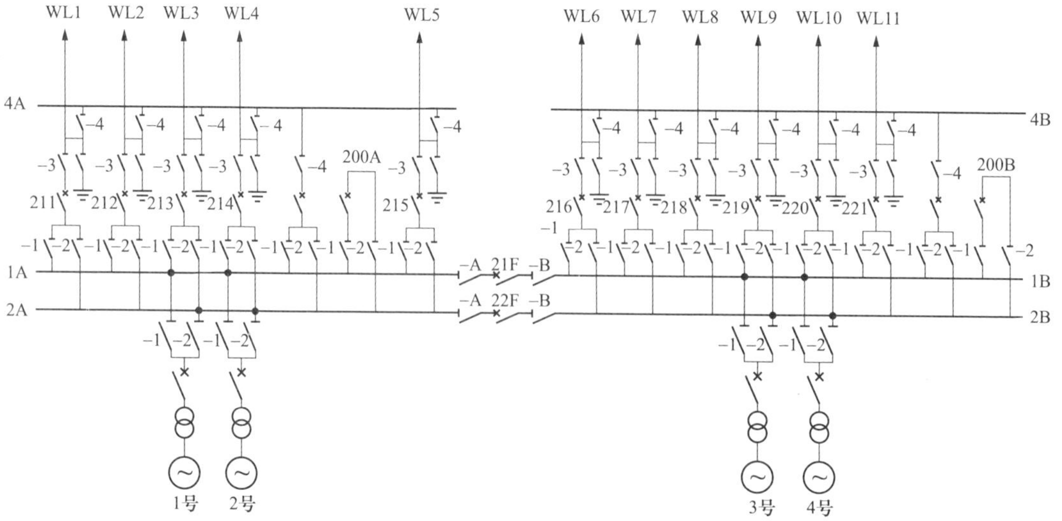


图 9-22　A 电厂接线图

**A 电厂：1、3、4 号机组运行，2 号机组备用，1 号机组出力 280MW，3、4 号机组总出力 800MW，全厂出力 1080MW。1、2 号机组额定出力 330MW，3、4 号机组额定出力 670MW。**

**1A 母线：WL1 线路、WL2 线路、WL5 线路、1 号机组。2A 母线：WL3 线路、WL4 线路、2 号机组（停机）。**

**1B 母线：WL6 线路、WL8 线路、WL10 线路、2 号机组。2B 母线：WL7 线、WL9 线路、WL11 线路、4 号机组。**

**200A、200B、22F、21F 断路器合位。**

**各站负荷为：B 站 110MW；C 站 120MW；D 站 120MW；E 站 80MW；F 站 80MW；G 站 110MW；H 站 100MW；I 站 110MW，总计 830MW。负荷功率因数为 0.9。**

**220kV 线路均采用 LGJQ－400 导线。**

**当电厂 1B、2B 母线因出线电流互感器爆炸造成母线跳闸后。试分析：**

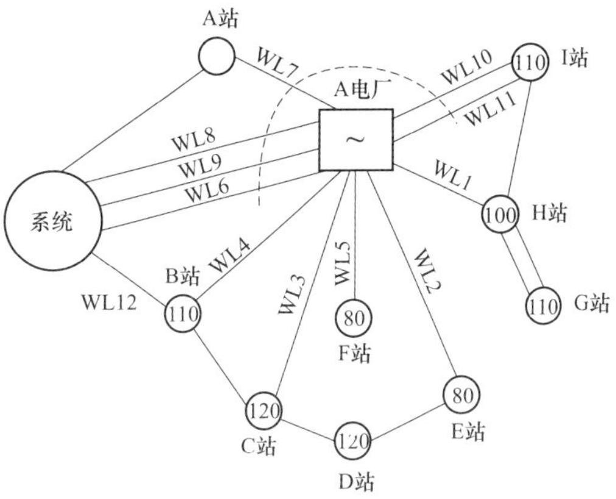


图 9-23　220kV 网络图

**（1）保护动作、线路跳闸情况。**

**（2）事故处理的要点及线路恢复送电步骤（不考虑机组的恢复）。**

**（3）电网结构存在的问题。**

答：（1）保护动作、线路跳闸情况。A 电厂 220kV 1B、2B 母线因出线电流互感器相继发生爆炸，母线差动保护动作跳开 220kV 1B 母线所带的线路 WL6、WL8、WL10 及 3 号机组断路器，2B 母线所带的线路 WL7 线、WL9 线、WL11 线及 4 号机组断路器和母联 200B、分段 22F、21F 断路器。

同时，220kV 1B、2B 母线所带线路 WL6、WL8、WL10、WL7、WL9、WL11，在 A 电厂母线差动保护动作后，通过停信（闭锁式保护）、发信（允许式保护）、远跳（纵联差动保护）启动对侧保护跳开以上 6 条线路的对侧断路器。

（2）事故处理的要点及线路恢复送电步骤。A 电厂 220kV 1B、2B 母线跳闸后，系统通过 220kV WL12 线路和 A 电厂 1 号机组带 8 个 220kV 变电站（B 站、C 站、D 站、E 站、F 站、I 站、H 站、G 站）负荷运行，A 电厂 1 号机组带 280MW。WL12 通过的电流为

$$I=\frac{P}{\sqrt{3}U\cos\varphi}=\frac{550}{\sqrt{3}\times 220\times 0.9}=1.6(\text{kA})=1600(\text{A})$$

WL10、WL11 线路跳闸后，WL1 线路带 G 站、H 站、I 站 3 个站运行，3 站负荷 320MW，WL1 线通过的电流为

$$I=\frac{P}{\sqrt{3}U\cos\varphi}=\frac{320}{\sqrt{3}\times 220\times 0.9}=0.933(\text{kA})=933(\text{A})$$

而 WL12、WL1 线路采用 LGJQ－400 导线，持续允许电流 845A，造成 WL12 线路严重过载（过载 89.34%），WL1 线路过载（过载 10.4%）。此时，事故处理的首要任务就是立即在上述 8 个 220kV 变电站进行事故拉路和增加 A 电厂 1 号机组出力，将 WL12、WL1 线路潮流控制到 845A 左右。

线路恢复步骤：用 WL9 或 WL8（WL6）线路由系统对 A 电厂 1B（2B）母线试送，试送成功后，A 电厂分段 21F、22F 断路器和母联 200B 断路器送电合环，加强 A 电厂及 7 个 220kV 变电站与系统的联络，降低 WL12 线路潮流，逐步恢复另外停电线路。

（3）电网结构存在的问题。通过图 9-23 看出，A 电厂出线结构不合理，其 A、B 段母线出线分别指向不同的方向，当发生某段母线全停事故后，电网结构将受到严重破坏，潮流大幅度转移。国内外历次大停电的事实证明，电网结构不合理、保护或安自装置误动拒动、运行管理包括检修方式安排及调度处理不当等问题，都会导致潮流大转移，使电网稳定破坏。

**22. 某电厂 220kV 电气主接线如图 9-24 所示，事故前运行方式为 220kV 1、2 号母线并列运行，1 号母线带 WL3 线路、WL5 线路、WL6 线路、1 号机、3 号机，220kV 2 号母线带 WL1 线路、WL2 线路、WL4 线路、2 号机。1、2、3 号机运行，4 号机大修。**

**事故当日，该电厂 220kV 2 号母线、WL6 线路 216 断路器计划停电（WL6 线由旁路代），进行 220kV**

**WL6 线路 216－2 隔离开关检修工作。**

**在 220kV WL6 线路 216 断路器倒旁路代路，220kV WL6 线路 216 断路器转检修过程中，操作人和监护人对操作票进行了确认，对停电断路器验电正确，随即进行操作。接地隔离开关没有电动操动机构，操作人力气小，便由监护人代替操作人合接地隔离开关。操作过程中误合 220kV 2 号母线 22－D1 接地隔离开关，造成 220kV BP－2B、WMZ－41A 母线差动保护动作，220kV 2 号母线跳闸。**

**事故导致地区电网网供负荷由 774MW 降至 508MW，损失负荷 266MW。**

**问以上事故中暴露出什么问题？应采取什么防范措施？**

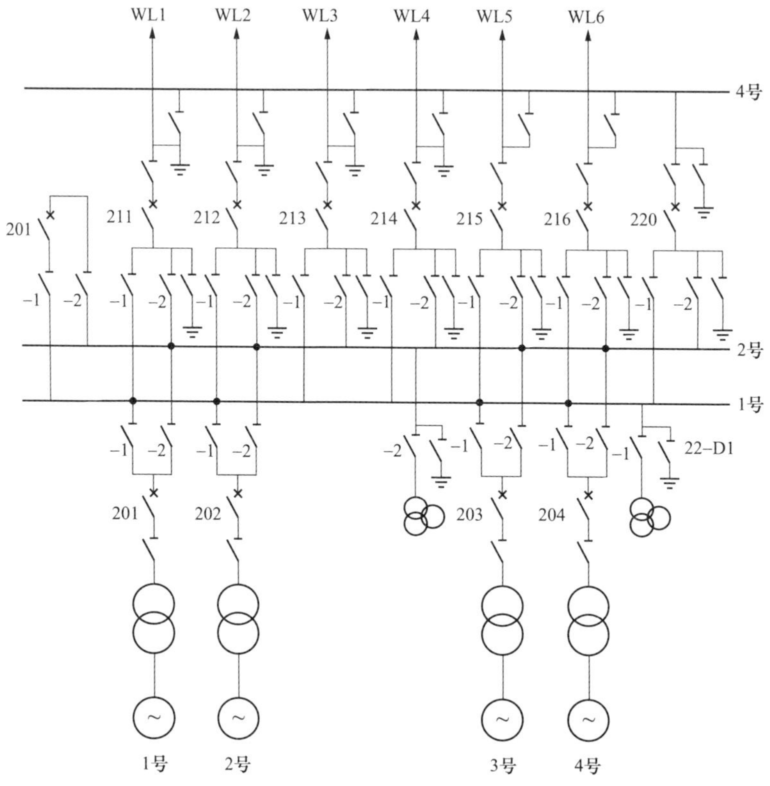


图 9-24　某电厂 220kV 电气主接线图

答：本次事故是一次严重违反电业安全工作规程的人员责任事故，事故过程简单，但反映出以下严重问题：

(1) 220kV WL6 线路 216 断路器停电操作过程中，操作监护人没有履行监护职责，代替操作人员进行操作，违反了操作监护制的原则。

(2) 任何电气操作都应该核对设备名称、位置和编号，但操作人在对停电断路器验电正确后，没有核对设备的名称、编号和位置就进行了操作。

(3) 高压电气设备应安装完善的防误操作闭锁装置，该电厂电气设备“五防”闭锁装置不完善，导致在母线没有停电的情况下，不能闭锁接地隔离开关的操作。

应采取的防范措施有：

(1) 该电厂应吸取这次事故教训，加强安全管理，按照“四不放过”的要求，认真学习电业安全工作规程，进行事故原因的分析，加强人员的安全知识、规程及规定学习，提高安全意识。

(2) 应全面落实《国家电网公司电网十八项重大反事故措施》要求，完善所有电气设备的“五防”闭锁装置，切实落实防误操作工作责任制，制定完善防误操作装置的运行规程，加强防误操作闭锁装置的运行、维护管理，确保“五防”闭锁装置正常运行。

(3) 应列支专项资金，将隔离开关的操动机构更换为电动操作机构，增加倒闸操作的安全性，减轻操作人员的劳动强度。

**23. 某直流换流站交流线路故障，事故现象如下：①中央报警，OWS 事件记录，故障录波动作；②故障线路断路器跳闸；③故障线路电压电流功率为零。**

**请问如何处理？**

答：处理如下：

（1）立即汇报调度及站内相关领导。

（2）监视其他 500kV 线路运行正常。

（3）检查故障线路一次设备，故障线路保护、故障测距装置和重合闸动作情况，分析判断事故原因，汇报调度。

（4）线路断路器跳闸，若检查站内相关设备无异常，保护装置正确动作，可按调度命令对线路强充一次。强送的断路器必须完好，且具有完备的继电保护，强送时重合闸应停用。

（5）若强充电不成功或线路站内侧一次设备故障时，应申请调度将该线路转检修，通知检修处理。

（6）多条线路故障时，注意电压、潮流变化；按调度命令依次对重要和非重要线路逐条处理，进行强充电，正常后逐条恢复送电；只有一条线路运行时，禁止其他线路强送电。

（7）如本线路保护有人工作（线路未停电），应立即终止该工作人员在二次回路上的工作，保护现场，查明原因。

（8）线路有带电工作跳闸后，在与工作负责人取得联系前，不得强送电。

**24. 图 9-25 为 220kV L 变电站接线方式图（事故后最终方式图）。事故前无停电设备，全接线方式运行，YL1 号线、LZ1 号线、DL1 号线、LN 线、1 号主变压器在东母线运行；YL2 号线、LZ2 号线、DL2 号线、LJ 线、2 号主变压器在西母线运行。D 厂有一台机组运行，只有 YL1 号线、YL2 号线两条联络线与系统相连。其他变电站均与系统有联络线连接。**

**5 日 14 时 3 分 14 秒 3 毫秒，LZ2 号线遭受雷击发生接地故障，两侧开关跳闸切除故障；522ms 后 LZ2 号线再次遭受雷击，L 变电站侧 C 相开关断口被击穿（开关重燃）、Z 变电站侧开关重合于故障线路上，开关再次跳开；L 变电站 LZ2 号线在失灵保护启动期间，C 相电流值为 4000A，母线 $3U_0$ 为 3.4V（启动失灵定值为 960A，失灵保护零序电压 $3U_0$ 闭锁定值为 5V）；24s 除 J 变 LJ 线开关未跳闸外，L 变电站出线对侧开关陆续跳闸；24s405ms L 变电站 LZ2 号线开关爆炸，24s 495ms 西母线所有开关跳闸，L 变电站 220kV 母线失压。同时 LJ 线 L 变电站侧开关跳闸。所有保护均为正确动作。**

**问题 1：请按各开关跳闸顺序，试分析各跳闸开关每次跳闸均是什么保护动作？**

**问题 2：如果你是当班调控员，L 变电站停电后应考虑哪些问题？**

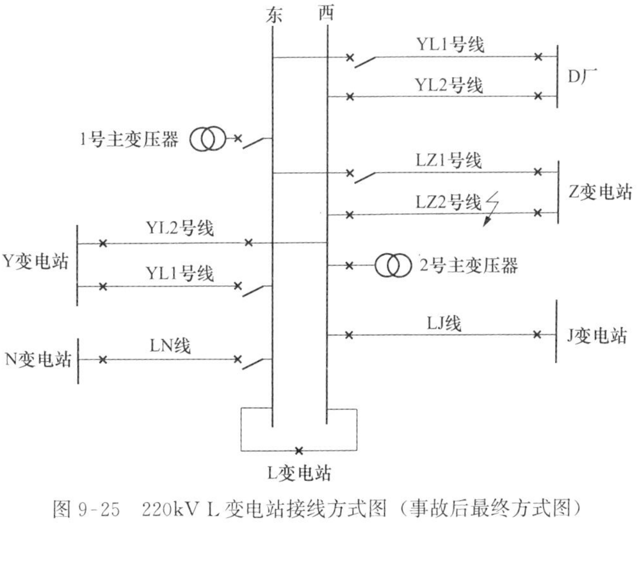


图 9-25　220kV L 变电站接线方式图（事故后最终方式图）

答：(1) 按各开关跳闸顺序，各跳闸开关每次跳闸保护动作如下：

L 变电站 LZ2 号线为纵联保护动作跳闸。

Z 变电站 LZ2 号线第一次为纵联保护动作跳闸；第二次为后加速（纵联）保护动作。

D 厂 DL1 号线、DL2 号线为三、四段后备保护动作跳闸。

Z 变电站 LZ1 号线为三、四段后备保护动作跳闸。

Y 变电站 DL1 号线、DL2 号线为三、四段后备保护动作跳闸。

N 变电站 LN 线为三、四段后备保护动作跳闸。

L 变电站 YL2 号线、DL2 号线、LJ 线、2 号主变压器、母联开关为西段母线差动保护动作跳闸。

J 变电站 LJ 线为纵联保护（母差闭锁）动作跳闸。

(2) L 变停电后应考虑如下问题：

调整地区运行方式，保证 L 变电站、D 厂停电后，不出现电压、频率稳定和其他设备过载情况。

L 变电站失去电压，送出低压侧负荷。

D 厂全停前有机组运行，应送出厂用电。

迅速隔离故障点，尽快恢复送电。

汇报上级调度和有关领导等。

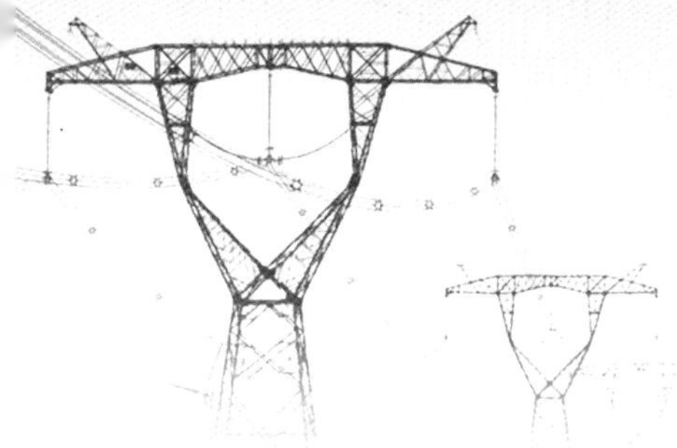

# 第十章 电网安全稳定分析

## 一、单选题

1. （　　）主要是研究电网元件有无过负荷及母线电压有无越限。(A)

A. 静态安全分析　　B. 动态安全分析　　C. 暂态安全分析　　D. 网络安全分析

2. 电力系统静态安全分析指应用（　　）计算的方法，根据 $N-1$ 原则，检验电网结构强度和运行方式是否满足安全运行的要求。(D)

A. 稳定　　B. 电压　　C. 频率　　D. 潮流

3. 电力系统暂态稳定分析用的逐步积分法是（　　）。(A)

A. 时域仿真法　　B. 直接法　　C. 频域法　　D. 暂态能量函数法

4. 动态稳定裕度评估应支持不同的动态稳定判据的设置。正常方式下，区域振荡模式以及主要大电厂、大机组强相关的振荡模式的阻尼比一般应达到 0.03 以上，故障后的特殊运行方式下，阻尼比至少应达到（　　）。(C)

A. 0.04～0.05　　B. 0.05～0.06　　C. 0.01～0.015　　D. 0.08～0.1

5. 关于小干扰稳定计算，以下说法正确的是（　　）。(D)

A. 小干扰稳定计算是时域下的仿真计算

B. 小干扰稳定计算不依赖于潮流计算

C. 如果网架结构相同则小干扰稳定计算结果一定相同

D. 潮流计算是小干扰稳定计算的基础，提供网架结构和运行方式

6. 关于小干扰稳定计算，以下说法正确的是（　　）。(A)

A. 基于的暂稳计算为小干扰稳定计算提供各元件的动态参数

B. 小干扰稳定计算依赖于暂稳计算结果

C. 小干扰稳定计算是时域下的仿真计算

D. 如果网架结构相同则小干扰稳定计算结果一定相同

7. 静态安全分析针对校核断面智能生成功能形成的校核断面潮流，校核（　　）故障和用户指定的故障集后其他元件是否出现越限。(A)

A. $N-1$　　B. $N-2$　　C. 电压稳定　　D. 暂态稳定

8. 静态安全辅助决策针对静态安全校核结论为（　　）的校核断面，在保证全系统发电-负荷整体平衡的前提下，通过发电机功率调整、交换计划调整、检修计划调整、并联电容器和电抗器投切等预先指定的可选调整措施，确定辅助决策调整方案，以消除或减轻系统越限和重载问题，提高系统的静态安全性。(B)

A. 静态安全　　B. 静态不安全　　C. 动态安全　　D. 动态不安全

9. 灵敏度分析针对校核断面潮流，根据（　　）发现的越限、重载设备和稳定断面，进行越限、重载支路和越限、重载稳定断面的灵敏度分析，进行电压越限节点的灵敏度分析。(D)

A. 暂态安全分析　　B. 动态安全分析　　C. 电压稳定分析　　D. 静态安全分析

10. 目前高压电力网络方程主要用（　　）方法求解。(C)

A. 高斯消去法　　B. 迭代法　　C. PQ分解法　　D. 牛拉法

11. 稳定计算中最简单的发电机模型是（　　）。(D)

A. 转子等值方程式　　B. 转子简化方程式

C. 转子电势方程式　　D. 转子运动方程式

12. 稳定裕度评估功能针对稳定计算校核功能评估结论为（　　）的校核断面，在保证全系统发电-负荷整体平衡的前提下，通过改变发电和负荷，计算稳定断面的输送功率极限或系统负荷极限，得出校核断面稳定裕度结论。(A)

A. 稳定　　B. 失稳　　C. 平衡　　D. 不平衡

13. 下列（　　）情况不是直接造成潮流不收敛的原因。(C)

A. 没有插软件加密狗　　B. 母线数目超过程序允许上限

C. 交流线有单端开断　　D. 存在与系统联系薄弱同时带重负荷的节点

14. 小扰动动态稳定分析，采用（　　）等成熟方法，分析其受到小扰动后，在自动调节和控制装置的作用下保持运行稳定的能力，判断校核断面潮流的动态稳定性。(B)

A. 牛顿拉夫逊法　　B. 特征值分析法　　C. PQ分解法　　D. 数值积分

15. 在单机一无穷大系统中，如果不考虑原动机功率及发电机电动势的变化，转子运动方程是（　　）阶微分方程。(A)

A. 2　　B. 3　　C. 4　　D. 5

16. 在分析直流线连接的两个同步电网的暂态稳定时，相对功角应（　　）。(A)

A. 分析各自同步电网的相对功角稳定

B. 只需分析其中一个同步电网的相对功角稳定

C. 需分析两个同步电网间的发电机的相对功角

D. 以上均可

17. 在做暂态稳定分析时，下列（　　）正确。(B)

A. 相对功角的分析对象为直驱风电机组

B. 相对功角的分析对象为水电机组、火电机组

C. 相对功角的分析对象为水电机组、火电机组、直驱风电机组

D. 相对功角的分析对象为水电机组、火电机组、风电机组、光伏电站

18. 暂态稳定分析中，发电机的额定容量数值由600MVA改为100MVA，发电机的交直轴电抗及转子惯性时间常数（　　）。(D)

A. 交直流电抗减小、惯性时间常数减小　　B. 交直流电抗增大、惯性时间常数减小

C. 交直流电抗增大、惯性时间常数增大　　D. 交直流电抗减小、惯性时间常数增大

19. 暂态稳定辅助决策应针对暂态稳定计算校核结论为暂态失稳的校核断面，在保证（　　）的前提下，通过发电机功率调整、交换计划调整、检修计划调整、并联电容器和电抗器投切等预先指定的可选调整措施，确定辅助决策调整方案，提高系统的暂态稳定性。(D)

A. 静态稳定　　B. 电压稳定

C. 动态稳定　　D. 全系统发电-负荷整体平衡

20. 暂态稳定计算中的（　　），按实际受扰轨迹在扩展相平面上围成的减速面积和加速面积的差值来反映首次摆动的稳定度，具有清晰的物理概念、简明的解析性和形象的直观性。(A)

A. 等面积法则　　B. 时域仿真法　　C. 积分法　　D. 以上都不是

21. 针对静态稳定裕度、暂态稳定裕度、动态稳定裕度、电压稳定裕度、频率稳定裕度的结果，进行综合分析，将上述分类稳定约束下的（　　）极限值作为综合稳定裕度评估的极限功率。(A)

A. 最小　　B. 最大　　C. 平均　　D. 所有

22. 大区间交流联络线的电压等级宜与主网（　　）电压等级相一致。(B)

A. 最低一级　　B. 最高一级　　C. 末端　　D. 首端

23.（　　）可研究线路功率是否超稳定极限。(B)

A. 静态安全分析　B. 动态安全分析　C. 暂态安全分析　D. 网络安全分析

24.（　　）是根据电力系统实际或预计的各种接线和潮流方式，生成相应的潮流和稳定计算数据，按照设定的各种扰动，计算分析出相应的预防控制措施和稳定控制策略。(A)

A. 离线分析　B. 在线分析　C. 实时分析　D. 其他三个选项都不是

25.（　　）是指由发电机组调速系统的频率特性所固有的能力，随频率变化而自动进行频率调整。(A)

A. 一次调频　B. 二次调频　C. 三次调频　D. 自动调频

26.（　　）是指主干线路、重要联络变压器等设备检修及其他对系统安全稳定运行影响较严重的方式。(C)

A. 正常方式　B. 事故后方式　C. 特殊方式　D. 其他三个选项都不是

27.（　　）以电网当前实时运行数据，自动进行状态估计和潮流计算，按照设定的各种扰动，自动周期性地计算、分析出相应的预防控制措施和稳定控制策略。(B)

A. 离线分析　B. 在线分析　C. 实时分析　D. 其他三个选项都不是

28. 并网发电厂的黑启动辅助服务是指电力系统大面积停电后，在无外界电源支持情况下，由具备（　　）能力的发电机组所提供的恢复系统供电的服务。(B)

A. 调频　B. 自启动　C. 调峰　D. 调压

29. 采用单相重合闸可以提高暂态稳定性的原因是（　　）。(A)

A. 减少加速面积，增加减速面积　B. 减少减速面积，增加增速面积

C. 减少加速面积，减少减速面积　D. 增加减速面积，增加增速面积

30. 采用静止无功补偿装置（　　）提高暂态稳定性。(A)

A. 可以　B. 不可以　C. 不一定　D. 其他三个选项都不是

31. 超高压线路的充电功率（　　）作为电网正常的无功补偿容量使用。(B)

A. 可以　B. 不可以　C. 不一定　D. 其他三个选项都不是

32. 潮流方程是（　　）。(C)

A. 代数方程　B. 微分方程　C. 代数方程组　D. 微分方程组

33. 潮流计算的 $P$-$Q$ 分解法是在（　　）方法的基础上派生而来的。(C)

A. 高斯-赛德尔法　B. 直角坐标形式的牛顿-拉夫逊法

C. 极坐标形式的牛顿-拉夫逊法　D. 阻抗法

34. 潮流计算中，Vθ 节点一般选（　　）。(B)

A. 调峰发电机组　B. 调频发电机节点

C. 普通负荷节点　D. 工业负荷节点

35. 潮流计算中，PV 节点一般选（　　）。(A)

A. 有调压能力的发电节点　B. 没有调整能力的发电节点

C. 普通负荷节点　D. 工业负荷节点

36. 潮流计算中，负荷节点一般作为（　　）节点处理。(B)

A. 无源　B. 有源　C. PV　D. QV

37. 大机组发生次同步谐振主要原因有（　　）。(D)

A. 串联电容补偿引起的次同步谐振

B. 直流输电系统引起的次同步谐振

C. 晶闸管控制的电气设备及电力系统稳定器引起的次同步谐振

D. 以上答案都是

38. 大扰动动态稳定的计算时间应达到（　　）个振荡周期。(A)

A. 10～15　B. 2～3　C. 15～20　D. 5～10

39. 大型发电机组加装PSS的作用是提供附加阻尼力矩，提高电力系统（　　）稳定极限。(C)

A. 静态　　B. 暂态　　C. 动态　　D. 电压

40. 单相接地短路的短路电流大小为正序分量的（　　）。(D)

A. 1倍　　B. 1.732倍　　C. 2倍　　D. 3倍

41. 当电力系统的发供平衡被破坏时电网频率将产生波动；当电力系统发生大的有功功率缺额时，系统频率将（　　）。(A)

A. 低于额定频率　　B. 高于额定频率　　C. 没有变化　　D. 忽高忽低地波动

42. 当电力系统发生不对称短路时，变压器中性线上通过的电流为（　　）。(C)

A. 三倍正序电流　　B. 三倍负序电流　　C. 三倍零序电流　　D. 0

43. 当电力系统受到较大干扰而发生非同步振荡时，为防止整个系统的稳定被破坏，经过一段时间或超过规定的振荡周期数后，在预定地点将系统进行解列，该执行振荡解列的自动装置称为（　　）。(D)

A. 低频或低压解列装置　　B. 联切负荷装置

C. 稳定切机装置　　D. 振荡解列装置

44. 当发电机阻尼回路提供的阻尼力矩显著降低，可能导致励磁调节系统的（　　）效应，极易引发系统的低频振荡。(B)

A. 正阻尼　　B. 负阻尼　　C. 弱阻尼　　D. 其他三个选项都不是

45. 当系统由于某种原因（如恶劣气象条件引起的负荷大幅度增长）导致功角稳定储备不足进入警戒状态时，应通过（　　）返回至正常安全状态。(A)

A. 预防控制　　B. 校正控制　　C. 紧急控制　　D. 恢复控制

46. 当系统由于有功不足和无功不足因而频率和电压都偏低时，应该首先解决（　　）的问题，因为频率的提高能减少无功功率的缺额，这对于调整电压是有利的。(A)

A. 有功平衡　　B. 无功平衡　　C. 发电机电压　　D. 负荷端电压

47. 当阻尼比大于（　　）时就认为系统动态特性较好。(C)

A. 0.03　　B. 0.04　　C. 0.05　　D. 0.06

48. 电力系统（　　）是指电力系统受到事故扰动后保持稳定运行的能力。(B)

A. 安全性　　B. 稳定性　　C. 可靠性　　D. 灵活性

49. 电力系统安全稳定运行的基础是（　　）。(A)

A. 合理的电网结构　　B. 可靠的第三道防线

C. 可靠的第二道防线　　D. 可靠的第一道防线

50. 电力系统潮流计算采用的数学模型是（　　）。(A)

A. 节点电压方程　　B. 回路电流方程　　C. 割集方程　　D. 支路电流方程

51. 电力系统潮流计算时，平衡节点的待求量是（　　）。(C)

A. 节点电压大小和节点电压相角　　B. 节点电压大小和发电机无功功率

C. 发电机有功功率和无功功率　　D. 节点电压相角和发电机无功功率

52. 电力系统的安全自动装置有低频、低压解列装置、大小电流连切装置、切机装置和（　　）等。(B)

A. 纵差保护　　B. 低频、低压减负荷装置

C. 失灵保护　　D. 母线差动保护

53. 电力系统的电压稳定是指电力系统维持负荷（　　）于某一规定的运行极限之内的能力。(C)

A. 有功　　B. 无功　　C. 电压　　D. 频率

54. 电力系统的频率特性取决于发电机的频率特性和（　　）。(A)

A. 负荷的频率特性　　B. 电力系统的电压特性

C. 发电机的静态稳定　　D. 发电机的动态稳定

55. 电力系统的频率稳定是指电力系统维持系统（　　）在某一规定的运行极限内的能力。(D)

A. 有功　B. 无功　C. 电压　D. 频率

56. 电力系统的暂态过程中，各过程的时间数量级是：波过程是（　）级，电磁暂态过程是（　）级，机电暂态过程是（　）级。(A)

A. 微秒、毫秒、秒　B. 毫秒、微秒、秒　C. 秒、微秒、毫秒　D. 毫秒、秒、分

57. 电力系统发生大扰动时的第一级安全稳定标准是（　）。(A)

A. 保持稳定运行和电网的正常供电

B. 保持稳定运行，但允许损失部分负荷

C. 当系统不能保持稳定运行时，必须防止系统崩溃，并尽量减少负荷损失

D. 在满足规定的条件下，允许局部系统作短时间的非同步运行

58. 电力系统发生非周期性失稳的原因是（　）。(A)

A. 同步力矩不足　B. 同步力矩太大

C. 发电机切除过快　D. 负荷切除过快

59. 电力系统发生振荡时，两侧电势夹角为（　）时，电流最小。(A)

A. 0°　B. 45°　C. 90°　D. 180°

60. 电力系统发生振荡性失稳的原因是（　）。(A)

A. 系统阻尼力矩为负　B. 系统阻尼力矩为正

C. 系统发电机起初过快　D. 负荷切除过快

61. 电力系统机电暂态过程是（　）引起的发电机输出电功率突变所造成的转子摇摆、振荡过程。(B)

A. 小干扰　B. 大干扰　C. 短路冲击　D. 其他三个选项都不是

62. 电力系统稳定分析实际上是计算系统的（　）过程。(C)

A. 波过程　B. 电磁暂态　C. 机电暂态　D. 动态

63. 电力系统稳定器的增益（　）。(B)

A. 越大越好　B. 存在极限增益　C. 越小越好　D. 不存在极限增益

64. 电力系统稳定器的最佳增益为（　）。(B)

A. 最大增益　B. 最大增益的三分之一左右

C. 最大增益的二分之一左右　D. 最大增益的三分之二左右

65. 电力系统以下扰动中，（　）最严重。(D)

A. 负荷的突然变化　B. 发电机投入或切除

C. 变压器投入或切除　D. 短路故障

66. 电力系统在很小的干扰下，能独立地恢复到它初始运行状况的能力，称为（　）稳定。(A)

A. 静态　B. 动态　C. 暂态　D. 电压

67. 电力系统暂态稳定分析是分析（　）。(A)

A. 电力系统故障后系统稳定性　B. 电力系统故障前系统稳定性

C. 电力系统故障后长过程的稳定性　D. 电力系统稳态潮流分布

68. 电力系统暂态稳定是指电力系统受到大干扰后，（　），最终达到新的或恢复到原来的稳定运行方式的能力。(B)

A. 不发生自发振荡和非同期失步　B. 各同步电机保持同步运行

C. 各同步电机失步后较快恢复同步　D. 进入稳定的失步运行

69. 电力系统遭受大干扰后各发电机转子之间的相对角度随时间的变化呈摇摆（或振荡）状态，且振荡幅值逐渐衰减，各发电机之间的相对运动将逐渐消失，从而（　）。(A)

A. 系统过渡到一个新的稳态运行状态　B. 系统过渡到一个波动的状态

C. 系统逐渐失稳　D. 以上都不是

70. 电力系统中，为保证系统稳定，防止事故扩大，需采用自动控制措施，那么下列措施在功率缺额与

频率下降的一侧应不采用（　　）。(D)

A. 切除部分负荷　　B. 发电机组快速加出力

C. 快速起动备用机组　　D. 短时投入电气制动

71. 电力系统中存在经弱联系向受端系统供电或受端系统无功电源不足时，应进行（　　）稳定性校验。(D)

A. 电流　　B. 负荷　　C. 无功　　D. 电压

72. 电力系统中同步发电机并列运行暂态稳定的条件是（　　）。(C)

A. 加速面积等于最大减速面积　　B. 加速面积大于最大减速面积

C. 加速面积小于最大减速面积　　D. 都不是

73. 电网出现电压紧急状态，可以通过（　　）措施。(B)

A. 低频减载　　B. 低压减载　　C. 主动解列　　D. 发动机保护跳闸

74. 电网中存在经弱联系向受端系统供电或受端系统无功电源（包括静态和动态）不足时，应进行（　　）稳定性计算校核。(D)

A. 静态　　B. 动态　　C. 暂态　　D. 电压

75. 电压不对称程度将随着离短路点距离的增大而（　　）。(C)

A. 不变　　B. 增大　　C. 减小　　D. 以上都不对

76. 电压发生不稳定事故的主要原因是（　　）。(A)

A. 输电线的功率太重　　B. 电压源离负荷中心过近

C. 电源电压太低　　D. 无功补偿太多

77. 电压降落的持续时间一般较长，从（　　）不等，电压崩溃会导致系统大量损失负荷，甚至大面积停电或使系统（局部电网）瓦解。(B)

A. 1s 到 2s　　B. 几秒到几十分钟　　C. 1h 到十几小时　　D. 一天到两天

78. 电压降落的主要横分量则因传送（　　）功率产生。(A)

A. 有功　　B. 无功　　C. 视在　　D. 均不是

79. 电压稳定安全指标计算包括两个方面，寻找恰当的安全指标和（　　）。(A)

A. 快速且有足够精度的计算方法　　B. 衡量安全特性的方法

C. 衡量安全裕度的方法　　D. 以上都不是

80. 电压振荡最激烈，摆动幅度最大的地方是电网振荡中心，振荡中心的电压周期性降到接近于（　　）。(A)

A. 0　　B. 1p. u.　　C. 0. 5p. u.　　D. 以上都不是

81. 动态稳定可分为小扰动动态稳定和大扰动动态稳定，其中小扰动动态稳定是指扰动量足够小，系统可用（　　）状态方程描述的动态稳定过程；大扰动动态稳定是指扰动量大到系统必须用非线性方程来描述的动态稳定过程。(B)

A. 非线性　　B. 线性化　　C. 常微分　　D. 其他三个选项都不是

82. 动态稳定指电力系统受到（　　），在自动调节和控制装置的作用下，保持长过程的运行稳定性的能力。(D)

A. 有功功率扰动　　B. 无功功率扰动　　C. 有功或无功干扰后　　D. 小的或大的干扰后

83. 短路电流有效值同短路处的正常工作电压的乘积称为（　　）。(A)

A. 短路容量　　B. 短路冲击功率　　C. 短路有效功率　　D. 短路瞬时功率

84. 短路计算最常用的计算方法是（　　）。(C)

A. 快速分解法　　B. 牛顿-拉夫逊法　　C. 阻抗矩阵法　　D. 矩阵降阶法

85. 短路时，电流和电压之间的相角差基本是（　　）。(A)

A. 不变的　　B. 变化幅度大的　　C. 不一定　　D. 电压超前电流

86. 对称分量法主要用于计算和分析电力系统（　　）短路故障。(B)

A. 对称　　B. 不对称　　C. 三相　　D. 其他三个选项都不是

87. 对电力系统的稳定性干扰最严重的一般是（　　）。(B)

A. 投切大型空载变压器　　B. 发生三相短路故障

C. 发生二相接地短路　　D. 发生单相接地

88. 对于工频为 50Hz 的电力系统，次同步振荡的振荡频率范围通常是（　　）。(B)

A. 0.5～5Hz　　B. 10～50Hz　　C. 50～100Hz　　D. 40～60Hz

89. 对于系统具有暂态稳定性的正确说法是（　　）。(A)

A. 功角经过振荡后能稳定在某一个数值

B. 最大减速面积小于加速面积

C. 实际输送功率一定小于自然功率

D. 必须工作在功角特性曲线的下降部分

90. 对于暂态稳定的判别、决策、控制应采用（　　）方式。(C)

A. 实时计算　　B. 超实时计算　　C. 控制策略表　　D. 其他三个选项都不是

91. 多机系统在摇摆过程中，任两机组间相对角度超过 180°，（　　）作为判断系统失去暂态稳定指标。(B)

A. 肯定可以　　B. 不可以　　C. 一般可以　　D. 其他三个选项都不是

92. 发电机承受负序电流的能力，一般取决于（　　）。(C)

A. 振动　　B. 定子流过过载

C. 转子的负序电流发热　　D. 机端电压过载

93. 发电机的功角是指（　　）与参考点电压的夹角。(B)

A. 发电机端电压　　B. 发电机内电势

C. 发电机次暂态电势　　D. 其他三个选项都不是

94. 发电机进相运行指发电机（　　）有功而（　　）无功的运行状态。(B)

A. 吸收，发出　　B. 发出，吸收　　C. 发出，不发　　D. 发出，发出

95. 发电机欠励磁运行时，（　　）。(C)

A. 既送出有功功率又送出无功功率　　B. 既吸收有功功率又吸收无功功率

C. 送出有功功率吸收无功功率　　D. 吸收有功功率送出无功功率

96. 发电机失磁会使系统中（　　）。(A)

A. 电压降低　　B. 其他发电机组无功出力降低

C. 频率降低　　D. 其他发电机组有功出力降低

97. 发电机一会儿是发电机，一会儿是电动机的状态叫作（　　）。(D)

A. 同步运行　　B. 异步运行　　C. 同步振荡　　D. 异步振荡

98. 发电机与系统一相相联，另两相断开时，发电机发生异步运行，开关断口处产生的最大电压为（　　）倍的线电压。(B)

A. 1　　B. 2　　C. 3　　D. 1.732

99. 各节点的 P、Q 值随供电电压下降而减少，（　　）提高节点的供电电压稳定性。(A)

A. 有利于　　B. 不利于　　C. 不变　　D. 以上都不是

100. 功角暂态稳定的判据是，电网遭受到一次大扰动后，引起电力系统各机组间的功角相对增大，在（　　）不失步。(A)

A. 第一、第二摆　　B. 第三、第四摆　　C. 5 摆以内　　D. 以上都不是

101. 故障发生后发电机机端电压降低，电磁功率减小，如果在此期间能快速、大幅度的（　　），则可以提高发电机电动势，从而增加发电机的电磁功率，达到提高系统暂态稳定性。(A)

A. 增加励磁　　B. 减小励磁　　C. 增加阻尼　　D. 大开水阀

102. 故障时继电保护和安全自动装置误动或拒动，必须采取预定措施，防止（　　）。(C)

A. 损失出力　B. 损失负荷　C. 系统崩溃　D. 电压越限

103. 关于电力系统暂态过程—电磁暂态过程的描述，下列正确的是（　）。(B)

A. 过程持续的时间一般是在微秒级

B. 电磁暂态过程的计算要应用磁链守恒原理

C. 电磁暂态过程只是在电阻型耗能元件中发生

D. 以上均是

104. 关于电压监测点、电压中枢点，下列说法错误的是（　）。(D)

A. 监测电力系统电压值和考核电压质量的节点，称为电压监测点

B. 电力系统中重要的电压支撑节点称为电压中枢点

C. 电压中枢点一定是电压监测点，而电压监测点却不一定是电压中枢点

D. 电压监测点的选择可以随机进行

105. 关于两相短路，说法不正确的是（　）。(D)

A. 总短路电流为正序故障电流的$\sqrt{3}$倍　B. 短路点非故障相电压为正序电压的两倍

C. 故障相电压为非故障相电压的一半　D. 故障相电流为非故障相电流的一半

106. 关于顺调压电压调整方式的描述，错误的是（　）。(B)

A. 高峰负荷时允许中枢点电压略低　B. 低谷负荷时允许中枢点电压略低

C. 适用于用户对电压要求不高的场合　D. 适用于供电线路不长的场合

107. 解潮流方程时，经常采用的方法是（　）。(B)

A. 递推法　B. 迭代法　C. 回归法　D. 替代法

108. 解合大环路有可能引起（　）过电压。(B)

A. 工频　B. 操作　C. 谐振　D. 雷电

109. 静态安全分析的直流潮流法中，直流潮流模型缺点是（　）。(B)

A. 不能校核过负荷　B. 不能校核过电压

C. 计算速度慢　D. 无缺点

110. 静态分析方法可以给出任何扰动发生后系统的平衡点存在与否，即目前的潮流是否存在可行解，没有潮流可行解表示系统遭受到干扰后无平衡点，则系统是（　）。(A)

A. 不稳定的　B. 稳定的　C. 状态波动的　D. 以上都不是

111. 静态稳定指电力系统受到（　）后，不发生非周期失步，自动恢复到起始运行状态的能力。(A)

A. 小干扰　B. 大干扰　C. 有功功率扰动　D. 无功功率扰动

112. 静态电压稳定分析方法将电力系统的潮流极限作为静态电压稳定的临界点，这是电压稳定的（　）。(A)

A. 必要条件　B. 充分条件　C. 充分且必要条件　D. 以上都不是

113. 快速励磁系统（　）。(A)

A. 有利于发电机受小干扰时维持静态稳定　B. 有利于消除发电机的自发振荡

C. 能有效抑制各种低频振荡　D. 只对动态稳定有影响，对静态稳定没有影响

114. 破坏发电机产生自励磁的条件可防止（　）过电压。(C)

A. 工频　B. 操作　C. 谐振　D. 雷电

115. 热稳定是指电器通过短路电流时，电器的导体和绝缘部分不因短路电流的热效应使其温度超过它的（　）而造成损坏妨碍继续工作的性能。(C)

A. 长期工作时的最高允许温度　B. 长期工作时的最高允许温升

C. 短路时的最高允许温度　D. 短路时的最高允许温升

116. 如果发电机中性点不接地，这时发电机的等效零序电抗为（　）。(B)

A. 0　B. 无穷大　C. $X_d$　D. 其他三个选项都不是

117. 若故障点的正序等值阻抗为 1.0p.u.，负序等值阻抗为 0.8p.u.，零序等值阻抗为 1.0p.u.，开路

电压为 1.0p.u.，则单相接地短路的正序电流为（　　）。(A)

A. 0.357p.u.　　B. 0.714p.u.　　C. 1.0p.u.　　D. 1.071p.u.

118. 若某故障点发生单相接地短路，其零序故障电流幅值为 10kA，则总故障电流为（　　）。(C)

A. 10kA　　B. 20kA　　C. 30kA　　D. 40kA

119. 若某母线的正常运行电压为 1.0p.u.，系统正序等值阻抗为 0.1p.u.，则其三相短路电流标幺值为（　　）。(B)

A. 1.0p.u.　　B. 10p.u.　　C. 3.0p.u.　　D. 30p.u.

120. 设母线的开路电压为 1.5p.u.，三相短路电流标幺值为 2.0p.u.，则由该母线看向系统的戴维南正序等值阻抗为（　　）。(B)

A. 0.5p.u.　　B. 0.75p.u.　　C. 2.25p.u.　　D. 3.0p.u.

121. 提高电力系统静态稳定措施可以提高暂态稳定，例如缩短电气距离，使得电网在电气结构上更加（　　）。(A)

A. 紧密　　B. 松散　　C. 不变　　D. 以上都不是

122. 提高系统电压水平可以（　　）静态稳定性。(A)

A. 提高　　B. 降低　　C. 不确定是否提高　　D. 其他三个选项都不是

123. 调速系统的（　　）特性是指发电机组从一个稳定状态过渡到另一个稳定状态的调节过程特性。(B)

A. 静态　　B. 动态　　C. 准稳态　　D. 其他三个选项都不是

124. 调速系统的（　　）特性是指稳态工况下，发电机组转速和功率之间的关系。(A)

A. 静态　　B. 动态　　C. 准稳态　　D. 其他三个选项都不是

125. 调速系统的静特性曲线一般近似为一根直线，可以用一个参数来表征，称为（　　）。(C)

A. 速度变化率　　B. 速度均值　　C. 速度不等率　　D. 速度有效值

126. 同步发电机降低功率因数运行时，其运行极限由（　　）确定。(A)

A. 额定励磁电流　　B. 额定定子电流　　C. 静态稳定极限　　D. 额定视在功率

127. 同步发电机维持静态稳定的判据是（　　）。(A)

A. $P$ 随着功角 $\delta$ 的增大而增大，随着功角 $\delta$ 的减小而减小

B. $P$ 随着功角 $\delta$ 的增大而减小，随着功角 $\delta$ 的减小而增大

C. $Q$ 随着功角 $\delta$ 的增大而增大，随着功角 $\delta$ 的减小而减小

D. $Q$ 随着功角 $\delta$ 的增大而减小，随着功角 $\delta$ 的减小而增大

128. 同一电阻在相同时间内通过直流电和交流电产生相同热量，这时直流电流数值称为交流电流的（　　）。(B)

A. 平均值　　B. 有效值　　C. 算数平均值　　D. 额定值

129. 投入一次调频的发电机组，其有功功率随着频率的（　　）。(D)

A. 变化而增大　　B. 增大而增大　　C. 减小而减小　　D. 增大而减小

130. 为加强受端系统的电压支持和运行的灵活性，在受端系统应接有足够容量的（　　）。(C)

A. 电容　　B. 电抗　　C. 电厂　　D. 储能装置

131. 为了提高供电质量，保证重要用户供电的可靠性，当系统中出现有功功率缺额引起频率下降时，根据频率下降的程度，自动断开一部分不重要的用户，阻止频率下降，以使频率迅速恢复到正常值，这种装置叫（　　）。(A)

A. 自动低频减负荷装置　　B. 大小电流联切装置

C. 切负荷装置　　D. 振荡（失步）解列装置

132. 为了提高系统暂态稳定，采取切机措施，其作用是（　　）。(B)

A. 缩短系统的故障冲击时间　　B. 控制原动机功率减少加速转矩

C. 人为施加负荷以减少加速转矩　　D. 缩短电气距离

133. 稳定计算的数学模型是一组（　　）方程。(C)

A. 差分　B. 代数　C. 微分　D. 积分

134. 稳定计算与潮流计算的根本区别在于：稳定计算是用来计算（　　）过程的，潮流计算是用来计算（　　）过程的。(C)

A. 稳态，稳态　B. 稳态，暂态　C. 暂态，稳态　D. 暂态，暂态

135. 稳定计算中线路故障点应选在（　　）。(A)

A. 线路两侧变电站出口　B. 线路一侧变电站出口

C. 线路中间　D. 线路两侧变电站母线

136. 无功功率的分层分区供需平衡是（　　）稳定的基础。(D)

A. 静态　B. 动态　C. 暂态　D. 电压

137. 下列对三相短路故障的叙述中，正确的是（　　）。(B)

A. 是发生率最高的短路故障　B. 故障后电网三相平衡

C. 若考虑零序互感会使短路电流减小　D. 在任何时候都是故障点的最大短路电流

138. 下述自动控制措施不属于紧急状态下的安全稳定控制的是（　　）。(A)。

A. 发电机励磁附加控制（PSS）　B. 汽轮机快控汽门

C. 切除部分负荷（含抽水运行的蓄能机组）　D. 动态电阻制动

139. 限制电压升高的控制措施包括（　　）。(B)

A. 切除并联电抗器　B. 切除并联电容器

C. 发电机强励　D. 切负荷

140. 限制短路电流的常用措施有（　　）。(A)

A. 改变系统运行方式　B. 选用低阻抗变压器

C. 投入电容器　D. 并列变压器运行

141. 用牛顿-拉夫逊法进行潮流迭代计算，修正方程求解的是（　　）。(C)

A. 线路功率　B. 节点注入功率　C. 节点电压新值　D. 节点电压修正量

142. 与静止无功补偿器（SVC）相比，静止无功发生器（SVG）响应速度更快，谐波电流更少，在系统电压较低时（　　）向系统注入较大的无功。(B)

A. 无法　B. 可以　C. 不确定是否可以　D. 其他三个选项都不是

143. 元件两端存在电压幅值差是传送（　　）功率的主要条件。(B)

A. 有功　B. 无功　C. 视在　D. 均不是

144. 运行要求发电机组 PSS 装置参数的整定应满足区域联网运行方式的要求，对（　　）范围系统低频振荡模式提供正阻尼。(C)

A. 0.6～2.5Hz　B. 0.2～3.0Hz　C. 0.1～2.0Hz　D. 0.2～2.0Hz

145. 在超高压长距离输电线路上，较大的谐波电流会使潜供电弧熄灭延缓，导致（　　）相重合闸失败，扩大事故。(A)

A. 单　B. 三　C. 两　D. 其他三个选项都不是

146. 在潮流计算中（　　）励磁调节器的参数。(B)

A. 需要　B. 不需要　C. 计算功率分布时需要　D. 计算电压时需要

147. 在电力系统潮流计算中，$PV$ 节点的待求量是（　　）。(A)

A. $Q$、$\delta$　B. $P$、$Q$　C. $V$、$\theta$　D. $P$、$V$

148. 在计算机潮流计算的三类节点中，数量最多的一类节点是（　　）。(A)

A. $PQ$　B. $PV$　C. $V\theta$　D. 一样多

149. 在事故后经调整的运行方式下，（　　）满足 $N-1$ 原则。(A)

A. 应该　B. 不必　C. 不确定是否应该　D. 其他三个选项都不是

150. 在系统中，变压器无功功率损耗较有功功率损耗（　　）。(A)

A. 大　B. 小　C. 相等　D. 不确定

151. 振荡解列装置可以提高系统的（　）稳定水平。(B)

A. 静态　B. 暂态　C. 动态　D. 电压

152. 状态方程的特征值的实部（　）是可以认为系统是稳定的。(B)

A. 全为正　B. 全为负　C. 至少一个为正　D. 至少一个为负

153. 自动重合闸是提供系统（　）的主要措施之一。(C)

A. 静态稳定性　B. 动态稳定性　C. 暂态稳定性　D. 电压稳定性

154. 最优潮流与传统经济调度的区别是（　）。(A)

A. 最优潮流除了优化有功外，还对无功和网损进行了优化

B. 传统经济调度更好

C. 传统经济调度注重水火电协调

D. 传统调度关注负荷水平

155. 当三相变压器一侧接成三角形或中性点不接地的星形，从这一侧来看，变压器的零序电抗等于（　）。(C)

A. 正序电抗　B. 负序电抗　C. 无穷大　D. 零

156. 潮流分析不包括（　）。(C)

A. 电压水平分析　B. 无功储备分析

C. 暂态稳定限额分析　D. $N-1$ 静态安全分析

157. 调度辅助决策的任务是需找一个满足安全稳定要求的运行点，这个问题可以看成是一个（　）问题。(C)

A. 潮流计算　B. $N-1$ 校验　C. 数学优化　D. 数值积分

158. 调度辅助决策的工程应用，需要求解的是（　）。(C)

A. 严格的最优解　B. 唯一解　C. 次优解或可行解　D. 多解

159. 在线短路电流辅助决策功能根据预警阶段短路电流分析的计算结论，对短路电流超标的安全隐患，通过（　），计算系统的可调量与系统危险量的相关系数，计算和选取降低短路电流的最优调整方案，得到满足工程实用要求的调度辅助决策信息。(C)

A. 潮流计算　B. $N-1$ 校验　C. 灵敏度分析　D. 特征值计算

160. 对弱阻尼低频振荡模式，其对应的特征向量，即振荡模态，依据相位和幅值，利用（　），进行发电机分群。(C)

A. 欧拉法　B. 牛顿法　C. 模糊聚类方法　D. 隐式积分法

161. （　）实际上是李亚普诺夫意义下的渐近稳定性。(A)

A. 小干扰电压稳定性　B. 暂态电压稳定性

C. 动态电压稳定性　D. 长期电压稳定性

162. 在线电压稳定评估属于（　）范畴，在线电压稳定分析涉及电压稳定性的判别和电压稳定极限计算。(A)

A. 小干扰电压稳定性　B. 暂态电压稳定性

C. 动态电压稳定性　D. 长期电压稳定性

163. 暂态稳定辅助决策功能根据电网（　）结果，计算系统可调量与系统危险量的相关系数，计算和选取保证系统稳定的最优调整方案，得到满足工程实用要求的辅助决策信息。(C)

A. 静态失稳　B. 静态稳定　C. 暂态稳定失稳　D. 暂态稳定安全

164. （　）在电网出现设备过载、断面越限、母线电压越限、频率越限、振荡等紧急状态时，计算过载设备和电压越限母线对可控设备的灵敏度信息，提供紧急状态下辅助决策控制措施，以抑制或消除相关紧急状态。(C)

A. 预防控制的综合辅助决策

B. 暂态稳定辅助决策

C. 紧急状态辅助决策

165. 小干扰频域计算结果中，共轭复数特征根的（　　）给出了振荡频率。(B)

A. 实部　　B. 虚部　　C. 模值　　D. 相角

166. 时域稳定分析不是进行（　　）分析时常用的分析方法。(D)

A. 功角　　B. 电压　　C. 频率稳定　　D. 振荡模式

167. 长期电压稳定性是指系统在遭受大扰动或负荷增加、传输功率增大时，在（　　）min 的时间范围内，负荷节点维持电压水平的能力。(C)

A. 0.1～1　　B. 0.5～15　　C. 0.5～30　　D. 1～20

168. 故障切除时间为从故障起始至（　　）的时间。(B)

A. 断路器断开　　B. 断路器断弧　　C. 隔离开关拉开　　D. 保护动作出口

169. 在电力系统中出现高一级电压的初期，发生线路三相短路故障，（　　），保证电力系统的稳定运行。(A)

A. 允许采取切机和切负荷措施　　B. 允许采用切负荷措施

C. 允许采取切机措施　　D. 以上均不正确

170. 在电力系统稳定计算程序中，直流输电系统都是采用（　　）模型。(D)

A. 暂态　　B. 动态　　C. 稳态　　D. 准稳态

171. 在确定运行控制极限值时，可根据实际需要在计算极限的基础上留有一定的稳定储备，如按计算极限功率值的（　　）考虑。(B)

A. 3%～8%　　B. 5%～10%　　C. 10%～15%　　D. 15%～20%

172. 在水电大发期间的水电厂送出线路或次要输电线路，如发生稳定破坏但不影响主系统的稳定运行时，允许只按（　　）送电。(C)

A. 特殊方式下静态稳定储备　　B. 事故后静态稳定储备

C. 正常静态稳定储备　　D. 以上均不正确

173. 无功最缺乏的母线应当拥有足够的无功裕度，当出现最坏的单一故障时，可以满足超过最大允许联络线潮流的（　　）。(C)

A. 2%　　B. 3%　　C. 5%　　D. 10%

174. 根据大扰动动态稳定计算中阻尼比与振荡的衰减速率近似关系可估算，当阻尼比为 0.05 时，振荡次数（衰减到 10%）大致是（　　）次。(B)

A. 4　　B. 7　　C. 12　　D. 18

175. 求解电压失稳的临界点可采用的方法是（　　）。(C)

A. 逐渐增加发电　　B. 逐渐减小发电　　C. 逐渐增加负荷　　D. 逐渐减小负荷

## 二、多选题

1. 电力系统安全稳定计算分析的任务是确定电力系统的（　　）水平，分析和研究提高安全稳定的措施，研究非同步运行后的再同步及事故后的恢复策略。(ABC)

A. 静态稳定　　B. 暂态稳定　　C. 动态稳定　　D. 振荡恢复

2. 动态稳定计算分析的目的是在规定的运行方式和故障形态（包括大扰动和小扰动）下，对系统的动态稳定性进行校验，确定系统中是否存在（　　），并对电网中敏感断面的潮流控制、提高系统阻尼特性的措施、并网机组励磁及其附加控制系统和调速系统的配置和参数优化，以及各种安全稳定措施提出相应的要求。(BC)

A. 正阻尼　　B. 负阻尼　　C. 弱阻尼　　D. 振荡

3. 短路电流计算的作用是（　　）。(ABCD)

A. 确定继电保护定值　　B. 进行故障分析

C. 为系统设计及选择电气主接线提供依据　　D. 校验开关的遮断容量

4. 以下关于潮流计算的描述，正确的是（　　）。(ABCD)

A. 潮流计算用来计算稳态过程　　B. 潮流计算不考虑状态量随时间的变化

C. 潮流计算所建立的数学模型是一组代数方程　D. 潮流计算所用计算方法是迭代算法

5. “区域间振荡模式”的特点有（　　）。(AC)

A. 频率较低　　B. 频率较高　　C. 强相关机组较多　　D. 负阻尼

6. $N-1$ 原则是指正常运行方式下的电力系统中任一元件（如线路、发电机、变压器等）（　　）断开，电力系统应能保持稳定运行和正常供电，其他元件不过负荷，电压和频率均在允许范围内。(AB)

A. 无故障　　B. 因故障　　C. 主动　　D. 其他三个选项都不是

7. 保证电力系统安全稳定运行的基本条件有（　　）。(ABCD)

A. 有一个合理的电网结构

B. 对所设计和所运行的电力系统进行全面的研究分析

C. 在事故发生后，电力系统仍然能够安全稳定的运行

D. 如系统失去稳定，能有预定措施防止出现恶性连锁反应，尽可能缩小事故损失，尽快使系统恢复正常运行

8. 变压器的零序参数主要有（　　）因素决定。(ABC)

A. 零序等效电路与外电路的连接有关　　B. 零序等效电路与变压器三绕组连接形式有关

C. 零序等效电路与中性点是否接地有关　　D. 零序等效电路与发电机的连接位置有关

9. 变压器故障校验故障点一般应选在（　　）。(BC)

A. 低压侧出口　　B. 中压侧出口　　C. 高压侧出口　　D. 中低压侧出口

10. 采用合理整定参数的 PSS 提高电网动态稳定水平的优点是（　　）。(ABC)

A. 从根源上消除负阻尼　　B. PSS 使用效率高

C. 参数具有良好的适应性　　D. 对所有振荡模式均有提高阻尼的作用

11. 常用的潮流计算方法有（　　）。(ABC)

A. 牛顿-拉夫逊法　B. $P$-$Q$ 分解法　　C. 最优因子法　　D. 隐式积分法

12. 潮流计算是（　　）的基础。(ABCD)

A. 网损计算　　B. 短路计算　　C. 静态安全分析　　D. 小干扰计算

13. 低频振荡产生的原因是由于电力系统的（　　）阻尼效应。(BC)

A. 正　　B. 负　　C. 弱　　D. 其他三个选项都不是

14. 电力网络变换常用的基本方法有（　　）。(ABCD)

A. 合并电源　　B. 星形变换　　C. 三角形变换　　D. 移置负荷

15. 电力系统安全稳定运行的必要条件是（　　）。(ABC)

A. 继电保护的正确动作　　B. 重合闸的正确动作

C. 开关的正确动作　　D. 电容器正确投切

16. 电力系统产生工频过电压的主要原因有（　　）。(ACD)

A. 空载长线路　　B. 发电机失磁　　C. 甩负荷　　D. 不对称短路

17. 电力系统的电压稳定性是电力系统维持负荷电压于某一规定的运行极限之内的能力，它与电力系统中的（　　）因素有关。(ABCD)

A. 电源配置　　B. 网络结构　　C. 运行方式　　D. 负荷特性

18. 电力系统的动态稳定主要和发电机的（　　）有关，发生动态稳定破坏问题一般是由电力系统（　　）或负阻尼引起的。(BD)

A. 电磁转矩　　B. 阻尼力矩　　C. 正阻尼　　D. 弱阻尼

19. 电力系统的稳定从广义角度来看，可分为（　　）。(BCD)

A. 小干扰稳定性

B. 发电机同步运行的稳定性问题
C. 电力系统无功不足引起的电压稳定性问题
D. 电力系统有功功率不足引起的频率稳定性问题

20. 电力系统的暂态过程可分为（　　）。(ACD)
A. 波过程　B. 故障过程　C. 电磁暂态过程　D. 机电暂态过程

21. 电力系统低频运行的主要危害有（　　）。(ABCD)
A. 引起汽轮机叶片断裂
B. 使发电机出力降低、机端电压下降、危及厂用电安全
C. 对用户带来危害
D. 造成电力系统安全自动装置、继电保护误动

22. 电力系统事故依据事故范围大小可分为（　　）。(BD)
A. 系统解列事故　B. 局部事故　C. 系统振荡事故　D. 系统事故

23. 电力系统稳定性包括不发生（　　）。(ACD)
A. 非同步系统运行　B. 谐波干扰　C. 频率崩溃　D. 电压崩溃

24. 电力系统稳定性与（　　）有关。(ABCD)
A. 系统结构　B. 运行方式
C. 调节装置的参数　D. 干扰的大小、地点和延续时间

25. 电力系统序参数包括（　　）。(ABD)
A. 正序　B. 负序　C. 中序　D. 零序

26. 电力系统暂态稳定计算中，应（　　）。(ACD)
A. 考虑在最不利的地点发生金属性故障　B. 考虑短路电流中的直流分量
C. 考虑发电机电势变化　D. 考虑负荷特性

27. 电网实时动态监测系统（WAMS）具有实时（　　）特点。(BD)
A. 全网可观测　B. 同步测量　C. 数据量小　D. 快速传输

28. 电压失稳可表现为（　　）。(ABCD)
A. 静态失稳　B. 大扰动暂态失稳　C. 大扰动动态失稳　D. 中长期过程失稳

29. 电压异常预防控制方法包括（　　）。(CD)
A. 低压减载　B. 安控切负荷
C. 调整发电机无功功率　D. 投切无功补偿设备

30. 动态稳定计算条件有（　　）。(ABCD)
A. 发电机数学模型　B. 调压器和调速器模型
C. 自动装置动作特性　D. 负荷的电压和频率动态特性

31. 短路电流的危害是（　　）。(ABCD)
A. 破坏绝缘烧毁线路或设备　B. 对通信信号造成干扰
C. 造成电压下降生产混乱　D. 造成电气设备机械损坏

32. 根据电力系统所承受的扰动大小的不同，发电机同步运行的稳定性问题又可分为（　　）。(ACD)
A. 静态稳定　B. 扰动稳定　C. 暂态稳定　D. 动态稳定

33. 根据电力系统所承受扰动大小的不同，可以将电力系统的稳定问题分为（　　）。(ABC)
A. 静态稳定　B. 暂态稳定　C. 动态稳定　D. 热稳定

34. 功角稳定包括（　　）。(ABC)
A. 静态稳定　B. 动态稳定　C. 暂态稳定　D. 电压稳定

35. 关于电力系统的电压特性描述，正确的是（　　）。(ABCD)
A. 电力系统各节点的电压通常情况下是不完全相同的
B. 电力系统各节点的电压主要取决于各区的有功和无功供需平衡情况

C. 电力系统各节点的电压与网络结构（网络阻抗）也有较大关系

D. 电压不能全网集中统一调整，只能分区调整控制

36. 关于电力系统频率特性的描述，正确的是（　　）。(ABC)

A. 电力系统的频率特性取决于负荷的频率特性和发电机的频率特性

B. 它是由系统的有功负荷平衡决定的，且与网络结构（网络阻抗）关系不大

C. 在非振荡情况下，同一电力系统的稳态频率是相同的

D. 系统频率无法集中调整控制

37. 关于电压监测点的选择，正确的是（　　）。(ABC)

A. 由于电压监测点是监测电力系统电压值和考核电压质量的节点，因此要有较大的代表性

B. 各个地区都应该有一定数量的监测点，以保证监测点能完全反映电网整体电压情况

C. 电压中枢点是系统中重要的电压支撑节点，因此电压中枢点必须作为电压监测点

D. 电压监测点的选择无需向中枢点的选择一样讲一定的原则，可以随机采样选择

38. 合理的电网结构是电力系统安全稳定运行的基础。在电网的规划设计中，应满足以下（　　）要求。(ABCD)

A. 能够适应发展变化和各种运行方式下潮流变化的需要，具有一定的灵活性

B. 应有较大的抗扰动能力，并满足稳定导则中规定的各项有关要求

C. 任一元件无故障断开，应能保持电力系统的稳定运行，且不致使其他元件超过事故过负荷的规定运行

D. 实现分层和分区原则，主力电源一般应直接接入高压主电网

39. 互联电网外部系统等值的原则有（　　）。(AD)

A. 保持等值前后联络线潮流和电压不变

B. 被等值系统稳定水平基本保持不变

C. 保持等值前后所有线路潮流不变

D. 所研究系统稳定特性和稳定水平基本保持不变

40. 计算短路电流的目的（　　）。(ACD)

A. 校验保护电器（断路器，熔断器）的分断能力

B. 校验保护装置灵敏度

C. 确定断路器的整定值

D. 校验开关电器或线路的动稳定和热稳定

41. 建立保证电力系统安全稳定运行的（　　），是提高电力系统安全稳定水平的基本条件。(ABC)

A. 第一道防线　　B. 第二道防线　　C. 第三道防线　　D. 第四道防线

42. 进行下列（　　）工作时，可能需要用到短路计算。(AC)

A. 断路器遮断能力校验　　B. 静态安全分析

C. 暂态稳定分析　　D. 网损分析

43. 静态安全分析主要是研究（　　）。(AC)

A. 元件有无过负荷　　B. 线路功率是否超稳定极限

C. 母线电压有无越限　　D. 发电机功角是否稳

44. 静态负荷模型中，有功功率频率因子对动态稳定性的影响为（　　）。(AD)

A. 正频率因子提高系统阻尼水平　　B. 正频率因子降低系统阻尼水平

C. 负频率因子提高系统阻尼水平　　D. 负频率因子降低系统阻尼水平

45. 静态负荷模型中的多项式模型可看作（　　）的线性组合。(BCD)

A. 恒电压　　B. 恒电流　　C. 恒功率　　D. 恒阻抗

46. 静态功角稳定计算方法有（　　）。(AB)

A. 特征根判别法　　B. 静态功角稳定实用算法

C. $P$-$Q$ 分解法　　D. 最优因子法

47. 可分别在（　　）进行模态分析确定系统的关键节点和关键区域。(AC)

A. 系统初始稳态运行点　　B. 最大电压点

C. 电压稳定极限点　　D. 运行中间点

48. 两电网互联，会增加一个“区域间振荡模式”，其频率与（　　）有关。(AD)

A. 同步力矩系数的平方根成正比　　B. 同步力矩系数的平方根成反比

C. 机组总惯性时间常数的平方根成正比　　D. 机组总惯性时间常数的平方根成反比

49. 两系统互联，会出现一个新的振荡模式，这个模式的特点有（　　）。(BC)

A. 属于地区振荡模式　　B. 属于区域间振荡模式

C. 频率最低的机电振荡模式　　D. 阻尼最弱的振荡模式

50.（　　）情况应进行动态稳定计算，并采取措施，保证系统稳定。(AB)

A. 两系统间的弱联系　　B. 有容量较大的冲击负荷

C. 研究开关遮断容量问题　　D. 有重要保电用户

51. 频域分析计算结果中要给出系统的（　　）等。(ABCD)

A. 主要振荡模式　　B. 振荡频率　　C. 阻尼比　　D. 参与因子

52. 频域稳定分析是进行（　　）分析时常用的分析方法。(BCD)

A. 功角　　B. 振荡模式　　C. 振荡频率　　D. 阻尼比

53. 防止频率崩溃，下列措施无效的是（　　）。(BD)

A. 保证足够的旋转备用　　B. 水电机组停止发电

C. 采用低频率自动减负荷装置　　D. 调整负荷分配

54. 电网动态模型包括（　　）。(ABCD)

A. 动态参数　　B. 安控及自动装置策略

C. 稳定限额　　D. 故障集

55. 电网静态模型包含（　　）。(BCD)

A. 控制器参数　　B. 设备命名　　C. 静态参数　　D. 拓扑连接关系

56. 阻尼转矩与（　　）因素有关。(ABC)

A. 发电机转子转动时的机械阻力　　B. 原动机阻尼

C. 负荷阻尼　　D. 原动机输出

57. 最优潮流（　　）。(ABCD)

A. 对有功及耗量进行优化　　B. 对无功及网损进行优化

C. 考虑母线电压约束　　D. 考虑线路潮流约束

58. 电力系统因（　　）导致稳定破坏时，必须采取预定措施，防止系统崩溃，避免造成长时间的大面积停电和对最重要用户（包括厂用电）的灾害性停电，使负荷损失尽可能减到最小，系统应尽快恢复正常运行。(ABCD)

A. 故障时断路器拒绝动作　　B. 故障时继电保护和自动装置误动或拒动

C. 自动调节装置失灵　　D. 失去大电源

59. 影响暂态稳定性的因素有（　　）。(ABCD)

A. 故障前发电机功率　　B. 故障类型或严重程度

C. 故障切除时发电机角度　　D. 故障切除后网络参数变化

60. 由于长线路的电容效应及电网的运行方式突然改变而引起的持续时间相对较长的过电压不属于（　　）。(BCD)

A. 工频过电压　　B. 大气过电压　　C. 操作过电压　　D. 谐振过电压

61. 在系统中应用下列（　　）装置有可能引发次同步振荡现象。(AD)

A. 串补　　B. 高抗　　C. 并联电容器　　D. 换流器

62. 小干扰频域计算结果中，一对共轭复数特征根可以提供的对应于这个振荡模式的信息有（　　）。(ABCD)

A. 实部给出了阻尼　　B. 虚部给出了振荡频率

C. 实部和虚部可计算出阻尼比　　D. 模式稳定与否

63. 小干扰频域计算结果中，一对实部为正的共轭复数特征根表示（　　）。(AD)

A. 一个振荡模式　B. 一个非振荡模式　C. 一个衰减模式　D. 一个不稳定模式

64. 小干扰频域计算结果中，一个负的实数根表示（　　）。(BC)

A. 一个振荡模式　B. 一个非振荡模式　C. 一个衰减模式　D. 一个不稳定模式

65. 小扰动动态稳定性分析应包括（　　）。(ABC)

A. 系统振荡模式和阻尼特性分析

B. PSS配置、模型和参数

C. 对于计算中出现负阻尼和弱阻尼的情况，应给出时域仿真校核结果

D. 动态稳定限额

66. 谐波可以引起系统谐振，谐波电压升高，谐波电流增大，继而引起（　　）误动，引发电力事故。(BD)

A. 调速系统　B. 继电保护　C. 励磁系统　D. 自动装置

## 三、判断题

1. 采用时域仿真方法进行电力系统稳定计算时，可以不考虑发电机组的原动机及调速系统。(×)

2. 电力系统动态安全分析研究电力系统在从事故前的静态过渡到事故后的另一个静态的暂态过程中保持稳定的能力。(√)

3. 电力系统小扰动动态稳定计算多采用频域分析法；大扰动动态稳定计算采用时域仿真方法。(√)

4. 动态安全分析是研究元件有无过负荷及母线电压有无越限，静态安全分析是研究线路功率是否超稳定极限。(×)

5. 对于同样的计算系统，在都能收敛的情况下，$P$-$Q$ 分解法的收敛速度一般比牛顿法快。(√)

6. 进行静态电压稳定计算分析是用逐渐增加负荷的方法求解电压失稳的临界点，从而估计当前运行点的电压稳定裕度。(√)

7. 静态安全分析假设电力系统从事故前的静态直接转移到事故后的另一个静态，不考虑中间的暂态过程。(√)

8. 牛顿法有很好的收敛性，但要求有合适的初值。(√)

9. 频率的一次调整只能做到有差调节，二次调整可以做到无差调节。(√)

10. 稳定计算时，若系统潮流变化，要进行潮流计算后再进行稳定计算。(√)

11. 小干扰稳定分析假设在运行点附近电力系统动态过程可以线性化。(√)

12. “系统电压是由系统的潮流分布决定的”这句话表明系统电压主要取决于系统有功和无功负荷的供需平衡情况，还与网络结构（网络阻抗）有关。(√)

13. PSS增加了发电机阻尼，可以抑制低频振荡，提高静态稳定。(√)

14. 变压器的零序等值电路与变压器三相绕组连接形式及中性点是否接地无关。(×)

15. 潮流计算的结果能为小干扰稳定计算提供一个初值。(√)

16. 大型同步发电机与系统发生非同期并列，会引起发电机与系统振荡。(√)

17. 当系统发生振荡时，距振荡中心远近的影响都一样。(×)

18. 当系统发生振荡时，随着离振荡中心距离的增加，电压的波动会逐渐增大。(×)

19. 当线路容抗大于发电机和变压器感抗的时候，发电机易发生自励磁。(×)

20. 电力系统的电压特性与电力系统的频率特性都与网络结构（网络阻抗）关系不大。(×)

21. 电力系统的动态稳定是指电力系统受到干扰后不发生振幅不断增大的振荡而失步。(√)

22. 电力系统的静态稳定是指电力系统受到大干扰后经过一个机电暂态过程后自动恢复到起始运行状态。(×)

23. 电力系统的稳定性与一定的电力系统结构(故障前或故障后)、运行方式、调节装置的参数及扰动的大小、位置、持续时间是相关联的。(√)

24. 电力系统的暂态过程有三种,即波过程、电磁暂态过程和机电暂态过程。(√)

25. 电力系统机电暂态过程是大干扰引起的发电机输出电功率突变所造成的转子摇摆、振荡过程。(√)

26. 电力系统每个元件的正、负、零序阻抗可能相同,也可能不相同,视元件的结构而定。(√)

27. 电力系统运行中,串联电容补偿是为了提高超高压远距离输电线路的传输能力,用以补偿线路感抗的一种方法,但可能导致发电机组产生次同步振荡。(√)

28. 电力系统再同步的判据,是指系统中特定两个同步电机失去同步,经若干非同步振荡周期,相对滑差逐渐减少并过零,然后相对角度逐渐过渡到某一稳定点。(×)

29. 电力系统暂态稳定分析主要有两种,分别是时域仿真法和直接法。(√)

30. 电力线路上的无功功率损耗包括线路电抗中的无功功率损耗和并联电纳中的无功功率损耗。(√)

31. 电网无功补偿以“分层分区和就地平衡”为主要原则,并要求能随负荷或电压进行调整,其目的是保证系统各枢纽点的电压在正常和事故后均能满足规定的要求,从而保证电能质量和减少系统损耗。(√)

32. 电网振荡对直流输电系统没有影响。(×)

33. 电网中存在经弱联系向受端系统供电或受端系统无功电源(包括静态和动态)不足时,应进行电压稳定性计算校核。(√)

34. 电压不稳定是由于系统试图运行到超过其传输的最大功率造成的。(√)

35. 电压失稳严重时可能会引发整个系统的电压崩溃。(√)

36. 短路冲击电流主要用来校验电气设备和载流导体的电动力稳定度。(√)

37. 对于大电源送出线,跨大区或省网间联络线,网络中的薄弱断面等需要进行静态稳定分析。(√)

38. 对于由状态方程描述的线性系统,其小干扰稳定性由状态矩阵的所有特征值决定。(√)

39. 多机系统在摇摆过程中,任两机组间相对角度超过 180°,则可判断系统失去暂态稳定。(×)

40. 发电机的负序电抗远远小于正序电抗。(√)

41. 发电机发生异步振荡时,发电机一会工作在发电机状态,一会工作在电动机状态。(√)

42. 发电机发生自励磁时,机端电压与负荷电流会同时上升。(√)

43. 发电机接上容性负载后,当线路的容抗小于或等于发动机和变压器感抗时,在发电机剩磁和电容电流助磁作用下,发电机机端电压与负荷电流同时上升,这就是发电机自励磁现象。(√)

44. 发电机进相运行,是指发电机发出有功而吸收无功的稳定运行状态。(√)

45. 发电机调相运行时,需要消耗有功功率来维持其转动。(√)

46. 发电机与系统一相相连,另两相断开时,发电机发生异步运行,开关断口处产生的最大电压为 2 倍的线电压。(√)

47. 发电机之间发生功角不超过 90°的摇摆称之为同步振荡。(√)

48. 发展更高电压等级可以有效解决短路电流超标问题。(√)

49. 风电大规模接入改变了电网原有的潮流分布,线路传输功率及系统惯量;风电接入后电网的暂态稳定性也会发生变化。若风机不具备无功控制功能,则电网故障后不能为电网提供无功支撑,可能引起系统稳定性破坏。(√)

50. 改善电力系统稳定性的措施是在励磁系统中加装 PSS 装置。(√)

51. 降低串联补偿度有利于防止次同步振荡。(√)

52. 仅通过直流输电相联系的两大系统间,便不存在同步并联运行的稳定问题。(√)

53. 进行不对称故障计算时,变压器零序参数应能反映变压器绕组连接方式。(√)

54. 进相运行时，发电机发出无功，吸收有功。(×)

55. 静态安全分析主要是研究元件有无过负荷及母线电压有无越限。动态安全分析主要是研究线路功率是否超稳定极限。(√)

56. 静态稳定、暂态稳定、动态稳定均为发电机同步运行的稳定性问题。(√)

57. 快速切除线路和母线的短路故障是提高电力系统静态稳定的重要手段。(×)

58. 两个电网之间的单回联络线因故障或无故障两侧断开，当保护、重合闸和开关正确动作时，必须保持稳定运行和电网的正常供电。(×)

59. 频域稳定分析是进行功角、电压、频率稳定分析时常用的分析方法。(×)

60. 恰当地选择励磁调节系统的类型和整定其参数能够抑制自发振荡。(√)

61. 切除方案只能是交流线、变压器、发电机或负荷中的某个元件，不能是其中多个元件的组合。(×)

62. 如果快速励磁系统的开环放大倍数太大，则发电机在受到小干扰时，会产生自发振荡而失去稳定。(√)

63. 输电线路中，零序电抗与平行线路的回路数，有无架空地线及地线的导电性能等因素有关。(√)

64. 提高励磁系统的强励倍数可以提高电力系统的暂态稳定性。(√)

65. 提高暂态稳定性应首先考虑缩短电气距离。(×)

66. 网络中任意复杂故障都可以分解为两个或两个以上简单故障的组合。(√)

67. 为保证电力系统运行的经济性，电力系统要尽量运行在稳定极限附近。(×)

68. 为使有功功率负荷按最优分配即经济负荷分配而进行的调整，叫作电力系统频率的三次调整。(√)

69. 稳定计算与潮流计算的根本区别在于：稳定计算是用来计算稳态过程的，而潮流计算随时间变化的暂态过程。(×)

70. 稳定计算中母线、变压器的故障切除时间按同电压等级线路远端故障切除时间考虑。(×)

71. 系统低频振荡产生的原因主要是由电力系统的负阻尼特性引起。(√)

72. 系统发生振荡时，不允许继电保护装置动作。(√)

73. 系统解列点的设置原则是解列后应满足各地区各自同步运行和供需基本平衡的要求。(√)

74. 系统频率调整、电压调整由系统的有、无功负荷平衡决定，与网络结构关系不大。(×)

75. 系统振荡时电流、电压值的变化速度较慢，短路时电流、电压值突然变化量很大。(√)

76. 线路传输的有功功率低于自然功率，线路将向系统吸收无功功率；而高于此值时，则将向系统送出无功功率。(×)

77. 线路单相故障，保护动作切除故障后，若重合于永久性故障时，保护装置即不带时限无选择性的动作断开断路器。(√)

78. 线路发生两相短路时，短路点处正序电压等于负序电压。(√)

79. 小干扰电压稳定性实际上便是李亚普诺夫意义下的渐近稳定。(√)

80. 一个非线性系统的稳定性，当扰动很小时，可以转化为线性系统来研究。(√)

81. 异步电动机和变压器是系统中无功功率主要消耗者，其无功消耗是与电压的平方成反比，随电压降低而增加。(√)

82. 异步振荡时，系统内不能保持同一个频率。(√)

83. 与快速励磁系统有关的负阻尼或弱阻尼低频增幅振荡只在事故状态下出现。(×)

84. 再同步是指电力系统受到小的或大的扰动后，异步电机经过短时间非同步运行过程后再到同步运行方式。(×)

85. 在电力系统线性电路中，系统发生不对称短路时，可以将网络中出现的三相不对称电压和电流，分解为正、负、零序三组对称分量。(√)

86. 在电力系统中，往往为了减少无功功率的不合理流动，提高局部地区的电压，在负荷侧的变电站母线或负荷端并接静止电容器，用以改善功率因数，减少线损，提高负荷端的电压。(√)

87. 在发电机受到小干扰后，转子转速将发生变化，此时正的阻尼力矩是使发电机恢复稳定运行的条件

之一，否则，发电机的功角将在摇摆过程中不断增大，以致失去同步。(√)

88. 在计算和分析电力系统不对称短路时，广泛应用对称分量法。(√)

89. 在进行小扰动动态稳定计算分析时不允许对系统进行适当简化。(×)

90. 在系统无功不足的条件下，不宜采用调整变压器分接头的办法来提高电压。(√)

91. 在异步振荡时，发电机一会工作在发电机状态，一会工作在电动机状态。(√)

92. 在整个系统普遍缺少无功的情况下，不可能用改变分接头的方法来提高所有用户的电压水平。(√)

93. 暂态稳定分析的全系统方程是一套微分代数方程组。(√)

94. 暂态稳定是指电力系统受到大扰动后，各同步电动机保持同步运行并过渡到新的或恢复到原来稳态运行方式的能力。(√)

95. 照明、电阻、电炉等因为不消耗无功，所以没有无功负荷电压静态特性。(√)

96. 振荡时系统三相是对称的，而短路时系统可能出现三相不对称。(√)

97. 对称分量法是一种叠加法，适用于线性系统。(√)

98. 对于变压器，零序电抗与其结构、三相绕组的连接方式及接地与否无关。(×)

99. 只要变压器的输送功率超过其额定值时，就会引起变压器过励磁，造成变压器发热。(×)

100. 自动励磁调节器可以提高系统的功率极限和稳定运行范围。(√)

101. 全系统有调整能力的发电机组都参与频率的一次调整，但只有少数厂承担频率的二次调整。(√)

102. 系统振荡时，变电站现场观察到表计每秒摆动两次，系统的振荡周期应该是 0.5s。(√)

103. 励磁系统向发电机提供励磁功率，起着调节电压、保持发电机端电压或枢纽点电压恒定的作用，并可控制并列运行发电机的有功功率分配。(×)

104. 电压稳定是指电力系统受到小的或大的扰动后，系统电压能够保持或恢复到允许的范围内，不发生电压崩溃的能力。(√)

105. 静态稳定是指电力系统受到小干扰后，不发生非周期性失步，自动恢复到初始运行状态的能力。(√)

106. 当发电厂仅有一回送出线路时，送出线路故障可能导致失去一台以上发电机组，此种情况也按 $N-1$ 原则考虑。(√)

107. 分析电力系统机电暂态过程时不考虑发电机内部的电磁暂态过程。(√)

108. 长线路中间设置开关站不能提高系统暂态稳定性。(×)

109. 变压器中性点经小阻抗接地可提高系统暂态稳定性。(√)

110. 经派克变换后的发电机磁链方程中所有电感系数都是常数。(√)

111. 变压器的正序、负序和零序等值电路完全相同。(×)

112. 电力系统的暂态功角稳定从本质上说是电磁力矩和机械力矩的平衡问题。(√)

113. 在线小干扰稳定分析中，阻尼比反映了振荡幅值衰减的速度。(√)

114. 在线小干扰稳定分析中，阻尼比为 0.06，表明系统为弱阻尼。(×)

115. 在线静态安全分析仅考虑事故后稳态运行情况的安全性，不涉及电力系统的动态过程分析。(√)

116. 电力系统稳定分析水平随着科技水平发展而不断进步，正在由传统的离线计算向在线计算过渡。(√)

117. 目前，在年度典型方式下，为了兼顾较长时间区间内可能出现的特性各异的运行方式，必须将运行控制要求限制在相容交集中。(√)

118. 在线安全稳定分析可以大大缩短计算周期，解耦不同运行时段之间控制要求的矛盾，为电网的运行提供更加科学有效的依据。(√)

119. 静态安全分析假定故障后系统再次进入稳定状态，对其进行潮流计算，根据潮流结果评估各监视设备的过载情况。(√)

120. 电压稳定分析的计算中不涉及电网各设备的动态参数。(×)

121. 在线数据和离线数据相比，在线数据的用途包括对典型的历史、当前、规划、故障电网进行潮流、

暂态稳定等计算分析。（×）

122. 在线数据和离线数据相比，在线数据实时/准实时连续自动刷新，能反映当前系统运行情况。（√）

123. 调度机构中在线数据、离线数据从不同的视角去描述同一个电网，但由于建模载体、使用目的不同、建模过程相对独立等原因，很难将不同类型的数据直接进行简单的合并。（√）

124. 当动态模型中涉及当前电网设备信息的，应与静态模型中的设备信息一一对应，并定期校验动态模型。（√）

125. 电压稳定性往往表现为一种局部现象，电压失稳总是从系统电压稳定性最薄弱的节点开始引发，并逐渐向周围比较薄弱的节点（区域）蔓延，严重时才会引发整个系统的电压崩溃。（√）

126. 预防控制辅助决策针对电网预想故障后潜在的安全稳定问题，改变当前运行点防止事故发生后可能造成的系统崩溃。（√）

127. 短路电流超标时，切除接入短路点所在电压等级的发电机，不影响短路点的短路电流注入。（×）

128. 紧急控制是在检测到特定扰动后，改变系统的稳定边界，使故障后的运行点处于稳定状态。（√）

129. 通过增加阻尼控制器，可以解决所有小干扰稳定问题。（√）

130. 由电压稳定极限可得出系统的稳定裕度，但稳定裕度仅是系统的一个全局指标，并不能给出系统在一定过渡方式下到电压稳定极限时，从哪一点开始发生电压失稳，从而也不能给出相应的事故预防措施。（√）

131. 当系统无功不足导致电压下降时，可以调整变压器分接头来调整电压。（×）

132. 低一级电网中的重要母线、变压器等元件发生严重故障时，可以影响高一级电压电网的稳定运行。（×）

133. 当发电厂仅有一回送出线路时，送出线路故障导致失去多台发电机组，此种情况也按 $N-1$ 原则考虑。（√）

134. 在分析多机复杂系统暂态和动态稳定计算的相对角度摇摆曲线时，任两机组间的相对角度达到 $200°$ 或更大，即可认为主系统失稳。（×）

135. 动态稳定性的判据是阻尼力矩系数或阻尼功率系数大于零。（√）

136. 采用特征值分析方法进行电力系统小扰动动态稳定计算分析时，允许不考虑机组的原动机及调速系统。（√）

137. 孤岛系统频率升高或因切负荷引起恢复时的频率过调，其最大值不应超过 51Hz，并必须与运行中机组的过频率保护相协调，且留有一定裕度。（√）

138. 在频率稳定的计算中，还要观察线路等设备是否过载，系统中枢点电压是否超过允许范围等。（√）

139. 在正常运行大方式下，当某厂站短路电流水平接近断路器开断能力时，应利用暂态稳定程序进行计算校核，计算模型与暂态稳定计算一致，并以此作为制订研究结论的依据。（√）

140. 大扰动暂态电压稳定和动态电压稳定计算所采用的数学模型和暂态稳定计算基本相同，可采用常规的时域仿真程序进行计算分析。（√）

141. 静态功角稳定的判据是没有负实数特征根。（×）

142. 确定系统某一或断面最终的运行限额时，应以各项稳定限额中的平均值为准，并再留出一定的运行裕度。（×）

143. 目前在电力系统稳定计算程序中，直流输电系统都是采用准稳态模型。（√）

144. 电力系统暂态稳定计算不考虑短路电流的直流分量。（√）

145. 电压不稳定现象并不总是孤立地发生。功角不稳定和电压不稳定的发生常常交织在一起，一般情况下其中的一种占据主导地位，但并不易区分。（√）

146. 发电机调相运行时，需要消耗有功功率来维持其转动。（√）

147. 分析系统电压稳定的最终目的是，知道电压稳定裕度的大小，明确系统电压稳定的程度。（√）

148. 汽轮发电机组可以采用快速关汽门的方法提高发电机并列运行的暂态稳定性，水轮发电机组同样

可以采用快速关进水阀门的方法提高其并列运行的暂态稳定性。（×）

149. 切机和切负荷措施是提高系统暂态稳定性的有效辅助性手段。（√）

150. 稳定计算时，若系统潮流变化，需要先进行潮流计算后再进行稳定计算。（√）

151. 直流输电、加装不当的电力系统稳定器以及发电机的励磁系统、可控硅控制系统和电液调节系统的反馈作用等均有可能诱发次同步振荡。（√）

## 四、简答题

**1. 电力系统小干扰稳定包括哪两类？**

答：电力系统小干扰稳定性包括系统中同步发电机之间因同步力矩不足或电压崩溃造成的非周期失去稳定，也包括因系统动态过程阻尼不足造成的周期性发散失去稳定。

**2. 简单分析变压器并联运行短路电压不等有何后果。**

答：满足变压器并列运行的三个条件并列运行的变压器，各台变压器的额定容量能得到充分利用。当各台并列运行的变压器短路电压相等时，各台变压器复功率的分配是按变压器的额定容量的比例分配的；若各台变压器的短路电压不等，各台变压器的复功率分配是按与变压器短路电压成反比的比例分配的，短路电压小的变压器易过负荷，变压器容量不能得到合理的利用。

**3. 什么叫满足 N－1 校验？**

答：网络安全运行要求满足 $N-1$ 校验即在全部 $N$ 条线路中任意断一条线路后，系统的各项运行指标均应满足给定的要求。

**4. 什么是电力系统小干扰稳定？**

答：电力系统小干扰稳定是指系统受到小干扰后，不发生自发振荡或非周期性失步，自动恢复到起始运行状态的能力。

**5. 在线短路电流计算的目的是什么？**

答：(1) 电气主接线方案的比较与选择，或确定是否要采取限制短路电流的措施。

(2) 电气设备及载流导体的动、热稳定校验和开关电器、管型避雷器等的开断能力的校验。

(3) 接地装置的设计。

**6. 怎样由状态矩阵的所有特征值确定小干扰稳定性？**

答：对于由状态方程描述的线性系统，其小干扰稳定性由状态矩阵的所有特征值决定。如果所有的特征值实部都为负，则系统在该运行点是稳定的；只要有一个实部为正的特征值，则系统在该运行点是不稳定的；如果状态矩阵不具有正实部特征值但具有实部为零的特征值，则系统在该运行点处于临界稳定的情况。

**7. 电力系统发生大扰动时，安全稳定标准是如何划分的？**

答：根据电网结构和故障性质不同，电力系统发生大扰动时的安全稳定标准分为四类：①保持稳定运行和电网的正常供电；②保持稳定运行，但允许损失部分负荷；③当系统不能保持稳定运行时，必须防止系统崩溃，并尽量减少负荷损失；④在满足规定的条件下，允许局部系统作短时非同步运行。

**8. 发电机的频率特性指什么？**

答：当频率变化时，发电机组的调速系统将自动地改变汽轮机的进汽量或水轮机的进水量，以增减发电机的出力，这种反映由频率变化而引起发电机出力变化的关系称为发电机频率特性。

**9. 发电机的自励磁，一般在什么情况下发生？**

答：当线路的容抗小于或者等于发电机和变压器的感抗时，在发电机剩磁和电容电流助磁作用下，发生发电机端电压与负荷电流同时上升的现象，就是发电机的自励磁。当发电机接空载长线路或串联电容补偿度过大的线路上容易发生自励磁。

**10. 何为发电机的调相运行？**

答：调相运行就是指发电机不发出有功功率，指向电网输出感性无功功率的运行状态，从而起到调节系统功率，维持系统电压水平的作用。调相运行是发电机工作在电动机状态，它既可以过励磁运行也可以欠励磁运行。过励磁运行时，发电机发出感性无功功率。欠励磁运行时，发电机发出容性无功功率。一般做调相运行时均是指发电机工作在过励磁状态，即发出感性无功功率。

**11. 什么叫电力系统的稳定运行？电力系统稳定共分几类？**

答：当电力系统受到扰动后，能自动地恢复到原来的运行状态，或者凭借控制设备的作用过渡到新的稳定状态运行，即谓电力系统稳定运行。

电力系统的稳定从广义角度来看，可分为：①发电机同步运行的稳定性问题（根据电力系统所承受的扰动大小的不同，又可分为静态稳定、暂态稳定、动态稳定三大类）；②电力系统无功不足引起的电压稳定性问题；③电力系统有功功率不足引起的频率稳定性问题。

**12. 什么情况下单相接地电流大于三相短路电流？**

答：故障点零序综合阻抗 $Z_{K0}$ 小于正序综合阻抗 $Z_{K1}$ 时，单相接地故障电流大于三相短路电流。例如在大量采用自耦变压器的系统中，由于接地中性点多，系统故障点零序综合阻抗 $Z_{K0}$ 往往小于正序综合阻抗 $Z_{K1}$，这时单相接地故障电流大于三相短路电流。

**13. 什么是电磁暂态过程？**

答：由短路引起的电流、电压突变及其后在电感、电容型储能元件及电阻型耗能元件中引起的过渡过程。

**14. 时域稳定分析和频域稳定分析一般分别适用于哪几种电力系统稳定分析？**

答：时域稳定分析是进行功角、电压、频率稳定分析时常用的分析方法。频域稳定分析是进行振荡模式、振荡频率、阻尼比分析时常用的分析方法。

**15. 电力系统的安全性是指什么？一般通过哪两个特性可以表征？**

答：电力系统的安全性指电力系统在运行中承受故障扰动（例如突然失去电力系统的元件，或短路故障等）的能力。通过两个特性表征：①电力系统能承受住故障扰动引起的暂态过程并过渡到一个可接受的运行工况；②在新的运行工况下，各种约束条件得到满足。

**16. 电力系统安全稳定计算分析中线路、变压器、发电机等故障设置的原则是什么？**

答：故障地点应选取对系统稳定不利的地点。线路故障一般应选在线路两侧变电站出口，变压器故障一般应选在高压侧、中压出口，因主变压器低压侧切除故障时间较长，有时会成为制约故障，低压侧故障切除时间按实际情况确定，发电机出口故障应选在升压变压器高压侧出口。

**17. 请简述电压波动计算分析的原理。**

答：电压波动计算分析主要针对联系薄弱的电网联络线，在所研究的潮流方式下，采用稳定计算程序，通过在联络线两侧电网施加扰动，模拟上述薄弱联络线的潮流波动，分析近区关键节点的电压波动，根据电压波动值确定电压控制范围。

**18. 简述静态安全分析和动态安全分析研究有何不同？**

答：静态安全分析假设电力系统从事故前的静态直接转移到事故后的另一个静态，不考虑中间的暂态过程，用于检验事故后各种约束条件是否得到满足。动态安全分析研究电力系统在从事故前的静态过渡到事故后的另一个静态的暂态过程中保持稳定的能力。

**19. 请简述暂态稳定计算的数学方法原理。**

答：暂态稳定计算分析一般采用基于数值积分的时域仿真程序，即用数值积分方法求出描述受扰运动方程的时域解，然后利用各发电机转子之间相对角度的变化、系统电压和频率的变化，来判断系统的稳定性。

**20. 电力系统有哪些大扰动？**

答：电力系统大扰动主要指各种短路故障，各种突然断线故障，开关无故障跳闸、非同期并网（包括发电机非同期并列），大型发电机失磁、大容量负荷突然启停等。

**21. 简述派克变换的作用。**

答：派克变换是一种线性变换，将定子 $abc$ 坐标变换到与转子同步旋转的 $dq0$ 坐标。在 $dq0$ 坐标系中，磁链方程为常系数方程，从而使得同步电机的数学模型成为常系数方程。

## 五、论述题

**1. 当电网由于有功不足和无功不足致使频率和电压都偏低时，首先应解决有功平衡还是无功平衡问题，为什么?**

答：首先应解决有功平衡问题。因为首先应解决有功平衡问题，使频率得到提高，而频率的提高能减少无功功率的缺额，有利于电压的调整。如果首先去提高电压，就会扩大有功的缺额，导致频率更加下降，无助于改善电网的运行条件。

**2. 当系统无功不足导致电压下降时，为什么不宜调整使电压升高的变压器分接头?**

答：系统无功不足导致电压下降时，根据负荷的特性，负荷自系统取用的功率也相应减少，在一定程度上起着自动维持电压的作用，使系统达到一个接近原始状态的运行点。但是，调节变压器分接头力图使负荷侧的电压恢复到整定值，从而使负荷功率得到恢复，这样使负荷侧电压进一步降低，如此循环，使系统提前进入电压不稳定区域，使一个本来可以在较低电压下维持稳定运行的系统发生电压崩溃。

**3. 振荡失步与短路事故相比较，有何区别?**

答：(1) 振荡与失步过程中，各电气量的变化较为平滑，变化速度（决定于机组与系统之间的频差）较缓慢，犹如发电机并车时主开关未合上前整步表指针的变化；而短路时，电气量是突然变化的。

(2) 振荡与失步过程中，电网线路上不同点的电流与电压之间的相角差可以有不同的数值，而在短路状态下则是相同的。

(3) 振荡与失步不破坏三相系统的对称性，所有电气量都是对称的，而短路则可能伴随着出现三相不对称。

**4. 简述提高暂态稳定性的措施。**

答：(1) 故障的快速切除和自动重合闸，其中，快速切除故障起着首要的、决定性的作用。

(2) 改善励磁系统特性和快速关闭汽门。

(3) 电气制动和变压器中性点经小电阻接地。

(4) 设置开关站和采用强行串联补偿。

(5) 采用单元接线方式和连锁切机。

(6) 静止无功补偿装置。

(7) 设置解列点、异步运行和再同步。

**5. 为保证系统具有适宜的小扰动动态稳定性，系统阻尼比有哪些标准?**

答：(1) 阻尼比小于 0 为负阻尼，系统不能稳定运行。

(2) 阻尼比介于 0～0.02 为弱阻尼。

(3) 阻尼比介于 0.02～0.03 为较弱阻尼，在正常方式下，区域振荡模式以及与主要大电厂、大机组强相关的振荡模式的阻尼比一般应达到 0.03 以上。

(4) 阻尼比介于 0.04～0.05 为适宜阻尼；阻尼比大于 0.05，系统动态特性较好。

(5) 故障后的特殊运行方式下，阻尼比至少应达到 0.01～0.015。

**6. 励磁系统的主要任务是什么？励磁系统对电力系统静态稳定、暂态稳定、动态稳定的影响有哪些?**

答：励磁系统的主要任务是维持发电机电压在给定水平上和提高电力系统的稳定性。励磁系统能够维持发电机机端电压为恒定值，从而有效提高系统静态稳定的功率极限。励磁系统的强励顶值倍数越高、励磁系统顶值电压响应比越大、顶值倍数的利用程度越充分，系统的暂态稳定水平就越高。励磁系统中的电压调节作用是造成电力系统机电振荡阻尼变弱的重要原因，在一定的运行方式及励磁系统参数下，电压调节器在维持发电机电压恒定的同时，也可能产生负的阻尼作用，因此系统中大量使用快速励磁系统会降低系统的动态稳定水平。

**7. 电力系统承受大扰动能力的三级安全稳定标准是什么?**

答：第一级：正常运行方式下的电力系统受到右述单一元件故障扰动后，不采取稳定控制措施，必须保持电力系统稳定运行和电网的正常供电，其他元件不超过规定的事故过负荷能力，不发生连锁跳闸。

第二级：正常运行方式下的电力系统受到右述较严重的故障扰动后，保护、开关及重合闸正确动作，应能保持稳定运行，必要时允许采取切机和切负荷等稳定控制措施。

第三极：稳定破坏时，必须采取措施，防止系统崩溃，避免造成长时间大面积停电和对最重要用户（包括厂用电）的灾害性停电，使负荷损失尽可能减少到最小，电力系统应尽快恢复正常运行。

**8. 开展在线安全稳定分析的必要性有哪些？**

答：（1）系统分析的角度。现有采集信息单一匮乏、故障资料收集困难，并时常伴随数据时序错位、信息间断等现象，严重阻碍了电网事故评估分析工作的有力开展。实现月度或时间维度更短的方式计算，实现方式安排和电网事故的评估分析，迫切需要在线安全稳定分析系统的建设和实用。

（2）计划校核的角度。结合相似日、相同时段的基础潮流数据，可形成日前计划潮流方式，实现量化安全校核，可以解决无功计划不详实问题。确保日前输电计划编制的安全性和可靠性，实现真正意义的与运行控制有机衔接的计划校核，迫切需要在线安全稳定分析系统的建设和实用。

（3）运行控制的角度。对于密切耦合的大电网，为了避免不协调的事故处置，基于全网信息联合分析进行协调控制决策，为必要的工作模式。实现由倒闸操作与运行控制并重的经验型调度向电网安全分析决策的科学智能型调度转变，迫切需要在线安全稳定分析系统的建设和实用。

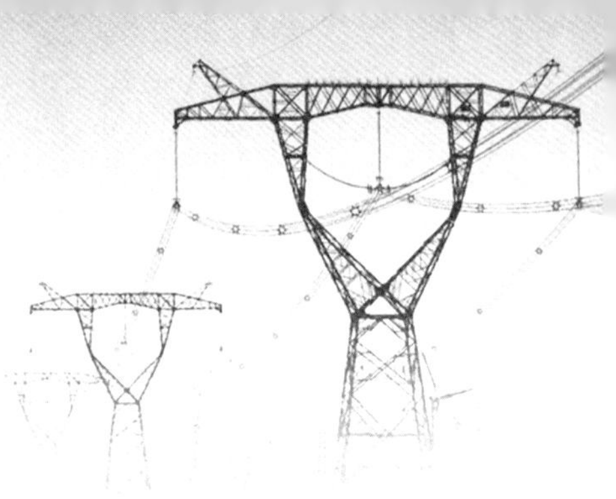

# 第十一章　电网典型实操案例

熊岳 220kV 变电站主接线图见图 11-1，其系统概况如下所述。

1. 220kV、66kV 母线固定接线方式

220kV 东母线：一号主变压器一次、渤熊线、盖熊线、熊牵甲线、侧路（开路备用）。

220kV 西母线：二号主变压器一次、熊宝线、电熊线、熊牵乙线。

220kV 东、西母线经母联开关环并运行；220kV 微机母差保护启用中。

220kV 二号主变压器中性点直接接地中。

66kV 东母线：一号主变压器二次、盖熊甲线（开路）、望熊乙线（开路）、熊港北线、熊泵南线、熊华乙线、熊印线、一号电容器。

66kV 西母线：二号主变压器二次、盖熊乙线、望熊甲线、熊港南线、熊杨线、熊华甲线、熊硅线、二号电容器、侧路（开路备用）。

66kV 东、西母线分列运行；母联备自投启用中，66kV 微机母差保护启用中。

2. 66kV 系统运行方式

66kV 望熊环在望海变 66kV 望熊甲线开关开路；环在熊岳变 66kV 望熊乙线开关开路。

66kV 盖熊环在熊岳变 66kV 盖熊甲线开关开路。

红海变 10kV 母联备自投启用中。

留屯变 10kV 母联备自投启用中。

小河沿变：10kV 母联备自投启用中，过负荷联切装置停用中。

红旗变：10kV 母联备自投启用中，过负荷联切装置停用中。

浴场变：66kV 主变压器备自投启用中。

熊二变：10kV 母联备自投启用中。

3. 地方电源

熊印电站：机组经 66kV 熊印线与系统并列。

风电场：机组经 66kV 熊华甲、乙线与系统并列。

4. 重要用户

熊印电站：66kV 熊印线保安电力 2000 kW。

硅石变：熊硅线保安电力 3000kW。

熊泵变：熊泵南线、熊华甲线保安电力 3000kW。

220kV 牵引站：为电气化铁路供电。

5. 66kV 消弧线圈安装情况

红海变：二号主变压器（盖熊乙线）有 1 个消弧线圈，容量 3800kVA。

熊二变：二号主变压器（熊华乙线）有 1 个消弧线圈，容量 1900kVA。

神井变：有 1 个消弧线圈备用，容量 1900kVA。

6. 保护配置

220kV 线路保护配置：双套纵联差动保护、距离保护、零序保护、重合闸。

220kV 母线保护配置：双套母差保护及失灵保护。母联断路器配充电保护、失灵保护、非全相保护。

220kV 主变压器保护配置：主保护：差动保护、本体重瓦斯保护和有载调压重瓦斯保护。后备保护：高压侧复合电压闭锁过流保护、低压侧复合电压闭锁过流保护、零序过流保护、间隙保护、过负荷保护等。

66kV 线路保护配置：三段距离保护、三段电流保护、重合闸。

66kV 母线保护配置：母差保护。

备自投配置情况：66kV 母联备自投、主变压器备自投投入；进线备自投未投入。

7. 基本情况

熊岳 220kV 变电站为敞开式设备，现场无人值守。主接线 220kV 侧为双母线带旁路接线，66kV 侧为双母线带旁路接线，一号、二号主变压器容量均为 180MVA。

## 案例 1：熊岳变 66kV 熊印线线路相间永久故障（含发电站）

**【事故现象】**

熊岳变：66kV 熊印线距离保护动作，熊印线断路器跳闸。

熊印电站：三台机组解列停电中。

**【处理步骤】**

01. 监控班：汇报熊岳变 66kV 熊印线距离保护动作，断路器跳闸。

02. 熊印电站：确认三台机组解列停电中。

03. 熊印电站：拉开 66kV 熊印线入口断路器。

04. 熊岳变：停用 66kV 熊硅线重合闸。

05. 熊印电站：合上 66kV 熊硅线断路器。

06. 熊印电站：三台机组自行检同期并网，操作自行负责。

07. 熊岳变：合上 66kV 熊印线断路器强送电一次，强送不良。

08. 运维班：告知 66kV 熊印线距离保护动作，熊印线断路器跳闸。66kV 熊印线断路器强送电一次，强送不良。立即到相关现场检查处理。

09. 运维班：汇报 66kV 熊印线距离保护动作，熊印线断路器跳闸。66kV 熊印线断路器强送电一次，强送不良。

10. 熊岳变：拉开 66kV 熊印线线路侧及母线侧隔离开关。

11. 熊印电站：拉开 66kV 熊印线线路侧及母线侧隔离开关。

12. 熊岳变：在 66kV 熊印线线路侧挂地线一组。

13. 熊印电站：在 66kV 熊印线线路侧挂地线一组。

14. 熊二变：调整消弧线圈挡位（东母线调谐）。

15. 维护单位：安排 66kV 熊印线巡线处理。

16. 调度班：上报有关领导和部门，66kV 熊印线故障停电检修中。

## 案例 2：熊岳变 66kV 熊华甲线相间永久故障（含消弧线圈和小电源线路）

**【事故现象】**

熊岳变：66kV 熊华甲线距离保护动作，断路器跳闸，重合不良。

熊二变：10kV 母联备自投动作，切二号主变压器二次开关，合上 10kV 母联断路器，10kV 二段母线送电。

**【处理步骤】**

01. 监控班：66kV 熊华甲线距离保护动作，断路器跳闸，重合不良。

02. 熊岳变：合上 66kV 熊华甲线断路器强送电一次，66kV 熊华甲线距离保护动作，66kV 熊华甲线断路器跳闸。

03. 熊二变：停用 10kV 母联备自投，监视二号主变压器负荷变化。

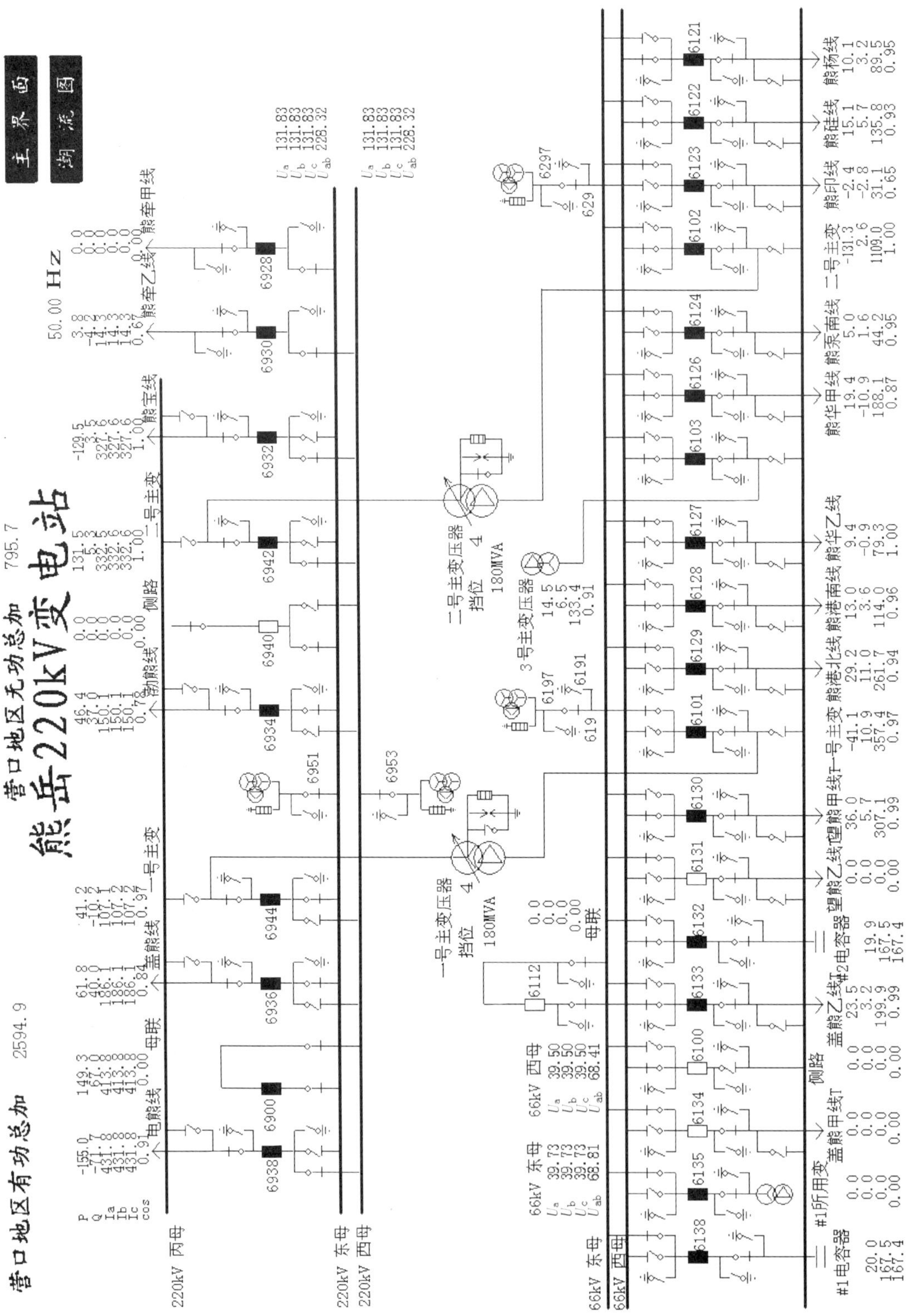


图 11-1 熊岳 220kV 变电站主接线图

04. 熊二变：将 66kV 消弧线圈改二号主变压器中性点运行，操作自行负责。

05. 熊岳变：将熊华乙线由东母线改西母线运行，操作自行负责（西母线恢复有消弧线圈方式）。

06. 风电场：将 66kV 二号主变压器停电，操作自行负责。

07. 风电场：合上 66kV 母联开关二段母线送电。

08. 风电场：风电机组在 66kV 二母线所检同期并网，操作自行负责。

09. 熊泵变：拉开熊华甲线断路器。

10. 熊泵变：合上 66kV 母联断路器送电。

11. 调度班：指挥熊岳变、熊二变、熊泵变、九垄地、风电场、能源化工、归州各变电站拉开熊华甲线入口断路器和隔离开关，同时布置熊华甲线安全措施。

12. 调度班：布置 66kV 熊华甲线线路安全措施。

13. 维护单位：66kV 熊华甲线巡线查找故障点并进行处理。

14. 调度班：上报有关领导和部门，66kV 熊华甲线线路故障巡线抢修处理中。

## 案例 3：熊岳变 66kV 盖熊乙线 6133 开关拒动，线路相间故障

**【事故现象】**

熊岳变：220kV 二号主变压器低后备保护动作，220kV 二号主变压器二次开关跳闸。低电压保护动作，跳开二号电容器开关。66kV 盖熊乙线保护动作，6133 断路器拒动。

红海变：10kV 母联备自投动作，切二号主变压器二次开关，合上 10kV 母联断路器，10kV 二段母线送电。

红旗变：10kV 母联备自投动作，切二号主变压器二次开关，合上 10kV 母联断路器，10kV 二段母线送电。一号主变过负荷，1.45 倍过载。

留屯变：10kV 母联备自投动作，切二号主变压器二次开关，合上 10kV 母联断路器，10kV 二段母线送电。

神井变：10kV 母联备自投动作，切二号主变压器二次开关，合上 10kV 母联断路器，10kV 二段母线送电。

熊二变：10kV 母联备自投动作，切一号主变压器二次开关，合上 10kV 母联断路器，10kV 一段母线送电。

小河沿变：10kV 母联备自投动作，切一号主变压器二次开关，合上 10kV 母联断路器，10kV 一段母线送电。二号主变压器过负荷，1.4 倍过载。

**【处理步骤】**

01. 监控班：熊岳变 220kV 二号主变压器低后备保护动作，220kV 二号主变压器二次开关跳闸。低电压保护动作，跳开二号电容器开关。66kV 盖熊乙线保护动作，6133 断路器拒动。

02. 监控班：汇报配调限制小河沿变 10kV 母线负荷，使其满足二号主变压器额定容量。限制红旗变 10kV 母线负荷，使其满足一号主变压器额定容量。

03. 运维班：告知熊岳变 220kV 二号主变压器低后备保护动作，220kV 二号主变压器二次开关跳闸。低电压保护动作，跳开二号电容器开关。66kV 盖熊乙线保护动作，6133 断路器拒动。立即到相关现场检查处理。

04. 运维班：汇报熊岳变 220kV 二号主变压器低后备保护动作，220kV 二号主变压器二次开关跳闸。低电压保护动作，跳开二号电容器开关。66kV 盖熊乙线保护动作，6133 断路器拒动。站内无异常。

05. 熊岳变：拉开 66kV 盖熊乙线线路侧以及母线侧隔离开关。

06. 熊岳变：分别拉开 66kV 西母线望熊甲线、熊港南线、熊杨线、熊华甲线、熊硅线各断路器。

07. 熊岳变：合上 220kV 二号主变压器二次开关，66kV 西母线送电良好。

08. 熊岳变：分别合上 66kV 西母线望熊甲线、熊港南线、熊杨线、熊华甲线、熊硅线各断路器，送电良好。

09. 熊岳变：用66kV侧路带盖熊乙线断路器热备用，操作自行负责。

10. 熊岳变：合上66kV侧路断路器，66kV盖熊乙线强送电，强送不良。

11. 调度班：指挥红海变、红旗变、留屯变、神井变、熊二变、小河沿变恢复正常方式受电，操作自行负责。

12. 熊岳变：66kV盖熊乙线断路器由冷备用转检修，操作自行负责。

13. 熊岳变：66kV盖熊乙线线路由热备用转检修，操作自行负责。

14. 神井变：将66kV消弧线圈改二号主变压器中性点运行，挡位按调度指令执行。

15. 维护单位：66kV盖熊乙线6133断路器作业可以开始，现场安全措施自行负责。

16. 熊岳变：66kV盖熊乙线线路作业可以开始，现场安全措施自行负责。

17. 调度班：上报有关领导和部门66kV盖熊乙线6133断路器和线路检修处理中。

## 案例4：熊岳变66kV盖熊乙线保护拒动，线路相间故障

**【事故现象】**

熊岳变：220kV二号主变压器低后备保护动作，220kV二号主变二次开关跳闸。低电压保护动作，跳开二号电容器开关。

红海变：10kV母联备自投动作，切二号主变压器二次开关，合上10kV母联断路器，10kV二段母线送电。

红旗变：10kV母联备自投动作，切二号主变压器二次开关，合上10kV母联断路器，10kV二段母线送电。一号主变过负荷，1.45倍过载。

留屯变：10kV母联备自投动作，切二号主变压器二次开关，合上10kV母联断路器，10kV二段母线送电。

神井变：10kV母联备自投动作，切二号主变压器二次开关，合上10kV母联断路器，10kV二段母线送电。

熊二变：10kV母联备自投动作，切一号主变压器二次开关，合上10kV母联断路器，10kV一段母线送电。

小河沿变：10kV母联备自投动作，切一号主变压器二次开关，合上10kV母联断路器，10kV一段母线送电。二号主变压器过负荷，1.4倍过载。

**【处理步骤】**

01. 监控班：熊岳变220kV二号主变压器低后备保护动作，220kV二号主变压器二次开关跳闸。低电压保护动作，跳开二号电容器断路器。

02. 熊岳变：无电压下拉开66kV西母线66kV盖熊乙线、望熊甲线、熊港南线、熊杨线、熊华甲线、熊硅线各开关。

03. 监控站：汇报配调限制小河沿变10kV母线负荷，使其满足二号主变压器额定容量。限制红旗变10kV母线负荷，使其满足一号主变压器额定容量。

04. 运维班：告知熊岳变220kV二号主变压器低后备保护动作，220kV二号主变压器二次开关跳闸。低电压保护动作，跳开二号电容器开关。立即到相关现场检查处理。

05. 运维班：汇报熊岳变220kV二号主变压器低后备保护动作，220kV二号主变压器二次开关跳闸。低电压保护动作，跳开二号电容器开关。

06. 熊岳变：检查二号主变压器外观无问题，站内无异常，合上220kV二号主变压器二次开关，66kV西母线送电良好。

07. 熊岳变：合上盖熊乙线开关送电，220kV二号主变压器二次过流保护动作。220kV二号主变压器二次开关再次跳闸。判定盖熊乙线保护拒动所致。

08. 熊岳变：拉开盖熊乙线开关。

09. 熊岳变：合上220kV二号主变压器二次开关，66kV西母线送电。

10. 熊岳变：分别合上 66kV 西母线望熊甲线、熊港南线、熊杨线、熊华甲线、熊硅线各开关，送电无问题。

11. 调度班：指挥红海变、红旗变、留屯变、神井变、熊二变、小河沿变恢复正常方式受电，操作自行负责。

12. 熊岳变：检查电压和无功情况，合上 2 号电容器开关。

13. 熊岳变：66kV 盖熊乙线线路由热备用转检修，操作自行负责。

14. 神井变：将 66kV 消弧线圈改二号主变压器中性点运行，挡位按调度指令执行。

15. 维护单位：66kV 盖熊乙线保护作业可以开始，现场安全措施自行负责。

16. 熊岳变：66kV 盖熊乙线线路作业可以开始，现场安全措施自行负责。

17. 调度班：上报有关领导和部门 66kV 盖熊乙线保护和线路检修处理中。

## 案例 5：熊岳变 66kV 盖熊乙线 A 相接地

**【异常现象】**

1. 熊岳变：66kV 西母线 A 相 100%接地。$U_a$=0kV、$U_b$=66kV、$U_c$=66kV、$U_{ab}$=66kV。

2. 熊岳变：66kV 西母线所带各二次变压器：66kV 系统 A 相 100%接地。

$U_a$=0kV、$U_b$=66kV、$U_c$=66kV、$U_{ab}$=66kV。

3. 小河沿变：66kV 一号主变压器一次侧：66kV 系统 A 相 100%接地。

$U_a$=0kV、$U_b$=66kV、$U_c$=66kV、$U_{ab}$=66kV。

4. 红旗变：66kV 二号主变压器一次侧：66kV 系统 A 相 100%接地。

$U_a$=0kV、$U_b$=66kV、$U_c$=66kV、$U_{ab}$=66kV。

5. 红海变：66kV 二号主变压器一次侧：66kV 系统 A 相 100%接地。

$U_a$=0kV、$U_b$=66kV、$U_c$=66kV、$U_{ab}$=66kV。

6. 留屯变：66kV 二号主变压器一次侧：66kV 系统 A 相 100%接地。

$U_a$=0kV、$U_b$=66kV、$U_c$=66kV、$U_{ab}$=66kV。

**【处理步骤】**

根据现象判断为 66kV 西母线系统接地，按接地选择顺位表进行选择。若一次未选出接地线路，考虑变电站内接地或多点接地情况。

1. 监控班：汇报熊岳变 66kV 西母线 A 相 100%接地。$U_a$=0kV、$U_b$=66kV、$U_c$=66kV、$U_{ab}$=66kV，判断为 66kV 西母线系统接地。

2. 熊岳变：拉开 2 号电容器开关。

一、进行 66kV 西母线接地选择

判断 66kV 熊杨线：直配线停选。

3. 熊岳变：拉开 66kV 熊杨线开关停电，接地现象未消失，恢复正常。

二、判断 66kV 熊华甲线：倒选

4. 熊岳变：停用 66kV 母联备自投装置，合上 66kV 母联开关环并。

5. 熊二变：合上 10kV 母联断路器环并。拉开 66kV 一号主变压器二、一次开关环解。

6. 风电场：合上 10kV 母联断路器环并。

7. 风电场：拉开 66kV 二号主变压器二、一次开关环解。

8. 熊泵变：合上内桥开关环并。

9. 熊泵变：拉开 66kV 熊华甲线开关环解。

10. 熊岳变：拉开 66kV 熊华甲线开关停电，接地现象未消失，恢复正常。

三、判断 66kV 熊港南线：按照直配线停选

11. 熊岳变：拉开 66kV 熊港南线开关停电，接地现象未消失，恢复正常。

四、判断 66kV 望熊甲线：倒选

方法一：66kV望熊甲线按照直配线考虑

12. 熊岳变：拉开66kV望熊甲线开关停电，接地现象未消失，恢复正常。

13. 红旗变：10kV母联备自投动作成功，切66kV二号主变压器二次开关，合上10kV母联断路器受电。

14. 红旗变：停用10kV母联备自投，拉开66kV二号主变压器一次开关停电。

15. 小河沿变：10kV母联备自投动作成功，切66kV一号主变压器二次开关，合上10kV母联断路器受电。

16. 小河沿变：停用10kV母联备自投，拉开66kV一号主变压器一次开关停电。

方法二：将望熊甲线改受望海变电源后，再判断。

方法三：通过望熊乙线环并，将红旗变、小河沿变改受望海电源后，再停选。

五、判断66kV熊硅线：直配线停选

17. 硅石矿：做好停电准备，进行接地选择。

18. 熊岳变：拉开66kV熊硅线开关停电。接地现象未消失，恢复正常方式受电。

六、判断66kV盖熊乙线：倒选

方法一：（66kV盖熊乙线按照直配线考虑）

19. 熊岳变：拉开66kV盖熊乙线开关停电，接地现象消失。合上熊岳变66kV盖熊乙线开关，试送一次，判断为接地线路，确认即停。

20. 红海变：10kV母联备自投动作成功，切66kV二号主变压器二次开关，合上10kV母联断路器受电。

21. 红海变：停用10kV母联备自投，拉开66kV二号主变压器一次开关，停电。

22. 留屯变：10kV母联备自投动作成功，切66kV二号主变压器二次开关，合上10kV母联断路器受电。

23. 留屯变：停用10kV母联备自投，拉开66kV二号主变压器一次开关，停电。

24. 熊岳变：拉开66kV母联断路器，环解，启用66kV母联备自投装置。

方法二：通过盖熊甲线环并，将红海变、留屯变改受盖州电源后，再停选。

七、系统调谐调压

25. 神井变：将66kV消弧线圈改二号主变压器中性点运行，挡位按调度指令执行。

26. 熊岳变：检查电压和无功情况，合上二号电容器开关。

八、布置66kV盖熊乙线安全措施

27. 红海变：拉开66kV二号主变压器一、二次开关两侧隔离开关。

28. 留屯变：拉开66kV二号主变压器一、二次开关两侧隔离开关。

29. 芦屯变：拉开66kV主变压器一、二次各开关和两侧隔离开关。

30. 庆发特钢：拉开入口开关和两侧隔离开关。

31. 熊岳变：拉开66kV盖熊乙线开关两侧隔离开关。

32. 调控班：安排红海变、留屯变、芦屯变、庆发特钢、熊岳变，在66kV盖熊乙线线路侧各挂地线一组。

九、巡线处理故障点

33. 维护单位：安排66kV盖熊乙线查线处理。发现问题联系处理。

## 案例6：熊岳变220kV渤熊线线路永久故障

**【事故现象】**

渤海变：220kV渤熊线开关跳闸，纵联保护动作，重合不良（省调监控变电站）。

熊岳变：220kV渤熊线开关跳闸，纵联保护动作，重合不良。

【处理步骤】

1. 监控班：汇报熊岳变 220kV 渤熊线开关跳闸，纵联保护动作，重合不良。

2. 渤海变：220kV 渤熊线开关跳闸，纵联保护动作，重合不良。

3. 省调：汇报熊岳变 220kV 渤熊线开关跳闸，纵联保护动作，重合不良。

4. 调度班：汇报有关领导和部门，熊岳变 220kV 渤熊线开关跳闸，纵联保护动作，重合不良。

5. 运维班：告知熊岳变 220kV 渤熊线开关跳闸，纵联保护动作，重合不良。立即到相关现场检查处理。

6. 省调：根据 220kV 渤熊线保护动作情况，判断线路为永久故障，不需要试送，告知巡线范围。

7. 维护单位：告知 220kV 渤熊线带电巡线，发现问题联系处理。

8. 运维班：汇报熊岳变 220kV 渤熊线开关跳闸，纵联保护动作，重合不良。

9. 熊岳变：拉开 220kV 渤熊线线路侧以及母线侧隔离开关。

10. 渤海变：拉开 220kV 渤熊线线路侧以及母线侧隔离开关。

11. 熊岳变：在 220kV 渤熊线线路侧挂接地线一组。

12. 渤海变：在 220kV 渤熊线线路侧挂接地线一组。

13. 省调：汇报熊岳变 220kV 渤熊线已由热备用转检修。

14. 调度班：汇报有关领导和部门，熊岳变 220kV 渤熊线已由热备用转检修。220kV 盖熊线带电巡线，发现问题联系处理。

## 案例 7：熊岳变 220kV 渤熊线 6934 开关拒动，线路单相接地故障

【事故现象】

渤海变：220kV 渤熊线开关跳闸，纵联保护动作，重合不良（省调监控变电站）。

熊岳变：220kV 渤熊线纵联保护动作，开关未分闸。220kV 失灵保护动作，切 220kV 母联断路器，切一号主变压器一次开关、熊牵甲线开关、盖熊线开关。66kV 母联备自投动作，联切一号主变压器二次开关，66kV 熊印线、熊硅线、熊华甲、乙线各开关，合上母联开关，66kV 东母线受电。

盖州变：失灵远切盖熊线开关。

熊二变：10kV 母联备自投动作，切二号主变压器二次开关，合上 10kV 母联开关，10kV 二段母线送电。

【处理步骤】

1. 监控班：汇报熊岳变 220kV 渤熊线纵联保护动作，渤熊线开关拒动。220kV 失灵保护动作，切开 220kV 母联断路器，切一号主变压器一次开关、熊牵甲线开关、盖熊线开关，220kV 东母线失压。熊岳变 66kV 母联备自投动作，联切一号主变压器二次开关，66kV 熊印线、熊硅线、熊华甲、乙线各开关，合上母联断路器，66kV 东母线受电。

2. 渤海变：（省调监控班）220kV 渤熊线开关跳闸，纵联保护动作，重合不良。

3. 省调：汇报熊岳变 220kV 渤熊线纵联保护动作，渤熊线开关拒动。220kV 失灵保护动作，切开 220kV 母联开关，切一号主变压器一次开关、熊牵甲线开关、盖熊线开关，220kV 东母线失压。

4. 调度班：汇报有关领导和部门，熊岳变 220kV 渤熊线纵联保护动作，渤熊线开关拒动。220kV 失灵保护动作，切开 220kV 母联断路器，切一号主变压器一次开关、熊牵甲线开关、盖熊线开关，220kV 东母线失压。熊岳变 66kV 母联备自投动作，联切一号主变压器二次开关，66kV 熊印线、熊硅线、熊华甲、乙线各开关，合上母联断路器 66kV 东母线受电。

5. 运维班：告知熊岳变 220kV 渤熊线纵联保护动作，渤熊线开关拒动。220kV 失灵保护动作，切开 220kV 母联断路器，切一号主变压器一次开关、熊牵甲线开关、盖熊线开关，220kV 东母线失压。熊岳变：66kV 母联备自投动作，联切一号主变压器二次开关，66kV 熊印线、熊硅线、熊华甲、乙线各开关，合上母联断路器，66kV 东母线受电。立即到相关现场检查处理。

6. 熊岳变：监视 220kV 二号主变压器负荷情况。

7. 熊岳牵引站：告知事故相关情况，将负荷改熊牵乙线受电，操作自行负责。

8. 熊印电站：确认 66kV 熊硅线、熊印线入口开关均在开位，站内机组停机中。

9. 熊岳变：合上熊印线开关，送电。

10. 熊印电站：合上 66kV 熊印线开关受电，机组检同期并网自行负责，机组满发电。

11. 熊岳变：合上 66kV 熊硅线开关送电。

12. 风电场：联系 66kV 熊华甲、乙线送电无问题。

13. 熊岳变：合上 66kV 熊华甲、乙线开关送电。

14. 风电场：将风电机组检同期并网，操作自行负责。

15. 运维班：汇报熊岳变 220kV 渤熊线纵联保护动作，渤熊线开关拒动。220kV 失灵保护动作，切开 220kV 母联断路器，切一号主变压器一次开关、熊牵甲线开关、盖熊线开关，220kV 东母线失压。熊岳变 66kV 母联备自投动作，联切一号主变压器二次开关，66kV 熊印线、熊硅线、熊华甲、乙线各开关，合上母联断路器，66kV 东母线受电。

16. 运维班：联系配调 66kV 母线以下各二次变恢复正常方式受电操作自行负责。

17. 熊二变：站内恢复正常方式受电，操作自行负责（10kV 母联备自投启用中）。

18. 熊岳变：停用 66kV 母联备自投装置。

19. 熊岳变：无电压下拉开渤熊线线路侧和母线侧隔离开关（隔离故障开关）。

20. 省调：汇报熊岳变无电压下拉开渤熊线线路侧和母线侧隔离开关，联系盖州变合上 220kV 盖熊线开关送电，同时恢复熊岳变 220kV 母线正常接线方式无问题。

21. 盖州变：合上 220kV 盖熊线开关，送电。

22. 熊岳变：合上 220kV 盖熊线开关，送电。

23. 熊岳变：合上 220kV 母联开关，环并。

24. 熊岳牵引站：联系 220kV 熊牵甲线送电无问题。

25. 熊岳变：合上 220kV 熊牵甲线开关，送电。

26. 熊岳牵引站：恢复 220kV 系统正常方式受电，操作自行负责。

27. 熊岳变：合上 220kV 一号主变压器中性点隔离开关

28. 熊岳变：220kV 一号主变压器由热备用转运行，操作自行负责。

29. 熊岳变：拉开 220kV 一号主变压器中性点隔离开关。

30. 熊岳变：恢复 66kV 系统正常方式受电，操作自行负责。

31. 熊岳变：220kV 渤熊线线开关由冷备用转检修，操作自行负责。

32. 渤海变：220kV 渤熊线由热备用转冷备用，操作自行负责。

33. 熊岳变：在 220kV 渤熊线线路侧挂接地线一组。

34. 渤海变：在 220kV 渤熊线线路侧挂接地线一组。

35. 维护单位：告知 220kV 渤熊线带电巡线，发现问题联系处理。

36. 维护单位：告知熊岳变 220kV 渤熊线开关作业可以开始，现场安全措施自行负责。

37. 省调：汇报 220kV 渤熊线以及熊岳变渤熊线 6934 开关检修处理中。220kV 系统以及 66kV 系统恢复正常方式受电。

38. 调度班：汇报有关领导和部门，220kV 渤熊线以及熊岳变渤熊线 6934 断路器检修处理中。220kV 系统以及 66kV 系统恢复正常方式受电。

## 案例 8：熊岳变 220kV 二号主变内部故障

**【事故现象】**

熊岳变：220kV 二号主变压器重瓦斯保护动作，切开 220kV 二号主变压器一、二次开关。66kV 母联备自投动作，联切 66kV 熊印线、熊硅线、熊华甲、乙线、二号电容器各开关，合上 66kV 母联断路器，66kV 西母线受电。

熊二变：10kV母联备自投动作，切一号主变压器二次开关，合上10kV母联隔离开关，10kV一段母线送电。

**【处理步骤】**

1. 监控班：监视熊岳变220kV一号主变压器负荷情况。

2. 省调：汇报熊岳变220kV二号主变压器重瓦斯保护动作有关情况。

3. 调度班：汇报有关领导和部门，熊岳变220kV二号主变压器重瓦斯保护动作有关情况。

4. 运维班：告知熊岳变220kV二号主变压器故障，重瓦斯保护动作有关情况。立即到相关现场检查处理。

5. 熊印电站：确认66kV熊硅线、熊印线入口开关均在开位，站内机组停机中。

6. 熊岳变：合上熊印线开关，送电良好。

7. 熊印电站：合上66kV熊印线开关受电，机组自行检同期并列，满发电。

8. 熊岳变：合上66kV熊硅线开关，送电良好。

9. 风电场：联系66kV熊华甲、乙线送电无问题。

10. 熊岳变：合上66kV熊华甲、乙线开关，送电良好。

11. 风电场：将风电机组检同期并网，操作自行负责。

12. 运维班：到达熊岳变，汇报220kV二号主变压器故障，重瓦斯保护动作情况。

13. 熊岳变：停用66kV母联备自投装置。

14. 熊岳变：合上220kV一号主变压器中性点隔离开关。

15. 熊岳变：检查电压及无功情况，合上二号电容器开关。

16. 熊二变：自行恢复正常方式受电（10kV母联备自投启用中）。

17. 调度班：指挥熊岳变66kV母线以下各二次变压器自行恢复正常方式受电。

18. 熊岳变：220kV二号主变压器由热备用转检修，操作自行负责。

19. 维护单位：告知熊岳变220kV二号主变压器作业可以开始，现场安全措施自行负责。

20. 省调：汇报熊岳变220kV二号主变压器故障有关情况，正在抢修处理。

21. 调度班：上报有关部门和领导，已经安排熊岳变220kV二号主变压器抢修处理。

## 案例9：熊岳变220kV一号主变压器内部故障，一号主变压器主一次6944开关拒动

**【事故现象】**

熊岳变：220kV一号主变压器重瓦斯保护动作，220kV一号主变压器主一次开关未跳闸，切开220kV一号主变压器主二次开关。220kV失灵保护动作，切220kV母联开关，切220kV渤熊线、熊牵甲线开关、盖熊线开关，220kV东母线失压。66kV母联备自投动作，联切66kV熊印线、熊硅线、熊华甲、乙线、一号电容器各开关停电中，合上66kV母联开关66kV东母线受电。

熊二变：10kV母联备自投动作，切二号主变压器二次开关，合上10kV母联开关，10kV二段母线送电。

**【处理步骤】**

1. 监控班：监视熊岳变220kV二号主变压器负荷情况。

2. 省调：汇报熊岳变220kV一号主变压器重瓦斯保护动作，主一次6944开关未跳闸。切开220kV一号主变压器二次开关。220kV失灵保护动作，切220kV母联断路器以及220kV渤熊线开关、熊牵甲线开关、盖熊线开关。220kV东母线失压。

3. 调度班：汇报有关领导和部门，熊岳变220kV一号主变压器重瓦斯保护动作，主一次6944开关未跳闸，切开220kV一号主变压器二次开关。220kV失灵保护动作，切开220kV母联断路器，220kV渤熊线、熊牵甲线开关、盖熊线开关，220kV东母线失压。

4. 运维班：告知熊岳变220kV一号主变压器故障，重瓦斯保护动作以及主一次开关未跳闸有关情况。立即到相关现场检查处理。

5. 熊岳牵引站：通报相关情况，自行将负荷改其他电源受电。

6. 熊印电站：确认 66kV 熊硅线、熊印线入口开关均在开位，站内机组停机中。

7. 熊岳变：合上熊印线开关，送电良好。

8. 熊印电站：合上 66kV 熊印线开关受电，机组自行检同期并列，满发电。

9. 熊岳变：合上 66kV 熊硅线开关，送电良好。

10. 风电场：联系 66kV 熊华甲、乙线送电，无问题。

11. 熊岳变：合上 66kV 熊华甲、乙线开关，送电良好。

12. 风电场：将风电机组检同期并网，操作自行负责。

13. 运维班：到达熊岳变汇报 220kV 一号主变压器故障，重瓦斯保护动作以及主一次开关未跳闸有关情况。

14. 熊岳变：无电压下拉开 220kV 一号主变压器主一次开关两侧隔离开关（隔离故障断路器）。

15. 熊岳变：停用 66kV 母联备自投装置。

16. 熊二变：自行恢复正常方式受电（10kV 母联备自投启用中）。

17. 调度班：熊岳变 66kV 母线以下各二次变自行恢复正常方式受电。

18. 省调：联系合上熊岳变 220kV 渤熊线、盖熊线、熊牵甲线各开关 220kV 东母线送电。恢复熊岳变 220kV 母线正常接线方式。

19. 熊岳变：合上 220kV 渤熊线开关 220kV 东母线送电。

20. 熊岳变：合上 220kV 母联开关送电。220kV 母线恢复正常接线方式。

21. 熊岳牵引站：联系 220kV 熊牵甲线送电，无问题。

22. 熊岳变：合上 220kV 熊牵甲线开关，送电。

23. 熊岳牵引站：告知 220kV 系统恢复正常方式，站内负荷恢复受电，操作自行负责。

24. 熊岳变：合上 220kV 盖熊线开关，环并。

25. 熊岳变：检查无功电压情况，合上一号电容器开关。

26. 熊岳变：220kV 一号主变压器由热备用转检修操作自行负责。

27. 熊岳变：220kV 一号主变压器主一次开关由冷备用转检修，操作自行负责。

28. 维护单位：熊岳变 220kV 一号主变压器以及 220kV 一号主变压器一次开关检修作业可以开始，现场安全措施自行负责。

29. 省调：汇报熊岳变 220kV 一号主变压器以及 220kV 一号主变一次开关停电检修，220kV 母联、渤熊线、熊牵甲线开关、盖熊线均恢复送电。220kV 母线恢复正常方式。

30. 调度班：上报领导和有关部门，汇报熊岳变 220kV 一号主变压器以及 220kV 一号主变压器一次开关停电检修，220kV 母联、渤熊线、熊牵甲线开关、盖熊线均恢复送电。220kV 母线恢复正常方式。

## 案例 10：熊岳变二号主变压器内部故障，二号主变压器主二次 6102 开关拒动

**【事故现象】**

熊岳变：220kV 二号主变压器重瓦斯保护动作，二号主变压器主一次开关跳闸，二号主变压器主二次 6102 开关未跳闸，66kV 西母线二号电容器 6132、一号站内变 6135、盖熊乙线 6133、望熊甲线 6130、熊港南线 6128、熊华甲线 6126、3 号主变压器一次 6103、熊硅线 6122、熊杨线 6121 各开关停电中。66kV 西母线失压。

红海变：10kV 母联备自投动作，切二号主变压器二次开关，合上 10kV 母联断路器，10kV 二段母线送电。

红旗变：10kV 母联备自投动作，切二号主变压器二次开关，合上 10kV 母联断路器，10kV 二段母线送电。一号主变压器过负荷，1.45 倍过载。

留屯变：10kV 母联备自投动作，切二号主变压器二次开关，合上 10kV 母联断路器，10kV 二段母线送电。

神井变：10kV 母联备自投动作，切二号主变压器二次开关，合上 10kV 母联断路器，10kV 二段母线送电。

熊二变：10kV 母联备自投动作，切一号主变压器二次开关，合上 10kV 母联断路器，10kV 一段母线送电。

小河沿变：10kV 母联备自投动作，切一号主变压器二次开关，合上 10kV 母联断路器，10kV 一段母线送电。二号主变压器过负荷，1.4 倍过载。

**【处理步骤】**

1. 监控班：监视熊岳变 220kV 一号主变压器负荷情况。

2. 省调：汇报熊岳变 220kV 二号主变压器重瓦斯保护动作，主二次开关未跳闸有关情况。

3. 调度班：汇报有关领导和部门，熊岳变 220kV 二号主变压器重瓦斯保护动作，主二次开关未跳闸，66kV 西母线失压有关情况。

4. 运维班：告知熊岳变 220kV 二号主变压器故障，重瓦斯保护动作以及主二次开关未跳闸有关情况。立即到相关现场检查处理。

5. 配调班：限制小河沿变 10kV 母线负荷，使其满足二号主变压器额定容量。限制红旗变 10kV 母线负荷，使其满足一号主变压器额定容量。

6. 熊岳变：拉开望熊甲线 6130 断路器。

7. 望海变：合上望熊甲线开关，送电。

8. 运维班：到达熊岳变，汇报 220kV 二号主变压器故障，重瓦斯保护动作以及主二次 6102 断路器未跳闸，站内其他设备无异常等有关情况。

9. 熊岳变：无电压下拉开二号主变压器主二次 6102 断路器两侧隔离开关。

10. 熊岳变：停用 66kV 母联备自投。

11. 熊岳变：分别拉开二号电容器 6132、一号站内变 6135、盖熊乙线 6133、熊港南线 6128、熊华甲线 6126、熊硅线 6122、熊杨线 6121、3 号主变压器一次 6103 各开关。

12. 熊岳变：合上 66kV 母联断路器，66kV 西母线送电。

13. 熊岳变：分别合上一号站内变 6135、盖熊乙线 6133、熊港南线 6128、熊华甲线 6126、熊硅线 6122、熊杨线 6121、3 号主变压器一次 6103、二号电容器 6132 各开关，送电。

14. 熊印电站：确认 66kV 熊硅线、熊印线入口开关均在开位，站内机组停机中。

15. 熊岳变：合上熊印线开关，送电良好。

16. 熊印电站：合上 66kV 熊印线开关受电，机组自行检同期并列，满发电。

17. 熊岳变：合上望熊甲线 6130 开关，环并。

18. 望海变：拉开望熊甲线开关，环解。

19. 调度班：安排红海变、红旗变、留屯变、神井变、熊二变、小河沿变恢复正常方式受电。

20. 熊岳变：220kV 二号主变压器由热备用转检修操作自行负责。

21. 熊岳变：220kV 二号主变压器主二次 6102 开关由冷备用转检修，操作自行负责。

22. 维护单位：熊岳变 220kV 二号主变压器以及二号主变压器二次 6102 开关作业可以开始，现场安全措施自行负责。

23. 调度班：上报有关领导和部门，熊岳变 220kV 二号主变故障以及二号主变压器主二次 6102 开关故障，66kV 西母线负荷通过母联已受东母线电源。现场作业已经开始。

24. 省调：上报熊岳变 220kV 二号主变压器故障以及二号主变压器主二次 6102 开关故障，66kV 西母线负荷通过母联已受东母线电源有关情况。

## 案例 11：熊岳变 66kV 西母线故障

**【事故现象】**

熊岳变：66kV 母差保护动作，联切 66kV 西母线二号电容器 6132、一号站内变压器 6135、盖熊乙线

6133、望熊甲线 6130、二号主变压器二次 6102、熊港南线 6128、熊华甲线 6126、3 号主变压器一次 6103、熊硅线 6122、熊杨线 6121 各开关，66kV 西母线停电中。

红海变：10kV 母联备自投动作，切二号主变压器二次开关，合上 10kV 母联断路器，10kV 二段母线送电。

红旗变：10kV 母联备自投动作，切二号主变压器二次开关，合上 10kV 母联断路器，10kV 二段母线送电。一号主变过负荷。

留屯变：10kV 母联备自投动作，切二号主变压器二次开关，合上 10kV 母联断路器，10kV 二段母线送电。

神井变：10kV 母联备自投动作，切二号主变压器二次开关，合上 10kV 母联断路器，10kV 二段母线送电。

熊二变：10kV 母联备自投动作，切一号主变压器二次开关，合上 10kV 母联断路器，10kV 一段母线送电。

小河沿变：10kV 母联备自投动作，切一号主变压器二次开关，合上 10kV 母联断路器，10kV 一段母线送电。二号主变压器过负荷。

**【处理步骤】**

1. 监控班：熊岳变 66kV 母差保护动作，联切 66kV 西母线二号电容器 6132、一号站内变压器 6135、盖熊乙线 6133、望熊甲线 6130、二号主变压器二次 6102、熊港南线 6128、熊华甲线 6126、3 号主变压器一次 6103、熊硅线 6122、熊杨线 6121 各开关，66kV 西母线停电中。

2. 监控班：汇报配调限制小河沿变 10kV 母线负荷，使其满足二号主变额定容量。限制红旗变 10kV 母线负荷，使其满足一号主变压器额定容量。

3. 调度班：汇报有关领导以及部门，熊岳变 66kV 母差保护动作，联切 66kV 西母线二号电容器 6132、一号站内变压器 6135、盖熊乙线 6133、望熊甲线 6130、二号主变压器二次 6102、熊港南线 6128、熊华甲线 6126、3 号主变压器一次 6103、熊硅线 6122、熊杨线 6121 各开关，66kV 西母线停电中。

4. 运维班：告知熊岳变 66kV 母差保护动作，联切 66kV 西母线二号电容器 6132、一号站内变 6135、盖熊乙线 6133、望熊甲线 6130、二号主变压器二次 6102、熊港南线 6128、熊华甲线 6126、3 号主变压器一次 6103、熊硅线 6122、熊杨线 6121 各开关，66kV 西母线停电中。立即到相关现场检查处理。

5. 熊岳变：确认望熊甲线 6130 开关在开位。

6. 望海变：合上望熊甲线开关，送电。

7. 运维班：汇报熊岳变 66kV 母差保护动作，联切 66kV 西母线二号电容器 6132、一号站内变 6135、盖熊乙线 6133、望熊甲线 6130、二号主变压器二次 6102、熊港南线 6128、熊华甲线 6126、3 号主变压器一次 6103、熊硅线 6122、熊杨线 6121 各开关，66kV 西母线全停电中。

8. 熊岳变：确认 66kV 西母线有明显故障点。

9. 熊岳变：将 66kV 西母线各回路改 66kV 东母线热备用，操作自行负责。

10. 熊岳变：合上 220kV 二号主变压器二次 6102 开关，环并。

11. 熊岳变：分别合上一号站内变 6135、盖熊乙线 6133、熊港南线 6128、熊华甲线 6126、熊硅线 6122、熊杨线 6121、3 号主变压器一次 6103、二号电容器 6132 各开关送电。

12. 熊岳变：合上望熊甲线 6130 开关，环并。

13. 望海变：拉开望熊甲线开关，环解。

14. 调度班：告知配调红海变、红旗变、留屯变、神井变、熊二变、小河沿变恢复正常方式受电操作自行负责。

15. 熊岳变：66kV 西母线由冷备用转检修，操作自行负责。

16. 维护单位：熊岳变 66kV 西母线作业可以开始，现场安全措施自行负责。

17. 调度班：汇报有关领导和部门，66kV 西母线故障，熊岳变 66kV 西母线负荷已改东母线受电。现场作业已经开始。

## 案例12：熊岳变66kV西母线故障，二号主变压器二次6102开关拒动

**【事故现象】**

熊岳变：66kV母差保护动作，联切66kV西母线二号电容器6132、一号站内变盖熊乙线6133、望熊甲线6130、熊港南线6128、熊华甲线6126、3号主变压器一次6103、熊硅线6122、熊杨线6121各开关。

熊岳变：220kV二号主变压器二次6102开关未跳闸。220kV二号主变压器一次开关跳闸，二号主变压器一次高后备保护动作。

红海变：10kV母联备自投动作，切二号主变压器二次开关，合上10kV母联断路器，10kV二段母线送电。

红旗变：10kV母联备自投动作，切二号主变压器二次开关，合上10kV母联断路器，10kV二段母线送电。一号主变过负荷，1.45倍过载。

留屯变：10kV母联备自投动作，切二号主变压器二次开关，合上10kV母联断路器，10kV二段母线送电。

神井变：10kV母联备自投动作，切二号主变压器二次开关，合上10kV母联断路器，10kV二段母线送电。

熊二变：10kV母联备自投动作，切一号主变压器二次开关，合上10kV母联断路器，10kV一段母线送电。

小河沿变：10kV母联备自投动作，切一号主变压器二次开关，合上10kV母联断路器，10kV一段母线送电。二号主变压器过负荷，1.4倍过载。

**【处理步骤】**

1. 监控班：熊岳变66kV母差保护动作，联切66kV西母线二号电容器6132、一号站内变盖熊乙线6133、望熊甲线6130、熊港南线6128、熊华甲线6126、3号主变压器一次6103、熊硅线6122、熊杨线6121各开关。熊岳变220kV二号主变压器二次6102开关未跳闸。220kV二号主变压器一次开关跳闸，二号主变压器一次高后备保护动作。

2. 监控班：汇报配调限制小河沿变10kV母线负荷，使其满足二号主变压器额定容量。限制红旗变10kV母线负荷，使其满足一号主变压器额定容量。

3. 调度班：汇报有关领导和部门，熊岳变66kV母差保护动作，联切66kV西母线二号电容器6132、一号站内变盖熊乙线6133、望熊甲线6130、熊港南线6128、熊华甲线6126、3号主变压器一次6103、熊硅线6122、熊杨线6121各开关。熊岳变220kV二号主变压器二次6102开关未跳闸。220kV二号主变压器一次高后备保护动，作二号主变压器一次开关跳闸。

4. 运维班：告知熊岳变66kV母差保护动作，联切66kV西母线二号电容器6132、一号站内变盖熊乙线6133、望熊甲线6130、熊港南线6128、熊华甲线6126、3号主变压器一次6103、熊硅线6122、熊杨线6121各开关。熊岳变220kV二号主变压器二次6102开关未跳闸。220kV二号主变压器一次高后备保护动作，二号主变压器一次开关跳闸。立即到相关现场检查处理。

5. 熊岳变：确认望熊甲线6130开关在开位。

6. 望海变：合上望熊甲线开关，送电。

7. 运维班：汇报熊岳变：66kV母差保护动作，联切66kV西母线二号电容器6132、一号站内变盖熊乙线6133、望熊甲线6130、熊港南线6128、熊华甲线6126、3号主变压器一次6103、熊硅线6122、熊杨线6121各开关。熊岳变：220kV二号主变压器二次6102开关未跳闸。220kV二号主变压器一次开关跳闸，二号主变压器一次高后备保护动作。

8. 熊岳变：确认66kV西母线有明显故障点。

9. 熊岳变：无电压下拉开二号主变压器二次6102开关两侧隔离开关。

10. 熊岳变：将66kV西母线各回路改66kV东母线热备用，操作自行负责。

11. 熊岳变：检查二号主变压器外观无问题。

12. 熊岳变：用66kV侧路带二号主变压器二次6102开关在66kV东母线热备用，操作自行负责。

13. 熊岳变：合上220kV二号主变压器一次开关，送电。

14. 熊岳变：合上66kV侧路开关（带二号主变压器二次6102开关），环并。

15. 熊岳变：分别合上二号电容器6132、一号站内变6135、盖熊乙线6133、熊港南线6128、熊华甲线6126、熊硅线6122、熊杨线6121、3号主变压器一次6103各开关，送电。

16. 熊岳变：合上望熊甲线6130开关，环并。

17. 望海变：拉开望熊甲线开关，环解。

18. 调度班：告知配调红海变、红旗变、留屯变、神井变、熊二变、小河沿变恢复正常方式受电。

19. 熊岳变：66kV西母线由冷备用转检修，操作自行负责。

20. 熊岳变：220kV二号主变压器二次6102开关由冷备用转检修，操作自行负责。

21. 维护单位：熊岳变66kV西母线以及220kV二号主变压器二次6102开关作业可以开始，现场安全措施自行负责。

22. 调度班：汇报有关领导和部门，熊岳变66kV西母线故障以及220kV二号主变压器二次6102开关故障，66kV西母线负荷已改东母线受电。现场作业已经开始。

## 案例13：熊岳变66kV西母线故障，66kV熊硅线6122开关拒动

**【事故现象】**

熊岳变：66kV母差保护动作，联切66kV西母线二号电容器6132、一号站内变6135、盖熊乙线6133、望熊甲线6130、熊港南线6128、熊华甲线6126、3号主变压器一次6103、二号主变压器二次6102开关、熊杨线6121各开关，熊硅线6122开关未跳闸。

红海变：10kV母联备自投动作，切二号主变压器二次开关，合上10kV母联断路器，10kV二段母线送电。

红旗变：10kV母联备自投动作，切二号主变压器二次开关，合上10kV母联断路器，10kV二段母线送电。一号主变压器过负荷，1.45倍过载。

留屯变：10kV母联备自投动作，切二号主变压器二次开关，合上10kV母联断路器，10kV二段母线送电。

神井变：10kV母联备自投动作，切二号主变压器二次开关，合上10kV母联断路器，10kV二段母线送电。

熊二变：10kV母联备自投动作，切一号主变压器二次开关，合上10kV母联断路器，10kV一段母线送电。

小河沿变：10kV母联备自投动作，切一号主变压器二次开关，合上10kV母联断路器，10kV一段母线送电。二号主变压器过负荷，1.4倍过载。

**【处理步骤】**

1. 监控班：汇报熊岳变66kV母差保护动作，联切66kV西母线二号电容器6132、一号站内变6135、盖熊乙线6133、望熊甲线6130、熊港南线6128、熊华甲线6126、3号主变压器一次6103、二号主变压器二次6102开关、熊杨线6121各开关，熊硅线6122开关未跳闸。

2. 监控班：汇报配调限制小河沿变10kV母线负荷，使其满足二号主变压器额定容量。限制红旗变10kV母线负荷，使其满足一号主变额定容量。

3. 调度班：上报有关领导和部门，熊岳变66kV母差保护动作，联切66kV西母线二号电容器6132、一号站内变6135、盖熊乙线6133、望熊甲线6130、熊港南线6128、熊华甲线6126、3号主变压器一次6103、二号主变压器二次6102开关、熊杨线6121各开关，熊硅线6122开关未跳闸。

4. 运维班：告知熊岳变：66kV母差保护动作，联切66kV西母线二号电容器6132、一号站内变6135、盖熊乙线6133、望熊甲线6130、熊港南线6128、熊华甲线6126、3号主变压器一次6103、二号主变压器二次6102开关、熊杨线6121各开关，熊硅线6122开关未跳闸。立即到相关现场检查处理。

5. 熊岳变：确认望熊甲线 6130 开关在开位。

6. 望海变：合上望熊甲线开关，送电。

7. 运维班：汇报熊岳变：66kV 母差保护动作，联切 66kV 西母线二号电容器 6132、一号站内变 6135、盖熊乙线 6133、望熊甲线 6130、熊港南线 6128、熊华甲线 6126、3 号主变压器一次 6103、二号主变压器二次 6102 开关、熊杨线 6121 各开关，熊硅线 6122 开关未跳闸。

8. 熊岳变：确认 66kV 西母线有明显故障点。

9. 熊岳变：无电压下拉开熊硅线 6122 开关两侧隔离开关。

10. 熊岳变：将 66kV 西母线各回路改 66kV 东母线热备用，操作自行负责。

11. 熊岳变：合上 220kV 二号主变压器主一次开关，送电。

12. 熊岳变：合上二号主变压器主二次 6102 开关，环并。

13. 熊岳变：分别合上一号站内变 6135、盖熊乙线 6133、熊港南线 6128、熊华甲线 6126、熊杨线 6121、3 号主变压器一次 6103、二号电容器 6132 各开关，送电。

14. 熊岳变：用 66kV 侧路开关带 66kV 熊硅线开关在东母线送电，操作自行负责。

15. 熊岳变：合上望熊甲线 6130 开关，环并。

16. 望海变：拉开望熊甲线开关，环解。

17. 调度班：告知配调红海变、红旗变、留屯变、神井变、熊二变、小河沿变恢复正常方式受电。

18. 熊岳变：66kV 西母线由冷备用转检修，操作自行负责。

19. 熊岳变：66kV 熊硅线开关由冷备用转检修，操作自行负责。

20. 维护单位：66kV 西母线以及 66kV 熊硅线开关作业可以开始，现场安全措施自行负责。

21. 调度班：上报有关领导和部门，66kV 西母线故障以及 66kV 熊硅线开关故障，66kV 西母线负荷已改东母线受电。现场作业已经开始。

## 案例 14：熊岳变 66kV 西母线相间故障，66kV 母联 6112 开关拒动

（运行方式：66kV 母联断路器在合位运行，母联备自投停用）

**【事故现象】**

熊岳变：66kV 母差保护动作，联切 66kV 西母线二号电容器 6132、一号站内变 6135、盖熊乙线 6133、望熊甲线 6130、二号主变压器二次 6102、熊港南线 6128、熊华甲线 6126、3 号主变压器一次 6103、熊硅线 6122、熊杨线 6121 各开关。

66kV 母联断路器未跳闸。联切 66kV 东母线一号电容器 6138、一号主变压器二次 6101、熊港北线 6129、熊华乙线 6127、熊泵南线 6124、熊印线 6123 各开关。

红海变：10kV 母联备自投动作，切二号主变压器二次开关，合上 10kV 母联断路器，10kV 二段母线送电。

红旗变：10kV 母联备自投动作，切二号主变压器二次开关，合上 10kV 母联断路器，10kV 二段母线送电。一号主变压器过负荷，1.45 倍过载。

留屯变：10kV 母联备自投动作，切二号主变压器二次开关，合上 10kV 母联断路器，10kV 二段母线送电。

小河沿变：10kV 母联备自投动作，切一号主变压器二次开关，合上 10kV 母联断路器，10kV 一段母线送电。二号主变压器过负荷，1.4 倍过载。

**【处理步骤】**

1. 监控班：汇报熊岳变 66kV 母差保护动作，联切 66kV 西母线二号电容器 6132、一号站内变 6135、盖熊乙线 6133、望熊甲线 6130、二号主变压器二次 6102、熊港南线 6128、熊华甲线 6126、3 号主变压器一次 6103、熊硅线 6122、熊杨线 6121 各开关。66kV 母联断路器未跳闸。联切 66kV 东母线一号电容器 6138、一号主变压器二次 6101、熊港北线 6129、熊华乙线 6127、熊泵南线 6124、熊印线 6123 各开关。

2. 监控班：汇报配调限制小河沿变 10kV 母线负荷，使其满足二号主变压器额定容量。限制红旗变

10kV 母线负荷，使其满足一号主变压器额定容量。

3. 调度班：汇报有关领导和部门，熊岳变 66kV 母差保护动作，联切 66kV 西母线二号电容器 6132、一号站内变 6135、盖熊乙线 6133、望熊甲线 6130、二号主变压器二次 6102、熊港南线 6128、熊华甲线 6126、3 号主变压器一次 6103、熊硅线 6122、熊杨线 6121 各开关。66kV 母联断路器未跳闸。联切 66kV 东母线一号电容器 6138、一号主变压器二次 6101、熊港北线 6129、熊华乙线 6127、熊泵南线 6124、熊印线 6123 各开关。

4. 运维班：告知熊岳变 66kV 母差保护动作，联切 66kV 西母线二号电容器 6132、一号站内变 6135、盖熊乙线 6133、望熊甲线 6130、二号主变压器二次 6102、熊港南线 6128、熊华甲线 6126、3 号主变压器一次 6103、熊硅线 6122、熊杨线 6121 各开关。66kV 母联断路器未跳闸。联切 66kV 东母线一号电容器 6138、一号主变压器二次 6101、熊港北线 6129、熊华乙线 6127、熊泵南线 6124、熊印线 6123 各开关。立即到相关现场检查处理。

5. 熊岳变：确认望熊甲线 6130 开关在开位。

6. 望海变：合上望熊甲线开关，送电。

7. 运维班：汇报熊岳变 66kV 母差保护动作，联切 66kV 西母线二号电容器 6132、一号站内变 6135、盖熊乙线 6133、望熊甲线 6130、二号主变压器二次 6102、熊港南线 6128、熊华甲线 6126、3 号主变压器一次 6103、熊硅线 6122、熊杨线 6121 各开关。66kV 母联断路器未跳闸。联切 66kV 东母线一号电容器 6138、一号主变压器二次 6101、熊港北线 6129、熊华乙线 6127、熊泵南线 6124、熊印线 6123 各开关。

8. 熊岳变：确认 66kV 西母线有明显故障点。

9. 熊岳变：无电压下拉开 66kV 母联断路器两侧隔离开关。

10. 熊岳变：合上一号主变压器二次 6101 开关，66kV 东母线送电。

11. 熊岳变：分别合上 66kV 东母线一号电容器 6138、熊港北线 6129、熊华乙线 6127、熊泵南线 6124、熊印线 6123 各开关，送电。

12. 熊岳变：将 66kV 西母线各回路改 66kV 东母线热备用，操作自行负责。

13. 熊岳变：合上 220kV 二号主变压器二次 6102 开关，环并。

14. 熊岳变：分别合上二号电容器 6132、一号站内变 6135、盖熊乙线 6133、熊港南线 6128、熊华甲线 6126、熊硅线 6122、熊杨线 6121、3 号主变压器一次 6103 各开关，送电。

15. 熊岳变：合上望熊甲线 6130 开关，环并。

16. 望海变：拉开望熊甲线开关，环解。

17. 调度班：告知配调红海变、红旗变、留屯变、小河沿变恢复正常方式受电。

18. 熊岳变：66kV 西母线由冷备用转检修，操作自行负责。

19. 熊岳变：66kV 母联断路器由冷备用转检修，操作自行负责。

20. 维护单位：熊岳变 66kV 西母线及 66kV 母联断路器作业可以开始，现场安全措施自行负责。

21. 调度班：上报有关领导和部门，熊岳变 66kV 西母线及 66kV 母联断路器故障，66kV 西母线负荷已改东母线受电。现场作业已经开始。

## 案例 15：熊岳变 220kV 西母线 A 相永久故障

**【事故现象】**

熊岳变：220kV 母差保护动作，切 220kV 母联断路器，二号主变压器一次开关、熊宝线开关、熊牵乙线开关、电熊线开关。

万宝变：远切熊宝线开关。

营口厂：远切电熊线开关。

熊岳变：66kV 母联备自投动作，联切二号主变压器二次开关，66kV 熊印线、熊硅线、熊华甲、乙线、二号电容器各开关停电中，合上 66kV 母联断路器 66kV 西母线受电。

熊二变：10kV 母联备自投动作，切一号主变压器二次开关，合上 10kV 母联断路器，10kV 一段母线送电。

**【处理步骤】**

1. 监控班：监视熊岳变 220kV 一号主变压器负荷情况。

2. 省调：汇报熊岳变 220kV 西母母差保护动作，切 220kV 母联断路器，二号主变压器一次开关、熊宝线开关、熊牵乙线开关、电熊线开关，220kV 西母线失压。

3. 调度班：汇报有关领导以及部门熊岳变 220kV 西母母差保护动作，切 220kV 母联断路器，二号主变压器一次开关、熊宝线开关、熊牵乙线开关、电熊线开关，母线失压。

4. 运维班：告知熊岳变 220kV 西母母差保护动作，切 220kV 母联断路器，二号主变压器一次开关、熊宝线开关、熊牵乙线开关、电熊线开关，母线失压有关情况。立即到相关现场检查处理。

5. 熊岳牵引站：告知熊牵乙线停电相关情况，自行改其他电源受电。

6. 熊印电站：确认 66kV 熊硅线、熊印线入口开关均在开位，站内机组停机中。

7. 熊岳变：合上熊印线开关送电良好。

8. 熊印电站：合上 66kV 熊印线开关受电，机组检同期并网自行负责，满发电。

9. 熊岳变：合上 66kV 熊硅线开关，送电。

10. 熊岳变：合上 66kV 熊华甲、乙线开关，送电。

11. 风电场：将机组检同期并网操作自行负责。

12. 熊岳变：检查电压及无功情况，合上二号电容器开关。

13. 运维班：到达熊岳变汇报 220kV 西母母差保护动作，切 220kV 母联断路器，二号主变压器一次开关、熊宝线开关、熊牵乙线开关、电熊线开关，母线失压有关情况。

14. 熊岳变：停用 66kV 母联备自投装置。

15. 熊岳变：合上 220kV 一号主变压器中性点隔离开关。

16. 熊二变：恢复正常方式受电操作自行负责（10kV 母联备自投启用中）。

17. 运维班：熊岳变 66kV 母线以下各二次变压器自行恢复正常方式受电，操作自行负责。

18. 省调：联系将 220kV 二号主变压器一次开关、熊宝线开关、电熊线开关均改 220kV 东母线热备用无问题。

19. 熊岳变：将二号主变压器一次开关、熊宝线开关、电熊线开关均改 220kV 东母线热备用，操作自行负责。

20. 熊岳变：拉开 220kV 西母线 PT 隔离开关。

21. 熊岳变：220kV 熊牵乙线开关由热备用转冷备用操作自行负责。

22. 省调：汇报 220kV 西母线二号主变压器一次开关、熊宝线开关、电熊线开关均改东母线热备用，请求对 220kV 二号主变压器送电。

23. 熊岳变：220kV 二号主变压器由热备用转运行，操作自行负责。

24. 熊岳变：拉开 220kV 一号主变压器中性点隔离开关。

25. 熊岳变：将 66kV 系统方式恢复正常方式，操作自行负责。

26. 熊岳变：合上电熊线开关，送电。

27. 省调：指挥营口厂合上电熊线开关，环并。

28. 熊岳变：合上熊宝线开关，送电。

29. 省调：指挥合上万宝变熊宝线开关。

30. 熊岳变：220kV 西母线由冷备用转检修操作自行负责。

31. 维护单位：熊岳变 220kV 西母线抢修作业可以开始。现场安全措施自行负责。

32. 调度班：汇报有关部门和领导，安排熊岳变 220kV 西母线抢修处理已经开始。

33. 省调：汇报熊岳变 220kV 西母线抢修处理已经开始。

## 案例 16：熊岳变 220kV 西母线故障，电熊线 6938 开关拒动

**【事故现象】**

熊岳变：220kV 西母线故障，母差保护动作，切 220kV 母联断路器，切二号主变压器一次开关、熊宝线开关、熊牵乙线开关。电熊线 6938 开关异常未分闸，西母线失电，母差远跳对侧开关。万宝变：远切熊宝线开关。营口厂：远切电熊线开关。

66kV 母联备自投动作，66kV 母联断路器合位，联切 66kV 熊印线、熊华甲线 6126、熊华乙线（小电源线路），二号主变压器二次 6102 开关、二号电容器在开位。

**【处理步骤】**

1. 监控班：监视熊岳变 220kV 一号主变压器负荷情况。

2. 省调：汇报熊岳变 220kV 西母线故障，母差保护动作，切 220kV 母联断路器，切二号主变压器一次开关、熊宝线开关、熊牵乙线开关。电熊线 6938 开关异常未分闸，西母线失电。

3. 调度班：汇报领导及相关部门，熊岳变 220kV 西母线故障，母差保护动作，切 220kV 母联断路器，切二号主变压器一次开关、熊宝线开关、熊牵乙线开关。电熊线 6938 开关异常未分闸，西母线失电。66kV 母联备自投动作，66kV 母联断路器合位，联切 66kV 熊印线、熊华甲线 6126、熊华乙线（小电源线路）、二号主变压器二次 6102 开关。

4. 运维班：报熊岳变 220kV 西母线故障，母差保护动作，切 220kV 母联断路器，切二号主变压器一次开关、熊宝线开关、熊牵乙线开关。电熊线 6938 开关异常未分闸，西母线失电，立即到相关现场检查处理。

5. 熊岳牵引站：告知熊牵乙线停电相关情况，自行改其他电源受电。

6. 熊印电站：确认 66kV 熊硅线、熊印线入口开关均在开位，站内机组停机中。

7. 熊岳变：合上熊印线开关，送电良好。

8. 熊印电站：合上 66kV 熊印线开关受电，机组检同期并网自行负责，满发电。

9. 熊岳变：合上 66kV 熊硅线开关，送电。

10. 熊岳变：合上 66kV 熊华甲、乙线开关，送电。

11. 风电场：将机组检同期并网操作自行负责。

12. 熊岳变：检查电压及无功情况，合上二号电容器开关。

13. 运维班：到达熊岳变，汇报 220kV 西母母差保护动作，切开 220kV 母联断路器，二号主变压器一次开关、熊宝线开关、熊牵乙线开关，电熊线开关未分闸，母线失压有关情况。

14. 熊岳变：停用 66kV 母联备自投装置。

15. 熊岳变：合上 220kV 一号主变压器中性点隔离开关。

16. 熊二变：恢复正常方式受电，操作自行负责（10kV 母联备自投启用中）。

17. 运维班：熊岳变 66kV 母线以下各二次变自行恢复正常方式受电，操作自行负责。

18. 省调：联系隔离熊岳变 220kV 电熊线 6938 开关。熊岳变 220kV 西母线二号主变压器一次开关、熊宝线开关均改至 220kV 东母线热备用。

19. 熊岳变：220kV 母联 6900 由热备用转冷备用。

20. 熊岳变：无电压下拉开 220kV 电熊线 6938 开关两侧隔离开关。

21. 熊岳变：220kV 西母线二号主变压器一次开关、熊宝线开关改至东母线热备用，操作自行负责。

22. 熊岳变：拉开 220kV 西母线 PT 隔离开关。

23. 熊岳变：220kV 熊牵乙线开关由热备用转冷备用，操作自行负责。

24. 熊岳变：220kV 二号主变压器由热备用转运行（在 66kV 西母线带负荷）。

25. 熊岳变：拉开 220kV 一号主变压器中性点隔离开关。

26. 熊岳变：拉开 66kV 母联 6112 开关，环解。

27. 熊岳变：投入 66kV 母联备自投装置。

28. 熊岳变：合上 220kV 熊宝线 6932 开关，送电。

29. 省调：指挥万宝变：合上熊宝线开关，环并。

30. 熊岳变：用 220kV 侧路开关给侧母线充电良好后停回。

31. 熊岳变：合上 220kV 电熊线 6938 侧路隔离开关。

32. 熊岳变：220kV 电熊线 6938 可切换保护投切侧路方式投入，不可切换保护停用。

33. 熊岳变：220kV 侧路 6940 由热备用转运行，操作自行负责。

34. 省调：指挥营口厂合上电熊线开关，环并。

35. 熊岳变：220kV 电熊线 6938 开关由冷备用转检修。

36. 熊岳变：220kV 西母线由冷备用转检修，操作自行负责。

37. 维护单位：熊岳变 220kV 西母线及电熊线 6938 开关已停电，站内有关作业可以开始，现场安全措施自行负责。

38. 省调：汇报熊岳变 220kV 西母线及电熊线 6938 开关已停电，站内有关作业已经开始。

39. 调度班：汇报领导及相关部门，熊岳变 220kV 西母线及电熊线 6938 开关已停电，站内有关作业已经开始。

## 案例 17：熊岳变 220kV 西母线故障，二号主变压器主一次 6942 开关拒动

**【事故现象】**

熊岳变 220kV 西母线故障，母差保护动作，切 220kV 母联断路器，熊宝线开关、熊牵乙线开关。电熊线 6938 开关，西母线失电，二号主变压器主一次 6942 开关拒动，母差远跳对侧开关。万宝变：远切熊宝线开关。营口厂：远切电熊线开关。联切二号主变压器主二次 6102 开关。66kV 母联备自投动作，联切 66kV 熊印线、熊华甲线、熊华乙线、二号主变压器主二次、二号电容器各开关，合上 66kV 母联断路器。

**【处理步骤】**

1. 监控班：监视熊岳变 220kV 一号主变压器负荷情况。

2. 省调：汇报熊岳变 220kV 西母线故障，母差保护动作，切 220kV 母联断路器，熊宝线开关、熊牵乙线开关。电熊线 6938 开关，西母线失电，二号主变压器主一次 6942 开关拒动，母差远跳对侧开关。

3. 调度班：汇报领导及相关部门，熊岳变 220kV 西母线故障，母差保护动作，切 220kV 母联断路器，熊宝线开关、熊牵乙线开关、电熊线 6938 开关，西母线失电，二号主变压器主一次 6942 开关拒动，联切二号主变压器主二次 6102 开关。66kV 母联备自投动作，联切 66kV 熊印线、熊华甲线、熊华乙线、二号主变压器主二次、二号电容器各开关，合上 66kV 母联断路器。

4. 运维班：告知熊岳变 220kV 西母线故障，母差保护动作，切 220kV 母联断路器，熊宝线开关、熊牵乙线开关、电熊线 6938 开关，西母线失电，二号主变压器主一次 6942 开关拒动，联切二号主变压器主二次 6102 开关。66kV 母联备自投动作，联切 66kV 熊印线、熊华甲线、熊华乙线、二号主变压器主二次、二号电容器各开关，合上 66kV 母联断路器。立即到相关现场检查处理。

5. 熊岳牵引站：告知熊牵乙线停电相关情况，自行改其他电源受电。

6. 熊印电站：确认 66kV 熊硅线、熊印线入口开关均在开位，站内机组停机中。

7. 熊岳变：合上熊印线开关，送电良好。

8. 熊印电站：合上 66kV 熊印线开关受电，机组检同期并网自行负责，满发电。

9. 熊岳变：合上 66kV 熊硅线开关，送电。

10. 熊岳变：合上 66kV 熊华甲、乙线开关，送电。

11. 风电场：将机组检同期并网，操作自行负责。

12. 熊岳变：检查电压及无功情况，合上二号电容器开关。

13. 运维班：到达熊岳变汇报 220kV 西母线故障，母差保护动作，切 220kV 母联断路器，熊宝线开关、熊牵乙线开关、电熊线 6938 开关，西母线失电，二号主变压器主一次 6942 开关拒动，联切二号主变压器主二次 6102 开关。66kV 母联备自投动作，联切 66kV 熊印线、熊华甲线、熊华乙线、二号主变压器主二次、

二号电容器各开关有关情况，合上 66kV 母联断路器。

14. 熊岳变：停用 66kV 母联备自投装置。

15. 熊岳变：合上 220kV 一号主变压器中性点隔离开关。

16. 熊二变：恢复正常方式受电操作自行负责（10kV 母联备自投启用中）。

17. 运维班：熊岳变 66kV 母线以下各二次变压器自行恢复正常方式受电，操作自行负责。

18. 省调：联系隔离熊岳变二号主变压器主一次 6942 开关，熊岳变 220kV 西母线电熊线 6938 开关。熊宝线开关均改至 220kV 东母线热备用。

19. 熊岳变：220kV 母联 6900 开关由热备用转冷备用。

20. 熊岳变：无电压下拉开二号主变压器主一次 6942 开关两侧隔离开关。

21. 熊岳变：220kV 西母线电熊线 6938 开关、熊宝线开关改至东母线热备用，操作自行负责。

22. 熊岳变：拉开 220kV 西母线 PT 隔离开关。

23. 熊岳变：220kV 熊牵乙线开关由热备用转冷备用，操作自行负责。

24. 熊岳变：用 220kV 侧路开关给侧母线充电良好后停回。

25. 熊岳变：合上二号主变压器主一次 6942 侧路隔离开关。

26. 熊岳变：220kV 二号主变压器主一次 6942 开关可切换保护投切侧路方式投入，不可切换保护停用。

27. 熊岳变：220kV 侧路 6940 开关由热备用转运行，操作自行负责。

28. 熊岳变：220kV 二号主变压器由充电转运行（在 66kV 西母线带负荷）。

29. 熊岳变：拉开 220kV 一号主变压器中性点隔离开关。

30. 熊岳变：拉开 66kV 母联 6112 开关，环解。

31. 熊岳变：投入 66kV 母联备自投装置。

32. 熊岳变：合上 220kV 熊宝线 6932 开关，送电。

33. 省调：指挥万宝变合上熊宝线开关，环并。

34. 熊岳变：合上 220kV 电熊线 6938 开关，送电。

35. 省调：指挥营口厂合上电熊线开关，环并。

36. 熊岳变：二号主变压器主一次 6942 开关由冷备用转检修。

37. 熊岳变：220kV 西母线由冷备用转检修。

38. 维护单位：熊岳变 220kV 西母线已停电，220kV 二号主变压器主一次 6942 开关已停电，现场安全措施自行负责。

39. 省调：汇报熊岳变 220kV 西母线已停电，220kV 二号主变压器主一次 6942 开关已停电，现场作业已经开始。

40. 调度班：汇报领导及相关部门，熊岳变 220kV 西母线已停电，220kV 二号主变压器主一次 6942 开关已停电，现场作业已经开始。

## 案例 18：熊岳变 220kV 西母线故障，220kV 母联 6900 开关拒动

**【事故现象】**

熊岳变 220kV 西母线故障，220kV 母差保护动作，220kV 西母线失电，母差保护远跳对侧开关。220kV 母联断路器拒动，失灵保护动作，跳开 220kV 东母线各开关，220kV 东母线失电。熊岳变 220kV 东、西母线全停，66kV 所有负荷均全停。

其他事故现象：

1. 万宝变：母差保护远跳对侧，220kV 熊宝线开关跳闸。
2. 营口厂：母差保护远跳对侧，220kV 电熊线开关跳闸。
3. 盖州变：失灵保护远跳对侧，220kV 盖熊线开关跳闸。
4. 渤海变：失灵保护远跳对侧，220kV 渤熊线开关跳闸。
5. 熊岳牵引站：220kV 站内全停，已经自行改其他牵引站电源受电，但影响行车密度。

6. 熊印电站：站内全停，三台发电机与系统解列，站内全停中。

7. 风电场：站内全停，发电机组与系统解列，站内全停中。

8. 留屯变：66kV 二号主变压器停电，10kV 母联备自投动作，切二号主变压器主二次开关，合 10kV 母联断路器，受盖熊甲线电源，停用 10kV 母联备自投，报调。

9. 红海变：66kV 二号主变压器停电，10kV 母联备自投动作，切二号主变压器主二次开关，合 10kV 母联断路器，受盖熊甲线电源，停用 10kV 母联备自投，报调。

10. 小河沿变：66kV 一号主变压器停电，10kV 母联备自投动作，切一号主变压器主二次开关，合 10kV 母联断路器，受望熊乙线电源，停用 10kV 母联备自投，过负荷 40%，报调，调令告将过负荷联切的线路手动拉开。

11. 红旗变：66kV 二号主变压器停电，10kV 母联备自投动作，切二号主变压器主二次开关，合 10kV 母联断路器，受望熊乙线线电源，停用 10kV 母联备自投，过负荷 40%，报调，调令告将过负荷联切的线路手动拉开。

**【处理步骤】**

1. 省调：汇报熊岳变 220kV 西母线故障，220kV 母差保护动作，220kV 西母线失电，母差保护远跳对侧开关。220kV 母联断路器（未分闸）拒动，失灵保护动作，跳开 220kV 东母线各开关，220kV 东母线失电。熊岳变 220kV 东、西母线全停，66kV 所有负荷均全停。

2. 调度班：汇报相关领导及部门熊岳变 220kV 西母线故障，220kV 母差保护动作，220kV 西母线失电，母差保护远跳对侧开关。220kV 母联断路器（未分闸）拒动，失灵保护动作，跳开 220kV 东母线各开关，220kV 东母线失电。熊岳变 220kV 东、西母线全停，66kV 所有负荷均全停。

3. 运维班：告知熊岳变 220kV 西母线故障，220kV 母差保护动作，220kV 西母线失电，母差保护远跳对侧开关。220kV 母联断路器（未分闸）拒动，失灵保护动作，跳开 220kV 东母线各开关，220kV 东母线失电。熊岳变 220kV 东、西母线全停，66kV 所有负荷均全停。立即到相关现场检查处理。

4. 监控班：拉开熊岳变 220kV 一号、二号主变压器主二次、熊港南、北线、熊杨线、熊印线、一号、二号电容器各开关，确认上述回路各开关均在开位。

5. 熊岳变：合上盖熊甲线开关，66kV 东母线受电。

6. 望海变：合上 66kV 母联断路器环并，检查潮流分布正确。合上望熊甲线开关，66kV 西母线受电。

7. 风电场：合上各风电机组开关，并网发电出力增发最大。

8. 熊印电站：确认三台发电机停机中。

9. 熊岳变：合上 66kV 熊印线开关，送电。

10. 熊印电站：发电机组检同期与系统并列，出力增发最大。

11. 监控班：监视盖州变盖熊甲线负荷情况，超过临界值及时报调。

12. 监控班：监视望海变望熊甲、乙线负荷情况，超过临界值及时报调。

13. 熊岳变：合上熊港北线开关，送电。

14. 熊岳变：合上熊港南线以及熊杨线各开关，送电。

15. 运维班：汇报熊岳变 220kV 西母线故障，220kV 母差保护动作，220kV 西母线失电，母差保护远跳对侧开关。220kV 母联 6900 开关拒动，失灵保护动作，跳开 220kV 东母线各开关，220kV 东母线失电。熊岳变 220kV 东、西母线全停。

16. 熊岳变：拉开 220kV 母联断路器两侧隔离开关。

17. 盖州变：合上 220kV 盖熊线开关，送电。

18. 渤海变：合上 220kV 渤熊线开关，送电。

20. 熊岳变：合上 220kV 盖熊线开关，220kV 东母线送电。

21. 熊岳变：合上 220kV 渤熊线开关，环并。

22. 熊岳变：合上 220kV 一号主变压器中性点隔离开关

23. 熊岳变：合上一号主变压器主一次开关，合上一号主变压器主二次开关。66kV 东母线送电。

24. 熊岳变：拉开盖熊甲线开关，环解。

25. 熊岳变：将 220kV 二号主变压器改 220kV 东母线热备用，操作自行负责。

26. 熊岳变：合上二号主变压器主一次开关，合上二号主变压器主二次开关。

27. 熊岳变：拉开 220kV 一号主变压器中性点隔离开关。

28. 望海变：拉开 66kV 母联断路器，拉开望熊甲线开关，环解。

29. 熊岳变：将 220kV 熊宝线、电熊线、熊牵乙线改在 220kV 东母线热备用，操作自行负责。

30. 万宝变：合上 220kV 熊宝线开关，送电。

31. 熊岳变：合上 220kV 熊宝线开关，环并。

32. 熊岳变：合上 220kV 电熊线开关，送电。

33. 营口厂：合上 220kV 电熊线开关，环并。

34. 熊岳变：合上 220kV 熊牵乙线开关，送电。

35. 熊岳牵引站：将牵引站负荷改本站电源受电，恢复正常方式受电。

36. 小河沿变：合上一号主变压器一、二次开关，66kV 一号主变压器送电，拉开 10kV 母联断路器，送出过负荷联切的线路。启用 10kV 母联备自投。

37. 红旗变：合上二号主变压器一、二次开关，66kV 二号主变压器送电，拉开 10kV 母联断路器，送出过负荷联切的线路。启用 10kV 母联备自投。

38. 留屯变：66kV 二号主变压器送电环并，拉开 10kV 母联断路器环解，启用 10kV 母联备自投。

39. 红海变：66kV 二号主变压器送电环并，拉开 10kV 母联断路器环解，启用 10kV 母联备自投。

40. 熊岳变：将 220kV 西母线由冷备用转检修，操作自行负责。

41. 熊岳变：220kV 母联断路器由冷备用转检修，操作自行负责。

42. 维护单位：熊岳变 220kV 西母线及母联断路器已停电检修，站内作业可以开始，现场安全措施自行负责。

43. 省调：熊岳变 220kV 西母线及母联断路器已停电检修，站内作业已经开始。

44. 调度班：汇报相关领导及部门，熊岳变 220kV 西母线及母联断路器已停电检修，站内作业已经开始。

# 参 考 文 献

[1] 王世祯. 电网调度运行技术［M］. 沈阳：东北大学出版社，1997.
[2] 刘家庆. 电网调度［M］. 北京：中国电力出版社，2010.
[3] 河南省电力公司洛阳供电公司编. 地区电网调度技术及管理［M］. 北京：中国电力出版社，2010.
[4] 左亚芳. 电网调度与监控［M］. 北京：中国电力出版社，2013.
[5] 孙骁强，范越，白兴忠，等. 电网调度典型事故处理与分析［M］. 北京：中国电力出版社，2011.
[6] 国家电力调度通信中心. 电网调度运行实用技术问答（第二版）［M］. 北京：中国电力出版社，2008.
[7] 国家电网公司电力安全工作规程（变电部分）［M］. 北京：中国电力出版社，2014.
[8] 山东电力集团公司. 生产技能人员岗位学习指导书·试题库：电力调度员分册［M］. 北京：中国电力出版社，2009.
[9] 杨林，赵守忠. 电网调控运行技术［M］. 北京：中国电力出版社，2018.
[10] 李晶生. 华东电网调度和运行系统技术技能竞赛题库集（下册）［M］. 北京：中国电力出版社，2016.
[11] 金晓明，姜枫，杨林，韩玉. 电力系统调控专业题库［M］. 北京：中国电力出版社，2017.
[12] 中国法制出版社. 电力安全事故应急处置和调查处理条例［M］. 北京：中国法制出版社，2011.
[13] 电力行业职业技能鉴定中心. 变电站值班员（第二版）［M］. 北京：中国电力出版社，2008.
[14] 杨志强. 继电保护工［M］. 北京：中国建材工业出版社，2018.
[15] 周敬巍. 电力调度员［M］. 北京：中国建材工业出版社，2018.